整数論基礎講義

本橋洋一

[著]

朝倉書店

序

 互除法を体得したのはいつのことか. 誰が授けてくれたのか. 追憶の彼方. しかし, この術に魔法の如き魅惑を感じたことは今だに鮮やかである. しばらくは計算の虜. ほどなく素数集めにも興じた. 蝶々の採集と同じことであったか. あの頃から悠に 60 年以上. いつの間にか素数分布論を専門とする身. 経験を多少は深めたが, 互除法なる叡智, 素数の美しさに, 今も変わらず感動する.

 この講義録は, 来し方をかえりみつつ自らに講述したところを整えたものである. Dirichlet による解析的整数論の創始を念頭に置き, 19 世紀中葉までの整数論の展開を主とする. Euclid, Fermat, Euler, Lagrange, Legendre, そして就中 Gauss にならい算法を愛でつつ歩む. 古色と映ることをいとわず. 整数論の何れの方に進むにしても素養とされるところゆえ, 著者の嗜好による採取, 彩色のありかたをも含め, 願わくば若き人々の学びの縁とならんことを.

 初学の路を再度辿ることがかくも楽しいこととは. 望外の幸運. 朝倉書店各位の厚情に深謝する. そして, 温かな日常を家族に感謝する.

2018 年 新春 駒込にて

著者記す

目 次

定理表 vii
読者諸氏へ ix

第 1 章　整 数 の 整 除 1

§1. 整除. 約数. 倍数. 1
§2. 整除からの偏り. 剰余定理. 2
§3. 最大公約数. Euclid の互除法. 4
§4. 互除法の別解釈. 6
§5. 非整除の乗法性. Modular 群. 8
§6. 互いに素と整除. Euclid の基本定理. 9
§7. 多整数の最大公約数. 11
§8. 1 次不定方程式の解法. 13
§9. 連立 1 次不定方程式の解法. Smith 標準形. 15
§10. 素数の定義. 最小公倍数と最大公約数. 18
§11. 素因数分解の一意性. Euler 積. Zeta-函数. 素数定理前史. 22
§12. 素因数分解の表示. Chebyshev の素数定理. 30
§13. 最大公約数と最小公倍数の分解. 34
§14. 整数論的函数. 約数集合の分解. Dirichlet 級数. 36
§15. 乗法的函数. 完全乗法的函数. 38
§16. 整数論的函数の乗法的な和. 40
§17. 整数論的函数の合成積. 43
§18. Möbius 反転公式. 44
§19. 互いに素の数式化. Euler 函数. 49

- §20. Legendre 篩. 53
- §21. 既約分数の集合. 有理近似. 55
- §22. 正則連分数. 互除法との関係. 58
- §23. Lagrange の連分数論. 63
- §24. 主近似分数. 最優等近似. 最良近似. 65
- §25. 主近似分数と Legendre 判定定理. 67
- §26. 主近似分数と modular 群の作用. 70
- §27. Euclid の伝統. 連分数論小史. 72

第 2 章　整 数 の 合 同 79

- §28. 合同式. 法. 剰余類. 剰余系. 79
- §29. 既約剰余系. Fermat–Euler の定理. 81
- §30. 1 次合同方程式の解. 85
- §31. 剰余類環. 直和 (積) 分解. 89
- §32. 連立 1 次合同方程式. 93
- §33. 既約剰余類群. 直積分解. 95
- §34. 合同方程式一般. 法の素因数分解. 解の個数. 98
- §35. 素数の法. Lagrange の基本定理. 100
- §36. Wilson の定理. 102
- §37. 合成数判定. 高ベキ乗合同計算. 104
- §38. 蓋素数. 擬素数. 強蓋素数. 強擬素数. 105
- §39. 因数分解に関する ρ 法. 108
- §40. ベキ剰余. 剰余類の位数. 109
- §41. 素数の法. 原始根の存在証明. 111
- §42. 原始根と素数判定. 115
- §43. 素数ベキの法. 剰余系の構造. 118
- §44. 一般の法. 原始根存在の条件. 119
- §45. ベキ剰余に関する Euler 判定定理. 120
- §46. 離散対数. 離散対数に関する ρ 法. 125
- §47. ベキ乗合同方程式の特解. 129

§48. 確率的素数判定法. 確率的因数分解法. 132

§49. 量子計算による因数分解. 137

§50. 量子計算の測定と連分数. 143

§51. 公開鍵暗号小史. 因数分解法小史. 146

第3章 指　　標 152

§52. 剰余類加群上の Fourier 解析. 152

§53. 既約剰余類群上の Fourier 解析. 155

§54. Dirichlet 指標. 158

§55. 指標の導手. 原始的指標. 160

§56. 指標の原始性条件. 原始的実指標. 162

§57. 指標の Fourier 解析. 消滅定理. Gauss 和. 166

§58. 指標の Fourier 係数. 詳細計算. 169

§59. 2 次剰余. Legendre 記号. 172

§60. 2 次剰余の相互律. 証明小史. 173

§61. 相互律と保型性. 179

§62. 相互律の Dirichlet 証明. Poisson 和公式. 180

§63. 相互律の Gauss 第 4 証明. Gauss 和の明示式. Jacobi 和. 183

§64. Jacobi 記号. 相互律の意味. 188

§65. 2 次合同方程式の解法. 191

§66. 円分方程式. Gauss の視座と遺稿. 195

§67. 整数から多項式へ. 円分多項式の既約性. 196

§68. 円分多項式の Euler–Gauss 分解. 202

§69. 相互律の Gauss 第 6 証明. 206

§70. 有限体. 相互律の Gauss 第 7, 8 証明. 208

§71. 相互律の発見. Legendre 証明. Gauss 和前史. 218

第4章　2 次形式序論 231

§72. 判別式. 原始的形式. 正規表現. 基本判別式. 231

§73. Lagrange の判定定理. Brahmagupta 等式. Kronecker 記号. 235

§74. Lagrange の簡約理論. 正規表現の標識系. 241

§75. 広義類別. 狭義類別. 両面類. 247

§76. 類数の有限性. 不定方程式 $\text{pell}_D(4)$. 正規表現への到達法. 250

§77. 正定値 2 次形式の場合. Modular 群の基本領域. 253

§78. 正定値 2 次形式の簡約手順. 257

§79. 2 平方数の和と Euler の定理. 259

§80. 2 平方数の和. 解の個数. 261

§81. 判別式 -20 の場合. 類群の萌芽. 265

§82. 判別式 -231 の場合. 種群の萌芽. 268

§83. 正定値 2 次形式による特解表現. 271

§84. 不定値 2 次形式の簡約. 簡約 2 次無理数. 276

§85. 純循環連分数. 279

§86. 不定値 2 次形式の円環軌道. 周期の偶奇性. 283

§87. 不定方程式 $\text{pell}_d(\pm 1)$ の解法. Lagrange の定理. 288

§88. 不定方程式 $\text{pell}_d(\pm 4)$ の解法. Serret の手法. 299

§89. Lagrange の算法 I. Cakravâla 算法. 304

§90. Lagrange の算法 II. 主形式への変換. 310

§91. Dirichlet の素数定理. Selberg の補題. 317

§92. 対角型 3 元 2 次形式. Legendre–Dedekind の定理. 323

§93. 2 次形式の合成理論. 類群. 合成理論小史. 329

§94. 2 次形式の種の理論. 種指標. 340

§95. 2 次形式の類数と L-函数. Dirichlet の類数公式. 353

§96. Dirichlet–Weber の素数定理. 366

参　考　文　献 369

索　　　引 387

定 理 表

1 (§3),   2 (§4),   3 (§5),   4 (§6),   5 (§9),   6 (§10),   7 (§11),
8 (§18),   9 (§20),   10 (§21),   11 (§22),   12 (§23),   13 (§24),   14 (§25),
15 (§26),   16 (§29),   17 (§30),   18 (§31),   19 (§32),   20 (§33),   21 (§34),
22 (§35),   23 (§41),   24 (§43),   25 (§44),   26 (§45),   27 (§46),   28 (§48),
29 (§48),   30 (§49),   31 (§54),   32 (§55),   33 (§55),   34 (§56),   35 (§57),
36 (§58),   37 (§60),   38 (§61),   39 (§62),   40 (§64),   41 (§64),   42 (§67),
43 (§67),   44 (§68),   45 (§71),   46 (§73),   47 (§76),   48 (§76),   49 (§77),
50 (§80),   51 (§83),   52 (§85),   53 (§86),   54 (§87),   55 (§88),   56 (§90),
57 (§91),   58 (§92),   59 (§93),   60 (§93),   61 (§93),   62 (§94),   63 (§94),
64 (§95),   65 (§95),   66 (§95).

読者諸氏へ

[目的]　整数論のごく基礎的かつ伝統的な部面を独習を旨とし講述する．大まかには，互除法がその本来の意味を保つ乗法的事象の範囲内に止まる．分野を分かつことは意味無きことではあるが，強いて言うなれば，解析的整数論の初歩に関わるところにやや力点を置く．一方，代数的整数論に関わるところはあえて本講義の外にあるものとし，必要に応じ導入的な言及をする．よって，語り得ぬこと多量．しかしながら，この制約内にありつつも語り得ること語るべきこともまた多量．取捨選択を避け得ず．とくに思いを残すところは，有限体上の曲線に関する議論の割愛．余りの容量超過を避けるがゆえである．

[読み方]　全 96 節は註も含め通読を旨として編まれている．演習問題を付さず．しかし，しばしば推論・数値計算の一部を補うことを行間の課題とする．

[記号など]　記号は節ごとに設定されているものの，殆どは共通して用いられる．集合 S につき $|S|$ は要素の個数を示す．自然数，整数，有理数，実数，複素数それぞれの全体を $\mathbb{N}, \mathbb{Z}, \mathbb{Q}, \mathbb{R}, \mathbb{C}$ をもって表す．列，ベクトルについては，$\{a, b, \ldots\}$（あるいは $(a, b, \ldots)$）は横，${}^t\{a, b, \ldots\}$ は縦の並びのものである．「^{t}」はその右側に置かれる表現の転置を示し，行列にも用いる．他諸々，定義の羅列をせず文脈にて示唆する．なお，例えば Anonymous (1864) と記すとき，指し示すところが著者か文献そのものか或は両者であるのかやや不明瞭な文体を用いる．

[予備知識]　講義のほぼ全般に渡り初等算術のみを手段とする．しかし，ときとして線形代数，群環体，類別，準同型のごく初歩を最小限度用いる．これらの概念が必然として誕生したことを示唆することも本講義の目的の一つである．たしかに，群論の言葉を全面的に用いるならば，講述ははるかに整理整頓される．しかし，まずは整数論の里を愛でるべし．代数学を学ぶに当たり，整数論の基礎事項につき初期の証明法を手中にしておくことも肝要．また，複素変数函数をごく限られた場面にて援用する．解析接続も整数論における一必然．

[文献]　それぞれの課題につき最初期の文献と推定されるものを挙げる．講義の理解そのものには，諸氏自らが原文献を点検することは必須にあらず．しかしながら，歴史を追体験することにも大いに意義あり．それゆえ，巻末に掲げる文献の殆どを通常の検索をもって *the Web* 上に容易に見出されかつ自在に取得可能なものに限定（URL の表示は変動があり得るゆえせず）．今や中空に壮大な図書館がある．かつては選ばれし者のみが触れ得た書物も居ながらにして手に取るよう．かくして，諸氏と共有する文献の主たるものは以下の通り．

(1) Euclid: $\Sigma\tau o\iota\chi\varepsilon\tilde{\iota}\alpha$/*Elements*.
(2) Euler: *Commentationes Arithmeticae Collectae*.
(3) Lagrange: *Œuvres*.
(4) Legendre: *Essai sur la Théorie des Nombres*.
(5) Gauss: *Disquisitiones Arithmeticae*.
(6) Smith: *Report on the Theory of Numbers*.
(7) Dirichlet: *Vorlesungen über Zahlentheorie*.
(8) Dickson: *History of Number Theory*.

(1) [Σ] と略記する. 例えば巻 7 を [Σ.VII] と書き, その定義 3, 命題 7 を [Σ.VII, Def. 3], [Σ.VII, Prop. 7] などと示す. Heiberg–Heath 第 2 版を用いる. 幾千年もの知の伝統の上に立つ神殿. この古典無くして精密科学はあり得ず, よって現代の快適もまたあり得ず. (2) 助手 Fuss, N. と Euler の曾孫 Fuss, P.H. による整数論選集. その殆どは一種の実験報告書であるが, 何れにも貴石と戯れる Euler の姿彷彿. (3) 巻 1,2,3,7,8 を主に参照する. 悠然たる大家の筆致極まれり. 清々しくかつ温もりに富む. (4) 初版を主に用いる. 紙背を読むべき書物. 萌芽とされる着眼の数々. なお, Lagrange と Legendre は概念に名称を付すことに積極的ではなかった. 念頭に置くべし. (5) 二十歳代前半の著作とは. [DA] と略記する. 例えば [DA] の第 163 節を [DA, art. 163] と示す. 全集収容版 (1863, Göttingen) を用いる. 初版とは異なるところあり. Gauss 自身による後の書き込みが脚注, 後記などに含まれており他者の成したところとの比較には慎重を要する. ちなみに, Gauss 日録 (1898 年親族が公表) を参照せず. (6) 19 世紀中葉における整数論の全体像. 透徹の視線. 全集収容版を用いる. (7) 著者は Dedekind. 全 4 版を用いる. 整数論史上の古典時代と近代とを分ける大分水嶺と評すべきか. 具体と抽象の衝突が始まる. (8) 20 世紀初頭以前の整数論文献の検索に当たり必携の書. その渉猟の徹底と正確さは正に学恩. 契沖ノ説ハ證拠ナキコトヲイハズ (宣長) を思う. しかし, 逡巡の後, 逐一の言及は行わぬこととした. 本講義の文献の多くは *History* 経由にて到達したものである. 同様に試みるを推奨する. なお, 巻末に掲ることなく言及される文献も幾つかある. 著者名と年号により検索可能.

本講義は, 著者若き頃自らの好むところを尋ね求め記憶に留めたところを基とし, 今回の機会を得たことにより原文献を再点検した上のものでもある. よって, 現行類書の記述との比較検討をせず, 諸氏への是非なる課題として残す.

[歴史記述]　史実の採り上げは必要最小限度である. 諸大家の足跡とその後代への影響を綿密に追うことは目的の外. 歴史見解については, 現代の整数論のあり方をもたらしたと判断するところに限り主観を述べる場合がある. 検討の糧となれかし.

[数値計算例]　整数論上の課題を数値をもって解き尽くす算法 *algorithm* を獲得することは意義深い科学である. 明確な数値解をもたらす実効的な算法は何れも貴い伝統をまとう. それをば感得することこそ整数論の醍醐味. よって, 理論が具体に対し機能する機微を伝えることに努める. とは言え, 註に置く数値例はごく代表的なもの少数である. 実例の集積は膨大であり, 単行書の容量を遥かに超える. 専門誌内の検索を強く推奨する. なお, 数値例の追試に当たり計算機の使用を念頭に置いてはあるが, 言うまでも無く理論背景を十全に理解した後の使用に限るべき.

[最近の進展]　素数分布論, 因数分解法などにつき目覚ましい成果が次々と現れつつある. 取り分け, 算法の提起, 改良は非常な速度をもって行われている. 本講義および先行自著 YM (2009, 2011) の主目的は, それら進展の理解に資する基本的素養の講述である. つまり, 現代の鋭敏な算法の個々につき特段の解説は行わない. もちろん, 何れが何れの新展開に深く関わるのか, 根本的着想は如何なるものか, 示唆的な記述は試みる. 数学における跳躍の常ながら, 何れの着想も至極単純である. 本講義内にて典型例は量子計算による因数分解理論 (§§49–50). その数学的内容は Dirichlet の時代にも優に理解されたかに映る. 根底的かつ具体に徹した素養が如何に重要であるかを甚く語るものである.

第1章　整数の整除

§1.

整数 a が整数である除数 $b \neq 0$ により整除される，または割り切れるとは，整数である商 q をもって，
$$a = qb \tag{1.1}$$
となることを意味する．この関係式を，b は a の因数もしくは約数である，並びに a は b の倍数である，と読み，$b|a$ または $a \in b\mathbb{Z}$ と略記する．ただし，$b\mathbb{Z} = \{bn : n \in \mathbb{Z}\}$．一方，(1.1) がいかなる整数 q をもってしても成立せぬ場合，a は b では整除されない，または割り切れないとし，$b \nmid a$ あるいは $a \notin b\mathbb{Z}$ と記す．整数 b の倍数の倍数は b の倍数であり，b の倍数の和・差・積は b の倍数．また，整数 a, b, c について，$b|a$ かつ $c|b$ であるならば $c|a$．つまり，整数 a の約数の約数は a の約数．

巻末まで，文字記号はほぼ整数であり，それが自然数であるのか否かを文脈から読み取ることも期待されている．もちろん，関数や連続的な変数などとの混同は無き様に記述される．先人のなしたところを現代の記号と概念をもって表現する．代わる術無きゆえ．

[1.1] 整除への想い．太古より遍く人の心にあり．ゆえに Euclid は [Σ.VII–IX] を整数論に捧げている．その論考は等倍・等分を基とする．即ち，整数の乗法的なあり方を考察．正に本講義の目的とするところである．Euclid 整数論にては自然数のみが扱われなおかつ代数表記は未開であるが，これを考慮しない．

[1.2] $12345678987654321 = 36999999963 \cdot 333667$．右辺にて，どちらの自然数も約数であり商である．一般には，約数として負の整数も採り得る．ただし，後に §14 にて制約を加える．約

数の定義は外見上素朴そのものではあるものの，整数論におけるほぼ全ての困難はこの概念に遠近さまざまな関係を持つ．ちなみに，記法 $b|a, b\nmid a$ の使用は Landau (1927, p.3) が最初期．

[1.3]　式 (1.1) にて $|a| < |b|$ であるならば，$|q| < 1$ となり，q は整数であるゆえ $q = 0$．よって $a = 0$．この単純極まる論理が効力を発揮する場面が今後の議論に幾度か現れる．とくに，全ての整数 $\neq 0$ の倍数となるものは 0 である．一方，全ての整数の約数となるものは ± 1 である．

[1.4]　整数に限らず正負数が混在する四則演算法則は Brahmagupta (628) にて既に明確である．周知の通り，ゼロ・零 (*śūnya*; *sifr*; *zephirum*; *cypher*; *zero*) の概念は古代インドに始まるとされる．しかし，除数は零にあらずはなかなかに定まらなかった (Datta–Singh (1935, Chapter II))．一方，意外にも，続く西方の文明にては負数の受容は遅滞した (後述の註 [9.1] および §71 [**h**] (ii) を参照せよ)．

[1.5]　今日のインド・アラビア記数法 (10 進位取り) の汎用は，al-Khwarizmi (ca 825) のラテン語訳 (Adelard of Bath, 12 世紀) に始まるとされる．また，東方への旅にて学んだ Fibonacci (1202/1228: 1857, p.2) による導入 Nouem figure indorum he sunt $9,8,7,6,5,4,3,2,1$,..., et cum hoc signo 0, quod arabice zephirum appellatur, .. (原本の数字書体は異なる) に重きを置く説もある．既に Wallis (1685) は記数法と算術演算の来歴につき詳細な考察を展開している．

[1.6]　代数演算記法については現代のそれに類いするものは 17 世紀に始まるとされる．Euclid の時代には幾何学を用いた代数演算が主．長方形の対角線を測定せず基線として作図を重ねることなどである．名残は，平方数，立方数 squares, cubes などの用語にもある．定形の伝誦による演算を考慮するならば，代数の誕生は遥か有史前に遡るに違いない (§71 [**h**] (i) を見よ)．

§2.

整除性をもって整数全体を観るには，整除からの偏りを扱う必要がある．そのための基本手段として次を用いる．任意の整数 a および $b \neq 0$ について，

$$\text{唯一組の整数 } q, r, 0 \leq r < |b|, \text{ が存在し,} \qquad (2.1)$$
$$a = qb + r \text{ となる．}$$

これは，$|b|$ のとなりあう倍数の間に a を見出すこと，つまり，$l|b| \leq a < (l+1)|b|$ となる整数 l を定めることと同じであり，唯一性は自ずと明らかである．あるいは，$a = q'b + r', 0 \leq r' < |b|$, を別途得たならば，$|b(q - q')| = |r - r'| < |b|$ であり，註 [1.3] により $q - q' = 0$ かつ $r - r' = 0$．

等式 (2.1) を剰余定理と呼ぶ習わしであるが，除数 b をもって a を割り商 q と余りあるいは剰余 r を得る，とするに同じである．多少大仰になるが，行列演算を用い (2.1) を

$$(a,b)\begin{pmatrix} 1 & 0 \\ -q & 1 \end{pmatrix} = (r,b), \quad 0 \leq r < |b|, \tag{2.2}$$

あるいは

$$\begin{pmatrix} a \\ b \end{pmatrix} = \begin{pmatrix} q & 1 \\ 1 & 0 \end{pmatrix}\begin{pmatrix} b \\ r \end{pmatrix}, \quad 0 \leq r < |b|, \tag{2.3}$$

と表すこともできる．即ち，剰余定理は1次変換の一つ．

[2.1]　剰余定理の由来は不詳．整除を論じるに整除に拘泥せず整除からの偏りに等しく着目するは叡智であり科学である．

[2.2]　$12345678987654321 = 37000110852 \cdot 333666 + 110889$．この場合，除数と商との入れ換えにより (2.1) が保たれるが，もちろん一般的な事象ではない．

[2.3]　実数 x の整数部分，つまり $m \leq x < m+1$ となる整数 m を $[x]$ と記すならば (2.1) は

$$a = \begin{cases} [a/b]b + r & b > 0 \text{ あるいは } b|a, \\ ([a/b]+1)b + r & b < 0 \text{ かつ } b \nmid a. \end{cases}$$

ちなみに，常用記号 $[x]$ は Gauss により導入された (Werke II-1, p.5)．

[2.4]　自然数 a に対し，除数 $b \geq 2$ を保ち，剰余定理を繰り返し用いるならば

$$a = q_0 b + r_0$$
$$= (q_1 b + r_1)b + r_0$$
$$\cdots$$
$$= r_k b^k + \cdots + r_2 b^2 + r_1 b + r_0, \quad 0 \leq r_j < b,\ 0 \leq j \leq k,\ r_k \neq 0,$$

となる．もちろん，$r_0 = r$, $q_0 = q$．また，$b^k \leq a < b^{k+1}$．これを b を底とする a の位取り表記あるいは a の b 進展開 (b-adic expansion) と云う．各段で得られる商を b で割り余りを求めるならば，係数 r_j が一意的に定まる．例えば，2進展開は整数の高いベキ乗を扱う際に有用な手段となる．§37 以降にて実例を幾つか示す．ちなみに，位取り記法 (読み方) は伝統的に高位 (左) から低位 (右) に向かう．何故であろうか．

[2.5]　現行の電子計算は2進法演算を基礎としているが，古代エジプト算術の掛け算にても大略同様であった (Ahmes (ca 1650 BCE): Chace (1927, p.3))．例えば，乗数が 26 の場合，2進法をもって 11010 であるゆえ，2倍することを繰り返し 1, 3, 4 番の結果を加える．

[2.6]　自然数 m を2進法にて書き下す筆記量 (桁数) は $[\log m / \log 2] + 1$ である．計算複雑性理論では個々の算法の計算量 (number of *steps*) を入力桁数 (*bits*) の函数として示すことが一般である．それが多項式である場合，多項式時間算法ないし計算と言われる．以下にては，往々にして入り組む計算量評価の実際を措き，当該の算法が効率良きものであることの示唆としての

§2.　3

みこの語を用いる. 註 [49.5] を参照せよ.

[2.7] 例えば, 各整数の約数の個数を定めることは, 現在のところ, 多項式時間をもっては可能にあらず. 近未来にて一解決策となるべしと期待される構想を §§49–50 にて示す. 整数論の根底には単純にして深遠なる課題がそこかしこに.

§3.

等式 (2.1)–(2.3) の特性として, $c|a, c|b \Rightarrow c|r$. つまり, a, b の共通の約数である公約数 c は剰余 r の約数でもある. 剰余定理 (2.1) を適用するとき, 公約数は剰余の約数として保存される. この事実を用いて, a, b の正の公約数のうち最大のものである最大公約数 $\gcd\{a, b\}$ を求めることができる. ただし, $a, b = 0$ なる場合は当然に考察から外れる. また, 定義そのものから $\gcd\{a, b\} = \gcd\{|a|, |b|\} = \gcd\{|b|, |a|\}$ であるゆえ, $a, b \geq 0$ としてよい. さらに, $a = 0, b > 0$ であるならば, $\gcd\{a, b\} = b$ であることも自明. かくして, $a, b > 0$ につき剰余定理の応用の 1 段目として $\gcd\{a, b\} = \gcd\{r, b\}$ である. 左辺は a, b の公約数であるゆえ r, b を割り切り, $\gcd\{a, b\} \leq \gcd\{r, b\}$. かつ, (2.1) から r, b の公約数は a, b を割り切るゆえ, $\gcd\{a, b\} \geq \gcd\{r, b\}$ となり確かめを得る. もしも $r = 0$ ならば, $\gcd\{a, b\} = b$. 他方, $r > 0$ ならば, 2 段目の演算として r をもって b を割り, 商 q' と剰余 r' を得, $\gcd\{a, b\} = \gcd\{r, r'\}$. このとき,

$$(a, b) \begin{pmatrix} 1 & 0 \\ -q & 1 \end{pmatrix} \begin{pmatrix} 1 & -q' \\ 0 & 1 \end{pmatrix} = (r, r'), \quad 0 \leq r' < r < b. \tag{3.1}$$

操作を繰り返すならば剰余は単調に減少し, 何れは 0 に到達する. 従って, 何らかの $u, v, w, z \in \mathbb{Z}$ をもって

$$(a, b) \begin{pmatrix} u & v \\ w & z \end{pmatrix} = (d, 0) \text{ あるいは } (0, d). \tag{3.2}$$

もちろん $\gcd\{a, b\} = d$. 念のための確かめであるが, $au + bw = d$ あるいは $av + bz = d$ であり, a, b の任意の公約数は d を割り切る. 一方, 左辺の行列の行列式の値は 1 であるゆえ,

$$(a, b) = \{(d, 0) \text{ あるいは } (0, d)\} \begin{pmatrix} z & -v \\ -w & u \end{pmatrix}. \tag{3.3}$$

よって, $\{a,b\} \neq \{0,0\}$ により $d \neq 0$, かつ $d|a, d|b$ となり, d 自身もまた公約数. 確かめを終わる.

最大公約数をかく算出する技法を互除法と呼ぶ. 今後の議論において最も基本的かつ有用な算法である. この演算過程は a,b から一意的に定まる. なお, $a,b > 0$ であるとき, 演算を始めるに当たり $a \geq b$ と規定する必要は無い. 仮に $a < b$ ならば a を b で割るとき余りは a であり, a,b の役割が入れ代わる. 行列表現 (2.2) および (3.1) を用いるのは, 行列式の値を 1 に保つためである. 一方, 演算の便宜をはかるには, (2.3) を用いるがよい. §22 にて詳細を与える. 記号の簡略化として

$$\text{以後, } \gcd\{a,b\} \text{ を } \langle a,b \rangle \text{ と記す.} \tag{3.4}$$

再度注意するが, a,b 共に 0 である場合は除かれる. 一般には a,b に符合条件は課さぬが, $\langle a,b \rangle > 0$ である.

とくに重要な場合として, 定義

$$a, b \text{ は互いに素} \Leftrightarrow \langle a,b \rangle = 1. \tag{3.5}$$

このとき, a,b の一方が 0 であるならば他方は ± 1.

定理 1 共には 0 ではない $a,b \in \mathbb{Z}$ につき, 互いに素である $g,h \in \mathbb{Z}$ が存在し

$$ag + bh = \langle a,b \rangle. \tag{3.6}$$

よって, 公約数であることと最大公約数の約数であることは同義. つまり,

$$c|a, c|b \Leftrightarrow c|\langle a,b \rangle. \tag{3.7}$$

[証明] 後段は前段から明らか. 一方, g,h の存在は (3.2) の通りである. それらが互いに素であることは, (3.2) における行列の行列式の値が 1 であることから従う. 証明を終わる.

[3.1] 互除法は [Σ.VII, Props. 1–2] にて本節の先頭と同じ観察をもって適用されている. 大なる数から小なる数を繰り返し引き云々と古のひびき. Prop. 2 の系として定理 1 の後段がある. ただし, 等式 (3.6) が明示的に用いられるのは Aryabhata I (499) 以降とされる (Datta–Singh (1938, Chapter III, §13)). 既に, 互除法における符合変化 (後述の (22.11) に相当) も念頭にあった (*ibid.* p.94). 互除法そのものの起源を何処に求めるべきか. 種々の説が提出されて来ている. が, やはり '東方' における数限りない試みをまずは思うべし. これほどに太古より輝き続

§3. 5

ける算法は他にあろうか．学ぶほどに，感銘深まるのみ．

[3.2] Lamé (1844). 組 $\{a,b\}$, $a > b > 0$, に互除法を適用するとき，割り算の段数は 5ω を超えない．ここに，ω は 10 進法による b の桁数．証明を註 [25.6] にて与える．註 [2.6] の観点に立つならば，互除法は極めて効率の良い算法．ちなみに，$\langle 144, 89 \rangle$ の計算は 10 段を要する．つまり，Lamé の評価は最良．

[3.3] 実は，係数 g, h の組は無限にある．註 [6.2] を参照せよ．これは上記の互除法演算過程の一意性と矛盾するものではない．つまり，特定の一組 $\{g, h\}$ に達する手段が互除法である．なお，行列算を用い互除法を行う手法の始まりについては，註 [22.1] を見よ．

[3.4] $a = 3041543, b = 1426253$ のとき $\{q, q', q'', \ldots, q^{(8)}\} = \{2, 7, 1, 1, 5, 13, 6, 4, 2\}$. 行列算 (3.2) により，

$$(3041543, 1426253) \begin{pmatrix} 62011 & -27682 \\ -132241 & 59033 \end{pmatrix} = (0, 23), \quad \gcd = 23.$$

従って，

$$3041543 \cdot (-27682) + 1426253 \cdot 59033 = 23,$$

$$3041543 = 23 \cdot 132241, \quad 1426253 = 23 \cdot 62011.$$

また，任意の $f \in \mathbb{Z}$ をもって，

$$3041543 \cdot (-27682 + 62011f) + 1426253 \cdot (59033 - 132241f) = 23.$$

[3.5] 整数 $a, b \geq 1$, $k \geq 2$ について

$$\langle k^a - 1, k^b - 1 \rangle = k^{\langle a, b \rangle} - 1.$$

仮定 $a > b$ のもとに，$k^a - 1 = k^{a-b}(k^b - 1) + k^{a-b} - 1$ より 最大公約数は $\langle k^{a-b} - 1, k^b - 1 \rangle$ であり，操作を繰り返し，$\langle k^r - 1, k^b - 1 \rangle$. ただし，$r$ は剰余定理 (2.1) におけると同様．残るところは自明．

[3.6] 互いに素な $a, b \in \mathbb{N}$ について, $(a + b - 1)!/a!b! \in \mathbb{N}$. この値を Q とするとき，任意の $g, h \in \mathbb{Z}$ について

$$(ag + bh)Q = g \cdot \binom{a+b-1}{a-1} + h \cdot \binom{a+b-1}{b-1}$$

は整数である．互除法により $ag + bh = 1$ と採るがよい．解析学における '1 の分割' が想起されよう．

§4.

基本等式 (3.6) の別証明は，集合 $\{ax + by : x, y \in \mathbb{Z}\}$ に含まれる最小の

$d_0 \in \mathbb{N}$ が $\langle a,b \rangle$ と一致すると云う事実による．実際，$d_0 = ax_0 + by_0$ とし，$\langle a,b \rangle | d_0$．また，剰余定理の意味にて任意の $ax + by$ を d_0 にて割るならば，剰余 $r = a(x - qx_0) + b(y - qy_0)$ は負にあらずして d_0 より小であるがやはりこの集合に含まれる．従って，$r = 0$．よって，d_0 は任意の $ax + by$ を割り切る．しかるに，a, b はこの集合に含まれるゆえ，d_0 は a, b の公約数でもある．さらに，$1 = (a/d_0)x_0 + (b/d_0)y_0$ より，x_0, y_0 は互いに素．即ち，定理 1 は次と同値である．

定理 2 共には 0 ではない $a, b \in \mathbb{Z}$ につき，

$$a\mathbb{Z} + b\mathbb{Z} = \langle a,b \rangle \mathbb{Z}. \tag{4.1}$$

ただし，左辺は集合 $\{\alpha + \beta : \alpha \in a\mathbb{Z}, \beta \in b\mathbb{Z}\}$ を意味する．とくに，

$$\langle a,b \rangle = 1 \Leftrightarrow a\mathbb{Z} + b\mathbb{Z} = \mathbb{Z}. \tag{4.2}$$

[4.1] 互除法とこの論法との関係については，§22 の本文末尾を参照せよ．

[4.2] 一般性を失うこと無く $a, b > 0$ と仮定できるが，問題となる最小正値はもちろん $\min\{a, b\}$ 以下である．しかし，a, b が巨大となる場合に (2.1) を用いずに試行錯誤のみにより最小正値を定めることは実際上困難．対するに，互除法には同種の不安定感は無い．そこで，互除法をより効率良く行う方法を示しておく．剰余定理 (2.1) にて条件 $0 \leq r < b$ を外し，剰余が負となることをも可とするならば，

$$a = \tau b + \rho, \quad |\rho| \leq b/2,$$

とできる．つまり，(2.1) の商 q を時により 1 だけ増やす訳である．やはり $\langle a,b \rangle = \langle b, \rho \rangle$．そこで，$\nu$ 回繰り返すならば，剰余の絶対値は $b/2^\nu$ 以下となり，$\log b / \log 2$ を超えない操作数をもって最大公約数に達することとなる．註 [3.2] にて述べたところと比較するがよい．もちろん，これは b が巨大であるときに効果が現れ得ることであり，例えば，註 [3.4] の場合には，$\{2, 8^{(-)}, 2, 5, 13, 6, 4, 2\}$ となり，さほど違わない．ここで，$8^{(-)}$ は負の剰余が生じることを示している．一般に，この差異が生じるのは本来の互除法にて商 1 が現れるときに限られる (註 [22.5], [25.5] などを参照せよ)．ちなみに，上記の半減のごとく，探索の範囲を次第に狭める逓減論法 descente infinie ou indéfinie (Fermat (1659: Œuvre II, p.431)) が今後様々な重要場面にて現れる．その多くは矛盾を導く論旨であるが肯定をもたらす場合もある．通例の数学的帰納法と共に整数論における基本的手法の一つである．これの名手の一人は Lagrange．講述の進展と共に明らかとなろう．

[4.3] 定理 1 の証明は構成論法であり定理 2 のそれは存在論法である．等式 (4.1) は Dedekind の Ideal 論 (初版は Dirichlet (1871, §§159–163)) の端緒とも目され，言うなれば現代数学の源

の一つである (同書第 4 版 (1894, Vorwort, p.vii) も見よ). 互除法の成立は, 自然数間に大小関係があること, つまりは註 [1.3] に基づく. そこで, 大小関係を用いぬならば如何に議論すべきかは極めて本質的な課題となる. Dedekind は, (4.1) の左辺の集合をもって a, b の最大公約数と見なすことができる, と見抜いたのである. 整除性を整数集合の包含関係に置き換え得るとの認識. もっとも, (4.1) の等号 (単項性) を示すにはやはり大小関係を要する. 註 [10.6] に続く.

[4.4] 僅かに一般化し, 次を得る. 集合 $S \subseteq \mathbb{Z}$ は $u, v \in S \Rightarrow u - v \in S$ を充たすものとする. このとき, $S = s\mathbb{Z}$ となる $s \geq 0$ が存在する. Dedekind (*ibid.*, §168) により導入された *Modul* の原型.

[4.5] Dedekind (1877a, p.92) の一節はその後しばし整数論のありかたを定めたものであるとされる. 彼は, 計算のみによる議論 (説得) の不完全性のおそれを語り, 次を続ける .. il est préférable, comme dans la théorie moderne des fonctions, de chercher à tirer les démonstrations, non plus du calcul, mais immédiatement des concepts fondamentaux caractéristiques, et d'édifier la théorie de manière qu'elle soit, au contraire, en état de prédire les résultats du calcul .. 力をも入れずして天地を, の意であろうか. 複素変数函数論には確かにそのような気配がある. とは言え, 整数論上の議論において, 数値的結論の導出つまり algorithm を欠くときやはり説得の不完全感を拭えない.

§5.

上記にて modular 群 $\Gamma = \mathrm{SL}(2, \mathbb{Z})$ の元, つまり要素が整数である 2×2 行列にして行列式の値が 1 であるもの, が用いられている. その目的は (3.6) における $\{g, h\}$ に見通し良く達することにある. 一方, この手法をもって Γ の構造を定めることもできる. 即ち, 互除法を用いて次を示す.

定理 3 群 Γ は

$$T = \begin{pmatrix} 1 & 1 \\ 0 & 1 \end{pmatrix}, \quad W = \begin{pmatrix} 0 & -1 \\ 1 & 0 \end{pmatrix} \tag{5.1}$$

によって生成される.

[証明] まず, $A = \begin{pmatrix} a & b \\ * & * \end{pmatrix} \in \Gamma$ であるならば, $\langle a, b \rangle = 1$ である. 互除法 (3.1)–(3.2) により, $WT^{-1}W^{-1} = \begin{pmatrix} 1 & 0 \\ 1 & 1 \end{pmatrix}$ および T それぞれの正負ベキ, つまり $\begin{pmatrix} 1 & 0 \\ * & 1 \end{pmatrix}$, $\begin{pmatrix} 1 & * \\ 0 & 1 \end{pmatrix}$ を適宜組み合わせた積 U をもって, $(a, b)U = (1, 0)$ あるいは $(0, 1)$. 従って, $AU = \begin{pmatrix} 1 & 0 \\ * & 1 \end{pmatrix}$ あるいは $\begin{pmatrix} 0 & 1 \\ -1 & * \end{pmatrix}$ となる. 後者の場合は, $AUW = \begin{pmatrix} 1 & 0 \\ * & 1 \end{pmatrix}$. 証明を終わる.

これら生成元はごく基本的な作用素である．群 Γ は整数論に限らず数学全般の様々な場面に現れる．言うなれば，互除法が極めて広い分野に関係している訳でもある．以下にて，ときに保型 *automorphic* なる用語を用いることがある．これは Γ の作用と解釈できる事象において何れかの函数や量などが多少の変形を措き大略は '型' を保つことを意味している．さらには，それらから誘導された函数や量についても示唆として使用される（例えば，註 [15.4]）．ちなみに，2 整数変数の函数としての最大公約数は保型性を持ち，保型函数の典型例とも言える．しかし，通例ではこの語はより限定された文脈にて用いられる．また他の群の作用についても同様．

定理 3 と共に後述の定理 5 などの意味するところは，互いに素なる現象は整除に並ぶ乗法的構造が $\mathbb{Z}$ の中に存在することの証左，となろう．非整除の乗法性ないし群構造である．今後の議論にてはこの観点を常に置く．

[5.1]　$\mathrm{PSL}(2,\mathbb{Z}) = \mathrm{SL}(2,\mathbb{Z})/\{\pm 1\}$（行列への乗数 ± 1 を度外視）をもって群 Γ とすることもある．本講義にてはこれを採らず．

[5.2]　互除法（定理 1 および 2）の結果の意味するところを，変数変換 $\begin{pmatrix} x \\ y \end{pmatrix} = U \begin{pmatrix} X \\ Y \end{pmatrix}$, $U \in \Gamma$, による整数係数 1 次形式 $ax + by$ の単純な形式 $\langle a, b \rangle X$ または $\langle a, b \rangle Y$ への簡約と観ることもできる．後述の註 [24.3] および §74 に関連する．

[5.3]　Lipschitz (1857)．任意の $m \in \mathbb{N}$ につき，行列式 m の 2×2 整数行列の集合は

$$\bigsqcup \left\{ \Gamma \cdot \begin{pmatrix} a & b \\ 0 & d \end{pmatrix} \right\}, \quad ad = m, 0 \leq b < d; a, d \in \mathbb{N},$$

と分解される．ただし，記号 $\bigsqcup$ は互いに交わらぬ集合の和を意味する．実際，その様な行列 m につき，ある $\gamma \in \Gamma$ が存在し $\gamma\mathrm{m} = \begin{pmatrix} a & b \\ 0 & d \end{pmatrix}$, $ad = m$. さらに，左から T^ν, $\nu \in \mathbb{Z}$, を適宜乗ずるがよい．残る確かめは略す．この分解は，極めて重要な Hecke 作用素の定義に用いられる（Hecke (1937, §2))．YM (2011, 第 5 章) を参照せよ．註 [14.3], [95.9] に続く．

§6.

定理 1 の重要さは議論の進展と共に次第に明らかとなろう．系として，次を注意する．

定理 4

$$c | ab, \ \langle a, c \rangle = 1 \ \Rightarrow \ c | b. \tag{6.1}$$

[証明] 互除法により, k, l を採り $ak + cl = 1$. 従って, $abk + bcl = b$ となり, $c|b$ を得る. 証明を終わる.

また,

$$
\begin{align}
&(0) \quad \mathbb{Z} \ni f \Rightarrow \langle a, b \rangle = \langle a + bf, b \rangle, \\
&(1) \quad \mathbb{Z} \ni m \neq 0 \Rightarrow \langle am, bm \rangle = \langle a, b \rangle |m|, \\
&(2) \quad h | \langle a, b \rangle \Rightarrow \langle a/h, b/h \rangle = \langle a, b \rangle / |h|, \\
&(3) \quad \langle a, b \rangle = 1, \langle c, b \rangle = 1 \Rightarrow \langle ac, b \rangle = 1, \\
&(4) \quad \langle a, b \rangle = 1, a \neq 0, \mathbb{Z} \ni c \Rightarrow \langle a, bc \rangle = \langle a, c \rangle
\end{align}
\tag{6.2}
$$

なども有用である. まず, (0) は互除法の説明から自明. 次に, $\langle a, b \rangle |m|$ は am, bm の公約数であるゆえ, $\langle a, b \rangle |m| \leq \langle am, bm \rangle$. 一方, (3.6) により, 適宜に g, h を採り, $\langle a, b \rangle m = (ag + bh)m = amg + bmh$. 従って, $\langle a, b \rangle m$ は $\langle am, bm \rangle$ により割り切れ, $\langle am, bm \rangle \leq \langle a, b \rangle |m|$. かくして (1) を得る. (2) は (1) の系. (3) については, $\langle ac, b \rangle = d$ とするならば, $d|b$ であるゆえ, $\langle d, a \rangle = 1$. 一方, $d|ac$ と (6.1) から, $d|c$. これより d は b, c の公約数となり, $d = 1$. (4) については, $\langle a, bc \rangle = d$ と置くとき, $d|bc$ より $d|c$. 何故ならば, $d|a$ より $\langle b, d \rangle = 1$. つまり, d は a, c の公約数であり, $d \leq \langle a, c \rangle$. 一方, $\langle a, c \rangle | \langle a, bc \rangle$ は自明. 従って, (4) を得る.

さらに, より一般的に,

$$ c|ab \quad \Rightarrow \quad \frac{c}{\langle a, c \rangle} \bigg| b. \tag{6.3} $$

実際, $(c/\langle a, c \rangle) | (a/\langle a, c \rangle)b$ かつ (2) から $\langle a/\langle a, c \rangle, c/\langle a, c \rangle \rangle = 1$. また, (3) を繰り返し用いることにより, $\langle a, b \rangle = 1 \Rightarrow \langle a^m, b^n \rangle = 1, m, n \geq 0$.

[6.1] 根底的な定理 4 は [Σ.VII, Prop. 20] と実質同じである. この命題は [Σ.VII–IX] にて多用されている. それは (6.1) の一般化を基礎とする代数的整数論の方針と一致する. あるいはむしろ, 後者はかく組み立てられている, と言うべき. [Σ.VII, Props. 23–28] は (6.2) を含む.

[6.2] 等式 (3.6) を充たす係数の組 $\{g, h\}$ は無限にある. 実際, $a_1 = a/\langle a, b \rangle$, $b_1 = b/\langle a, b \rangle$ とし, 特定の g, h 各々を $g + b_1 t, h - a_1 t, t \in \mathbb{Z}$, に置き換えるならば, (3.6) が充たされる. これらに限ることは (6.1) ないし (6.3) の応用として示される. つまり, 他の組を $\{g_1, h_1\}$ とし, $a(g - g_1) = b(h_1 - h)$. 両辺を $\langle a, b \rangle$ をもって割るがよい.

§7.

最大公約数は, 全てが 0 ではない任意個数の $a_j \in \mathbb{Z}, j \leq J$, についても同様に定義され, $\langle a_1, a_2, \ldots, a_J \rangle$ と記される. 上記の定理 2 の証明は容易に拡張され,

$$\sum_{j=1}^{J} a_j g_j = \langle a_1, a_2, \ldots, a_J \rangle, \quad \langle g_1, g_2, \ldots, g_J \rangle = 1, \tag{7.1}$$

となる $g_j \in \mathbb{Z}$ が存在すると知れる. あるいは §3 の行列算の拡張によることもできるが, 後述の定理 5 はそれの一般化であるゆえ, ここでは詳細を略す. 何れにせよ, 定理 1 の後段にならい,

$$c | a_j, 1 \leq j \leq J \quad \Leftrightarrow \quad c | \langle a_1, a_2, \ldots, a_J \rangle, \tag{7.2}$$

公約数 $\Leftrightarrow$ 最大公約数の約数.

応用として, $\{a_1, a_2, \ldots, a_J\} \subset \mathbb{N}$ を互いに交わらぬ部分集合 K 個に分けそれぞれに含まれる整数の最大公約数を $\{d_1, d_2, \ldots, d_K\}$ とするならば,

$$\langle a_1, a_2, \ldots, a_J \rangle = \langle d_1, d_2, \ldots, d_K \rangle. \tag{7.3}$$

両辺が互いの因数であることは (7.2) から容易に従う. 定義 (3.5) を多少拡張し次を導入する.

$$\{a_1, a_2, \ldots a_J\} \text{ は互いに素} \quad \Leftrightarrow \quad \langle a_1, a_2, \ldots, a_J \rangle = 1. \tag{7.4}$$

$$\text{ただし, } \langle a_j, a_k \rangle = 1, j \neq k, \text{ なる場合には別途に述べる.} \tag{7.5}$$

なお, (6.2) を $J \geq 3$ の場合に拡張することは容易であり省略する.

[7.1] [Σ.X, Prop. 4, 系] は (7.2) に対応する. また, [Σ.VII, Prop. 3] は $\langle a, b, c \rangle = \langle \langle a, b \rangle, c \rangle$ なる命題である. 従って, (7.3) に対応する. つまり, (7.1) の $\{g_j\}$ は 2 整数間の互除法 (3.6) を積み重ねることにより得られる.

[7.2] Mertens (1897). $\{a_1, a_2, \ldots, a_J, m\}$, $J \geq 2$, が互いに素 (7.4) であるとき, 適宜に $\{x_1, x_2, \ldots, x_J\}$ を採るならば,

$$\langle a_1 + mx_1, a_2 + mx_2, \ldots, a_J + mx_J \rangle = 1.$$

まず, (7.3) に注意し, $\langle a_1, a_2, \ldots, a_J \rangle = b$, $sb + tm = 1$,

$$\sum_{j=1}^{J} a_j \lambda_j = b, \quad \sum_{j=1}^{J} a_j \mu_j = 0, \quad \langle \mu_1, \mu_2, \ldots, \mu_J \rangle = 1,$$

とする。例えば、$a_1 a_2 \neq 0$ の場合、$\mu_1 = a_2/\langle a_1, a_2 \rangle$, $\mu_2 = -a_1/\langle a_1, a_2 \rangle$, $\mu_j = 0, j > 2$. このとき、$\gamma_j = \mu_j + s\lambda_j$ について、$\langle \gamma_1, \gamma_2, \ldots, \gamma_J \rangle = 1$. 実際、$\sum_{j=1}^{J}(a_j/b)\gamma_j = s$ であるゆえ、$u|\gamma_j, j \leq J$, ならば $u|s$. 従って $u|\mu_j, j \leq J, \Rightarrow u = 1$. そこで、$\sum_{j=1}^{J} \gamma_j \xi_j = 1$ とし、$x_j = t\xi_j$ と採り、

$$\sum_{j=1}^{J}(a_j + mx_j)\gamma_j = sb + tm = 1.$$

例として、註 [3.4] から、$\langle 3041543, 1426253, 94 \rangle = 1$, $b = 23$, $m = 94$; $\lambda_1 = -27682$, $\lambda_2 = 59033$; $\mu_1 = 1426253/23 = 62011$, $\mu_2 = -3041543/23 = -132241$. 互除法により、

$$(23, 94) \begin{pmatrix} 45 & -94 \\ -11 & 23 \end{pmatrix} = (1, 0).$$

つまり、$s = 45, t = -11$; $\gamma_1 = -1183679$, $\gamma_2 = 2524244$. 再び互除法により

$$(1183679, 2524244) \begin{pmatrix} -59033 & -2524244 \\ 27682 & 1183679 \end{pmatrix} = (1, 0).$$

よって、$\xi_1 = 59033$, $\xi_2 = 27682$; $x_1 = -649363$, $x_2 = -304502$; $a_1 + mx_1 = -57998579$, $a_2 + mx_2 = -27196935$. 三たび互除法により、

$$(57998579, 27196935) \begin{pmatrix} 1183679 & -27196935 \\ -2524244 & 57998579 \end{pmatrix} = (1, 0).$$

[7.3] Gauss [DA, art. 234]. 整数行列

$$A = \begin{pmatrix} a_1 & a_2 & \ldots & a_n \\ a_1' & a_2' & \ldots & a_n' \end{pmatrix}, B = \begin{pmatrix} b_1 & b_2 & \ldots & b_n \\ b_1' & b_2' & \ldots & b_n' \end{pmatrix}, n \geq 3,$$

にて、A の全 2×2 小行列式の最大公約数は 1 であり、B の各 2×2 小行列式は対応する A の小行列式の k 倍であるとする。このとき、2×2 行列 K を適宜に選び、

$$B = KA, \quad \det K = k.$$

まず、(7.1) により

$$\sum_{i,j} \alpha_{ij} \begin{vmatrix} a_i & a_j \\ a_i' & a_j' \end{vmatrix} = 1$$

と整数 α_{ij} を定め、

$$u = \sum_{i,j} \alpha_{ij} \begin{vmatrix} b_i & b_j \\ a_i' & a_j' \end{vmatrix}, v = \sum_{i,j} \alpha_{ij} \begin{vmatrix} a_i & a_j \\ b_i & b_j \end{vmatrix},$$

$$w = \sum_{i,j} \alpha_{ij} \begin{vmatrix} b_i' & b_j' \\ a_i' & a_j' \end{vmatrix}, z = \sum_{i,j} \alpha_{ij} \begin{vmatrix} a_i & a_j \\ b_i' & b_j' \end{vmatrix}$$

と置くならば、$ua_g + va_g' = b_g$, $wa_g + za_g' = b_g'$. 前者は

$$a_g \begin{vmatrix} b_i & b_j \\ a'_i & a'_j \end{vmatrix} + a'_g \begin{vmatrix} a_i & a_j \\ b_i & b_j \end{vmatrix} = b_i \begin{vmatrix} a_g & a_j \\ a'_g & a'_j \end{vmatrix} - b_j \begin{vmatrix} a_g & a_i \\ a'_g & a'_i \end{vmatrix}$$

$$= \frac{1}{k} \left(b_i \begin{vmatrix} b_g & b_j \\ b'_g & b'_j \end{vmatrix} - b_j \begin{vmatrix} b_g & b_i \\ b'_g & b'_i \end{vmatrix} \right) = \frac{b_g}{k} \begin{vmatrix} b_i & b_j \\ b'_i & b'_j \end{vmatrix} = b_g \begin{vmatrix} a_i & a_j \\ a'_i & a'_j \end{vmatrix}$$

より従う．後者も同じ．つまり，$K = \begin{pmatrix} u & v \\ w & z \end{pmatrix}$ と採る．

[7.4]　定義 (7.4)–(7.5) については注意を要する．[Σ.VII, Def. 12] にては，これら 2 状態の分離は不明確．今日一般には，(7.5) を *mutually prime, relatively prime in pairs* などと表現する．Dirichlet (1871/1894, §6) にては，(7.4) は *Zahlen ohne gemeinschaftlichen Theiler*; (7.5) は *je zwei* von ihnen relative Primzahlen sind と明確である (*relative Primzahlen* と略記)．Euler (1733b, p.20) にては，(7.5) は *numeros inter se primos*．[DA, art. 19] にても同様．

§8.

整数係数の 1 次不定方程式とは，全ては 0 ではない整数 $\{c_1, \ldots, c_n\}$ および $u \in \mathbb{Z}$ について，

$$\sum_{l=1}^{n} c_l x_l = u, \quad n \geq 2, \tag{8.1}$$

を充たす整数 $\{x_l\}$ を求めることである．前節の議論から $\langle c_1, c_2, \ldots, c_n \rangle | u$ であることが解を持つための必要充分条件である，と容易に知れる．解は互除法における行列計算から得られる．最大公約数を与える列を定め $u/\langle c_1, c_2, \ldots, c_n \rangle$ を乗ずるがよい．もちろん，$n = 2$ の場合をもって既に充分に一般的である．

[8.1]　無人島に水夫 5 人と猿 1 頭が漂着．島には椰子の林．水夫達は椰子の実を山と集め，食料の準備をした．しかし，互いの信用に欠ける彼らは自分の取り分を確保しようと考えた．まず 1 人が夜中に起き 5 等分したが 1 個余り，それを猿に与え取り分を隠した．次に 2 人目の水夫が起き残りを 5 等分したがやはり 1 個余り猿に与え取り分を隠した．後の 3 人の水夫も次々と同様に目の前にある椰子の実の山を 5 等分し取り分としたがそれぞれ 1 個の余りがあり，それを猿に与えた．こうして，翌朝皆で残りの椰子の実を 5 等分したが 1 個余り猿に与えた．椰子の実の山には始めに何個あったのか．これは '椰子の実と水夫と猿' として知られる不定方程式の問題である．由来については諸説あり．少々一般的に水夫を m 人とする．椰子の実の個数を x，水夫それぞれが隠した個数を $k_1, k_2, \ldots, k_m$ とするならば，$x = mk_1 + 1$, $x - (k_1 + k_2 + \cdots + k_j + j) = mk_{j+1} + 1$. よって，$k_{j+1} + 1 = (1 - 1/m)(k_j + 1)$. 翌朝の取り分を y とし，$(m-1)^m x - m^{m+1} y = m^{m+1} - (m-1)^{m+1}$. 水夫は 5 人であるから，$1024x - 15625y = 11529$. 互除法により，

$$(1024, 15625) \begin{pmatrix} 15625 & -4776 \\ -1024 & 313 \end{pmatrix} = (0, 1).$$

註 [6.2] により, $x = 15625t - 4776 \cdot 11529$, $y = 1024t - 313 \cdot 11529$, $t \in \mathbb{Z}$. 従って, $x > 0$ の最小値は $t = 3525$ のときである. 集められた椰子の実の個数は最小であるとして, $15621 = 4147 + 3522 + 3022 + 2622 + 2302 + 6$. 右辺は水夫それぞれと猿が得た椰子の実の個数である. しかし, これはやや不自然である. そこで, 翌朝に猿の取り分は無かったものとするならば, 最小個数は $3121 = 828 + 703 + 603 + 523 + 459 + 5$. あるいはむしろ, 水夫 4 人とするならば, 最小個数は $1021 = 335 + 271 + 223 + 187 + 5$. この様に, 1 次不定方程式においては, 係数 (つまり, 境界条件 *side condition*) の僅かな変化が解の大きな変動を引き起こす. 整除性の要求が背後にあるがゆえである.

[8.2] ちなみに, Euler (1733b) の手法により $1024x - 15625y = 11529$ の整数解を求めてみる. まず, $15625 = 15 \cdot 1024 + 265$, $11529 = 11 \cdot 1024 + 265$. よって, $x = 15y + 11 + 265(y+1)/1024$. 右辺の第 3 項は整数であるゆえ, $t \in \mathbb{Z}$ があり $265y = 1024t - 265$. 同じく, $1024 = 4 \cdot 265 - 36$ により, $y = 4t - 1 - 36t/265$. 従って, $t = 265u/36$, $u \in \mathbb{Z}$. 操作を繰り返し, $265 = 7 \cdot 36 + 13 \Rightarrow t = 7u + 13u/36 \Rightarrow 36 = 3 \cdot 13 - 3 \Rightarrow u = 36v/13 = 3v - 3v/13$, $v \in \mathbb{Z}$. さらに, $13 = 4 \cdot 3 + 1 \Rightarrow v = 4w + w/3 \Rightarrow w = 3z, z \in \mathbb{Z}$. 逆行し, $y = 1024z - 1$, $x = 15625z - 4$. 従って, $z = 1$ のときに最小解が与えられ, 上記の通り. 言うまでもなく, 互除法の一変形である. 古典期インド数学における論法と同様 (註 [3.1]).

[8.3] しかし, 特解 $\{-(m-1), -1\}$ の存在と共に $\langle (m-1)^m, m^{m+1} \rangle = 1$ (§6 本文末) を用いるならば, 解はごく迅速かつ一般的に求められる. つまり, 関係式

$$(m-1)^m (x + m - 1) = m^{m+1}(y+1)$$

より, $x = m^{m+1}l - m + 1$, $y = (m-1)^m l - 1$. 従って, x の最小値は $l = 1$ のときであり, $m^{m+1} - m + 1$.

[8.4] $\{n, u, c_1, \ldots, c_n\}$ の何れもが大なるとき, 各 x_l の変域に制限を課した上にて (8.1) を解き, 解の個数を明示的に定めることは一般的には容易にあらず. 既に $n = 2$ の場合からも推測されることである. 条件 $a, b, c > 0$, $\langle a, b \rangle = 1$, のもとに, $ax + by = c$ の解 $x, y > 0$ の個数を $A(c; a, b)$ とするならば,

$$|A(c; a, b) - \tau| \leq 1, \quad \tau = [c/ab],$$

であり, これは最良評価 (等号を外せない). 確かめであるが, 任意の解 x_0, y_0 を定めるならば, 註 [6.2] から一般に $x = x_0 + bt$, $y = y_0 - at$, $t \in \mathbb{Z}$. そこで, $x, y > 0 \Leftrightarrow -x_0/b < t < y_0/a$. この開区間の長さは $x_0/b + y_0/a = c/ab$. まず, $c/ab \leq 1$ であるならば, 区間に含まれる整数の個数 A は高々 1 であり, 不等式は自明. そこで, $c/ab > 1$ とするならば, $A \geq 1$ であるが, (1) 両端点が整数である場合, つまり $ab|c$ であるときには $A = \tau - 1$. (2) 片方のみが整数, つまり $a|c, b \nmid c$ あるいは $a \nmid c, b|c$ であるならば $A = \tau$. (3) 共に整数ではない場合, つまり $a \nmid c, b \nmid c$ の

ときには, 端点と区間内の整数点との最短距離 (容易に知れるが, a, b, c のみから定まる) を η_1, η_2 として, $A - 1 + \eta_1 + \eta_2 = c/ab$. よって, $\eta_1 + \eta_2 < 1$ ならば $A = \tau + 1$ であり, $\eta_1 + \eta_2 > 1$ ならば $A = \tau$. 例えば, $A(1001; 7, 11) = 12$ は (1) に, $A(1008; 7, 11) = 13$ は (2) に対応する. また, $A(1019; 7, 11) = 14$ は (3), $\eta_1 + \eta_2 < 1$, の場合である. つまり, $\tau - 1, \tau, \tau + 1$ の何れもが A の値となり得る. あるいは Barlow (1811, pp.323–327) にならい, $au - bv = 1$, $u, v > 0$, とするならば, 解は $x = cu - bt, y = at - cv$ であり, $A(c; a, b) = [cu/b] - [cv/a]$. ただし, $b|c$ のときには, 1 個減らす.

[8.5] 整数論の課題全般において, 明確かつ実効的な算法をもって解答をなし得るものは僅少である. 1 次不定方程式はその貴重な例. 実際, 主に第 4 章にて観ることとなるが, 2 次不定方程式は既に相当な困難をもたらし, より高次の場合には現今も簡易にして確たる汎用算法は未だし. 個々様々な躍進がなされてはいるものの, 現状の大勢は Smith (1859, art. 7) が嘆いたところと大差無い. 逆説的ながら, この事実こそ整数論の *the true charm*.

§9.

さらに, 整数係数の連立 1 次不定方程式

$$\sum_{l=1}^{n} c_{kl} x_l = u_k, \quad 1 \le k \le m, \tag{9.1}$$

の整数解を考察する. 論法は (3.2) へ向かう手法の拡張であり, 係数行列 $C = (c_{kl})$ の Smith 標準形への簡約がもたらされる.

定理 5 行列 C に左右からそれぞれ m 次, n 次の正方形整数行列 A, B ($\det A, \det B = \pm 1$) を乗じ

$$ACB = \left(g_k \delta_{k,l}\right) \tag{9.2}$$

と変換できる. ただし, $\delta_{k,l}$ は Kronecker δ-記号であり, $g_k \ge 0$ は C のみから定まり

$$\begin{aligned} & g_k | g_{k+1}, 1 \le k \le r - 1, \\ & g_k = 0, r < k; r = \operatorname{rank} C. \end{aligned} \tag{9.3}$$

[証明] C は零行列ではないとしてよい. そこで, c_{uv} を集合 $\{c_{kl} \ne 0\}$ 内にて絶対値最小のものとする. 剰余定理 (2.1) により, s_k, t_k, s'_l, t'_l を採り, $c_{kv} = s_k c_{uv} + t_k, k \ne u, c_{ul} = s'_l c_{uv} + t'_l, l \ne v, 0 \le t_k, t'_l < |c_{uv}|$, とする. 第 k 行から第 u 行の s_k 倍を次々と引く. 続いて, 第 l 列から第 v 列の s'_l 倍を次々と引く. ここで t_k, t'_l が全て 0 である場合には, 得られた行列において行と列を

入れ換え c_{uv} を左上隅に移す. これらの操作それぞれは A, B と同じ型の単純な行列を左右から C に乗じることにより実現される. 一方, 何れかの t_k, t'_l が 0 でない場合には, 同行列の要素のうちに絶対値が正かつ最小 $< |c_{uv}|$ であるのもの が存在する. それをもって同じ変換操作を繰り返す. つまりは, 記号を読み換えの上 $c_{k1} = 0, c_{1l} = 0, k, l > 1$ なる状態を得る. もちろん, $c_{11} > 0$ としてよい. 帰納法により, C は, 行列 $(f_k \delta_{k,l})$ へと変換されるものと知れる. ただし, $f_k = 0$, $r < k$. そこで, さらに $\{f_k\}$ を変形し $\{g_k\}$ に移す. このために, (3.6) により, $\alpha f_1 + \beta f_2 = \langle f_1, f_2 \rangle, f_1/\langle f_1, f_2 \rangle = f'_1, f_2/\langle f_1, f_2 \rangle = f'_2$, とし,

$$\begin{pmatrix} \alpha & 1 \\ -1 + \alpha f'_1 & f'_1 \end{pmatrix} \begin{pmatrix} f_1 & 0 \\ 0 & f_2 \end{pmatrix} \begin{pmatrix} 1 & -f'_2 \\ \beta & 1 - \beta f'_2 \end{pmatrix} \\ = \begin{pmatrix} \langle f_1, f_2 \rangle & 0 \\ 0 & f'_1 f'_2 \langle f_1, f_2 \rangle \end{pmatrix}. \tag{9.4}$$

両辺の行列をそれぞれ拡張し行列 $(f_k \delta_{k,l})$ を変換したものと見るならば, 記号を読み換えの上 $f_1 | f_2$. 次いで, 各 $\{f_1, f_k\}, k \geq 3$, に対し変換を繰り返し行い, 読み換えの後に, $f_1 | f_k, 2 \leq k \leq r$. 同様の変換をもって, やはり読み換えの後に, $f_2 | f_k, 3 \leq k \leq r$. このとき, $f_1 | f_2$ はそのままに成立している. かく操作を進め $\{g_k\}$ に達する. 残るは, $\{g_k\}$ の一意性であるが, $\{d_k^{(\nu)}\}$ を C の全ての k 次小行列式とし, これらの最大公約数を d_k とするならば

$$d_k = g_1 g_2 \cdots g_k, \ 1 \leq k \leq r; \ \text{つまり}, \ g_k = d_k/d_{k-1} \ (d_0 = 1). \tag{9.5}$$

確認のために, まず行列 AC の各行は C の行の整数係数 1 次結合であることに注意する. とくに, AC の各 k 次小行列式は $\{d_k^{(\nu)}\}$ の整数係数 1 次式である. よって d_k の倍数. また, ACB の各 k 次小行列式は AC のそれらの整数係数 1 次式であり, 従って d_k の倍数. しかるに, ACB の各 k 次小行列式の最大公約数は明らかに $g_1 g_2 \cdots g_k$. つまり, (7.2) により, $d_k | (g_1 g_2 \cdots g_k)$. 逆に, $A^{-1}(ACB)B^{-1}$ に同じ考察を加えるならば, $(g_1 g_2 \cdots g_k) | d_k$. 定理の証明を終わる.

元の連立 1 次不定方程式に戻り,

$$B^{-1} \cdot {}^t\{x_1, .., x_n\} = {}^t\{y_1, .., y_n\}, \quad A \cdot {}^t\{u_1, .., v_m\} = {}^t\{v_1, .., v_m\} \tag{9.6}$$

と置くならば, 同値な方程式系として

$$g_k y_k = v_k, \ 1 \leq k \leq r; \quad 0 = v_k, \ r < k, \tag{9.7}$$

を得る. 解があるためには $g_k|v_k$, $1 \leq k \leq r$ および $0 = v_k$, $r < k$ が充たされていることが必要充分となる. つまり, 不定方程式 (8.1) の整数解の存在に関する判定条件の一般化である.

[9.1] 定理 5 は Smith (1861b) による. 列 $\{g_k\}$ を C の不変因子 *invariant factors* と呼ぶが, この名称の使用については混乱が認められる. 註 [31.7] を見よ. 連立 1 次不定方程式一般については, Bachmann (1898, Zweiter Abschnitt, Drittes Capitel) に詳細な議論がある. ちなみに, 紀元前後の中国にて Smith 法につながる解法 (整数 Gauss 消去法) が知られていた. 従って負数の認識も認められる. しかし, それらの後の文明への伝播は不詳.

[9.2] 行列 C を $\mathbb{C}$ 上の多項式を要素とする行列に置き換えるならば, 多項式の演算 (§70) をもって C を変換し, 不変因子に相当する多項式を得る. それの応用として, Jordan 標準形の導出がある. つまり, 線形代数学の基礎は互除法と密接に関係する. 例えば, Gantmacher (1959, Chapter VI) を参照せよ.

[9.3] $\{a_1, a_2, \ldots, a_J\}$ が互いに素 (7.4) であるとき, その第 1 行が $\{a_1, a_2, \ldots, a_J\}$ であり要素が全て整数である J 次正方行列 K が存在し, $\det K = 1$. これは, 定理 5 の系である. 実際, $(a_1, a_2, \ldots, a_J)B = (g_1, 0, \ldots, 0)$ より g_1 は $\{a_j\}$ の公約数であるゆえ, $g_1 = 1$. よって, $\det B = 1 \Rightarrow K = B^{-1}$. また, $\det B = -1$ ならば, B^{-1} の第 2 行の符号を変え K とする.

[9.4] 整数要素の縦ベクトル $\mathbf{x} = {}^t\{x_1, x_2, \ldots, x_n\}$ の集合 $\mathbb{Z}^n$ は要素ごとの加減算をもって Abel 群となる. 集合 $\{\mathbf{x}_j\}$ が群 $\mathbb{Z}^n$ の基底 (basis) であるとは, 任意の $\mathbf{x} \in \mathbb{Z}^n$ を $\mathbf{x} = \sum_j a_j \mathbf{x}_j$, $a_j \in \mathbb{Z}$, と一意的に表すことができる場合を云う. この意味にて整数要素の n 次正方行列 K, $\det K = \pm 1$, の n 個の列は底である. 逆も真. 実際, 任意の基底 $\{\mathbf{x}_j\}$ をもって ${}^t\{\delta_{1,j}, \delta_{2,j}, \ldots, \delta_{n,j}\}$, $j = 1, \ldots, n$, を表現してみるがよい. ちなみに, Abel 群なる用語は Weber (1882, p.304) に始まるとされる (註 [53.2] を参照せよ).

[9.5] Rank n の自由 Abel 群 G とは, $\mathbb{Z}^n$ に同型な群である. G の底とは同型を通じ前項の定義を流用する. このとき, G の部分群 H はやはり自由 Abel 群である. 証明であるが, $G = \mathbb{Z}^n$ を扱えば足りる. 註 [4.4] により, $\{x_1 : \mathbf{x} \in H\} = h\mathbb{Z}$. この h をもたらす H の元を $\mathbf{h}$ とするならば, $H = \mathbb{Z}\mathbf{h} \oplus H'$ (直和). ただし, $H' = \{\mathbf{x} \in H : x_1 = 0\}$. ここで, $h = 0$ ならば $H = H'$. 操作を続け, $H \cong \mathbb{Z}^m$, $m \leq n$, となり自由 Abel 群を得る. 証明を終わる. そこで H の底を $\mathbf{h}_j$, $j = 1, \ldots, m$, とし $n \times m$ 行列 $\{\mathbf{h}_1, \ldots, \mathbf{h}_m\}$ に定理 5 を $(n, m$ を入れ替えの後) 応用するならば, G の底 $\{\mathbf{y}_j\}$ が存在し $H = g_1 \mathbb{Z} \mathbf{y}_1 \oplus \cdots \oplus g_m \mathbb{Z} \mathbf{y}_m$, $g_j | g_{j+1}$. これら $\{g_j\}$ を部分群 H の不変因子と云う. 底の採り方には関係せず H のみにより定まる. 註 [31.5] に続く.

§10.

今後の議論の核は素数である.

$$\text{自然数 } p \geq 2 \text{ は素数} \Leftrightarrow \{1 < d < p : d | p\} = \emptyset. \tag{10.1}$$

つまり, $p = ab \geq 2, a, b \geq 1$, ならば, a, b のどちらかは p に一致する. もちろん, この伝統的な定義のみにて一向に不都合は無いのではあるが, 互いに素なる状態 (3.5) を再考することにより背景説明を試みる.

まず, 任意の整数 $a \neq 0$ について $\langle a, 0 \rangle = |a|$ であることから,

$$\text{全ての整数と互いに素となる整数は } \pm 1 \text{ のみである}. \tag{10.2}$$

他方, 当然ながら, 任意の $q \geq 2$ は集合 $q\mathbb{Z}$ 内の如何なる整数とも互いに素とはならない. そこで, 次の臨界的な状態が注目されよう.

$$\text{整数 } \varpi \geq 2 \text{ は } \varpi\mathbb{Z} \text{ に含まれない全ての整数と互いに素}. \tag{10.3}$$

例えば 2 はそのような自然数であり, 集合 $\{\varpi\}$ は空ではない. これら何れの ϖ についても $\varpi\mathbb{Z}$ は集合の族 $\{q\mathbb{Z} : q = 2, 3, 4, \ldots\}$ のうちにて極大. つまり, $\varpi\mathbb{Z} \subsetneq q\mathbb{Z} \subsetneq \mathbb{Z}$ となる $q\mathbb{Z}$ は存在しない. 仮に存在するならば, $q \notin \varpi\mathbb{Z}$ であり, $\langle \varpi, q \rangle = 1$. 一方 $\varpi \in q\mathbb{Z}$ から $\langle \varpi, q \rangle = q$. よって $q = 1$ となり, 矛盾. これら観察を解釈し直し, 定義 (10.1) に導かれる. 実際, 素数全ての集合は $\{\varpi\}$ と一致する. 何故ならば, ϖ が $1 < d < \varpi$ なる約数を持つならば, $\varpi\mathbb{Z} \not\ni d$ であるにもかかわらず $\langle d, \varpi \rangle = d$ となり, (10.3) が充たされず矛盾. よって, ϖ は素数である. 一方, 素数 p について $n \notin p\mathbb{Z}$ であるならば $\langle p, n \rangle \neq p$ かつ $\langle p, n \rangle | p$ であるゆえ, $\langle p, n \rangle = 1$ となり, p は (10.3) を充たす. つまり, 素数は自明にあらず最も素な自然数. 自明とは (10.2) を指し, 最も素とは定義 (10.1) が (10.3) と同値であることを意味する.

加えて, 素数は最も独立した存在とも言える. これの説明のために, 次の観察を行う.

$$\begin{array}{c}\text{互いに素な二つの自然数による整除は,}\\ \text{独立した事象である.}\end{array} \tag{10.4}$$

まず定義を行うが, 整数 $a, b \neq 0$ の双方の倍数であるものを公倍数, それらのうちにあり正かつ最小のものを最小公倍数と呼び $[a, b]$ と記す. 閉区間との混同無きように扱われよう. このとき,

$$a\mathbb{Z} \cap b\mathbb{Z} = [a, b]\mathbb{Z}. \tag{10.5}$$

左辺は a, b の公倍数全体と一致するが, (2.1) にならい, a, b の任意の公倍数を $[a, b]$ をもって割るならば, 剰余は $[a, b]$ よりも小でありながらやはり公倍数である. 従って, 註 [1.3] により 0 となり, 右辺を得る ([Σ.VII, Prop. 35]). さらに,

$$\langle a, b \rangle [a, b] = |ab|. \tag{10.6}$$

証明であるが, $a = d\alpha$, $b = d\beta$, $d = \langle a, b \rangle$ とするとき, $[a, b] = d[\alpha, \beta]$. 何故ならば, $d[\alpha, \beta]$ は a, b の公倍数であり, $d[\alpha, \beta] \geq [a, b]$. 一方, $[a, b]/d$ は α, β の公倍数であるゆえ, $[a, b]/d \geq [\alpha, \beta]$. つまり, $[a, b] = d[\alpha, \beta]$. よって, もとにもどり, $[\alpha, \beta] = |\alpha\beta|$ を示すことをもって足りる. そこで, $[\alpha, \beta] = \alpha c$ とするならば, (6.2) の (2) より $\langle \alpha, \beta \rangle = 1$ であるゆえ, (6.1) を参照し, $\beta | \alpha c$ から $\beta | c$ が従う. つまり $\alpha\beta | [\alpha, \beta]$. しかるに $|\alpha\beta|$ は α, β の公倍数であり, $[\alpha, \beta] \leq |\alpha\beta|$. 証明を終わる. なお, (10.5) の左辺を $[a, b]$ の定義式と観ることもできる. 実際, 註 [4.4] により, 左辺は $s\mathbb{Z}$ であり, s は最小公倍数の定義を充たす. また, (10.6) は, 互除法 (3.6) をもって最小公倍数を求める方法を与える. [Σ.VII, Prop. 34] と同一.

観察 (10.4) の説明に戻るが, (10.5)–(10.6) から, $a, b \in \mathbb{N}$ につき,

$$\langle a, b \rangle = 1 \Leftrightarrow a\mathbb{N} \cap b\mathbb{N} = ab\mathbb{N}. \tag{10.7}$$

これを直感的に表現するならば, $\mathbb{N}$ 内の事象としては自然数が a, b にて割り切れる確率はそれぞれ $1/a, 1/b$ であり, (10.7) はそれらの積が共通事象の確率に等しい, ということを示唆している. つまり, $a\mathbb{N}, b\mathbb{N}$ は言わば独立な事象であるとできよう. この独立性の議論は a, b の片方が 1 に等しいならばもちろん意味が無い. かく観るならば, $\mathbb{N}$ における事象の族 $\{n\mathbb{N} : n = 2, 3, 4, \ldots\}$ において, 各素数 p につき,

$$n\mathbb{N} \not\subset p\mathbb{N} \Rightarrow p\mathbb{N} \cap n\mathbb{N} = pn\mathbb{N} \tag{10.8}$$

となり, $p\mathbb{N}$ は極めて独立性が高い事象と言える. 実際, 左辺は $n \notin p\mathbb{N}$ を意味するゆえ, $\langle p, n \rangle = 1$ であり, (10.7) より右辺が従う. 以上をもって基本定義 (10.1)

の解説を終わる.

なお, 目下の素数の独立性はあくまでも $\mathbb{Z}$ における整除性に関するところである. 実際は, 素数間の緊密な従属性を示す事象もある. その典型例は §60 にて現れる.

以下巻末にいたるまで, 通常

$$\text{記号 } p \text{ は添字の有無に関わらず素数を表す.} \tag{10.9}$$

また, §5 の後段に沿い次も念頭に置く.

$$\text{素数は } \mathbb{N} \text{ 上の, 互いに素は積集合 } \mathbb{N}^r \ (r \geq 2) \text{ 上の概念.} \tag{10.10}$$

素数である約数を素因数と言い, 重複も含め素因数を 2 個以上持つ自然数を合成数という.

$$\mathbb{N} = \{1\} \sqcup \{\text{素数}\} \sqcup \{\text{合成数}\}. \tag{10.11}$$

実際, 整数 $a > 1$ が素数ではないならば, (10.1) の対偶により $1 < b < a$ なる因数 b を持つ. つまり, $a = bc, 1 < b, c < a$. 帰納法を a の大きさに関して用いるならば, b, c はそれぞれ素数であるか合成数. よって a は合成数.

定理 6 与えられた実数 $x > 0$ 以下の素数の個数を $\pi(x)$ と表記するとき,

$$\lim_{x \to \infty} \pi(x) = \infty. \tag{10.12}$$

[証明] 任意に $y \geq 2$ を採り, 奇数

$$\mathrm{p}(y) = \prod_{p \leq y} p + 1 \tag{10.13}$$

の素因数を考察する. まず, $\mathrm{p}(y)$ が素数ならば, y よりも大なる素数が存在することとなる. 他の場合には, (10.11) により合成数であり, 素因数 p' が存在する. このとき, $p' > y$ である. 何故ならば, y 以下の素数をもって $\mathrm{p}(y)$ を割るならば余り 1 が生じ割り切ることはあり得ない. かくして, 任意に与えられた限界よりも大なる素数が存在する. 証明を終わる.

[10.1] 素数の概念が古代ギリシアの先哲によるものであることは間違いない. しかし, 概念が導入されたときに, 果たして何を指しそれを言うのかが理解されねば意味が無かろう. 前提となる具体的な広く共有される経験がなければならない. ギリシア文明に先行すること 2 千年余に渡

るシュメール文明にては, 割り算, 分数計算は少なくとも書記 (high scribes) には周知の技法であった. 彼らにとり, 個々の素数は取り立てて言うべきほども無い存在であったに相違ない. 算術を含む学校教育が広く行われていたことにも留意すべき (Nemet-Nejat (2002, Chapter 4)). 太古からの重なる経験がそれを継承したギリシア文明にて昇華したのである. いかなる概念も一日にして成らず.

[10.2] 整数 1 を素数とせぬ理由は上記の議論に含まれている. 臨界状態 (10.3) が有意味であるためには, 条件 $\varpi \neq 1$ を課すことは必然.

[10.3] Euclid は素数, 互いに素の定義を [Σ.VII, Defs. 11, 12] に並列的に置いている (後述の §27 [c] を参照せよ). 明確に述べられてはいないが, 1 は素数としては扱われていない. [Σ.VII, Def. 3] の約数の定義にては, その自然数よりも小なる自然数をもって整除が問われている. 今日言う真の約数 (aliquot parts: proper divisors) である. 従って, 彼の素数の定義, 1 以外の約数を持たない, は (10.1) と一致する. しかし, この定義の継承には曲折があった. つまり, 今日から観るならば奇妙な 2 見解

(a) 1 を素数とする (b) 2 を素数とせぬ

の出没である. (a) には実に多くの例がある. かの Goldbach 予想 (1742: Fuss (1843, Tome I, p.127)) は 1 を素数として述べられている; Euler の 1750 年頃の草稿 (1849a, p.505); ただし, Euler (1771, p.17) にては (10.1); Legendre (1798) は多少混濁し, p.6 では (10.1), p.20 の素数表では (a); 似た状態は Kronecker (1901, p.68, p.303); 一方, Hardy の教科書 (1921, p.120) の記述は明らかに (a); Lehmer (1914) の素数表も同様. もっとも, 彼らの議論にそれがゆえの欠陥が認められる筈も無し. 他方, (b) は Nicomachus (Gerasa) の整数論入門 (ca 100 CE) に関連する記述がある (後述の註 [20.3] を参照せよ). この書は Boethius (ca 500) によるラテン語訳を通し千数百年間に渡り西欧に広く流布した. 誤認 '素数は奇数' は修正されることはなく, (b) はなかなかに克服されなかった. 同訳書 (1867, p.30) および D'Ooge (1926, p.202) を見よ. Heath (1921, Vol. I, pp.70–74) をも参照せよ. なお, Euclid は 2 を素数としている. 明確な証左は [Σ.IX, Prop. 36] における 2 の扱いである. 詳細は, 註 [16.3]. 何れにせよ, 2 は実際に特異な素数である. 今後の議論にてしばしば目撃されるところである. 定理 24, 26, 34, および §94 などにて素数 2 の引き起こす煩瑣に遭遇する.

[10.4] Euclid の考察は周到である. 上記の (10.3)–(10.8) の説明に必要な事実は [Σ.VII] にて全て述べられている. $p \nmid a \Rightarrow \langle p, a \rangle = 1$ ([Σ.VII, Prop. 29]), 最小公倍数と最大公約数の関係 ([Σ.VII, Prop. 34]), 公倍数は最小公倍数の倍数 ([Σ.VII, Prop. 35]).

[10.5] 与えられた自然数 $n \geq 2$ が素数であるか合成数であるかを確実に判定するには, $\sqrt{n}$ 以下の自然数により割ってみるがよい (Vulgo notum est [DA, art. 330]). 何故ならば, $n = ab$, $a \leq b$, より $a \leq \sqrt{n}$. しかし, 実用とはかけ離れた手法である. 当然のことながら, およそ判定なるものはその実行上に余り障害があってはならない. 課題は, 多項式時間の演算をもって判定が可能であるのか否か, つまり任意の自然数が素数であるのか否かを可能な限り少量の計算にて

判断すること.これを素数判定問題と呼ぶが,実は既に理論的解決がなされている.しかし,実効性には課題が残る.後述の註 [48.1]–[48.3] を参照せよ.

[10.6] 本節は一部 §4 の延長である.例えば, (10.7) の等号をもって a,b は互いに素と定義できる.実際,この新たな定義は重要な定理 4 と同じ帰結をもたらす.つまり, $b|ac \Rightarrow ac\mathbb{N} \subset b\mathbb{N}$. よって, $ac\mathbb{N} \subset a\mathbb{N} \cap b\mathbb{N} = ab\mathbb{N}$. 従って, $ab|ac$. Dedekind (Dirichlet (1871, p.440)) の観察である.彼に始まる抽象的 (あるいは,非構成的) な論法は対応する範囲の広大さからもまた驚くべき単純さからも数学全般にとり大変革であった.しかしながら,敢えて指摘するならば,その応用において,実際に何が何処に如何ほどあるのか,如何にして到達するのか,という根本的な疑問を往々にして残すものでもある.

[10.7] 等式 (9.4) と (10.6) を比較するがよい.つまり, $A, B \in \varGamma$ が存在し,
$$A \begin{pmatrix} f_1 & 0 \\ 0 & f_2 \end{pmatrix} B = \begin{pmatrix} \langle f_1, f_2 \rangle & 0 \\ 0 & [f_1, f_2] \end{pmatrix}.$$

[10.8] 常用記号 $\pi(x)$ は Landau (1909, Vorwort) に初出.

[10.9] 定理 6 の証明をもって [Σ.IX, Prop. 20] の論旨と一致するものとし (10.12) を Euclid の定理とする.なお,同所にては 3 個の素数の積のみが扱われているとし, Euclid の一般的な認識への疑義が示唆されることがある.しかし,簡潔な記述を旨とする古の嗜みと愛でるべし.ちなみに, (10.12) との関連における p(y) への最初期の言及として, Prestet (1689, Premier vol., p.162) を挙げておく (もっとも, p.141 に [10.3] (a) が認められる).

[10.10] 素数である p(p) を *primorial* prime と呼ぶ.階乗 *factorial* からの類推呼称.例えば p(31) = 200560490131 は素数である.

[10.11] 定理 6 の証明法を算術級数へ拡張することは,極めて限られた条件下のみにて可能である. Murty (1988) を見よ.

§11.

素数を $\mathbb{Z}$ における整除性の基礎に置くべきことは前節の議論から明らかではあるが,より明確な理由は次の '素因数分解の一意性定理' にある.

定理 7 任意の自然数 $n \geq 2$ は相異なる素数 $p_1, p_2, \ldots, p_J$ およびベキ指数 $\alpha_j \in \mathbb{N}, 1 \leq j \leq J$, をもって一意的に

$$n = p_1^{\alpha_1} p_2^{\alpha_2} \cdots p_J^{\alpha_J} \tag{11.1}$$

と分解される.ただし,積の順序は問わない.

[証明] まず, 繰り返しとなるが,

[Σ.VII, Props. 29–30]: $p \nmid a \Rightarrow \langle p, a \rangle = 1.$ よって, $p|ab \Rightarrow p|b.$ (11.2)

分解 (11.1) の可能性については, 素数である n を考察から外してよい. よって, $n = kl, 1 < k, l < n,$ なる合成数の場合となる. 帰納法を念頭に k, l の分解から n のそれが従う ([Σ.VII, Prop. 31]). 一方, 分解の一意性であるが, 二通りの素数ベキ分解 $n = p_1^{\alpha_1} p_2^{\alpha_2} \cdots p_J^{\alpha_J} = q_1^{\beta_1} q_2^{\beta_2} \cdots q_K^{\beta_K}$ を得たものとするならば, p_1 は $q_1, \ldots, q_K$ の何れかと一致せねばならない. 理由は (11.2) にある. そこで, やはり帰納法を適用し, n より小なる n/p_1 につき一意的分解が成立しているものとし, 定理の証明を終わる. ここで $p_1 \geq 2$ を必須とすることに留意すべし.

[定理 6 の別証明] 次の不等式が成立する.

$$\prod_{p \leq y} \left(1 - \frac{1}{p}\right)^{-1} > \sum_{n \leq y} \frac{1}{n}. \tag{11.3}$$

実際,

$$\left(1 - \frac{1}{p}\right)^{-1} = \sum_{\nu=0}^{\infty} \frac{1}{p^{\nu}} \tag{11.4}$$

により, (11.3) の左辺は

$$1 + \sum_{j=1}^{\pi(y)} \sum_{p_1 < p_2 < \ldots < p_j \leq y} \sum_{\nu_1, \nu_2, \ldots, \nu_j = 1}^{\infty} \frac{1}{p_1^{\nu_1} p_2^{\nu_2} \cdots p_j^{\nu_j}} \tag{11.5}$$

に等しく, 右辺より大. 各項 $1/n, n \leq y,$ が全て現れることは素因数分解の可能性のみによる. 調和級数は発散するゆえ, (11.3) の左辺が有限積にとどまることはありえない. 従って, (10.12) を得る.

この別証明は Euler (1737b, Theorema 7) による. 数学そのものにとり紛れも無く根本的な展開であった. 即ち, zeta-函数

$$\zeta(s) = \sum_{n=1}^{\infty} \frac{1}{n^s}, \quad \text{Re}\, s > 1, \tag{11.6}$$

とその

Euler 積表示: $\zeta(s) = \prod_p \left(1 - \frac{1}{p^s}\right)^{-1}, \quad \text{Re}\, s > 1,$ (11.7)

の萌芽である (*ibid.*, Theorema 8; 以下, 現行の函数記号をもって解説を行う). 積

は素数全てに渡る. 実際, 右辺にて $p \le y$ と制限を加えるならば, (11.5) の各項を s 乗したものが現れ, $\mathrm{Re}\, s > 1$ のときには, $y \to \infty$ をもって直ちに (11.6) を得る. ここで等号が成立することは正に素因数分解の一意性そのもの. 各項 $1/n^s$ が重なり無く全て現れる. 分解の可能性のみをもっては不充分である.

Euler は (11.7) の一結論として (*ibid.*, Theorema 19)

$$\sum_{p \le x} \frac{1}{p} \sim \log\log x, \quad x \to \infty, \tag{11.8}$$

としている. ただし, 大家の言うところに解釈を加えてある (彼は $(11.7)_{s=1}$ の対数を展開し項を並び替えている; もちろん正当化できる). 別方向からながら, 次節の (12.7) をもって部分和法により確かめられる (註 [12.9] を見よ). なお, Euler (1748b, Tomi primi, Caput XV) は論文 (1737b) の詳細解説であるが, 例えば

$$\prod_p \left(1 - \frac{1}{p}\right)^{-1} = \infty, \quad \prod_p \left(1 - \frac{1}{p}\right) = 0 \tag{11.9}$$

とより明確に記されている. 議論には分解表示 (11.1) の一意性のみならず無限積の収束や発散の吟味が欠けてはいたが, 思うに何程の事かあるべき.

函数 $\zeta(s)$ の重要性は計り知れない. 何よりも, 等式 (11.7) は定理 7 に同値な解析的表現であり, Euler は整数論と解析学との密接不可分を明確に示したのである. もっとも, これはあくまでも後の解釈である. Euler の考察は整数変数 s の場合である (註 [14.5] 参照せよ). 意義深い複素変数函数としての考察は Riemann (1860) 以降. それ以前には Dirichlet (1837a), Chebyshev (1848b) により実変数 $s > 1$ のみが扱われていた. ちなみに, 記号 $\zeta(s)$ は Riemann 論文にて導入され常用化. 一方, Riemann'schen Zetafunction という名称は Landau (1909, Vorwort) による.

(注意: 以下 (11.14) までは Riemann 予想 (註 [11.8] (6)) が何であるかを知るために必要な事項である.) 半平面 $\mathrm{Re}(s) > 1$ にて $\zeta(s)$ は正則. かつ積分表示式

$$\zeta(s) = \frac{s}{s-1} - s \int_1^\infty (x - [x]) \frac{dx}{x^{s+1}} \tag{11.10}$$

が成立する. 積分を各区間 $n \le x \le n+1$, $n \in \mathbb{N}$, に分解し計算するがよい. 積分は $\mathrm{Re}(s) > 0$ にて絶対収束し, $\zeta(s)$ はこの半平面に解析的に接続する. Euler が記した (11.9) は $\zeta(s)$ が $s = 1$ にて極を持つことによる現象と理解できる. し

かし, Riemann は (11.10) にはよらず, Chebyshev (*ibid.*, §2) の積分表示

$$\zeta(s) = \frac{1}{\Gamma(s)} \sum_{n=1}^{\infty} \int_0^{\infty} x^{s-1} e^{-nx} dx = \frac{1}{\Gamma(s)} \int_0^{\infty} \frac{x^{s-1}}{e^x - 1} dx, \quad s > 1, \quad (11.11)$$

を

$$\zeta(s) = \frac{1}{\Gamma(s)(e^{\pi i s} - e^{-\pi i s})} \int_C \frac{(-x)^{s-1}}{e^x - 1} dx, \quad (11.12)$$

と変形する. $\Gamma(s)$ は Gamma-函数. 積分路 C は実軸上にて $+\infty$ を発し, 点 $\frac{1}{1859}$ に進み原点を中心とし正方向に円を描き, 再び実軸に沿い $+\infty$ に戻る. この間, $\arg(-x)$ は $-\pi$ から π に変化する. 積分は全ての $s \in \mathbb{C}$ につき収束し, 整函数である. つまり, 複素平面全体への $\zeta(s)$ の接続を一挙に得る. 次に, 条件 $\mathrm{Re}(s) < 0$ を課す. 積分路 C の小円部を無限遠に向かい拡大し, 留数計算を実行するならば,

$$\int_C \frac{(-x)^{s-1}}{e^x - 1} dx = -4\pi i \sin\left(\tfrac{1}{2}\pi s\right) \sum_{n=1}^{\infty} (2\pi n)^{s-1}. \quad (11.13)$$

さらに, Γ-函数の倍角公式を経由し函数等式

$$\pi^{-s/2} \Gamma(s/2) \zeta(s) = \pi^{-(1-s)/2} \Gamma((1-s)/2) \zeta(1-s), \quad \forall s \in \mathbb{C}. \quad (11.14)$$

に導かれる. そして Riemann は, まことに天衣無縫な筆致をもって, 素数と $\zeta(s)$ の零点とのなす荘厳な眺望を描く. 註 [11.8] (6) に続く.

かくして, Riemann の指針を基とし Hadamard (1896) と de la Vallée Poussin (1896) は, 独立に,

$$\text{素数定理：} \quad \lim_{x \to \infty} \frac{\pi(x)}{x/\log x} = 1 \quad (11.15)$$

に到達した. 詳細は, 例えば YM (2009, 第 1 章) に展開されている. 後述の註 [18.8] を参照せよ.

ところで, 唐突ながら, 何をもって抽象的とするかは数学を大きく離れ形而上学の課題と映る. が, 目下の関心事のうちにて少々述べて置く. つまり, 一方に素数全てに渡る無限積, 他方に自然数全てに渡る無限和をもって定義される複素変数函数がある. これらの等しいことは定理 7 と同値. では, 2 表現の何れがより抽象的か. 解析学から観るならば $\zeta(s)$ は $s = 1$ にて極を持つ他はごく滑らかな函数である. この滑らかさの源は, 定義 (11.6) にて自然数全が平等に現れることに根ざす. それ無くして (11.10)–(11.14) を得るには如何にすべきか不明. 他方, 表現

(11.7) 無くして $\zeta(s)$ と素数分布とを結ぶには如何にすべきか同じく不明．しかし，差異は明確にある．後者は，実態のなかなかに知れぬ存在である素数全てについての積．整数論一般にて素因数分解をさながら眼前にあるかのごとくして議論を行うが，実は分解の実行は極めて困難．従ってその援用はおしなべて抽象的議論と知るべし．これがもたらす様々な演繹結果をもって目覚ましく具体的な (素因数分解が表面に現れぬ) 事象や命題の抽出をなすことができるならば，正に成果ありと見なされよう．素数定理はその顕著な例である．つまり，表現 (11.6) ゆえに用いることのできる解析的な手段により，表現 (11.7) (つまりは (11.1)) の意味を極めんとする努力の結果である．この '論旨の一方向性' は根源的な現象．註 [88.5] を参照せよ．何れにせよ，zeta-函数に触れることは素数個々に触れることにはあらず．

　素因数分解につき今後しばしば言及する．それぞれに整数論のありかたそのものに本質的な課題をもたらす．

[11.1]　定理 7 の把握は，少なくとも al-Farisi (ca 1300) にまでは遡るとする見解がある (Agărgün–Özkan (2001))．後述の註 [14.2] を参照せよ．

[11.2]　与えられた任意の n について如何にして分解 (11.1) を得るのか．言うは易く，行うは難し．整数論の根本課題であり，因数分解問題あるいは素因数分解問題と呼ばれる．§39, §§48–51 に続く．

[11.3]　良く知られた史実であるが，素因数分解の一意性を初めて明言しかつ証明したのは Gauss [DA, art. 16] である．先達らの議論がこれを欠くことを Gauss は甚だ不満としていたのである．もっとも，彼による定理 7 の証明は上記とは趣が異なる．表面上は互除法を経由せず，剰余定理 (2.1) と素数の定義 (10.1) のみから (11.2) の対偶 $p \nmid a_1, p \nmid a_2 \Rightarrow p \nmid a_1 a_2$ (artt. 13–14) を示す．まず，a_1, a_2 を p で割り，余りを $0 < a_3, a_4 < p$ とする．このとき，$p | a_1 a_2$ ならば，$p | a_3 a_4$．次に，p を a_3 で割り，(2.1) の意味にて $p = q a_3 + r_3$ とする．素数の定義から，$0 < r_3 < a_3$ である．両辺に a_4 を乗じ，$p | r_3 a_4$．同じく，a_4 に r_4 が対応するとし，$p | r_3 r_4$．操作を繰り返し，矛盾 $p | 1$ に達する．この証明に続き，[Σ.VII, Prop. 32] に本定理 (つまり，(11.2)) の証明がなされているが敢えて略さぬ理由は，最近の著者たちが杜撰な論旨 ratiocinia vaga をもって証明と称したり，あるいは全くの無証明によって済ませていること，および今後の議論にあって遥かに困難な問題を処理する手法の理解を容易とすることにある，とされている．(注意: Gauss が目にした [Σ] は Theon 版のラテン語訳であろう．現行の Heiberg–Heath 版では同命題は Prop. 30 である．同様な差異が Euler (1755, Th.1 の証明) にもある．§27 [b] を見よ．) たしかに，[DA] のその後の議論の基は art. 16 に置かれている．つまり，上記 §3 以後の論法とは異なり，多少逆転した流れを採り，素因数分解の一意性から始め，最大公約数，最小公倍数などへ進む．

[11.4] しかし，むしろ，遥かに困難な問題と Gauss が強調したところにやはり思いを致すべきである．実は，余儀なく割愛した第 VIII 章 *Caput octavum* への論理的準備として彼は art. 16 を意識していたのである．それの内容の示唆は art. 335 にあるが，今様には有限体上の多項式理論の展開であった．正に理論の成否がかかる一点，素因数分解の一意性の類似，を必須とする．このために，Gauss は，[DA] における方針とは異なり，互除法を基礎手段として採用．恐らくは再検討の結果であろう．互除法の援用こそが遥かに大きな展望を拓く．§70 にて解説する．ちなみに，Dirichlet 講義録 (1863/1894) は剰余定理と互除法をもって開始されている．2100 余年を経て Euclid 整数論への回帰．

[11.5] 定理 6 や素数定理 (11.15) は数列 $\mathbb{N}$ 全体における事実である．では，代数的 twist により生じる真部分列に素数が多量に現れることはあり得るのであろうか．その判定条件は存在するのか否か．この課題を初めて採り上げたのは Euler (1772f) である．彼は，多項式 $x^2 - x + 41$ の $x = 1, 2, \ldots, 40$ における値が全て素数であることに注意している．後述の註 [77.6] を参照せよ．なお，逆向きの極端な例としては，$x^{12} + 488669$ がある (McCurley (1984))．これは $x = 616980$ にて初めて素数 (70 桁) となる．

[11.6] Bouniakowsky (1857) の予想．次数 1 以上の多項式 $f(x) \in \mathbb{Z}[x]$ が次の 3 条件を充すならば，無限に多くの素数が整数列 $\{f(n) : n \in \mathbb{N}\}$ 内に現れる．(1) 最高次係数は正，(2) $\mathbb{Q}$ 上既約 (後出の定理 43 を参照せよ)，(3) 全ての $f(n)$ の共通因数は 1．この問題は，1 次式については算術級数に関する Legendre 予想 (後述の (71.1)) であり，Dirichlet の素数定理として解決されている (§91 [A] を見よ)．しかし，次数が 2 以上の場合については未解決である．なお，条件 (3) を課す必要について Bouniakowsky は $x^9 - x^3 + 2520$ を挙げている．共通因数として 504 を持つ．註 [70.2] に続く．

[11.7] しかし，2 整数変数以上とするならば状況は異なる．整数係数 2 変数 2 次形式は自明な条件のもとに無限に多くの素数値をとる (Dirichlet–Weber の素数定理)．最終節 §96 を見よ．一方，一種意外な事実であるが，$\mathbb{N} \cup \{0\}$ 上の整数係数多変数多項式が存在し，その正値全体と素数全体とが一致する．Hilbert 第 10 問題の否定的解決 (MRDP 定理 (1970)) に係る議論の一帰結．Jones et al (1976) によれば，26 整数変数 $a, b, \ldots, z \geq 0$ の多項式 (記法 (10.9) を臨時に解除)

$$M = [wz + h + j - q]^2 + [(ga + 2g + a + 1)(h + j) + h - z]^2$$
$$+ [2n + p + q + z - e]^2 + [16(a + 1)^3 (a + 2)(n + 1)^2 + 1 - f^2]^2$$
$$+ [e^3(e + 2)(k + 1)^2 + 1 - o^2]^2 + [(k^2 - 1)y^2 + 1 - x^2]^2$$
$$+ [16r^2y^4(k^2 - 1) + 1 - u^2]^2 + [((k + u^2(u^2 - k))^2 - 1)(n + 4dy)^2 + 1 - (x + cu)^2]^2$$
$$+ [n + l + v - y]^2 + [(k^2 - 1)l^2 + 1 - m^2]^2 + [ki + a + 1 - l - i]^2$$
$$+ [p + l(k - n - 1) + b(2kn + 2k - n^2 - 2n - 2) - m]^2$$
$$+ [q + y(k - p - 1) + s(2kp + 2k - p^2 - 2p - 2) - x]^2$$

$$+ [z + pl(k-p) + t(2kp - p^2 - 1) - pm]^2$$

をもって $(a+2)(1-M)$ の正値は全素数の集合と一致する．ただし，この事実が素数分布の量的な実態について何をかもたらすのか否かは不明．

[11.8]　若干の史実．

(1) 素数定理 (11.15) を予想し初めて公にしたのは Legendre (1798, pp.18–19 (脚注); 第 2 版, 1808, pp.394–398; 第 3 版, 1830, 第 2 巻, pp.65–70). ただし，彼の予想 (1808/1830) は正確には $\pi(x) \sim x/(\log x - 1.08366)$ である．驚きをもって知られるところとなり，例えば，Abel の手紙 (Holst et al (1902, Correspondance d'Abel, p.5)) には certes le plus merveilleux de toutes les mathématiques とある．ちなみに，手紙の日付は Année $\sqrt[3]{6064321219}$．つまり，1823 年 8 月 4 日．

(2) 少年 Gauss も素数定理を予想したとされる．ただし，Werke II-1 (1863, 下記 (4)), X-1 (1917, Arithmetik, Nachlass [I]) の公刊後に現れた見解である．

(3) Dirichlet は，Legendre 予想よりも詳しく対数積分

$$\mathrm{Li}(x) = \mathrm{li}(x) - \mathrm{li}(2), \quad \mathrm{li}(x) = \int_0^x \frac{du}{\log u} \quad (\mathrm{li}(1) \text{ は Cauchy 主値}),$$

こそが $\pi(x)$ への近似函数である，と見抜いていた．Werke I (1889) の脚注 (p.372: 編者 Kronecker 記) によれば，Gauss に献呈された論文 (1838) 別刷には $\sum 1/\log n$ を採るべきとの Dirichlet 手書きの註，とある．これは，実質的に $\mathrm{Li}(x)$ を意味する．加えて Dirichlet (1837a) の存在があるが，(11.9) に連なる定性的な結果であり目下の文脈からは離れる (後述の (71.1) を見よ)．なお，複素変数函数 $\zeta(s)$ との関係から観るならば，対数積分の自然な定義は $\mathrm{li}(x)$ である．

(4) Gauss 晩年の手紙 (Werke II-1, pp.444–447; 1849 年 Christmas 前夜) には，素数の個数は対数を比として減少するゆえ $\int dn/\log n$ を近似値とすべしとし，数値例をもって Legendre 予想との比較が示されている (ibid., pp.435–443). 何れにせよ，素数分布に関し Gauss はごく単純な数値的探索以上のことをなしていない．

(5) Legendre 予想の文脈にて函数 $\pi(x)$ と $\zeta(s)$ との理論的な関係を初めて把握したのは Chebyshev (1848b) である．帰結として，

(11.15) にて，左辺の極限が存在するならば，等式が成立する．

また，それとは独立に，論文 (1850) にて，絶対常数 $c_1, c_2 > 0$ をもって任意の $x \geq 2$ につき

$$c_1 \frac{x}{\log x} < \pi(x) < c_2 \frac{x}{\log x}.$$

これらは，Euclid の朦朧とした定理 (10.12) の後，実に 2100 余年にして漸くに樹立された定量的命題である (後者の証明を註 [12.9] にて与える)．結果も然ることながら，取り分け前者においては手段として $\zeta(s)$ が活用されたところに非常な意義がある．議論の途上にて $\mathrm{Li}(x)$ を $\pi(x)$ への近似函数に採るべきことが強く示唆されている．その出発点 (11.11) は Dirichlet (1837a,

§2) の積分表示
$$\zeta(s) = \frac{1}{\Gamma(s)} \int_0^1 \frac{(\log 1/x)^{s-1}}{1-x} dx, \quad s > 1,$$
に自明な変数変換を施したものである.

(6) Riemann 論文 (1860) は正に革命である．霊感の源は，論文中には何故か言及を欠くものの，明らかに Chebyshev (1848b). 上記の変数変換による (11.11) は，表面上は細事に映ろうが，Riemann による複素変数 x への移行 (11.12) を導いたと言える．複素変数 s への移行と共に極めて重要．何故ならば，手書き遺文である $\zeta(1/2+it), t \in \mathbb{R}$, の極精密鞍点法計算をもたらし, Riemann は正にそれをこそ背後に据え，函数 $\zeta(s)$ の零点のうち領域 $0 \le \mathrm{Re}(s) \le 1$ に入るもの全ては直線 $\mathrm{Re}(s) = \frac{1}{2}$ の上にあるであろう (sehr wahrscheinlich), とした．流麗なる豪腕. Riemann 論文に記された最後 (第 5) の予想であり，今日 Riemann 予想 (the Riemann Hypothesis = RH) と呼ばれる．その解決は素数分布論に深遠な帰結をもたらすと知られている. 即ち，任意の $x \ge 2$ につき，
$$\mathrm{RH} \Leftrightarrow \pi(x) = \mathrm{li}(x) + O\big(x^{1/2} \log x\big).$$
しかし，未だに闇の中にある．例えば，YM (2009, pp.31–33) を参照せよ．他の 4 予想は肯定的に解決済み．実は，第 6 予想ともすべきものが論文末尾にあるがその否定的解決は Littlewood (1914)) はすこぶる興味深い. なお, zeta-函数への鞍点法応用は Siegel (1932) に詳しい. ちなみに, $\zeta(s) \neq 0$, $0 < s < 1$. 何故ならば, (11.10) はこの線分上にて $\zeta(s) < 0$ を意味する．常用の O-記号については，下記の註 [11.10] を見よ．

(7) 函数等式 (11.14) は，実質的に Euler (1761, 執筆は 1749) により発見されたものである. Riemann がこの史実に気付いていたのか否かは不明．ちなみに, $\mathbb{C}$ 全域における (11.14) の成立，それによる $\zeta(s)$ の零点の存在かつ素数との密接な関係の把握は，解析接続が用いられた最初期にしてかつ見事な例である. Riemann 面の発見と共に真に華麗．関連する註 [14.5] を見よ．

(8) 公刊論文・書籍の連なりから観るならば，素数分布論が Euler, Legendre, Dirichlet, Chebyshev, そして就中 Riemann により拓かれたことは論をまたない．彼の大論文は 1859 年 11 月 3 日プロイセン王国学士院例会にて Kummer により紹介されている．興味深いことに，論文題名は Chebyshev (1848b) のそれと言語は異なるものの同一．

[11.9] 素数分布と複素変数函数．不思議な巡り会いではある．複素数の一般的な意義について: It has been written that the shortest and best way between two truths of the real domain often passes through the imaginary one (Hadamard (1954, p.123)). とくに, 註 [18.10], [91.3] を参照せよ. 同じことが，代数的な課題についても言える．例えば, §71 [**h**] を見よ.

[11.10] 可変量 A, B につき, 常数 $c > 0$ があり $|A| \le cB$ が成立するとき, $A = O(B)$ と表す. ここで常数とは考察下の環境にて変動せぬ量である．例えば，註 [3.2] の Lamé 評価は $O(\log |b|)$ と表される．この場合 c として絶対常数を採ることができる．一般に, ある変域上の函数 $f(x, y)$ について不等式 $|f(x, y)| \le g(x) h(y)$ が常に成立する場合, 仮に y を一定とするならば, $h(y)$

は常数と観られ, $f = O(g)$ と表し得る. かく, O-記号の内容は文脈によるところ大である. 使用にては理解に錯誤無きよう配慮されるべきである. 本記号は, Landau (1909, Erster Bd., p.59) による汎用化により通例は Landau の O-記号とされるが, 実際は Bachmann (1894, p.401) に始まる. Landau (1909, Zweiter Bd., p.883) に由来説明がある. ちなみに, o-記号 (Landau's small/little oh) は同書 (Erster Bd., p.61) にて導入されている.

§12.

定理7は, 各 $n \in \mathbb{N}$ により一意的に定まる数列 $\{n(p)\}$ が存在し,

$$n = \prod_p p^{n(p)}, \quad p^{n(p)} \| n, \tag{12.1}$$

と表示できることを意味する. 積は全ての素数を渡り, $p^\alpha \| n \Leftrightarrow p^\alpha | n$ かつ $p^{\alpha+1} \nmid n$. あるいは, 集合 $\mathbb{N}$ の特性函数を $\imath$ とするならば,

$$n(p) = \sum_{\nu=1}^\infty \imath(n/p^\nu). \tag{12.2}$$

もちろん, 実際には有限積であり有限和である. 数列 $\{n(p)\}$ の要素は有限個を除き 0. 以後, 記号の混乱が無い限り記法 (12.1) を用いる. 前節にある通り, これら表示はごく抽象的なものと解すべき.

かく了解のもとに,

$$m|n, \; m > 0 \quad \Leftrightarrow \quad 0 \leq m(p) \leq n(p), \; \forall p. \tag{12.3}$$

何故ならば, $n = p^{n(p)} n'$ と書くとき, $\langle p, n' \rangle = 1$ より $\langle p^l, n' \rangle = 1, l \geq 0$. 一方, $p^{m(p)} | p^{n(p)} n'$. 従って, (6.1) により, $p^{m(p)} | p^{n(p)}$. つまり, $m(p) \leq n(p)$. 整除は, 素因数分解が得られるならば, 各素数ベキのみをもって判断できる訳である. とくに, $a, b > 0$ について,

$$\langle a, b \rangle = \prod_p p^{\min\{a(p), b(p)\}}, \quad [a, b] = \prod_p p^{\max\{a(p), b(p)\}} \tag{12.4}$$

となり, (10.6) は自明な等式 $\min\{a(p), b(p)\} + \max\{a(p), b(p)\} = a(p) + b(p)$ と同値. また,

$$\begin{array}{l} \langle a, b \rangle = 1 \Leftrightarrow a(p)b(p) = 0, \; \forall p, \\ a \text{ は } \ell \text{ 乗数} \Leftrightarrow \ell | a(p), \; \forall p. \end{array} \tag{12.5}$$

なお,
$$a \text{ は sqf} \Leftrightarrow a(p) \leq 1, \ \forall p, \tag{12.6}$$
と定義する．つまり, a は 1 より大なる平方数の約数を持たない．通例の *square-free* の略記．ちなみに，与えられた整数が sqf か否かを判断することを容易と見ることなかれ．註 [18.3] を見よ．

以上は至極平明であるが, 興味深いことに (12.2) と階乗のみを活用し漸近式
$$\sum_{p \leq x} \frac{\log p}{p} = \log x + O(1), \quad x \to \infty, \tag{12.7}$$
が得られる．証明を註 [12.9] に置く．

[12.1] 平方数ではない自然数 d につき $\sqrt{d}$ は無理数である．仮に既約分数 a/b と等しいならば, $b^2 d = a^2$ であり, d の素因数分解において各ベキ指数は偶数である．従って, d は平方数となり, 仮定に反する．なお, 素因数分解を用いずに証明することももちろんできる．実際, $b|a^2$ より, $b|a$. つまり, 矛盾 $b = 1$ を得る．あるいは, より初等的に, 仮に $a/b \notin \mathbb{N}$, ならば, $a/b = (db - [\sqrt{d}]a)/(a - [\sqrt{d}]b)$. つまり, b より小なる分母を採ることができて, 矛盾．

[12.2] $a, b, c, d \in \mathbb{N}$ につき, $\langle ab, cd, ac + bd \rangle | \langle ac, bd \rangle$. まず, $p^\alpha \| \langle ab, cd, ac + bd \rangle$ と置く．記法 (12.1) を用いるが, $a(p) + c(p) < b(p) + d(p)$ であるならば, $p^{a(p)+c(p)} \| \langle ac, bd \rangle$. かつ, $p^{a(p)+c(p)} \| (ac + bd)$ であり, $\alpha \leq a(p) + c(p)$. 一方, $a(p) + c(p) = b(p) + d(p)$ であるならば, $\min\{a(p) + b(p), c(p) + d(p)\} \leq (a(p) + b(p) + c(p) + d(p))/2 = a(p) + c(p)$ より, やはり $\alpha \leq a(p) + c(p)$.

[12.3] $a, b, c, d \in \mathbb{N}$ につき, $\langle ab, cd \rangle = \langle a, c \rangle \langle b, d \rangle \langle a/\langle a, c \rangle, d/\langle b, d \rangle \rangle \langle b/\langle b, d \rangle, c/\langle a, c \rangle \rangle$. まず, $a = \langle a, c \rangle a'$, $b = \langle b, d \rangle b'$, $c = \langle a, c \rangle c'$, $d = \langle b, d \rangle d'$ と置き換えるならば, 仮定 $\langle a, c \rangle = 1$, $\langle b, d \rangle = 1$ のもとに $\langle ab, cd \rangle = \langle a, d \rangle \langle b, c \rangle$ を示せばよいものと知れる．つまり, (12.5) の上段により, $a(p)c(p) = 0$, $b(p)d(p) = 0$ のもとに $\min\{a(p) + b(p), c(p) + d(p)\} = \min\{a(p), d(p)\} + \min\{b(p), c(p)\}$. しかし, これの確かめは容易である．

[12.4] 任意の整数 $N \geq 2$ について $H_N = \sum_{n=1}^{N} 1/n$ は整数ではない．まず $2^k \leq N < 2^{k+1}$ と $k \geq 1$ を定めるならば, $2^k \neq n \leq N$ なる n は 2^k で割り切れることはない．一方, $N!$ の素因数分解にて 2 のベキ指数は ℓ であるとする．このとき $N! H_N = \sum_{n \leq N} N!/n$ にて $2^{\ell-k} \| (N!/2^k)$ であり, また $2^{\ell-k+1} | (N!/n), n \neq 2^k$. つまり, $2^{\ell-k} \| N! H_N$. もしも H_N が整数であるならば矛盾．

[12.5] Legendre (1808, p.10). 任意の自然数 n を p-進展開し, $n = r_k p^k + \cdots + r_1 p + r_0$ とする．このとき,

$$n! = \prod_p p^{\alpha(n,p)}, \quad \alpha(n,p) = (n - r_k - \cdots - r_1 - r_0)/(p-1).$$

等式 (12.2) により,
$$\alpha(n,p) = \sum_{m=1}^{n}\sum_{\nu=1}^{\infty} \iota(m/p^\nu) = \sum_{\nu=1}^{\infty}\sum_{m=1}^{n} \iota(m/p^\nu) = \sum_{\nu=1}^{\infty} [n/p^\nu].$$

つまり,
$$\alpha(n,p) = \sum_{\nu=1}^{k}\sum_{\mu=\nu}^{k} r_\mu p^{\mu-\nu} = \sum_{\mu=1}^{k} r_\mu \sum_{j=0}^{\mu-1} p^j.$$

証明を終わる. 例えば, $12345 = 3\cdot 5^5 + 4\cdot 5^4 + 3\cdot 5^3 + 3\cdot 5^2 + 4\cdot 5$ であるゆえ, $12345!$ は 5 の $(12345 - 17)/4 = 3082$ 乗で丁度割り切れる. つまり, 下 3082 桁は全て 0.

[12.6] 任意の $a, b \in \mathbb{N}$ について,
$$\frac{(2a)!(2b)!}{a!b!(a+b)!} \in \mathbb{N}.$$

上記により,
$$[2a/p^\nu] + [2b/p^\nu] \geq [a/p^\nu] + [b/p^\nu] + [(a+b)/p^\nu]$$

を示せば済む. 剰余定理の意味にて, $a = up^\nu + r$, $b = vp^\nu + s$ と置くとき, 左辺は $2(u+v) + [2r/p^\nu] + [2s/p^\nu]$, 右辺は $2(u+v) + [(r+s)/p^\nu]$. しかるに, $0 \leq \eta, \xi < 1$ について, $[2\xi] + [2\eta] \geq [\xi + \eta]$. あるいは, 与式を $C(a,b)$ と置くならば, 等式 $C(a+1,b) + C(a,b+1) = 4C(a,b)$ から $C(a,b), C(a+1,b) \in \mathbb{N} \Rightarrow C(a,b+1) \in \mathbb{N}$. よって, 帰納法により確認. なお, 任意の $a, b \in \mathbb{N}$ について, 次も成立する.
$$\frac{(4a)!(4b)!}{a!b!(2a+b)!(a+2b)!} \in \mathbb{N}.$$

Bachmann (1902, pp.50–66) を参照せよ.

[12.7] [Σ.X, Prop. 29]. $a^2 + b^2 = c^2$, $\langle a,b,c\rangle = 1 \Leftrightarrow a = 2uv$, $b = u^2 - v^2$, $c = u^2 + v^2$, $\langle u,v\rangle = 1$, $2 \nmid (u-v)$. まず, $2|a$, $2\nmid b$ としてよい. 何故ならば, $\langle a,b,c\rangle = 1$ より, $2|a$, $2|b$ は不可. また, 奇数の 2 乗は $4k+1$ の形であるから, a, b 共に奇数ならば $c^2/2$ は奇数となり不可. 次に, $(a/2)^2 = ((c+b)/2)((c-b)/2)$ にて $\langle (c+b)/2, (c-b)/2\rangle = 1$. 対偶は $\langle b,c\rangle > 1$ を意味し, 仮定に反する. 従って, (12.5) の下段により, $(c+b)/2 = u^2$, $(c-b)/2 = v^2$. つまり, $c = u^2 + v^2$, $b = u^2 - v^2$, $a = 2uv$ を得る. 残るは u, v の充たすべき付帯条件を確かめることであるが, 容易である.

[12.8] 上記の $\{a,b,c\}$ は Pythagoras 数と一般に呼ばれて来たが, もはや知見にそぐわぬ呼称である. 何故ならば, Tell Senkereh (Larsa) 出土粘土板文書 Plimpton 322 (ca 1800 BCE) はこれらの自然数 15 組の表である (往時の教材との説あり (Robson (2001)). 例えば, その第 4 行には, $12709^2 + 13500^2 = 18541^2$ と記されている (60 進法表記: $3, 31, 49 = 3\cdot 60^2 + 31\cdot 60 + 49 = 12709$ など). 上記の $u = 125, v = 54$ の場合である. 3800 余年. *Scripta manent*!

[12.9] 重要な漸近式 (12.7) の証明であるが,まず $\log N! = N\log N + O(N)$. 実際,左辺は部分和法 (次の註) により,

$$N\log N - \int_1^N \frac{[y]}{y}dy = N\log N - N + 1 + \int_1^N \frac{y-[y]}{y}dy.$$

右辺の積分は $O(\log N)$ である. とくに, $N < p < 2N$ ならば p は $\binom{2N}{N}$ を割り切るゆえ,

$$\sum_{N<p<2N} \log p \leq \log\binom{2N}{N} = \log((2N)!) - 2\log N! = O(N).$$

そこで, N を 2^j とし, $j = 1, 2, \ldots$ について加えるならば, 任意の $x \geq 2$ について,

$$\sum_{p\leq x} \log p = O(x).$$

次に, 註 [12.5] を参照し,

$$\log N! = \sum_{\substack{p,j \\ p^j \leq N}} \left[\frac{N}{p^j}\right]\log p = \sum_{p\leq N}\left[\frac{N}{p}\right]\log p + O(N)$$

$$= N\sum_{p\leq N} \frac{\log p}{p} - \sum_{p\leq N}\left(\frac{N}{p} - \left[\frac{N}{p}\right]\right)\log p + O(N).$$

これらをまとめ, (12.7) の証明を終わる. 続いて, Euler の漸近式 (11.8) を証明する. 再び部分和法により

$$\sum_{p\leq x}\frac{1}{p} = \frac{P(x)}{\log x} + \int_2^x \frac{P(y)}{y(\log y)^2}dy, \quad P(y) = \sum_{p\leq y}\frac{\log p}{p}.$$

積分は

$$\int_2^x \left(\frac{1}{y\log y} + O\left(\frac{1}{y(\log y)^2}\right)\right)dy = \log\log x + O(1).$$

さらに, Chebyshev の不等式 (註 [11.8] (5)) を証明する. まず, $k > 0$ を充分大とし

$$\sum_{N<p\leq kN} \frac{\log p}{p} = \log k + O(1).$$

この誤差項 $O(1)$ はある絶対常数より小. よって,

$$\frac{1}{2}\log k \cdot \frac{N}{\log N} < \pi(kN) - \pi(N) < 2\log k \cdot \frac{kN}{\log kN}.$$

そこで, $N = k^\nu$, $\nu \leq [\log x/\log k]$, につきこれら不等式を加え, 多少の評価作業の後に証明を終わる.

[12.10] 部分和法. 有限数列 $\{c_n\}$, 連続的に微分可能な函数 f, および $u, v \notin \mathbb{Z}$ について,

$$\sum_{u<n<v} c_n f(n) = C(x)f(x)\Big|_u^v - \int_u^v C(x)f'(x)dx, \quad C(x) = \sum_{n\leq x} c_n.$$

積分を, $n-1 < u < n < v < n+1$, $n \in \mathbb{Z}$, なる場合に 2 区間 $[u, n-0)$, $(n+0, v]$ に分け計算し等号を得る. 一般の場合はこれらの和である. 端点の何れかが整数である場合には

極限を採る. とくに $c_n = 1, \forall n$, とするとき, Euler (あるいは, それの部分積分を重ねたものを Euler–Maclaurin) の和公式と云う. なお, 左辺の和について Stieltjes 積分 (導入は 1894, p.71) による表示

$$\int_u^v f(x)dC(x)$$

を用いるならば, 部分和法は部分積分法に他ならない. Stieltjes 積分は解析的整数論において基本的な手段である. Riesz–Sz.-Nagy (1972, Chapter III) に包括的な解説がある. Voronoï (1904) も参照せよ.

§13.

任意個数の $a_j \in \mathbb{Z}, a_j \neq 0, 1 \leq j \leq J$, について, これら全ての倍数を公倍数, そのうちの正かつ最小のものを最小公倍数と呼び $[a_1, a_2, \ldots, a_J]$ と記す. このとき, (7.2) に対応し,

$$a_j | l, \ 1 \leq j \leq J \ \Leftrightarrow \ [a_1, a_2, \ldots, a_J] | l, \tag{13.1}$$

公倍数 ⇔ 最小公倍数の倍数.

証明は, (10.5) について述べたところと同じであり, l を最小公倍数にて割ってみるがよい. 等式 (7.3) に対応するものも容易に得られる. 数列 $\{a_1, a_2, \ldots, a_J\} \subset \mathbb{N}$ を互いに交わらぬ部分集合 K 個に分けそれぞれに含まれる整数の最小公倍数を $\{l_1, l_2, \ldots, l_K\}$ とするならば,

$$[a_1, a_2, \ldots, a_J] = [l_1, l_2, \ldots, l_K]. \tag{13.2}$$

実際, (13.1) により, 両辺が互いの因数であることは見やすい. 繰り返し応用し,

$$\langle a_i, a_j \rangle = 1, i \neq j \ \Rightarrow \ [a_1, a_2, \ldots, a_J] = a_1 a_2 \cdots a_J. \tag{13.3}$$

表示 (12.4) はこの一般の場合に拡張される. 素因数分解は, 最大公約数や最小公倍数などに関する議論において簡易化を与えるものである. とは言え, それは素因数分解があらかじめ得られている場合か, あるいは具体的な数値を意識せずに仮定の分解をもって臨む議論の場合に限られる, と銘記すべきであろう. 較べるに, 互除法の実効性が映えるところである.

[13.1] [Σ.VII, Prop. 36] には (13.2) と同値である $[a, b, c] = [[a, b], c]$ が示されている. 関係

式 (10.6) を重ねて用いることにより, 最小公倍数 $[a_1, a_2, \ldots, a_J]$ を計算することができる.

[13.2]　条件 $a_j \in \mathbb{N}$ のもとに,

$$\langle a_1, a_2, \ldots, a_J \rangle = a_1^{(-)} a_2^{(-)} \cdots a_J^{(-)},$$
$$a_j^{(-)}|a_j,\ 1 \leq j \leq J;\quad \langle a_j^{(-)}, a_k^{(-)} \rangle = 1, j \neq k,$$
$$[a_1, a_2, \ldots, a_J] = a_1^{(+)} a_2^{(+)} \cdots a_J^{(+)},$$
$$a_j^{(+)}|a_j,\ 1 \leq j \leq J;\quad \langle a_j^{(+)}, a_k^{(+)} \rangle = 1, j \neq k,$$

と表示できる. 前段については, 各 p につき, $\min\{a_1(p), a_2(p), \ldots, a_J(p)\}$ に対応する $p^{a_j(p)}$ を唯一定めれば済む. また, 後段は $\max\{a_1(p), a_2(p), \ldots, a_J(p)\}$ への対応を採ればよい.

[13.3]　素因数分解を用いずに上記の分解を得るには如何にすべきか. 2 自然数 a, b の場合のみを扱うが, 他も同様である. 互除法にて $\delta = \langle a, b \rangle$ を求め,

$$\alpha_1 = \langle a, \delta^\infty \rangle,\ \alpha_0 = a/\alpha_1,\ \alpha_2 = \langle \alpha_1, (\alpha_1/\delta)^\infty \rangle,\ \alpha_3 = \alpha_1/\alpha_2,$$
$$\beta_1 = \langle b, \delta^\infty \rangle,\ \beta_0 = b/\beta_1,\ \beta_2 = \langle \beta_1, (\beta_1/\delta)^\infty \rangle,\ \beta_3 = \beta_1/\beta_2;\ \gamma = \langle \alpha_3, \beta_3 \rangle$$

と置く. ただし, $\langle m, n^\infty \rangle$ は $\langle m, n^\kappa \rangle$ が一定となる最小の $\kappa = \kappa_0$ をもって $\langle m, n^{\kappa_0} \rangle$ に等しい (κ_0 の存在は $\langle m, n^\kappa \rangle \leq m$ より明白). このとき,

$$a^{(-)} = \alpha_3,\ b^{(-)} = \beta_3/\gamma;\quad a^{(+)} = \alpha_0 \alpha_2,\ b^{(+)} = \beta_0 \beta_2 \gamma.$$

例えば, $a = 26629837$, $b = 44074693$ とするとき, $\delta = 66079$. $\langle a, \delta^\infty \rangle = 859027 = \alpha_1$ ($\kappa_0 = 2$); $\alpha_0 = 31$; $\alpha_1/\delta = 13$; $\langle \alpha_1, 13^\infty \rangle = 2197 = \alpha_2$ ($\kappa_0 = 3$); $\alpha_1/\alpha_2 = \alpha_3 = 391$. 一方, $\langle b, \delta^\infty \rangle = 1519817 = \beta_1$ ($\kappa_0 = 2$); $\beta_0 = 29$; $\beta_1/\delta = 23$; $\langle \beta_1, 23^\infty \rangle = 529 = \beta_2$ ($\kappa_0 = 2$); $\beta_1/\beta_2 = \beta_3 = 2873$; $\gamma = \langle \alpha_3, \beta_3 \rangle = 17$. 従って, $a^{(-)} = 391$, $b^{(-)} = 169$, $a^{(+)} = 68107$, $b^{(+)} = 260797$. 実際, $a^{(-)} \cdot b^{(-)} = 66079 = \langle a, b \rangle$; $a^{(+)} \cdot b^{(+)} = 17762101279 = 26629837 \cdot 44074693/66079 = [a, b]$. かつ, $391|a, 169|b$, $\langle 391, 169 \rangle = 1$; $68107|a, 260797|b, \langle 68107, 260797 \rangle = 1$.

[13.4]　任意の $\{q_1, \ldots, q_J\} \subset \mathbb{N}$ につき,

$$[\langle q_1, q_J \rangle, \langle q_2, q_J \rangle, \ldots \langle q_{J-1}, q_J \rangle] = \langle [q_1, q_2, \ldots, q_{J-1}], q_J \rangle.$$

まず, $J = 2$ のときは自明. そこで, 帰納法を用いるが, $J \mapsto J+1$ とするとき左辺は (13.2) により

$$[[\langle q_1, q_{J+1} \rangle, \langle q_2, q_{J+1} \rangle, \ldots \langle q_{J-1}, q_{J+1} \rangle], \langle q_J, q_{J+1} \rangle]$$
$$= [\langle [q_1, q_2, \ldots, q_{J-1}], q_{J+1} \rangle, \langle q_J, q_{J+1} \rangle]$$
$$= \langle [[q_1, q_2, \ldots, q_{J-1}], q_J], q_{J+1} \rangle.$$

確かめを終わる. 素因数分解によるならば, 次の等式と同等.

$$\max\{\min\{\alpha_1, \alpha_J\}, \min\{\alpha_2, \alpha_J\}, \ldots, \min\{\alpha_{J-1}, \alpha_J\}\}$$
$$= \min\{\max\{\alpha_1, \alpha_2, \ldots, \alpha_{J-1}\}, \alpha_J\}.$$

§14.

函数
$$f : \mathbb{Z} \mapsto \mathbb{C} \qquad (14.1)$$
を整数論的という．定義域として $\mathbb{N}$ を採る場合もある．例として，古来関心を持たれて来た約数函数
$$d(n) = \sum_{t|n} 1, \quad n, t \in \mathbb{N}, \qquad (14.2)$$
がある．各自然数の正の約数の個数である．整数論において極めて基本的な函数である．

今後，約数の関係する事項をたびたび扱うこととなる．そこで，議論が煩瑣となることを避けるために，

$$\text{以後，約数は一般に正とする．} \qquad (14.3)$$

つまり，a の符合に関わらず，$t|a$ は $t \geq 1$ を意味するものとする．

既に (12.3) にて注意したところであるが，定義式 (14.2) にある約数 t の素因数分解について $t(p) \leq n(p)$ である以外に制限は無い．従って，
$$d(n) = \prod_p \bigl(n(p) + 1\bigr). \qquad (14.4)$$
素因数分解の一意性により，約数 t と数列 $\{t(p) : p\}$ は 1 対 1 に対応することが用いられている訳である．よって，$d(ab) = \prod_p \bigl(a(p) + b(p) + 1\bigr)$．とくに，
$$\langle a, b \rangle = 1 \Rightarrow d(ab) = d(a)d(b). \qquad (14.5)$$
実際，(12.5) の上段により $a(p) + b(p) + 1 = (a(p) + 1)(b(p) + 1)$．または，定理 7 を用いずに次のごとく議論するもよい．写像
$$t|a, u|b \mapsto tu \qquad (14.6)$$
は ab の約数の集合への単射である．何故ならば，$tu = t'u'$，$t'|a, u'|b$，であるとき，(6.1) により $t|t'$ かつ $t'|t$ であり，$t = t'$，従って $u = u'$．次に，全射であることを示す．任意に $v|ab$ を採り，$v = \langle v, a \rangle v'$，$a = \langle v, a \rangle a'$ とするならば，(6.2)

の (1) に注意し, $v = \langle v, ab \rangle = \langle v, a \rangle \langle v', a'b \rangle$. さらに, 同所の (4) を二重に用い, $\langle v', a'b \rangle = \langle v', b \rangle = \langle v, b \rangle$. よって, $v = \langle v, a \rangle \langle v, b \rangle$. つまり, 分解写像

$$v|ab \quad \mapsto \quad \{\langle v, a \rangle, \langle v, b \rangle\} \tag{14.7}$$

を得る. 以上から, (14.6) における tu の集合は ab の約数全ての集合と重複なく一致し, (14.5) を得る. やや大仰な記法ではあるが,

$$\langle a, b \rangle = 1 \Leftrightarrow \{d : d|ab\} = \{u : u|a\} \otimes \{v : v|b\}. \tag{14.8}$$

与えられた自然数の約数集合の分解 (14.6)–(14.8) は素因数分解と共に有用である.

[14.1] 約数は素因数分解とは独立に定義されている. そこで, 至極自明ではあるが, 与えられた自然数の全ての約数の集合は一意的に定まることを注意しておく.

[14.2] とは言え, 任意の自然数の全ての約数を定めることは素因数分解とその一意性を手中にすることと同義である. つまり一般には極めて困難. 既に註 [2.7] にて触れたが, 決定論的 (deterministic) な多項式時間算法は未だ知られていない. 歴史的には, 中世アラビア数学や [DA] 以前の西欧数学にも等しく言えるが, 約数を尽くすことにこそ問題意識があり, 素因数分解はその手段と観られていた. 約数を採取するに当たり素因数分解が自在に (Gauss の見解では杜撰な論理をもって) 用いられていたことについては, 例えば後出の (16.5) に関連する記述が Euler (1752, §4; 1849a (posth.), Caput III), Legendre (1798, pp.8–9) などに見られる. なお, Prestet (1689, Premier vol., Livre sixième) には, 素因数分解と約数の関係が明確に述べられている. 註 [16.3] に続く.

[14.3] 約数が直接に関わる未解決問題は数多い. 例えば, n が算術級数中を変動するとき $d(n)$ がどのように分布するかを解析することは, 意外にも難問である. また, 整数行列 $\begin{pmatrix} a & b \\ c & d \end{pmatrix}$ の個数を数え上げることも一例となる. 条件 $a, b, c, d \in \mathbb{N}$, $bc = n$, のもとにて行列式が $m > 0$ となるものの個数は $d(n)d(n+m)$ である. そこで

$$\text{加法的約数問題：} \quad \sum_{n \leq x} d(n)d(n+m)$$

を考察することが求められる. 註 [5.3] によれば, この素朴な和の背後には群 Γ が控えている. それゆえに, Kloostermann 和 (後述の註 [33.8]) を経由し実解析的保型形式, zeta-函数のスペクトル理論などの先端的な課題に接続するのである. 約数函数は深い乗法的世界への入り口をなしていると言えよう. YM (1997; 2011) を参照せよ. なお, 上記の和にて約数函数を d_k ($k \geq 3$, 後述の (17.4)) に置き換えるならば全くの未解決問題に逢着する. 整数論の原典 [Σ.VII–IX] と現代の数学とは実に至近.

[14.4] 整数論的函数 f に付随した Dirichlet 級数とは

$$\lfloor f \rfloor(s) = \sum_{n=1}^{\infty} \frac{f(n)}{n^s}, \quad s \in \mathbb{C},$$

を意味する. 和は Re(s) が f によって定まる値以上のとき (つまりは充分大なるとき) に絶対収束しているものとする. もちろん, $\lfloor f \rfloor(s)$ はその様な s について正則である. 以後幾つかの Dirichlet 級数を扱うが, 収束性については本項の了解を保つこととし, 逐一の吟味を省略する. これにて特段の不都合は生じない. Dirichlet 級数に関する最も基本的な事実は,

$$f(n) = g(n), \forall n \in \mathbb{N} \Leftrightarrow \lfloor f \rfloor(s) = \lfloor g \rfloor(s).$$

実際, 右辺にて $s \to +\infty$ とし, $f(1) = g(1)$ を得る. そこで $f(m) = g(m)$, $m \leq n$, と仮定し, 等式

$$(n+1)^s \left(\lfloor f \rfloor(s) - \sum_{m=1}^{n} f(m) m^{-s} \right) = (n+1)^s \left(\lfloor g \rfloor(s) - \sum_{m=1}^{n} g(m) m^{-s} \right)$$

にて $s \to +\infty$ とするならば, $f(n+1) = g(n+1)$ を得る.

[14.5] Dirichlet 級数なる名称は, Dirichlet (1837a) による L-函数の導入を記念したものである (註 [54.2] を見よ). 通例である変数 s も同論文に始まる (ただし, 専ら実変数 $s > 1$ が扱われている). 関連し, 解析的整数論の始まりを何処に置くべきか, 一見解を述べて置く. これを Euler (1737b) に観ることが一般ではあるが, Dirichlet の一連の貢献を採ることがより実相を表す. Zeta-函数の積表示 (11.7), 函数等式 (11.14) の発見に重きを置くことは至極当然ながら, しかし, Euler によるこれらは専ら整数変数 s についての議論であり, (10.12) を超える素数分布の内容には容易には結びつかない. ときに, $s = $ (奇数)$/2$ の場合の考察もあるが同様. 解析学との接点はやはり連続的変数の扱いを通し整数論上の命題を得ることとするが相応しい. この意味では, Dirichlet (1837a) に明確な始点がある. 加えるに, Fourier 級数論と整数論との結合も彼に始まる (§62). 即ち, 註 [95.1] にて引用する Kummer の賛に強く同感する. 本講義の序文にて Dirichlet に解析的整数論の創始を観る, としたことはこのような視点をもってのことである. もちろん, Euler にとりそして Dirichlet にとり解析も算術も何ら差は無かったに相違ない. そこにこそ解析的整数論の心を観るのであるならば, Euler を創始者に採ることにも大いに頷ける.

§15.

約数函数の特性 (14.5) を一般化し, 整数論的函数 f が

$$f(1) = 1 \text{ かつ } \langle a, b \rangle = 1 \Rightarrow f(ab) = f(a)f(b) \tag{15.1}$$

を充たすとき, 乗法的函数と云う. 何れかの a につき $f(a) \neq 0$ であるならば, $f(a) = f(a)f(1)$ より $f(1) = 1$ となるゆえ, 条件の前半は制限にあらず. 分解 (12.1) は

$$f(n) = \prod_p f(p^{n(p)}), \quad n \in \mathbb{N}, \tag{15.2}$$

を意味する．また，$f(a) = f(-1)f(|a|)$, $a < 0$．つまり，f は各素数ベキおよび -1 における値 ± 1 によって定まるのである．実際，(15.1) の後半により，$f(1) = f((-1)(-1)) = f(-1)^2$．

さらに，

$$f(1) = 1 \text{ かつ制限無く } f(ab) = f(a)f(b) \tag{15.3}$$

となるものを，完全乗法的函数と呼ぶ．もちろん (15.1) を充たすが，

$$f(n) = \prod_p (f(p))^{n(p)}, \quad n \in \mathbb{N}, \tag{15.4}$$

となり，f は各素数および -1 における値 ± 1 によって定まる．指標と言われるものはこの範疇に入るが，それらについては第 3 章にて詳述する．

[15.1] 定義 (15.1), (15.3) は不完全である．つまり，0 の扱いが不明瞭．実は，後出の Dirichlet 指標 (54.1) の場合には変数域に 0 が含まれる．しかし，当面は変数域を $\mathbb{Z}$ 全体ではなく，例えば $\mathbb{N}$ などに制限し乗法性や完全乗法性を議論する．以後，変数域を明示せぬこともあるが，文脈から判断できよう．

[15.2] 函数 f が乗法的ならば，固定された $a \in \mathbb{N}$ につき次の 3 函数も乗法的である．

$$f(\langle a, n \rangle), \quad \frac{f(an)}{f(a)}, \quad \frac{f([a,n])}{f(a)}.$$

もちろん，後二者にては $f(a) \neq 0$ とする．証明であるが，互いに素な m, n について，$a = a_1 a_2 a_3$ と分解する．ここに，$\langle a_1, mn \rangle = 1$, $a_2 | m^\infty$, $a_3 | n^\infty$．ただし，$\ell | k^\infty$ は $\ell | k^\alpha$ なる $\alpha \in \mathbb{N}$ が存在することを意味する．つまり，ℓ の素因数は全て k を割り切る．このとき，

$$\frac{f(amn)}{f(a)} = \frac{f(a_2 m)}{f(a_2)} \frac{f(a_3 n)}{f(a_3)} = \frac{f(am)}{f(a)} \frac{f(an)}{f(a)}.$$

よって，$f(an)/f(a)$ は乗法的である．他二者についても同様．

[15.3] 乗法的函数 f については，絶対収束のもとに，

$$\lfloor f \rfloor(s) = \prod_p \left(\sum_{j=0}^\infty \frac{f(p^j)}{p^{js}} \right).$$

また，完全乗法的であるならば，

$$\lfloor f \rfloor(s) = \prod_p \left(1 - \frac{f(p)}{p^s} \right)^{-1}.$$

これら右辺も (11.7) にならい Euler 積と呼ばれる．

[15.4] 加法と乗法. 素数の根本的な意味 (11.1) を知るには加法的な演算 (2.1), (3.6) を欠くことはできない. つまり, 加法・乗法は本質的に影響しあっている. それゆえ, 整数論の大未解決問題の幾つかは 2 演算のせめぎあいに由来する. 註 [14.3] の加法的約数問題の場合に揺動 m が仮に 0 であるならば, 乗法的函数 $d^2(n)$ の扱いとなり, 後述の註 [18.7] などを援用しそれ相当の困難はあるものの攻略可能である. つまり, zeta-函数のみを扱うことにより一定の結果を納め得る. しかし, $m > 0$ であるならば, 採るべき手段を容易には想起し難い. 実は, その場合には無限に多くの Dirichlet 級数 (保型 L-函数) のスペクトル列を扱うこととなる. これらの函数は全て zeta-函数の 2 乗に類似な性格を持つ. 乗法的な問題に加法的な揺動を加えるならば, 突如として無限個の乗法的な問題が立ち現れる, と云う現象の典型例である. 周知の双子素数予想, Goldbach 予想も '加法と乗法のせめぎ合い' なる構図に含まれる. その詳細については, YM (2009) を見よ.

§16.

与えられた乗法的函数 f から $\mathbb{N}$ 上の乗法的函数 F を新たに作り出す方法として,

$$F(n) = \sum_{t|n} f(t), \quad n \in \mathbb{N}, \tag{16.1}$$

がある. 約数函数の定義 (14.2) にならう訳である. 写像 (14.6)–(14.8) を用い,

$$\langle a,b \rangle = 1 \Rightarrow F(ab) = \sum_{t|a, u|b} f(tu) = \sum_{t|a, u|b} f(t)f(u)$$
$$= \sum_{t|a} f(t) \sum_{u|b} f(u) = F(a)F(b). \tag{16.2}$$

それゆえ, (12.1) のもとに, (12.3) を経由し

$$\sum_{t|n} f(t) = \prod_p \left(\sum_{\nu=0}^{n(p)} f(p^\nu) \right). \tag{16.3}$$

例えば, 任意の $\alpha \in \mathbb{C}$ について, $n \mapsto n^\alpha$ は, $\mathbb{N}$ 上にて乗法的であるゆえ,

$$\sigma_\alpha(n) = \sum_{d|n} d^\alpha, \quad n \in \mathbb{N}, \tag{16.4}$$

は同じく乗法的であり,

$$\sigma_\alpha(n) = \prod_p \frac{p^{(n(p)+1)\alpha} - 1}{p^\alpha - 1}, \quad \alpha \neq 0. \tag{16.5}$$

極限 $\lim_{\alpha\to 0}\sigma_\alpha(n)$ は (14.4) に他ならない.

[16.1] 任意の $m, n \in \mathbb{N}$ および $\alpha \in \mathbb{C}$ について,
$$\sigma_\alpha(m)\sigma_\alpha(n) = \sum_{t | \langle m,n \rangle} t^\alpha \sigma_\alpha(mn/t^2).$$
等式
$$\prod_p \frac{p^{(m(p)+1)\alpha}-1}{p^\alpha-1}\frac{p^{(n(p)+1)\alpha}-1}{p^\alpha-1} = \prod_p \sum_{j=0}^{\min\{m(p),n(p)\}} p^{j\alpha} \cdot \frac{p^{(m(p)+n(p)+1-2j)\alpha}-1}{p^\alpha-1}$$
と同値である. Hecke 作用素の乗法性と同様である (YM (2011, 補題 5.1) を参照せよ).

[16.2] 完全数問題 [Σ.VII, Def. 22]. この課題は, 6 や 33550336 の如く, $\sigma_1(n) = 2n$ を充たす自然数 n が無限に存在するのか否かを問うものである. Euler の定理 (1849a, p.514; 1849b, p.630) によれば,

偶数 n が完全数 $\Leftrightarrow n = 2^{\ell-1}(2^\ell - 1)$. ただし $2^\ell - 1$ は素数.

充分であることは次項の通り. 必要であることは, 偶数 $n = 2^{\ell-1}n'$, $2 \nmid n'$, が $\sigma_1(n) = 2n$ を充たすならば, σ_1 の乗法性により, $(2^\ell-1)\sigma_1(n') = 2^\ell n'$ であるゆえ, $\sigma_1(n') = n' + n'/(2^\ell-1)$. これより, $(2^\ell-1)|n'$ であり $n'/(2^\ell-1)$ は n' の約数の一つである. つまり, n' の約数の個数は 2. 従って, n' は素数であり, $2^\ell-1$ に等しい. この周知の論法は Dickson (1911) による. 一方, Euler は $\langle 2^\ell, 2^\ell-1 \rangle = 1$ であることを用いた. つまり, $n' = (2^\ell-1)a \Rightarrow \sigma_1(n') = 2^\ell a$. もしも $a = 1$ ならば, $\sigma_1(n') = n' + 1$ となり, n' は素数. また, $a > 1$ ならば, $\sigma_1(n') \geq n' + (2^\ell-1) + a + 1 = 2^\ell(a+1)$. これは矛盾. 本命題の言明は Nicomachus (ca 100; D'Ooge (1926, p.210)) に遡る. また, Fibonacci (1202: 1857, p.283) には完全数として $\ell = 2, 3, 5$ の場合が挙げられ, poteris in infinitum perfectos numeros reperire との予想らしき言及がある. ちなみに, 奇数の完全数が存在するか否かについては Euler (1849a, pp.514–515) を始めとし多くの考察がなされて来ているが未解決である.

[16.3] Euclid 整数論の最終命題 [Σ.IX, Prop. 36].

1 から始め 2 倍することを ℓ 項得るまで繰り返す.
各結果を加え素数 P を得たとする.
このとき, $2^{\ell-1}P$ は完全数である.

ベキ乗の表現は未だ無く, 数列 $\{1, 2, 4, \ldots, 2^{\ell-1}\}$ を定義するに当たり, 2 倍比が続くとしている. また繰り返しの回数は言わず, 和が素数になるまで, としてもいる. Euclid は $2^{\ell-1}P$ の '真の約数' が
$$\{1, 2, 4, \ldots, 2^{\ell-1}\} \cup \{P, 2P, 4P, \ldots, 2^{\ell-2}P\}$$
に限られることを実に厳密に証明し, もって命題を得ている. 彼の論の根底には, (11.2) がある. もちろん, この約数集合の完全性こそが根幹. ここで何故それに注目するのかは, 既に註 [14.2]

にて述べてある．つまり，単一素数のベキにはあらぬ自然数の約数を採り尽くす作業が実際に論証をもって行われ，恐らくは歴史上初の報告がなされている，と云う観点である．実は，Gauss が素因数分解の一意性証明の直後 [DA, art. 17] にて示していることは (14.4) である．彼がそのように議論を組んだことには歴史上の伏線があった．つまり，与えられた整数の約数を取りこぼし無く採取するためには，素因数分解の一意性の認識を要する．結論から言うならば，Euclid は特殊なりと言えども $2^{\ell-1}P$ の約数の採り尽くしを正しく意識していた．言うまでも無く，それのみをもって素因数分解の一意性と結ぶことは飛躍であろう．しかし，約数集合の一意性 (註 [14.1]) の意味にて定理 7 を経験則としては把握していた，とすることに無理は無かろう．そもそも素因数分解の一意性の共通認識あればこその素数概念の導入．それ無くしては素数とは余りにも無用の長物．なお，Euclid は [Σ.IX, Prop. 13] (素数一般につき，p^k の約数は p^s に限る) をもって，$2^{\ell-1}$ の約数は 2^r としている．即ち，彼は 2 を素数と明確に認識．

[16.4] ところで，$2^\ell - 1$, $\ell \geq 3$, が素数となるためには，ℓ は素数でなければならない．何故ならば，多項式 $X^{ab} - 1$ は $X^a - 1$ で割り切れる．従って，各素数 p について $M_p = 2^p - 1$ が素数であるか否かが完全数問題と密接に関係がある．Mersenne (1644, Præfatio generalis, XIX) は，やや不明瞭ながら，$p = 2, 3, 5, 7, 13, 17, 19, 31, 67, 127, 257$ について M_p は素数であるとした．それゆえ，M_p を Mersenne 数と呼ぶ．しかし，M_{67}, M_{257} は合成数と後に判明している．一方，$p < 257$ については，Mersenne の一覧に欠ける M_{61}, M_{89}, M_{107} は素数である．これらの他に，現在までに，僅か 30 数個の p について M_p が素数であることが確認されているに過ぎないが，実際は無限に存在するであろうと予想されている (つまり，完全数は無限に存在するであろう)．M_p の素数判定については，註 [42.1], [60.8], [87.14] を見よ．

[16.5] 同様な構造の $2^\ell + 1$ については，$\ell = ab$, $a, b \geq 2$, $2 \nmid a$, ならば合成数である．何故ならば，多項式 $(X^b)^a + 1$ は $X^b + 1$ により割り切れる．従って，$F_n = 2^{2^n} + 1$ が素数であるか否かが問題となる．これらを Fermat 数と呼ぶが，そのうちの有限個のみが素数であろう，と予想されている．現在知られているところでは，Fermat (1640: 1679, p.115) により指摘された $F_0 = 3$, $F_1 = 5$, $F_2 = 17$, $F_3 = 257$, $F_4 = 65537$ の 5 個以外には素数と判明しているものは無い．F_5 については [42.1] を見よ．なお，等式 $F_0 \cdot F_1 \cdots F_n = F_{n+1} - 2$ により $\{F_n : n \geq 0\}$ は何れの 2 項も互いに素であり，定理 6 の別証明を得る．つまり，F_n の素因数分解により n と共に拡大する素数列が得られることとなる．しかしながら，この分解の実行が甚だ困難であることは周知．ちなみに，Fermat 素数は正多角形の作図問題と密接に関係する．註 [68.2], [68.3] を参照せよ．

[16.6] 定義 (16.1) は等式

$$\lfloor F \rfloor(s) = \zeta(s)\lfloor f \rfloor(s)$$

と同値．実際，絶対収束のもとに，左辺の級数の各項に (16.1) を代入し，和の順序を入れ換えるならば右辺を得る．例えば，$\mathrm{Re}(s) > \max\{1, 1 + \mathrm{Re}\,\alpha\}$ のもとに，

$$\lfloor \sigma_\alpha \rfloor(s) = \zeta(s)\zeta(s - \alpha).$$

§17.

与えられた乗法的函数 f_1, f_2 から函数の積 $(f_1 \cdot f_2)(n) = f_1(n)f_2(n)$ により新たな乗法的函数が定義される．一方，(16.1) を拡張し，Dirichlet 合成積 (convolution)

$$(f_1 * f_2)(n) = \sum_{t|n} f_1(t) f_2(n/t), \quad n \in \mathbb{N}, \tag{17.1}$$

により $\mathbb{N}$ 上の乗法的函数を定義することもできる．確かめは，再び (14.6)–(14.8) をもって，

$$\langle a,b \rangle = 1 \Rightarrow (f_1 * f_2)(ab) = \sum_{t|a} \sum_{u|b} f_1(tu) f_2((a/t)(b/u))$$

$$= \sum_{t|a} f_1(t) f_2(a/t) \sum_{u|b} f_1(u) f_2(b/u)$$

$$= (f_1 * f_2)(a)(f_1 * f_2)(b). \tag{17.2}$$

演算 '$*$' は明らかに可換であり，結合律 $(f_1 * f_2) * f_3 = f_1 * (f_2 * f_3)$ も成り立つ．何故ならば，任意の $n \in \mathbb{N}$ について，両辺共に $\sum_{abc=n} f_1(a) f_2(b) f_3(c)$ に等しい．また，点 1 に置かれた δ-函数

$$\delta_1(n) = \begin{cases} 1 & n = 1, \\ 0 & n \neq 1. \end{cases} \tag{17.3}$$

がこの演算の単位元である．つまり，任意の整数論的函数 f につき，$f = \delta_1 * f = f * \delta_1$．単位元は唯一である．実際，$l$ を単位元とするならば，$l(1) = 1$ かつ全ての $n \geq 1$ につき $\sum_{d|n} l(d) = 1$．帰納法により，$l(n) = 0, n > 1$，を得る．

等式 (12.2) にて導入された特性函数 ι を用いるならば，約数函数 d は $\iota * \iota$ であり，定義 (16.1) は $F = \iota * f$ となる．さらに，k-重約数函数

$$d_k = \overbrace{\iota * \cdots * \iota}^{k \text{ 回}}; \quad d_2 = d, \tag{17.4}$$

$$d_k(n) = \left| \{ \{u_1, u_2, \ldots, u_k\} : u_1 u_2 \cdots u_k = n \} \right|,$$

もやはり乗法的である．分解 (12.1) のもとに，

$$d_k(n) = \prod_p \binom{n(p)+k-1}{k-1}. \tag{17.5}$$

証明は k についての帰納法によるが, $d_{k+1} = \imath * d_k$ であるゆえ, $k \geq 2$ のとき,

$$\begin{aligned} d_{k+1}(p^{n(p)}) &= \sum_{\nu=0}^{n(p)} \binom{\nu+k-1}{k-1} \\ &= \sum_{\nu=0}^{n(p)} \left\{ \binom{\nu+k}{k} - \binom{\nu+k-1}{k} \right\} = \binom{n(p)+k}{k}. \end{aligned} \tag{17.6}$$

[17.1]　等式 $\left(\sum_{\nu=0}^k (\nu+1)\right)^2 = \sum_{\nu=0}^k (\nu+1)^3$ により $d_3^2(n) = \sum_{t|n} d^3(t)$.

[17.2]　整数論的函数全体は, 演算 $\{+, *\}$ について可換環である. また, 微分作用素 D
$$(\mathrm{D}f)(n) = f(n)\log n, \quad n \in \mathbb{N},$$
$$\mathrm{D}(f_1 * f_2) = (\mathrm{D}f_1) * f_2 + f_1 * (\mathrm{D}f_2)$$
も持つ. 例えば, $\mathrm{D}(\imath * \imath) = 2(\log) * \imath$. つまり, $d(n)\log n = 2\sum_{d|n} \log d$. もちろん, $\lfloor \mathrm{D}f \rfloor(s) = -(d/ds)\lfloor f \rfloor(s)$.

[17.3]　Dirichlet 合成積なる視点の始まりは定かではないが, 明らかに, Dirichlet 級数間の等式
$$\lfloor f_1 * f_2 \rfloor(s) = \lfloor f_1 \rfloor(s) \cdot \lfloor f_2 \rfloor(s)$$
と対応する. 繰り返し応用し, (17.4) は $\mathrm{Re}(s) > 1$ における表現
$$\zeta^k(s) = \sum_{n=1}^\infty \frac{d_k(n)}{n^s}$$
と同値と知れる. Euler 積表示 (11.7) を左辺に用い,
$$\prod_p \left(1 - \frac{1}{p^s}\right)^{-k} = \prod_p \left\{ \sum_{j=0}^\infty \binom{-k}{j} \frac{(-1)^j}{p^{js}} \right\}.$$
この右辺は (17.5) を意味する.

§18.

　線形変換 (16.1) の逆変換, つまり F から f を定める手段を Möbius 反転公式と呼ぶ. 乗法性の議論一般において要の一つである. 算術的な解説を行うが, 実は註 [18.6] における Dirichlet 級数を用いる論法が迅速かつ簡明である. しかしながら, 算術的な議論には近代的な篩法の端緒も認められることもあり, やはり意義がある.

まず, $F = \iota * f$ であるゆえ, $\mu * \iota = \iota * \mu = \delta_1$ となる函数 μ を定めれば良い. つまり,

$$\sum_{d|n} \mu(d) = \begin{cases} 1 & n = 1, \\ 0 & n > 1, \end{cases} \quad n \in \mathbb{N}, \tag{18.1}$$

が必要とされる. 乗法性を仮定するならば, (16.3) により左辺は $\prod_p \left(\sum_{\nu=0}^{n(p)} \mu(p^\nu) \right)$. 従って,

$$\sum_{\nu=0}^{n(p)} \mu(p^\nu) = \begin{cases} 1 & n(p) = 0, \\ 0 & n(p) > 0. \end{cases} \tag{18.2}$$

これより, $\mu(1) = 1$, $\mu(p) = -1$, $\mu(p^\nu) = 0, \nu \geq 2$. かくして $\mathbb{N}$ 上の重要な乗法的函数である Möbius 函数の定義に導かれる.

$$\mu(n) = \begin{cases} 1 & n = 1, \\ (-1)^J & n = p_1 p_2 \cdots p_J \text{ (sqf)}, \\ 0 & \text{その他}. \end{cases} \tag{18.3}$$

とくに, 定義 (12.6) に関し,

$$n : \text{sqf} \iff \mu(n) \neq 0. \tag{18.4}$$

以上から次を得る.

定理 8 $\mathbb{N}$ 上の整数論的函数 f を $F(n) = \sum_{d|n} f(d)$ と変換するとき,

$$f(n) = \sum_{d|n} \mu(d) F(n/d). \tag{18.5}$$

[証明] 右辺は,

$$\sum_{d|n} \mu(d) \sum_{t|n/d} f(t) = \sum_{t|n} f(t) \sum_{d|n/t} \mu(d) = f(n). \tag{18.6}$$

第 2 の等式は (18.1) による. もちろん, $\iota * f = F$ に μ を作用させ, $\mu * \iota * f = \mu * F$ から (18.5) を得るもよい. 証明を終わる.

なお, $\mathbb{N}$ 上の整数論的函数 f について, 条件 $f(1) \neq 0$ のもとに, $f * f^\circ = \delta_1$ となる函数 f° が存在する. 実際,

$$f^\circ(1) = 1/f(1), \quad f^\circ(n) = -f^\circ(1) \sum_{d|n, d \neq n} f(n/d) f^\circ(d) \tag{18.7}$$

と帰納的に定めるがよい．等式 $\lfloor f^\circ \rfloor(s) = \{\lfloor f \rfloor(s)\}^{-1}$ が成立する．よって，集合 $\{f : f(1) \neq 0\}$ は演算 '$*$' のもとに Abel 群を成している．$\mathbb{N}$ 上の乗法的函数全体はその部分群である．確かめであるが，$a, b > 1$, $\langle a, b \rangle = 1$, であるとき，(14.6)–(14.8) と共に帰納法を用い

$$\begin{aligned}
f^\circ(ab) &= -\sum_{\substack{t|a, u|b \\ tu \neq ab}} f(a/t)f(b/u)f^\circ(t)f^\circ(u) \\
&= -\sum_{t|a} f(a/t)f^\circ(t) \sum_{u|b} f(b/u)f^\circ(u) + f^\circ(a)f^\circ(b) \\
&= -\bigl(-f^\circ(a) + f^\circ(a)\bigr)\bigl(-f^\circ(b) + f^\circ(b)\bigr) + f^\circ(a)f^\circ(b) \\
&= f^\circ(a)f^\circ(b).
\end{aligned} \tag{18.8}$$

第 2 行は $tu = ab \Leftrightarrow t = a, u = b$ による．例えば，

$$d^\circ(p^\nu) = \begin{cases} 1 & \nu = 0, 2, \\ -2 & \nu = 1, \\ 0 & \nu \geq 3, \end{cases} \quad \Leftrightarrow \quad \lfloor d^\circ \rfloor(s) = (\zeta(s))^{-2}. \tag{18.9}$$

[18.1] 注意であるが，定理 8 において，函数 f は乗法的と限られてはいない．また，$F(n)$ が全ての n について定義されることも必要とされない．特定の n の約数 d 全てについて $F(d)$ が定義されている場合，その様な n に対して (18.5) が成立するのである．

[18.2] 函数 μ と (18.5) に向かう着想は Möbius (1832) による．等式 (18.5) を一般的に述べたのは Dedekind (1857a, p.21: 後述の明示式 (70.5) の導出) ではあるものの，Möbius 函数を外見上は用いていない．函数記号 μ を採用したのは Mertens (1874a) であり，もって今日に至る常用となった．Möbius 函数の定義は本質的に素因数分解を必要とするゆえ，約数函数よりも高度な位置にあると映るのではなかろうか．しかし，註 [14.2] を繰り返すが，約数を見つけることは一般的には極めて困難な課題であることをも念頭に置くべきである．つまり，これらの函数は共に素朴なものであるとは実は言い難いのである．

[18.3] 与えられた整数が sqf か否かにつき多項式時間判定法は知られていない．

[18.4] 自明な条件のもとに，

$$G(n) = \prod_{d|n} g(d) \Rightarrow g(n) = \prod_{d|n} \{G(n/d)\}^{\mu(d)}.$$

右辺の $G(n/d)$ を定義式に置き換えるならば (18.1) に帰着される．

[18.5] 任意の実数 $x \geq 1$ について，

$$G(x) = \sum_{m \leq x} g(x/m) \Rightarrow g(x) = \sum_{n \leq x} \mu(n) G(x/n).$$

実際, 後者の和は

$$\sum_{n \leq x} \mu(n) \sum_{m \leq x/n} g(x/mn) = \sum_{k \leq x} g(x/k) \sum_{mn=k} \mu(n) = g(x).$$

[18.6]　定義 (18.3) に相当する等式が Euler (1748b, Tomi primi caput XV, §269) によって観察されている. つまり, (18.3) の右辺を次式の左辺に代入し

$$\sum_{n=1}^{\infty} \frac{\mu(n)}{n^s} = \prod_p \left(1 - \frac{1}{p^s}\right) = \frac{1}{\zeta(s)}, \quad \mathrm{Re}\,(s) > 1.$$

ただし, Euler は s が 2 以上の整数の場合のみを扱っている. 何れにせよ, 註 [16.6] にもどり,

$$\lfloor f \rfloor(s) = \frac{\lfloor F \rfloor(s)}{\zeta(s)} = \lfloor \mu * F \rfloor(s) \Rightarrow f = \mu * F.$$

定理 8 の別証明である.

[18.7]　Ramanujan (1916). 条件 $\mathrm{Re}\,(s) > 1 + \max\{0, \mathrm{Re}\,(\alpha), \mathrm{Re}\,(\beta), \mathrm{Re}\,(\alpha+\beta)\}$ のもとに,

$$\lfloor \sigma_\alpha \sigma_\beta \rfloor(s) = \frac{\zeta(s)\zeta(s-\alpha)\zeta(s-\beta)\zeta(s-\alpha-\beta)}{\zeta(2s-\alpha-\beta)}.$$

後の目的 (§91 [A]) を念頭に, YM (2009, p.4) による証明を採録する. まず $(13.1)_{J=2}$ に注意し,

$$\sigma_\alpha(n)\sigma_\beta(n) = \sum_{u|n, v|n} u^\alpha v^\beta = \sum_{[u,v]|n} u^\alpha v^\beta.$$

よって,

$$\lfloor \sigma_\alpha \sigma_\beta \rfloor(s) = \zeta(s) \sum_{u,v} \frac{u^\alpha v^\beta}{[u,v]^s} = \zeta(s) \sum_{u,v} \frac{\langle u,v\rangle^s}{u^{s-\alpha} v^{s-\beta}}.$$

右辺は, (10.6) による. ここで, $\eta_s(m) = \sum_{d|m} \mu(d)(m/d)^s$ と置くならば, 反転公式 (18.5) により $\sum_{f|g} \eta_s(f) = g^s$. つまり, (3.7) に注意し

$$\lfloor \sigma_\alpha \sigma_\beta \rfloor(s) = \zeta(s) \sum_{u,v} \frac{1}{u^{s-\alpha} v^{s-\beta}} \sum_{d|u, d|v} \eta_s(d)$$
$$= \zeta(s)\zeta(s-\alpha)\zeta(s-\beta) \sum_d \frac{\eta_s(d)}{d^{2s-\alpha-\beta}}.$$

しかるに, 註 [18.6] により, 条件 $\mathrm{Re}\,(t) > 1 + \mathrm{Re}\,(s)$ のもとに $\lfloor \eta_s(m) \rfloor(t) = \zeta(t-s)/\zeta(t)$. 証明を終わる. とくに, $\alpha = \beta = 0$, $\mathrm{Re}\,(s) > 1$ とし, 美しい等式

$$\sum_{n=1}^{\infty} \frac{d^2(n)}{n^s} = \frac{\zeta^4(s)}{\zeta(2s)}$$

を得る. 保型形式論における Rankin 合成積 L-函数なるものの祖型である (YM (2011, 第 5 章) を参照せよ).

[18.8]　von Mangold 函数 (1895, pp.277–278).

$$\Lambda = \mu * \log : \quad \Lambda(n) = \sum_{d \mid n} \mu(d) \log(n/d), \quad n \in \mathbb{N}.$$

右辺は, 変数 ξ の函数

$$\sum_{d \mid n} \mu(d)(n/d)^\xi = \prod_{p \mid d} \left(p^{n(p)\xi} - p^{(n(p)-1)\xi} \right)$$

の原点における Taylor 展開の第 1 次の項に現れる. 従って,

$$\Lambda(n) = \begin{cases} \log p & n \text{ はある素数 } p \text{ のベキ}, \\ 0 & \text{その他}. \end{cases}$$

ちなみに, 素数分布論にて基本的なこの函数に記号 Λ を与えたのは, Landau (1909, §33) である (von Mangold 自身は L を用いている). Dirichlet 級数によるならば, $\mathrm{Re}(s) > 1$ にて

$$\lfloor \Lambda \rfloor(s) = \sum_{n=1}^{\infty} \frac{\Lambda(n)}{n^s} = -\frac{\zeta'}{\zeta}(s)$$

$$= -\frac{d}{ds} \log \zeta(s) = \sum_{p} \sum_{j=1}^{\infty} \frac{\log p}{p^{js}}.$$

下行は Euler 積表示 (11.7) と同値. また, 略記 $(\zeta'/\zeta)(s) = \zeta'(s)/\zeta(s)$ が用いられている. 最右辺にて $j = 1$ に対応する部分が主要部である. つまり, (11.10) から,

$$\sum_{p} \frac{\log p}{p^s} \sim \frac{1}{s-1} \quad (s \to 1 + 0).$$

従って, 定理 6 の一解釈を得る. 一方, 函数等式 (11.14) により $\zeta(s)$ の対数微分は全複素平面に有理型函数として解析的に接続する. その極は $\zeta(s)$ の零点および極 ($s = 1$ のみ) である. よって, 留数定理を経由し, 素数の分布と $\zeta(s)$ の零点とが緊密に関係していることが容易に読み取れる. この認識こそが Riemann (1860) の視座. もっとも, 彼は対数微分ではなく $\log \zeta(s)$ を扱った. 後者は多少扱い不便.

[18.9]　任意の $k \geq 1$ について

$$\Lambda_k(n) = \sum_{d \mid n} \mu(d)(\log n/d)^k$$

とするならば, 上記の Taylor 展開にて第 k 次の項を見ることにより, n の相異なる素因数の個数が k より大ならば, $\Lambda_k(n) = 0$.

[18.10]　Selberg 等式.

$$\Lambda(n) \log n + \sum_{d \mid n} \Lambda(d) \Lambda(n/d) = \Lambda_2(n).$$

あるいは, $D\Lambda + \Lambda * \Lambda = \Lambda_2$. 実際, 上記から $\Lambda * \imath = \log = D\imath$. よって,

$$(D\Lambda) * \imath + \Lambda * D\imath = D^2\imath \Rightarrow D\Lambda + \Lambda * (D\imath) * \mu = (D^2\imath) * \mu.$$

Selberg (1949) および Erdős (1949) による素数定理の初等的証明はこの等式に基づく. 初等的とは複素変数函数論 (つまりは, 留数定理, 解析接続) を用いぬと云う意味である. なお, 本等式は, 簡略表示をもって, 自明な関係式

$$\left(\frac{\zeta'}{\zeta}\right)' + \left(\frac{\zeta'}{\zeta}\right)^2 = \frac{\zeta''}{\zeta}$$

と同値. 複素変数函数論による伝統的な証明と比較し, 初等的証明は一般に遥かに入り組む (註 [11.9] の典型例).

§19.

Möbius 函数の主な効用は, (18.1) により互いに素なる事象を数式化できることにある. 即ち,

$$(\imath * \mu)(\langle a, b \rangle) = \begin{cases} 1 & a, b \text{ は互いに素}, \\ 0 & \text{その他}. \end{cases} \tag{19.1}$$

左辺を定理 1 の後段 (3.7) により解釈し,

$$\sum_{d|a, d|b} \mu(d) = \begin{cases} 1 & a, b \text{ は互いに素}, \\ 0 & \text{その他}. \end{cases} \tag{19.2}$$

この着想ないし判定法は, 余りにも原始的と映ることであろう. しかし, 現状では, 素数の関わる様々な難問に立ち向かうには (19.2) から出発する他無いのである (YM (2009), 第 5 章) を見よ).

ここでは, 応用例として Euler phi-函数 φ を採り上げる. 与えられた自然数 n 以下であって n と互いに素となる自然数の個数を $\varphi(n)$ と定義するならば,

$$\varphi(n) = n \prod_{p|n} \left(1 - \frac{1}{p}\right), \quad p \text{ は } n \geq 2 \text{ の相異なる素因数}. \tag{19.3}$$

定義から $\varphi(1) = 1$ であるが, 空積は 1 であるものとして, $n = 1$ については本等式は成立している. 一般の場合については, (19.2) により

$$\varphi(n) = \sum_{m \leq n} \sum_{d|m, d|n} \mu(d)$$

$$= \sum_{d|n} \mu(d) \sum_{\substack{m \leq n \\ d|m}} 1 = n \sum_{d|n} \frac{\mu(d)}{d}. \tag{19.4}$$

しかるに, 最右辺の和は (16.2) により乗法的である. 実際, $\langle a,b \rangle = 1$ ならば,

$$\sum_{d|ab} \frac{\mu(d)}{d} = \sum_{t|a, u|b} \frac{\mu(tu)}{tu} = \sum_{t|a} \frac{\mu(t)}{t} \sum_{u|b} \frac{\mu(u)}{u}. \tag{19.5}$$

この分解を (19.4) に繰り返し応用し (19.3) を得る. あるいは, (19.3) の積を展開し, (19.4) と較べるもよい. もちろん,

$$\langle m,n \rangle = 1 \Rightarrow \varphi(mn) = \varphi(m)\varphi(n) \tag{19.6}$$

と知れる. つまり, φ は乗法的函数. 後に §33 にてより広い視野をもって議論する.

 等式 (19.4) は

$$\varphi = \mu * I, \quad I(n) = n, \tag{19.7}$$

を意味する. 従って, $\iota * \varphi = I$. つまり,

$$\sum_{d|n} \varphi(d) = n. \tag{19.8}$$

あるいは, n 以下の自然数 m のうち $\langle m,n \rangle = n/d$, $d|n$, となるものは, (6.2) の (2) を参照し, $\varphi(d)$ 個であることから (19.8) を導くこともできる. より直感的には, $\{k/n : 1 \leq k \leq n\}$ を全て既約分数に置き換えることでもある. さらには, (16.3) と (19.6) により和は $\prod_{p^\alpha \| n} \sum_{j=0}^{\alpha} \varphi(p^j)$ に等しいことを用いるもよい. 何故ならば, 明らかに $\varphi(p^j) = p^j - p^{j-1}$. なお, (19.8) は函数 φ を定めるものとも言える. 定理 8 の応用により (19.8) から (19.4) の最右辺を得るからである.

[19.1] 乗法性 (19.6) は Euler (1758a, Theorema 5) による. 表現 (19.3) は系として得られている. 証明は上記とは異なり, 後述の定理 20 のそれと同類と言える. Gauss [DA, art. 38] は Euler のこの着想を採っている. 表現 (19.3) の別証明が Euler (1775a) にあるが, 後の Legendre の証明 (註 [20.1] を参照), つまり上記に近い. Euler は記号 π を, Gauss は ϕ を用いた. 今日常用の記号 φ の使用は Dirichlet (1863, §11) に始まる. ちなみに, φ を *totient* 函数と呼ぶこともあるが Sylvester (1879, p.361) の造語である (もっとも, 彼は記号 τ を用いた). 一方, (19.8) は [DA, art. 39] に初出. ちなみに, Euler (*ibid.*, §§1–2) は有理数 (既約分数) の分布について想いを巡らせている.

[19.2] 任意の m, n について, $\varphi(mn) \geq \varphi(m)\varphi(n)$. 等号は, $\langle m,n \rangle = 1$ なる場合に限る. より詳しくは,

$$\varphi(mn) = \varphi(m)\varphi(n) \frac{\langle m,n \rangle}{\varphi(\langle m,n \rangle)}.$$

実際,

$$\varphi(m)\varphi(n) = mn \prod_{p|mn}(1-1/p) \prod_{\substack{p|m\\p|n}}(1-1/p)$$

[19.3]　Euler 函数は外見上は単純であるが, その性質は殆ど解明されていない. 理由としては $\varphi(n)$ の素因数分解が n のそれよりも遥かに複雑になり得ることがある (註 [33.5] を参照せよ). ちなみに, 次の Carmichael 予想 (1907; 修正 1922) は未解決である.

$$|\{n : \varphi(n) = a\}| \neq 1, \quad \forall a \geq 1.$$

[19.4]　Ramanujan 和 (1918).

$$c_q(n) = \sum_{\substack{h=1\\\langle h,q\rangle=1}}^{q} e(nh/q) = \frac{\mu(q/\langle n,q\rangle)}{\varphi(q/\langle n,q\rangle)}\varphi(q), \quad e(x) = \exp(2\pi i x).$$

右辺は Hölder (1936, p.17) による. とくに,

$$\mu(q) = \sum_{\substack{h=1\\\langle h,q\rangle=1}}^{q} e(h/q).$$

まず, 定義から

$$\sum_{q|d} c_q(n) = \sum_{u=1}^{d} e(un/d) = \begin{cases} d & d|n, \\ 0 & d\nmid n. \end{cases}$$

分数 u/d を既約化し, 逆方向ながら始めの等式を得る訳である. 反転公式 (18.5) により,

$$c_q(n) = \sum_{d|\langle q,n\rangle} \mu(q/d)d.$$

あるいは, ほぼ同じことではあるが, (19.2) を用い,

$$c_q(n) = \sum_{h=1}^{q} e(nh/q) \sum_{d|q,\,d|h} \mu(d) = \sum_{d|q} \mu(d) \sum_{h=1}^{q/d} e(nh/(q/d))$$
$$= q \sum_{d|q,\,(q/d)|n} \frac{\mu(d)}{d} = \sum_{d|\langle q,n\rangle} \mu(q/d)d.$$

この表示により, $c_q(n)$ は各 n について, q の乗法的函数と知れる. 実際, $q = q_1 q_2$, $\langle q_1,q_2\rangle = 1$, ならば, $\langle q,n\rangle = \langle q_1,n\rangle\langle q_2,n\rangle$ であり, 分解 $d = d_1 d_2, d_1|\langle q_1,n\rangle, d_2|\langle q_2,n\rangle$, が従う. よって, μ の乗法性から,

$$c_q(n) = \sum_{\substack{d_1|\langle q_1,n\rangle\\d_2|\langle q_2,n\rangle}} \mu(q_1/d_1)\mu(q_2/d_2)d_1 d_2 = c_{q_1}(n)c_{q_2}(n).$$

つまり,

$$c_q(n) = \prod_p c_{p^{q(p)}}(n).$$

一方,

$$c_{p^\alpha}(n) = \begin{cases} p^\alpha - p^{\alpha-1} & \langle p^\alpha, n\rangle = p^\alpha \\ -p^{\alpha-1} & \langle p^\alpha, n\rangle = p^{\alpha-1} \\ 0 & その他 \end{cases} = \frac{\mu(p^\alpha/\langle p^\alpha, n\rangle)}{\varphi(p^\alpha/\langle p^\alpha, n\rangle)}\varphi(p^\alpha).$$

証明を終わる. 註 [33.7] を参照せよ.

[19.5]　Dirichlet 級数に移るならば, 前項の第 3 式と註 [16.6] から,

$$\sigma_\alpha(n) = \zeta(1-\alpha) \sum_{q=1}^{\infty} \frac{c_q(n)}{q^{1-\alpha}}.$$

ただし, $\operatorname{Re}\alpha < 0$ を要する. これを函数 σ_α の Ramanujan 展開 (1918) と呼ぶ. 一種奇異な等式ではあるが zeta-函数や保型形式論にて重要な応用を持つ. YM (2011, p.15 および p.227) を見よ.

[19.6]　Smith (1876) に興味深い等式がある. 任意の函数 f を採り, m 行 n 列番に $f(\langle m,n\rangle)$ を置くならば, 任意の $K \in \mathbb{N}$ につき

$$\det\left(f(\langle m,n\rangle)\right) = \prod_{k=1}^{K} g(k), \quad m,n \leq K; \quad g = f*\mu.$$

証明であるが, まず, 臨時に函数 μ の定義域を拡げ, $\mu(x) = 0$, $x \notin \mathbb{N}$, とする. 行列 $(\mu(n/m))$, $m,n \leq K$, において, 対角線上に 1 が並びその下部の要素は全て 0 であるゆえ, 行列式の値は 1. このとき, 積行列 $(f(\langle m,n\rangle)) \cdot (\mu(n/m))$ にて対角線上に $g(1), g(2), \ldots, g(K)$ が並び, 上三角部分の要素は全て 0 である. 実際, この積行列の k,l 番は

$$\sum_{r=1}^{K} f(\langle k,r\rangle)\mu(l/r) = \sum_{s|l} f(\langle k, l/s\rangle)\mu(s)$$
$$= \sum_{s|l} \mu(s) \sum_{t|\langle k, l/s\rangle} g(t) = \sum_{t|\langle k,l\rangle} g(t) \sum_{s|l/t} \mu(s).$$

つまり, $l|\langle k,l\rangle \Leftrightarrow l|k$ の場合のみについて和は $g(l)$ に等しく, 他では 0 である. Bachmann (1902, pp.97–99) を参照せよ. 別証明としては, 等式

$$f(\langle m,n\rangle) = \sum_{d|m, d|n} g(d)$$

に注意し, 行列式の基本性質を援用するもよい.

[19.7]　任意に $a,b \in \mathbb{N}$ を採るとき, $\langle a,b\rangle = 1$ となる確率は $6/\pi^2 > 3/5$. まず, (19.2) により,

$$\sum_{\substack{\langle a,b\rangle=1 \\ a,b\leq N}} 1 = \sum_{a,b\leq N} \sum_{d|a, d|b} \mu(d)$$
$$= \sum_{d\leq N} \mu(d)[N/d]^2 = N^2 \sum_{d=1}^{\infty} \frac{\mu(d)}{d^2} + R_N,$$

$$R_N = \sum_{d \leq N} \mu(d)([N/d]^2 - (N/d)^2) - N^2 \sum_{d > N} \frac{\mu(d)}{d^2}.$$

不等式 $|[\theta]^2 - \theta^2| \leq 2\theta$ に注意し，充分大なる N について，

$$|R_N| \leq 2N \sum_{d \leq N} \frac{1}{d} + N^2 \sum_{d > N} \frac{1}{d^2} < 3N \log N.$$

つまり，

$$\lim_{N \to \infty} \frac{1}{N^2} \sum_{\substack{\langle a,b \rangle = 1 \\ a,b \leq N}} 1 = \sum_{d=1}^{\infty} \frac{\mu(d)}{d^2} = \prod_p \left(1 - \frac{1}{p^2}\right).$$

註 [18.6] あるいは Euler (1737b, Th. 8, Cor. 1)) により，この積は $\left(\sum_{n=1}^{\infty} 1/n^2\right)^{-1} = 6/\pi^2$ である．後述の註 [62.1] を見よ．なお，より詳しくは

$$\lim_{\min\{A,B\} \to \infty} \frac{1}{AB} \sum_{\substack{\langle a,b \rangle = 1 \\ a \leq A, b \leq B}} 1 = \frac{6}{\pi^2}.$$

[19.8]　絶対常数 $c_0 > 0$ があり，

$$\varphi(n) > c_0 \frac{n}{\log \log 3n}, \quad \forall n \in \mathbb{N}.$$

充分大なる n につき，

$$\log(n/\varphi(n)) = \sum_{p|n} \frac{1}{p} + O(1).$$

この和は

$$\leq \sum_{p \leq \log n} + \sum_{\substack{p|n \\ p > \log n}} < \log \log \log n + O(1) + \frac{\nu(n)}{\log n}, \quad \nu(n) = \sum_{p|n} 1.$$

註 [12.9] の後段の漸近式が応用されている．そこで，$2^{\nu(n)} \leq n \Rightarrow \nu(n) \leq \log n / \log 2$ に注意し確かめを終わる．

§20.

Möbius 函数を組み合わせ論の立場から捉えることもできる．

定理 9　有限集合 $\mathcal{A} \subset \mathbb{N}$ を用意し，$\mathcal{A}_d = \{a \in \mathcal{A} : d|a\}$ とする．一方，素数の有限集合 $\mathcal{P}$ を用意し，$\{\mathcal{A}, \mathcal{P}\} = \{a \in \mathcal{A} : p \nmid a, \forall p \in \mathcal{P}\}$ とする．このとき，

$$|\{\mathcal{A}, \mathcal{P}\}| = \sum_{\substack{d \\ p|d \Rightarrow p \in \mathcal{P}}} \mu(d)|\mathcal{A}_d|. \tag{20.1}$$

ただし，和は $d = 1$ の場合も含むものと解釈する．

[証明] この等式は (19.2) をやや一般化したものに過ぎないのであるが, (19.1) によらずとも次の如く示すことができる. まず, 任意の $p \in \mathcal{P}$ につき,

$$\begin{aligned}\{\mathcal{A}, \mathcal{P}\} &= \{\mathcal{A}, \mathcal{P} - \{p\}\} - \{\mathcal{A}_p, \mathcal{P} - \{p\}\} \\ \Rightarrow |\{\mathcal{A}, \mathcal{P}\}| &= |\{\mathcal{A}, \mathcal{P} - \{p\}\}| - |\{\mathcal{A}_p, \mathcal{P} - \{p\}\}|.\end{aligned} \quad (20.2)$$

ただし, 上行の減法は *set-minus*. 異なる素数 $p' \in \mathcal{P}$ を採り, 右辺の集合それぞれに同じ操作を行い,

$$\begin{aligned}|\{\mathcal{A}, \mathcal{P}\}| = &|\{\mathcal{A}, \mathcal{P} - \{p, p'\}\}| - |\{\mathcal{A}_p, \mathcal{P} - \{p, p'\}\}| \\ &- |\{\mathcal{A}_{p'}, \mathcal{P} - \{p, p'\}\}| + |\{\mathcal{A}_{pp'}, \mathcal{P} - \{p, p'\}\}|.\end{aligned} \quad (20.3)$$

$\mathcal{P}$ の元をとり尽くすまで繰り返し, (20.1) に達する. 証明を終わる.

等式 (20.1) において

$$\{\mathcal{A}, \mathcal{P}\} = \mathcal{A} - \bigcup_{p \in \mathcal{P}} \mathcal{A}_p, \quad \mathcal{A}_d = \bigcap_{p | d} \mathcal{A}_p. \quad (20.4)$$

つまり, 定義 (18.3) は周知の *inclusion–exclusion principle* における符合と本質的に同じものであると理解できる. 後述の註 [52.5] を参照せよ.

[20.1] Legendre の篩. 構造 (20.1) の活用は Legendre (1785, pp.471–472) に始まる (註 [41.3] を見よ). もちろん, Möbius 函数を用いての表現ではなかった. 彼は, (20.3) に対応する詳細 (1798, p.14) を加え, (19.3) を証明している. つまり, $\mathcal{A}$ として n 以下の自然数, $\mathcal{P}$ として n の相異なる素因数全ての集まりを採る.

[20.2] 素朴な等式 (20.2) への着眼は Minding (1832, pp.11–15). 篩法においてごく基本. YM (1983, (2.1.1); 2009, (5.3.2): Buchstab 等式) を見よ.

[20.3] Eratosthenes の篩. 任意の実数 $x \geq 1$ について,

$$\pi(x) - \pi(\sqrt{x}) + 1 = \sum_{\substack{d \\ p|d \Rightarrow p \leq \sqrt{x}}} \mu(d)[x/d].$$

和は $d = 1$ も含む. 実際, (20.4) にて $\mathcal{A} = \{n \leq x : n \in \mathbb{N}\}$, $\mathcal{P} = \{p \leq \sqrt{x}\}$ と採るならば, 註 [10.5] により

$$\{\mathcal{A}, \mathcal{P}\} = \{1\} \sqcup \{\sqrt{x} < p \leq x\}.$$

つまり, 素数 $2, 3, 5, 7, 11, \ldots, p_J$ の何れかをもって割り切れる整数を $\mathbb{N}$ から次々と消し去って行くならば, p_J^2 以下で残るものは 1 および $p_J < p < p_J^2$ なる素数 p である. この素数探索法は Nicomachus (ca 100 CE: D'Ooge (1926, p.204)) により万能の人 Eratosthenes (Cyrene; Alexandria Mouseion 図書館第 3 代館長) の名を冠され今日に伝わる. 実は, Nicomachus は

3 以上の奇数の列にこの手法を適用している．それがために，註 [10.3] にて触れた誤認 (b) が生じたのであろう．また，Euler (1849a (posth.), Caput I) には Eratosthenes の名を欠くもののこの篩法が解説されている．その章末 (節 53) に，素数の出現は次第にまばらとなって行くが素数列には nullum plane ordinem apparere，とある．意外なことに，彼の視界には素数定理はもちろんのこと Chebyshev の評価 [11.8] (5) も無かった．

[20.4]　しかしながら，この手法により任意の x につき $\pi(x)$ を定めることは不可能である．つまり，労多くして功余りにも僅少．この非効率性の克服努力こそが今日の篩理論であり，Brun 革命 (1919) に始まる．YM (1983, Chapter II; 2009, 第 5 章) を参照せよ．

[20.5]　論理関係を図形の重なりにより表現することと上記の証明とは密接な関係がある．前者は今日では Venn 図と呼ばれるが，Euler (1843; Deuxième partie: Lettres XXXIV–XXXVII (1761)) に同様な着想がある．註 [18.6] にて触れた論文 (1748b) のそれと重なる．ちなみに，Venn (1880) 自身は *Eulerian circles* なる語を用いている．

§21.

等式 $(2.1)_{b>0}$ を $a/b = q + r/b$ と解釈し直し，以後章末まで分数に目を向ける．数の分類上は有理数とすべきところではあるが，あえて分数とする．

まずは，既約分数の分布の有様を観察する必要がある．整数の場合には直感に任せ得るが，分数の場合には格別な考察をせねばならない．各単位区間にて観察すれば充分であるゆえ，閉区間 $[0,1]$ にあって分母が $N \in \mathbb{N}$ 以下である既約分数を大きさに沿って並べる．これを N 次の Farey 列と云い，$\mathcal{F}_N$ と記すこととする．

$$\mathcal{F}_N = \left\{ m/n : 1 \leq n \leq N;\ 0 \leq m \leq n, \langle m, n \rangle = 1 \right\}. \tag{21.1}$$

定理 10　数列 $\mathcal{F}_N$ 内の任意の連続する 3 項 $a/b, m/n, c/d$ について，

$$\begin{aligned}(1) \quad & b + n \geq N + 1,\ n + d \geq N + 1, \\ (2) \quad & bm - an = 1,\ cn - dm = 1, \\ (3) \quad & m/n = (a+c)/(b+d).\end{aligned} \tag{21.2}$$

[証明]　まず，(2) を仮定し，(3) を示す．消去法により，

$$m(bc - ad) = a + c,\ n(bc - ad) = b + d. \tag{21.3}$$

次に，(1)，(2) にて，$m/n, c/d$ の組み合わせの場合を示すために 1 次不定方程式

$nx - my = 1$ を考える. 定理 1 により, 解 $\{x, y\}$ は必ず存在する. これらの解のうちの一組 $\{x_0, y_0\}$ を定めるならば, 一般解は $x = x_0 + mu$, $y = y_0 + nu$, $u \in \mathbb{Z}$ となる (註 [6.2]). とくに, $N - n < y \leq N$ なる y が存在する. ここで, 仮に $x/y = c/d$ であるならば, (6.1) により, $x = c, y = d$ となり, $cn - dm = 1$, $d + n > N$. つまり, (1) を得る. そこで, $x/y \neq c/d$ と仮定する. このとき, $y \leq N$ より, $x/y \in \mathcal{F}_N$. 従って, m/n, c/d が $\mathcal{F}_N$ 内で隣り合いかつ $m/n < x/y$ であることから, $c/d < x/y$ となる. よって,

$$\frac{x}{y} - \frac{c}{d} = \frac{dx - cy}{dy} \geq \frac{1}{dy}. \tag{21.4}$$

しかるに,

$$\frac{1}{ny} = \frac{x}{y} - \frac{m}{n} = \frac{x}{y} - \frac{c}{d} + \frac{c}{d} - \frac{m}{n}$$
$$\geq \frac{1}{dy} + \frac{1}{dn} = \frac{n+y}{dny} > \frac{N}{dny} \geq \frac{1}{ny}. \tag{21.5}$$

これは矛盾である. 証明を終わる.

定理の意味するところは, $N \geq 2$ のとき,

数列 $\mathcal{F}_{N-1}$ の隣り合う $a/b, c/d$ のうち $b + d = N$ なるものにつき
中間分数 $(a+c)/(b+d)$ を挿入するならば, 数列 $\mathcal{F}_N$ を得る, (21.6)

となろう. この単純な操作を限りなく繰り返し, 区間 $[0, 1]$ 内の有理数全てを構成できるのである. 実際, $\mathcal{F}_N - \mathcal{F}_{N-1}$ の各項は h/N, $\langle h, N \rangle = 1$, であり, 上記の (2) により, 数列 $\mathcal{F}_{N-1}$ の隣り合う項の間に 2 項が入ることはありえない. 従って, (3) により, これら h/N は $\mathcal{F}_{N-1}$ から (21.6) の操作によって得られねばならない.

Farey 列の応用として, 無理数の有理近似, つまり既約分数による近似がある. 任意の無理数 ξ について

$$\left|\xi - \frac{a}{b}\right| < \frac{1}{b^2} \tag{21.7}$$

を充たす分数 a/b が無限に存在する. もちろん, $0 < \xi < 1$ なる場合を考察すれば済むが, $\mathcal{F}_N$ の各元とそれらの中間分数をもって区間 $[0, 1]$ を分割するならば, 部分区間の何れかに ξ は含まれる. その部分区間の端点であって $\mathcal{F}_N$ に含まれるものを h/q とし, 定理により

$$\left|\xi - \frac{h}{q}\right| < \frac{1}{qN}, \quad q \leq N. \tag{21.8}$$

ここに $N \geq 2$ は任意であるゆえ, (21.7) を充たす a/b は無限に存在することとなる. 仮に (21.7) を充たす a/b が有限個であるならば, それらに関する (21.7) の左辺の最小値よりもさらに (21.8) の右辺を小となるようにすることができ矛盾が生じる.

[21.1] 分数と同等な有理比 (2 自然数間の比) は太古からの概念であり, これらの間の比較も既に広く行われていたと映る. 必要となる既約化, 通分はそれぞれに公約数, 公倍数と相通ずるゆえ, 分数は優れて整数論的 (乗法的) な存在である. [Σ.V] は有理比の書であり, 互除法 [Σ.VII] を経て, 115 命題を擁する長大な '無理比の書' [Σ.X] へとつながる.

[21.2] 不等式 (21.8) においては, ξ が無理数である必要はない. なお, 無理数 ξ については, Dirichlet (1871, §141) による鳩の巣論法の適用がある. 自然数 N を採り, 単位区間 $[0,1]$ を N 等分する. 各 $b = 0, 1, \ldots, N$ に対し $0 \leq b\xi - a < 1$ となる整数 a を定める. このとき, 集合 $\{b\xi - a\}$ の元の個数は $N+1$ であるゆえ, 同じ短区間に入る $b_1\xi - a_1, b_2\xi - a_2$ が存在する. つまり, $|(b_1 - b_2)\xi - (a_1 - a_2)| < 1/N$. これより, (21.8) を得る. Dirichlet の論法の優れる点は多次元へ容易に拡張されることにある.

[21.3] $\mathcal{F}_N$ の性質 (21.2) の発見者は Haros (1802). しかし, Farey (1816) の再発見をもとに Cauchy (1816) が証明を与えたがために, この重要な数列に誤った名称が採用され今日に至ったのである. 上記の証明は Landau (1927, Dritter Teil, Kapitel 1) から採録. Gauss [DA, art. 190] を参照せよ.

[21.4] $\mathcal{F}_N$ は整数論の様々な場面に現れる. 例えばベキ級数にて変数が収束円内部から偏角を保ちつつ周上に向かうとき, それが 2π の有理数倍であるときにしばしば統制のとれた発散をする. これは, ベキ指数を算術級数に制限し係数の和の漸近的な振る舞いを考察することと同義である. 典型例を註 [63.2] に置く. それゆえ, 解析的整数論との接点をなし重要な応用を持つ. 当然に分母の大きさを考慮することが必要となり, $\mathcal{F}_N$ の構成が関係するのである. 一方, Farey 列そのものの分布に Fourier 解析を応用するならば, 註 [19.4] の第 2 式からもうかがえるところであるが, 実は Möbius 函数の値分布問題に帰着する. つまり, 註 [18.6] により zeta-函数と緊密に関係し, RH の一定式化に導かれる (Franel (1925)). 有理数の分布は深遠である. なお, 註 [52.5] にて, 多くの整数が整除に参加する環境 (例えば定理 9 の前提) と Farey 列との関係を観察する.

[21.5] Ahmes (ca 1650 BCE) の数学問題集では, 分数を分子が 1 である相異なる分数の和として表すことが正則的とされ, 例えば,

$$\frac{2}{83} = \frac{1}{60} + \frac{1}{332} + \frac{1}{415} + \frac{1}{498}$$

が挙げられている (Chace (1927, p.22)). 関連し, Erdős–Straus 予想 (Erdős (1950, p.210)) がある. 任意の自然数 $n \geq 2$ につき次の不定方程式は解を持つ.

$$\frac{4}{n} = \frac{1}{x} + \frac{1}{y} + \frac{1}{z}, \quad x, y, z \in \mathbb{N}.$$

未解決である. ちなみに, Ahmes の書は著者が判明している数学文書のうち最初期のものとされている.

[21.6] 有理近似の一般論は本講義の外にあるが, (21.7) に関する自然な疑問につき記して置く. つまり, (21.7) は実態を表すものであろうか. より良い近似は可能か否か. この設問は, 代数的無理数 ξ (2 次以上の既約な整数係数代数方程式の根 (既約性の定義は §67)) については近似に限界がある, とする Liouville (1851) の発見に始まる. 右辺を $1/b^\lambda$ とし, λ をある限界以上に大と設定するならば, 有限個の既約分数 a/b のみが不等式を充たす. では, ベキ指数 λ の下限は定め得るのか否か. この課題につき, Thue (1909), Siegel (1921) の先駆的な考究を基として達成された Roth (1956) の成果は驚くべきものである. 任意の $\varepsilon > 0$ をもって $\lambda > 2 + \varepsilon$. 有限個の a/b を除き $|\xi - a/b| > 1/b^{2+\varepsilon}$. 代数的無理数に関しては (21.7) は殆ど最良. ただし, 困難が残る. 即ち, Roth の証明は, 除くべき b の上限を ε, ξ に関し詳らかにせず存在のみを与える. かく, 整数論には in-effective な, つまり実効的算法 (評価) をもたらさぬ解決が多数ある. その何れをであれ effective とすることは, 大いなる貢献.

§22.

数列 $\mathcal{F}_N$ の背後には互除法があるが, 以下 5 節に渡り解説を与えるところの連分数については関連はごく明瞭である. つまり, 上記のごとく $(2.1)_{b>0}$ を分数をもって書き換え, $r > 0$ の場合, $a/b = q + 1/(b/r)$. さらに, (3.1) にて $r' > 0$ であるとき, $a/b = q + 1/(q' + 1/(r/r'))$. 互除法ではこの操作を繰り返し最大公約数 $\langle a, b \rangle$ に達する. 例えば $k+1$ 段で終了するならば, 正則連分数展開

$$\frac{a}{b} = a_0 + \cfrac{1}{a_1 + \cfrac{1}{a_2 + \ddots + \cfrac{1}{a_k}}} \tag{22.1}$$

と同類と解釈できる $(a_0 = q, a_1 = q', \ldots)$. 常例に沿い, 右辺を

$$a_0 + \frac{1}{a_1} + \frac{1}{a_2} + \cdots + \frac{1}{a_k} \tag{22.2}$$

と記す. なお, 正則 (regular) とは '分子' が 1 である $1/a_j$ が連なることを意味する. 今後巻末にいたるまで基本的な手段の一つとして多様な応用がなされるが, 連

分数とは正則連分数の意である．ただし，ごく例外として分子が 1 とは限られない連分数も扱われる．なお，初項 a_0 は整数であることの他に制限は無いが，$a_j \in \mathbb{N}$，$j \neq 0$ (註 [22.2] に注意)．

一方，連分数 (22.2) が始めに与えられたものとするとき，それを通常の分数に書き替えることは分数計算としては入り組む．しかし，行列表記 (2.3) をもってするならば比較的に容易となる．連分数展開を 1 次変換の積と観る訳である．このために，次の定義および観察を行う．

$$A_{-2} = 0, \ B_{-2} = 1; \quad A_{-1} = 1, \ B_{-1} = 0; \quad A_0 = a_0, \ B_0 = 1; \tag{22.3}$$

$$\frac{A_j}{B_j} = a_0 + \frac{1}{a_1 +} \frac{1}{a_2 +} \cdots + \frac{1}{a_j}, \quad 0 \le j \le k; \tag{22.4}$$

$$\begin{pmatrix} A_j & A_{j-1} \\ B_j & B_{j-1} \end{pmatrix} = \begin{pmatrix} a_0 & 1 \\ 1 & 0 \end{pmatrix} \begin{pmatrix} a_1 & 1 \\ 1 & 0 \end{pmatrix} \cdots \begin{pmatrix} a_j & 1 \\ 1 & 0 \end{pmatrix}, \quad -1 \le j \le k; \tag{22.5}$$

$$A_j = a_j A_{j-1} + A_{j-2}, \ B_j = a_j B_{j-1} + B_{j-2}, \quad 0 \le j \le k; \tag{22.6}$$

$$A_j B_{j-1} - A_{j-1} B_j = (-1)^{j-1}, \quad -1 \le j \le k. \tag{22.7}$$

第 1 行は便宜上の設定を含む．第 3 行を連分数展開の行列表現とする (空積は単位行列)．つまり，連分数 (22.1) の右辺は A_k/B_k である．実際，$k = 0$ の場合は自明．よって，$k \ge 1$ とできるが，これら $k+1$ 個の行列の積は $\begin{pmatrix} A_{k-1} & A_{k-2} \\ B_{k-1} & B_{k-2} \end{pmatrix} \begin{pmatrix} a_k & 1 \\ 1 & 0 \end{pmatrix}$．とくに $k \mapsto k-1$ とし，$A_{k-1} = a_{k-1}A_{k-2} + A_{k-3}, B_{k-1} = a_{k-1}B_{k-2} + B_{k-3}$．他方，(22.1) はこれら 2 式にて a_{k-1} を $a_{k-1} + 1/a_k$ に置き換えたものを分子分母として持つことに注意し確かめを終わる．

展開 (22.1) にては各段の剰余が隠されているが，これらを $\{r_j\}$ とするならば，§3 の議論から

$$\begin{aligned} \langle a, b \rangle = \langle r_0, r_1 \rangle = \cdots = \langle r_k, r_{k+1} \rangle = r_k, \\ r_{-1} = a, \ r_0 = b, \ r_{k+1} = 0. \end{aligned} \tag{22.8}$$

一方，(2.3) を用い $\begin{pmatrix} r_{j-1} \\ r_j \end{pmatrix} = \begin{pmatrix} a_j & 1 \\ 1 & 0 \end{pmatrix} \begin{pmatrix} r_j \\ r_{j+1} \end{pmatrix}$．よって，定義 (22.5) に従い，

$$\begin{pmatrix} a \\ b \end{pmatrix} = \begin{pmatrix} A_j & A_{j-1} \\ B_j & B_{j-1} \end{pmatrix} \begin{pmatrix} r_j \\ r_{j+1} \end{pmatrix}, \quad -1 \le j \le k. \tag{22.9}$$

等式 (22.7) に注意し

$$\begin{pmatrix} r_j \\ r_{j+1} \end{pmatrix} = (-1)^{j-1} \begin{pmatrix} B_{j-1} & -A_{j-1} \\ -B_j & A_j \end{pmatrix} \begin{pmatrix} a \\ b \end{pmatrix}, \quad -1 \leq j \leq k. \quad (22.10)$$

とくに,

$$(-1)^{k-1}(aB_{k-1} - bA_{k-1}) = \langle a, b \rangle. \quad (22.11)$$

これは, (3.6) における $\{g, h\}$ の特解を与える. 即ち, 互除法の終結 (3.6) と連分数展開の終結 (22.1) とは同値と見なし得る. とくに, 展開の長さ $k+1$ の評価については註 [3.2] に述べたところと同様となる.

展開 (22.1) の構成から自明であるが, 分数 a/b は A_{j-1}/B_{j-1} と A_j/B_j との間に位置する. よって, (22.7), (22.10) に注意し, 条件 $1 \leq j \leq k$ のもとに,

$$\left| \frac{a}{b} - \frac{A_{j-1}}{B_{j-1}} \right| \leq \frac{1}{B_{j-1}B_j} \quad \text{つまり} \quad r_j \leq |b|/B_j. \quad (22.12)$$

等号は $j = k$ に至り初めて成立する (つまり, $a/b = A_k/B_k$). さらに, (22.10) からは '互除法の意味' とも言い得る次の重要な命題も導かれる.

定理 11 上記の記号のもとに, $-1 \leq j \leq k$ について

$$|aQ - bP| < r_j, \; Q \neq 0 \;\Rightarrow\; B_j \leq |Q|. \quad (22.13)$$

[証明] 始めに, $j = -1, 0$ の場合は自明であり, $j \geq 1$ と仮定できる. まず, 変数変換

$$P = MA_j - NA_{j-1}, \; Q = MB_j - NB_{j-1} \quad (22.14)$$

を施す. 変換

$$M = (-1)^j(QA_{j-1} - PB_{j-1}), \; N = (-1)^j(QA_j - PB_j) \quad (22.15)$$

と同値である. 関係式 (22.10) と (22.14) を組み合わせ,

$$aQ - bP = M(aB_j - bA_j) - N(aB_{j-1} - bA_{j-1})$$
$$= (-1)^j(Mr_{j+1} + Nr_j). \quad (22.16)$$

仮に $MN > 0$ であるならば, $|aQ - bP| = |M|r_{j+1} + |N|r_j \geq r_j$ となり (22.13) の条件節に反する. また, $M = 0$ であるならば, (22.14) から $Q = -NB_{j-1} \neq 0$. つまり $N \neq 0$ となり, 矛盾 $|aQ - bP| = |N|r_j \geq r_j$. 従って, $MN \leq 0, M \neq 0$

を課すことができ, (22.14) から $|Q| = |M|B_j + |N|B_{j-1} \geq B_j$. 証明を終わる.

定理 2 の証明を念頭に置き (22.13) を眺めるならば, 幾層かを貫き最大公約数へ向かう互除法の道筋が見えよう.

[22.1] Bachmann (1902, Viertes Kapitel) には互除法と連分数展開との関係が克明に議論されている. 連分数の行列表現については, Dirichlet (1863, §79) にその始まりの一端がある. なお, 一般の連分数

$$a_0 + \cfrac{\tau_1}{a_1 + \cfrac{\tau_2}{a_2 + \ddots + \cfrac{\tau_k}{a_k}}} = a_0 + \cfrac{\tau_1}{a_1} + \cfrac{\tau_2}{a_2} + \cdots + \cfrac{\tau_k}{a_k}$$

には行列表現

$$\begin{pmatrix} a_0 & 1 \\ 1 & 0 \end{pmatrix} \begin{pmatrix} a_1 & 1 \\ \tau_1 & 0 \end{pmatrix} \cdots \begin{pmatrix} a_k & 1 \\ \tau_k & 0 \end{pmatrix}$$

が対応する. とくに, $j \geq 1$ につき条件 $a_j \geq 1$, $\tau_j = \pm 1$, $a_j + \tau_j \geq 1$ が充たされている場合, これを半正則 (half-regular) 連分数と称する. 後述の註 [89.3]–[89.6] にて古典期インド数学と関連し現れる.

[22.2] 整数 $a/b, b > 0,$ の展開 (22.1) は第 1 項 a_0 をもって完結. しかし, $a/b = (a_0-1)+1/1$ と見なし, 展開の項数を 2 とすることもできよう. 一方, 整数ではない $a/b, b > 0,$ については, 互除法の演算からは $a_k \geq 2$ が従う. 何故ならば, このとき $k \geq 1$, かつ定義により $r_{k-1} > r_k > 0$, $r_{k-1} = a_k r_k + r_{k+1}, r_{k+1} = 0$. そこで, 連分数展開としては, $a_k = (a_k-1)+1/1, a_{k+1} = 1$, と解釈し展開の項数を調整することができる.

[22.3] 巧みな工夫 (22.14) については, Lagrange (1798, pp.46–47), Legendre (1798, p.27) を見よ. 定理 11 は §83 にて応用される.

[22.4] 註 [3.4] の計算に基づき,

$$\frac{3041543}{1426253} = 2 + \frac{1}{7} + \frac{1}{1} + \frac{1}{1} + \frac{1}{5} + \frac{1}{13} + \frac{1}{6} + \frac{1}{4} + \frac{1}{2}.$$

連分数への展開と共に分数

$$\frac{2}{1}, \frac{15}{7}, \frac{17}{8}, \frac{32}{15}, \frac{177}{83}, \frac{2333}{1094}, \frac{14175}{6647}, \frac{59033}{27682}, \frac{132241}{62011}$$

が生じるが, これらは, (22.5) の行列計算の各段ごとに得られる. 最後の分数が元の分数を既約化したものである. つまり, (22.11) の例として,

$$-(3041543 \cdot 27682 - 1426253 \cdot 59033) = 23,$$
$$\langle 3041543, 1426253 \rangle = 23.$$

[22.5] 註 [4.2] にて述べたところを連分数に置き換えるならば, 展開 (22.1) に多少の手直しを

加え近似を早めに得ることができる. 例えば, 上記の場合

$$3041543 = 2 \cdot 1426253 + 189037, \ 1426253 = 7 \cdot 189037 + 102994.$$

かつ,

$$1426253 = 8 \cdot 189037 - 86043, \ 189037 = 2 \cdot 86043 + 16951, \ldots$$

つまり, 半正則連分数展開

$$\frac{3041543}{1426253} = 2 + \frac{1}{8} + \frac{-1}{2} + \frac{1}{5} + \frac{1}{13} + \frac{1}{6} + \frac{1}{4} + \frac{1}{2}$$

を得る. 正則連分数展開と比較し近似 $\frac{15}{7}$ を省くこととなる. これは前項の展開にて $\frac{1}{1}$ の箇所に当たる. 註 [25.5] を参照せよ.

[22.6] 4 で割ると 1 余る素数は 2 個の平方数の和に分解される (Euler の定理: (79.3)). この周知の事実の証明は種々知られている (註 [79.2]). ここでは, 連分数を用いる Smith (1855) の興味深い論法を行列記法活用の一例として解説する. まず, 既約分数 $a/b > 2, b > 1$, が対称な連分数展開を持つとするならば, 次の何れかとなる (終項の調整 (註 [22.2]) 無し).

$$(1): \ \frac{a}{b} = a_0 + \frac{1}{a_1} + \frac{1}{a_2} + \cdots + \frac{1}{a_h} + \frac{1}{a_h} + \frac{1}{a_{h-1}} + \cdots + \frac{1}{a_1} + \frac{1}{a_0},$$

$$(2): \ \frac{a}{b} = a_0 + \frac{1}{a_1} + \frac{1}{a_2} + \cdots + \frac{1}{a_h} + \frac{1}{f} + \frac{1}{a_h} + \frac{1}{a_{h-1}} + \cdots + \frac{1}{a_1} + \frac{1}{a_0}.$$

等式 (22.5) により,

$$\begin{pmatrix} a_0 & 1 \\ 1 & 0 \end{pmatrix} \begin{pmatrix} a_1 & 1 \\ 1 & 0 \end{pmatrix} \cdots \begin{pmatrix} a_h & 1 \\ 1 & 0 \end{pmatrix} = \begin{pmatrix} A_h & A_{h-1} \\ B_h & B_{h-1} \end{pmatrix},$$

$$\begin{pmatrix} a_h & 1 \\ 1 & 0 \end{pmatrix} \cdots \begin{pmatrix} a_1 & 1 \\ 1 & 0 \end{pmatrix} \begin{pmatrix} a_0 & 1 \\ 1 & 0 \end{pmatrix} = \begin{pmatrix} A_h & B_h \\ A_{h-1} & B_{h-1} \end{pmatrix}.$$

後者は前者の転置である. 従って, (1) に対応する行列は

$$\begin{pmatrix} A_h & A_{h-1} \\ B_h & B_{h-1} \end{pmatrix} \begin{pmatrix} A_h & B_h \\ A_{h-1} & B_{h-1} \end{pmatrix} = \begin{pmatrix} A_h^2 + A_{h-1}^2 & * \\ A_h B_h + A_{h-1} B_{h-1} & * \end{pmatrix}.$$

つまり, $a/b = (A_h^2 + A_{h-1}^2)/(A_h B_h + A_{h-1} B_{h-1})$. 両辺の既約性から

$$(1) \Rightarrow a = A_h^2 + A_{h-1}^2.$$

同様に,

$$(2) \Rightarrow a = A_h(f A_h + 2 A_{h-1}).$$

次に, 素数 $p = 4\ell + 1$ について, 集合 $P = \{p/2, p/3, \ldots, p/2\ell\}$ を採る. 素数 5 の場合は自明であるゆえ, $\ell \geq 3$ とする. 各元 p/w を終項の調整無しに連分数に展開し, その行列表現を

$$\begin{pmatrix} u_0 & 1 \\ 1 & 0 \end{pmatrix} \begin{pmatrix} u_1 & 1 \\ 1 & 0 \end{pmatrix} \cdots \begin{pmatrix} u_t & 1 \\ 1 & 0 \end{pmatrix} = \begin{pmatrix} U_t & U_{t-1} \\ V_t & V_{t-1} \end{pmatrix}, \ t \geq 1; \ \frac{U_t}{V_t} = \frac{p}{w},$$

とする. もちろん, $u_0 \geq 2$, $u_t \geq 2$. かつ (22.3) および (22.6) により $w = V_t = $

$u_t V_{t-1} + V_{t-2} \geq u_t$. 従って, $p/u_t \geq p/w > u_0$. 転置操作を施し, 得られた行列に対応する連分数を既約分数に書き換えたものを p/w' とする (分子は $U_t = p$). 展開は同じ型 ($u_0 \mapsto u_t, u_t \mapsto u_0$) であることから, $p/u_0 \geq p/w' > u_t \Rightarrow p/w' \in P$. つまり, 転置操作の後に集合 P は全体としては変化しない. 実際, 得られた集合の元の数は変わらない. 何故ならば, 操作を再度行うならば P が復元される (*involution*). しかるに, $|P| = 2\ell - 1 \geq 5$ であるゆえ, P 内に不動点が存在する. その連分数展開は (1) の場合に該当する. 仮に (2) ならば, $A_h \geq 2$ であるゆえ, 目下の場合矛盾. 証明を終わる. van der Poorten (1986) および註 [79.3]–[79.4] を見よ.

§23.

初の連分数論要諦は Lagrange (1798) に含まれる. 目下の記法を用いその主要部を以下 2 節をもって解説する.

まず, 等式 (2.3) にならい, 実数 η に対し次の写像 (1 次分数変換) を導入する.

$$\mathrm{R} : \eta \mapsto (\eta - [\eta])^{-1} \Leftrightarrow \eta = \frac{[\eta]R(\eta) + 1}{R(\eta) + 0} = \begin{pmatrix} [\eta] & 1 \\ 1 & 0 \end{pmatrix}(\mathrm{R}(\eta)). \quad (23.1)$$

このとき, $a_j = [\mathrm{R}^j(\eta)]$ をもって,

$$\eta = \begin{pmatrix} a_0 & 1 \\ 1 & 0 \end{pmatrix}\begin{pmatrix} a_1 & 1 \\ 1 & 0 \end{pmatrix}\cdots\begin{pmatrix} a_j & 1 \\ 1 & 0 \end{pmatrix}(\mathrm{R}^{j+1}(\eta)), \quad j \geq 0; \quad (23.2)$$

$$\eta = a_0 + \frac{1}{a_1} + \frac{1}{a_2} + \cdots + \frac{1}{a_j} + \frac{1}{\mathrm{R}^{j+1}(\eta)}, \quad j \geq 0; \quad (23.3)$$

$$\eta = \frac{A_j \mathrm{R}^{j+1}(\eta) + A_{j-1}}{B_j \mathrm{R}^{j+1}(\eta) + B_{j-1}}, \quad j \geq -1, \quad \mathrm{R}^0(\eta) = \eta. \quad (23.4)$$

ここに, $a_0 \in \mathbb{Z}, a_j \in \mathbb{N}, j \geq 1$. かつ, A_j, B_j は (22.3)–(22.7) の通り. 自明ながら, η が有理数ならば j に上限があり, 無理数ならば上限なし. また,

$$\begin{array}{c} B_0 = B_1 = 1, a_1 = 1, \text{つまり } \eta > [\eta] + \frac{1}{2} \text{ なる場合を除き} \\ B_{j+1} \geq B_j + 1, j \geq 0. \end{array} \quad (23.5)$$

展開 (23.2) が進むにつれ, 分数 A_j/B_j は j の偶奇に従い η を下から上から交互にはさみ,

$$\frac{1}{B_j(B_j + B_{j+1})} < \left|\eta - \frac{A_j}{B_j}\right| < \frac{1}{B_j B_{j+1}}, \quad j \geq 0. \quad (23.6)$$

実際, (22.7) および (23.4) により,

$$\eta - \frac{A_j}{B_j} = \frac{(-1)^j}{B_j(B_{j-1} + B_j\mathrm{R}^{j+1}(\eta))}, \quad j \geq 0, \tag{23.7}$$

であるが, (23.5) により,

$$\begin{aligned} B_{j-1} + B_j\mathrm{R}^{j+1}(\eta) &< B_{j-1} + B_j(a_{j+1}+1) = B_j + B_{j+1}, \\ B_{j-1} + B_j\mathrm{R}^{j+1}(\eta) &> B_{j-1} + B_j a_{j+1} = B_{j+1}. \end{aligned} \tag{23.8}$$

従って, やはり (23.5) により, 無理数 η については $\lim_{j\to\infty} B_j \to \infty$ であるゆえ,

$$\eta = \lim_{j\to\infty} A_j/B_j : \text{ 無理数は無限連分数に展開される}. \tag{23.9}$$

無限連分数とは

$$a_0 + \frac{1}{a_1+}\frac{1}{a_2+}\cdots+\frac{1}{a_j+}\cdots, \quad a_j \geq 1, \ \forall j \geq 1. \tag{23.10}$$

定理 12 無理数と無限連分数は 1 対 1 に対応する.

[証明] 既に, (23.9) を得ているゆえ, 次を示す.

$$\begin{aligned} &\text{無限連分数は無理数に収束し} \\ &\text{その連分数展開は元の展開と一致する}. \end{aligned} \tag{23.11}$$

まず, (23.10) にてその無限連分数が与えられているとするならば, (22.7) から

$$\frac{A_j}{B_j} - \frac{A_{j-1}}{B_{j-1}} = \frac{(-1)^{j-1}}{B_j B_{j-1}}, \quad j \geq 1. \tag{23.12}$$

よって,

$$\frac{A_j}{B_j} = a_0 + \frac{1}{B_1 B_0} - \frac{1}{B_2 B_1} + \cdots + \frac{(-1)^{j-1}}{B_j B_{j-1}}, \quad j \geq 1. \tag{23.13}$$

ただし, $A_0/B_0 = a_0$ を用いた. 観察 (23.5) の下段により, 収束は明らか. 収束値を η とするならば, (23.1) の繰り返しによる η の展開と与えられた連分数とは当然に一致する. よって, (23.6) から $0 < |B_j\eta - A_j| < 1/B_{j+1}$. 仮に, η が有理数 a/b に等しいならば $1 \leq |aB_j - bA_j| < |b|/B_{j+1} \to 0$ となり, 矛盾. 証明を終わる.

なお,

$$A_j/B_j, j \geq 0, \text{ を実数 } \eta \text{ の第 } j \text{ 主近似分数と呼ぶ}. \tag{23.14}$$

もちろん, η と分数列 $\{A_j/B_j : j \geq 0\}$ とは 1 対 1 に対応する (註 [22.2] の '語尾調整' は措く).

[23.1] [Σ.X, Prop. 2] は実質的に定理 12 と一致する. 註 [24.4] を見よ.

[23.2] 定義 (23.14) は Euler (1737a, p.112: *fractiones principales*). そもそも連分数論 *theoria fractionum continuarum* なる分野はこの論文に始まる. 連分数の由来については, §27 [d] を見よ.

[23.3] 負項連分数展開. 定義 (23.1)–(23.4) を $R_*(\eta) = ([\eta] + 1 - \eta)^{-1}$ をもって

$$\eta = a_0^* + \frac{-1}{a_1^*} + \frac{-1}{a_2^*} + \cdots + \frac{-1}{a_j^*} + \frac{-1}{R_*^{j+1}(\eta)}, \quad a_j^* = [R_*^j(\eta)] + 1, \; R_*^0(\eta) = \eta,$$

に置き換えたものである. 註 [74.3], [84.2] を参照せよ.

§24.

連分数展開と有理近似に関する基本定理を示す. これは定理 11 の延長上にある. しかし, 次節以後の議論にて必須とされるものではない.

無理数 η の連分数展開を (23.3) とするとき,

$$|B_j\eta - A_j| < |B_{j-1}\eta - A_{j-1}|, \quad j \geq 0. \tag{24.1}$$

実際, (23.4) から

$$R^{j+1}(\eta) = -\frac{B_{j-1}\eta - A_{j-1}}{B_j\eta - A_j}, \quad j \geq -1. \tag{24.2}$$

かつ $R^{j+1}(\eta) > 1, j \geq 0$. つまり, 1 次形式 $x\eta - y$ の $\mathbb{N}^2$ 上における値の分布が主近似分数の特徴付けに有用であろう, と映る. 次の命題はこれを確認するものである (Lagrange (1798, §II)).

定理 13 無理数 η と既約分数 s/t が

$$\frac{s}{t} \neq \frac{u}{v} \text{ かつ } 1 \leq v \leq t \;\Rightarrow\; |t\eta - s| < |v\eta - u| \tag{24.3}$$

を充たすならば, s/t は η の連分数展開における主近似分数である. 一方, $\eta - [\eta] > 1/2$ ((23.5) の上段) かつ s/t が第 0 主近似分数である場合を除き, 任意の主近似分数 s/t は (24.3) を充たす.

[証明] 定理 11 の証明を拡張することも一方策ではあるが, それをせずに直接的

な論法を採用する (本節の独立性のため). まず始めに, s/t は (24.3) を充たすものの η の主近似分数にはあらずと仮定する. このとき $s/t > A_0/B_0$ である. 何故ならば, $s/t \neq A_0/B_0$ かつ $B_0 = 1 \leq t$ であるゆえ, (24.3) により, $\eta - A_0/B_0 > t|\eta - s/t| \geq |\eta - s/t|$. 従って, $s/t - A_0/B_0 = (s/t - \eta) + (\eta - A_0/B_0) > 0$. よって, (1) 奇数 $j \geq 1$ があって, $A_{j-1}/B_{j-1} < s/t < A_{j+1}/B_{j+1}$, あるいは (2) 偶数 $j \geq 0$ があって, $A_{j+1}/B_{j+1} < s/t < A_{j-1}/B_{j-1}$. ただし, 便宜的に $A_{-1}/B_{-1} = +\infty$ として差し支えない. (1) の場合, $A_{j-1}/B_{j-1} < s/t < A_{j+1}/B_{j+1} < \eta < A_j/B_j$ であり, (2) の場合には, $A_j/B_j < \eta < A_{j+1}/B_{j+1} < s/t < A_{j-1}/B_{j-1}$. つまり, 何れの場合であれ, $|\eta - s/t| > |A_{j+1}/B_{j+1} - s/t| \geq 1/(tB_{j+1})$ となり, $j \geq 0$ について $|t\eta - s| > 1/B_{j+1} > |B_j\eta - A_j|$. ここで, $j = 0$ の場合は, (24.3) に反する. つまり, $j \geq 1$ の場合のみを扱えば良いが, $1/(tB_{j-1}) \leq |s/t - A_{j-1}/B_{j-1}| < |A_j/B_j - A_{j-1}/B_{j-1}| = 1/(B_jB_{j-1})$ より $t > B_j$. このとき, (24.3) から $|B_j\eta - A_j| > |t\eta - s|$. やはり矛盾がもたらされる. よって, s/t は η の主近似分数である.

次に, 任意に A_j/B_j, $j \geq 1$, を採り, $\{|v\eta - u| : 1 \leq v \leq B_j\}$ の最小値が $\{u, v\} = \{s, t\}$ によって与えられるものとする. ただし, 最小値が複数の $\{u, v\}$ に対応する場合には, 最小の v を t とする. このとき, 分数 s/t はもちろん既約であり, かつ (24.3) を充たす. 実際, $1 \leq v < t$ であるならば, $|v\eta - u| \leq |t\eta - s|$ となることは t の採り方からありえない. また, $v = t$ であるならば, $u \neq s$ のとき, $|t\eta - u| \neq |t\eta - s|$ となり (24.3) をやはり充たす. つまり, s/t は一意的に定まり, 前段から s/t は主近似分数である. よって, $s/t = A_f/B_f$ となる f が存在する. つまり, $s = A_f$, $t = B_f$. 定義から $|B_f\eta - A_f| \leq |B_j\eta - A_j|$ である. 一方, $B_f \leq B_j$ であるゆえ, $f > j$ となりうるのは (23.5) の上段の場合に限る. しかし目下の条件 $j \geq 1$ により排除される. そこで, さらに $f < j$ と仮定するならば, (24.1) に矛盾し, 結局 $f = j$. 従って, 主近似分数 A_j/B_j, $j \geq 1$, は (24.3) を充たす. 残る $j = 0$ の場合は自明. 証明を終わる.

[24.1] Lagrange (*ibid.*) にならい, 限界 V 内の '最優等近似' とは, $\min_{1 \leq v \leq V} |v\eta - u|$ を与える $\{u, v\} = \{s, t\}$ を決定することに同義とする. この定義のもと, 各 $\{A_j, B_j\}$, $j \geq 1$, は限界 B_j 内の最優等近似を与えるのである. 即ち, 定理 13 により, $P/Q \neq A_j/B_j$, $1 \leq Q \leq B_j$, であるならば, $|B_j\eta - A_j| < |Q\eta - P|$. 一方, $\{A_0, B_0\}$ は (23.5) の上段の場合の外は最優等近似を与える.

[24.2] Lagrange (*ibid.*, pp.56–57). 定理の自明な系であるが, 全ての $j \geq 1$ について,

$$\frac{A_j}{B_j} \neq \frac{u}{v} \text{ かつ } 1 \leq v \leq B_j \Rightarrow \left|\eta - \frac{A_j}{B_j}\right| < \left|\eta - \frac{u}{v}\right|.$$

つまり, 連分数展開は分母の大きさに制限を加えるとき '最良近似分数' をもたらす. しかし, 逆は成立しない. 卑近な例として円周率 π の正則連分数展開がある. 分母を 6 以下とするとき, 最良近似分数は 19/6 である. しかし, これは主近似分数ではない. 実際, π の第 1 主近似分数は古来周知の 22/7 である. この 19/6 は, 中間近似分数と言われるものの一例であるが一般的な解説は略し. 巻末までの議論に関係せず.

[24.3] Lagrange が有理近似ではなく 1 次形式をもって無理数への近似を観察した理由を推測する. 既に見た通り, 1 次不定方程式 $ax - by = c, a, b \in \mathbb{N}$, を解くには, a/b の連分数展開を用いることが実効性の高い手法である. そこで, 自然な拡張として, 例えば 2 次不定方程式 $ax^2 - by^2 = c, \langle x, y \rangle = 1$, を考察するときに, 連分数展開はやはり有効であろうか. 実は, Euler (1759) は 'Pell 方程式' $x^2 - by^2 = 1$ についてこの実験を行い画期的な成果を得ていた. 彼の技法を 1 次形式の積への分解 $(\sqrt{a}x - \sqrt{b}y)(\sqrt{a}x + \sqrt{b}y)$ を通して観るならば, $\sqrt{a/b}$ の連分数展開の効用を確かめることに導かれる (もちろん, $\sqrt{a/b}$ は無理数と仮定する; 註 [12.1] を参照). そして, 主近似分数 y/x を採るとき, (23.6) により, 正整数 $|ax^2 - by^2|$ は a, b のみから定まる限界内に留まる. 従って, 無限に多くの $x, y \in \mathbb{N}$ をもって, 特定の値が達成されることとなる. これは, $|ax + by|$ の $\mathbb{Z}^2$ 上の最小正値つまり $\langle a, b \rangle$ を求める, という課題 (§§3–4) に強く相似する. なお, 1 次形式を用いる '近似の定義' の優れている点は多次元へ容易に拡張されることにもある.

[24.4] しかし, より根本にはやはり [Σ.X, Prop. 2] の存在がある. そこには, 互除法を *incommensurable* つまり比が非有理数 (無理数) η である 2 数間に適用する無限互除法とも云うべき議論がある. 本来の互除法 [Σ.VII, Prop. 2] における各段の剰余 $\{r_j\}$ に対応するものは $|B_j\eta - A_j|$ である. 即ち, §22 の本文末にて示唆した階層構造が実は $\mathbb{R}$ 全体にあることを (24.1), (24.3) は意味している. 際限なく滅し行く量の連なりの上に世界がある. 互除法はそのありさまを手に触れ得るごとく明らかとする. 古の驚きは今も. 後の *Schnitt* (Dedekind (1892)) と対照せよ.

§25.

如何なる分数が主近似分数となるのか. 簡便な充分条件を知ることはそれ自体興味深い課題である. 次の命題は Legendre の判定定理 (1798, p.29). 後に, §50, §87 にて重要な応用がなされる. 論旨は前節の議論とは独立である.

定理 14 実数 η と既約分数 $u/v, v \geq 1$, とが

$$\left|\eta - \frac{u}{v}\right| < \frac{1}{2v^2} \tag{25.1}$$

を充たすならば, u/v は η の連分数展開から生じる主近似分数の一つである.

[証明] 始めに注意であるが, η は無理数とは限らず. まず, $v = 1$ であるならば, $u = [\eta]$ であるか $u = [\eta]+1$. 前者ならば, $\eta = u+1/\mathrm{R}(\eta)$ であり, u/v は第 0 主近似分数である ($\eta = u$ の場合も含める). 後者ならば, (25.1) から $\eta - [\eta] > \frac{1}{2}$. よって, $[\mathrm{R}(\eta)] = 1$ であり, $\eta = u - 1 + 1/(1 + 1/\mathrm{R}^2(\eta))$. 従って, u/v は第 1 主近似分数である. つまり, $v \geq 2$ と仮定してよい. そこで, 連分数展開

$$\begin{aligned}\frac{u}{v} &= s_0 + \frac{1}{s_1} + \frac{1}{s_2} + \cdots + \frac{1}{s_g}, \\ \begin{pmatrix} S_g & S_{g-1} \\ T_g & T_{g-1} \end{pmatrix} &= \begin{pmatrix} s_0 & 1 \\ 1 & 0 \end{pmatrix} \begin{pmatrix} s_1 & 1 \\ 1 & 0 \end{pmatrix} \cdots \begin{pmatrix} s_g & 1 \\ 1 & 0 \end{pmatrix},\end{aligned} \tag{25.2}$$

にて, $s_g \geq 2$. また, $u = S_g, v = T_g$ であるが, (25.1) は

$$\eta - \frac{S_g}{T_g} = (-1)^g \frac{\theta}{T_g^2}, \quad 0 < \theta < \frac{1}{2}, \tag{25.3}$$

を意味するものとして一般性を失わない. 実際, $\mathrm{sgn}\,(\eta - u/v) = (-1)^{g-1}$ であるならば $s_g \to s_g - 1 + 1/s_{g+1}, s_{g+1} = 1$, とし, 展開を多少改め, 終項は 1 以上かつ項数を偶奇何れにもすることができる (註 [22.2]). この調整の後に変換

$$\begin{aligned}\eta &= s_0 + \frac{1}{s_1} + \frac{1}{s_2} + \cdots + \frac{1}{s_g} + \frac{1}{\omega} \\ &= \frac{S_g \omega + S_{g-1}}{T_g \omega + T_{g-1}}\end{aligned} \tag{25.4}$$

を行うならば,

$$\omega = \frac{1}{\theta} - \frac{T_{g-1}}{T_g} > 1. \tag{25.5}$$

即ち, $\omega = \mathrm{R}^{g+1}(\eta)$. 証明を終わる.

[25.1] 次項に例を挙げるが, 主近似分数は (25.1) を必ずしも充たさない. しかし, $k \geq 1$ ならば, A_k/B_k か A_{k+1}/B_{k+1} の何れかは (25.1) を充たす. 何故ならば, $|\eta - A_k/B_k|$ と $|\eta - A_{k+1}/B_{k+1}|$ の和は $|A_k/B_k - A_{k+1}/B_{k+1}| = 1/(B_k B_{k+1})$ に等しく, かつ (23.5) により $B_k \neq B_{k+1}$ であるゆえ, $1/(B_k B_{k+1}) < 1/(2B_k^2) + 1/(2B_{k+1}^2)$.

[25.2]
$$\sqrt{163} = 12 + \cfrac{1}{1} + \cfrac{1}{3} + \cfrac{1}{3} + \cfrac{1}{2} + \cfrac{1}{1} + \cfrac{1}{1} + \cfrac{1}{7} + \cfrac{1}{1} + \cfrac{1}{11} + \cfrac{1}{1}$$
$$+ \cfrac{1}{7} + \cfrac{1}{1} + \cfrac{1}{1} + \cfrac{1}{2} + \cfrac{1}{3} + \cfrac{1}{3} + \cfrac{1}{1} + \cfrac{1}{12+\sqrt{163}}.$$

主近似分数の第 15, 16, 17 番は

$$\frac{14921333}{1168729}, \frac{49158693}{3850406}, \frac{64080026}{5019135}.$$

よって,例えば,

$$\left|\sqrt{163} - \frac{49158693}{3850406}\right| < \frac{1}{3850406 \cdot 5019135}.$$

評価は (23.6) によるが,左辺は $5.019 \cdot 10^{-14}$,右辺は $5.174 \cdot 10^{-14}$ であり,近似の状態は極めて優れていると言えよう.しかし,これは (25.1) を充たさない.上記の註によれば一つ手前の近似は充たすはずである.実際,

$$\left|\sqrt{163} - \frac{14921333}{1168729}\right| < \frac{1}{4 \cdot 1168729^2}.$$

左辺は $1.720 \cdot 10^{-13}$,右辺は $1.830 \cdot 10^{-13}$.なお,この連分数展開は循環かつ循環節は回文 *palindromic* である.さらに,第 17 主近似分数から

$$64080026^2 - 163 \cdot 5019135^2 = 1.$$

これらの興味深い現象は §87 にて一般的に議論される.

[25.3] 最も単純な循環連分数

$$\phi = 1 + \cfrac{1}{1} + \cfrac{1}{1} + \cfrac{1}{1} + \cdots + \cfrac{1}{1} + \cdots$$

について述べる.まず,$\phi = 1 + 1/\phi$ であるゆえ,ϕ は黄金数 $(1+\sqrt{5})/2$.つまり,黄金比 $a:b = (a+b):b$ である(ちなみに,この呼称は近代のものであり,[Σ.VI, Def. 3] では外中比 *extreme and mean ratio*).平方根 $\sqrt{5}$ が現れることは,$\phi = 2\cos(\pi/5)$ から知れる様に,正 5 角形の作図と密接な関係がある ([Σ.IV, Prop. 11]; 後述の註 [68.2] を参照せよ).一方,第 j 主近似分数は,(23.2),$\eta = \phi$,より $A_j/B_j = f_{j+2}/f_{j+1}$,$j \geq 0$,の形である.ただし,$f_{j+1} = f_j + f_{j-1}$; $f_{-1} = 1$, $f_0 = 0$, $f_1 = 1$.実際,対称性に注意し,

$$\begin{pmatrix} 1 & 1 \\ 1 & 0 \end{pmatrix}^j = \begin{pmatrix} f_{j+1} & f_j \\ f_j & f_{j-1} \end{pmatrix}, \; j \geq 0,$$

と書ける.つまり,数列 $\{f_j : j \geq -1\} = \{1,0,1,1,2,3,5,8,13,21,34,55,89,144,233,\ldots\}$ を得る.なお,数列 $\{f_j : j \geq 1\}$ は Fibonacci (1202: 1857, pp.283–284) にて扱われ彼の名が冠されている.しかし,この数列の生成法は古典期インド数学に見られることが知られている (ca 700: Singh (1985)).ちなみに,ϕ は古代から建築,美術に現れ,現代にては Penrose tiling (1974) を契機とし物性理論 (準結晶 quasicrystal) にも深く関係している.

[25.4] もちろん,$\langle f_{j+1}, f_j \rangle = 1$ であるが,より詳しくは $\langle f_a, f_b \rangle = f_{\langle a,b \rangle}$, $1 \leq b \leq a$.

上記の行列等式にて $j = l + m + 1$, $1 \leq l, 0 \leq m$, とし, $m+1$ 乗と l 乗に分け, $f_{m+l} = f_{m+1}f_l + f_m f_{l-1}$. これより, $m = 0, l, 2l, \ldots$ と採り, $l|m \Rightarrow f_l|f_m$. そこで, $a = qb + r, 0 \leq r < b$, とし,

$$\langle f_a, f_b \rangle = \langle f_{qb+1}f_r + f_{qb}f_{r-1}, f_b \rangle = \langle f_{qb+1}f_r, f_b \rangle = \langle f_r, f_b \rangle.$$

何故ならば, $f_b | f_{qb}$, $\langle f_{qb+1}, f_{qb} \rangle = 1$. 残るは互除法の適用.

[25.5] 連分数展開による近似にて最悪の状況は, 直感的には, (23.5) の上段の状態が繰り返し (つまり, η を $\mathrm{R}^j(\eta), j \geq 1$, に代えても) 現れる場合である. 何故ならば, このとき各 $\mathrm{R}^j(\eta)$ は $[\mathrm{R}^j(\eta)]$ よりも $[\mathrm{R}^j(\eta)] + 1$ に近い. しかしながら, 近似に関しより良い後者を採るならば, 当然に負項を許容する連分数展開を考察せねばならない (Lagrange (1798, pp.14–16)). 従って, $a_j > 0, j \geq 1$, なる条件のもと, 最悪の状況は $a_j = 1, j \geq 1$, のときに起こる. つまり, 上記の ϕ に導かれる.

[25.6] 数列 $\{f_j\}$ の漸化式を §22 にて解説した互除法と連分数展開との関係から観るならば, 註 [3.2] に述べた Lamé の定理を得る. まず, 記号を §22 から流用し, $B_0 \geq f_0$, $B_1 \geq f_1$. 漸化式 $B_j = q_j B_{j-1} + B_{j-2} \geq B_{j-1} + B_{j-2}$ と帰納法により, $B_k \geq f_k$. また, $(22.9)_{j=k}$ から $b = r_k B_k$. よって $b \geq f_k, k \geq 0$. 一方, $f_j > \phi^{j-1}, j \geq 2$. 実際, $j = 2$ については自明であり, $f_3 = f_2 + f_1 > \phi + 1 = \phi^2$. 帰納法により, $f_j = f_{j-1} + f_{j-2} > \phi^{j-2} + \phi^{j-3} = \phi^{j-1}$. 従って, $k \geq 2 \Rightarrow b > \phi^{k-1}$ を得る. 残る多少の議論を措き, 証明を終わる.

§26.

連分数論への導入の締めくくりとして次の定理を示す. 連分数展開と行列との関係に加える事実である.

定理 15 無理数 η, ω が

$$\omega = \frac{\alpha \eta + \beta}{\gamma \eta + \delta}, \quad \alpha\delta - \beta\gamma = \pm 1, \ \alpha, \beta, \gamma, \delta \in \mathbb{Z}, \tag{26.1}$$

なる関係をもって結ばれているとき, これら 2 数の連分数展開はある箇所から先一致する. 逆命題は自明.

[証明] 始めに, $\alpha\delta - \beta\gamma = 1$ と仮定し, 定理 3 を用いる. つまり, $\omega = -1/\eta$ の場合のみを扱えばよい. 次の観察から容易に確認を得る. まず, $\eta > 1$ のとき, 等式 (23.3) から

$$\frac{1}{\eta} = 0 + \frac{1}{a_0} + \frac{1}{a_1} + \cdots + \frac{1}{a_k} + \frac{1}{\mathrm{R}^{k+1}(\eta)}. \tag{26.2}$$

また, $0 < \eta < 1$ の場合には, $\eta = 1/(1/\eta)$ を用いる. 一方, η の正負にかかわらず,

$$-\eta = \begin{cases} -(a_0+1) + \dfrac{1}{1 + \dfrac{1}{(a_1-1)} + \dfrac{1}{\mathrm{R}^2(\eta)}}, & a_1 \geq 2, \\ -(a_0+1) + \dfrac{1}{(a_2+1)} + \dfrac{1}{\mathrm{R}^3(\eta)}, & a_1 = 1. \end{cases} \quad (26.3)$$

残る $\alpha\delta - \beta\gamma = -1$ のときには, $1/\omega$ を扱えばよい. 証明を終わる. 別証明を註 [26.2] に置く.

自明な注意であるが, (26.2) において $\mathrm{R}^{k+1}(\eta) = \mathrm{R}^{k+2}(1/\eta)$. つまり, §23 の記法を用いるならば,

$$\begin{pmatrix} B_j & B_{j-1} \\ A_j & A_{j-1} \end{pmatrix} = \begin{pmatrix} 0 & 1 \\ 1 & 0 \end{pmatrix} \begin{pmatrix} a_0 & 1 \\ 1 & 0 \end{pmatrix} \begin{pmatrix} a_1 & 1 \\ 1 & 0 \end{pmatrix} \cdots \begin{pmatrix} a_j & 1 \\ 1 & 0 \end{pmatrix}, \quad (26.4)$$

$$\frac{1}{\eta} = \frac{B_k \mathrm{R}^{k+1}(\eta) + B_{k-1}}{A_k \mathrm{R}^{k+1}(\eta) + A_{k-1}} = \frac{B_k \mathrm{R}^{k+2}(1/\eta) + B_{k-1}}{A_k \mathrm{R}^{k+2}(1/\eta) + A_{k-1}}.$$

従って,

$$\eta > 1 \text{ のとき}, 1/\eta \text{ の第 } k \text{ 主近似分数は } B_{k-1}/A_{k-1}. \quad (26.5)$$

[26.1] Serret (1849a, pp.212–215). 等式 (26.1) にて, $\eta > 1, \gamma > 0, \delta > 0$ であるならば, α/γ は ω の主近似分数である. この補題は, 後に §88, §90 にて重要な手段となる. 証明であるが, まず註 [22.2] を参照の上 (場合により $a_k = 1$),

$$\frac{\alpha}{\gamma} = a_0 + \frac{1}{a_1} + \frac{1}{a_2} + \cdots + \frac{1}{a_k}, \quad \alpha\delta - \beta\gamma = (-1)^{k-1}, \quad k \geq 0,$$

とする. 定義 (22.5) を流用し, $\alpha = A_k, \gamma = B_k$. 従って,

$$\begin{pmatrix} A_k & A_{k-1} \\ B_k & B_{k-1} \end{pmatrix}^{-1} \begin{pmatrix} \alpha & \beta \\ \gamma & \delta \end{pmatrix} = \begin{pmatrix} 1 & \lambda \\ 0 & 1 \end{pmatrix}.$$

とくに, $\lambda B_k + B_{k-1} = \delta$. 条件 $\delta > 0$ により $\lambda \geq 0$. 何故ならば, $B_k \geq B_{k-1} \geq 0$. よって,

$$\omega = \frac{A_k(\eta+\lambda) + A_{k-1}}{B_k(\eta+\lambda) + B_{k-1}} = a_0 + \frac{1}{a_1} + \frac{1}{a_2} + \cdots + \frac{1}{a_k} + \frac{1}{\eta+\lambda}$$

であり, α/γ は ω の主近似分数. つまり, $\mathrm{R}^{k+1}(\omega) = \eta + \lambda$. なお, $\eta > 1, \gamma > \delta > 0$ の下に $\alpha/\gamma, \beta/\delta$ は η の隣り合う主近似分数である ($\lambda = 0$). Serret の本来の命題にては, $\eta > 1$, $\alpha > \beta, \gamma > \delta$ の下に同様. Dirichlet (1863/1894, §81) も参照せよ.

[26.2] 定理 15 の別証明 (Serret (*ibid.*)). 等式 (23.4) を流用し

$$\omega = \frac{(\alpha A_j + \beta B_j)\mathrm{R}^{j+1}(\eta) + \alpha A_{j-1} + \beta B_{j-1}}{(\gamma A_j + \delta B_j)\mathrm{R}^{j+1}(\eta) + \gamma A_{j-1} + \delta B_{j-1}}.$$

充分大なる j をもって, $\gamma A_j + \delta B_j \sim (\gamma \eta + \delta) B_j$, $\gamma A_{j-1} + \delta B_{j-1} \sim (\gamma \eta + \delta) B_{j-1}$. もちろん, $\gamma \eta + \delta > 0$ と仮定できるゆえ, 前項の状態に帰着する. つまり,
$$\frac{\alpha A_j + \beta B_j}{\gamma A_j + \delta B_j} = t_0 + \frac{1}{t_1} + \frac{1}{t_2} + \cdots + \frac{1}{t_J}, \quad J \equiv k+j-1 \bmod 2,$$
とし, $\mathrm{R}^{J+1}(\omega) = \mathrm{R}^{j+1}(\eta) + \lambda$. よって, $\mathrm{R}^{J+2}(\omega) = \mathrm{R}^{j+2}(\eta)$.

§27.

[a] 論証を旨とする数学は, エジプトに学んだ Thales (b. ca 620 BCE, Miletus) の幾何学に始まり, その教えを受けた Pythagoras (b. ca 570 BCE, Samos) の整数論により開花した, と言われる. 一伝記 (Iamblichus (ca 300 CE)) によれば, Pythagoras は師の勧めによるエジプト遍歴の最中に Cambyses II 世遠征軍 (525 BCE) の虜囚となり Babylon に在ること 12 年. 彼の地の密儀と共に算術と音楽の伝統に浴し 56 才にして故郷への帰還を果たした, とのことである. 偉人没後はるか後の尊崇と敬愛の物語. 事実を超えた真実と捉えるべきではあろうが, 紛れも無く, 幾千年に渡るメソポタミア文明, エジプト文明における数学上の経験はかくギリシア文明に受け継がれ, Pythagoras を始めとする数多の先哲の沈思を得て $\Sigma \tau o \iota \chi \epsilon \tilde{\iota} \alpha$ へと昇華したのである.

[b] Euclid の生没年, [Σ] の成立年は不詳. 学都 Alexandria にて 300 BCE 前後の編纂であったことのみ定か (Ptolemaios I 世の治世: 幾何学に王道あらず). [Σ] の原本はつとに失われたが, 東西に広く流布した Theon (Alexandria, ca 380 CE) 校訂版の様々な写本・訳本, その Byzantium 将来版や Bayt al-Hikma (Bagdad) におけるアラビア語訳 (8 世紀以降), あるいは Theon 版とは独立である Vatican 写本 (ca 850 CE: Peyrard 同定 (1808)) などを通し恐らくは全容が伝えられ, Euclid の思考の精髄を今も知ることができる. しかし, 2100 余年間の経緯は形容しがたく入り組み, 解釈の加筆のみに留まらず本文の改変や定義, 命題の配置の変更までもが行われた. 19 世紀初頭以前のラテン語訳 (主にアラビア語版からの重訳) と Heiberg 校訂ギリシア語版 (1883/1888) との間には明らかな差異がある. 今日の常例に従いここでは後者の英訳である *Elements* (Heath (1956)) を参照している. ただし, あくまでも数学文献として [Σ] を読む. なお, [Σ] の初の印刷版は Adelardus/Campanus (1482), 初の英訳印刷版は Billingsley (1570; 後に London 市長). 前者はアラビア語からラテン語への, 後者はギリシア語 (Theon 版) からの翻訳. 共に贅を尽くしたものである. しかしながら, 両書名にある Euclid (Megara) は誤り. 古代ギリシア史には少なくとも 2 人の高名な Euclid の事蹟がある. これら史実と共に Heiberg 版の成立由来は Heath (*ibid.*, Introduction) に詳しい.

[c] 3 巻 [Σ.VII–IX] は整数論に捧げられ, 約数, 倍数, 素数, 互いに素, 合成数, 完全数などの定義が [Σ.VII, Defs. 1–22] に与えられている. それらに続く先頭命題 [Σ.VII, Props. 1–2] は互除法 *antenaresis* 適用の祖型である. 単独にして素である素数 [Σ.VII, Def. 11] と互いに素なる状態 [Σ.VII, Def. 12] とを並列し基底に置き, 前者とは独立に後者に焦点を当て互除法を

もって議論を展開することは、とりわけ完全解消からは未だ程遠い素因数分解の困難を思うならば、遥かを見通しまことに的を射たものである。実際、互いに素に関する命題が素数に関するものよりも明らかに多数である。整除のみならず割り切れぬ状態をもありのままに受け入れることが等式 (3.6) であり、そこに論証の手段を見ることは太古からの観察こそが叶えた叡智 (註 [3.1] のもとにこれを言う)。例えば、数体の拡大は多項式に関する互除法による (§70 を参照せよ)。つまり、現代数学の基の一つが [Σ.VII] に既にある。ならばこそ問われるが、Euclid が互除法と互いに素とをもって整数論を開始したのは何故であろうか。素因数分解の困難さを知り抜いていたからではないのか。この根源的な困難を古代ギリシアの人々は彼らの東方なるバビロニアから、そして現代の人々は古代ギリシアから継承したのである。

[d] 連分数なる考えの起こりを何処に採るべきか。連分数展開は除数と剰余の交換を繰り返す算法であることから、そして何よりも等式 (22.11) の存在から、互除法を起点とする考えがある。より積極的には、[Σ.X, Prop. 2] を採る見解もある (その基を [Σ.V] の比の理論とする)。註 [24.4] を繰り返すこととなるが、Euclid は通約不可能な状態を記述するに当たり互除法の採用を試み無限連分数展開を暗示した、と読み得る。その源を Pythagoras 学派後の $\sqrt{2}$ の扱いに観ることもできる (後述の §87 を見よ)。一方、具体的な不定方程式の解法としての活用のあり方から古典期インドに源を採る見解もある。Aryabhata I (499) の詩文が伝える技法である (註 [3.1])。これらの伝統が中世アラビア数学による洗練を経てルネサンス西欧に流入したのである。かくして、Bombelli (1579, pp.35-38) による $\sqrt{n}$, $n \in \mathbb{N}$, の計算方法として連分数展開の一般的な手法が編み出される。しかし、連分数の具体的な表示は Cataldi (1613, p.70) の

$$\frac{272}{1121} = \frac{2}{8} \cdot \& \frac{2}{8} \cdot \& \frac{2}{8} \cdot \& \frac{2}{8} \tag{27.1}$$

に始まるものと目される。右辺は、もちろん $\frac{2}{8} + \frac{2}{8} + \frac{2}{8} + \frac{2}{8}$ である。一方、表現 (22.1) の端緒も同所に認められるが、明確には Brouncker (Wallis (1656, pp.181-194)) が示した $4/\pi$ の美しい展開にあるとされてもいる。もっとも、Cataldi の表示がよほど (22.2) に近く近代的と映る。かくして、連分数を知った Huygens (ca 1685 (1728, posth.)) は、正則連分数展開の最も重要な意義である主近似分数と最良近似との関係の把握 (つまり註 [24.2]) をなしている (Lagrange (1769, p.424; 1798, pp.43-44) を参照せよ)。この様な経緯の後に、今日の形式をもっての連分数論が Euler (1737a) により始められることとなる。彼は等式 (23.12)-(23.13) を示し、連分数展開の収束の早さを検討している。それゆえ、これらを連分数論における Euler 等式と呼ぶこともある。Euler (1748b, Caput XVIII) をも参照せよ。さらに、Euler (1759) は、極めて永い伝統を持つ 2 次不定方程式の整数解問題に連分数を応用し、その一般的解決への路を拓くこととなる。それは、続く Lagrange の整数論考究 (1768/1798) の基であり、本講義第 4 章の主題の一つである。

[e] 上記の Brouncker の連分数は

$$\frac{4}{\pi} = 1 + \frac{1}{2+} \frac{3^2}{2+} \frac{5^2}{2+} \frac{7^2}{2+} \frac{9^2}{2+} \cdots \tag{27.2}$$

である。証明については下記の註 [27.1] を見よ。円周率そのものの正則連分数展開にはこの様な

§27. 73

規則性は見出されない.とは言え,連分数一般には何故か惹かれるものがある. 10 進法にては混沌とした数字の羅列に見えるものも註 [25.2] の如く連分数展開を持って構造が一目瞭然となることがある.加えて,驚くほどに優れた近似も得られる.無理数に限らず,有理数も同様である.長大な分母を持つ分数が見やすい整数列にて表される.この近似と表現は自然現象の記述にて特に効果的である.自然界には連続的に変動する様々な現象があり,多くはそれぞれに区切りあるいは周期も含む.周回はもちろん整数をもって表され,様々な周期の関係は分数により表される.しかし,一般には現象と区切りとは完全には整合せず,これらの分数は近似的なものとならざるを得ない.よって,通約不可能性の影と近似とのせめぎ合いの中,分数には実効性の高いものが選択される.実効性とは,扱いやすい分母の分数でありなおかつ優良な近似をもたらすべきことである.ここに定理 13 ないしは註 [24.2] の重要さがある.かくして,古来様々な分数が実用に供されて来たが,それらの多くは何らかの主近似分数と一致する.以下に 4 例を挙げる.

(1) 天体の動きを歯車の組み合わせをもって表現するという構想は古代から試みられて来たのであろう.太古シュメールの人々は,正にぎしぎしと回転する天界を観望していたのである.時代は数千年下るが,Antikythera の機械装置 (ca 150 BCE: Nature, **444** (2006)) はその例証とされる.しかし,連分数の応用として文献をもって明確なものは,Huygens (*ibid.*) による初期のプラネタリウム設計である.既に示唆したが,主近似分数が最良近似を与えることの認識の上にて歯車の構成がなされている.課題は,惑星の公転周期の比への優れた近似を当時の工作限界内の歯数をもって実現することであった.設計時の観測結果 (1682, Jan.: *ibid.*, p.172) から,例えば,土星と地球の公転周期の比を

$$\frac{77708431}{2640858} = 29 + \frac{1}{2} + \frac{1}{2} + \frac{1}{1} + \frac{1}{5} + \frac{1}{1} + \frac{1}{4} + \cdots \qquad (27.3)$$

(p.174) と連分数展開し,第 3 主近似分数 $\frac{206}{7}$ を求め,土星の歯車に 206 歯,対応する駆動歯車に 7 歯を与えるとしている (p.175).仮に第 4 主近似分数を採るならば,$\frac{1177}{40}$ となり工作は極めて困難となったことであろう.

(2) 太陽が黄道上を 1 周する平均太陽年 (J2000.0) は約 $\eta_S = 365.242193^{日}$ であり,地球の自転周期とは整合しない.連分数展開

$$\eta_S = 365 + \frac{1}{4} + \frac{1}{7} + \frac{1}{1} + \frac{1}{3} + \frac{1}{10} + \frac{1}{1} + \frac{1}{5} + \frac{1}{4} + \frac{1}{2} + \frac{1}{1} \qquad (27.4)$$

にて $a_j/b_j = A_j/B_j - 365$ と置くとき,

$$\frac{a_1}{b_1} = \frac{1}{4}, \frac{a_2}{b_2} = \frac{7}{29}, \frac{a_3}{b_3} = \frac{8}{33}, \frac{a_4}{b_4} = \frac{31}{128}, \frac{a_5}{b_5} = \frac{318}{1313}. \qquad (27.5)$$

つまり,1 年を 365 日とするならば,29 年で 7 日,33 年で 8 日,128 年で 31 日等々の不足が生じる.より詳しくは (23.6) により,

$$\left|\eta_S - \frac{A_2}{B_2}\right| < \frac{1}{957}, \left|\eta_S - \frac{A_3}{B_3}\right| < \frac{1}{4224}, \left|\eta_S - \frac{A_4}{B_4}\right| < \frac{1}{168064}. \qquad (27.6)$$

閏を 29 年間で 7 回置くとき,957 年間で 1 日以下のずれが生じる. 1000 年につき 242 回の閏を置くならば,誤差は大略同様である.さらに,閏を 33 年間につき 8 回置くならば,4224 年間

で1日以下のずれが生じるが, 1万年につき2422回置くのと約1日の違いである. ローマ法王 Gregorius XIII 世の制定 (1582) による現行の太陽暦では400年間に97回の閏が置かれている (参考に (N.S.) 1752 年 9 月を見よ). これは, η_S の近似分数 A_3/B_3 を用いるのとは13200年間に約1日の違いが生じうる. 一般には, 33年という周期よりも400年の方が余程なじみやすい. また, 400年間の総日数は $146097 = 20871 \cdot 7$ であり, 曜日との整合性も良い. 一方, Jalali (ペルシャ) 暦では, al-Khayyam らの説 (1079) を採り, 以来 A_3/B_3 を用い, 改良が重ねられた. ちなみに, A_4/B_4 を採り, 4年ごとに閏を置き128年ごとに取りやめるならば, Gregorius 暦よりも100倍ほど正確である. しかし, 平均太陽年は1世紀間につき0.53秒程度づつ短くなりつつあり, かつ地球の運動自体も定常ではなく日々微細な変動がある. よって, さらなる精度を目指すことは常用の意義からは外れる. とは言え, 暦法に限らず人は何故に実用を遥かに超える精度を求めるのであろうか. Euler (1737a, §17: $\eta_S = 365.242454^{日}$), Lagrange (1798, pp.35–41: $\eta_S = 365.242234^{日}$) を参照せよ.

(3) 似通った食が一定の周期をもって起きる. 日 (月) 食がある地点で観測されたならば, その後の223回目の新 (満) 月に同様な食が別地点ながら起こり得る. 例えば, Plinius (ca 77 CE: Spira 版本文第 5 葉下部) は DEfectus. ccxxiii mensibus redire .. と恐らくは Chaldea (Babylonia) 伝来の知識を伝えている. Halley (1691) がこれを Saros 周期と名付けたとの由. 以下に略解する. まず, 食が起きるための必要条件は地球・月・太陽 (または, 月・地球・太陽) が直線上に並ぶことであると一般にされる. しかしこれらは厳密な3点にはあらず広がりを持つ天体に関する幾何学的配置の条件である. つまり, 天球における運動を通して観るならば, 太陽と月が黄道上のある小近傍 (黄道と白道の昇交点か降交点の近く) にあり, かつ新 (満) 月の場合に日 (月) 食は起こり得る. それゆえ, 関係する運動周期は, 昇交点への太陽の回帰周期 S (食年 Draconic Year), 同じく月の回帰周期 D (交点月 Draconic Month), 新 (満) 月の周期 M (朔望月 Synodic Month) である. ここで念頭に置くべきは, 主に太陽引力により昇交点は太陽の動きとは逆向きに移動する. つまり, 特定の昇交点にあった太陽が, 移動しつつあるその昇交点に再び巡り会うまでの時間が S である. よって平均太陽年より短い. 一方, 一つの昇交点にあった月が次に昇交点に達するまでの時間が D であり, 月の公転周期 (恒星月 Sidereal Month) より少し短い. また, 幾何学的に明らかであるが, 地球の公転により M は恒星月より長い. 他方, 食の深さなどの状況には月の視直径が関係し, 近地点への回帰周期 P (近点月 Anomalistic Month) をも考慮せねばならない. これも恒星月より少し長い. 地球と月の公転軌道は楕円であることにより, 実際はこれらの周回運動には相当な変動が絶えずある. もちろん, 太陽視直径の増減なども本来は考慮せねばならず入り組む. それゆえ, 解説を平易とするために平均値をもってするのが一般であり, 粗い予測計算となる. ここでは, 便宜上 J2000.0 平均値の近似値

$$S = 346.620076^{日}, \ D = 27.212221^{日}, \ M = 29.530589^{日}, \ P = 27.554550^{日} \qquad (27.7)$$

を用いる. ちなみに, 平均恒星月は約 $27.321662^{日}$. そこで, 例えばある昇交点の近傍で日 (月) 食が起きた後, 上記のごとく移動を続けるその昇交点に太陽が u 回巡り会い, 月は v 回天球を巡り w 回目の新 (満) 月となり同様な視直径に z 回達するものとする. このとき,

§27. 75

$|uS - vD|, |uS - wM|, |uS - zP|$ が全て充分小となるならば再び同様な食を期待できよう. よって, 連分数展開

$$\frac{S}{D} = 12 + \frac{1}{1} + \frac{1}{2} + \frac{1}{1} + \frac{1}{4} + \frac{1}{3} + \frac{1}{5} + \frac{1}{1} + \frac{1}{27} + \cdots,$$
$$\frac{S}{M} = 11 + \frac{1}{1} + \frac{1}{2} + \frac{1}{1} + \frac{1}{4} + \frac{1}{3} + \frac{1}{5} + \frac{1}{1} + \frac{1}{30} + \cdots, \qquad (27.8)$$
$$\frac{S}{P} = 12 + \frac{1}{1} + \frac{1}{1} + \frac{1}{2} + \frac{1}{1} + \frac{1}{1} + \frac{1}{1} + \frac{1}{5} + \frac{1}{3} + \cdots$$

を観察する. 幸運にも, $S/D, S/M$ の第4主近似分数, S/P の第6主近似分数に同じ分母が現れる.

$$\frac{242}{19} = 12 + \frac{1}{1} + \frac{1}{2} + \frac{1}{1} + \frac{1}{4}, \quad \frac{239}{19} = 12 + \frac{1}{1} + \frac{1}{1} + \frac{1}{2} + \frac{1}{1} + \frac{1}{1} + \frac{1}{1}. \qquad (27.9)$$

従って, $u = 19, v = 242, w = v - 19, z = 239$ と採る. このとき,

$$19S = 6585.781444, \quad 242D = 6585.357482,$$
$$223M = 6585.321347, \quad 239P = 6585.537450. \qquad (27.10)$$

以上から Saros 周期 $223M = $ 約 $18^{年}11^{日}8^{時間}$ (閏の配置により約 $18^{年}10^{日}8^{時間}$) がもたらされる. もっとも, 同一地点の近傍における食の観測を念頭に置くならば, 3 Saros = 1 Exeligmos (全回転) が粗い近似ながら求めるべき周期となる. 残余 8 時間ほどは約 $120°$ の経度のずれを意味するからである (緯度のずれは措く). なお, Antikythera の機械装置は Saros および Exeligmos に対応する機構を含む由. [Σ.X] との関係に興味が持たれる.

(4) 連続的なものと区切りとのせめぎ合いの典型例として音律 *temperament* がある. 1 octave (周波数 2 倍) の間隔を周波数比により分割し調和感に富む音階を目指す. これは古代ギリシア以来あるいはそれ以前から久しく音楽と数学の課題であり続けて来た. 以下にて, 2 音律のみを採り上げごく基礎的な解釈を試みる. なお, 周波数比を用いるが, 近世にいたるまで音律は monochord 上の弦の駒による分割をもって表現された. 何れにしても, 楽音の構成は比の構成と同値である.

[Pythagoras 音律] 基準音を定めるとき, 周波数がその整数倍となる音は親和する. それゆえ, 区間 $[1, 2]$ (1 octave) を分割するとき, 分点 $\frac{3}{2}$ に対応する音がまず重要となる (その octave 上は基準音の 3 倍音ゆえ). これを, 基準音から観て純正完全 5 度にある音とも表現する. Pythagoras の考えは, $\frac{3}{2}$ の整数乗 (上下完全 5 度移動の反復) と 2 の整数乗 (上下 octave 移動の反復) の積をもって区間 $[1, 2]$ の音律上意味ある分割を達成することであった. 例えば, $\frac{3}{2}$ から完全 5 度の上昇を 2 回繰り返し, $\{\frac{9}{4}, \frac{27}{8}\}$ とし, それぞれの $\frac{1}{2}$ を採り分割 $\{1, \frac{9}{8}, \frac{3}{2}, \frac{27}{16}, 2\}$ を得る. さらに $\frac{27}{8}$ から上昇を 2 回繰り返し, 結果それぞれの $\frac{1}{4}$ を採り, 合わせて分割 $\{1, \frac{9}{8}, \frac{81}{64}, \frac{3}{2}, \frac{27}{16}, \frac{243}{128}, 2\}$ を得る. これに加え, 狭い 2 点 $\{\frac{243}{128}, 2\}$ 間の比を用い, 広い 2 点 $\{\frac{81}{64}, \frac{3}{2}\}$ 間を分割し分点 $\frac{4}{3}$ を採る. かくして,

$$\text{Pythagoras 長音階}: \quad \begin{array}{l} \{1, \frac{9}{8}, \frac{81}{64}, \frac{4}{3}, \frac{3}{2}, \frac{27}{16}, \frac{243}{128}, 2\} \\ \Delta\Delta\delta\Delta\Delta\Delta\delta = 2, \quad \Delta = \frac{9}{8}, \delta = \frac{256}{243}, \end{array} \qquad (27.11)$$

を得る. 完全 4 度 $\Delta\Delta\delta = \frac{4}{3}$ と完全 5 度 $\Delta\Delta\Delta\delta = \frac{3}{2}$ とをもって構成されているが, これらは共に単純な分数比により実現される純正な音程である. お箏 13 弦の平調子調弦も基本は同様. ちなみに, *Scuola di Atene* の消失点にある書物 *Timaios* には '天界の創成' として (27.11) が語られていることは周知.

[violin の調弦] 以上は数理上の考察であるが, 純正完全 5 度を重ねることは実際に violin の 4 開放弦 GDAE の調弦にて行われているところである. 弦 A を基準とし完全 5 度の上昇を 1 回 ($\frac{3}{2}$ 倍: 弦 E), 下降を 2 回 ($\frac{2}{3}$ 倍: 弦 D; $\frac{4}{9}$ 倍: 弦 G). 力学的に無理の大きい振動数 2 倍をもって弦を張らない限り, この方法が最も単純であり, また調弦も容易である. 言うまで無く, 楽器の構造上, これら 4 音以外の何れの音の採り方も自在である. その結果として, 取り分け非演奏家にとり興味深い事実が生じる. 例えば, 譜面に {C♯, D♭} とあるとき, (とくに無伴奏) violin 奏者は次のごとく読み弾くことにより聴く人にとり自然な調和感や色彩感を達成することができるのである. 自明な簡略記法にて,

$$(27.11) \Rightarrow C < D\flat = \delta \cdot C < C\sharp = \delta^{-1} \cdot D < D. \tag{27.12}$$

つまり, {C, D} 間に 2 音 $D\flat = \frac{256}{243} \cdot C$ (*limma*), $C\sharp = \frac{2187}{2048} \cdot C$ (*apotome*) が現れる. これは, ごく自然な完全 5 度調弦と聴覚上の調和 (下降, 上昇) 感による結果であり, (27.11) とは独立である. もっとも, 以上は至極単純化した議論であり, 実際には調性や旋律, とくに重音演奏などにより時として多少異なる音程が採られる. 詳細については, 例えば Heman (1964) を見よ.

[平均律] しかし, piano の鍵盤上では C と D の間には黒鍵が一つあるのみ. 何故かを理解するには, 鍵盤楽器の調律に当たっては分割を予め定め固定せねばならない, という自明な条件を念頭に置かねばならない. 一方では自然な音感をできる限り保たねばならず, 他方, 弦楽器の機能上はさほど不自由の無い移調や重音への対応をも考慮せねばならない. 正に連続的なものと区切りとのせめぎ合いである. この課題につき洋の東西を問わずまことに多くの試みが成されて来たのであるが, 一つの準解決策である 12 平均律 (あるいは単に平均律 *equal temperament*) を採り上げる. これは, 1 octave を均等な周波数比 $2^{1/12}$ (半音程) をもって分割し, 13 音を得る手法である (Mersenne (1636, Libri IV, pp.18–19)). つまり, 次の通り.

$$\text{平均律長音階}: \quad \Delta'\Delta'\delta'\Delta'\Delta'\Delta'\delta' = 2, \quad \Delta' = 2^{1/6}, \delta' = 2^{1/12}. \tag{27.13}$$

従って, とくに

$$(27.13) \Rightarrow C < D\flat = \delta' \cdot C = \delta'^{-1} \cdot D = C\sharp < D \tag{27.14}$$

であり, (27.12) とは異なる結果となる. これら 3 等号が, piano 鍵盤上の黒鍵の意味である. 即ち, piano の調律は平均律に従って行われている. 平均律上の完全 4 度は $\Delta'\Delta'\delta' = 2^{5/12} = 1.335\ldots$, 完全 5 度は $\Delta'\Delta'\Delta'\delta' = 2^{7/12} = 1.498\ldots$ となり, 純正の音程とは一致せず調和感が減ずる. 実際, 平均律音階では両端の 2 音のみが整合しているに過ぎない. しかしながら, 破綻を比較的に少なくする, という要請下の選択としては平均律は最良の近似分割を与えるとも言える. 何故ならば,

$$\frac{\log(3/2)}{\log 2} = 0 + \frac{1}{1} + \frac{1}{1} + \frac{1}{2} + \frac{1}{2} + \frac{1}{3} + \frac{1}{1} + \frac{1}{5} + \cdots \qquad (27.15)$$

であり, これの主近似分数は $A_4/B_4 = 7/12$, $A_5/B_5 = 24/41$, $A_6/B_6 = 31/53$ など. つまり, 完全 5 度に $2^{7/12}$ を配分することは第 4 主近似分数を採用することに他ならない. 13 音よりも多くして最小かつ最良に均等比をもって区切るとすれば 42 鍵を要する訳であり, 次は 54 鍵. 実際に作成されたとしても手指での演奏は至難であろう (Mersenne (*ibid.*, p.129) には 32 鍵の設計図がある).

しかし, いたずらに算術に走らず聴覚にこそ律を求めるべし. ここで知るべきは, Pythagoras らが monochord 上にて音律を試したことは, [Σ] における等分・等倍の厳密な使用に受け継がれ厳正な論証法の基となった, と観られることである. 一方, 物理現象としての音は Fourier 解析につながり数学の礎の一つとなった. それの整数論における活用の一端は §49 以降にて解説される.

[27.1] 等式 (27.2) の証明 (Euler (1748b, Tomus primus, Caput XVIII; 1785 (posth.))). 変数 $\{x_j\}$ につき, $x_j \neq x_{j+1}$, $x_j \neq 0$, $j \geq 1$, とするとき

$$\sum_{j=1}^{n} \frac{(-1)^{j-1}}{x_j} = 0 + \frac{1}{x_1} + \frac{x_1^2}{(x_2 - x_1)} + \frac{x_2^2}{(x_3 - x_2)} + \cdots + \frac{x_{n-1}^2}{(x_n - x_{n-1})}.$$

実際, $n \mapsto n+1$ とすることは, 左辺において $x_n \mapsto (1/x_n - 1/x_{n+1})^{-1}$ を意味する. 右辺にても同じ変形を行い, 帰納法により証明を得る. そこで, $x_j = 2j-1$ とし, $n \to \infty$ とするならば,

$$\frac{\pi}{4} = 0 + \frac{1}{1} + \frac{1}{2} + \frac{3^2}{2} + \frac{5^2}{2} + \frac{7^2}{2} + \frac{9^2}{2} + \cdots.$$

これは (27.2) と同値. 左辺については註 [80.3] を見よ.

[27.2] ちなみに, 根号 *surd* ($\sqrt{\ }$) の語源は al-Khwarizmi の用いた無音を意味する *asamm*. ギリシャ語 alogos の直訳との説あり.

第2章 整数の合同

§28.

整除からの偏りには乗法的な周期性が内在する．先達 Fermat の洞察を基とし，互いに素なることの意味を極めんとした Euler が明確に把握したところである．以下，この構造に直接・間接に関係する諸々の事象の解析を行う．

記述の煩瑣を避けるために，まずは Gauss の合同式を導入する必要がある．整数 a, b と自然数 q について，

$$a \equiv b \bmod q \Leftrightarrow q|(a-b) \tag{28.1}$$

と定義し，a は法 modulus q に関し b と合同である，あるいは a, b は法 q のもとに合同，と読む．もちろん，$a - b \in q\mathbb{Z}$ と同値である．また，

$$a \not\equiv b \bmod q \Leftrightarrow q \nmid (a-b) \tag{28.2}$$

と定義し，a は法 q に関し b と非合同である，あるいは a, b は法 q のもとに非合同，と読む．法に文字 q を一般に当てることには，その役割や関係の深い (1.1)–(2.1) から見てやや難がある．しかし，今後の議論を念頭に置きこれを採る．

確かめは容易であるゆえ省略するが，合同式は次を充たしている．

$$\begin{aligned}
&\text{反射律} \quad a \equiv a \bmod q, \\
&\text{対称律} \quad a \equiv b \bmod q \Rightarrow b \equiv a \bmod q, \\
&\text{推移律} \quad a \equiv b \bmod q,\ b \equiv c \bmod q \Rightarrow a \equiv c \bmod q.
\end{aligned} \tag{28.3}$$

従って，(28.1) は集合 $\mathbb{Z}$ に類別

$$\mathbb{Z} = \bigsqcup_{j=0}^{q-1} C_j, \quad C_j = j + q\mathbb{Z} \tag{28.4}$$

を導入するに等しい．右辺の各部分集合 C_j は公差 q の算術級数であり，$j \neq j' \Rightarrow C_j \cap C_{j'} = \varnothing$．各類 C_j の元は q を法として j に合同である．また，整数を q で割るとき余りは $0, 1, \ldots, q-1$ の何れかであるゆえ，集合としての等号 (28.4) が成立する．より一般に，$r_j \equiv j \bmod q$ とするならば，$C_j = C_{r_j}$．この場合，集合 $\{r_0, r_1, \ldots, r_{q-1}\}$ を法 q についての一つの剰余系，各 C_r を剰余類と呼ぶ．もちろん，(28.4) を

$$\mathbb{Z} = \bigsqcup_{r} C_r, \quad \{r\} \text{ は剰余系 } \bmod q, \tag{28.5}$$

と書くことができる．あるいは，

$$\mathbb{Z}/q\mathbb{Z} = \left\{ \text{全ての剰余類} \bmod q \right\} \tag{28.6}$$

とも表記する．左辺は q の倍数差にあるものを一まとめとして $\mathbb{Z}$ 全体を観ることを意味し，右辺はこのとき $\mathbb{Z}$ が q 個の剰余類に分解することを示している．もちろん，$\mathbb{Z}$ の部分群 $q\mathbb{Z}$ による coset 分解と言うに同じ．

以後，Gauss 以前の諸大家の議論を解説するにも合同式を用いる．単なる記述の便宜のためであり，数学的な内容の変更は当然ながら一切生じない．なお，法が同一であると明らかな場合には，合同関係式のみを並べ法は適宜に記される．

[28.1] Gauss [DA, artt. 1–3] による合同 $\equiv$，法 mod の導入は，Leibniz (1684) による微積分演算子に並び，数学における記号の重要さを物語る典型例とされる．実際，合同記号を欠くならば今日の整数論の記述は恐るべき錯綜を示すことであろう．もっとも，整数間の合同を観察することは，Gauss より遥か以前から数多の例がある．その表現について，とくに Legendre (1785, p.466) の仕様は (28.1) とさほど差が無い ([DA, art. 2, 脚注])．

[28.2] 本章の文脈にて注目すべきは，既に註 [20.3] にて挙げた Euler の遺稿 *Tractatus* (1849a (posth.)) である．壮年の Euler が，それまでの約 20 年間に達成したことどもを基に，整数論教程とも云うべきものを著そうとしたのである．記号・表現が異なることは措き，当時の彼の視界には本章の §§28–48 ほぼ全てが含まれていた．逃したものは本質的には Lagrange (1770b, 1775a) による後述の定理 22 および註 [41.1] の視点のみである．それさえ手中にあったならば，Euler は望みの定理 23 の完全証明を得ることができたはずである (註 [41.2] を参照せよ)．つまり，定理 22 こそが Legendre (1785) 以降の整数論において核心的な役割を担うのである．なお，*Tractatus* にて展開された考察はその後に区分的に出版されている．例えば，有限群論の始

まりとも目される Euler (1755, 1758a) などである. 次節の註 [29.2]–[29.3] にて解説する.

[28.3]　要素ごとの合同関係により a, b に同じ型の整数行列を置くことも可である. また, $\mathbb{Z}$ 上の多項式一般についても項の自明な対応のもとに係数ごとの合同をもって同様に議論できる.
$$ax^n + bx^{n-1} + \cdots + kx + l \equiv 0 \bmod q \quad (多項式として)$$
$$\Leftrightarrow \quad a, b, \ldots, k, l\text{ は全て }q\text{ の倍数}.$$
つまり, $f(x), g(x) \in \mathbb{Z}[x]$ について, $f(x) \equiv g(x) \bmod q$ とは, $f(x) = g(x) + qh(x)$ となる $h(x) \in \mathbb{Z}[x]$ が存在することである.

[28.4]　対象を整数とは限らずに $\alpha \equiv \beta \bmod \gamma$ は $\alpha - \beta \in \gamma\mathbb{Z}$ を意味すると拡張することも行われる. より本質的な拡張は後述の §§69–70 にて議論される.

[28.5]　念のための注意. 剰余なる用語は法より小なる絶対値のものを想わせるが, 個々の剰余類の代表を選定するときにこの大小は無関係である. つまり, 合同関係 $a \equiv b \bmod q$ は a, b が法 q のもとに同じ類を代表しているということを表しているのであり, a, b の数値としての大小は度外視されている. 一方, 剰余類は集合としては算術級数であることを常に念頭に置くべし. これらは *Tractatus* (Caput VI: De residuis ex divisione ..) にて強調されているところでもある.

§29.

合同式は, 和・差・積に関しては通常の等式と同様である. つまり,
$$a \equiv b, \; c \equiv d \;\Rightarrow\; a \pm c \equiv b \pm d, \; ac \equiv bd \bmod q. \tag{29.1}$$
合同式それぞれの左辺から右辺を引いて見るがよい. これらを繰り返し用い, 任意の整数係数多項式 $f(x_1, x_2, \ldots, x_N)$ について,
$$\begin{aligned} &a_\nu \equiv b_\nu, \quad 1 \le \nu \le N, \\ \Rightarrow\; &f(a_1, a_2, \ldots, a_N) \equiv f(b_1, b_2, \ldots, b_N) \bmod q. \end{aligned} \tag{29.2}$$
一方,
$$a \equiv b \bmod q_j, \; 1 \le j \le J \;\Leftrightarrow\; a \equiv b \bmod [q_1, q_2, \ldots, q_J]. \tag{29.3}$$
何故ならば, $a - b$ は $q_j, 1 \le j \le J$, の公倍数であり (13.1) を参照.

しかし, 除法 (上記の積の逆演算) については等式とは異なる状況となる.

$$ka \equiv kb \bmod q \Leftrightarrow a \equiv b \bmod \frac{q}{\langle k,q \rangle};$$
$$\text{よって } \langle k,q \rangle = 1 \Rightarrow a \equiv b \bmod q. \tag{29.4}$$

これは $q|k(a-b)$ と (6.3) から従う．つまり，$\langle k,q \rangle = 1$ であるならば，等式の場合と同様となる訳である．ゆえに，法と互いに素となる整数に着目することとなる．しかるに，(6.2) の (0) により，類 C_r に含まれる整数と q との最大公約数は一定の $\langle r,q \rangle$ であり類のみから定まる．よって，次の定義に導かれる．一つの剰余系 $\bmod q$ の中から q と互いに素なものを全て集め，既約剰余系 $\bmod q$ とする．かつ，それらが代表する各類を既約剰余類 $\bmod q$ と呼ぶ．そして，

$$(\mathbb{Z}/q\mathbb{Z})^* = \Big\{ \text{全ての既約剰余類 } \bmod q \Big\} \tag{29.5}$$

と記す．Euler 函数 φ の定義 (§19) を想起し，

$$\big|(\mathbb{Z}/q\mathbb{Z})^*\big| = \varphi(q). \tag{29.6}$$

ここで重要な観察を行う．合同式の除法 (29.4) によれば，条件 $\langle a,q \rangle = 1$ のもとに，

$$\begin{array}{l} \{r\} \text{ は剰余系 } \bmod q \Rightarrow \{ar\} \text{ もまた剰余系 } \bmod q, \\ \{s\} \text{ は既約剰余系 } \bmod q \Rightarrow \{as\} \text{ もまた既約剰余系 } \bmod q. \end{array} \tag{29.7}$$

とくに，この下段と (29.2) により

$$\prod s \equiv \prod as \equiv a^{\varphi(q)} \prod s \bmod q. \tag{29.8}$$

一方，(6.2) の (3) により $\langle q, \prod s \rangle = 1$ であるゆえ，(29.4) を再び用い Euler の定理を得る．即ち，

定理 16 条件 $\langle a,q \rangle = 1$ のもとに，

$$a^{\varphi(q)} \equiv 1 \bmod q. \tag{29.9}$$

系として，任意の素数 p につき，Fermat の定理

$$p \nmid a \Rightarrow a^{p-1} \equiv 1 \bmod p \tag{29.10}$$

が従う．ところが，これは (29.9) と同値である．実際，$p^\alpha \| q$ とするならば，ある $c_p \in \mathbb{Z}$ をもって

$$a^{\varphi(q)} = \left(\left(a^{\varphi(q/p^\alpha)}\right)^{p-1}\right)^{p^{\alpha-1}} = (1+pc_p)^{p^{\alpha-1}}$$
$$\equiv 1 \bmod p^\alpha. \tag{29.11}$$

上行は (29.10) による. 下行については, 2項展開により $\nu \geq 1$ ならば $(1+p^\nu u)^p = 1 + p^{\nu+1}v, \quad u, v \in \mathbb{Z}$, であることを繰り返し応用する. よって, (29.3) を用い確かめを終わる.

しかし, 下記の註 [29.3] にて採り上げる Euler (1755, 1758a) の論旨がはるかに勝る. 既に註 [28.2] にて示唆したが, これらの論文は本章, とくに §§40–48 の基である. なお, 制限 $p \nmid a$ を外し, (29.10) よりも一般的に

$$a^p \equiv a \bmod p, \quad a \text{ は任意}. \tag{29.12}$$

[29.1] 美しい定理 (29.10) は Fermat の手紙 (1640 年 10 月 18 日: 1679, p.163) に記載があるとされるが, 実は定理そのものにあらず, 3^n ($n = 1, 2, 3, \ldots$) を 13 をもって割るならば, $13 - 1 = 12$ の約数である 3 を周期として余り 1 が繰り返される, との観察. 容易に一般化される視点である. Euler (1732) にては (29.10) のみならず, 素数ベキ $q = p^m$ および $q = p_1 p_2 \cdots p_k$ (sqf) について (29.9) が予想されている. かつ, 後者についてはより詳細に $a^{[p_1-1, p_2-1, \ldots, p_k-1]} \equiv 1 \bmod q$ としている. 例えば, (29.9) によれば $7^{192} \equiv 1 \bmod 221$ であるが, 実は $7^{48} \equiv 1 \bmod 221$, $48 = [13-1, 17-1]$. もちろん, 後者から前者が従う. この論文ゆえに, Euler は Fermat とは独立に (29.10) を発見した, との見解もある.

[29.2] 合同式 (29.12) の初の公開証明は Euler (1736) による (この時点では, (29.10) は Fermat による, と Euler は認識). まず, 2項係数 $\binom{p}{j} \equiv 0 \bmod p$, $1 \leq j \leq p-1$, なる自明な事実から $(a+1)^p - a^p - 1 \equiv 0 \bmod p$, よって $a^p - a \equiv 0 \Rightarrow (a+1)^p - (a+1) \equiv 0 \bmod p$. それゆえ, $a = 1$ から始め帰納的に全ての a について $a^p - a \equiv 0 \bmod p$. Leibniz の遺稿に同様な記載がある由. 即ち, 次の等式にて, 各 x_j を 1 とする. 任意の $k \geq 2$ および素数 p について,

$$(x_1 + x_2 + \cdots + x_k)^p - (x_1^p + x_2^p + \cdots + x_k^p) \in p\mathbb{N}[x_1, x_2, \ldots, x_k].$$

右辺は $\mathbb{N}$ 上の k-変数多項式の集合. つまり, 左辺の多項式は正整数係数であり, 各係数は p で割り切れる. 実際, $k = 2$ から始め帰納法により確かめを得る. あるいは, これらの係数は

$$C(j_1, j_2, \ldots, j_k) = \frac{p!}{j_1! j_2! \cdots j_k!}, \quad j_1 + j_2 + \cdots + j_k = p,$$

であり $\mathbb{N}$ に含まれる. また, $j_1! j_2! \cdots j_k! C(j_1, j_2, \ldots, j_k)$ はもちろん p で割り切れるが, $j_1! j_2! \cdots j_k!$ は割り切れない. 何故ならば, 何れの j_l も p より小である. 従って (11.2) により議論を終わる. このことにつき, [DA, art. 50] の脚注に余話がある. 一方, 次項にて詳細を与えるが, Euler は後に別証明 (1755, Theoremata 13, 14) を示した. それは現在の群論を思わせ

る乗法的な論旨であり, Fermat が 100 余年前に洞察したところでもある. 同論文の付記 (53. Scholion) は, En ergo novam demonstrationem theorematis eximii, a Fermatio .. と始まり, 2 項展開によるものよりもこの証明こそ magis naturalis とそれを成した喜びを伝えている. 実際, 後の整数論において極めて重要となる $\mathbb{Z}/p\mathbb{Z}$ の代数的構造 (後述の註 [33.2]) は 2 項係数を通しては見えない (とは言え, (87.25) を見よ). 彼は, 一般化 (29.9) も同じ手法で証明している (1758a, Theorema 11). これら 2 編は心と歴史に残る論文である. 当然ながら, Gauss [DA, art. 49] も採録している. なお, 観察 (29.7) は Euler (1758a, Theoremata 1, 2) に帰すべきであるが, (29.8) は Ivory (1806) に初出. 一方, (29.11) と同じ着眼が Dirichlet (1863/1894, §20) に見られる. ちなみに, Lagrange (1771b) に含まれる (29.10) の別証明を註 [36.3] に置く.

[29.3] Euler (1758a) は定理 16 を次の如く証明した (Euler (1755) も同様). 集合 $S_0 = \{a^j \bmod q : j = 0, 1, 2, \ldots\}$ は実際に有限であるゆえ, $a^u \equiv a^v \equiv a^{u+(v-u)} \bmod q$ となる $0 \leq u < v$ がある. よって, (29.4) の下段により, $a^{v-u} \equiv 1 \bmod q$. つまり, $a^l \equiv 1 \bmod q$ となる $l > 0$ が存在するが, それらのうちの最小値を ℓ とする. このとき, $S_0 = \{a^j \bmod q : 0 \leq j < \ell\}$ であり, S_0 は相異なる ℓ 個の既約類 mod q を代表する. もしも $\ell = \varphi(q)$ であるならば, (29.9) を得る. 他方, $\ell < \varphi(q)$ なる場合には, S_0 に含まれない既約類 $a_1 \bmod q$ を採り, $S_1 = a_1 S_0 = \{a_1 a^j \bmod q : j = 0, 1, 2, \ldots\}$ と置くならば, $S_0 \cap S_1 = \emptyset$. 実際, 仮に $a^w \equiv a_1 a^z \bmod q$ なる $0 \leq w, z < \ell$ が存在するならば, $a^{w+\ell} \equiv a_1 a^z \bmod q$. そこで, (29.4) の下段により $a_1 \equiv a^{w+\ell-z} \bmod q$ は S_0 に含まれる. これは矛盾である. もしも $S_0 \sqcup S_1$ が既約剰余系 mod q となるならば, $2\ell = \varphi(q)$ であり, (29.9) を得る. 他方, $2\ell < \varphi(q)$ なる場合には, 既約類 $a_2 \bmod q$ を $S_0 \sqcup S_1$ の外部に採り, $S_2 = a_2 S_0$ とする. このとき, $S_0 \cap S_2 = \emptyset$ は自明であるが, $S_1 \cap S_2 = \emptyset$ でもある. 実際, 仮に $a_1 a^{j_1} \equiv a_2 a^{j_2} \bmod q$ なる $0 \leq j_1, j_2 < \ell$ が存在するならば, $a_1 a^{j_1+\ell-j_2} \equiv a_2 \bmod q$ となり, 矛盾. もちろん, 同じ操作を無制限に続ける必要はありえず, 何れは既約剰余系 mod q が尽くされる. 従って, $\ell|\varphi(q)$. 証明を終わる. これは有限群論における論法 (coset 分解) そのものであるが, その事実が周知となるのは 1 世紀以上後のことである. なお, 次節の (30.1) を採り入れるならば, 議論を短縮できる. しかし, Euler の論旨を尊重した.

[29.4] 命題 (29.10) の逆は成立しない. 詳しくは後に §§37–38 にて述べる.

[29.5] Fermat 商. 条件 $p \nmid a$ の下に, $(a^{p-1} - 1)/p$ を底 a, 法 p についての Fermat quotient と呼ぶ. 主な関心は Fermat 商が p で割り切れる場合の特定である. このような $\{a, p\}$ の探究は, Abel (1828) の設問に始まるとされる. 初期の発見 $18^{36} \equiv 1 \bmod 37^2$ (Jacobi (1828)), $10^{486} \equiv 1 \bmod 487^2$ (Desmarest (1852)) に加え現在では多くの例が知られている. しかし, 一般的には未解明である. なお, $a = 2$ の場合をとくに Wieferich 素数 (1909) と呼ぶが, 現在までに 1093 (Meissner (1913)) と 3511 (Beeger (1922)) の 2 例のみが得られている. 関連する特異例として $68^{112} \equiv 1 \bmod 113^3$ (Hertzer (1908)) がある.

[29.6] 合同関係 (29.12) の一拡張 (Grandi (1883)). 任意の $a, m \in \mathbb{N}$ について,

$$\Delta_a(m) = \sum_{d|m} \mu(d) a^{m/d} \equiv 0 \bmod m.$$

法 m が素数である場合は, (29.12) と一致する. 証明であるが, 任意の $p|m$ について,

$$\Delta_a(m) = \sum_{d|m,\, p\nmid d,} \mu(d)(a^{m/d} - a^{m/pd})$$

(等式 (20.2) を想起せよ). 各項は, p^α, $\alpha = m(p)$, で割り切れる. 何故ならば, $p\nmid a$ であるとき (29.9) により,

$$a^{(m/d)(1-1/p)} \equiv 1 \bmod p^\alpha \;\Rightarrow\; a^{m/d} \equiv a^{m/pd} \bmod p^\alpha.$$

また, $p|a$ ならば $p^{\alpha-1} \geq \alpha$ により後者の合同式は自明. なお, $a \geq 2$ であるとき,

$$\Delta_a(m) \geq a^{m/2}(a^{m/2} - m/2) > 0.$$

自明な $|\{d|m : d \geq 2\}| = |\{f|m : f \leq m/2\}| \leq m/2$ による.

[29.7] Schönemann (1845, §13). 任意に変数 $\{x_j\}$ を採り, その基本対称式を $\{s_k\}$ とする (対称式の基本性質を用いる; (67.5) および註 [67.1] を見よ). また, 任意の素数 p につき $\{x_j^p\}$ の基本対称式を $\{s_k^{(p)}\}$ とする. このとき,

$$s_k^{(p)} = (s_k)^p + pt_k.$$

ただし, t_k は $\{x_j\}$ の対称式. 証明は註 [29.2] の議論と同じである. 応用であるが, $f(x) \in \mathbb{Z}[x]$ は monic (最高次係数 $=1$) とし, それの各根の p 乗のみを根とする monic 多項式を $F(x)$ とする. このとき, $F(x) \in \mathbb{Z}[x]$ かつ

$$F(x) \equiv f(x) \bmod p \quad (\text{多項式として}).$$

実際, $f(x)$ の根を $\{x_j\}$ とするならば, $F(x)$ の係数は $\{(-1)^k s_k^{(p)}\}$ でありこれらは整数かつ (29.12) により $f(x)$ の係数 $\{(-1)^k s_k\}$ に法 p をもって合同. なお,

$$f(x)^p \equiv f(x^p) \bmod p \quad (\text{多項式として}).$$

§30.

条件 $\langle a, q \rangle = 1$ のもとに $ax \equiv 1 \bmod q$ となる x を求めるという設問を通し (29.9) を観るならば, $x = a^{\varphi(q)-1}$ なる一つの解を得たこととなる. もっとも, (29.7) の上段により, 解が存在すること自体は明らかである. また, (29.4) の下段から, x の属する類 $\bmod q$ は一意的に定まる. つまり, $ax \equiv 1 \equiv ax' \bmod q$ ならば, $x \equiv x' \bmod q$ である. 互除法 (3.6) により, $ag + qh = 1$ なる g, h を定め, $x = g$ とするもよい. この g あるいは $a^{\varphi(q)-1}$ が代表する類を $a \bmod q$ の逆

類と言い, $\bar{a} \bmod q$ あるいは $a^{-1} \bmod q$ と以後一般に記すこととする. つまり, $\bar{a}, a^{-1}$ を代表の整数に置き換え次が成立する.

$$a \cdot \bar{a} \equiv 1, \ a \cdot a^{-1} \equiv 1 \bmod q,$$
$$ax \equiv b \Rightarrow x \equiv b \cdot \bar{a} \equiv b \cdot a^{-1} \bmod q. \tag{30.1}$$

複素共軛や分数との区別は文脈から明らかとなるよう配慮される. もちろん, $a^{-\kappa} \equiv (a^{-1})^\kappa \bmod q, \kappa \in \mathbb{N}$, とする. この記法のもとに, 任意の $\alpha, \beta \in \mathbb{Z}$ について, $a^\alpha \equiv a^\beta$ ならば $a^{\alpha-\beta} \equiv 1 \bmod q$. 通常の指数計算と同様である. ここで念のための注意.

$$\text{以後, 剰余類とそれを代表する整数とを混用する.} \tag{30.2}$$

例えば, 類 $\bar{3} \bmod 17$ の代表は $6, -11, 1757$ などであるが, これら数値を具体的に用いることもあれば, 抽象的あるいは便宜的に $\bar{3}$ あるいは 3^{-1} と記し法 17 のもとにて議論をすすめることもある.

改めて定義を与える.

$$\begin{array}{c} \text{1元1次合同方程式 } ax \equiv b \bmod q \text{ の解 } \bmod q \text{ とは} \\ ac \equiv b \bmod q \text{ となる } c \text{ により代表される類 } \bmod q. \end{array} \tag{30.3}$$

もちろん, $c' \equiv c$ ならば $ac' \equiv b \bmod q$ であり, 解 $\bmod q$ と記すことができる訳である. 条件 $\langle a, q \rangle = 1$ のもとに解 $\bmod q$ は唯一定まるが, 一般には次が基本である.

定理 17

$$\begin{array}{c} ax \equiv b \bmod q \text{ が解を持つ} \Leftrightarrow \langle a, q \rangle | b. \\ \text{このとき解 } \bmod q \text{ の個数は } \langle a, q \rangle. \end{array} \tag{30.4}$$

[証明] この合同方程式は $ax + qy = b$ の整数解 x, y を問うと同じであり, §8 にて注意したが, 解があるための必要充分条件は $\langle a, q \rangle | b$. 両辺を $\langle a, q \rangle$ で割り, (29.4) の下段の状態を得る. 解 x は法 $q/\langle a, q \rangle$ の下に唯一. つまり, 特定の c をもって $x = c + (q/\langle a, q \rangle)u, u \in \mathbb{Z}$. ここに $u = 1, 2, \ldots, \langle a, q \rangle$ を挿入し法 q の下の全ての解 $\langle a, q \rangle$ 個を得る. 何故ならば, $c + (q/\langle a, q \rangle)u \equiv c + (q/\langle a, q \rangle)u' \bmod q$ は (29.4) の上段により $u \equiv u' \bmod \langle a, q \rangle$ と同値. 証明を終わる.

加筆であるが, (30.4) の多少の一般化を目的とし 2元1次合同方程式

$$ax + by \equiv 0 \bmod q \tag{30.5}$$

を扱う．これは，不定方程式 $ax + by + qz = 0$ を考察することと同値である．しかし，多少異なる方針を採る．まず，$a_1 = a/\langle a, b\rangle$，$b_1 = b/\langle a, b\rangle$ をもって，(30.5) は $a_1 x + b_1 y \equiv 0 \bmod q/\langle a, b, q\rangle$ と同値であるゆえ ((29.4)，註 [7.1] に注意せよ)，(30.5) を適宜に書き換えることにより当初から $\langle a, b\rangle = 1$ であるものとしてよい．このとき，(30.5) の両辺は $\langle ab, q\rangle$ の倍数．従って，

$$\frac{a}{\langle a, q\rangle}\frac{x}{\langle b, q\rangle} + \frac{b}{\langle b, q\rangle}\frac{y}{\langle a, q\rangle} \equiv 0 \bmod \frac{q}{\langle ab, q\rangle},$$
$$\frac{x}{\langle b, q\rangle}, \frac{y}{\langle a, q\rangle} \in \mathbb{Z}, \tag{30.6}$$

と同値．つまり，一般性を失うこと無く，条件

$$\langle a, b\rangle = 1, \quad \langle ab, q\rangle = 1 \tag{30.7}$$

が充たされているものとしてよい．それゆえ，(30.5) を (30.7) のもとに考察する．始めに，自明な特解 $\{x, y\} = \{b, -a\}$ の存在に注意する．また，互除法により f, g を

$$af + bg = q \tag{30.8}$$

と採る．もちろん，$\{f, g\}$ も (30.5) の特解である．かくして，(30.5) の任意の解 $\{X, Y\}$ につき

$$\begin{pmatrix} b & f \\ -a & g \end{pmatrix}^{-1} \begin{pmatrix} X \\ Y \end{pmatrix} = \frac{1}{q}\begin{pmatrix} gX - fY \\ aX + bY \end{pmatrix} \in \mathbb{Z}^2. \tag{30.9}$$

実際，$b(gX - fY) \equiv -f(aX + bY) \equiv 0 \bmod q$ より，(30.7) に注意し $gX - fY \equiv 0 \bmod q$．従って，

$$\begin{pmatrix} X \\ Y \end{pmatrix} = m\begin{pmatrix} b \\ -a \end{pmatrix} + n\begin{pmatrix} f \\ g \end{pmatrix}, \quad m, n \in \mathbb{Z}. \tag{30.10}$$

逆に，この等式から定まる $\{X, Y\}$ は (30.5) の解である．言い換えるならば，条件 (30.7) のもとに (30.5) の解は rank 2 の自由 Abel 群をなす．その底の求め方は (30.8) である．つまり，(30.10) の右辺の 2 ベクトル (基本解) を $\mathbf{u}, \mathbf{v}$ とするならば，(30.5) の解集合は

$$\mathbb{Z}\mathbf{u} + \mathbb{Z}\mathbf{v}. \tag{30.11}$$

通常の座標平面上にては，これは格子を表す．基本となる平行四辺形の面積は q

§30. 87

に等しい.ちなみに,群 Γ の元 $\begin{pmatrix} \alpha & \beta \\ \gamma & \delta \end{pmatrix}$ により変換 $\mathbf{u}' = \alpha\mathbf{u} + \beta\mathbf{v}$, $\mathbf{v}' = \gamma\mathbf{u} + \delta\mathbf{v}$ を施すならば,新たな基本解 $\mathbf{u}', \mathbf{v}'$ を得る.実は,これらのうちには真の基本解とも形容すべきものが存在する.註 [77.5] を見よ.

[30.1] $\langle a, q \rangle = 1$ であるとき剰余類 a^{-1} mod q を (30.2) をもって解釈するならば,任意の $k \in \mathbb{N}$ について,$a_k = (1 - (1 - a \cdot a^{-1})^k)/a$ は整数かつ $aa_k \equiv 1$ mod q^k.ここでは '$\dots/a$' は通常の割り算.また,

$$\prod_j (1 - a^{p_j - 1})^{\alpha_j} = 1 - aA, \quad q = \prod_j p_j^{\alpha_j},$$

とするとき,$aA \equiv 1$ mod q.つまり,$ax \equiv 1$ mod q の解 mod q を $ax \equiv 1$ mod p, $p|q$, の解 mod p から構成できる (Binet (1831)).例えば,$3x \equiv 1$ mod 4459 については,法は $7^3 \cdot 13$.よって,

$$(1 - 3^6)^3 \cdot (1 - 3^{12}) = 205044619386880 = 1 + 3 \cdot 68348206462293$$
$$\Rightarrow \quad \overline{3} \equiv -68348206462293 \equiv 2973 \text{ mod } 4459.$$

実際,$3 \cdot 2973 = 1 + 2 \cdot 4459$.もちろん,$a^{p_j - 1}$ を $ay_j \equiv 1$ mod p_j なる ay_j で置き換えることもできる.即ち,$3 \cdot 5 \equiv 1$ mod 7, $3 \cdot 9 \equiv 1$ mod 13 であるゆえ,

$$(1 - 3 \cdot 5)^3 \cdot (1 - 3 \cdot 9) = 71344 = 1 + 3 \cdot 23781$$
$$\Rightarrow \quad \overline{3} \equiv -23781 \equiv 2973 \text{ mod } 4459.$$

[30.2] 条件 $\langle a, b \rangle = 1$ のもとに,任意の $c \in \mathbb{N}$ について $\langle a + bn, c \rangle = 1$ となる $n \in \mathbb{Z}$ が無限に存在する.まず,註 [13.3] におけると同じ記法を用い $c_1 = \langle c, b^\infty \rangle$, $c_2 = c/c_1$, とする.任意の x について $\langle a + bx, c \rangle = \langle a + bx, c_2 \rangle$.ここで $\langle b, c_2 \rangle = 1$ であるゆえ,$a + bn \equiv 1$ となる n mod c_2 を採るがよい.例えば,$a = 140$, $b = 297$, $c = 117$ であるとき,$297 \equiv 17$ mod 140 より $\langle a, b \rangle = 1$.また,$c_1 = 9$, $c_2 = 13$.そこで,$297 \equiv -2$ mod 13 より $\langle b, c_2 \rangle = 1$.合同式 $1 \equiv 140 + 297n \equiv 10 - 2n$ mod $13 \Rightarrow -2n \equiv 4$ の両辺を 6 倍し $-12n \equiv 24 \Rightarrow n \equiv 11$ mod 13.実際 $140 + 11 \cdot 297 = 3407$ は 117 と互いに素である.

[30.3] Thue (1902).互いに素な自然数 a, q について,$sa \equiv t$ mod q, $0 < |s|, |t| \le \sqrt{q}$ となる s, t が存在する.2 種の証明を与える.

(A) 集合 $\{ua - v : 0 \le u, v \le [\sqrt{q}]\}$ に鳩の巣論法を適用するならば,$([\sqrt{q}] + 1)^2 > q$ であるゆえ,相異なる 2 組 $\{u_1, v_1\}$, $\{u_2, v_2\}$ があり,$u_1 a - v_1 \equiv u_2 a - v_2$ mod q.そこで,$s = u_1 - u_2$, $t = v_1 - v_2$ とすればよい.このとき,$st \ne 0$ である.実際,$st = 0$ ならば $a(u_1 - u_2) \equiv 0$ mod q となり,(29.4) から $u_1 \equiv u_2$ mod q, よって矛盾 $u_1 = u_2$, $v_1 = v_2$ を得る.

(B) 当然ながら,$a < q$ と仮定できる.互除法 (22.8) を組 $\{a, q\}$ に適用し,$r_{\nu+1} \le \sqrt{q} < r_\nu$ となる番号 $\nu \ge 0$ を定める.目下の場合,$r_0 = q$, かつ,$r_k = 1 < \sqrt{q}$ であるゆえ,これは

可．このとき，(22.9) により $q = r_\nu B_\nu + r_{\nu+1} B_{\nu-1} \geq r_\nu B_\nu$．つまり，$B_\nu < \sqrt{q}$．さらに，(22.10) により，$r_{\nu+1} = (-1)^\nu a B_\nu + (-1)^{\nu+1} q A_\nu \Rightarrow r_{\nu+1} \equiv (-1)^\nu a B_\nu \bmod q$．従って，$s = (-1)^\nu B_\nu, t = r_{\nu+1}$ と採ることができる．

応用であるが，$a^2 \equiv -1 \bmod q$ かつ q が平方数ではないならば，$s^2 + t^2 = q$ である．実際，$[\sqrt{q}]^2 < q$ であり，$s^2 + t^2 < 2q$．一方，$s^2 + t^2 \equiv s^2(a^2 + 1) \equiv 0 \bmod q$．つまり，$(s^2 + t^2)/q$ は正整数にして 2 より小であるゆえ 1 に等しい．(A) は Dirichlet の着想 (註 [21.2]) を想起させる．(B) は Cornacchia (1908) に含まれる．明らかに，算法としては (B) がより優れる．註 [60.6]，§83 を参照せよ．

[30.4]　織物の原理には，平織 (plain)，綾織 (twill)，繻子織 (satin) がある．Lucas (1867) は，繻子の構成を (30.10) を用いて考察している．織物の整数論である．繻子のあの光沢の背後には互除法がある．

[30.5]　連立 1 次合同方程式，つまり (9.1) を何らかの法に関する合同方程式に置き換えたものに関しては，(9.2) に還元の後に定理 17 を応用する．また，自由 Abel 群との関連については上記が拡張される．Smith (1859, art. 9)，Bachmann (1898, Zweiter Abschnitt, Viertes Capitel) を参照せよ．

§31.

次に，(30.2) を念頭に置き，$\mathbb{Z}/q\mathbb{Z}$ の代数的な構造について述べる．まず，$C_a + C_b = C_{a+b}, C_a \cdot C_b = C_{ab}$ と定義するならば，(29.1) によりこれらは類の代表元によらない演算である．とくに，C_0, C_1 はそれぞれが加法「+」，乗法「·」に関する単位元である．2 演算につき結合律と共に分配律も成立している．つまり，$\mathbb{Z}/q\mathbb{Z}$ は可換環である．以下，この解釈のもとに，$\mathbb{Z}/q\mathbb{Z}$ を剰余類環と呼び，その構造を下記の (31.1) に与える．右辺の記号 $\oplus$ は常例通り加群の直和であるが，環としての直和および同型の意味は証明中に与えられている．なお，乗法を考慮しない場合には $\mathbb{Z}/q\mathbb{Z}$ を剰余類加群とする．これは任意の既約剰余類 $\bmod q$ により生成される巡回加群である ((29.7) の上行)．

定理 18　素因数分解 $q = \prod_{j=1}^{J} p_j^{\alpha_j}$ のもとに，環としての直和 (積) 分解

$$\mathbb{Z}/q\mathbb{Z} \cong (\mathbb{Z}/p_1^{\alpha_1}\mathbb{Z}) \oplus (\mathbb{Z}/p_2^{\alpha_2}\mathbb{Z}) \oplus \cdots \oplus (\mathbb{Z}/p_J^{\alpha_J}\mathbb{Z}) \tag{31.1}$$

が成立する．

[証明]　まず，$q_j = q/p_j^{\alpha_j}$ とおくとき，$\langle q_1, q_2, \ldots, q_J \rangle = 1$ であるゆえ，互除法

(7.1) により適宜に m_j を採り,

$$\sum_{j=1}^{J} m_j q_j = 1. \tag{31.2}$$

直積集合としての (31.1) の右辺の座標 $\{a_1, a_2, \ldots, a_J\}$, $a_j \bmod p_j^{\alpha_j}$, に対し

$$a \equiv \sum_{j=1}^{J} a_j m_j q_j \bmod q \tag{31.3}$$

とするならば, (31.1) の右辺から左辺への写像が定まる. 実際, $a_j \equiv a_j' \bmod p_j^{\alpha_j}$, $1 \leq j \leq J$, であるとき, (29.3) により, 対応する a, a' は法 q につき合同である. 逆に, 与えられた $a \bmod q$ をもって $a_j \equiv a \bmod p_j^{\alpha_j}$ とするならば, (31.2) の両辺に a を乗じ (31.3) を得る. つまり, (31.3) は (31.1) の両辺間に 1 対 1 かつ上への対応を与える. また, (31.3) が a_j の 1 次結合であるゆえ, 上記で導入された類の加法はこの対応により座標ごとに保たれる. 一方, 乗法については, $b \equiv \sum_{j=1}^{J} b_j m_j q_j \bmod q$ とするとき,

$$ab \equiv \sum_{j=1}^{J} a_j b_j (m_j q_j)^2 \bmod q. \tag{31.4}$$

何故ならば, $j \neq j' \Rightarrow m_j q_j m_{j'} q_{j'} \equiv 0 \bmod q$. また, (31.2) より $m_j q_j \equiv 1 \bmod p_j^{\alpha_j}$ であるゆえ, $(m_j q_j)^2 - m_j q_j = m_j q_j (m_j q_j - 1) \equiv 0 \bmod q$. 従って,

$$ab \equiv \sum_{j=1}^{J} a_j b_j m_j q_j \bmod q. \tag{31.5}$$

写像 (31.3) は類の乗法を座標ごとに保つ. 残る多少の議論を省くが, 環としての演算を含め (31.1) が成立する. 証明を終わる.

あるいは, 互いに素な任意の q_1, q_2 のもとに同様に議論でき,

$$\mathbb{Z}/(q_1 q_2 \mathbb{Z}) \cong \mathbb{Z}/q_1 \mathbb{Z} \oplus \mathbb{Z}/q_2 \mathbb{Z}. \tag{31.6}$$

分解を繰り返し (31.1) を得る. なお, 註 [28.4] のもとに, (31.6) は,

$$u \bmod q_1 q_2 \Leftrightarrow \frac{u}{q_1 q_2} \equiv \frac{u_1}{q_1} + \frac{u_2}{q_2} \bmod 1, \quad u_1 \bmod q_1, u_2 \bmod q_2, \tag{31.7}$$

と同値. つまり, u_1, u_2 は法 q_1, q_2 それぞれの剰余系を渡るとするならば, 整数の差を無視する限り, これらは重なることなく分母 $q_1 q_2$ の分数全てを表す. 何故

ならば, $u_1q_2 + u_2q_1 \equiv u_1'q_2 + u_2'q_1 \mod q_1q_2$ は $(u_1 - u_1')q_2 + (u_2 - u_2')q_1$ が q_1q_2 で割り切れること, 従って (6.1) により $q_1|(u_1 - u_1'), q_2|(u_2 - u_2')$ と同値. 例えば, 条件 $0 \leq u_1 < q_2, 0 \leq u_2 < q_2$ を課すとき, $\{u_1, u_2\}$ は u から唯一組定まる.

従って, 等式 (31.1) を

$$\frac{v}{q} \equiv \frac{v_1}{p_1^{\alpha_1}} + \frac{v_2}{p_2^{\alpha_2}} + \cdots + \frac{v_J}{p_J^{\alpha_J}} \mod 1, \tag{31.8}$$
$$v \mod q, \ v_j \mod p_j^{\alpha_j}, \ 1 \leq j \leq J,$$

と表すこともできる. さらに, 註 [2.4] を参照し, 各 v_j に p_j-進展開

$$v_j \equiv r_{\alpha_j-1}^{(j)} p_j^{\alpha_j-1} + \cdots + r_1^{(j)} p_j + r_0^{(j)} \mod p_j^{\alpha_j} \tag{31.9}$$

を用いるならば, v/q の完全部分分数分解を得る.

[31.1] 上記における (31.2) の応用は Euler (1733b, §29) にある技法と同じであり, [DA, artt. 36, 309–311] に採録されている. しかし, はるか以前から周知. 天文計算や物品の配分計算が背景にある. もっとも, 実用上は次節の定理が有用.

[31.2] 法 $q = 355642261$ の場合. 素因数分解は, $q = 13 \cdot 17 \cdot 23 \cdot 31 \cdot 37 \cdot 61$ であり,

$\{q_1, q_2, q_3, q_4, q_5, q_6\} = \{27357097, 20920133, 15462707, 11472331, 9611953, 5830201\}$.

合同方程式 $q_1x \equiv 1 \mod 13$ は $q_1 \equiv 4 \cdot (-3) \cdot 5 \cdot (-2) \cdot (-4) \equiv 1$ より解 $x_1 \equiv 1$ を持つ. 同様に, $q_2x \equiv 1 \mod 17$ は $q_2 \equiv (-4) \cdot 6 \cdot (-3) \cdot 3 \cdot 10 \equiv 1$ より解 $x_2 \equiv 1$ を持つ; $q_3x \equiv 1 \mod 23$ は $q_3 \equiv (-10) \cdot (-6) \cdot 8 \cdot (-9) \cdot (-8) \equiv -9$ より $-9x \equiv 13$ と同値であり, 解 $x_3 \equiv 5$ を持つ; $q_4x \equiv 1 \mod 31$ は $q_4 \equiv 13 \cdot 17 \cdot (-8) \cdot 6 \cdot (-1) \equiv 6$ より $6x \equiv 1$ と同値であり, 解 $x_4 \equiv -5$ を持つ; $q_5x \equiv 1 \mod 37$ は $19x \equiv 1$ と同値であり, 解 $x_5 \equiv 2$ を持つ; $q_6x \equiv 1 \mod 61$ は $4x \equiv 1$ と同値であり, 解 $x_6 \equiv -15$ を持つ. 以上から, $a \equiv a_1 \mod 13$, $a \equiv a_2 \mod 17$, $a \equiv a_3 \mod 23$, $a \equiv a_4 \mod 31$, $a \equiv a_5 \mod 37$, $a \equiv a_6 \mod 61$ であるとき,

$$a \equiv 27357097a_1 + 20920133a_2 + 5 \cdot 15462707a_3 - 5 \cdot 11472331a_4$$
$$+ 2 \cdot 9611953a_5 - 15 \cdot 5830201a_6$$
$$\equiv 27357097a_1 + 20920133a_2 + 77313535a_3 - 57361655a_4$$
$$+ 19223906a_5 - 87453015a_6 \mod 355642261.$$

例えば, (31.8) の一例として,

$$\frac{123456789}{355642261} = \frac{1}{13} + \frac{1}{17} + \frac{9}{23} + \frac{21}{31} + \frac{35}{37} + \frac{12}{61} - 2.$$

[31.3] 上記の法を $q = u_1u_2u_3, \{u_1, u_2, u_3\} = \{629, 713, 793\}$, とみる場合に, 素因数分解

を用いぬ議論を示す．まず, $\langle 629, 713 \rangle = 1$, $\langle 629, 793 \rangle = 1$, $\langle 713, 793 \rangle = 1$ を確かめる必要があるが，これは互除法により容易である．とくに，

$$\langle 565409, 498797, 448477 \rangle = \langle 713 \cdot 793, 629 \cdot 793, 629 \cdot 713 \rangle = 1$$

よって，不定方程式

$$565409 y_1 + 498797 y_2 + 448477 y_3 = 1$$

は整数解を持つ．§9 を参照し，互除法により

$$(565409, 498797, 448477) \begin{pmatrix} -1258 & -558 & 1887 \\ 3565 & 1466 & -4991 \\ -2379 & -927 & 3172 \end{pmatrix} = (0, 1, 0).$$

つまり，$\{y_1, y_2, y_3\} = \{-558, 1466, -927\}$ と採る．従って，$a \equiv b_1 \bmod 629$, $a \equiv b_2 \bmod 713$, $a \equiv b_3 \bmod 793$ であるとき，

$$a \equiv -558 \cdot 565409 b_1 + 1466 \cdot 498797 b_2 - 927 \cdot 448477 b_3$$
$$\equiv 40144039 b_1 + 19951880 b_2 - 60095918 b_3 \quad \bmod 355642261.$$

[31.4] 念のための注意．加群 $\mathbb{Z}/q\mathbb{Z}$ の非自明な部分群は何れかの $d|q$ をもって $\mathbb{Z}/d\mathbb{Z}$ に同型．部分群 $H \neq \{0 \bmod q\}$ につき, $s = \min\{0 < r < q : r \bmod q \in H\}$ とするならば，剰余定理 (2.1) と註 [1.3] の組み合わせにより，$n \bmod q \in H \Leftrightarrow s|n$. つまり，$s|q$ であり，$H = \{sm \bmod q\}$. 対応, $sm \bmod q \mapsto m \bmod q/s$ をもって, $H \cong \{m \bmod q/s\}$. これは $(29.4)_{k=s}$ に他ならない．

[31.5] 有限生成 Abel 群 (加群) A の構造．生成元を $\{\alpha_1, \alpha_2, \ldots, \alpha_k\}$ とし，準同型写像

$$\omega : \quad \mathbb{Z}^k \text{ (直和)} \mapsto A,$$
$$\omega(\mathbf{x}) = \sum_{j=1}^{k} x_j \alpha_j, \quad \mathbf{x} = {}^t\!\{x_1, x_2, \cdots, x_k\},$$

を採る．もちろん，$A \cong \mathbb{Z}^k/\ker\omega$. 註 [9.5] を参照し，直ちに

$$A = A_\mathrm{T} \oplus A_\mathrm{F}, \quad A_\mathrm{T} \cong (\mathbb{Z}/g_1\mathbb{Z}) \oplus (\mathbb{Z}/g_2\mathbb{Z}) \oplus \cdots \oplus (\mathbb{Z}/g_l\mathbb{Z}), \quad A_\mathrm{F} \cong \mathbb{Z}^r.$$

ただし, $1 < g_j | g_{j+1}$, $r \geq 0$. これら整数は一意的である．実際，他に分解 $A = A'_\mathrm{T} \oplus A'_\mathrm{F}$ を得たとするならば，容易に $A_\mathrm{T} \subseteq A'_\mathrm{T}$, $A'_\mathrm{T} \subseteq A_\mathrm{T} \Rightarrow A_\mathrm{T} = A'_\mathrm{T}$. よって, $A_\mathrm{F} \cong A/A_\mathrm{T} \cong A'_\mathrm{F}$. そこで, A_T の基底（次項）の変換につき定理 5 を適用し，一意性の確認を得る．列 $\{g_j\}$ を A の不変因子, A_T を *torsion* 部分群と云う．注意: $g_j = 1$ なる部分は実際には A_T の分解には関係しない．それゆえ, $g_j > 1$ としてある．

[31.6] 有限 Abel 群 A の場合には，上記の $\{g_j\}$ をもって '不変因子' 基底 $\{\mathbf{a}_1, \mathbf{a}_2, \ldots, \mathbf{a}_l\}$ が存在し，任意の $\mathbf{a} \in A$ は

加法群: $\mathbf{a} = t_1 \mathbf{a}_1 + t_2 \mathbf{a}_2 + \cdots t_l \mathbf{a}_l, \quad t_j \bmod g_j, \; g_j \mathbf{a}_j = 0,$

乗法群: $\mathbf{a} = \mathbf{a}_1^{t_1} \mathbf{a}_2^{t_2} \cdots \mathbf{a}_l^{t_l}, \quad t_j \bmod g_j, \; \mathbf{a}_j^{g_j} = 1,$

なる一意的な表現を持つ (構造定理). 一方, 各 $\mathbb{Z}/g_j\mathbb{Z}$ に定理 18 を適用し, 同型

$$A \cong \mathbb{Z}/p^\nu\mathbb{Z} \text{ の直和}$$

を得る. 各素数ベキを, 重複を含め, A の単因子 *elementary divisors* と呼ぶ. これらは不変因子から定まるゆえ, 一意的. とくに, p^ν 型単因子の個数は

$$A \text{ の } p\text{-rank}: \quad r_p = |\{j : g_j \equiv 0 \bmod p\}|.$$

乗法群の場合には,

$$p^{r_p} = |A_p| = |A/A^p|, \; A^p = \{\mathbf{a}^p : \mathbf{a} \in A\}, \; A_p = \{\mathbf{a} \in A : \mathbf{a}^p = 1\}.$$

何故ならば, $A/A_p \cong A^p$ かつ $A/A^p \cong A_p$.

[31.7] ところで, 用語の混乱が類書に見られる. つまり, $\{g_j\}$ を '単因子' と称することがある. Smith (1861b) 自身は名称を与えておらず, $\{g_j\}$ を *Elementartheilern* と名付けたのは Frobenius (1879, p.148) である. Bachmann (1898, Zweiter Abschnitt, Zweites Capitel) も見よ. しかし, かくするならば上記の $\{p^\nu\}$ は名称を欠くこととなり不都合. 例えば, Gantmacher (1959, Chapter VI) は, 一般的な多項式環上の行列につき invariant factors, elementary divisors を採用. 本講義の採るところでもある.

§32.

複数の法を含む連立 1 次合同方程式

$$c_j x \equiv s_j \bmod q_j, \quad 1 \leq j \leq J, \tag{32.1}$$

を議論する際には, まずそれぞれの法について定理 17 を応用し, その後に次を用いるがよい.

定理 19

$$\begin{aligned} &x \equiv a_j \bmod q_j, \, j \leq J, \text{ が解を持つ} \\ &\Leftrightarrow a_j \equiv a_k \bmod \langle q_j, q_k \rangle, \, j, k \leq J. \end{aligned} \tag{32.2}$$

このとき, 解は法 $[q_1, q_2, \ldots, q_J]$ について唯一.

[証明] 必要性は, $x = a_j + q_j y_j = a_k + q_k y_k$ とおくならば, §8 より従う. 充分であることについては, J に関する帰納法を用いる. つまり, $c \equiv a_j \bmod q_j,$

$j \leq J$, なる解 $c \bmod [q_1, q_2, \ldots, q_J]$ を得たものとする. このとき,

$$c \equiv a_{J+1} \bmod \langle [q_1, q_2, \ldots, q_J], q_{J+1} \rangle \tag{32.3}$$

であるならば, J を $J+1$ に置き換えの上に解は存在する. 註 [13.4] により, この法は

$$[\langle q_1, q_{J+1} \rangle, \langle q_2, q_{J+1} \rangle, \ldots, \langle q_J, q_{J+1} \rangle] \tag{32.4}$$

に等しい. しかるに, 仮定により $c \equiv a_j \equiv a_{J+1} \bmod \langle q_j, q_{J+1} \rangle$. つまり (29.3) により (32.3) を得る. 解は法 $[[q_1, q_2, \ldots, q_J], q_{J+1}]$ をもって定まり, (13.2) を経由し定理の後段を得る. もちろん (29.3) を用いるもよい. 証明を終わる.

[32.1] 定理は素因数分解とは独立. 互助法のみによる算法の基礎を与える. 一方, [DA, artt. 33–35] にては, 複数の法を含む合同方程式系を扱う一つの方策として, 各法を素因数分解し, 同一の素数のさまざまなベキの法について冗長な合同方程式を取り去り, 相異なる素数ベキの法からなる系に還元する. 素数のベキを法とする場合, 相反する合同関係を見出すことは比較的に容易であり, その場合には元の系には解は存在しない. しかしながら, 元の法の何れもが巨大である場合には, それらの素因数分解そのものが困難となりうる. つまり, 理論上も実用上も互除法の応用が一般的に優位.

[32.2] 本定理 ($J = 2$) における $[q_1, q_2]$ の役割は古典期インド数学にて認識されていた (ca 860: Datta–Singh (1938, pp.132–133)).

[32.3] 連立合同方程式

$$\begin{cases} 26x \equiv 65 \bmod 3887 & (1) \\ 18x \equiv 321 \bmod 4301 & (2) \end{cases}$$

を解く. 先ず, (1) について, $\langle 26, 3887 \rangle = \langle 26, 13 \rangle = 13$ であり $13|65$. 定理 17 の方針に従い, 両辺を 13 で割り, $2x \equiv 5 \bmod 299$ を扱う. $\bar{2} = 150$ は容易に知れるゆえ, $x \equiv 150 \cdot 5 \equiv 152$. 一方, (2) については, 互除法により, $18 \cdot 239 - 4301 = 1$. つまり, (2) の両辺に 239 を乗じ, $x \equiv 321 \cdot 239 \equiv 3602 \bmod 4301$. 従って, 元の連立合同方程式は

$$x \equiv 152 \bmod 299, \quad x \equiv 3602 \bmod 4301$$

と同値. そこで, $\langle 299, 4301 \rangle = \langle 299, 115 \rangle = \langle 69, 115 \rangle = 23$ に注意し, 定理にもとづき $23|(152 - 3602)$ を確認. $x = 152 + 299 y_1 = 3602 + 4301 y_2$ とし, $13 y_1 - 187 y_2 = 150$. 互除法により $13 \cdot 72 - 187 \cdot 5 = 1$. 両辺に 150 を乗じ, $y_1 \equiv 72 \cdot 150 \equiv 141 \bmod 187$. 従って,

$$x \equiv 152 + 299 \cdot 141 \equiv 42311 \bmod 55913; \quad 55913 = 299 \cdot 187 = [299, 4301].$$

確かめであるが, 任意の $u \in \mathbb{Z}$ をもって

$$26 \cdot (42311 + 55913u) = 65 + 3887 \cdot (283 + 374u),$$
$$18 \cdot (42311 + 55913u) = 321 + 4301 \cdot (177 + 234u).$$

§33.

さらに, $(\mathbb{Z}/q\mathbb{Z})^*$ の構造について述べる. まず, $\langle a, q \rangle = 1, \langle b, q \rangle = 1$ ならば (6.2) の (3) により $\langle ab, q \rangle = 1$ であり, 集合 $(\mathbb{Z}/q\mathbb{Z})^*$ は §31 にて定義された類の乗法につき閉じている. この場合, (30.1) のもとに, $C_a \cdot C_{\bar{a}} = C_a \cdot C_{a^{-1}} = C_1$ であるゆえ, 各元の逆元も存在する. よって, $(\mathbb{Z}/q\mathbb{Z})^*$ は乗法的 Abel 群である. この観点からは, (29.9) は有限群一般に関する事実の最も基本的な例である. つまり, 位数 k の群の元を k 乗するならば単位元となる. もっとも, 言うまでも無く, 歴史的には (29.9) が遥かに先行. 以下では, $(\mathbb{Z}/q\mathbb{Z})^*$ を法 q に関する既約剰余類群と呼ぶこととする.

定理 20 素因数分解 $q = \prod_{j=1}^J p_j^{\alpha_j}$ のもとに, 乗法群としての直積分解

$$(\mathbb{Z}/q\mathbb{Z})^* \cong (\mathbb{Z}/p_1^{\alpha_1}\mathbb{Z})^* \times (\mathbb{Z}/p_2^{\alpha_2}\mathbb{Z})^* \times \cdots \times (\mathbb{Z}/p_J^{\alpha_J}\mathbb{Z})^* \tag{33.1}$$

が成立する.

[証明] 写像 (31.3) が既約性を保つことを示せば済む. 右辺にて, $p_j \nmid a_j$, $1 \leq j \leq J$, ならば, $\langle a, q \rangle = 1$. 実際, $p_{j_0}|\langle a, q \rangle$ は $p_{j_0}|a_{j_0}m_{j_0}q_{j_0}$ を意味し, $p_{j_0} \nmid m_{j_0}q_{j_0}$ により, $p_{j_0}|a_{j_0}$. 一方, 左辺にて $\langle a, q \rangle = 1$ であるならば, $1 = \langle a, p_j^{\alpha_j} \rangle = \langle a_j, p_j^{\alpha_j} \rangle$, $1 \leq j \leq J$. 証明を終わる.

とくに, (29.6) と (33.1) から $\varphi(q) = \prod_p \varphi(p^{q(p)})$. つまり, Euler 函数 φ は乗法的であり, $\varphi(p^\alpha) = p^\alpha - p^{\alpha-1}$ に注意し, (19.3) を再び得る. なお, (31.6) に対応し, 互いに素な任意の q_1, q_2 につき,

$$(\mathbb{Z}/q_1 q_2 \mathbb{Z})^* \cong (\mathbb{Z}/q_1\mathbb{Z})^* \times (\mathbb{Z}/q_2\mathbb{Z})^*. \tag{33.2}$$

これは, 等式 (31.7) の制限

$$\langle u, q_1 q_2 \rangle = 1 \Leftrightarrow \frac{u}{q_1 q_2} \equiv \frac{u_1}{q_2} + \frac{u_2}{q_2} \mod 1, \ \langle u_1, q_1 \rangle = 1, \ \langle u_2, q_2 \rangle = 1, \tag{33.3}$$

と同値である. 何故ならば,

$$\langle q_1, q_2\rangle = 1 \;\Rightarrow\; \langle u_1 q_2 + u_2 q_1, q_1 q_2\rangle = \langle u_1, q_1\rangle \langle u_2, q_2\rangle. \tag{33.4}$$

[33.1] 構造 (33.1) の認識は,少なくとも Euler (1758a, Theorema 5) の証明に遡る.

[33.2] とくに,$\mathbb{Z}/p\mathbb{Z} = (\mathbb{Z}/p\mathbb{Z})^* \sqcup \{0 \bmod p\}$ は体である.即ち,$\mathbb{Z}/p\mathbb{Z}$ は環であり,その零元 $0 \bmod p$ 以外の元全ては乗法群 $(\mathbb{Z}/p\mathbb{Z})^*$ をなしている.これを,多く $\mathbb{F}_p$ と記す(後述の §70 を見よ).なお,群 $(\mathbb{Z}/p^\alpha \mathbb{Z})^*$ の構造は §43 に至り明らかとなる.

[33.3] $1234567^{1234567}$ の下 3 桁は 223.これは,$\varphi(10^3) = 400$ であるゆえ,定理 16 により $567^{167} \equiv 223 \bmod 10^3$ を確かめることと同じである.まず,$567^{167} \equiv (-1)^{167} \equiv -1 \bmod 2^3$ に注意し.かつ $\varphi(5^3) = 100$ を考慮し $567^{167} \equiv 67^{67} \bmod 5^3$.この高ベキ乗合同式を扱わねばならない.手法としては,註 [2.4] に示唆した 2 進展開 $67 = 1 + 2 + 2^6$ を用いる一般的な計算法もあるがそれの活用例は後に残し,ここでは個別的な扱いを行う.2 項展開により,$67^{67} = (2+13\cdot 5)^{67} \equiv 2^{67} + 67 \cdot 13 \cdot 5 \cdot 2^{66} + 33 \cdot 67 \cdot (13 \cdot 5)^2 \cdot 2^{65} \bmod 5^3$. かつ,$67 \cdot 13 \equiv 17 \cdot 13 \equiv -4 \bmod 5^2$ および $33 \cdot 67 \cdot 13^2 \equiv -1 \bmod 5$. よって,$67^{67} \equiv 2^{67} - 4 \cdot 5 \cdot 2^{66} - 5^2 \cdot 2^{65} \bmod 5^3$. 次に,$2^7 \equiv 3 \bmod 5^3$ に注意し,$2^{67} \equiv 3^9 \cdot 2^4 \equiv 53 \bmod 5^3$. また,定理 16 を法 5^2 と 5 について用い,$2^{68} \equiv 2^8 \equiv 6 \bmod 5^2$, $2^{65} \equiv 2 \bmod 5$. つまり,$67^{67} \equiv 53 - 5 \cdot 6 - 5^2 \cdot 2 \equiv -27 \bmod 5^3$. かくして,連立合同方程式 $x \equiv -1 \bmod 2^3$, $x \equiv -27 \bmod 5^3$ に導かれる.互除法により,$2^3 \cdot 47 - 5^3 \cdot 3 = 1$. 従って,$x \equiv -2^3 \cdot 47 \cdot 27 + 5^3 \cdot 3 = -9777 \equiv 223 \bmod 2^3 5^3$.

[33.4] 既約剰余系の構造について加筆する.

$$d \mid q \;\Rightarrow\; \text{既約剰余系} \bmod q = \bigsqcup \{\text{既約剰余系} \bmod d\}.$$

つまり,法 q の既約剰余系を任意に採り,q の任意の約数である d を法として観るならばそれは $\varphi(q)/\varphi(d)$ 個の既約剰余系に分解する.証明は,次項に示す通り,群論を少々用いるならばごく容易である.しかし,より直接的な手法を試みる.まず,任意に l, $\langle d, l\rangle = 1$, を採るとき,既約剰余類 $\bmod q$ の中にて法 d をもって l に合同となるものの個数は

$$\sum_{u \bmod q/d} \sum_{\langle l+du, q\rangle=1} 1 = \sum_{u \bmod q/d} \sum_{\langle l+du, q_1\rangle = 1} 1, \quad q_1 = q/\langle q, d^\infty\rangle.$$

何故ならば,$\langle l+du, q\rangle = \langle l+du, \langle q, d^\infty\rangle\rangle \langle l+du, q_1\rangle = \langle l+du, q_1\rangle$. それゆえ,(19.2) を応用し,

$$\sum_{u \bmod q/d} \sum_{\substack{s \mid q_1 \\ s \mid (l+du)}} \mu(s) = \sum_{s \mid q_1} \mu(s) \sum_{\substack{u \bmod q/d \\ l+du \equiv 0 \bmod s}} 1$$
$$= \frac{q}{d} \sum_{s \mid q_1} \mu(s)/s = \frac{q}{d} \prod_{\substack{p \mid q \\ p \nmid d}} (1 - 1/p) = \varphi(q)/\varphi(d).$$

証明を終わる.数値例として $q = 45$ の場合,既約剰余系

$$\{1, 2, 4, 7, 8, 11, 13, 14, 16, 17, 19, 22, 23, 26, 28, 29, 31, 32, 34, 37, 38, 41, 43, 44\}$$

は, 法 9 では $\varphi(45)/\varphi(9) = 4$ 個の既約剰余系

$$S_1 = \{1,2,4,7,8,14\}, \quad S_2 = \{11,13,16,17,19,23\},$$
$$S_3 = \{22,26,28,29,32,34\}, \quad S_4 = \{31,37,38,41,43,44\}$$

に分割される. この場合, mod 9 をもって 1 と合同となる剰余類 mod 45 の集合 $T = \{1,19,28,37\}$ mod 45 は巡回部分群 $\{1,28^2,28,28^3\}$ mod 45 である. かつ,

$$(\mathbb{Z}/45\mathbb{Z})^* = S_j \cdot T, \quad j = 1,2,3,4.$$

各 S_j は T の商群と同型であるゆえ, その各元の 6 乗は T に含まれる. 例えば, $\{1^6, 2^6, 4^6, 7^6, 8^6, 14^6\} \equiv \{1,19,1,19,19,1\}$ mod 45 は T の部分群 $\{1,19\}$ mod 45. ここから, 剰余類 2 mod 45 が位数 12 と知れる. つまり, $\{1,2,2^2,\ldots,2^{11}\}$ mod 45 は位数 12 の巡回部分群である. しかし, 群 $(\mathbb{Z}/45\mathbb{Z})^*$ そのものは巡回群ではなく, 2 剰余類 2, 7 mod 45 によって生成される. 後述の定理 25 に関連する事実である.

[33.5] 前項の別証明であるが, 写像

$$(\mathbb{Z}/q\mathbb{Z})^* \mapsto (\mathbb{Z}/d\mathbb{Z})^* : \quad k \bmod q \mapsto k \bmod d$$

を考察する. これは, $d|q$ であるゆえ, 準同型である. 一方, 註 [30.2] により上への写像でもある. 残るは, 準同型定理の応用. 前項の場合には写像の核は部分群 T. ちなみに, 同型 (31.1) と (33.1) とは外面的には類似するものの, 後者の構造は前者のそれ (註 [31.4]) よりも, 一般には遥かに入り組んだものである. §48 を見よ.

[33.6] Ankeny (1952), Bach (1990, p.373). 拡張された Riemann 予想 (ERH: 後述の註 [55.5]) の下に, 群 $(\mathbb{Z}/q\mathbb{Z})^*$ の任意の真部分群の外部にある '最小' 既約剰余類 c mod q につき, $c \leq 3(\log q)^2$. つまり, $(\mathbb{Z}/q\mathbb{Z})^*$ は既約剰余類の集合 $\{a \bmod q\}, 0 < a \leq 3(\log q)^2$, をもって生成される. 大予想の下ではあるが, 既約剰余類群は極めて小規模な生成元集合を持つと知れる. この定理は今後扱う幾つかの重要な課題と関連する.

[33.7] Ramanujan 和 $c_q(n)$ の乗法性を註 [19.4] にて示したが, 別証明を与える. 条件 $\langle q_1, q_2 \rangle = 1$ のもとに, (33.3) から,

$$c_{q_1 q_2}(n) = \sum_{\substack{h=1 \\ \langle h, q_1 q_2 \rangle = 1}}^{q_1 q_2} \exp(2\pi i n h / q_1 q_2)$$
$$= \sum_{\substack{h_1 = 1 \\ \langle h_1, q_1 \rangle = 1}}^{q_1} \sum_{\substack{h_2 = 1 \\ \langle h_2, q_2 \rangle = 1}}^{q_2} \exp\left(2\pi i n (h_1/q_1 + h_2/q_2)\right) = c_{q_1}(n) c_{q_2}(n).$$

[33.8] Kloosterman 和 (1926, pp.420–421).

$$S(a,b;q) = \sum_{\substack{h=1 \\ \langle h,q \rangle = 1}}^{q} \exp\left(2\pi i (ah + b\overline{h})/q\right), \quad h\overline{h} \equiv 1 \bmod q.$$

条件 $\langle q_1, q_2 \rangle = 1$ のもとに,
$$S(a, b; q_1 q_2) = S(a\bar{q}_2, b\bar{q}_2; q_1) S(a\bar{q}_1, b\bar{q}_1; q_2),$$
$$q_2 \bar{q}_2 \equiv 1 \bmod q_1, \ q_1 \bar{q}_1 \equiv 1 \bmod q_2.$$
これは,
$$(h_1 q_2 \bar{q}_2 + h_2 q_1 \bar{q}_1)(\bar{h}_1 q_2 \bar{q}_2 + \bar{h}_2 q_1 \bar{q}_1) \equiv 1 \bmod q_1 q_2,$$
$$h_1 \bar{h}_1 \equiv 1 \bmod q_1, \ h_2 \bar{h}_2 \equiv 1 \bmod q_2,$$
より従う. Kloosterman 和の解析的理論は極めて重要である. 例えば, YM (1997), YM (2011, 第 4 章) を見よ. 註 [70.12] と関連する.

§34.

今後, 整数係数の多項式 $f(x) = \sum_{k=0}^{K} a_k x^k$ をもって, 未知剰余 $x \bmod q$ を含む合同式
$$f(x) \equiv 0 \bmod q \tag{34.1}$$
を合同方程式と称する. このとき, $f \bmod q$ の次数とは $\max\{k : a_k \not\equiv 0 \bmod q\}$ を指す. とくに, 次数 0 とは $a_k \equiv 0$, $k \neq 0$, かつ $a_0 \not\equiv 0 \bmod q$ を意味する. また, $a_k \equiv 0 \bmod q$, $0 \leq k \leq K$, である場合には, $f \bmod q$ の次数は便宜上 $-\infty$ とする.

全ての整数 x について $f(x) \equiv 0 \bmod q$ となる場合, 多項式 f は法 q に関し恒等的に 0 と合同である, と言う. 註 [28.3] の理解のもとに, 一定の法に関し

$$\begin{array}{l} \text{多項式として 0 と合同} \ \Rightarrow \ \text{恒等的に 0 と合同}. \\ \text{しかし, 逆は必ずしも成立しない}. \end{array} \tag{34.2}$$

例えば, (29.12) から, $x^p - x$ は法 p に関し恒等的に 0 と合同ではあるが, 多項式としては 0 と合同ではない.

ここで,
$$\text{法 } q \text{ の素因数分解 } \prod_{j=1}^{J} p_j^{\alpha_j}, \ \alpha_j > 0, \text{ を仮定する}. \tag{34.3}$$
実は, (34.1) を考察するに際し, 整数論の現状では, 次数が 2 以上であるならば一般的にはまずはこの基本的前提を置かざるをを得ない. 2 次以上の合同方程式は, 1 次の場合とは根本的に異なる. 後者は, 極めて実効性の高い算法である互除法のみをもって解決可能. 2 次以上の場合には (34.3) 無くしては実効的算法を欠くの

である. 理由を §48 の冒頭に置く.

そこで, 合同方程式
$$f(x) \equiv 0 \bmod p_j^{\alpha_j}, \quad 1 \leq j \leq J, \tag{34.4}$$
の相異なる解 $\{u_j \bmod p_j^{\alpha_j}\}$ を各 j ごとに定め得たものとする. 定理 18 の証明における記号を流用し,
$$u \equiv \sum_{j=1}^{J} u_j m_j q_j \bmod q \tag{34.5}$$
とするならば (34.1) を充たす解が得られ, また, これらにて (34.1) の相異なる解 $\bmod q$ は尽くされる. 実際, (34.5) を f に挿入し, $f(u) \equiv f(u_j) \equiv 0 \bmod p_j^{\alpha_j}$, $1 \leq j \leq J$. よって (29.3) に注意し (34.1) を得る. 逆に, (34.1) の解 $v \bmod q$ が特定された場合, (34.5) にて $u_j = v, 1 \leq j \leq J$, とするがよい. 合同方程式 (34.1) を解くことは, (34.4) を各 j につき解くことと同値である. ゆえに,

$\varkappa_f(q)$: 合同方程式 (34.1) を充たす相異なる剰余類 $\bmod q$ の個数 (34.6)

と定義するならば, $\varkappa_f$ は乗法的函数である.

定理 21 仮定 (34.3) のもとに,
$$\varkappa_f(q) = \prod_{j=1}^{J} \varkappa_f(p_j^{\alpha_j}), \quad \varkappa_f(1) = 1. \tag{34.7}$$

やや唐突ながら, 今後の大まかな方針を

$$\text{定理 16 (Fermat–Euler) の定める文脈内に止まる} \tag{34.8}$$

とする. つまりは, $\mathbb{Z}$ 内の乗法的構造を専ら議論の対象とする. 象徴的には, 与えられた $\ell, q \in \mathbb{N}, a \in \mathbb{Z}$ につきベキ乗合同方程式
$$x^\ell \equiv a \bmod q \tag{34.9}$$
の考察となる. 多項式一般は, この課題と関係する範囲内にて扱われる.

まずは, そもそも (34.9) に解があるのか否かを判定せねばならない. 幸いなことに素数ベキを法とするときには, Euler (1747) に基づく簡明な判定法 (定理 26) がある. よって, 事の順序としてこの定理に向け議論を展開する. その過程上にて

得られるものは意義大. 実際, 巻末に至るまで諸々の基盤となる. 取り分け, 合同方程式論のみならず整数論全ての最初にして最大の関門である素因数分解の実行につき, 多項式時間算法への手がかり (§§48–50) をも獲得することとなる. この成果を一例とし, 以下 §69 までの議論にて, 実効的算法とは何を指すかの示唆をも含め, 課題 (34.9) を常に念頭に置き解説を進めて行く. それらを踏まえ, §70 にて $(34.1)_{q=p}$ につき導入的な議論を行う. かくして, §71 にて代数的整数論への登攀点に達する.

[34.1]　定義 (34.6) には '相異なる' 剰余類, と制約がある. 言い換えるならば, 各剰余類 mod q を順次に採り, (34.1) を充たすか否か試すこと, である (それをば算法とは称し得まい). 次節の定理の証明および続く注意に関係する. また, §41 にても要点となる.

[34.2]　Gauss [DA, art. 61] には, [DA] の続刊予定部分 'Sectio VIII' において $(34.9)_{q=p}$ の徹底的な議論を行う, との抱負が表明されている. これの下書きの一部とされるものが, Gauss (1863a) である. しかし, 未完 (§71 [e]).

[34.3]　複素数体におけるベキ開については, §66 以降にて整数論的観点を加え議論に入る. 即ち, 円分方程式 (1 のベキ根) の扱いである. それは正に Gauss 整数論の *wonderland*. 彼は $(34.9)_{a=1}$ と円分方程式の類似に心を奪われたのである.

[34.4]　課題 (34.9) の実効的算法の獲得は難問. その様な状況の中, $(34.9)_{q=p}$ に関する Tonelli の方法 (§47, §65), Cipolla の方法 (註 [70.5]–[70.10]) は確率的とは言え貴重. さらに, Schoof (1985) により決定論的な算法 ($\ell = 2$) が案出されてもいる. 註 [70.9] にて触れる.

§35.

合同方程式 (34.1) に関する最も基礎的な発見は Lagrange による. 素数を法に採ることは, ごく望ましい代数的な制約をもたらす.

定理 22　多項式 $f(x) = \sum_{k=0}^{K} a_k x^k \in \mathbb{Z}[x]$ につき,

$$p \nmid a_K \Rightarrow \varkappa_f(p) \leq K. \tag{35.1}$$

従って, $\varkappa_f(p) > K$ ならば, $a_k \equiv 0 \bmod p$, $0 \leq k \leq K$. 即ち, 多項式として $f(x) \equiv 0 \bmod p$.

[証明]　前段のみを示せば足りるが, 次数 K に関する帰納法を用いる. 1 次の場合, つまり $a_1 x + a_0 \equiv 0 \bmod p$ は定理 17 により唯一の解 $-\overline{a}_1 a_0 \bmod p$ を持

つ. 一般の場合に一つの解 $u \bmod p$ を得たとするならば, 多項式に関する剰余定理により, $f(x) = (x-u)g(x) + f(u) \equiv (x-u)g(x) \bmod p$. 多項式としての合同である. ここに g は最高次の係数が a_K である $K-1$ 次の整数係数多項式. つまり, (11.2) により $f(v) \equiv 0 \bmod p$, $v \not\equiv u \bmod p \Rightarrow g(v) \equiv 0 \bmod p$. しかるに, このような相異なる $v \bmod p$ の個数は帰納法の仮定により $K-1$ 以下. 証明を終わる.

証明の方針を繰り返すならば, $u_j \not\equiv u_k \bmod p$, $j \neq k$, をもって

$$f(x) \equiv (x-u_1)(x-u_2)\cdots(x-u_\kappa)h(x) \bmod p, \quad \kappa = \varkappa_f(p), \qquad (35.2)$$

と分解され, $h(x) \equiv 0 \bmod p$ は解を全く持たないか, あるいは集合 $\{u_j \bmod p\}$ 内の何れかに一致する解のみを持つこととなる. 後者の場合には $f(x) \equiv 0 \bmod p$ は重根を持つが詳細は省く. 状況は, 有理数体 $\mathbb{Q}$ 上の代数方程式 $f(x) = 0$ を考察する場合に類似. つまり, 以上は $\mathbb{Z}/p\mathbb{Z}$ が体であることに起因する事象である. なお, 次数が p 以上の場合, 多項式の剰余定理により, $f(x) = (x^p - x)q(x) + r(x)$, $\deg r < p$ とし, 合同方程式 $r(x) \equiv 0 \bmod p$ を考察すべきである. とくに, $f(x)$ が法 p をもって恒等的に 0 と合同であるならば, 定理により $r(x)$ は多項式として $\equiv 0 \bmod p$. 即ち, 多項式として $f(x) \equiv (x^p - x)q(x) \bmod p$.

[35.1] Lagrange (1770b, pp.667–669: Corollaire V) の証明は, $K = 3$ の場合についてのみであるが, 彼自身も言う通り論旨は一般的である (Euclid の嗜み (註 [10.9])). それは, 本質的には Euler (1755, Theorema 19) の証明にある階差の反復適用と同じ (後述の註 [45.2] を見よ). この外見上ごく単純な定理を整数論の根底をなす事実の一つと捉えることは Legendre (1785, pp.466–467) に始まる (註 [41.1] に続く). なお, 上記は有限体論に含まれる. あるいはむしろ, Lagrange の発見こそが有限体論を導いた, と言うべき. 詳細は後述の §70.

[35.2] 多項式 $f(x) = x^3 - x + 7$ について, $\varkappa_f(43) = 0$. 一方, $\varkappa_f(53) = 3$. 実際, $27, 30, 49 \bmod 53$ が解である. ちなみに, $(x-27)(x-30)(x-49) = x^3 - 106x^2 + 3603x - 39690$ であり, $106 \equiv 0$, $3603 \equiv -1$, $39690 \equiv -7 \bmod 53$. 合成数を法とする場合には, 定理 21 から推し量り得るが, 解の個数は次数を超える可能性がある. Lagrange (*ibid.*) も注意しているところである. 例えば, $f(x) \equiv 0 \bmod 53 \cdot 71$ は 9 個の解を持ちそれらは $560, 610, 844, 1249, 1533, 1670, 2309, 2593, 3684 \bmod 3763$. このうちの最後のものについては, $f(3684) = 49998713827 = 53 \cdot 71 \cdot 1109 \cdot 11981$.

[35.3] Hensel *lifting* (1901). 合同方程式 $f(x) \equiv 0 \bmod p^2$ の解 $a \bmod p^2$ を $a_0 + a_1 p$ と書くならば, もちろん $f(a_0) \equiv 0 \bmod p$. また, Taylor 展開により, $f(a_0 + a_1 p) \equiv$

$f(a_0) + f'(a_0)a_1 p \bmod p^2$. つまり, $f'(a_0)a_1 \equiv -f(a_0)/p \bmod p$. よって, 条件 $f'(a_0) \not\equiv 0 \bmod p$ (重根にあらず) のもとに, a_1 は a_0 から定まる. 同様の議論を繰り返し, $f(x) \equiv 0 \bmod p$ の解を $f(x) \equiv 0 \bmod p^\ell$, $\ell = 2, 3, \ldots$, の解に次々と持ち上げることができる. よって, $f(x) \equiv 0 \bmod p$ の全ての解が単根ならば, $\varkappa_f(p^\ell) = \varkappa_f(p)$, $\forall \ell \geq 1$. 前項の場合, 30 mod 53 については, $f(30)/53 = 509 \equiv 32$, $f'(30) \equiv 49$. 従って, $49a_1 \equiv -32$ を互除法を用いて解き, $a_1 \equiv 8$. つまり, $30 + 8 \cdot 53 = 454$ が法 53^2 のもとでの解である. 実際, $f(454) = 33313 \cdot 53^2$. なお, 27 mod 53 の法 53^2 への持ち上げは 27. 何故ならば, $f(27) = 19663 = 7 \cdot 53^2$ かつ $f'(27) = 2186 \equiv 13 \bmod 53$. 一方, 49 mod 53 の法 53^2 への持ち上げは, 2328. よって, $\varkappa_f(53^\ell) = 3$, $\forall \ell \geq 1$. ちなみに, 解 27 mod 53 の法 53^4 への持ち上げは, $27 + 28 \cdot 53^2 + 9 \cdot 53^3 = 1418572$. Lagrange (1769, pp.500–501), Legendre (1798, pp.419–420) にこの論法の原型がある. 註 [47.5], 註 [70.8] を参照せよ. Gauss [DA, art. 101] も見よ. しかし, *lifting* に Hensel の名を冠することが通例. 彼による p-進体理論の創成を記念. それは, $f(\alpha) \equiv 0 \bmod p^\infty$, $\alpha = \sum_{\nu=0}^\infty a_\nu p^\nu$ なる至極自然な夢想の正当化法である.

§36.

定理 22 の一応用を与える. 合同方程式

$$x^{p-1} - 1 - \prod_{j=1}^{p-1}(x-j) \equiv 0 \bmod p \tag{36.1}$$

は (29.10) により解 $1, 2, \ldots, p-1 \bmod p$ を持つ. 相異なる解 $\bmod p$ の個数は左辺の多項式の次数より大である. よって, 定理 22 の後段から係数は全て p で割り切れ, 定数項から,

$$(p-1)! \equiv -1 \bmod p. \tag{36.2}$$

これを Wilson の定理と呼ぶ.

別証明を与えておく. もちろん $p \geq 5$ と仮定できるが, 各 $1 \leq r \leq p-1$ に対して, $rr' \equiv 1 \bmod p$ となる $1 \leq r' \leq p-1$ を定める. このとき,

$$(p-1)! = \prod_{r \neq r'} r \prod_{r = r'} r \equiv \prod_{r^2 \equiv 1 \bmod p} r \bmod p. \tag{36.3}$$

何故ならば, $r \neq r'$ なる部分において, 各 r について r' が別の因子として現れそれら各組の積は 1 に合同である. また, $r^2 \equiv 1 \bmod p$ となる場合は $p|(r-1)(r+1)$ より $r = 1, p-1$ のみである. よって, $(p-1)! \equiv 1 \cdot (p-1) \equiv -1 \bmod p$. なお, 拡張を後に註 [44.2], [46.6] にて与える.

[36.1] 今日の認識にては, 合同式 (36.2) の言明は万能の人 al-Haytham (ca 1025: Rashed (1980)) に遡る. しかし, Wilson の発見としての Waring の報告を知り, Lagrange (1771b) が初の証明を与えたがために, この通称となった. 上記の 2 証明の前者は Chebyshev (1848a, §19), 後者は Gauss [DA, art. 77] によるものである. 何れにせよ, (36.2) を Lagrange の階乗定理とすべきところ. 註 [21.3] にて述べた数列 $\mathcal{F}_N$ の名付けの誤りが想起される. もっとも, Waring (1782, p.xxxii) には, Lagrange が証明を成したと記されている. なお, Euler (1773c, I) も証明を与えている. 註 [46.6] を見よ. 彼は Lagrange の名を挙げ, Wilson に言及せず. 註 [87.11] に縷々述べるところの Pell 方程式に関する彼の対応と対照的.

[36.2] 例えば法 43 の場合には, $rr' \equiv 1$ の組み合わせは以下の通りである.

$$42! = 1 \cdot (2 \cdot 22) \cdot (3 \cdot 29) \cdot (4 \cdot 11) \cdot (5 \cdot 26) \cdot (6 \cdot 36) \cdot (7 \cdot 37) \cdot (8 \cdot 27)$$
$$\cdot (9 \cdot 24) \cdot (10 \cdot 13) \cdot (12 \cdot 18) \cdot (14 \cdot 40) \cdot (15 \cdot 23) \cdot (16 \cdot 35)$$
$$\cdot (17 \cdot 38) \cdot (19 \cdot 34) \cdot (20 \cdot 28) \cdot (21 \cdot 41) \cdot (25 \cdot 31)$$
$$\cdot (30 \cdot 33) \cdot (32 \cdot 39) \cdot 42 \equiv 42 \equiv -1 \bmod 43.$$

合成数を法とする場合へのこの論法の拡張は [DA, art. 78] に注意されている. 註 [46.2] に続く.

[36.3] Lagrange の証明 (定理 22 とは独立). まず, $\prod_{j=1}^{p-1}(x+j) = \sum_{j=0}^{p-1} a_j x^{p-j-1}$, $a_0 = 1$, とする. 置き換え $x \mapsto x+1$ により, $(x+1)\sum_{j=0}^{p-1} a_j(x+1)^{p-j-1} = (x+p)\sum_{j=0}^{p-1} a_j x^{p-j-1}$. 同次項を較べ,

$$\nu a_\nu = \sum_{j=0}^{\nu-1} \binom{p-j}{p-\nu-1} a_j, \quad 1 \leq \nu \leq p-1.$$

とくに, $a_1, \ldots, a_{p-2} \equiv 0$ かつ $a_{p-1} \equiv -1 \bmod p$. つまり, $\prod_{j=1}^{p-1}(x+j) \equiv x^{p-1} - 1 \bmod p$. そこで, 任意の既約剰余系 $\{-\alpha_j \bmod p\}$ をもって, $\prod_{j=1}^{p-1}(x - \alpha_j) \equiv x^{p-1} - 1 \bmod p$ $\Rightarrow \alpha_1 \alpha_2 \cdots \alpha_{p-1} \equiv -1 \bmod p$. もちろん, $x = \alpha_h$ とし (29.10) の別証明を得る.

[36.4] Lagrange (ibid., p.431). 素数 $p \geq 3$ について, 既約剰余系は $1, 2, \ldots, \frac{1}{2}(p-1), p - \frac{1}{2}(p-1), \ldots, p-2, p-1$ と書ける. 従って, $\{((p-1)/2)!\}^2 \equiv (-1)^{(p+1)/2} \bmod p$. つまり, $p \equiv 1 \bmod 4$ のとき, $x^2 \equiv -1 \bmod p$ の解は $x_0 \equiv \pm ((p-1)/2)! \bmod p$ である. 逆に解があるならば, $p \equiv 1 \bmod 4$ あるいは $p = 2$ である. 実際, 他の場合には $x^2 \equiv -1 \bmod p$ の両辺を $(p-1)/2$ 乗し矛盾を得る.

[36.5] Lagrange (ibid., p.432). 定理 (36.2) の逆. $(m-1)! \equiv -1 \bmod m$ ならば, m は素数である. 実際, m が素数でなければ, 素因数 $p|m, p < m$, が存在し $0 \equiv -1 \bmod p$. これは矛盾.

[36.6] 合同式 $(p-1)! \equiv -1 \bmod p^2$ を充たす素数 p は Wilson 素数と呼ばれる. 現在までのところ $5, 13, 563$ の 3 例の他には知られていない. $12! = 479001600 = -1 + 2834329 \cdot 13^2$.

[36.7] Wolstenholme (1862). 任意の素数 $p \geq 5$ につき,

$$\sum_{j=1}^{p-1} \frac{1}{j} = \frac{a}{b}, \quad \langle a,b \rangle = 1 \quad \Rightarrow \quad p^2 | a.$$

展開

$$\prod_{j=1}^{p-1}(x-j) = x^{p-1} - g_1 x^{p-2} + g_2 x^{p-3} \pm \cdots - g_{p-2}x + (p-1)!$$

にて $p|g_j, 1 \le j \le p-2$, であるが, $a/b = g_{p-2}/(p-1)!$. 従って, $g_{p-2} \equiv 0 \bmod p^2$ を示せば足りる. 実際, $x = p$ として, $p^{p-2} - g_1 p^{p-3} \pm \cdots + g_{p-3}p - g_{p-2} = 0$. つまり, $p \ge 5$ であるゆえ, $g_{p-3}p - g_{p-2} \equiv 0 \bmod p^2$. よって, $p^2|g_{p-2}$. 例えば, $p = 43$ の場合,

$$\frac{a}{b} = \frac{12309312989335019}{2844937529085600}, \quad a = 43^2 \cdot 6657281227331.$$

§37.

今後の議論にて高ベキ乗合同計算が技法として重要となる. その習得も兼ね, 定理 (29.10) の対偶

$$\begin{array}{c} q \text{ と互いに素な何れかの } a \text{ について} \\ a^{q-1} \not\equiv 1 \bmod q \text{ ならば, } q \text{ は合成数} \end{array} \quad (37.1)$$

に係る基本的な事項の解説を以下2節に述べる.

高ベキ乗合同計算には当然ながら工夫が必要である. 既に註 [2.4] にて示唆したところであるが, 次の手法が効果的である. ベキ乗合同式 $a^c \bmod q$ を計算するに際し, まず c を 2 進展開し, $c_0 + c_1 \cdot 2 + \cdots + c_k \cdot 2^k$ とする (註 $[2.4]_{b=2}$ とは桁の方向が逆). その後, $a_j \equiv a^{2^j}$ を漸化式 $a_{j+1} \equiv a_j^2$ を用いて求め,

$$a^c \equiv \prod_{\substack{j=0 \\ c_j=1}}^{k} a_j \bmod q \quad (37.2)$$

の計算に進む. もちろん, 乗積の中途にても合同計算を加味する. なお, 2 進展開を用いるのは, 専ら計算の手順の簡潔さを採るためである.

註 [37.2] に (37.1) の例を示す. 問題は, しかし, この様には明確な結論が必ずしも得られぬところにある. つまり, $a^{q-1} \equiv 1 \bmod q$ となる場合には q が素数であるのか合成数であるのか何らの結論もにわかには得られない. 註 [37.3] はそれの極端な場合につながるものである.

[37.1] 手法 (37.2) *the modular binary exponentiation* の最初期の採用例として, Euler

(1755, 11. Scholion) がある. 彼は $7^{2^n} \bmod 641$ を漸化式をもって計算し, $7^{160} = 7^{2^5} \cdot 7^{2^7} \equiv -1 \bmod 641$ を得ている. Legendre (1785, p.473; 1798, p.229) も見よ. 後者にては, 506 の 2 進展開 111111010 を経由し $601^{506} \equiv -1 \bmod 1013$ (註 [60.5] に続く). なお, (37.2) により, ベキ乗合同計算は多項式時間をもって可能な演算と評価される. §51 [a] の末尾に関係する.

[37.2] 法 5293 の場合を観察する. 実は $5293 = 67 \cdot 79$ であるが, この素因数分解を知らぬものとして計算を進める. まず, $5292 = 2^2 + 2^3 + 2^5 + 2^7 + 2^{10} + 2^{12}$.

$$2^2 = 4, \ 2^{2^2} = 16, \ 2^{2^3} = 16^2 = 256, \ 2^{2^4} = 256^2 \equiv 2020, \ 2^{2^5} \equiv 2020^2 \equiv 4790,$$

$$2^{2^6} \equiv 4790^2 \equiv 4238, \ 2^{2^7} \equiv 4238^2 \equiv 1495, \ 2^{2^8} \equiv 1495^2 \equiv 1379, \ 2^{2^9} \equiv 1379^2 \equiv 1454,$$

$$2^{2^{10}} \equiv 1454^2 \equiv 2209, \ 2^{2^{11}} \equiv 2209^2 \equiv 4828, \ 2^{2^{12}} \equiv 4828^2 \equiv 4505$$

$$\Rightarrow 2^{5292} \equiv 16 \cdot 256 \cdot 4790 \cdot 1495 \cdot 2209 \cdot 4505 \equiv 2890 \bmod 5293.$$

よって, 5293 は合成数と判定される.

[37.3] 法 8911 について. まず, $8910 = 2 + 2^2 + 2^3 + 2^6 + 2^7 + 2^9 + 2^{13}$.

$$2^2 = 4, \ 2^{2^2} = 16, \ 2^{2^3} = 16^2 = 256, \ 2^{2^4} = 256^2 \equiv 3159, \ 2^{2^5} \equiv 3159^2 \equiv -1039,$$

$$2^{2^6} \equiv 1039^2 \equiv 1290, \ 2^{2^7} \equiv 1290^2 \equiv -2257, \ 2^{2^8} \equiv 2257^2 \equiv -3043,$$

$$2^{2^9} \equiv 3043^2 \equiv 1320, \ 2^{2^{10}} \equiv 1320^2 \equiv 4755, \ 2^{2^{11}} \equiv 4755^2 \equiv 2818,$$

$$2^{2^{12}} \equiv 2818^2 \equiv 1423, \ 2^{2^{13}} \equiv 1423^2 \equiv 2132 \bmod 8911.$$

よって,

$$2^{8910} \equiv 4 \cdot 16 \cdot 256 \cdot 1290 \cdot (-2257) \cdot 1320 \cdot 2132 \equiv 1 \bmod 8911.$$

この結果は外見上 (29.10) に合致するものの, $8911 = 7 \cdot 19 \cdot 67$.

§38.

従って, Fermat の定理 (29.10) の逆は成立しないのである. 一般に (29.10) のみによる素数判定は不可能. そこで, 次の定義を導入する. 奇数 $q \geq 3$ について, $a \geq 2, \langle a, q \rangle = 1$, のもとに,

$$q \text{ は底 } a \text{ の蓋素数 (probable prime)} \Leftrightarrow a^{q-1} \equiv 1 \bmod q. \tag{38.1}$$

Fermat 蓋素数とも云う. この場合, $q \in \mathrm{pp}(a)$ と表示する. 蓋素数ではない, つまり (38.1) の右辺を充たさない q は合成数である. 註 [37.2] の場合である. また,

$$q \text{ は底 } a \text{ の擬素数 (pseudoprime)} \Leftrightarrow \mathrm{pp}(a) \ni q \text{ は合成数} \tag{38.2}$$

と定義する. この場合, $q \in \mathrm{psp}(a)$ と表示する. 何らかの手段にて素数ではないことが判明しているが, 素数と似た性質を持つものである. 註 [37.3] の場合である.

ここで, 底 a を変化させるならば, より精緻な判断を得ることができるのではないかと考えられよう. しかしながら, 擬素数の中には底の取り換えに一切反応しない極端な性格のものも存在するのである.

$$q \text{ は Carmichael 数} \Leftrightarrow q \in \bigcap_{\langle a,q \rangle = 1} \mathrm{psp}(a). \tag{38.3}$$

実は, 8911 (註 [37.3]) は Carmichael 数である. 実際, $\langle a, 8911 \rangle = 1$ のとき, $a^6 \equiv 1 \bmod 7$, $a^{18} \equiv 1 \bmod 19$, $a^{66} \equiv 1 \bmod 67$ より, $a^{8910} = (a^6)^{1485} \equiv 1 \bmod 7$, $a^{8910} = (a^{18})^{495} \equiv 1 \bmod 19$, $a^{8910} = (a^{66})^{135} \equiv 1 \bmod 67$. つまり, (29.3) により, $a^{8910} \equiv 1 \bmod 8911$. 註 [45.10] に続く.

一方, 素数 $p \geq 3$ について $2^h \| (p-1)$ とし, (29.10) を

$$a^{p-1} - 1 = \left(a^{(p-1)/2^h} - 1\right) \prod_{j=1}^{h} \left(a^{(p-1)/2^j} + 1\right) \equiv 0 \bmod p \tag{38.4}$$

と書き直す. 右辺の因子の何れかは p で割り切れる. 定義 (38.1) はこの分解を考慮せぬものと見立てるならば, 次のより強い定義に導かれる. 奇数 $q \geq 3$ について, $2^h \| (q-1)$ とするとき,

$$\Leftrightarrow \begin{cases} a^{(q-1)/2^h} \equiv 1 \bmod q \quad \text{あるいは,} \\ a^{(q-1)/2^u} \equiv -1 \bmod q \quad \text{となる } 1 \leq u \leq h \text{ が存在する.} \end{cases} \tag{38.5}$$

q は底 a の強蓋素数 (strong probable prime)

この場合, $q \in \mathrm{spp}(a)$ と書く. 強蓋素数は, 素数に似た性質を単なる蓋素数よりも強く持つものと見られよう. 強蓋素数ではない, つまり (38.5) の右辺を充たさない q はもちろん合成数である. 定義 (38.2) に沿い,

$$q \text{ は底 } a \text{ の強擬素数 (strong pseudoprime)} \Leftrightarrow \mathrm{spp}(a) \ni q \text{ は合成数.} \tag{38.6}$$

この場合, $q \in \mathrm{spsp}(a)$ と表示する. 何らかの手段にて素数ではないことが判明しているが素数と似た性質を強く持つものである.

興味深いことに, 蓋素数条件 (38.1) の場合とは異なり, 強蓋素数条件 (38.5) において様々な底を採用することは有効である. 後述の評価 (48.6) より従うが,

$$\text{任意の奇数 } q \geq 3 \text{ について } q \notin \bigcap_{\langle a,q \rangle=1} \text{spsp}(a). \tag{38.7}$$

つまり, 採り得る全ての底について強擬素数となるものは存在しない.

[38.1] 素数判定の手段として (38.5) を観ることは Miller (1976) に始まる. 註 [48.1] を見よ. なお, $q \in \text{spp}(a)$ であるか否かの判断は, 多項式時間の演算である (註 [37.1] による).

[38.2] 各 $a \geq 2$ について,
$$|\text{psp}(a)| = \infty.$$
実際, $p \nmid (a^2-1), p \geq 3$, とするとき
$$n = \frac{a^p - 1}{a - 1} \cdot \frac{a^p + 1}{a + 1} \in \text{psp}(a).$$
証明であるが, まず $p|(a^{2p} - a^2)$ であるゆえ, 仮定を念頭に $p|(n-1)$. 一方, $n-1 = \sum_{j=1}^{p-1} a^{2j}$ にて, 右辺の項数は偶数であり, $2|(n-1)$. つまり, $2p|(n-1)$ となり $(a^{2p} - 1)|(a^{n-1} - 1)$. 従って, $n|(a^{2p} - 1)$ から $a^{n-1} \equiv 1 \mod n$.

[38.3] さらに,
$$|\text{spsp}(2)| = \infty.$$
まず, $\ell \in \text{psp}(2)$ ならば, $2^{\ell-1} \equiv 1 \mod \ell$ かつ $q = 2^\ell - 1$ は合成数である. また, $(q-1)/2$ は奇数. このとき, $k\ell = 2^{\ell-1} - 1$ とし, $2^{(q-1)/2} - 1 = 2^{k\ell} - 1 \equiv 0 \mod q$. 定義 (38.5) により, $q \in \text{spp}(2)$. よって, $q \in \text{spsp}(2)$. 実は, Pomerance et al (1980, Theorem 1) によれば, 任意の $a \geq 2$ につき $|\text{spsp}(a)| = \infty$.

[38.4] 名称 (38.3) は史実とは一致しない. 最初の 7 個
$$591, 1105, 1729, 2465, 2821, 6601, 8911$$
の発見は, 少なくとも Šimerka (1885, p.224) にまで遡る. なお, Carmichael 数が無限に在るのか否か. 永く不明であったが, Alford et al (1994) により, 充分大なる x 以下の Carmichael 数の個数は $> x^{2/7}$, と解決されている. 証明の手段は算術級数中の詳細な素数分布.

[38.5] 強擬素数を定める工夫が様々になされている. 初期の報告に Pomerance et al (*ibid.*) がある. 数値例として
$$q_0(7) = \min \{q \in \text{spsp}(2) \cap \text{spsp}(3) \cap \text{spsp}(5) \cap \text{spsp}(7)\}$$
$$= 3215031751 = 151 \cdot 751 \cdot 28351$$
が示されている (Table 7). つまり, $m \in \text{spp}(2) \cap \text{spp}(3) \cap \text{spp}(5) \cap \text{spp}(7)$ かつ $m < q_0(7)$ なるとき m は素数. その後, より多くの底につき検出努力が続けられ, 例えば (Jiang–Deng (2014))
$$q_0(23) = 3825123056546413051 = 149491 \cdot 747451 \cdot 34233211.$$

なお, $q_0(7), q_0(23)$ は共に Carmichael 数. 判定は註 [45.10] による.

§39.

他方, 擬素数や強擬素数に限らず, 何らかの方法により因数が特定されずに合成数と判定された場合には, 実際に因数を求める手段が望まれよう. それには, 例えば '因数分解に関する ρ 法' が用意されている. 法 q は合成数と確認されたものとし, k_0, c を適宜定め,

$$\text{漸化式 } k_{\nu+1} \equiv k_\nu^2 + c \bmod q \text{ をもって} \\ \{k_\nu : \nu \geq 0\} \text{ を生成し, } g_t = \langle k_{2t} - k_t, q \rangle \text{ を観察する.} \tag{39.1}$$

機構の理由付けをするならば, 基本的には列 $\{k_\nu\}$ の周期性 $k_\nu \equiv k_{\nu+\ell} \bmod p$ による. ただし, p は探索されるべき q の素因数. もちろん, $k_\nu \bmod p$ を計算できぬゆえ, $k_\nu \bmod q$ をもって代用する訳である. 見えざる背景にて q の素因数が密かに活動している. 現れる剰余は q 種以下であり, 循環は必ず発生する. とくに, 周期 ℓ の倍数 u について $k_{2u} \equiv k_u \bmod p$. 従って, p ないしはその倍数が列 $\{g_t\}$ の中に現れるものと期待される. しかし, $\{g_t\}$ を観察することが得策であるとは必ずしも言えない. 註 [39.4], [39.5] を見よ.

ρ 法は試行錯誤を前提とした技法である. 2 次合同式の反復使用もなるべく乱数的に列 $\{k_\nu\}$ を生成することが目的である. 下記の註 [39.3] にも見えるが, 確実に因数を検出するものではない. 検出失敗の場合には, 初期値 k_0, c を適宜変化させ試行を繰り返す.

目下, 多項式時間演算をもって因数分解を与える決定論的 (*deterministic*) な算法は知られていない. ただし, 来るべき量子計算機上では, 確率的ながら, 多項式時間をもって遂行可能である. 後に §§49–50 にて解説する.

[39.1] 因数分解に関する ρ 法は Pollard (1975) による. この技法は何よりも好ましい単純さを持ち, かつ実地の応用にはさながら宝物発掘の趣がある. 名称は数列 $\{k_\nu\}$ に含まれるべき周期性に由来する. 数列の途中から循環が始まりその部分は文字 ρ の上部に似ると見る訳である. もっとも, 書き順からすれば逆ではある. 循環の検出に数列 $\{g_t\}$ を用いることは, いわゆる Floyd 法の応用である.

[39.2] $q = 5293$ は註 [37.2] により合成数であるが, $c = 1, k_0 = 1,$ とするならば, $k_1 = 2, k_2 = 5, k_3 = 26, k_4 = 677, k_5 = 3132, k_6 = 1496, k_7 = 4371, k_8 =$

3205, $k_9 = 3606$, $k_{10} = 3629$, $k_{11} = 658$, $k_{12} = 4232$, $k_{13} = 3606$. よって, $g_4 = 79$. つまり, 素因数分解 $5293 = 67 \cdot 79$ が得られた. なお, 法 79 をもって観察するならば, $k_4 \equiv 45$, $k_5 \equiv 51$, $k_6 \equiv 74$, $k_7 \equiv 26$, $k_8 \equiv 45 \bmod 79$ となり, 4 項からなる周期が形成されている.

[39.3] $q = 266537$ の場合にも, 註 [37.2] と同様にして pp(2) に含まれず合成数と判定されるが, $c = 1$, $k_0 = 1$ をもって ρ 法を応用するならば, $k_1 = 2$, $k_2 = 5$, $k_3 = 26$, $k_4 = 677$, $k_5 = 191793$, $k_6 = 50017$, $k_7 = 250545$, $k_8 = 135082$, $k_9 = 23705$, $k_{10} = 67030$, $k_{11} = 6692$, $k_{12} = 4649$, $k_{13} = 23705$. よって, $g_6 = 5671$ となり, $q = 47 \cdot 5671$. しかし, 5671 はやはり pp(2) に属さず合成数. ところが, $q = 5671$ に対しては $c = 1$, $k_0 = 1$ をもっては, $k_1 = 2$, $k_2 = 5$, $k_3 = 26$, $k_4 = 677$, $k_5 = 4650$, $k_6 = 4649$, $k_7 = 1021$, $k_8 = 4649$ となり, 望まれる分解は得られない. そこで, c を 3 に取り換えるならば, $k_0 = 1$, $k_1 = 4$, $k_2 = 19$, $k_3 = 364$, $k_4 = 2066$, $k_5 \equiv 3767$, $k_6 \equiv 1450$, $k_7 \equiv 4233$, $k_8 \equiv 3603$. よって, $g_4 = 53$. これは 5671 の素因数である. かくして, 素因数分解 $266537 = 47 \cdot 53 \cdot 107$.

[39.4] 循環の検出には数列 $\{g_t\}$ を用いることが有効とは限らない. 例えば, 始めから循環に入る場合もあり得る. よって, (39.1) ばかりではなく, $\langle k_\nu - k_0, q \rangle$ の観察も考慮する要がある. 例として, $q = 1000009$. 先ず, $q \notin$ pp(2) を確かめ, $c = 1$, $k_0 = 1$ と採る. $k_1 = 2$, $k_2 = 5$, $k_3 = 26$, $k_4 = 677$, $k_5 = 458330$, $k_6 = 498325$, $k_7 = 570701$, $k_8 = 700138$, $k_9 = 807353$, $k_{10} = 293$, $k_{11} = 85850$. $\langle k_{11} - k_0, q \rangle = 293$. つまり, $k_j \equiv 1 \bmod 293$, $j \geq 11$. 素因数分解 $1000009 = 293 \cdot 3413$ を得る. 実は, この整数を Euler (1749, p.170) が分解を考察したものである. 彼の手法は ρ 法とはもちろん異なる. 註 [80.7] を見よ. ちなみに, Euler (1774, p.91) の素数表には, この合成数が誤記載されている. 訂正は論文 (1778b). 注意: 同論文に関する Dickson (1919, p.361) の記述は誤り (*History* にて稀な誤記).

[39.5] 上記とやや異なる例として, $q = 5428681$ を挙げる. まず, $q \notin$ pp(2) を確かめ $c = 1$, $k_0 = 1$ と採る. このとき, $k_{20} \equiv 2226654$, $k_{21} \equiv 5001013 \bmod q$. そして, $\langle k_{21} - k_{20}, q \rangle = 307$. 素因数分解 $k = 307 \cdot 17683$ を得る. 註 [65.6] を見よ.

§40.

合同方程式 (34.9) の議論にもどる. 条件を多少詳しくし, 仮定 (34.3) のもとに,

$$\text{ベキ乗合同方程式 (Binary congruence)} : \quad x^\ell \equiv a \bmod q, \langle a, q \rangle = 1, \qquad (40.1)$$

を考察する. 議論は次章前部にまで続く. その後 §59 に始まり 2 次の場合の詳細に入ることとする.

以下, 解釈 (30.1)–(30.2) を念頭に置く. 用語であるが, (40.1) の解を a の ℓ 乗根 $\mathrm{mod}\, q$ と呼ぶ. また解が存在する場合に a を ℓ 次剰余 $\mathrm{mod}\, q$ と呼ぶ.

なお, 条件 $\langle a, q \rangle = 1$ は実際上は制約とはならない. 何故ならば, これを外し (34.9) を扱うとき, $p^\nu \| \langle a, q \rangle \Rightarrow x = p^\eta y,\ p \nmid y,\ \ell\eta \geq \nu$. 未知数 y に関し $p^{\ell\eta-\nu} y^\ell \equiv ap^{-\nu} \,\mathrm{mod}\, qp^{-\nu}$. 仮に $p | qp^{-\nu}$ であるならば, $\ell\eta - \nu = 0$. つまり, $y^\ell \equiv ap^{-\nu} \,\mathrm{mod}\, qp^{-\nu}$. 一方, $p \nmid qp^{-\nu}$ ならば, $y^\ell \equiv (\bar{p})^{\ell\eta-\nu} ap^{-\nu} \,\mathrm{mod}\, qp^{-\nu}$. ただし, $p\bar{p} \equiv 1 \,\mathrm{mod}\, qp^{-\nu}$. この操作を繰り返すことにより, (40.1) は充分に一般的と知れる.

自明な観察であるが, $x_1, x_2 \,\mathrm{mod}\, q$ が (40.1) を充たすならば, $(x_1 x_2^{-1})^\ell \equiv 1 \,\mathrm{mod}\, q$ である. つまり, 一つの特解 $x_0 \,\mathrm{mod}\, q$ から他の全ての解が

$$x^\ell \equiv 1 \,\mathrm{mod}\, q \tag{40.2}$$

の解 $\xi \,\mathrm{mod}\, q$ をもって $x_0 \xi \,\mathrm{mod}\, q$ として得られる訳である. よって, 特解を求める手段の獲得が重要課題となる. が, その議論は §47 に繰り延べ, 先に (40.2) を考察する. このために要となる次の定義 (40.3), (40.5) を行う. 整数 c, $\langle c, q \rangle = 1$, について,

$$\begin{aligned} &c \,\mathrm{mod}\, q \text{ の位数は } g \Leftrightarrow g = \min\{u \in \mathbb{N} : c^u \equiv 1 \,\mathrm{mod}\, q\}. \\ &c^k \equiv 1 \,\mathrm{mod}\, q \text{ であるならば, } g | k. \text{ とくに, } g | \varphi(q). \end{aligned} \tag{40.3}$$

定理 16 により g は必ず存在する. 註 [33.4] にて既に位数なる用語を用いたが, それは群論からの流用であった. もちろん, 歴史的には逆であり, 定義 (40.3) が先行している. 下段については, (2.1) の意味にて g をもって k を割り剰余を r とするならば, $c^r \equiv 1 \,\mathrm{mod}\, q$ となり $r = 0$. また,

$$c^f \,\mathrm{mod}\, q \text{ の位数は } g/\langle f, g\rangle. \tag{40.4}$$

何故ならば, $(c^f)^u \equiv 1 \,\mathrm{mod}\, q$ であるとき, $g | fu$. よって, (6.3) を参照すればよい.

直感的ながら, 位数が可能な限り大となる場合が取り分け興味深い. そこで,

$$c \text{ は原始根 } \mathrm{mod}\, q \Leftrightarrow c \,\mathrm{mod}\, q \text{ の位数は } \varphi(q) \tag{40.5}$$

と定義する. 言い換えるならば,

$$c \text{ は原始根 mod } q \Leftrightarrow \{c^k \bmod q : k \bmod \varphi(q)\} = (\mathbb{Z}/q\mathbb{Z})^*. \qquad (40.6)$$

もちろん, $c^u \equiv c^v \bmod q \Leftrightarrow u \equiv v \bmod \varphi(q)$. つまり, 原始根 mod q が存在することと, $(\mathbb{Z}/q\mathbb{Z})^*$ が巡回群であることとは同じである.

だが,
$$\text{全ての法について原始根が存在する訳では無い.} \qquad (40.7)$$

詳細は後に定理 25 をもって与えられる. 群 $(\mathbb{Z}/q\mathbb{Z})^*$ が巡回群となる場合は実は強く制限されるのである. 逆に, この事実を用い原始根の存在を何らかの手段をもって確認することにより法の性格を知ることもできる. 後述の (42.1) に続く注意を見よ. その応用例としての註 [42.3]–[42.6] は §§37–38 の議論を補うものである.

[40.1] 素数を法とする場合, 位数の萌芽は Euler の様々な論文に現れている. とくに (1755, Theorema 5) において上記の基本性質を含め明確である. ただし, 剰余 1 をもたらす *minima potestas* のベキ指数に名称は与えられていない. 一方, 原始根 *radices primitivas* の概念と名称は Euler (1772c, p.518) にある. 整数論の歴史にて極めて重要な一歩. 註 [41.2] に続く.

[40.2] $a^{\alpha_j} \equiv 1 \bmod q$ ならば, $\{\alpha_j\}$ の最大公約数 β をもって, $a^\beta \equiv 1 \bmod q$. 互除法を $\{\alpha_j\}$ に用いるがよい.

[40.3] $a, b \bmod q$ のそれぞれの位数 α, β が互いに素であるならば, $ab \bmod q$ の位数は $\alpha\beta$ に等しい. 実際, $(ab)^r \equiv 1 \Rightarrow (ab)^{\alpha r} \equiv 1 \Rightarrow b^{\alpha r} \equiv 1 \bmod q$ であり (40.3) の下段から $\beta | \alpha r \Rightarrow \beta | r$. 同様に $\alpha | r$. 従って $\alpha \beta | r$.

[40.4] 互いに素である q_1, q_2 をもって $q = q_1 q_2$ であるとき, $a \bmod q$ の位数 r は $a \bmod q_1$, $a \bmod q_2$ の位数 r_1, r_2 の最小公倍数に等しい. 実際, $a^r \equiv 1 \bmod q_1$ であるゆえ, (40.3) により $r_1 | r$. 同じく $r_2 | r$. よって, $[r_1, r_2] | r$. また, $a^{[r_1, r_2]} \equiv 1 \bmod q_1, \equiv 1 \bmod q_2$ より, (29.3) を経由し $a^{[r_1, r_2]} \equiv 1 \bmod q$. 即ち, $r | [r_1, r_2]$. つまり, $r = [r_1, r_2]$.

§41.

法を素数とするならば, 幸いなことに原始根は必ず存在する. この極めて重要な事実の証明は Legendre (1785, Théorème II) による. 下記は, 彼の論旨に多少の委細を添加したものである.

定理 23 各 $d | (p-1)$ につき, 位数 d となる類が $\varphi(d)$ 個存在する. とくに, 原

始根 $\bmod p$ は $\varphi(p-1)$ 個存在する.

[証明] 始めに, 定理 22 の次の系を注意する.

$$\text{合同方程式 } x^d \equiv 1 \bmod p \text{ は } d \text{ 個の相異なる解を持つ.} \tag{41.1}$$

実際, 因数分解

$$x^{p-1} - 1 = (x^d - 1)A(x), \quad A(x) = \sum_{\nu=0}^{(p-1)/d-1} x^{d\nu}, \tag{41.2}$$

において $x^{p-1} - 1 \equiv 0 \bmod p$ は $p-1$ 個の相異なる解を持ち, 定理 22 により $x^d - 1 \equiv 0 \bmod p$ および $A(x) \equiv 0 \bmod p$ はそれぞれ高々 d および $p-1-d$ 個の相異なる解を持つ. 従って, $x^d - 1 \equiv 0 \bmod p$ は丁度 d 個の解を持たねばならない. 詳しくは,

$$d \text{ 乗して } 1 \bmod p \text{ となる類は全てこれら } d \text{ 個の解に含まれる.} \tag{41.3}$$

仮に含まれない場合があるとするならば $x^d - 1 \equiv 0 \bmod p$ は $d+1$ 個以上の相異なる解を持つこととなる.

そこで, 約数 d の相異なる素因数を $p_1, p_2, \ldots, p_J$ とする. また, $t|d$ について, 合同方程式 $x^{d/t} \equiv 1 \bmod p$ の解の集合を $T(d/t)$ とする. このとき,

$$U(d) = T(d) - \bigcup_{j=1}^{J} T(d/p_j) \quad \text{(set-minus)} \tag{41.4}$$

は位数 d の類の集合と一致する. 実際, $U(d) \ni \omega \bmod p$ の位数 g が d より小とするならば, $p_k|(d/g)$ なる素数 p_k が存在し, $\omega^{d/p_k} = (\omega^g)^{d/gp_k} \equiv 1 \bmod p$. つまり, $T(d/p_k) \ni \omega \bmod p$ となり矛盾. 逆に, 位数 d の類は全て $U(d)$ に入る. 何故ならば, それらは $T(d)$ に含まれ, $T(d/p_j)$ の何れにも属さない. 次に,

$$\bigcap_{h=1}^{H} T(d/p_{j_h}) = T(d/t), \quad t = p_{j_1} p_{j_2} \cdots p_{j_H}, \ |\mu(t)| = 1. \tag{41.5}$$

右辺が左辺に含まれることは明白. また逆に, $\eta \bmod p$ が左辺に含まれるとき, 註 [40.2] により, $\eta^f \equiv 1$, $f = \langle d/p_{j_1}, d/p_{j_2}, \ldots, d/p_{j_H} \rangle = d/t$. つまり, $\eta \in T(d/t)$. そこで, (20.1) と (20.4) により,

$$|U(d)| = \sum_{t|d} \mu(t)|T(d/t)|. \tag{41.6}$$

しかるに, $|T(d/t)| = d/t$. よって, 等式 (19.4) を経由し, $|U(d)| = \varphi(d)$. 証明を終わる.

[41.1] 重要な命題 (41.1) は Lagrange (1775, pp.777–778). ただし, より一般的な述べ方がなされている. 多項式 $A(x), B(x), C(x) \in \mathbb{Z}[x]$ が
$$x^{p-1} - 1 = A(x)B(x) + pC(x),$$
$$\deg(A) = m, \deg(B) = n; \ m + n = p - 1,$$
を充たすならば, 合同方程式 $A(x) \equiv 0, B(x) \equiv 0 \bmod p$ の解の個数は m, n である. 証明はもちろん上記と同じ. Lagrange 自身は 2 次剰余への応用のみを行い, 他には特段の考察を加えてはいない (註 [45.4] を見よ). 実際, 定理 22 と共にその根本的な重要性の認識は Legendre (1785, pp.466–467) に始まる. 何れ, Galois (1830/1846), Shönemann (1845) につながるところである. 何よりも, Gauss (1863a, posth.) の出発点. 後述の §71 [d] を参照せよ.

[41.2] 定理 23 は Euler (1772b, pp.504–506) にて把握され, 証明とされるものが論文 (1772c) に置かれている (註 [67.5] の議論にごく近い). ベキ乗合同に関する Euler 半生の探究の上の成果ならびに洞察. しかし, その論旨に対する Gauss の疑問 [DA, art. 56] は良く知られた史実である. Euler は不幸にも既に光を失っていた .. mais, étant hors d'état de lire ou d'écrire moi même (Euler から Lagrange へ, 1770 年 3 月 9 日付け: Lagrange (Œuvres 14, p.219)). Euler 晩年の論文は助手の代筆による.

[41.3] 定理 23 を Legendre (1785) の貢献とする (1798, p.413 も見よ). もっとも, Legendre 証明, 後の Gauss の 2 証明 [DA, artt. 52–55] は, Lagrange の観察 (41.1) からの容易な帰結である. 何れにせよ, この様な沿革を背景とし合同円分方程式 (40.1) の徹底した解析を始めたのは青年 Gauss (1863a, (1)) である. 彼は当初から乗法的な構造 (即ち, 周期性) を探求した. つまり, Euler (1755, 1758a, 1772b, 1772c), Lagrange (1770b) が基とされた. 原始根存在の上にこそ Gauss の円分方程式論 [DA, Sectio VII] がある. 言うなれば, (40.2) の中に現代の代数学の芽の一つがある. 本章の以下と共に次章の §§66–71 にて解説を試みるものである.

[41.4] 上記の証明の簡易化 (Poinsot (1845, pp.65–67)). 簡単のために, 原始根 $\bmod p$ の存在に限る. 素数 ϖ につき $\varpi^\nu \| (p-1)$ とし, $x^{\varpi^\nu} - 1 \equiv 0 \bmod p$ の解の内 $x^{\varpi^{\nu-1}} - 1 \equiv 0 \bmod p$ を充たすものを除くならば, $\varphi(\varpi^\nu)$ 個の剰余類 $\bmod p$ が残り, これらの位数 $\bmod p$ は全て ϖ^ν である. 後は註 [40.3] の応用. あるいは, 位数 h の剰余類 $\bmod p$ の個数を $\eta(h)$ とするならば, 任意の $d|(p-1)$ につき (41.2) と同様に議論し $\sum_{h|d} \eta(h) = d$. よって, §17 の記号をもって, $\imath * \eta = \imath * \varphi$. 両辺に μ を作用させ, $\eta = \varphi$. 註 [67.5] を参照せよ.

[41.5] [DA, art. 73–74] に試行錯誤による原始根の求め方がある. まず, $a \bmod p$ の位数を $\alpha > 1$ とする. もしも $\alpha = p - 1$ であるならば, $a \bmod p$ は原始根. 他の場合には, $b \bmod p$ を

$\{1, a, \ldots, a^{\alpha-1} \bmod p\}$ に含まれぬものとする．これの位数を β とするならば，(41.3) により $\beta \nmid \alpha \Rightarrow [\alpha, \beta] > \alpha$．しかるに，指数 $[\alpha, \beta]$ に対応する $c \bmod p$ を構成可能．実際，註 [13.2] あるいは註 [13.3] により，$[\alpha, \beta] = uv$, $\langle u, v \rangle = 1$, $u|\alpha, v|\beta$. そこで，$c = a^{\alpha/u} b^{\beta/v}$ と置けばよい (註 [40.3])．かくして，次第に大きな指数に対応する剰余類を得ることとなり，何れ指数 $p-1$ に対応する剰余類に達する．

[41.6] 　上記定理の証明からも推測できるが，$p-1$ の素因数分解の状態と原始根 $\bmod p$ の探索とは密接に関連する．次節にて実例をもって解説するが，ここではごく簡明な場合である法 983 を採り上げる．まず，2 のベキを検査するが，全てのベキを見る必要は無い．何故ならば，位数は $982 = 2 \cdot 491$ の約数であるから，この素因数 491 が注目される．つまり，$2^{491} \bmod 983$ を定めねばならない．計算には (37.2) を念頭に 2 進展開 $491 = 1 + 2 + 2^3 + 2^5 + 2^6 + 2^7 + 2^8$ を用いる．

$$2^1, 2^2 = 4, 2^{2^2} = 16, 2^{2^3} = 16^2 = 256, 2^{2^4} = 256^2 \equiv -325, 2^{2^5} \equiv 325^2 \equiv 444,$$
$$2^{2^6} \equiv 444^2 \equiv -447, 2^{2^7} \equiv 447^2 \equiv 260, 2^{2^8} \equiv 260^2 \equiv -227 \bmod 983;$$
$$2^{491} \equiv 2 \cdot 4 \cdot 256 \cdot 444 \cdot (-447) \cdot 260 \cdot (-227) \equiv 1 \bmod 983.$$

よって，$2 \bmod 983$ の位数は 491．同様に $3 \bmod 983$ の位数も 491 と知れるが，
$$5^1, 5^2 = 25, 5^{2^2} \equiv -358, 5^{2^3} \equiv 358^2 \equiv 374, 5^{2^4} \equiv 374^2 \equiv 290, 5^{2^5} \equiv 290^2 \equiv 545,$$
$$5^{2^6} \equiv 545^2 \equiv 159, 5^{2^7} \equiv 159^2 \equiv -277, 5^{2^8} \equiv 277^2 \equiv 55 \bmod 983;$$
$$5^{491} \equiv 5 \cdot 25 \cdot 374 \cdot 545 \cdot 159 \cdot (-277) \cdot 55 \equiv -1 \bmod 983.$$

即ち，$5 \bmod 983$ の位数は 982 となり，原始根である．上記の 2 のベキの場合と合わせ，$(2 \cdot 5)^{491} \equiv -1 \bmod 983$ であり，$10 \bmod 983$ もまた原始根と結論される．つまり，$10^\nu - 1$ は $\nu = 1$ から始め $\nu = 982$ に至り初めて 983 をもって割り切れる．これは，次項にある解説の通り，分数 $\frac{1}{983}$ を少数展開するとき循環節の長さが 982 桁となることと同じである．

[41.7] 　素数 $p \neq 2, 5$ につき $1/p$ の 10-進計算は，10^ν, $\nu = 0, 1, 2, \ldots,$ を p にて次々と割り商と余りを求めて行く操作に他ならない．余りは決して 0 とはならず，$1/p$ は無限小数である．ここで，$10 \bmod p$ の位数が ℓ であるならば，余りの 1 番から ℓ 番までは全て相異なり，最初の 1 から始まり $\ell + 1$ 番にて初めて再度 1 となる．つまり，$1/p$ の少数展開は少数第 1 位から ℓ 桁の循環節が始まり，無限に繰り返す．とくに，$10 \bmod p$ が原始根であるならば，剰余 $p - 1$ 個それぞれは循環節の唯一の桁に対応する．例として，$10 \bmod 61$ は原始根であり，

$$\frac{1}{61} = 0.016393442622950819672131147540983606557377049180327868852459016\ldots$$

興味深いことに，循環節 60 桁中に $0, 1, 2, \ldots, 9$ それぞれが 6 回づつ現れている．これは次の一般的な現象の一例である (Anonymous (1864))．

素数 $p = 10s + 1$ が 10 を原始根として持つとき，
$1/p$ の循環節には各数字が s 回づつ現れる．

証明であるが，桁数字 $\gamma \geq 1$ を得る直前の剰余のうち最小のものを $r (\geq 2)$ とするとき，

$10r = \gamma p + u$, $1 \leq u \leq 9$. 実際, $10r = \gamma p + v$, $10 \leq v < p$, であるならば, もちろん $v = 10$ は排除され, $v \geq 11$. つまり, $10(r-1) = \gamma p + (v-10)$. これは r の最小性に反する. そこで, 同じ桁数字 γ に対応する剰余を一般に $r+w$ とし, $10(r+w) < (\gamma+1)p$. よって, $10w < p - u \Rightarrow w < s - (u-1)/10 \Rightarrow w \leq s - 1$. 逆に, $0 \leq w \leq s - 1$ をもって, $\gamma p + u \leq 10(r+w) \leq (\gamma+1)p - (11-u)$. つまり, $[10(r+w)/p] = \gamma$. 従って, 桁数字 γ を得る直前の剰余は $\{r, r+1, \ldots, r+s-1\}$ に限る. 残る $\gamma = 0$ の場合はもちろん他 9 種の場合より導かれる. 証明を終わる. なお, $p \equiv 3, 7, 9 \bmod 10$ への拡張については, Sardi (1869) を見よ.

[41.8] Euler (1772b, §48) の表現を借用するならば, 原始根のあり方は整数の深い神秘 profundissima numerorum mysteria の一つである ([DA, art. 73] に引用). その分布は法の大小と余り関係のない観がある. つまり, 最小原始根 $g_p \bmod p$ は大概 p に較べ極めて小. Oliveira e Silva (2008) によれば, $\pi(10^{14}) = 3204941750802$ であるが, そのうち $g_p = 2$ となるものは 1198507187804 個 (37.39%), かつ最大の g_p は 335 ($p = 89637484042681$ のみ: $g_p/p = 3.737 \cdot 10^{-12}$). 後述の註 [60.9] を参照せよ.

§42.

次の自明ながら有用な観察は既に定理 23 の証明にて用いられているものである (Legendre の着眼 (41.4)).

$$a \bmod q \text{ の位数は } d \qquad (42.1)$$
$$\Leftrightarrow a^d \equiv 1 \bmod q \text{ かつ任意の素数 } \varpi | d \text{ について } a^{d/\varpi} \not\equiv 1 \bmod q.$$

とくに, これの適用により $d = q - 1$ と判明するならば, $q - 1 \leq \varphi(q)$ つまり $\varphi(q) = q - 1$ となり, q は素数と結論される. また, 逆に任意の素数の法を採り原始根を求めることに応用することも可能である. それぞれにつき下記の註にて議論する.

[42.1] 応用例として,
$$M_{37} = 2^{37} - 1 = 223 \cdot 616318177 \quad \text{Fermat (1640)},$$
$$F_5 = 2^{2^5} + 1 = 641 \cdot 6700417 \quad \text{Euler (1732)}.$$

M_{37} の素因数の一つを s とするならば, (42.1) により $2 \bmod s$ の位数は 37 となり, $s \equiv 1 \bmod 37$. また, s は奇数であるゆえ, さらに $s \equiv 1 \bmod 74$ である. かくして, M_{37} は素数 149 では割り切れぬことを確かめ, 次の素数 223 を試すこととなる. 後述の註 [60.8] を参照せよ. 一方, F_5 の素因数の一つを t とするならば, $2^{64} \equiv 1 \bmod t$. よって, (42.1) により $2 \bmod t$ の

位数は 64. つまり, $t \equiv 1 \bmod 64$. 従って, 整除を試すべき素数は, $193, 257, 449, 577, 641, \ldots$ となる. Euler (1747, Th. 8; 1760) も見よ. Euler の商 6700417 がやはり素数であることを確かめるには, 7 個の素数 $641, 769, 1153, 1217, 1409, 1601, 2113 \leq [6700417^{1/2}]$ にて割り切れぬことを知れば充分である (註 [10.5]). なお, 実は, 始めから制限 $t \equiv 1 \bmod 128$ を課すことができる. やはり, 註 [60.8] を見よ. 他方, Fermat の商 616318177 が素数であることの確かめはやや入り組む. 下記の註 [42.6] を見よ.

[42.2] 法が素数であるのか否か. 素数判定に関する上記の指摘を Lucas の素数判定法 (1876: 1891, p.441) とも呼ぶ. この判定法の難点は $q-1$ の素因数分解を要することであるが, 以下に幾つかの例を挙げる. 註 [65.7] も参考となろう.

[42.3] $q = 430883$ は素数であることを示す. 素因数分解 $q-1 = 2 \cdot 17 \cdot 19 \cdot 23 \cdot 29$ を用いる. 註 [10.5] により, $[q^{1/2}] = 656$ 以下の素数 119 個, あるいはむしろ奇数 327 個にて次々と割り算をしてみれば済むことではあるが, ここでは (42.1) と上記の高べキ乗合同式の計算による方針を採る.

$$q - 1 = 2 + 2^5 + 2^8 + 2^9 + 2^{12} + 2^{15} + 2^{17} + 2^{18},$$
$$\tfrac{1}{2}(q-1) = 1 + 2^4 + 2^7 + 2^8 + 2^{11} + 2^{14} + 2^{16} + 2^{17},$$
$$\tfrac{1}{17}(q-1) = 2 + 2^8 + 2^9 + 2^{13} + 2^{14}$$
$$\tfrac{1}{19}(q-1) = 2 + 2^2 + 2^4 + 2^7 + 2^{11} + 2^{12} + 2^{14}$$
$$\tfrac{1}{23}(q-1) = 2 + 2^2 + 2^3 + 2^5 + 2^8 + 2^{11} + 2^{14}$$
$$\tfrac{1}{29}(q-1) = 2 + 2^3 + 2^9 + 2^{11} + 2^{12} + 2^{13};$$

$2^1, 2^2 = 4, 2^{2^2} = 16, 2^{2^3} = 16^2 = 256, 2^{2^4} = 256^2 = 65536, 2^{2^5} \equiv 65536^2 \equiv -74448,$

$2^{2^6} \equiv 74448^2 \equiv 56675, 2^{2^7} \equiv 56675^2 \equiv 253743, 2^{2^8} \equiv 253743^2 \equiv -43992,$

$2^{2^9} \equiv 43992^2 \equiv 200511, 2^{2^{10}} \equiv 200511^2 \equiv 261040, 2^{2^{11}} \equiv 261040^2 \equiv -110435,$

$2^{2^{12}} \equiv 110435^2 \equiv 176793, 2^{2^{13}} \equiv 176793^2 \equiv -57088, 2^{2^{14}} \equiv 57088^2 \equiv 271615,$

$2^{2^{15}} \equiv 271615^2 \equiv 213614, 2^{2^{16}} \equiv 213614^2 \equiv 413, 2^{2^{17}} \equiv 413^2 \equiv 170569,$

$2^{2^{18}} \equiv 170569^2 \equiv 132718 ;$

$2^{q-1} \equiv 4 \cdot (-74448) \cdot (-43992) \cdot 200511 \cdot 176793 \cdot 213614 \cdot 170569 \cdot 132718 \equiv 1,$

$2^{(q-1)/2} \equiv -1, \; 2^{(q-1)/17} \equiv -17592, \; 2^{(q-1)/19} \equiv 205285,$

$2^{(q-1)/23} \equiv -111925, \; 2^{(q-1)/29} \equiv -59674 \bmod 430883.$

よって, $2 \bmod q$ の位数は $q-1$ であり q は素数. とくに, $2 \bmod q$ は原始根である. なお, 同じく $5 \bmod q$ もまた原始根であると知れる. 従って, $10^{(q-1)/2} \equiv 1$ であるが, $10^{(q-1)/34} \not\equiv 1$ などを確かめ, $10 \bmod q$ の位数は $(q-1)/2$. 分数 $\tfrac{1}{430883}$ を小数展開するならば, 循環節の長さは 215441 桁である. ちなみに, $31^{(q-1)/2} \equiv -1$ により, $31 \bmod q$ は $2 \bmod q$ と同様に原

始根と結論しがちであるが, さにあらず $31^{(q-1)/17} \equiv 1$. より詳しく調べるならば, 31 mod q の位数は $(q-1)/17$ と判明する. 註 [45.8] に続く.

[42.4]　$q = 430897$ については 10 mod q の位数が $q-1$ であることにより, 素数と判定される. 実際, $q-1 = 2^4 \cdot 3 \cdot 47 \cdot 191$ であり, $10^{(q-1)/2} \equiv -1$, $10^{(q-1)/3} \equiv 30302$, $10^{(q-1)/47} \equiv 196589$, $10^{(q-1)/191} \equiv 72658$ mod q.

[42.5]　$q = 122761$. $q - 1 = 2^3 \cdot 3^2 \cdot 5 \cdot 11 \cdot 31$ であるが, $1 < a \leq 12$ の何れについても (42.1) により原始根ではない, と判定される ($a^{(q-1)/2} \equiv 1$ mod q). しかるに, 13 mod q の位数は $q-1$. つまり, 122761 は素数である.

[42.6]　$q = 616318177$ が素数であることは, 5 mod q の位数が $q-1$ であることによる. 方針は上記と同じであるが, 試みに 10^2 進法を用いる. つまり, $5^{10^2} \equiv 113866312$, $5^{10^4} \equiv 274589582$, $5^{10^6} \equiv 247016482$, $5^{10^8} \equiv 119353590$ mod q と素因数分解 $q-1 = 2^5 \cdot 3 \cdot 37 \cdot 167 \cdot 1039$ を適宜組み合わせ, $5^{q-1} \equiv 1$, $5^{(q-1)/2} \equiv -1$, $5^{(q-1)/3} \equiv 46907798$, $5^{(q-1)/37} \equiv 4194304$, $5^{(q-1)/167} \equiv 373111825$, $5^{(q-1)/1039} \equiv 136077913$ mod q.

[42.7]　充分大なる素数 p につき原始根 mod p を探索すること. まず, (42.1) は
$$r : \text{原始根 mod } p \Leftrightarrow R(r;p) \not\equiv 0 \text{ mod } p,$$
$$R(x;p) = \prod_{\varpi|(p-1)} (x^{(p-1)/\varpi} - 1),$$
を意味することに注意する $((41.4)_{d=p-1}$ と同値). ただし, ϖ は素数. ここで課題となる点は, 既に示唆したが, $p-1$ の素因数分解である. しかし, 完全な分解は困難. それゆえ, ごく初歩的な篩法の適用を試みる. つまり, ϖ の大きさに制限を加え
$$U_\xi(p-1) = \{s \text{ mod } p : R_\xi(s;p) \not\equiv 0 \text{ mod } p\},$$
$$R_\xi(x;p) = \prod_{\substack{\varpi|(p-1) \\ \varpi \leq \xi}} (x^{(p-1)/\varpi} - 1),$$
とする. このとき, 再び Legendre の着眼 (41.4) にならい,
$$U(p-1) \subseteq U_\xi(p-1) = T(p-1) - \bigcup_{\substack{\varpi|(p-1) \\ \varpi \leq \xi}} T((p-1)/\varpi)$$
$$\Rightarrow \varphi(p-1) \leq |U_\xi(p-1)| = \varphi(p-1) \prod_{\substack{\varpi|(p-1) \\ \varpi > \xi}} (1-1/\varpi)^{-1}.$$
もちろん, $U(p-1)$ は全ての原始根 mod p の集合である. 例えば, $\xi = (\log p)^2$ とするならば, $\{\varpi : \varpi|(p-1)\}$ の個数は高々 $2\log p$ 程度であるゆえ, 最右辺の積は $1 + O((\log p)^{-1})$. つまり, $p-1$ の完全な素因数分解を得ずとも, 高い確率をもって原始根 mod p を集合
$$U_\xi(p-1) = \{a : a^{(p-1)/\varpi} \not\equiv 1 \text{ mod } p, \forall \varpi \leq \xi, \varpi|(p-1)\}$$
のうちに見出すことができよう. とくに, $p-1$ の 2 以外の素因数が比較的に大なる場合には原

始根の探索は容易と推測されよう. 言い換えるならば, $a^{(p-1)/2} \equiv -1 \bmod p$ となる '小' 剰余 a が原始根の候補となる (言うまでも無く, 原始根はこれを充たす). 一例を註 [60.9] に置く.

[42.8]　Smooth numbers. やや唐突な定義であるが, 与えられた S 以下の '小' 素数のみを素因数として持つ整数を S-smooth あるいは単に smooth と言う. 上記の $430883-1$ は 30-smooth である. このように素因数に限界を置くことは, 一見厳しい制限を課すかと映るが, 篩法, 素数判定, 素因数分解の実行などにおいては有効な手段である. §51 [b] (6) を見よ.

§43.

素数ベキを法とするとき定理 23 は次に置き換えられる. 素数 2 の特異性が現れる. 解釈 (30.1)–(30.2) を有効とする.

定理 24　素数 $p \geq 3$ について

$$\text{原始根 } r \bmod p \text{ を } r^{p-1} \not\equiv 1 \bmod p^2 \text{ と採ることができる.} \tag{43.1}$$

このとき, 任意の $\alpha \geq 1$ について $r \bmod p^\alpha$ は原始根であり, 既約剰余系 $\bmod p^\alpha$ は $\{r^w \bmod p^\alpha : w \bmod \varphi(p^\alpha)\}$ をもって与えられる. 一方, $1 \bmod 2$, $-1 \bmod 4$ は原始根であるが, しかし原始根 $\bmod 2^\alpha$, $\alpha \geq 3$, は存在せず既約剰余系 $\bmod 2^\alpha$ は

$$(-1)^u 5^v \bmod 2^\alpha, \quad u \bmod 2, \ v \bmod 2^{\alpha-2} \tag{43.2}$$

と表される.

[証明]　まず前段については, 仮に $r^{p-1} \equiv 1 \bmod p^2$, $1 < r < p$, である場合, r を $p-r$ に置き換える. 実際,

$$(p-r)^{p-1} \equiv r^{p-1} - (p-1)r^{p-2}p \equiv 1 + r^{p-2}p \not\equiv 1 \bmod p^2. \tag{43.3}$$

次に, この仮定のもとに, $r^{p^\beta(p-1)} = 1 + v_\beta p^{\beta+1}$, $p \nmid v_\beta$. 何故ならば, $\beta = 0$ の場合は明らか. また, $r^{p^{\beta+1}(p-1)} = (1 + v_\beta p^{\beta+1})^p \equiv 1 + v_\beta p^{\beta+2} \bmod p^{2(\beta+1)}$. 従って, 帰納法により, $r \bmod p^\alpha$ の位数は $p^{\alpha-1}(p-1) = \varphi(p^\alpha)$ である. よって, 前段を得る. 一方, 後段にては, $\alpha \geq 3$ の場合のみを扱えばよい. まず, 任意の $\beta \geq 1$ について, $(1+2u)^{2^\beta} \equiv 1 \bmod 2^{\beta+2}$. これは, $\beta = 1$ のとき成立し,

$$(1+2s)^{2^{\beta+1}} = (1 + 2^{\beta+2}s_1)^2$$

$$= 1 + 2^{\beta+3} s_1 (1 + 2^{\beta+1} s_1) \equiv 1 \bmod 2^{\beta+3}. \tag{43.4}$$

つまり, $\alpha \geq 3$ のとき, $(1+2s)^{2^{\alpha-2}} \equiv 1 \bmod 2^{\alpha}$. 従って, 法 2^{α}, $\alpha \geq 3$, についてはいかなる奇数も $\varphi(2^{\alpha}) = 2^{\alpha-1}$ を位数として持ち得ない. 原始根 $\bmod 2^{\alpha}$ は存在しない. ここで, とくに $s = 2$ とするならば, 帰納法により s_1 は奇数と容易に知れる. よって, $5 \bmod 2^{\alpha}$ の位数は $\varphi(2^{\alpha})/2$ である. また, 法 2^{α} の既約剰余系は, 奇数をもって構成されるが, それらは, 法 4 のもとに ± 1 に合同. つまり, 一方は 5^v に合同, 他方は -5^v に合同. かくして, (43.2) を得る. 定理の証明を終わる.

[43.1] $18 \bmod 37$ は原始根である. しかるに, $18^{36} \equiv 1 \bmod 37^2$ (註 [29.5]). そして, $(18+37)^{36} \equiv 1 + 2 \cdot 37 \bmod 37^2$. なお, 註 [41.6] の場合, $10^{982} \not\equiv 1 \bmod 983^2$. よって $10 \bmod 983^2$ は原始根であり, $\frac{1}{983^2}$ の循環節の長さは $983 \cdot 982 = 965306$.

§44.

定理 25 原始根は, 法が $2, 4, p^{\alpha}, 2p^{\alpha}$ の何れかに等しい場合にのみ存在する. ここに, 素数 $p \geq 3$, 指数 $\alpha \geq 1$ は任意である.

[証明] 原始根 $\bmod q$ の存在は, $q = 2, 4$ については自明であり, $q = p^{\alpha}$ の場合は定理 24. 一方, $\varphi(2p^{\alpha}) = \varphi(p^{\alpha})$ であり, 原始根 $r \bmod p^{\alpha}$, $2 \nmid r$, を採るならば $\{r^w : 1 \leq w \leq \varphi(p^{\alpha})\}$, は一つの既約剰余系 $\bmod 2p^{\alpha}$ である. 仮に, $2 | r$ の場合には, $p^{\alpha} - r$ を用いればよい. つまり, この 4 種の法については原始根が存在する. 一方, q が 2^{β}, $\beta \geq 3$, に等しい場合は定理 24 により除外される. それゆえ, q がこれら 5 種のどれとも一致せぬ場合, $q = q_1 q_2$, $\langle q_1, q_2 \rangle = 1$, $q_1, q_2 \geq 3$, と分解できる. そこで, $\langle a, q \rangle = 1$ であるならば, (29.3) と (29.9) から, $a^{[\varphi(q_1), \varphi(q_2)]} \equiv 1 \bmod q$. よって, $a \bmod q$ の位数は $[\varphi(q_1), \varphi(q_2)]$ 以下である. しかるに, (10.6) により $[\varphi(q_1), \varphi(q_2)] = \varphi(q)/\langle \varphi(q_1), \varphi(q_2) \rangle < \varphi(q)$. 何故ならば, $\langle \varphi(q_1), \varphi(q_2) \rangle \geq 2$. 証明を終わる.

[44.1] 多少趣の異なる論法であるが, $q = p_1^{\alpha_1} p_2^{\alpha_2} \cdots p_J^{\alpha_J}$ を q の素因数分解とし, $\langle a, q \rangle = 1$ につき $a^{\varphi(p_j^{\alpha_j})} \equiv 1 \bmod p_j^{\alpha_j}$. そこで, L を $\{\varphi(p_j^{\alpha_j})\}$ の最小公倍数とするとき, $a^L \equiv 1 \bmod p_j^{\alpha_j}$. つまり, $a^L \equiv 1 \bmod q$. 従って, $a \bmod q$ が原始根であるならば, $L = \varphi(q)$. これより, $\langle \varphi(p_j^{\alpha_j}), \varphi(p_k^{\alpha_k}) \rangle = 1, j \neq k$. よって, q は異なる奇素数 2 個を素因数には持ち得ず, $q = 2^a p^b$,

$p > 2$. 以下省略.

[44.2] 法 $q = 2, 4, p^\alpha, 2p^\alpha$, $p \geq 3$, $\alpha \geq 1$, について,
$$\prod_{\substack{1 \leq a < q \\ \langle a, q \rangle = 1}} a \equiv -1 \bmod q.$$

これは, Wilson の定理 (36.2) の Gauss による拡張 [DA, art. 78] の一部である. 別証明を与える. 法 $q = 2p^\alpha$ の場合だけを扱う. 他の場合は省略してよかろう. 法 q に関する原始根を v とするならば, 問題の積は v^Q に合同. ただし, $Q = \sum_{j=1}^{\varphi(q)} j = (\varphi(q)/2)(\varphi(q)+1)$. 一方, $(v^{\varphi(q)/2} + 1)(v^{\varphi(q)/2} - 1) \equiv 0 \bmod q$ であるが, $v^{\varphi(p^\alpha)/2} \not\equiv 1 \bmod p$. 実際, 他の場合には $v \bmod p$ の位数は $(p-1)/2$ の約数となり矛盾. よって, $v^{\varphi(q)/2} \equiv -1 \bmod p^\alpha$. 法を $2p^\alpha$ としても変化は無く, $v^{\varphi(q)/2} \equiv -1 \bmod q$. 何故ならば, v は奇数である. 残る Q の因数 $\varphi(q) + 1$ は奇数であることに注意し, 証明を終わる. もちろん, (36.2) の別証明も得た訳である.

§45.

原始根を手中にし, 基本課題 (40.1) に戻る. 次の定理は, 解の有る無しを組み合わせ $\{a, \ell, q\}$ から a priori かつ量的に判断できるとする. 合成数一般を法とする場合には, 定理 21 と組み合わせる. なお, 解を実際に求めることとは異なる文脈に属する. その一般的な手法を §47 にて与えるが, 個別的な例は註 [45.6]–[45.8].

定理 26 条件

$$\begin{aligned}(1)\ & q = 2, 4, p^\alpha, 2p^\alpha, \quad p \geq 3, \alpha \geq 1, \\ (2)\ & q = 2^\alpha, \alpha \geq 3, \quad \langle \ell, 2^{\alpha-2} \rangle = 2^\gamma,\end{aligned} \tag{45.1}$$

の下に, 合同方程式 $x^\ell \equiv a \bmod q$, $\langle a, q \rangle = 1$, は

$$(1): \begin{cases} \text{(i)}\ a^{\varphi(q)/\langle \ell, \varphi(q) \rangle} \equiv 1 \bmod q & \langle \ell, \varphi(q) \rangle \text{ 個の解を持つ,} \\ \text{(ii) その他} & \text{解無し.} \end{cases} \tag{45.2}$$

$$(2): \begin{cases} \text{(i)}\ \gamma = 0 & \text{唯一個の解を持つ,} \\ \text{(ii)}\ a \equiv 1 \bmod 2^{\gamma+2}, \gamma \geq 1 & 2^{\gamma+1} \text{ 個の解を持つ,} \\ \text{(iii) その他} & \text{解無し.} \end{cases} \tag{45.3}$$

[証明]
(1) 原始根 $r \bmod q$ が存在する. そこで, $x \equiv r^y$, $a \equiv r^A \bmod q$ と置くならば, (40.6) により, 問題の合同方程式は, $\ell y \equiv A \bmod \varphi(q)$ と同値であ

る．つまり，(30.4) により，$\langle \ell, \varphi(q) \rangle | A$ が必要充分条件となる．このとき，解 $y \bmod \varphi(q)$ の個数は $\langle \ell, \varphi(q) \rangle$．つまり，(40.6) を経由し元のベキ乗合同方程式の解 $x \bmod q$ の個数は $\langle \ell, \varphi(q) \rangle$．さらに，$\langle \ell, \varphi(q) \rangle | A$ であるならば，$a^{\varphi(q)/\langle \ell, \varphi(q) \rangle} \equiv (r^{A/\langle \ell, \varphi(q) \rangle})^{\varphi(q)} \equiv 1 \bmod q$．逆に，$1 \equiv r^{A\varphi(q)/\langle \ell, \varphi(q) \rangle} \bmod q$ から $\varphi(q) | (A\varphi(q)/\langle \ell, \varphi(q) \rangle)$．つまり，$\langle \ell, \varphi(q) \rangle | A$．

(2) $a \equiv (-1)^f 5^g, x \equiv (-1)^s 5^t \bmod 2^\alpha$ と置くならば，$s\ell \equiv f \bmod 2$, $t\ell \equiv g \bmod 2^{\alpha-2}$．もちろん，$\alpha \geq \gamma + 2$．

(i) $2 \nmid \ell$ と同値であるゆえ，唯一解 $s \bmod 2, t \bmod 2^{\alpha-2}$ が定まる．

(ii) $f = 0, 2^\gamma | g$，と同値．$s \equiv 0, 1 \bmod 2$ は共に解．また，2^γ 個の解 $t \bmod 2^{\alpha-2}$ が存在する．つまり，元のベキ乗合同方程式は $2^{\gamma+1}$ 個の解を持つ．

(iii)$_1$ $f = 1$．解 $s \bmod 2$ は存在せず．

(iii)$_2$ $f = 0, 2^\gamma \nmid g$．解 $t \bmod 2^{\alpha-2}$ は存在せず．

定理の証明を終わる．

とくに，法が素数 $p \geq 3$ である場合につき，定理の意味するところは次の通りである．仮定 $p - 1 = f\ell$ のもと，

$x^f \equiv 1 \bmod p$ は f 個の解 $\{s_1, s_2, \ldots, s_f\} \bmod p$ を持つ．

このとき，$y^\ell \equiv s_j$ は ℓ 個の解 $\{t_{j,1}, t_{j,2}, \ldots, t_{j,\ell}\} \bmod p$ を持つ． (45.4)

これら f 個の集合は重なること無く，合併集合は既約剰余系 $\bmod p$．

つまり，$1, 2, \ldots, p - 1$ のそれぞれを ℓ 乗するならば f 個の ℓ 次剰余 $\bmod p$ を得る．例えば，2 次剰余は $(p-1)/2$ 個；$p \equiv 1 \bmod 3$ ならば，3 次剰余は $(p-1)/3$ 個；$p \equiv 1 \bmod 4$ ならば，4 次剰余は $(p-1)/4$ 個，などである．確かめは，$s_j^{(p-1)/\ell} \equiv 1 \bmod p$ をもって充分．

何れにせよ，法 $p \equiv 1 \bmod \ell$ を止めるとき，ℓ 次剰余・非剰余を判定することは定理により至極容易．では，逆は如何なることとなるのか．極めて基本的な課題の存在を指摘しておく．自然数の任意の組 $\{\ell, a\}$ を止めるとき，

a が ℓ 次剰余 $\bmod p$ となる素数 p の集合を
明示的に定める算法の探究． (45.5)

2 次剰余の場合には解答を §59 以降にて与える．それは Gauss [DA] に含まれる

記念すべき成果の一つである．しかし，ℓ 一般については代数的整数論に踏み込まざるを得ず，本講義の外となる．定理26を円分方程式論 (つまりは円の等分割) から観ることについては，註 [71.4], [71.5] を参照せよ．

[45.1]　本定理を Euler の判定定理と呼ぶ習わしである．しかし，彼が考察した法は素数のみである．必要性が Euler (1747, Theorema 13) にて示されている．もちろん，(29.10) の単純な応用である．同所 (63. Scholion) にて充分性が予想され，後に (1755, Theorema 19) をもって確認されている．原始根は用いられていない．Legendre (1785, Théorème I) にある通り，Lagrange の定理 22 (註 [41.1]) を用いるならば解の個数も含め証明はごく容易である (註 [45.4] を見よ)．定理 26 そのものは [DA, Sectio III] に含まれる．ただし，上記は Arndt (1846) のまとめを元としている．

[45.2]　Euler (1755, Theorema 19) の論旨を多少の変更のうえ採録しておく．まず，$p-1 = f\ell$，$a^f \equiv 1 \bmod p$ とする．このときに，$x^\ell \equiv a \bmod p$ が解を持つことを証明する．仮にこの様な解が存在しないとする．合同式 $(y^\ell)^f - a^f \equiv 0 \bmod p$ が $y = 1, 2, \ldots, p-1$ について成立していることから，$(y^\ell)^f - a^f = (y^\ell - a)F_0(y)$ とおくとき，これらの y 全てについて $F_0(y) \equiv 0 \bmod p$．よって，$F_0(y) - F_0(1) = (y-1)F_1(y)$ において $F_1(y) \equiv 0 \bmod p$ が $y = 2, 3, \ldots, p-1$ について成立する．同様に，$F_1(y) - F_1(2) = (y-2)F_2(y)$ において，$F_2(y) \equiv 0 \bmod p$，$y = 3, 4, \ldots, p-1$．操作を繰り返し矛盾に達する．Euler (*ibid.*, 78. Scholion: 論文末尾) は，この '差分法' への格別の思いを記している．

[45.3]　命題 (45.4) はベキ乗合同方程式に関する Euler の成果の核心を Smith (1859, art. 12) が述べたものである．同所の脚注には Euler (1736, 1755, 1758a, 1772b, 1772c) が関係論文として挙げられている．既に註 [41.2], [41.3] にて示唆した通り，確かにこれらは Euler 整数論集の一中核である．即ち，整数論の礎．Gauss の批判 (註 [41.2]) はあるものの．なお，巡回群の言葉を用いるならば (45.4) はごく平明な事実である．しかし，それが全てにはあらず．

[45.4]　Lagrange (1775, pp.778–779) は (45.2) にて $\ell = 2$，$q = p$ の場合を扱っている．彼の論旨を一般の $\ell | (p-1)$ に適用することは容易である．つまり，$a^{(p-1)/\ell} \equiv 1 \bmod p$ であるならば，$x^{p-1} - 1 \equiv (x^\ell)^{(p-1)/\ell} - a^{(p-1)/\ell} \bmod p$．この右辺は $x^\ell - a$ により割り切れる．従って，註 [41.1] により，$x^\ell \equiv a \bmod p$ は ℓ 個の解を持つ．Euler の差分論法との差異は僅かではあるものの，もたらされる結論の明確さの違いは大．ここで何よりも知るべきは，Euler による十重二十重の探究のなかから Lagrange 整数論が生まれて来たことである．彼は論文・信書のそこかしこにて Euler への学恩を語っている．Lagrange の論法は，単純にして透徹．第4章 (2 次形式論) にていやます感動．

[45.5]　素数 ℓ, p および $p \nmid a$ につき，合同方程式 $x^\ell \equiv a \bmod p$ は $p \equiv 1 \bmod \ell$ のときのみ特殊な状態となる．つまり，$p \not\equiv 1 \bmod \ell$ であるならば，全ての a，$p \nmid a$，が ℓ 次剰余 $\bmod p$ である．実際，$\langle p-1, \ell \rangle = 1$ より $\ell\mu \equiv 1 \bmod (p-1)$ なる μ が存在し，$x_0 \equiv a^\mu \bmod p$ と

置くならば, $x_0^\ell \equiv a^{\ell\mu} \equiv a \bmod p$. より一般に $x^k \equiv a \bmod q$, $\langle k, \varphi(q)\rangle = 1$, については, $k\lambda \equiv 1 \bmod \varphi(q)$ を採り, $x \equiv a^\lambda \bmod q$.

[45.6] 合同方程式 $x^7 \equiv 7 \bmod 983$. 定理 26 の (1) に当たるが, $7^{982} \equiv 1 \bmod 983$ は (29.10) そのもの. つまり, 解は唯一. 註 [41.6] における原始根 5 mod 983 の場合の計算結果を再利用するが, やや幸運に $5^{100} \equiv 7 \bmod 983$. これは, 2 進展開 $100 = 2^2 + 2^5 + 2^6$ による. つまり, $7y \equiv 100 \bmod 982$ を解けば良い. 互除法により, $7 \cdot 421 - 982 \cdot 3 = 1$. 従って, $y \equiv 421 \cdot 100 \equiv 856 \bmod 982$. そこで, 再度, 2 進展開 $856 = 2 + 2^3 + 2^6 + 2^9$ に注意し, $x \equiv 5^{856} \equiv 589 \bmod 983$. 確かめ算は, $589^7 \equiv 589 \cdot 589^2 \cdot (589^2)^2 \equiv 589 \cdot (-78) \cdot 78^2 \equiv 259 \cdot 186 \equiv 7 \bmod 983$.

[45.7] 合同方程式 $x^6 \equiv 89 \bmod 1072$ は 24 個の解を持つ. 素因数分解 $1072 = 2^4 \cdot 67$ により, 合同方程式 (1) $x_1^6 \equiv 9 \bmod 2^4$ および (2) $x_2^6 \equiv 22 \bmod 67$ を考察する. (1) については, (45.3) の (ii) が $\gamma = 1$ をもって該当する. 従って, 解 $\bmod 2^4$ は 4 個. 実際, $x_1 \equiv \pm 5^u$ と置けば, $5^{6u} \equiv 5^2 \bmod 2^4$ より, $6u \equiv 2 \bmod 2^2$. つまり, $u = 1, 3 \bmod 2^2$ となり, $x_1 \equiv \pm 5, \pm 5^3 \bmod 2^4$. 次に, (2) については, $22^{11} \equiv 1 \bmod 67$ により (45.2) から解は 6 個. 実際, 2 mod 67 が原始根であり, $2^{60} \equiv 22 \bmod 67$ に注意し, $x_2 \equiv 2^y$ と置くならば $6y \equiv 60 \bmod 66$. つまり, $y = 10, 21, 32, 43, 54, 65$. よって, $x_2 \equiv 19, 52, 33, 48, 15, 34 \bmod 67$. 以上を (31.3) をもって元の合同方程式の解としてまとめる. 互除法により, $21 \cdot 16 - 5 \cdot 67 = 1$. 従って, $x \equiv 21 \cdot 16 \cdot x_2 - 5 \cdot 67 \cdot x_1 \bmod 1072$. 即ち, $x \equiv \pm 19, \pm 101, \pm 115, \pm 149,, \pm 235, \pm 253, \pm 283, \pm 301, \pm 387, \pm 421, \pm 435, \pm 517 \bmod 1072$. 例えば, $387^6 = 89 + 3133798041160 \cdot 1072$.

[45.8] 合同方程式 $x^{17} \equiv 31 \bmod p$. ただし, $p = 430883$. 註 [42.3] の計算を再利用し, $17 | (p-1)$ かつ $31^{(p-1)/\langle 17, p-1\rangle} \equiv 1 \bmod p$. 従って, (45.2) により解は 17 個存在する. しかし, 前 2 例とは異なり, 根を具体的に定めることはやや困難である. その理由は $2^u \equiv 31 \bmod p$ となる $u \bmod (p-1)$ を求めることがあまり容易ではないことにある. ここでは $p - 1 = 2 \cdot 17 \cdot 19 \cdot 23 \cdot 29$ という特殊な状態を用いることにより, 問題の解決を図る. はじめに, $u \equiv u_2 \bmod 2$, $u \equiv u_{17} \bmod 17$, $u \equiv u_{19} \bmod 19$, $u \equiv u_{23} \bmod 23$, $u \equiv u_{29} \bmod 29$ とおく. このとき,

$$2^{u_2(p-1)/2} \equiv 2^{u(p-1)/2} \equiv 31^{(p-1)/2} \equiv -1,$$

$$2^{u_{17}(p-1)/17} \equiv 2^{u(p-1)/17} \equiv 31^{(p-1)/17} \equiv 1,$$

$$2^{u_{19}(p-1)/19} \equiv 2^{u(p-1)/19} \equiv 31^{(p-1)/19} \equiv 261760,$$

$$2^{u_{23}(p-1)/23} \equiv 2^{u(p-1)/23} \equiv 31^{(p-1)/23} \equiv 379692,$$

$$2^{u_{29}(p-1)/29} \equiv 2^{u(p-1)/29} \equiv 31^{(p-1)/29} \equiv 139143 \bmod p.$$

まず, $2^{(p-1)/2} \equiv -1 \bmod p$ であるゆえ, $u_2 = 1$. また, $u_{17} = 0$ は明らか. 次に, 註 [42.3] から, $2^{(p-1)/19} \equiv 205285$. そこで, $205285^\nu \bmod p$ を次々に計算する. その結果, $205285^5 \equiv 261760 \bmod p$, つまり $u_{19} = 5$. 同様にして, $u_{23} = 12$, $u_{29} = 10$ を得る.

これらから, $u \bmod (p-1)$ を計算するために, (31.3) を用いる. 互除法により最大公約数 $\langle \frac{1}{2}(p-1), \frac{1}{17}(p-1), \frac{1}{19}(p-1), \frac{1}{23}(p-1), \frac{1}{29}(p-1) \rangle$ を計算し, 行列算にて

$$(215441, 25346, 22678, 18734, 14858) \cdot \begin{pmatrix} 1 & -16 & -4 & 0 & -2 \\ -1 & 17 & 0 & 0 & 0 \\ -12 & 152 & 209 & -57 & 57 \\ 25 & -322 & -414 & 115 & -115 \\ -26 & 377 & 261 & -58 & 87 \end{pmatrix}$$

は $(1, 0, 0, 0, 0)$. つまり,

$$215441 - 25346 - 12 \cdot 22678 + 25 \cdot 18734 - 26 \cdot 14858 = 1.$$

従って,

$$u \equiv 215441 \cdot u_2 - 25346 \cdot u_{17} - 12 \cdot 22678 \cdot u_{19} + 25 \cdot 18734 \cdot u_{23} - 26 \cdot 14858 \cdot u_{29}$$
$$\equiv 180999 \bmod (p-1) \quad \Rightarrow \quad 2^{180999} \equiv 31 \bmod p.$$

もとの合同方程式に戻り, $x \equiv 2^\xi \bmod p$ とするならば, $17\xi \equiv 180999 \bmod (p-1)$. これを解き, $\xi \equiv 10647 + 25346j \bmod (p-1)$, $j = 0, 1, \ldots, 16$. かくして, 次の 17 個の解を得る.

$x \equiv 22837, 31639, 34899, 65067, 107548, 154358, 197467, 250066, 265335,$

$\qquad 369281, 370165, 386426, 389613, 413102, 413177, 414868, 422982 \bmod 430883.$

註 [47.4] に別解を置く.

[45.9]　上記の計算手順は, 一般に $p - 1 = p_1^{e_1} p_2^{e_2} \cdots p_k^{e_k}$ とし用いることができる. ここに, $p_1, p_2, \ldots, p_k$ は相異なる素数. 係数 u_{17}, u_{29} などに相当するものは, $u \equiv \lambda_{j,0} + \lambda_{j,1} p_j + \cdots + \lambda_{j, e_j - 1} p_j^{e_j - 1} \bmod p_j^{e_j}$ なる展開となる. 原始根 $r \bmod p$ を採り, 合同式

$$a^{(p-1)/p_j^\nu} \equiv r^{(\lambda_{j,0} + \lambda_{j,1} p_j + \cdots + \lambda_{j,\nu-1} p_j^{\nu-1})(p-1)/p_j^\nu} \bmod p, \quad 1 \le \nu \le e_j,$$

により, $\lambda_{j,0}, \lambda_{j,1}, \ldots, \lambda_{j, e_j - 1}$ を順次定め $u \bmod (p-1)$ を決定する. しかし, この手法の実用は各素因数 p_j が比較的に小なる場合 (smooth) に限られよう.

[45.10]　定義 (38.3) を言い換えるならば,

　　　　合成数 q は Carmichael 数 $\Leftrightarrow \{a : a^{q-1} \equiv 1 \bmod q\} = (\mathbb{Z}/q\mathbb{Z})^*$.

しかるに, $q = p_1^{\alpha_1} p_2^{\alpha_2} \cdots p_J^{\alpha_J}$ とするとき, 定理 26 により, $x^{q-1} \equiv 1 \bmod q$ の解の個数は $\prod_{j=1}^{J} \langle q - 1, \varphi(p_j^{\alpha_j}) \rangle$. 従って,

　　　　q は Carmichael 数 $\Leftrightarrow q$: sqf かつ $(p_j - 1) | (q - 1), 1 \le j \le J$.

とくに, $J \ge 3$. 仮に, $q = p_1 p_2$ であるならば, $(p_1 - 1) | (p_2(p_1 - 1) + (p_2 - 1))$ より $(p_1 - 1) | (p_2 - 1)$. 同じく, $(p_2 - 1) | (p_1 - 1)$. これらから, 矛盾 $p_1 = p_2$.

§46.

　法 q は定理 25 の範囲内に限られたものとするとき原始根 r mod q が存在する．定理 26 の証明や註 [45.6]–[45.8] に見られるごとく各 a, $\langle a, q\rangle = 1$, について $a \equiv r^u$ mod q なる指数 u mod $\varphi(q)$ を知ることができさえするならば，課題 (40.1) を解くことは至極容易なものとなる．それゆえ，次の離散対数 Ind (discrete logarithm) の定義に導かれる．

　まず，各 $p \geq 3$ につき原始根 r_p mod p を (43.1) に従い定める．このとき，解釈 (30.1)–(30.2) のもとに，$p \nmid a$ に対し

$$\mathrm{Ind}_{r_p}(a) \equiv u \bmod \varphi(p^\alpha) \Leftrightarrow r_p^u \equiv a \bmod p^\alpha \tag{46.1}$$

と定義する．ここに，

$$\text{ベキ指数 } \alpha \text{ は任意と見なし得る．} \tag{46.2}$$

つまり，$\mathrm{Ind}_{r_p}(a)$ は充分に大なるベキにつき定義されており，それを局所的に観るならば u mod $\varphi(p^\alpha)$ を採ることとなる．もちろん，$\mathrm{Ind}_{r_p}(ab) \equiv \mathrm{Ind}_{r_p}(a) + \mathrm{Ind}_{r_p}(b)$ mod $\varphi(p^\alpha)$．つまり，Ind_{r_p} は乗法群 $(\mathbb{Z}/p^\alpha\mathbb{Z})^*$ から加法群 $\mathbb{Z}/\varphi(p^\alpha)\mathbb{Z}$ への同型写像を与える．通常の対数と類似している．原始根 r_p を r'_p に取り換えるならば，$\mathrm{Ind}_{r'_p}(a) \equiv \mathrm{Ind}_{r'_p}(r_p) \cdot \mathrm{Ind}_{r_p}(a)$ mod $\varphi(p^\alpha)$, $\langle \mathrm{Ind}_{r'_p}(r_p), \varphi(p^\alpha)\rangle = 1$.

　一方，法が 2 のベキである場合には，

$$\mathrm{Ind}^{(2)}(a) = \begin{cases} 0 & a \equiv 1 \bmod 2,\ \alpha = 1, \\ v \bmod 2 & a \equiv (-1)^v \bmod 4,\ \alpha = 2, \\ \{v \bmod 2,\ w \bmod 2^{\alpha-2}\} & a \equiv (-1)^v 5^w \bmod 2^\alpha,\ \alpha \geq 3, \end{cases} \tag{46.3}$$

と定義する．下辺はベクトルである．

定理 27　一般の法 $q = \prod_p p^{q(p)}$ について，$Z^+_{p^\alpha}$ をもって，$p \geq 3, \alpha \geq 0$ または $p = 2, \alpha \leq 2$ なるとき加群 $\mathbb{Z}/\varphi(p^\alpha)\mathbb{Z}$ を，また，$p = 2, \alpha \geq 3$ なるとき加群 $(\mathbb{Z}/2\mathbb{Z}) \oplus (\mathbb{Z}/2^{\alpha-2}\mathbb{Z})$ を示すものとするならば，Abel 群としての同型

$$(\mathbb{Z}/q\mathbb{Z})^* \cong Z^+_{2^{q(2)}} \oplus \cdots \oplus Z^+_{p^{q(p)}} \oplus \cdots \tag{46.4}$$

が成立する．ただし，右辺は加群としての直和である．また，Z^+_1 なる項は加群

{0} であり, 無視される.

[証明] これは, (33.1), (43.1) および (43.2) をまとめたものに他ならない. つまり, 既約剰余類 $a \bmod q$ について, 写像

$$a \bmod q \mapsto \{\mathrm{Ind}^{(2)}(a), \ldots, \mathrm{Ind}_{r_p}(a), \ldots\} \tag{46.5}$$

を採ればよい. ただし, 右辺の各要素の値域につき自明な解釈を採る. 証明を終わる. 註 [44.2] にて既に示したところであるが, $p \geq 3$ について次を注意しておく.

$$\mathrm{Ind}_{r_p}(-1) \equiv \frac{1}{2}\varphi(p^\alpha) \bmod \varphi(p^\alpha). \tag{46.6}$$

ところで, 原始根 $r \bmod p$ と指数 $u \bmod (p-1)$ が与えられたとき, $r^u \bmod p$ を計算することに特段の困難は無い. しかし, 逆にこの原始根をもって, 任意に与えられた剰余 $a \bmod p$ に対し $\mathrm{Ind}_r(a)$ を求めることは一般に困難である. 例えば, 註 [46.2] にて示す $p = 43$ の場合ですら配列 $\{a, \mathrm{Ind}_5(a)\}$ の並び方には自明な事実以外にこれという規則性があるとは映らない. 他方, 註 [45.8] にては $p = 430883$ について $\mathrm{Ind}_2(31)$ の値が得られてはいるが, それは $p-1$ が小素因数のみを含む (smooth) という特殊な事情あればこそ比較的容易になされたことである.

そこで, ごく一般的な状態に対応する手法として, 因数分解に関する ρ 法に類似する '離散対数に関する ρ 法' が工夫されている. ただし, 確率的論法である. まず, 始めに原始根 $r \bmod p$, $2 \leq a < p$, および $x_0 = 1, \alpha_0 = 0, \beta_0 = 0$ を用意し, 次の漸化式により生成された配列 $\{x_\nu, \alpha_\nu, \beta_\nu\}$, $x_\nu \equiv a^{\alpha_\nu} r^{\beta_\nu} \bmod p$, を観察する.

$$\begin{aligned} 0 < x_\nu < \tfrac{1}{3}p &\Rightarrow x_{\nu+1} = ax_\nu;\ \alpha_{\nu+1} = \alpha_\nu + 1,\ \beta_{\nu+1} = \beta_\nu, \\ \tfrac{1}{3}p < x_\nu < \tfrac{2}{3}p &\Rightarrow x_{\nu+1} = x_\nu^2;\ \alpha_{\nu+1} = 2\alpha_\nu,\ \beta_{\nu+1} = 2\beta_\nu, \\ \tfrac{2}{3}p < x_\nu < p &\Rightarrow x_{\nu+1} = rx_\nu;\ \alpha_{\nu+1} = \alpha_\nu,\ \beta_{\nu+1} = \beta_\nu + 1. \end{aligned} \tag{46.7}$$

意味するところは, 例えば $x_\eta \equiv x_\tau \bmod p$ つまり $a^{\alpha_\eta} r^{\beta_\eta} \equiv a^{\alpha_\tau} r^{\beta_\tau} \bmod p$ であるならば, $(\alpha_\eta - \alpha_\tau)\mathrm{Ind}_r(a) \equiv \beta_\tau - \beta_\eta \bmod (p-1)$ となり, $\mathrm{Ind}_r(a)$ を決定できる可能性がある, と云うことである. 因数分解の場合と同じく, 試行錯誤を念頭に置く. 列 $\{x_\nu, \alpha_\nu, \beta_\nu\}$ の生成方法はやはりできる限り乱数的な配列を得るべく

工夫されている.

なお, 現在までのところ, 多項式時間計算をもって離散対数を与える決定論的算法は知られていない. この課題を離散対数問題 (the discrete logarithm problem) と呼ぶ. ただし, 因数分解と同様に, 来るべき量子計算機上にては確率的ながら多項式時間をもって解決可能である. 重要ではあるが, その解説は略す. §§49–50 にて述べられる因数分解問題の扱いに加えるべきところは僅少である.

[46.1] 函数 Ind は [DA, art. 57] にて導入されたが, 通常の対数との類似が強く意識されている. 明らかに, 素数 q についてのみ $\mathrm{Ind}_r(q) \bmod (p-1)$ を知れば充分であり, そのように [DA] の巻末の表は作成されている. しかし, 各素数ごとに数表を作成せねばならぬゆえ, Ind には log ほどの効用は無い. 離散対数の意義は, 専ら理論的な議論においての利便にある. 既に, [DA, art. 61] にて同様な見解が述べられている. Gauss は, 何らかの直接的な手法によりベキ乗合同式の特解を求めるべきことを強調している. 註 [47.1] に続く.

[46.2] $a \cdot a^{-1} \equiv 1 \bmod p$ は $\mathrm{Ind}_{r_p}(a^{-1}) \equiv -\mathrm{Ind}_{r_p}(a) \bmod (p-1)$ と同値である. 例えば, 註 [36.2] は, 実は 5 mod 43 が原始根であることを用いて作成されたものである.

$\{a, \mathrm{Ind}_5(a)\} = \{1,0\}, \{2,33\}, \{3,37\}, \{4,24\}, \{5,1\}, \{6,28\}, \{7,35\}, \{8,15\},$
$\qquad \{9,32\}, \{10,34\}, \{11,18\}, \{12,19\}, \{13,8\}, \{14,26\}, \{15,38\}, \{16,6\},$
$\qquad \{17,20\}, \{18,23\}, \{19,31\}, \{20,25\}, \{21,30\}, \{22,9\}, \{23,4\}, \{24,10\},$
$\qquad \{25,2\}, \{26,41\}, \{27,27\}, \{28,17\}, \{29,5\}, \{30,29\}, \{31,40\}, \{32,39\},$
$\qquad \{33,13\}, \{34,11\}, \{35,36\}, \{36,14\}, \{37,7\}, \{38,22\}, \{39,3\}, \{40,16\},$
$\qquad \{41,12\}, \{42,21\}.$

原始根 $r \bmod 43$ は, $r = 3, 5, 12, 18, 19, 20, 26, 28, 29, 30, 33, 34$ の $\varphi(42) = 12$ 個である. 原始根の取り換えによる変換は, 例えば, $\mathrm{Ind}_5(a) \equiv 25\mathrm{Ind}_{20}(a)$, $\mathrm{Ind}_{20}(a) \equiv 37\mathrm{Ind}_5(a) \bmod 42$. 写像 (46.5) の例として $147 \bmod 2752 \mapsto \{\{1,7\},23\}$. 実際, $2752 = 64 \cdot 43$ であり, $147 \equiv -5^7 \bmod 64$, $147 \equiv 5^{23} \bmod 43$. もちろん, $p = 2, 43$ 以外の素数に対応する座標は 0 である.

[46.3] [DA, artt. 70–71] 剰余類 $a \bmod p$ の位数が t ならば, 原始根 $r \bmod p$ の採り方とは無関係に
$$\langle \mathrm{Ind}_r(a), p-1 \rangle = (p-1)/t.$$
何故ならば, $1 \equiv a^f \equiv r^{f\mathrm{Ind}_r(a)} \bmod p$ より $f \equiv 0 \bmod (p-1)/\langle \mathrm{Ind}_r(a), p-1\rangle$. つまり, $t = (p-1)/\langle \mathrm{Ind}_r(a), p-1\rangle$. 一方,
$$\langle t, u \rangle = 1 \text{ ならば, 原始根 } r \bmod p \text{ を適宜に選び,}$$
$$\mathrm{Ind}_r(a) \equiv ud \bmod (p-1), \quad d = (p-1)/t.$$

証明であるが, 任意に選ばれた原始根 $s \bmod p$ をもって $\mathrm{Ind}_s(a) \equiv vd \bmod (p-1)$, $\langle t, v \rangle = 1$, である. 実際, $d = \langle \mathrm{Ind}_s(a), p-1 \rangle \Rightarrow 1 = \langle v, (p-1)/d \rangle$. このとき, $uw \equiv v \bmod t$ かつ $w \equiv 1 \bmod (p-1)/\langle p-1, t^\infty \rangle$ と $w \bmod (p-1)$ を定めるならば, $\langle w, p-1 \rangle = 1$ かつ $udw \equiv vd \bmod (p-1)$. 求めるべき原始根は $r \equiv s^w \bmod p$. 確かめは, $a \equiv s^{vd} \equiv s^{udw} \equiv r^{ud} \bmod p$.

[46.4] [DA, art. 80] $p \neq 3$ であるならば, 全ての原始根 $\bmod p$ の積は $\equiv 1 \bmod p$. 原始根 $\bmod p$ を一つ定め各原始根の Ind を見るならば, $\sum_{j=1}^{p-1} j$, ただし $\langle j, p-1 \rangle = 1$, を考察することと同じである. 組 $\{j, p-1-j\}$ を採り, この和は $\langle (p-1)/2, p-1 \rangle = 1$ となる場合以外では $p-1$ の倍数. 例外は $p = 3$ のみ. 別証明として, (19.2) を用い, $\sum_{j=1}^{p-1} j \sum_{d | \langle j, p-1 \rangle} \mu(d)$ を計算するもよい. 註 [67.5] を参照せよ.

[46.5] 任意の素数 $p \geq 3$ について,

$$\text{原始根} \bmod p \text{ の和} \equiv \mu(p-1) \bmod p.$$

一つの原始根 $r \bmod p$ を定めるならば, 和は (19.2) により

$$\equiv \sum_{\substack{1 \leq k < p-1 \\ \langle k, p-1 \rangle = 1}} r^k \equiv \sum_{1 \leq k < p-1} r^k \sum_{\substack{d | k \\ d | (p-1)}} \mu(d) \equiv \sum_{\substack{d | (p-1) \\ d < p-1}} \mu(d) \sum_{j=1}^{(p-1)/d - 1} r^{jd}$$

$$\equiv \sum_{\substack{d | (p-1) \\ d < p-1}} \mu(d)(r^{p-1} - r^d)\rho_d \equiv - \sum_{\substack{d | (p-1) \\ d < p-1}} \mu(d) \equiv \mu(p-1) \bmod p.$$

ただし, $(r^d - 1)\rho_d \equiv 1 \bmod p$. 註 [19.4] の第 2 式にある 1 の原始 q 乗根の和と比較されよう. 註 [67.5] を参照せよ. 例えば, $p = 43$ の場合には

$$\text{原始根} \bmod 43 \text{ の和} \equiv 3 + 5 + 12 + 18 + 19 + 20 + 26$$

$$+ 28 + 29 + 30 + 33 + 34 = 257 = 6 \cdot 43 - 1 \equiv \mu(42) \bmod 43.$$

一方, [DA, art. 81] の議論に沿うならば, 素因数分解 $p-1 = p_1^{\alpha_1} \cdots p_J^{\alpha_J} \geq 2$ を用いる. 問題の和は $\prod_{j=1}^{J} \sum_j$ と分解される. ただし, $\sum_j$ は位数 $p_j^{\alpha_j}$ の剰余 $\bmod p$ の和 (註 [40.3]). つまり, $x^{p_j^{\alpha_j}} - 1 \equiv 0 \bmod p$ の解の和から $x^{p_j^{\alpha_j - 1}} - 1 \equiv 0 \bmod p$ のそれを引いたものである. 前者は $\equiv 0$, 後者は $\alpha_j = 1$ のときのみ $\equiv 1$ でありその他では $\equiv 0 \bmod p$. よって, $\sum_j \equiv \mu(p_j^{\alpha_j}) \bmod p$. 例えば, $p = 43$ の場合には註 [46.2] から位数 2,3,7 の a を求め,

$$\text{原始根} \bmod 43 \text{ の和} \equiv (42) \cdot (6 + 36) \cdot (4 + 11 + 16 + 21 + 35 + 41)$$

$$= 225792 \equiv \mu(42) \bmod 43.$$

[46.6] [DA, art. 75] $a \bmod p$ の位数を α とするとき, $\prod_{j=0}^{\alpha - 1} a^j \equiv (-1)^{\alpha - 1} \bmod p$. 実際, $2 \nmid \alpha$ ならば, $\alpha(\alpha - 1)/2 \equiv 0 \bmod \alpha$. また, $2 | \alpha$ ならば, $a^{\alpha/2} \equiv -1 \bmod p$ に注意すればよい. あるいは, 註 [46.3] ($u = 1$) により, 原始根 $r \bmod p$ を選び, $\mathrm{Ind}_r(a) \equiv (p-1)/\alpha \bmod (p-1)$. 積は $\equiv r^{(\alpha - 1)(p-1)/2} \equiv (-1)^{\alpha - 1} \bmod p$. とくに, $a \bmod p$ が原始根であるならば, 積は

$\equiv (p-1)!$ であるゆえ, (36.2) を再び得る. Euler (1773c, I) の論旨と同一. つまり, Euler は Ind の概念を把握していた, と言えよう.

[46.7] 離散対数に関する ρ 法は Pollard (1978) による.

[46.8] 充分に大きな素数についてこそ用いるべきものではあるが, $p = 43, r = 5, a = 7$ の場合に試みる. 次の列を得る.

$$\{1,0,0\}, \{7,1,0\}, \{6,2,0\}, \{42,3,0\}, \{38,3,1\}, \{18,3,2\}, \{23,6,4\},$$
$$\{13,12,8\}, \{5,13,8\}, \{35,14,8\}, \{3,14,9\}, \{21,15,9\}, \{11,30,18\},$$
$$\{34,31,18\}, \{41,31,19\}, \{33,31,20\}, \{36,31,21\}, \{8,31,22\}, \{13,32,22\}.$$

よって, $x_7 = x_{18} = 13$. 即ち, $a^{12}r^8 \equiv a^{32}r^{22} \bmod 43 \Rightarrow 20\,\mathrm{Ind}_5(7) \equiv -14 \bmod 42$. 互除法により, $\mathrm{Ind}_5(7) \equiv 14$ または $35 \bmod 42$. 検算を行い, $\mathrm{Ind}_5(7) = 35$ を得る. ここで, $5^{35} = 5^{14}5^{21}$ は $5^{14} \equiv -5^{35} \equiv -7 \bmod 43$ を意味する. 何故ならば, $5^{42/2} \equiv -1 \bmod 43$. あるいはむしろ, $x_8 = 5$ を用いる方が迅速である. この場合, $5 \equiv 7^{13}5^8 \bmod 43$. よって, $13\,\mathrm{Ind}_5(7) \equiv -7 \bmod 42$. 従って, $\mathrm{Ind}_5(7) \equiv 35 \bmod 42$ を再度得る.

§47.

では, 定理 26 を用い

$$x^\ell \equiv d \bmod p, \quad p \nmid d, \qquad (47.1)$$

が解を持つと判断できたものの, 原始根 $r \bmod p$ を知らず, あるいはそれを知り得ても $\mathrm{Ind}_r(d) \bmod (p-1)$ を求めることが困難である, という場合にはどのようにして実際に特解を求めるのか. 以下に一つの解答を示す. ただし,

$$\text{簡明のために } \ell \text{ を素数とする.} \qquad (47.2)$$

一般のベキ指数の場合はこの状態に還元される. また, 一般の法については, 註 [35.3] および下記の註 [47.5] を参照せよ.

既に註 [45.5] にて $\langle \ell, p-1 \rangle = 1$ の場合は済まされている. そこで, $p \equiv 1 \bmod \ell$ と仮定でき,

$$x^\ell \equiv d \bmod p, \quad p \nmid d; \quad p - 1 = \ell^g t, \; \ell \nmid t, \; g \geq 1, \qquad (47.3)$$

を考察する. 定理 26 のもとに,

$$d^{(p-1)/\ell} \equiv 1 \bmod p \qquad (47.4)$$

を確認し,

$$X_0 \equiv d^{(ht+1)/\ell}, \quad Y_0 \equiv d^{ht} \bmod p, \quad ht \equiv -1 \bmod \ell, \tag{47.5}$$

と置く. このとき,

$$X_0^\ell \equiv dY_0 \bmod p, \text{ かつ } Y_0 \bmod p \text{ の位数は } \ell^{g_0}, 0 \leq g_0 < g. \tag{47.6}$$

何故ならば, (47.4) から, $Y_0^{\ell^{g-1}} \equiv (d^{(p-1)/\ell})^h \equiv 1 \bmod p$. よって,

$$g_0 = 0 \text{ ならば } X_0 \bmod p \text{ は (47.1) の特解}. \tag{47.7}$$

他の場合には次を踏む.

$$\text{確率的な手順}: \quad \begin{array}{c} g_0 > 0 \text{ であるならば,} \\ \ell \text{ 次非剰余 } Z \bmod p \text{ を適宜に採る.} \end{array} \tag{47.8}$$

確率的 (もしくは, 試行錯誤) とする理由については註 [47.1] を見よ. 何れにせよ, このとき, $Z^t \bmod p$ の位数は ℓ^g である, 何故ならば, 定理 26 から $(Z^t)^{\ell^{g-1}} \equiv Z^{(p-1)/\langle p-1, \ell \rangle} \not\equiv 1 \bmod p$. 従って, $Z^t \bmod p$ のベキは $x^{\ell^g} \equiv 1 \bmod p$ の解全てを尽くす. しかるに, $Y_0 \bmod p$ はこの様な解の一つであるゆえ, $Y_0 \equiv (Z^t)^u \bmod p$ となる $u \bmod \ell^g$ が存在する (記号を読み換え (41.3) を応用). かつ, $((Z^t)^u)^{\ell^{g_0}} \equiv Y_0^{\ell^{g_0}} \equiv 1 \bmod p$. つまり $u \equiv 0 \bmod \ell^{g-g_0}$. 従って,

$$Y_0 \equiv (Z^t)^{k\ell^{g-g_0}} \bmod p, \quad 0 \leq k < \ell^{g_0}, \tag{47.9}$$

となる k が存在する. かくして, (47.1) の特解

$$X_1 \equiv (Z^t)^{(\ell^{g_0}-k)\ell^{g-g_0-1}} d^{(ht+1)/\ell} \bmod p \tag{47.10}$$

を得, 全ての解は

$$\{X_1 \cdot Z^{j(p-1)/\ell} \bmod p : j \bmod \ell\} \tag{47.11}$$

をもって与えられる. 何故ならば, $\{Z^{j(p-1)/\ell} \bmod p : j \bmod \ell\}$ は $x^\ell \equiv 1 \bmod p$ の全ての解である. なお, (47.11) は $g_0 = 0$ の場合にも成立している.

自明ながら, (47.2)–(47.5) のもとに

$$\begin{array}{l} \ell | (p-1), \ \ell^2 \nmid (p-1) \\ \Rightarrow \ x^\ell \equiv d \bmod p \text{ の特解は } d^{(ht+1)/\ell} \bmod p. \end{array} \tag{47.12}$$

従って, $p-1$: sqf なる素因数 p のみをもって構成される法の場合にはベキ乗合同

方程式 (40.1) を解くことは比較的に容易である．多少入り組みはするが，(47.12)，
註 [35.3] をもって特解に到達できる．

[47.1]　上記は Tonelli (1891) の着想をごく僅か改作したものである．彼は $\ell = 2$ の場合のみ
を考察している (本質的な差にあらず；後述の §65 を見よ)．要は (47.8) にあり，$Z \bmod p$ の
選択がなされ得ることを前提としている．言うなればここに弱点がある．もっとも，ℓ 次非剰余
$\bmod p$ を探索すること自体は確率的には容易と言い得る．何故ならば，(45.4) により ℓ 次剰余
$\bmod p$ の密度は $1/\ell$．最小 ℓ 次非剰余 $\bmod p$ の一般的評価は極めて深い問題とされてはいるも
のの，経験上は $Z \bmod p$ は比較的に小なる C_p をもって $\{c \bmod p : c \leq C_p\}$ のうちに同定さ
れる場合が殆どである．一方，(47.9) における k の決定は，一種の離散対数問題である．しかし，
ℓ, g が共にあまり大ならざるときには，その解決はもちろん容易である．ちなみに，$\ell = 2$ の場
合には，対応する部分にてさらに算法を導入できる．また，註 [70.6] において Cipolla (1907) に
よる (47.1)–(47.2) の別解法を示す．やはり，確率的である．

[47.2]　ℓ 次剰余 $\bmod p$ は $(\mathbb{Z}/p\mathbb{Z})^*$ の真部分群をなす．ℓ 次非剰余はその外部にある．従って，
註 [33.6] により ERH の下に $C_p \leq 3(\log p)^2$．

[47.3]　合同方程式 $x^3 \equiv 7 \bmod p, p = 8101$ をこの方法により解いてみる．手法 (37.2) を用いる
が，その詳細は割愛する．まず，$p-1 = 3^4 \cdot 100, g = 4, t = 100$．一方，$7^{(p-1)/3} \equiv 1 \bmod p$ であ
り，$7 \bmod p$ は 3 次剰余．また，$h = 2$．よって，$X_0 \equiv 7^{67} \equiv 5038, Y_0 \equiv 7^{200} \equiv 2013 \bmod p$．
次に，$Y_0^3 \equiv 5883, Y_0^9 \equiv 1 \bmod p$．つまり，$g_0 = 2$．それゆえ，3 次非剰余を必要とするが，
$3^{(p-1)/3} \not\equiv 1 \bmod p$ であり，$Z = 3$ と採る．ここで，$(3^t)^{s \cdot 3^2} \bmod p, s \bmod 3^2$，を計算し，
$s = 7$ をもって $Y_0 \bmod p$ に達し $k = 7$．それゆえ，(47.9) により $X_1 \equiv (3^t)^{(3^2-7) \cdot 3} X_0$．従っ
て，$X_1 \cdot 3^{j(p-1)/3} \bmod p, j = 0, 1, 2$，を計算し，解は 4472, 4829, 6901 mod 8101 の 3 個に
限る．即ち，$n^3, n = 1, 2, \ldots$，を次々と 8101 をもって割って行くならば，$n = 4472$ に至り漸
くに余り 7 が現れる．$4472^3 = 7 + 11039941 \cdot 8101$．

[47.4]　外見上はより困難と映る $x^{17} \equiv 31 \bmod p, p = 430883$，を上記に沿って扱ってみる．註
[42.3] の結論 (法は素数) は採るが，註 [45.8] とは独立に考察する．この場合，$p - 1 = 17 \cdot 25346$，
$17^2 \nmid (p-1)$ であるゆえ，$g = 1, t = 25346$．一方，$31^{(p-1)/17} \equiv 1 \bmod p$ より，$31 \bmod p$
は 17 乗根 $\bmod p$．次に，$t \equiv -1 \bmod 17$ に注意し $h = 1$ と採る．もちろん，$g = 1$ で
あるから，(47.12) の場合であり，特解 $X_0 \equiv 31^{(t+1)/17} \equiv 31^{1491} \equiv 197467 \bmod p$ を得
る．これは確かに註 [45.8] にて得られたものの一つである．残るは $x^{17} \equiv 1 \bmod p$ の解を
全て定めることである．つまり，(47.8) に続く議論から，17 次非剰余 $Z \bmod p$ を必要と
する．そこで，$2^{(p-1)/17} \equiv -17592 \bmod p$ より，定理 26 を経由し $Z \equiv 2 \bmod p$ を採用
する．よって，$(-17592)^j \bmod p, j \bmod 17$，が定めるべきものである．かくして，全ての解
$\{197467 \cdot (-17592)^j \bmod p : j = 0, 1, \ldots 16\}$ を得る．これらが註 [45.8] の 17 個の解と一致
することの確認は省略する．以上は，註 [45.8] の議論と比較し明らかに簡易．

[47.5]　素数 $p \geq 3, p \equiv 1 \bmod \ell$，につき，$x^\ell \equiv d \bmod p$ の解 $\xi \bmod p$ を $x^\ell \equiv d \bmod p^\alpha$

§47.　131

の解へ持ち上げるには, 註 [35.3] (とくに, Legendre (1798, pp.419–420)) の手法を試すことができる. あるいは, Tonelli (*ibid.*) が $\ell = 2$ の場合に示した具体策を少々一般化するならば,

$$\xi \bmod p \mapsto \xi^{p^{\alpha-1}} d_*^{(p^{\alpha-1}-1)/\ell} \bmod p^\alpha, \ dd_* \equiv 1 \bmod p^\alpha.$$

証明には, (43.3) に続く議論を $\xi^\ell d_* \equiv 1 \bmod p$ に適用し, $(\xi^\ell d_*)^{p^{\alpha-1}} \equiv 1 \bmod p^\alpha$ であることに注意する. 例えば, 註 [47.4] の場合, 互除法を用い $d_* \equiv 17967112228 \bmod p^2$. よって, $\xi \equiv 197467 \bmod p \mapsto \xi^p d_*^{(p-1)/17} \equiv 68321005947 \bmod p^2$.

[47.6] 念のための注意. 以上は $G = (\mathbb{Z}/p\mathbb{Z})^*$ の群構造の解析に他ならない. 部分群 $A = \{x : x^t \equiv 1 \bmod p\}$, $B = \{(Z^t)^k : k \bmod \ell^g\}$ をもって $G = AB, A \cap B = 1$ (直積分解). そこで分解 $d = aZ^{kt}, a \in A$, を定めることができるならば, d の ℓ 乗根 (特解) を求めることは容易である. 実際, a の ℓ 乗根の一つは $a^{(ht+1)/\ell}$. 一方, 条件 (47.4) により $\ell | k$.

§48.

ところで, 再三の注意喚起とはなるが, 合同方程式に関するこれまでの議論は法の素因数分解 (34.3) を前提としたものである. 理由は, 現状では原始根の存在に関する定理 24–25 を手段とせざるを得ないことにある. よって, 1 次合同方程式のみを言わば例外とし, 2 次以上の場合には (34.3) を置かずして議論することは殆ど不可能.

しかるに, 素数判定につき §38 にて議論したところはベキ乗合同式の理論に含まれる. それゆえ論旨の逆転を試み, これまでの知見をもって素数判定および素因数分解につき認識を深める. 議論は以下本章末まで続く.

始めに素数判定に関する手法を示す. このために, 強蓋素数 (38.5) であるのか否かを判断の基準に置く. 手順が意味を持つためには試すべき底の個数に限度があることを要するが, その保証 (下記の (48.6)) は次の明示式からもたらされる. かくして, 既に幾度か垣間見た確率論的思考が前面に立ち始める. 定理 26 の量的な性格が, 確率評価をなすべき事象の個数をもたらすのである.

定理 28 奇数 $q \geq 3$ を採り,

$$\begin{aligned} q = p_1^{\alpha_1} p_2^{\alpha_2} \cdots p_J^{\alpha_J}, \ q - 1 = 2^\beta t, \ 2 \nmid t, \\ p_j - 1 = 2^{\beta_j} t_j, \ 2 \nmid t_j, \ \beta_0 = \min\{\beta_j : j \leq J\} \end{aligned} \quad (48.1)$$

とする. このとき,

$$|\{a \bmod q : q \in \mathrm{spp}(a)\}| = \left(1 + (2^{J\beta_0} - 1)/(2^J - 1)\right) \prod_{j=1}^{J} \langle t, t_j \rangle. \quad (48.2)$$

[証明] 始めに, $\beta_0 \leq \beta$. 何故ならば, $p_j^{\alpha_j} \equiv 1 \bmod 2^{\beta_j}$ より, $q \equiv 1 \bmod 2^{\beta_0}$. また, 条件 (38.5) を分解し,

$$\{a \bmod q : q \in \mathrm{spp}(a)\}$$
$$= \{a \bmod q : a^t \equiv 1 \bmod q\} \sqcup \bigsqcup_{\gamma=0}^{\beta-1} \{a \bmod q : a^{2^\gamma t} \equiv -1 \bmod q\}. \quad (48.3)$$

ここで

$$|\{a \bmod q : a^t \equiv 1 \bmod q\}| = \prod_{j=1}^{J} \langle t, t_j \rangle. \quad (48.4)$$

かつ, $0 \leq \gamma < \beta$ のもとに,

$$|\{a \bmod q : a^{2^\gamma t} \equiv -1 \bmod q\}| = \begin{cases} 0 & \gamma \geq \beta_0, \\ 2^{J\gamma} \prod_{j=1}^{J} \langle t, t_j \rangle & \gamma < \beta_0. \end{cases} \quad (48.5)$$

実際, 定理 26 により $x^t \equiv 1 \bmod p_j^{\alpha_j}$ の解の個数は $\langle t, \varphi(p_j^{\alpha_j}) \rangle = \langle t, t_j \rangle$ であり (48.4) を得る. 一方, $x^{2^\gamma t} \equiv -1 \bmod q$ が解を持つための必要充分条件は (45.2) により $\varphi(p_j^{\alpha_j})/\langle 2^\gamma t, \varphi(p_j^{\alpha_j}) \rangle \equiv 0 \bmod 2, \forall j$. しかるに, $2^{\min(\gamma, \beta_j)} \| \langle 2^\gamma t, \varphi(p_j^{\alpha_j}) \rangle$ であるゆえ, これは $\gamma < \beta_j, j \leq J$, 即ち, $\gamma < \beta_0$ と同値である. このとき, $x^{2^\gamma t} \equiv -1 \bmod p_j^{\alpha_j}$ の解の個数は $\langle 2^\gamma t, \varphi(p_j^{\alpha_j}) \rangle = 2^\gamma \langle t, t_j \rangle$. つまり, (48.5) を得る. かくして, (48.3) を経由し (48.4) および $(48.5)_{\gamma < \beta_0}$ の和を求め, 定理の証明を終わる.

明示式 (48.2) より次の評価が従う.

$$\text{奇数の合成数 } q \geq 11 \text{ につき,}$$
$$|\{a \bmod q : q \in \mathrm{spp}(a)\}| \leq \frac{1}{4} \varphi(q). \quad (48.6)$$

証明であるが, $1 + (2^{J\beta_0} - 1)/(2^J - 1) \leq 2^{J(\beta_0-1)+1}$ に注意し,

$$\frac{\varphi(q)}{|\{a \bmod q : q \in \mathrm{spp}(a)\}|} \geq \frac{1}{2} \prod_{j=1}^{J} \frac{2^{\beta_j} t_j p_j^{\alpha_j - 1}}{2^{\beta_0 - 1} \langle t, t_j \rangle}. \quad (48.7)$$

右辺の各因子は明らかに偶数. よって, $J \geq 3$ ならば, $(48.7) \geq 2^{J-1} \geq 4$. また, $J = 2$ かつ $p_k^2 | q$ ならば, k-因子は $2p_k^{\alpha_k - 1}$ 以上であるゆえ, $(48.7) \geq 2p_k > 4$.

§48. *133*

さらに, $q = p_1^{\alpha_1} \geq 11$, $\alpha_1 \geq 2$ ならば, (48.7) $\geq p_1^{\alpha_1-1} > 4$. 残る場合には $q = p_1 p_2$, $p_1 < p_2$. このとき, $\beta_0 < \beta_2$ ならば $2^{\beta_0 -1}\langle t, t_2\rangle \leq \frac{1}{4}2^{\beta_2}t_2$. 従って, (48.7) ≥ 4. それゆえ, $\beta_0 = \beta_2$ と仮定するが, $q-1 = p_1(p_2-1) + p_1 - 1$ と共に $\beta_0 \leq \beta$ に注意し, $2^{\beta_0-1}\langle t, t_2\rangle = \frac{1}{2}\langle q-1, p_2-1\rangle = \frac{1}{2}\langle p_1-1, p_2-1\rangle$. よって, $2^{\beta_2}t_2/(2^{\beta_0-1}\langle t,t_2\rangle) = 2(p_2-1)/\langle p_1-1, p_2-1\rangle \geq 4$. 実際, $(p_2-1)/\langle p_1-1, p_2-1\rangle$ は 1 より大なる整数. 以上から, (48.6) を得る.

[確率的素数判定法]

評価 (48.6) を基とし直感的な議論を行う. 大なる奇数 q が合成数であるのか否か判定を試みる. まず, $1 < a_1 < q$ を乱数的に採る. もしも $\langle a_1, q\rangle > 1$ ならば判定は終了. 一方, $\langle a_1, q\rangle = 1$ ならば, $q \in \mathrm{spp}(a_1)$ か否か調べる. 否ならば判定は終了. 他方, $q \in \mathrm{spp}(a_1)$ であるならば, q が合成数であるときこの事象の確率は (48.6) を参照し $1/4$ 以下であるとできよう. そこで, 新たに a_2 を乱数的に採り, 判定作業を繰り返す. もしも $\langle a_2, q\rangle > 1$ あるいは, $\langle a_2, q\rangle = 1$ かつ $q \notin \mathrm{spp}(a_2)$ であるならば判定終了. 残る場合には, $q \in \mathrm{spp}(a_1) \cap \mathrm{spp}(a_2)$ となるが, q が合成数であるときこの事象の確率は 4^{-2} 以下であるとできよう. さらに乱数的に $a_3, \dots$ を採り作業を続行する. かくして, $q \in \cap_{r=1}^{R}\mathrm{spp}(a_r)$ なる状態に達したとする. もしも q が合成数であるならば, この事象の確率は 4^{-R} 以下と観られよう. そこで, R を充分大に採ることができているのであるならば, q が合成数なる仮定のもとにはこのような事象は殆ど起こりえない. つまり, q は相当な確率をもって '素数らしき' と多項式時間をもって判定される (註 [38.1] を参照せよ).

では, $q \notin \mathrm{spp}(a)$, $\langle a, q\rangle = 1$, などにより q は合成数であるとの判断を得たとき q の因数分解を達成するには如何にすべきか. この根底的な課題につき, 一手法を示す. まず, $[q^{1/\nu}]^{\nu}$, $\nu = 2, 3 \dots \leq [\log q/\log 2]$, を調べ, q がベキ乗数である場合を当然に除外する. かくして, (48.1) を用意し,

$$\text{奇数 } q \text{ は } J \geq 2 \text{ なる合成数} \tag{48.8}$$

と仮定する. このとき,

$$\begin{aligned}&a \bmod q \text{ の位数が偶数 } 2s, \text{ かつ } a^s \not\equiv -1 \bmod q \\ &\Rightarrow q = \langle a^s - 1, q\rangle\langle a^s + 1, q\rangle \text{ は非自明な因数分解.}\end{aligned} \tag{48.9}$$

実際, $(a^s-1)(a^s+1) \equiv 0 \bmod q$ かつ $\langle a^s-1, a^s+1\rangle$ は 2 か 1. よって,

$q = \langle q, (a^s - 1)(a^s + 1)\rangle = \langle q, a^s - 1\rangle \langle q, a^s + 1\rangle$ であり, 右辺の因子は共に 1 ではない. つまり, (48.9) の条件節を充たす $a \bmod q$ を採り出すことができるならば, q の因数分解が達成される. そこで, (48.6) と同様に, この条件節を充たさぬ $a \bmod q$ の個数を知り, 手法 (48.9) が失敗する確率が小であることを示さねばならない. 必要となる量的な情報は定理 26 にあらずそれに先立つ原始根に関する諸々から得られる.

定理 29

$$\left|\left\{\begin{array}{c} a \bmod q \text{ の位数は奇数} \\ \text{または 偶数 } 2s, \text{ かつ } a^s \equiv -1 \bmod q \end{array}\right\}\right| \tag{48.10}$$
$$= \frac{(1 + (2^{J\beta_0} - 1)/(2^J - 1))}{2^{\beta_1 + \beta_2 + \cdots + \beta_J}} \varphi(q) \leq \frac{1}{2^{J-1}} \varphi(q).$$

[証明] 不等式 (48.7) の直前の注意により, 明示式の証明をもって足りる. まず, 定理 24 により原始根 $r_j \bmod p_j^{\alpha_j}$ を採る. また, $a \bmod p_j^{\alpha_j}$ の位数を $2^{\eta_j} u_j$, $2 \nmid u_j$, とする. もちろん, $2^{\eta_j} u_j | \varphi(p_j^{\alpha_j})$. 詳しくは, 各 j につき

$$\begin{array}{c} a \equiv (r_j^{v_j})^{w_j} \bmod p_j^{\alpha_j}, v_j = \varphi(p_j^{\alpha_j})/2^{\eta_j} u_j, \\ w_j \bmod 2^{\eta_j} u_j, \langle w_j, 2^{\eta_j} u_j \rangle = 1. \end{array} \tag{48.11}$$

何故ならば, $a \equiv r_j^{\omega} \bmod p_j^{\alpha_j}$ の位数は (40.4) により $\varphi(p_j^{\alpha_j})/\langle \omega, \varphi(p_j^{\alpha_j})\rangle$ であり, $\langle \omega, \varphi(p_j^{\alpha_j})\rangle = v_j$. つまり, (48.11) の下辺. 次に, 註 [40.4] により, $a \bmod q$ の位数は $2^\eta u$, $\eta = \max\{\eta_j\}$, $u = [u_1, u_2, \ldots, u_J]$. とくに,

$$a \bmod q \text{ の位数は奇数} \Leftrightarrow \eta_j = 0, j \leq J. \tag{48.12}$$

このとき, 各 j につき $u_j | t_j p_j^{\alpha_j - 1}$ かつ (48.11) の下辺は $w_j \bmod u_j$, $\langle w_j, u_j \rangle = 1$. つまり, (48.12) を充たす $a \bmod p_j^{\alpha_j}$ の個数は $\sum \varphi(u_j)$, $u_j | t_j p_j^{\alpha_j - 1}$. これは, (19.8) により, $t_j p_j^{\alpha_j - 1} = \varphi(p_j^{\alpha_j})/2^{\beta_j}$ に等しい. 都合, 法 q のもと

$$|\{a \bmod q \text{ の位数は奇数}\}| = \prod_{j=1}^{J} (\varphi(p_j^{\alpha_j})/2^{\beta_j}) = \frac{\varphi(q)}{2^{\beta_1 + \beta_2 + \cdots + \beta_J}}. \tag{48.13}$$

さらに, $\eta \geq 1$ の場合, $a \bmod q$ の位数は偶数 $2s$, $s = 2^{\eta-1} u$ である. ここで, 仮に $\eta_k < \eta$ であるならば, $a^s \equiv r_k^\lambda \bmod p_k^{\alpha_k}$, $\lambda = 2^{\eta - \eta_k - 1}(u/u_k) w_k \varphi(p_k^{\alpha_k}) \equiv 0 \bmod \varphi(p_k^{\alpha_k})$ となり, $a^s \equiv 1 \bmod p_k^{\alpha_k}$, つまり $a^s \not\equiv -1 \bmod q$. 一方, $\eta_k = \eta$ であるならば, (46.6) に注意し, $a^s \equiv \left(r_k^{\varphi(p_k^{\alpha_k})/2}\right)^{w_k u / u_k} \equiv -1 \bmod p_k^{\alpha_k}$. よって, $a^s \equiv -1 \bmod q \Leftrightarrow \eta_j = \eta, j \leq J$. そこで (48.11) に戻り, w_j の個数は $\varphi(2^\eta u_j)$

であることに注意し, 該当する $a \bmod p_j^{\alpha_j}$ の個数は $\sum \varphi(2^\eta u_j)$, $u_j | t_j p_j^{\alpha_j - 1}$. こ
れは $2^{\eta-1} t_j p_j^{\alpha_j - 1} = 2^{\eta - \beta_j - 1} \varphi(p_j^{\alpha_j})$ に等しい. 従って,

$$|\{a \bmod q \text{ の位数は偶数 } 2s, 2^{\eta-1} \| s, \text{ かつ } a^s \equiv -1 \bmod q\}|$$
$$= \frac{2^{(\eta-1)J} \varphi(q)}{2^{\beta_1 + \beta_2 + \cdots + \beta_J}}. \tag{48.14}$$

事象の独立性に注意の上, (48.13) および $(48.14)_{1 \leq \eta \leq \beta_0}$ を合わせ定理の証明を終わる.

[確率的因数分解法]

評価 (48.10) を基として直感的な議論を行う. 条件 (48.8) を置き, $1 < a_1 < q$ を乱数的に採る. もしも $\langle a_1, q \rangle > 1$ ならば作業は終了. 一方, $\langle a_1, q \rangle = 1$ であるとき, $a_1 \bmod q$ の位数を定め (48.9) の条件が充たされているならば, q の因数分解を得る. 他の場合の確率は (48.10) により $\frac{1}{2}$ 以下であるが, 新たに a_2 を乱数的に採り作業を繰り返す. もしも $\langle a_2, q \rangle > 1$ ならば作業は終了. 一方, $\langle a_2, q \rangle = 1$ であるとき, $a_2 \bmod q$ の位数を定め (48.9) の条件が充たされているならば q の因数分解を得る. 残る場合の確率は $\frac{1}{4}$ 以下. かくして, q の因数分解を得ることに R 回続けて失敗する確率は 2^{-R} 以下. よって, 作業を重ねるうちに因数分解に達することは殆ど確実と言えよう. 注意であるが, 条件 (48.8) は不可欠 (これは §51 にて解説する暗号理論の要と正に符合する). ちなみに, 確率的因数分解の結果検証は容易かつ決定的. 確率的なる語の意味合いが素数判定の場合とは全く異なる.

ただし, 以上は課題

$$\text{任意の } a, \langle a, q \rangle = 1, \text{ につき } a \bmod q \text{ の位数 } \lambda \text{ を定める} \tag{48.15}$$

を措いた上での論旨である. よって議論はさらに次 2 節に続く. なお, しばし q, λ は共に充分大と仮定する. もちろん, これにて一般性を失うことはない.

[48.1]　ERH (註 [55.5]) が解決された後には, 上記の確率的素数判定法は高効率な決定論的素数判定法となる (Miller (1976, Theorem 2)). 即ち, ERH の下に, $q \in \text{spp}(a), 2 \leq \forall a \leq 2(\log q)^2$ であるならば q は素数 (Bach (1990, p.373)).

[48.2]　評価 (48.6) は Monier (1980, Proposition 2) と Rabin (1980, Theorem 1) による. かく確率論的に捉えるならば, 繰り返すべき演算回数 R は小. しかし, 確率的素数判定の結果検

証を試みることは明らかに無意味. あえて言うなれば, 素数なりなる判定を信じるか否かとなる.

[48.3] では, 多項式時間演算をもって決定論的に素数判定を成就できるのか否か. この課題そのものは既に Agrawal et al (2004) によって可と結論されている. しかし, 計算量は多項式時間とは言え大. なおかつ, 素数であるとの判定結果を再確認するには判定計算を繰り返す他無い. 他方, それとは著しく異なり, 例え確率的手法で得られた因数分解であろうとも, 結果の確認は容易かつ絶対的な '証明' をもたらす. 高効率な因数分解算法の獲得こそが遥かに根本的であるゆえん.

[48.4] 注意であるが, 上記の素数判定法は因数分解を与えることもある. 例えば, $q \in \mathrm{pp}(a)$, $\notin \mathrm{spp}(a)$ なる場合である. 数値例として $q = 745889$. このとき, $2^5 \| (q-1)$ であり,

$$\langle 2^{(q-1)/32} - 1, q \rangle = 1, \qquad \langle 2^{(q-1)/32} + 1, q \rangle = 1,$$
$$\langle 2^{(q-1)/16} + 1, q \rangle = 2113, \qquad \langle 2^{(q-1)/8} + 1, q \rangle = 353,$$
$$\langle 2^{(q-1)/4} + 1, q \rangle = 1, \qquad \langle 2^{(q-1)/2} + 1, q \rangle = 1.$$

よって $q \in \mathrm{pp}(2)$, $\notin \mathrm{spp}(2)$; $q = 2113 \cdot 353$.

[48.5] 観察 (48.9) および明示式・評価 (48.10) は Shor (1994, p.130; 1996a, pp.15–16) より採録.

§49.

Shor (1994) によれば,

定理 30 量子計算機上にては, 課題 (48.15) は確率的ながら多項式時間をもって解決可能. 系として, 因数分解問題も同様.

[証明] 主命題である前半の証明を以下に与える. 議論は 2 節に分かれる. 本節にて量子計算機の定義と応用を示し, 次節にて出力結果の解析を行う. 言うまでも無く, 電磁系の構築および電磁操作は措き, 数学的な議論に始終する. なお, 関連前史は Shor 論文の序文に詳らかである.

(1) 正規直交基底 $\{|0\rangle, |1\rangle\}$ をもって張られた 2 次元 Hilbert 空間 $\mathbf{q} = \mathbb{C}|0\rangle + \mathbb{C}|1\rangle$ を右から左へ 0 番から $L-1$ 番まで並べる. この順番を保ち L-重 tensor 積 $\mathbf{q}^L$ を構成する. 空間 $\mathbf{q}^L$ は, 2 進番号付けによる

$$\begin{aligned} x &= x_{L-1} \cdot 2^{L-1} + \cdots + x_1 \cdot 2 + x_0, \quad x_j = 0, 1, \\ &\Rightarrow |x_{L-1}\rangle \otimes \cdots \otimes |x_1\rangle \otimes |x_0\rangle \end{aligned} \quad (49.1)$$

を正規直交基底とする 2^L 次元 Hilbert 空間である (桁表示順序に注意せよ). Dirac

記号 $|\cdot\rangle$ を混用するが、基底を $|x_{L-1}\rangle\cdots|x_1\rangle|x_0\rangle = |x_{L-1}\cdots x_1 x_0\rangle = |x\rangle$ などと表す.

(2) 古典 (現行汎用) 計算機をもって行われる演算は、基底系 $\{|x\rangle\}$ 内に限られる. その上に広がる空間 $\mathbf{q}^L$ は回路設計においては視界に無い. 古典計算機を作成する際に用いられる素子の捉え方によるところである. つまり、素子の電磁状態は {off, on} を記号化し

$$\mathfrak{p} = \{|0\rangle, |1\rangle\} \tag{49.2}$$

の 2 種に限られるとする. この 2 元集合を改めて素子とし,

$$\text{素子 } \mathfrak{p} \text{ の各状態をもって bit と称する.} \tag{49.3}$$

電磁系として番号付き L 個の素子を集積するならば、その全電磁状態は集合 $\mathfrak{p}^L = \{|x\rangle\}$ である. 古典計算機上の演算は $\mathfrak{p}^L$ 内の写像と同義.

(3) 古典計算機 $\mathfrak{p}^L$ から浮上し、巨大な空間 $\mathbf{q}^L$ を計算資源と採ることを目差す. このために、電磁的に $|\psi\rangle = \alpha|1\rangle + \beta|0\rangle$, $\alpha, \beta \in \mathbb{C}$, を実現することを単に量子 $\mathbf{q}$ の状態を $|\psi\rangle$ とすると略記し,

$$\text{量子 } \mathbf{q} \text{ の各状態をもって qubit と称する.} \tag{49.4}$$

そして、番号付き L 個の量子を集積するならば、系全体の全ての可能な状態は量子力学の公理に従い Hilbert 空間 $\mathbf{q}^L$ となる. かくして、$\mathfrak{p}^L$ が古典計算機に対するところと同じく、量子計算機 $\mathbf{q}^L$ が想定される.

(4) 系 $\mathfrak{p}^L$ の測定結果は常に確定的に記述可能. 対するに、量子系の測定結果は確定的にはあらず確率的に記述される. 系 $\mathbf{q}^L$ が状態 $\sum_x \alpha_x |x\rangle$ にあると想定されるとき,

$$\text{基底 } |\xi\rangle \text{ が測定される確率は } |\alpha_\xi|^2 / \left(\sum_x |\alpha_x|^2\right). \tag{49.5}$$

かつ、$|\xi\rangle$ が測定されたならば $\mathbf{q}^L$ の状態は $|\xi\rangle$ へ不可逆的に変化する (基底 $|\xi\rangle$ への射影と云うに同じ). なお、古典計算機の場合には素子間に干渉は無いものとされるが、量子計算機にては量子間に干渉が存在する (*entangled* states). 2 状態の tensor 積では表現できぬ状態である. 例えば、2 量子系の状態 $|0\rangle|0\rangle + |1\rangle|1\rangle$. 片方の量子の状態により他方の量子の状態が定まる、と解釈し得る (一方が 0 (1) と測定されたならば他方も '必然的に' 0 (1)). この特性が一般化され量子計算に

て活用される.

(5) かくして, $\mathbf{q}^L$ 上の量子計算とは量子力学的手法によって得られるべき $\mathbf{q}^L$ の状態変化を経由し計算を行うこと, とする. 以下, 計算機 $\mathbf{q}^L$ などと略記する. つまり, 量子計算とは量子系の時間発展 (*time evolution*) の一種であり, 量子力学の公理に従い,

$$\text{計算機 } \mathbf{q}^L \text{ 上の演算は空間 } \mathbf{q}^L \text{ 上の unitary 写像 (作用素).} \tag{49.6}$$

従って, とくに, 可逆 (*reversible*) である. 対するに, 古典計算機における演算写像は一般的には非可逆 (*irreversible*) である. 詳しくは註 [49.6] を見よ. 状態 $|\Psi\rangle = \sum_x \alpha_x |x\rangle$ にあると想定される計算機 $\mathbf{q}^L$ において演算 U を行うならば, その線形性は論理等式

$$\text{U}|\Psi\rangle = \sum_x \alpha_x \text{U}|x\rangle \tag{49.7}$$

を意味する. 基底系 $\{|x\rangle\}$ に関する $\text{U}|\Psi\rangle$ の出力測定から得られる確率分布は, 右辺各項全ての結果が得られたものと想定の上, 数学的に算定される確率分布に一致すべし. 右辺が物理現象として実際に生じているのか否かを問うことは別次元の課題 (註 [49.1]). 量子計算機を重ねて定義するならば, 目的に沿う unitary 写像 U を構成 (回路設計) し数学上の論理等式 (49.7) を測定値の解釈に活用する電磁装置, となる. 回路については註 [49.4] 以降を見よ.

(6) さて, 函数 $f: \mathbb{N} \cup \{0\} \mapsto \mathbb{N} \cup \{0\}$ を採り, その変域と値域は共に 2 進 L 桁以内であるものとする. 空間 $\mathbf{q}^{2L} = \mathbf{q}^L \otimes \mathbf{q}^L$ に作用する線形写像 U_f を

$$\text{U}_f: |x\rangle |y\rangle \mapsto |x\rangle |f(x) \oplus y\rangle \tag{49.8}$$

をもって定める. 上位, 下位 L 桁の基底を $|x\rangle$, $|y\rangle$ をもって表示. 演算 $\oplus$ は桁ごとの繰り上がり無し足し算 (加算 mod 2). 写像 U_f の unitary 性は明らか. 従って, U_f は計算機 $\mathbf{q}^{2L}$ における演算である. つまり, 函数 f の通常の演算を量子演算と見なすことがきる訳である. 言うまでもなく, x と $f(x)$ を組として捉えるがゆえに unitary 性が獲得されている. ただし, 至極当然ながら, この '見なし' は個別の x について $f(x)$ を全て計算し尽くした上に行われるものであってはならない. 古典計算機上の演算一般と同じく, f は, U_f が基本的 unitary ゲート (quantum logic gates) をもって効果的に programming され得るものに限定さ

れる (註 [49.5] 以降を見よ). なお, 本来は $2L$ 個の qubits に加え補助 (ancillary) qubits, つまり一種の計算用紙を添加すべきであるが略す.

(7) 以上の準備をもって Shor 理論の核心部に入る. まず, 充分大なる法 q について

$$2^{L-1} \leq q^2 < 2^L \tag{49.9}$$

とする. この L の採り方の理由は次節の (50.4) にて明らかとなる. 2 組 L 個ずつの量子系を用意し, 上記のごとく $\mathbf{q}^{2L}$ の基底系 $\{|x\rangle |y\rangle\}$ を設定する. 一方, 函数 $g(x)$ の値は, 剰余定理 (2.1) により a^x を q で割った余りとし, $\mathbf{q}^{2L}$ における演算 U_g を考察する. このために, まず初期化を行い $\mathbf{q}^{2L}$ の状態を $|0\cdots 0\rangle$ とする. その後, 上部 L qubits それぞれの状態を Hadamard 作用素

$$\mathrm{H}: \quad |0\rangle \mapsto \frac{1}{\sqrt{2}}(|0\rangle + |1\rangle), \ |1\rangle \mapsto \frac{1}{\sqrt{2}}(|0\rangle - |1\rangle), \tag{49.10}$$

によって変化させる. 正確には, H の L 重 tensor 積と 2^L 次元単位写像との tensor 積からなる unitary 変換を用いる. 計算機 $\mathbf{q}^{2L}$ は $2^{-L/2}\sum_x |x\rangle |0\rangle$ なる entangled 状態となる. 続いて, 演算 U_g を行う. 計算機の状態は, (49.7) により,

$$\frac{1}{2^{L/2}}\sum_x |x\rangle |g(x)\rangle = \frac{1}{2^{L/2}}\sum_{\rho=0}^{\lambda-1}\sum_{x\equiv \rho \bmod \lambda} |x\rangle |g(\rho)\rangle \tag{49.11}$$

となると想定される. ただし λ は $a \bmod q$ の位数 ((48.15)). 演算 U_g の回路構成については註 [49.7] において解説する.

(8) さらに, Fourier 変換

$$\mathrm{F}_L |x\rangle = \frac{1}{2^{L/2}}\sum_\xi e(-x\xi/2^L) |\xi\rangle, \quad e(\eta) = \exp(2\pi i \eta), \tag{49.12}$$

(詳しくは F_L と 2^L 次元単位写像の tensor 積) を状態 (49.11) に施す. ここに, $\{|\xi\rangle\}$ は $\{|x\rangle\}$ と同じく $\mathbf{q}^L$ の基底系. 変換 F_L は容易に unitary と知れる. 回路構成については註 [49.8] を見よ. 計算機 $\mathbf{q}^{2L}$ の状態は

$$\frac{1}{2^L}\sum_\xi \sum_{\rho=0}^{\lambda-1}\left(\sum_{x\equiv\rho \bmod \lambda} e(-x\xi/2^L)\right)|\xi\rangle |g(\rho)\rangle \tag{49.13}$$

へ変化すると (あくまでも数学的に) 想定される. この段階にて測定を行うならば, 量子力学の公理 (49.5) により, 基底出力 $|\xi\rangle |g(\rho)\rangle$ が確率

$$P(\xi,\rho) = \frac{1}{2^{2L}} \left| \sum_{x \equiv \rho \bmod \lambda} e(-x\xi/2^L) \right|^2 \qquad (49.14)$$

をもって得られる筈である．つまり，同じ量子計算を多数回繰り返すならば，特定の基底 $|\xi\rangle\,|g(\rho)\rangle$ が計算結果として現れる割合は $P(\xi,\rho)$ と予期される．

以上をもって量子計算機の援用を終わる．ちなみに，状態 (49.11) の段階にて測定を行うならば，何れかの $a^x \bmod q$ が偏り無く得られるのみであり，周期 λ を検出するには演算を (一般的には, 膨大な回数) 繰り返さねばならない．この無意味を避けるために，状態 (49.11) の重要部位の増幅 (*amplification*) を念頭に F_L を作用させ，最終出力の確率に意味ある濃淡を付ける．これが実際に目的とする増幅作用であることは次節の (50.8) にて確かめられる．

[49.1] 上記は公理論的な量子力学の枠内における至極直感的な議論である．論旨は: 量子系の状態の仔細を知ることは不可能，かつ測定の度に出力は異なり得る．しかしながら，測定値の確率分布はあらかじめ理論的に計算可能．All I'm concerned with is that the theory should predict the results of measurements (Hawking: Penrose (2007, p.785)).

[49.2] 少々加筆する．(a) 計算機械論は Turing machine を基とする．しかし，整数論との関連から観るならば，演算回路ないしは写像なる用語の使用が馴染みやすい．(b) 量子力学における '重ね合わせ' (superposition) なる表現は，ベクトルの複素数係数線形結合に他ならぬものと理解．(c) 量子 '並列計算' (quantum parallel computation) とは，unitary 変換 (49.7) を施す操作であると捉える．(d) 線形代数学にて線形変換は基底から観るならば相当な個数の演算を含んではいる．しかし，それをもって並列計算とは言わず．あくまでも一個の変換と観る．これらの他に，測定と射影写像の関係，観測者と量子系の独立性など数々の深慮すべきこと共がある．

[49.3] 整数論は数学の中の物理学と言われる．量子力学にて計算結果は確率的ではあるが，物理的な結果検証は明確．一方，何れの手法であれ確率的因数分解の結果検証は明確．

[49.4] 量子 **q** としたが，正しくは two-state quantum system である．典型は spin-1/2 粒子の全 spin 状態であり，粒子の具体例は電子．また，原子の励起，光の偏光などもある．これらの場合，直交する 2 ベクトル (基底状態の組 $\{|0\rangle, |1\rangle\}$) の複素数係数線形結合と解釈され得る状態が実在し，かつその測定結果は Born–von Neumann 律 (4) に従う．

[49.5] 古典計算機上の演算回路は基本ゲート $\{\text{NOT}, \text{AND}\}$ のみをもって構成可能である．演算 step 数は，当該の回路に組み込まれる基本ゲートの個数と見なし得る．とくに，この個数が入力の桁数の多項式である場合をもって多項式時間の計算とする．同様に，量子計算についても基本量子ゲートの考えを採る．小数の qubits に作用する少種類の万能的なゲートを織り込み効率的な回路を構成することが求められる．Unitary 変換を基本的な小 unitary 変換 (生成元集合)

に分解する一般的な課題に含まれる (Kitaev (1997)).

[49.6] 量子演算回路の実際については，古典計算機における可逆演算 *reversible* computing の議論を知る必要がある．任意の演算を，出力から入力に向かい逆行可能な演算に (過剰な複雑化無く) 置き換え得るのか否か．この重要問題は，Landauer (1961) の原理 '演算回路の発熱は情報消去による' に始まる．つまり，可逆な回路であるならば情報消去が無くエネルギー損失は極小となろう．そのような置き換えが可能であることの証明は，Lecerf (1963) および Bennett (1973) によってなされ，従って，古典計算機における演算は全て可逆とできると判明．では，具体的には可逆回路の基本ゲートは何れであるのか．NOT は明らかに可逆．しかし，AND は 1 bit の消去を含み非可逆．よって AND を可逆演算に置き換えるべし．解答の一つは Toffoli (1980: MIT/LCS/TM-151) による次の 3-bit ゲートである．

$$\mathrm{CCNOT}: |x\rangle|y\rangle|z\rangle \mapsto |x\rangle|y\rangle|xy\oplus z\rangle. \quad (\oplus: +\bmod 2)$$

可逆性は $(\mathrm{CCNOT})^2 = 1$，かつ

$$|1\rangle|1\rangle|z\rangle \mapsto |1\rangle|1\rangle\mathrm{NOT}(|z\rangle), \quad |x\rangle|y\rangle|0\rangle \mapsto |x\rangle|y\rangle\mathrm{AND}(|x\rangle|y\rangle).$$

よって，実用性は措き，理論的には古典計算機上の演算回路は CCNOT (Toffoli gate) のみをもって構成し可逆化可能.

[49.7] 一方，Barenco et al (1995: arXiv:quant-ph/9503016) によれば，基本量子ゲートとして

全ての 1-qubit unitary 変換と
2-qubit unitary 変換 $\mathrm{CNOT}: |x\rangle|y\rangle \mapsto |x\rangle|x\oplus y\rangle$

を採ることができる．とくに，CCNOT をこれら基本量子ゲート幾つかをもって構成し得る．つまり，古典計算機上にて多項式時間をもって可能な計算は量子計算機上にても同様である．四則算術回路構成の要である carry 付き加算 (3 qubits) $|x\rangle|y\rangle|0\rangle \mapsto |x\rangle|x\oplus y\rangle|xy\rangle$ は CCNOT と CNOT により得られる (ancillary qubits は措く)．算術回路一般については，例えば Vedral et al (1995: arXiv:quant-ph/9511018) など多くの提案がある．何れにせよ，ベキ乗合同演算 U_g は多項式時間の量子演算である (だが，ここに課題あり；§51 [a] の末尾を見よ)．なお，無限に存在する 1-qubit 変換を基本量子ゲートに採ることは，任意の unitary 変換の厳密な分解を望むならば避けることはできない．しかし，量子計算の実行から観るときには近似的な分解をもって足りるゆえ，用いるべき 1-qubit 変換を制限可能 (Kitaev (*ibid.*))．次項後段に続く．

[49.8] Coppersmith (1994: IBM Res. Rep., RC 19642). Fourier 変換 F_L の厳密な分解は次の通り．

$$F_L = P \cdot H_L \cdot (Y_{L-1,L} \cdot H_{L-1}) \cdot (Y_{L-2,L} \cdot Y_{L-2,L-1} \cdot H_{L-2}) \cdots$$
$$\cdots (Y_{2,L} \cdot Y_{2,L-1} \cdots Y_{2,4} \cdot Y_{2,3} \cdot H_2) \cdot (Y_{1,L} \cdot Y_{1,L-1} \cdots Y_{1,3} \cdot Y_{1,2} \cdot H_1).$$

ただし，P は qubits の順序逆転；H_j は左から j 番の qubit に H を作用させること，および $Y_{j,k}$ は，k 番 qubit が $|0\rangle$ ならば何もせず，$|1\rangle$ ならば j 番 qubit のみに変換

$$Z(-2^{j-k-1}), \quad Z(u) = \begin{pmatrix} 1 & 0 \\ 0 & e(u) \end{pmatrix},$$

を作用させることである. 証明には, 次の 2 等式に注意する.

$$F_L |x\rangle = \frac{1}{2^{L/2}}(|0\rangle + e(-x/2)|1\rangle) \otimes (|0\rangle + e(-x/2^2)|1\rangle) \otimes \cdots$$
$$\cdots \otimes (|0\rangle + e(-x/2^{L-1})|1\rangle) \otimes (|0\rangle + e(-x/2^L)|1\rangle).$$

および,

$$(Y_{1,L} \cdot Y_{1,L-1} \cdots Y_{1,3} \cdot Y_{1,2} \cdot H_1)|x_{L-1}\rangle |x_{L-2}\rangle \cdots |x_0\rangle$$
$$= \frac{1}{\sqrt{2}}(|0\rangle + e(-x/2^L)|1\rangle)|x_{L-2}\rangle \cdots |x_0\rangle.$$

Barenco et al (*ibid.*) によれば, 変換 $Y_{j,k}$ は幾つかの基本量子ゲートをもって構成される. また, P は $[L/2]$ 個の互換 (swap) に分解されるが, 互換が 3 個の CNOT に分解されることの確かめは容易. ゆえに, F_L は多項式時間の量子演算である. なお, 自明であるが, $k-j>0$ が大なる $Y_{j,k}$ を単位写像に置き換えることは (49.14) にさほどの差異を引き起こさない. 実は, 量子計算に当たり全ての $Z(u)$ を厳密に用意する必要は無く, 通常の作用素ノルムの意味にて, ごく少種類の変換の組み合わせにより量子演算写像を如何ほどにも近似できる. 例えば, Kitaev (*ibid.*) の議論から, 組

$$\{H, CNOT, Z(1/8)\}$$

を採用できると知れる. 詳しくは, Dawson–Nielsen (2005: arXiv:quant-ph/0505030v2) を見よ. 近似の度合いを強める (被覆メッシュを狭める) と共に当然にゲート, ancillary qubits の個数も増大する.

[49.9] 量子計算機を運用するに当たり信号の誤り訂正を考慮せねばならぬが, これに対処する基本的な解答 *fault tolerance* protocol は Shor (1996b) を始めとする一連の研究により既に与えられている. ノイズが一定の閾値以下であるならば, 信頼性の高い量子計算が可能. ただし, そのためには充分に多くの ancillary qubits を用意する要あり.

[49.10] 基本量子ゲート作成の実際は, 例えば, Tsirelson (1997) に解説されている. 1-qubit 変換は比較的に容易である. 遥かに困難な 2-qubit 変換 CNOT についても実証実験が行われている (Phys. Rev. Lett., **75** (1995), 4714–4717; 2012 Nobel Prize in Physics).

§50.

等式 (49.14) にて, 左辺 (つまりは値 ξ) は量子系の時間発展のもたらすべきものであり, 物理的に測定可能である. 一方, 右辺は (49.9) を基点とする数学的な演繹結果である. 右辺を解析することにより, 測定値 ξ から λ を抽出できまいか.

[数学上の議論] まず, (49.14) にて $x = \rho + w\lambda$, $0 \leq w < C_\rho = \sum_{x \equiv \rho \bmod \lambda} 1$, とし, w について加え

$$P(\xi, \rho) = \frac{1}{2^{2L}} \left(\frac{\sin\left(\pi C_\rho \lambda \xi / 2^L\right)}{\sin\left(\pi \lambda \xi / 2^L\right)} \right)^2. \tag{50.1}$$

右辺は $\lambda\xi/2^L$ が何らかの整数のごく近傍にあるときにのみ鋭い極値を示す (共鳴現象). その際に λ, ξ は特殊な関係にあり, これら特別な ξ を観測特定することにより求めるべき周期 λ に到達できよう. つまり, $\lambda\xi/2^L - h$ がごく小となる整数 h が存在する場合に注目すべし. このとき, h/λ は $\xi/2^L$ の優良な近似分数である. 即ち, $\xi/2^L$ を連分数に展開するとき h/λ は主近似分数として現れると期待される. しかるに, 逆に各 h, $1 \leq h < \lambda$, から見るならば, 実は, h/λ (既約分数とは限らず) は唯一の ξ について $\xi/2^L$ の主近似分数として現れる. 実際, 註 [4.2] により

$$2^L h = \lambda \xi_h + \lambda \omega_h, \quad 1 \leq \xi_h < 2^L, \ |\omega_h| \leq \frac{1}{2}, \tag{50.2}$$

と ξ_h, ω_h を定めるならば, 任意の h, k について, $\lambda|\xi_h - \xi_k| \geq 2^L|h - k| - \lambda$ であることから,

$$h \neq k \ \Rightarrow \ \xi_h \neq \xi_k. \tag{50.3}$$

かつ, (49.9) のもとに,

$$\left| \frac{\xi_h}{2^L} - \frac{h}{\lambda} \right| = \frac{|\omega_h|}{2^L} \leq \frac{1}{2^{L+1}} < \frac{1}{2q^2} < \frac{1}{2\lambda^2}. \tag{50.4}$$

Legendre 判定 (定理 14) により, h/λ は $\xi_h/2^L$ の主近似分数である. さらに, h/λ を既約化したものは次の手順をもって定められる.

$$\left| \frac{\xi_h}{2^L} - \frac{\alpha_h}{\beta_h} \right| \leq \frac{1}{2^{L+1}}, \ \langle \alpha_h, \beta_h \rangle = 1, \ \beta_h < q \ \Rightarrow \ \frac{\alpha_h}{\beta_h} = \frac{h}{\lambda}. \tag{50.5}$$

実際, この条件のもとに $|\alpha_h/\beta_h - h/\lambda| < 1/q^2$ であり, $|\alpha_h \lambda - \beta_h h| < 1$. ここで, 有用な観察

$$\langle h, k \rangle = 1 \ \Rightarrow \ [\beta_h, \beta_k] = \lambda. \tag{50.6}$$

何故ならば, $\lambda = d_h \beta_h = d_k \beta_k$, $d_h|h, d_k|k$, とし, $\beta_h = d_k \mu$, $\beta_k = d_h \mu$ より $[\beta_h, \beta_k] = [d_h, d_k]\mu = d_h d_k \mu = \lambda$.

では, $\{\xi_h\}$ は量子計算結果 (測定値) として出現するのであろうか. 出現確率を

計算する要がある. このために, (49.9) および $2^L/\lambda - 1 < C_\rho < 2^L/\lambda + 1$ に注意し

$$P(\xi_h, \rho) = \frac{1}{2^{2L}} \left(\frac{\sin\left(\pi C_\rho \lambda \omega_h / 2^L\right)}{\sin\left(\pi \lambda \omega_h / 2^L\right)} \right)^2$$
$$\sim \frac{1}{2^{2L}} \left(\frac{\sin\left(\pi \omega_h\right)}{\sin\left(\pi \lambda \omega_h / 2^L\right)} \right)^2 \geq \frac{4}{\pi^2 \lambda^2}. \tag{50.7}$$

不等式 $|\sin(\pi \omega_h)| \geq 2|\omega_h|$ および $|\sin(\pi \lambda \omega_h / 2^L)| \leq \pi \lambda |\omega_h|/2^L$ が用いられている. 従って,

$$\sum_{h=1}^{\lambda-1} \sum_{\rho=0}^{\lambda-1} P(\xi_h, \rho) > \frac{2}{5}. \tag{50.8}$$

内部和は ξ_h が測定される確率. 事象の独立性 (50.3) に注意し, $\{\xi_h\}$ のうちの何れかが測定される確率は 2/5 以上である, と結論される.

[測定上の議論] この確率評価を基とし直感的な議論を行う. 量子演算 (49.9)–(49.14) を 12 回繰り返すならば 12 個の最終出力 $\{\xi\}$ を得るが, (50.5) を念頭に置き, これらにつき

$$\left| \frac{\xi}{2^L} - \frac{\kappa}{\gamma} \right| \leq \frac{1}{2^{L+1}}, \quad \gamma < q, \tag{50.9}$$

を充たす主近似分数 κ/γ が存在するか否かを検査する. もちろん, 古典計算機上にて行い, 註 [3.2] および註 [25.6] により高々 L の常数倍以下の演算時間をもって結果を得る. 合格である ξ については, (50.5) と同様に議論し κ/γ は唯一定まると知れる. これら主近似分数を $\kappa_1/\gamma_1, \kappa_2/\gamma_2, \ldots, \kappa_s/\gamma_s, s \leq 12$, とするならば, ほぼ確実に $s \geq 4$ である (重複も含める). 何故ならば, (50.8) により, 4 個以上の $\{\xi_h\}$ がほぼ確実に測定され, これら ξ_h は (50.4) の最初の不等式により (50.9) を充たしている. さらに, 註 [19.7] を参照し, そのうちの 2 個は (50.6) の条件を充たしていることもまたほぼ確実である. つまり, 求めるべき周期 λ は集合 $\{[\gamma_t, \gamma_u] : t, u \leq s\}$ の中に高い確率をもって見出されるはずである. かくして, 註 [49.7]–[49.8] に述べた U_g, F_L の多項式時間性を採り, 定理 30 の証明を終わる.

言うまでも無く, 量子演算を 12 回繰り返すとするのは喩えである. 充分に回数を重ねる, とすべきところである. なお, 註 [19.7] の代わりに註 [19.8] を用いるも

よい．その場合には，評価 (50.8) を，ある絶対常数 $c > 0$ をもって

$$\sum_{\substack{h=1 \\ \langle h,\lambda \rangle = 1}}^{\lambda-1} \sum_{\rho=0}^{\lambda-1} P(\xi_h, \rho) > \frac{2}{5} \cdot \frac{\varphi(\lambda)}{\lambda} > \frac{c}{\log\log q} \tag{50.10}$$

と取り換える．つまり，量子演算を $[c^{-1} \log\log q]$ 回繰り返すならば，ほぼ確実に λ が特定される．

上記の論旨にて，Fourier 変換の援用が決定的．既に前節末にて述べたが，必要とするところを波動の干渉作用をもって増幅し測定を可能としている．量子系の状態が Hilbert 空間をもって記述されるがゆえに導入可能な手段であり，Shor が自ら言う通り彼の着想の主点はここにある．数学理論として観るとき，その力強き単純さは真に感動的である．

明らかに，課題の本質は函数周期の検出であって，(48.15) に限られない．この観点をもってこれまでの議論を再検討するならば，容易に周期現象への一般化を得る．従って，例えば離散対数問題も量子計算によれば多項式時間にて確率的解決可能となる (Shor (1994, §7; 1996a, §6))．

Fourier 解析 (広くは，調和解析 *harmonic analysis*) との様々な結合は現代の数学にて根本である．それは次章にて見る通り既に本講義の範疇においても顕著である (さらには YM (1997, 2011) も見よ)．実は，Fourier 解析の始まりは代数方程式論と整数論にあるとも言える．Lagrange–Vandermonde resolvents および Gauss 和の構成である．§71 [h] を参照せよ．数学における音律を思うべきか．

§51.

[a] 任意の自然数の因数分解を多項式時間をもって可能とする算法は，古典計算機上にては未知である (離散対数の計算も同様)．現今最も効果的とされる確率的因数分解算法にしても古典計算機上の所要時間は多項式時間に較べ莫大である．量子計算機の援用が常なる時に至るならばこの事実と共に下記は如何に映ろうか．

暗号化に'公開鍵'を用いる現行の暗号技術 (public-key cryptosystems) の基礎を略解しておく．平文を公開された鍵 (encryption key) をもって暗号化し，それの平文への復号には秘匿された鍵 (decryption key) を用いる．二つの鍵の扱いは非対称である．しかし，これら操作はもちろん互いに逆写像の関係にあるゆえ，数学上は秘密鍵は公開鍵から一意的に定まり，理論的には秘匿は不可能．だが，実際上は，絶対的な安全性を措くならば，非対称性はあり得る．つまり，

技術的な眼目はその応用に当たりこれらの鍵の非対称な扱いをできる限り安全に保つことにある (あくまでも, 考察時点における安全性であり将来は知れず). 公開暗号化鍵・秘密復号鍵の使用は共に容易かつ汎用に耐え, なおも後者の解読を実行することは極めて困難, という要求を充たすべきこととなる. 汎用を旨とするゆえ, 背景となる理論の複雑さを避けるのは当然. 一方, 解読に要する手続きは長大であるべき. これと同様の非対称性と映る状況が整数論の基礎には多々ある. 典型は, 上記にてたびたび述べたところの素因数分解の理論的な構成の容易さに対するに分解実行の煩雑さがかけ離れていること, 並びに Ind の計算困難さである (少なくとも現時点ではそのように見える). それゆえ, 巨大な自然数の因数分解問題や巨大な素数を法とする離散対数問題が情報の暗号化とその防御の根底に置かれて来たのである. 提唱の順としては逆となるが, 始めに RSA 法を後に DH 法を示す. Hellman の報文 (1978) も参照せよ.

[RSA 法] (Rivest–Shamir–Adleman (1978)) は Merkle (1974), Diffie–Hellman (1976) の提唱した公開鍵暗号の考えを実現した技術である. 公開された経路による送受信を前提とする. なお, 2 素数の積の場合を扱うが相異なる素数 3 個以上の積としても同じである. ただし, 脆弱性や速度の検討は措く.

(1) 情報受信者は相異なる巨大素数 p_1, p_2 を秘密裏に用意し, $q = p_1 p_2$ とする.
(2) 受信者は, $\varphi(q) = (p_1 - 1)(p_2 - 1)$ を秘匿する.
(3) 受信者は, D を $\langle D, \varphi(q) \rangle = 1$, $D < \varphi(q)$, と選定し秘匿する.
(4) 受信者は, E を $DE \equiv 1 \bmod \varphi(q)$, $E < \varphi(q)$, と定める.
(5) 受信者は, q, E のみを公開する.
(6) 情報発信者は, $\min\{p_1, p_2\}$ より充分小なる情報 V を用意する.
(7) 発信者は $V^E \equiv W \bmod q$ を計算し W を受信者に送信する.
(8) 受信者は $W^D \equiv (V^E)^D \equiv V \bmod q$ により復号 $W \mapsto V$ を行う.

公開暗号化鍵は $\{q, E\}$. 秘密復号鍵は D. 素数 p_1, p_2 と共に $\varphi(q)$ は秘匿せねばならない. 何故ならば, まず因数分解 $q = p_1 p_2$ を知れば $\varphi(q)$ の計算は容易であり, D の計算は互除法により瞬時, よって (8) の実行は自在となる. この因数分解を知らずとも, $\varphi(q)$ をもって D を求め (8) を実行できる. 一方, 2 次方程式 $x^2 + (\varphi(q) - q - 1)x + q = 0$ を解くことにより q の因数分解を得ることも可能. つまり, $\varphi(q)$ の秘匿は当然である. (6) にて V は公開された手段, 例えば ASCII などにより情報を数値化したものであるが, (8) における定理 16 の応用を念頭に置き $\langle V, q \rangle = 1$ が保証されるべきである. つまり, 互除法を組 $\{V, q\}$ に用いることにより q の因数が判明してしまう危険を避けねばならない. 従って, (6) における情報の大きさ制限を発信者に対して課すことがより安全である. 一方, D, E は大と採ることが安全である (註 [51.1], [51.3]).

[DH 法] (Diffie–Hellman (*ibid.*) に含まれる技術) の目的とするところは, 情報処理用の鍵を秘密裏に共有するに当たり, 公開された経路を用い安全に送受信を果たすことである.

(9) 一組の通信者 A, B は, 充分大なる素数 p と原始根 $r \bmod p$ を共有する.
(10) A は $2 \leq \alpha \leq p - 2$ なる秘密鍵を用意し, $a (\equiv r^\alpha \bmod p)$ を B に送信する.
(11) B も $2 \leq \beta \leq p - 2$ なる秘密鍵を用意し, $b (\equiv r^\beta \bmod p)$ を A に送信する.

(12) A は $s\,(\equiv b^\alpha \bmod p)$ を, B も $s\,(\equiv a^\beta \bmod p)$ を計算し共有の秘密鍵とする. 最も秘密であるべきものは A が秘匿する α, B が秘匿する β である. また, $s \bmod p$ は何らかの別の共通目的に A, B 両者が使うべく秘匿される鍵である. 一方, 素数 p, 原始根 r, 計算結果 a, b は全て公開される可能性がある. また, $(r^\beta)^\alpha = (r^\alpha)^\beta$ であるゆえ手続き (12) が成立する. ちなみに, 両暗号技術は 1970 年代初頭に英国政府機関 GCHQ/CESG にて極秘裏に案出されていた. Ellis (1987) を見よ. 興味深いことに, Ellis の着想 (1970) の基は, 雑音添加・除去による電話会話の秘密保持 (Final Rep. Project C-43. Bell Tel. Lab., 1944) にあった. つまり, (7) が雑音添加に, (8) が除去に相当する. Ellis 原案の具体化は, RSA 法に相当するものは Cocks (1973), DH 法については Williamson (1974) による. 暗号法の現行の呼称は妥当とは言い難いこととなる. 恐らくは, 他所には未だに封印された沿革があろう.

RSA 法の場合, その信頼性は巨大な自然数 q の因数分解を古典計算機をもって果たすことの困難さにかかっている (もっとも, 未だ証明された事実にはあらず). 公開された q の素因数を特定せぬ限り, $\varphi(q)$ を得ることは困難であり, 受信者以外が秘密鍵 D を得ることもまた困難, つまり, (8) を実行できない. DH 法の場合, A, B の公開情報 $\{p, r, a, b\}$ から α ないし β を復元するには, $\mathrm{Ind}_r(a)$ ないし $\mathrm{Ind}_r(b)$ を定めるという離散対数に関する困難を克服せねばならない. これは公開情報を知り得た第 3 者ばかりではなく, A, B 両者間にも言えることである. なお, 離散対数問題は, 巡回群の特定の生成元を定めるときに任意の元の指数を求めること, と自然に拡張される. 巡回群の生成手段として $(\mathbb{Z}/p\mathbb{Z})^*$ を選ぶならば上記の DH 法の解説となるが, 他の手段を採ることもできるわけである. その一つとして, 有限体上の楕円曲線の構造がある (註 [70.13]).

整除性そのものの観点から見るならば容易に予見できるところであるが, RSA 法には様々な解読攻撃の試みを許す余地がある. 例えば, ごく自明ながら, 積 $p_1 p_2$ および $p_1 p_3$ が相当な時間的・空間的距離をおいてであれ用いられ, p_1 が互除法により検出されるならば, p_2, p_3 は割り出され, 当該の RSA 暗号文は過去・地点にさかのぼり解読される. 同じ素数が多重使用される可能性を排除することはできない. 加えるに, 巨大な素数であるならば何れもが使用可, とはならず. 避けるべき素数の構造については下記 [b] が多少の参考となろうが多様. 何よりも巨大合成数の因数分解は如何様になろうか. この意味にて今日最も注視すべきは, やはり来るべき量子計算機の汎用化である. 確率的論法ではあるものの分解結果の検証は容易かつ確実であり, 実用上は, 多項式時間因数分解の実現. 従って, 素数を基点とする RSA 技術は崩壊する, とされる. とは言え, 如何に理想的な量子計算機であれ超えられぬ速度の壁もある. 例えば, §49 にては量子ゲート内外の情報変換や伝搬は一切の time delay 無く進むものと仮定されている. が, それは仮想. より実際的な課題には, 例えば Shor (1996a) 自身も述べているが, ベキ乗合同演算 U_g の回路設計がある (p.10: 'bottleneck'). 目下のところ, 極めて大規模な entangled 状態の安定的存在と共に量子素の反応速度に理想的な仮定を置き望まれる超高速演算を達成すべく様々な工夫が議論されている. この仮定の実現は至難. しかし, 如何なる breakthrough があるやも知れぬことを念頭に置くべきでもある. もちろん, それは量子計算のみについてではない. 新たな

算法の出現により量子計算も無用とされる時が来らぬとも限らず．

[b]　現行の因数分解理論の実践結果は実に感銘深い．しかし，その源は，数学の常なりと言うべきか，意外なほどに素朴．大略，

$$\begin{array}{l}\text{(1) Fermat (2) Euler (3) Legendre}\\ \text{(4) Šimerka (5) Kraïtchik (6) Pollard}\end{array} \qquad (51.1)$$

の着想に帰着する．もっとも，(6) の外はその後の再発見を含めた上の意．ここでは，(1)(5)(6) について簡略な解説を試みる．他はそれぞれに予備知識を要する．(2) は註 [80.7] [83.11]，(3) は註 [87.15]，(4) は註 [95.10]．ただし何れについても詳細を描く．かくする理由はやはり Shor 法の成り立ちにある．様々な改良の上に立つ効果的な因数分解法を知り巧みに活用するも重要ではあるが，それらの基盤であるところを会得することこそが言うまでも無くはるかに本質的であり，ひいては革新的な着想をももたらし得る．関係の文献は本講義の範疇にてほぼ読解可能であるが，ときとして代数的整数論の基本事項も要する．計算機の能力向上と共に因数分解算法にも盛衰が観られて来た．過去に実行不可能とされた着想が算法として復活することもまた目撃されて来た．かつまた様々な算法が総合的に応用され仰ぎ見るべき成果をもたらすこともしばしば．しかし，それら先端の仔細を知るよりはまずは素朴に因数分解に挑むべし．The problem of factoring integers is a good one to test our mettle .. (Pomerance).

(1) Fermat (ca 1643: 1894, pp.256–258) の方法．奇数 $a > b > 2$ につき，$\alpha = (a+b)/2$，$\beta = (a-b)/2$ と置くならば，$ab = \alpha^2 - \beta^2$．よって，$|a-b|$ が小さるとき，$n = ab$ に小平方数を加えることにより平方数を得る．即ち，

$$([\sqrt{n}] + \nu)^2 - n \qquad (51.2)$$

が平方数となる ν を採取するならば，n の因数分解を得ることとなる．Fermat が挙げた例は $n = 2027651281$．この場合，$[\sqrt{n}] = 45029$，$([\sqrt{n}] + 12)^2 - n = 1040400 = 1020^2$．よって，$n = (45041 + 1020)(45041 - 1020)$．因数分解 $n = 46061 \cdot 44021$ を得る．一方，$|a-b|$ が大なるときには，$|ta - b|$ が小となる t を採り，tab に小平方数を加え平方数を得る．つまり，$([\sqrt{tn}] + \nu)^2 - tn$ の観察を試みる．例えば，$n = 94734901$ の場合，$[\sqrt{17n}] = 40130$ であり，$([\sqrt{17n}] + 1)^2 - 17n = 3844 = 62^2$．よって，$17n = (40131 + 62)(40131 - 62) = 40193 \cdot 2357 \cdot 17$．因数分解 $n = 40193 \cdot 2357$ を得る．ちなみに，乗数 17 を欠くならば，$([\sqrt{n}] + 11542)^2 - n = 18918^2$．効果的な小乗数 t の特定は一般には容易にあらず．

(5) Kraïtchik (1926, II, Chapitre XIV) の方法．Fermat の方法を少々読み替えるならば，仮定 $\alpha^2 \equiv \beta^2, \alpha \not\equiv \pm\beta \bmod q$ の下に，$\langle \alpha + \beta, q \rangle$ は q の非自明な因数．これら α, β の選定につき Kraïtchik の着想は次の通り．まず，$\sqrt{q}$ に充分近い g_j，$\langle g_j, q \rangle = 1$，を採り（当然な前提），小 2 次剰余 $g_j^2 \equiv h_j \bmod q$ を採集する．これら h_j の素因数分解を観察し

$$\alpha^2 \equiv \prod_j g_j^{2\eta_j} \equiv \prod_j h_j^{\eta_j} \equiv \beta^2 \bmod q, \quad \eta_j = \pm 1, \qquad (51.3)$$

と構成し得たものとする（$h_j^{\pm 1}$ の積にて各素因数のベキ指数が偶数となる $\{j\}$ を検出する）．

このとき, $\langle \alpha+\beta, q\rangle$ が求めるべき因数を与える可能性がある. もしも失敗であるならば, 他の2次剰余を採り手順を繰り返す. Kraïtchik は多くの例を挙げているが, p.202 には $q = 453 \cdot 2^{30} + 1 = 486405046273$ の下に, (原文を少々修正)

$$\begin{aligned}
-2^4 \cdot 11^2 \cdot 19^2 \cdot 97^2 &\equiv 692697^2, \\
697295^2 &\equiv -2^5 \cdot 3^4 \cdot 11^2 \cdot 19 \cdot 31, \\
2^5 \cdot 3^7 \cdot 19 \cdot 31 &\equiv 697457^2, \\
697721^2 &\equiv 2^4 \cdot 3 \cdot 23^2 \cdot 127^2.
\end{aligned} \tag{51.4}$$

これら合同式を掛け合わせ (つまり, $\eta_1 = -1, \eta_2 = 1, \eta_3 = -1, \eta_4 = 1$),

$$\begin{aligned}
(19 \cdot 97 \cdot 697295 \cdot 3 \cdot 697721)^2 &\equiv (692697 \cdot 697457 \cdot 23 \cdot 127)^2, \\
19 \cdot 97 \cdot 697295 \cdot 3 \cdot 697721 &+ 692697 \cdot 697457 \cdot 23 \cdot 127 \\
&= 4101166640634864;
\end{aligned} \tag{51.5}$$

$$\begin{aligned}
\langle q, 4101166640634864\rangle &= 135433, \\
\text{因数分解}: 486405046273 &= 135433 \cdot 3591481.
\end{aligned} \tag{51.6}$$

やはり, 小乗数 t を採り, tq の分解を試みることも有効 (*ibid.*, p.208). Kraïtchik 法の発展形とされる算法については, 註 [87.16] にて触れる. それらは RSA 攻撃の手段となり得る.

(6) Pollard (1974) の $(p-1)$ 法. 既約剰余 $a \bmod q$ を任意に採るとき, $p|q$ であるならば, 当然に $p|\langle a^{p-1} - 1, q\rangle$. この関係を逆に捉え, 因数分解の手段とする. 底 $a = a_0$ を適宜に用意し,

$$\langle a_j - 1, q\rangle, \quad a^{(j+1)!} \equiv a_{j+1} \equiv a_j^{j+1} \bmod q, \, j \geq 0 \tag{51.7}$$

を観察する. 法 q をもって演算を行うことは法 p を背後に置いてのことであり, ρ 法 (§39) と類似する. つまり, $J! \equiv 0 \bmod (p-1)$ なる状態に達するならば, $\langle a_J - 1, q\rangle \neq 1$ となり q の因数を検出できる可能性がある ($\bmod p$ をもって観るとき停止状態 $a_j \equiv 1, j \geq J$, となる). 検出に失敗 (つまり, $\langle a_J - 1, q\rangle = q$) と判明したならば, a を取り替える. 例えば, $q = 143771437961$ につき $a = 2$ を採り, $\langle a_j - 1, q\rangle = 1, j \leq 28$. ところが,

$$a_{29} \equiv 124688060775, \langle a_{29} - 1, q\rangle = 430883 \Rightarrow q = 430883 \cdot 333667. \tag{51.8}$$

かく因数分解が得られた理由は, $430883 - 1 = 2 \cdot 17 \cdot 19 \cdot 23 \cdot 29$ による. 註 [45.8] にて利用された特殊な構造である. この場合 $2 \bmod 430883$ は原始根であるため, a_{29} まで検査をせねばならない. しかし, $a = 10$ とするならば, $\langle a_6 - 1, q\rangle = 333667$. 実は, $333667 - 1 = 2 \cdot 3^3 \cdot 37 \cdot 167$ ではあるが, $10 \bmod 333667$ の位数は 9 であり, $n! \equiv 0 \bmod 9$ は $n = 6$ をもって達せられる. 何れにせよ, $(p-1)$ 法が効果を発揮するのは, q が特殊な素因数を持つ場合となる. 発展形は ECM 法. 略解を註 [70.13] に置く. $(p-1)$ 法と同じく RSA 攻撃の手段とはなり難い.

[51.1] 秘密復号鍵 D がある限界以下である場合, 公開暗号化鍵 $\{q, E\}$ から D を確実に解読できる (Wiener (1990)). まず, $p_1 < p_2$ とする. このとき, $DE = 1 + k\varphi(q)$ と置き,

$$|E/q - k/D| = |(k+1) - k(p_1+p_2)|/(Dq)$$
$$< (p_1+p_2)(E/\varphi(q))/q < (p_1+p_2)/q < 2/p_1.$$

よって,
$$D < (p_1/4)^{1/2} \Rightarrow |E/q - k/D| < 1/2D^2.$$

定理 14 によれば, k/D (既約) は E/q を正則連分数に展開するときに得られる主近似分数の一つである. しかるに, §22 の議論によりこの展開は組 $\{q, E\}$ に互除法を応用することと同値である. つまり, 秘密復号鍵を $(p_1/4)^{1/2}$ 以下に採るならば, それは多項式時間をもって容易に解読される. 数値例としては余りにも小ではあるが,

$$p_1 = 122761,\ p_2 = 430897,\ D = 173,\ E = 35162608037$$

とするならば, $D < (p_1/4)^{1/2}$ および
$$\frac{E}{q} = 0 + \frac{1}{1} + \frac{1}{1} + \frac{1}{1} + \frac{1}{56} + \frac{1}{1} + \frac{1}{3} + \frac{1}{1} + \frac{1}{4} + \cdots$$

第 5 主近似分数は 115/173.

[51.2] 実は, 因数分解を経由せずとも定理 30 のみをもって RSA 暗号の解読は自在となる. まず, V_ν, W_ν の位数 mod q は (40.4) により一致する. そこで, W_ν mod q の位数 λ を定めることができるならば, V_ν を得ることは容易である. 何故ならば, $\lambda|\varphi(q)$ であるゆえ, $\langle \lambda, E \rangle = 1$. よって, $EF \equiv 1 \bmod \lambda$ とし, $W_\nu^F \equiv V_\nu \bmod q$.

[51.3] RSA 攻撃法調査の中間報告は Boneh (1999). 例えば, 公開鍵 E も一定以上の大きさであるべき. 要は, 巨大整数の因数分解が困難である, と云う事実のみを RSA の安全性の基にはできない. 送信文への加工が不可欠. ただし, それら手法の安全性を数学的に完全証明することはやはり別問題. 何れであれ, 算法と電磁技術の混成には有限時間内の操作なる軛が課される. しかし, そもそも有限時間内とは一体何を意味するのか. 数学は時間超越の科学であるのか否か.

第3章 指　　標

§52.

　整除からの偏り，とくにその乗法的な機構の解析をさらに進める．このために，加群 $\mathbb{Z}/q\mathbb{Z}$ および乗法群 $(\mathbb{Z}/q\mathbb{Z})^*$ 上の函数を考察する．本章の議論は課題 (45.5) につき見るべき一成果をもたらす．

　剰余類 $\bmod q$ 上の函数とは，周期 q の整数論的函数 f と同じ．これらは Fourier 級数展開を持ち，その基本振動は $\{\psi_{a/q} : a \bmod q\}$, $\psi_{a/q}(n) = e(an/q)$. ただし，これまでと同様に $e(x) = \exp(2\pi i x)$. つまり，函数 f は

$$f(n) = \frac{1}{\sqrt{q}} \sum_{a \bmod q} \hat{f}(a) \psi_{a/q}(n) \tag{52.1}$$

と展開される．ここに，Fourier 係数

$$\hat{f}(a) = \frac{1}{\sqrt{q}} \sum_{k \bmod q} f(k) \overline{\psi}_{a/q}(k), \quad \overline{\psi}_{a/q}(k) = e(-ak/q). \tag{52.2}$$

実際, (52.2) を (52.1) の右辺に挿入し，直交性

$$\begin{aligned}
&\frac{1}{q} \sum_{a \bmod q} \psi_{a/q}(u) \overline{\psi}_{a/q}(v) \\
&= \frac{1}{q} \sum_{a \bmod q} e((u-v)a/q) = \begin{cases} 1 & u \equiv v \bmod q, \\ 0 & u \not\equiv v \bmod q, \end{cases}
\end{aligned} \tag{52.3}$$

に注意するがよい．これより，Parseval 等式

$$\sum_{n \bmod q} |f(n)|^2 = \sum_{a \bmod q} |\hat{f}(a)|^2 \tag{52.4}$$

も従う．左辺に (52.1) を挿入することにより得られる三重和にて n についての

和に (52.3) を用い確かめることができる.

視点を多少変えるならば, 各函数 $\psi_{a/q}$ は

$$\psi_{a/q}: \mathbb{Z}/q\mathbb{Z} \mapsto \{z: |z| = 1\} \tag{52.5}$$

なる加法群から乗法群への準同型写像である. 即ち, 整数 m, m', n について,

$$\begin{aligned} m \equiv m' \bmod q &\Rightarrow \psi_{a/q}(m) = \psi_{a/q}(m'), \\ |\psi_{a/q}(m)| = 1, \quad &\psi_{a/q}(m+n) = \psi_{a/q}(m) \cdot \psi_{a/q}(n). \end{aligned} \tag{52.6}$$

一方, 整数論的函数 ψ がこれらの条件を充たすならば, まず $\psi(0) = 1$ であり, $(\psi(1))^q = \psi(q) = 1$. つまり, $\psi(1) = e(a/q)$ となるなる $a \bmod q$ が存在する. 従って, 任意の $n \in \mathbb{N}$ について $\psi(n) = (\psi(1))^n = \psi_{a/q}(n)$ を得る. 一方, $n < 0$ の場合は, $\psi(n)\psi(-n) = 1$ から, やはり $\psi(n) = \psi_{a/q}(n)$. 即ち, (52.6) は函数系 $\Psi_q = \{\psi_{a/q}: a \bmod q\}$ を一意的に定める. そこで, この構成をもって, $\psi_{a/q}$ は加群 $\mathbb{Z}/q\mathbb{Z}$ の指標である, あるいは, より詳しくは加法的指標 $\bmod q$ であると云う.

集合 Ψ_q は乗法

$$(\psi_{a/q}\psi_{b/q})(n) = \psi_{a/q}(n)\psi_{b/q}(n) = \psi_{(a+b)/q}(n) \tag{52.7}$$

をもって Abel 群をなしている. 従って, これら Abel 群間の双対定理

$$\Psi_q \cong \mathbb{Z}/q\mathbb{Z} \tag{52.8}$$

を得る. とくに, (52.3) と共に Ψ_q 内における直交性

$$\frac{1}{q} \sum_{n \bmod q} (\psi_{a/q}\overline{\psi_{b/q}})(n) = \begin{cases} 1 & a \equiv b \bmod q \Leftrightarrow \psi_{a/q} = \psi_{b/q}, \\ 0 & a \not\equiv b \bmod q \Leftrightarrow \psi_{a/q} \neq \psi_{b/q}. \end{cases} \tag{52.9}$$

も得られる.

[52.1] 常例に沿うところではあるが, この様に大仰に言わずとも議論できるところである. つまりは, 直交性 (52.3) (あるいは行列 $(\lambda_{k,l})$, $\lambda_{k,l} = \psi_{k/q}(l)/\sqrt{q}$, が unitary であること) が基本. Fourier–Poisson の調和解析を整数論に結びつけたのは Dirichlet (1835) である. 1825 年, 学生 Dirichlet はこれら 2 大家 (共に Lagrange の門弟) の面識を得ている (Elstrodt (2007, p.6)).

[52.2] Ramanujan 和 c_q は定義から周期 q の整数論的函数であり,

$$\hat{c}_q(a) = \begin{cases} \sqrt{q} & \langle a,q \rangle = 1, \\ 0 & \langle a,q \rangle \neq 1. \end{cases}$$

従って, (52.4) から

$$\frac{1}{q} \sum_{n=1}^{q} |c_q(n)|^2 = \varphi(q)$$

を得る. 一方, 註 [19.4] の明示式によるならば, この左辺は

$$\frac{\varphi^2(q)}{q} \sum_{n=1}^{q} \frac{\mu^2(q/\langle n,q\rangle)}{\varphi^2(q/\langle n,q\rangle)} = \frac{\varphi^2(q)}{q} \sum_{d|q} \frac{\mu^2(q/d)}{\varphi^2(q/d)} \varphi(q/d)$$
$$= \frac{\varphi^2(q)}{q} \prod_{p|q} \left(1 + \frac{1}{\varphi(p)}\right) = \varphi(q).$$

上行の等号は $\langle n,q \rangle = d$ となる n の個数を数えた結果である.

[52.3] 任意に $J, q \geq 1$ を採り, J 個の剰余系 R_j を定める. このとき, 和 $s = \sum_j r^{(j)}$, $(r^{(j)} \in R_j)$, は各剰余類を同数 (q^{J-1} 個) ずつ表す. 次の恒等式にて $x=1$ とするがよい.

$$\frac{1}{q} \sum_{h=0}^{q-1} \overline{\psi}_{h/q}(k) \prod_j \left(\sum_{r \in R_j} \psi_{h/q}(r) x^r \right) = \sum_{s \equiv k \bmod q} x^s.$$

[52.4] 整数間の整除 (1.1) あるいは合同 (28.1) と (52.3) との関係は既に註 [19.4] にて指摘されたものである. 重要な観点であるゆえ加筆する. 定義 (12.2) にて導入された函数 $\imath$ をもって $\imath(\cdot/d)$ と置くならば, d による整除を示す函数を得る. よって, 函数系 $\{\imath(\cdot/d) : d \leq D\}$ は D 以下の除数が現れる環境にては整除の判定の基本手段と見なし得る. しかるに, 函数 $\imath(\cdot/d)$ は周期 d を持ち Fourier 展開は

$$\imath(n/d) = \frac{1}{d} \sum_{u=1}^{d} \psi_{u/d}(n) = \frac{1}{d} \sum_{q|d} \sum_{\substack{h=1 \\ \langle h,q \rangle = 1}}^{q} \psi_{h/q}(n).$$

内部和はもちろん $c_q(n)$ である. そこで定義 (21.1) を想起し, 整除一般は D を任意とする函数系 $\{\psi_\tau : \tau \in \mathcal{F}_D\}$ と密接に関係していると知れる. 言うなれば, 整除性に係る課題は単位区間内の (分母の大きさに制限を加えた) 分数の分布に関する課題に置き換え得る. この認識を初めて援用し成果を収めたのは Linnik (1941) である. 論文の題名 *large sieve* に込められた着想は, その後の様々な拡張を織り込み現今の解析的整数論の最も基礎的な方法の一つへと発展. 彼が活用したところは, 今日の視点から表現するならば, 函数系 $\{\psi_\tau : \tau \in \mathcal{F}_D\}$ の持つ概直交性 *quasi-orthogonality* である. 即ち, 行列 $(\psi_\tau(n))$ に対応する線形作用素のノルムを考察するに等しい. Selberg (1972), Bombieri (1987, §2) および YM (2009, 第 7 章) を参照せよ. 註 [58.5] に続く.

[52.5] Large sieve に属するとされる技法には今日様々な表現があるが, Linnik による本来の large sieve にて扱われるところは定理 9 にある Legendre 篩の自然な拡張である. 始めに, 素数の有限集合 $\mathcal{P}$ と共に各 $p \in \mathcal{P}$ につき剰余類の集合 $\Omega(p)$ を用意する. 略記 $m \in \Omega(p)$ は類

$m \bmod p$ が $\Omega(p)$ に含まれることを意味する. このとき, 与えられた有限集合 $\mathcal{A}$ につき

$$\{\mathcal{A}, \mathcal{P}, \Omega\} = \{n \in \mathcal{A} : n \bmod p \notin \Omega(p), \forall p \in \mathcal{P}\}$$

と定義する. Linnik の課題は, $\mathcal{A}$ を区間 $[N, N+M]$ とするときに, $|\{\mathcal{A}, \mathcal{P}, \Omega\}|$ を如何に評価するかである. 各 $|\Omega(p)|$ が小であるならば, Legendre の課題 ($\Omega(p) \equiv \{0 \bmod p\}, \forall p \in \mathcal{P}$) と大差ない. しかし, Linnik が実際に問題としたところでは, $|\Omega(p)| = (p-1)/2, p \geq 3$, であり, 篩い除去されるべき類の個数が巨大となり得る. 困難さは推して測れよう. 彼が自らの方法を $large$ sieve と名付けたゆえんである. 一般の場合にもどるが, 上記の函数系 $\{\psi_\tau\}$ をもって課題を表現するために, Ω を合成数 (sqf) に拡張し, $m \in \Omega(d) \Leftrightarrow m \bmod p \in \Omega(p), \forall p | d$, と定義する. しからば, 集合 $\{n \in \Omega(d)\}$ の特性函数は

$$\frac{1}{d} \sum_{q | d} \sum_{\substack{h=1 \\ \langle h, q \rangle = 1}}^{q} \left(\sum_{s \in \Omega(q)} \psi_{h/q}(-s) \right) \psi_{h/q}(n)$$

である. 一見余りにも素朴な論旨と映ろう. しかし, Selberg (1947) の着想 Λ^2-sieve と共に上記の作用素 $(\psi_\tau(n))$ のノルム評価と組み合わせるならば, 意義ある結果を生むのである. YM ($ibid.$) を参照せよ. なお, Ω をさらに拡張し素数ベキについての篩除去類 $\Omega(p^\alpha)$ を指定し議論することも可能である. Selberg (1977) および YM (1983, Chapter 1) を見よ.

§53.

次に, 乗法群 $(\mathbb{Z}/q\mathbb{Z})^*$ 上の指標を考察する. つまりは, 基本振動を定め, それらの直交性と共に双対性を確かめることとなる. このために Dirichlet の着想 (1837a, §8) に従い構造定理 (46.4) を用いる. 即ち, 各 $Z^+_{p^{q(p)}}$ が上記と同様な加群であることに着目し, 写像 (46.5) および (52.5) を経由し次の函数 ξ を定める. 条件 $\langle n, q \rangle = 1$ のもとに,

$$\xi(n) = \begin{cases} e\left(\sum_{p \geq 2} h_p \mathrm{Ind}_{r_p}(n)/\varphi(p^{q(p)})\right) & q(2) \leq 2 \text{ のとき,} \\ \xi^{(2)}(n) e\left(\sum_{p > 2} h_p \mathrm{Ind}_{r_p}(n)/\varphi(p^{q(p)})\right) & q(2) \geq 3 \text{ のとき,} \end{cases} \quad (53.1)$$

$$\xi^{(2)}(n) = e(k_1 u/2 + k_2 v/2^{q(2)-2}), \quad n \equiv (-1)^u 5^v \bmod 2^{q(2)}. \quad (53.2)$$

ただし $k_1 \bmod 2$, $k_2 \bmod 2^{q(2)-2}$, $h_p \bmod \varphi(p^{q(p)})$ は任意. $\quad (53.3)$

もちろん, $q(p) = 0$ なる p は (53.1) には参加せぬものとみなす. まず, この定義により生じる函数系 $\Xi_q = \{\xi\}$ 全体は, (43.1) を守る限り, 各原始根 $r_p \bmod p$, $p \geq 3$, の採り方とは無関係である. 何故ならば, 別の原始根 $r'_p \bmod p$ を採ると

き, h_p は $\mathrm{Ind}_{r'_p}(r_p)h_p$ に置き換えられるが, $\langle \mathrm{Ind}_{r'_p}(r_p), \varphi(p^{q(p)}) \rangle = 1$. 各 p ごとに係数 $h_p \bmod \varphi(p^{q(p)})$ の置換が引き起こされると知れる. つまりは Ξ_q 内の置換を得る.

函数 (乗法的指標)

$$\xi\colon (\mathbb{Z}/q\mathbb{Z})^* \mapsto \{z : |z| = 1\} \tag{53.4}$$

が準同型であることは, Ind_{r_p} の定義 (46.1) および (53.2)–(53.3) から自明である. また, $2\nmid q$ である場合, $\xi, \xi' \in \Xi_q$ について, $h_p \not\equiv h'_p \bmod \varphi(p^{q(p)})$ となる素因数 $p|q$ が存在するならば, $n \equiv r_p \bmod p^{q(p)}$, $n \equiv 1 \bmod q/p^{q(p)}$ と採るとき $\xi(n) = e(h_p/\varphi(p^{q(p)})) \neq e(h'_p/\varphi(p^{q(p)})) = \xi'(n)$. もちろん, $2|q$ である場合も同様である. 即ち, 各 $\xi \in \Xi_q$ は $(\mathbb{Z}/q\mathbb{Z})^*$ 上の相異なる函数である. よって,

$$|\Xi_q| = \varphi(q). \tag{53.5}$$

さらに, 乗法

$$(\xi\xi')(n) = \xi(n)\xi'(n), \quad \langle n, q \rangle = 1, \tag{53.6}$$

をもって Ξ_q は Abel 群となる. 単位元は恒等写像 $n \mapsto 1$, $\langle n, q \rangle = 1$, であり, ξ の逆元は複素共役 $\overline{\xi}$ である. より詳しくは, 積 (53.6) は (53.1)–(53.2) における係数 $k_1, k_2, h_2, \ldots, h_p, \ldots$ の座標ごとの和と同等であるゆえ, 同型 (46.4) を経由し, 双対定理

$$\Xi_q \cong (\mathbb{Z}/q\mathbb{Z})^* \tag{53.7}$$

を得る. 加えて, 直交関係

$$\frac{1}{\varphi(q)} \sum_{\xi \in \Xi_q} \xi(m)\overline{\xi}(n) = \begin{cases} 1 & m \equiv n \bmod q, \\ 0 & m \not\equiv n \bmod q, \end{cases} \quad \langle mn, q \rangle = 1, \tag{53.8}$$

$$\frac{1}{\varphi(q)} \sum_{\substack{n=1 \\ \langle n,q \rangle = 1}}^{q} \xi(n)\overline{\xi'}(n) = \begin{cases} 1 & \xi = \xi', \\ 0 & \xi \neq \xi', \end{cases} \tag{53.9}$$

が成立する. 上段は係数 $k_1, k_2, h_2, \ldots, h_p, \ldots$ についての和に他ならず, 各 $p > 2$ については, $\sum_{h_p=1}^{\varphi(p^{q(p)})} e(h_p(\mathrm{Ind}_{r_p}(m) - \mathrm{Ind}_{r_p}(n))/\varphi(p^{q(p)}))$ の計算となる. これは, $\mathrm{Ind}_{r_p}(m) \equiv \mathrm{Ind}_{r_p}(n) \bmod \varphi(p^{q(p)})$ すなわち $n \equiv m \bmod p^{q(p)}$ のとき $\varphi(p^{q(p)})$, それ以外では 0. 一方, 下段は $\sum_{t=1}^{\varphi(p^{q(p)})} e((h_p - h'_p)t/\varphi(p^{q(p)}))$ などの

計算となる.さらに, $p=2$ も扱わねばならぬが,詳細は省いてよかろう.

次に, (53.4) を充たす任意の準同型 η は Ξ_q に属すことを示す.このために,上記にて選定された原始根 $r_p \bmod p, p \geq 3$, をもって

$$\begin{aligned}\varrho_p &\equiv r_p \bmod p^{q(p)} \\ \varrho_p &\equiv 1 \bmod q/p^{q(p)}\end{aligned} \qquad \left(\varrho_p^{\varphi(p^{q(p)})} \equiv 1 \bmod q\right) \qquad (53.10)$$

とする.まず,解釈 (30.1)–(30.2) のもとに, $2 \nmid q$ であるならば,

$$n \equiv \prod_p \varrho_p^{\mathrm{Ind}_{r_p}(n)} \bmod q \qquad (53.11)$$

と容易に知れる.よって, $(\eta(\varrho_p))^{\varphi(p^{q(p)})} = 1$ に注意し,何らかの h_p をもって

$$\eta(n) = \prod_p e\left(h_p \mathrm{Ind}_{r_p}(n)/\varphi(p^{q(p)})\right). \qquad (53.12)$$

つまり, $\eta \in \Xi_q$. 残る $2|q$ の場合には, $q(2) \leq 2$ であるならば, (53.10) を $p=2$ についても仮定でき,議論に変化は無い.一方, $q(2) \geq 3$ の場合には, $\lambda_1, \lambda_2 \bmod q$ を

$$\begin{aligned}\lambda_1 &\equiv -1, \ \lambda_2 \equiv 5 \bmod 2^{q(2)}, \\ \lambda_1 &\equiv 1, \ \lambda_2 \equiv 1 \bmod q/2^{q(2)}\end{aligned} \qquad (53.13)$$

と定めるとき,定理 27 により

$$n \equiv \lambda_1^u \lambda_2^v \prod_{p>2} \varrho_p^{\mathrm{Ind}_{r_p}(n)} \bmod q, \quad u \bmod 2, \ v \bmod 2^{q(2)-2}. \qquad (53.14)$$

よって

$$\begin{aligned}\eta(n) &= \eta^u(\lambda_1)\eta^v(\lambda_2) \prod_{p>2} \left(\eta(\varrho_p)\right)^{\mathrm{Ind}_{r_p}(n)}, \\ \left(\eta(\lambda_1)\right)^2 &= 1, \quad \left(\eta(\lambda_2)\right)^{2^{q(2)-2}} = 1.\end{aligned} \qquad (53.15)$$

従って,やはり $\eta \in \Xi_q$.

[53.1] Dirichlet の着想 (53.1)–(53.3) は整数論において決定的なものである.もっとも,函数 $n \bmod p \mapsto e(h \mathrm{Ind}_r(n)/(p-1))$ は [DA, art. 360] に初出 (§71 [**h**] (viii) を参照せよ).

[53.2] §§52–53 の議論を一般の有限 Abel 群 A に拡張する.ただし,後の応用 (§96) を念頭に置き A の演算は乗法であるものとする.まず, A の指標とは準同型

$$\varkappa: A \mapsto \{z : z \in \mathbb{C}, |z| = 1\}$$

§53. *157*

を指す．集合 $\widehat{A} = \{\varkappa\}$ は乗法 $(\varkappa \cdot \varkappa')(\mathbf{a}) = \varkappa(\mathbf{a})\varkappa'(\mathbf{a})$ をもって Abel 群をなす．単位元，逆元の定義は自明．構造定理 (註 [31.6]) により，

$$\varkappa(\mathbf{a}) = \varkappa(\mathbf{a}_1)^{t_1}\varkappa(\mathbf{a}_2)^{t_2}\cdots\varkappa(\mathbf{a}_l)^{t_l}, \quad \varkappa(\mathbf{a}_j)^{g_j} = 1.$$

つまり，$\varkappa(\mathbf{a}_j) = e(s_j/g_j)$ なる $s_j \bmod g_j$ が存在する．それゆえ，$\varkappa_j(\mathbf{a}_j) = e(1/g_j)$，$\varkappa_j(\mathbf{a}_k) = 1$, $j \neq k$, とするとき，$\varkappa = \varkappa_1^{s_1}\varkappa_2^{s_2}\cdots\varkappa_l^{s_l}$. 集合 $\{\varkappa_1, \varkappa_2, \ldots, \varkappa_l\}$ は群 $\widehat{A}$ の (不変因子) 基底である．即ち，(52.8), (53.7) の一般化である双対定理

$$A \cong \widehat{A}$$

が成立する．直交性 (52.3) も一般化され

$$\frac{1}{|A|}\sum_{\varkappa \in \widehat{A}} \varkappa(\mathbf{a})\overline{\varkappa}(\mathbf{b}) = \begin{cases} 1 & \mathbf{a} = \mathbf{b}, \\ 0 & \mathbf{a} \neq \mathbf{b}. \end{cases}$$

他の類似は省略する．ちなみに，有限 Abel 群の指標群およびその双対性の明確な記述は Weber (1882) が最初期．

§54.

さらに定義を行うが，法 q に関する Dirichlet 指標あるいは単に指標 $\bmod q$ とは，次を充たす完全乗法的函数である．

$$\chi(n) = \begin{cases} \chi(m) & n \equiv m \bmod q, \\ 0 & \langle n, q \rangle \neq 1. \end{cases} \tag{54.1}$$

法が明瞭である場合には単に χ と記す．完全乗法性から，(29.9) により $\langle n, q \rangle = 1$ ならば $1 = \chi(n^{\varphi(q)}) = \{\chi(n)\}^{\varphi(q)}$. つまり $|\chi(n)| \in \{0, 1\}$. 実数値のみをとる場合に実指標，その他を複素指標と云う．後者には $\chi(n) \notin \mathbb{R}$ となる n が存在する訳である．各法 q について全ての χ の集合を $\mathcal{X}_q$ と記すならば，これは乗法にて Abel 群をなす．その単位元を $\jmath_q$ と記し，単位指標 $\bmod q$ と云う．もちろん，$\jmath_q(n) = 1, \langle n, q \rangle = 1$, かつ $\jmath_q(n) = 0, \langle n, q \rangle \neq 1$. 指標 χ の逆元は複素共役 $\overline{\chi}$ である．複素指標については，$\chi \not\equiv \overline{\chi}$ であり，従って $\mathcal{X}_q$ に含まれる複素指標は偶数個である．一方，$\chi_j \bmod q_j, j = 1, 2,$ から積指標 $\chi_1\chi_2 \bmod q_1q_2$ が生成される．つまり，$(\chi_1\chi_2)(n) = \chi_1(n)\chi_2(n)$ は完全乗法的であり，(54.1) を法 $q = q_1q_2$ をもって充たす．

定理 31 群 $\mathcal{X}_q$ の位数は $\varphi(q)$ である．また，直交関係

$$\frac{1}{\varphi(q)} \sum_{\chi \in \mathcal{X}_q} \chi(m)\overline{\chi}(n) = \begin{cases} \jmath_q(m) & m \equiv n \bmod q, \\ 0 & m \not\equiv n \bmod q, \end{cases} \quad (54.2)$$

$$\frac{1}{\varphi(q)} \sum_{n \bmod q} \chi(n)\overline{\chi'}(n) = \begin{cases} 1 & \chi = \chi', \\ 0 & \chi \neq \chi', \end{cases} \quad \chi, \chi' \in \mathcal{X}_q, \quad (54.3)$$

が成立する.

[証明] 各 $\xi \in \Xi_q$ につき $\chi(n) = \xi(n)$, $\langle n, q \rangle = 1$, かつ $\chi(n) = 0$, $\langle n, q \rangle > 1$, とするならば, $\mathcal{X}_q$ の元を得る. 一方, 任意に $\chi \in \mathcal{X}_q$ を採り $(\mathbb{Z}/q\mathbb{Z})^*$ 上の函数と見なすならば, $\chi \in \Xi_q$. よって (53.8)–(53.9) により証明を終わる.

定義 (54.1) とこの証明とを勘案し, (54.1) を

$$\chi = \iota_q \xi, \; \xi \in \Xi_q \; \Leftrightarrow \; \begin{cases} \langle n, q \rangle = 1 \text{ ならば, } \chi(n) = \xi(n), \\ \langle n, q \rangle \neq 1 \text{ ならば, } \chi(n) = 0, \end{cases} \quad (54.4)$$

と略記し解釈することとする. 上記の積指標とは異なり, $\iota_q \xi$ はあくまでも函数 ξ を拡張したことを示す記号である. Dirichlet 指標 $\bmod q$ は集合 $\mathbb{Z}/q\mathbb{Z}$ 上の函数であって剰余類群 $(\mathbb{Z}/q\mathbb{Z})^*$ 上のものではない. これを念頭に置き,

$$\text{記法 } \chi \bmod q \text{ を } \chi \in \mathcal{X}_q \text{ と合わせ用いる.} \quad (54.5)$$

[54.1] 定義 (54.1) の下段は Dirichlet (1837a; Werke I, p.336) にて既に示唆されている. 註 [57.2] を参照せよ. なお, 記号 χ の使用は Dedekind (Dirichlet (1871, p.341, 脚注)) に始まる.

[54.2] 指標 χ に付随する Dirichlet 級数 $\lfloor \chi \rfloor(s)$ を Dirichlet L-函数 $L(s,\chi)$ と表記する. つまり, $\operatorname{Re}(s) > 1$ にて,

$$L(s,\chi) = \sum_{n=1}^{\infty} \frac{\chi(n)}{n^s} = \prod_p \left(1 - \frac{\chi(p)}{p^s}\right)^{-1}.$$

右辺は指標の完全乗法性による. 註 [18.8] を参照し,

$$-\frac{L'}{L}(s,\chi) = \sum_{n=1}^{\infty} \frac{\chi(n)\Lambda(n)}{n^s} = \sum_p \sum_{j=1}^{\infty} \frac{\chi(p^j)\log p}{p^{js}}.$$

任意に ℓ, $\langle \ell, q \rangle = 1$, を採るとき, 定理 31 により

$$-\frac{1}{\varphi(q)} \sum_{\chi \bmod q} \overline{\chi}(\ell) \frac{L'}{L}(s,\chi) = \sum_{\substack{p,j \\ p^j \equiv \ell \bmod q}} \frac{\log p}{p^{js}}.$$

右辺の主要部はもちろん $j = 1$ に対応する和

$$\sum_{p \equiv \ell \bmod q} \frac{\log p}{p^s}.$$

かくして, 算術級数中の素数分布は Dirichle L-函数の解析的な性質から従うと知れる. YM (2009) の議論全般を参照せよ. 現今の L-函数の概念と記法は Dirichlet (1837a; Werke I, pp.317–318) に始まる. 汎用化は, Landau (1908a, p.427; 1909, §102) 以降. もっとも, 彼は記号 $L_\chi(s)$ を用いた. なお, Euler (1748b, Tomi Primi, Caput X, §176) を萌芽とする見解もある. そこには, $L(3,\chi)$, $\chi \bmod 3$, $\chi \neq \jmath_3$, に相当する級数の計算がある.

§55.

上記の函数 ξ, χ はもちろん周期 q を持つが, より明確には次の定義を採る.

$$\xi \in \Xi_q \text{ は周期 } k \text{ を持つ} \iff \\ m \equiv n \bmod k, \langle mn, q \rangle = 1, \text{ならば } \xi(m) = \xi(n). \tag{55.1}$$

および,

$$\chi = \iota_q \xi \in \mathcal{X}_q \text{ の周期とは } \xi \text{ のそれを指す.} \tag{55.2}$$

例えば, 単位指標 $\jmath_q$ の周期は 1 である.

定理 32

(1) 上記にて, $k|q$ として一般性を失わない. このとき, (55.2) を経由し唯一の指標 $\chi_1 \bmod k$ が存在し,

$$\chi = \jmath_{q/k} \chi_1, \quad \chi_1 \bmod k. \tag{55.3}$$

(2) 指標 $\chi_j \bmod q_j$, $j = 1, 2$, が $\chi_1(n) = \chi_2(n)$, $\langle n, q_1 q_2 \rangle = 1$, なる関係を充たす場合, 共通の周期 $\langle q_1, q_2 \rangle$ を持つ.

[証明] まず, ある $f \in \mathbb{N}$ をもって $m \equiv n \bmod f$, $\langle mn, q \rangle = 1$ なるとき $\chi(m) = \chi(n)$ であるならば, χ は $\langle f, q \rangle = d$ を周期として持つ. 何故ならば, 互除法により, $d = fu + qv$ なる $u, v \in \mathbb{Z}$ が存在し, 何らかの l について $\langle n(n+dl), q \rangle = 1$ であるとき, $\langle n(n+flu), q \rangle = 1$. よって, $\chi(n+dl) = \chi(n+flu) = \chi(n)$. つまり, $m \equiv n \bmod d$, $\langle mn, q \rangle = 1$, であるならば, $\chi(m) = \chi(n)$. 指標 χ は q の約数である $\langle f, q \rangle$ を周期にもち, (1) の前段を得た. そこで, k は周期でありかつ $k|q$ とする. このとき, 任意の n, $\langle n, k \rangle = 1$, について, 註 [30.2] を参照し, $m \equiv n \bmod k$, $\langle m, q \rangle = 1$, と

なる m を採り，$\chi_1(n) = \chi(m)$ と定める．周期の定義から，$\chi(m)$ の値は一意的に定まる．加えて，$\chi_1(n) = 0$, $\langle n, k \rangle \neq 1$, とする．容易に，$\chi_1$ は法 k に関する指標と知れる．また，$\langle n, q \rangle = 1$ であるならば，$m = n$ と採れるゆえ，$\chi_1(n) = \chi(n)$．この等式は (55.3) と同値である．以上により (1) の証明を終わる．次に (2) を示す．まず，$m \equiv n \bmod \langle q_1, q_2 \rangle$, $\langle mn, q_1 \rangle = 1$, とする．もちろん，$m\bar{n} \equiv 1 \bmod \langle q_1, q_2 \rangle$．ただし，$n\bar{n} \equiv 1 \bmod q_1$．互除法により，何らかの $r, u, v \in \mathbb{Z}$ をもって $1 = \langle m\bar{n}, q_1 \rangle = \langle 1 + r(uq_1 + vq_2), q_1 \rangle = \langle 1 + rvq_2, q_1 \rangle$．従って，$\langle 1 + rvq_2, q_1 q_2 \rangle = 1$．仮定から，$\chi_1(m\bar{n}) = \chi_1(1 + rvq_2) = \chi_2(1 + rvq_2) = 1$．よって $\chi_1(m) = \chi_1(n)$ であり，$\langle q_1, q_2 \rangle$ は χ_1 の周期である．指標 χ_2 についても同様である．定理の証明を終わる．

かく準備のもとに，重要な定義を行う．

$$\text{指標 } \chi \bmod q \text{ の最小周期を } \chi \text{ の導手と称し，} q^* \text{ と記す．} \atop \text{原始的指標とは } q = q^* \text{ なる場合を意味する．} \tag{55.4}$$

定理 33

(1) 任意の指標 $\chi \bmod q$ につき，導手 q^* と共に原始的指標 $\chi^* \bmod q^*$ が一意的に定まり，

$$\chi = J_{q/q^*} \chi^*. \tag{55.5}$$

(2) 原始的指標 $\chi_j \bmod q_j$, $j = 1, 2$, が $\chi_1(n) = \chi_2(n)$, $\langle n, q_1 q_2 \rangle = 1$, なる関係を充たす場合，$q_1 = q_2$, $\chi_1 = \chi_2$．

[証明] (1) については，分解 (55.3) において，とくに，$k = q^*$ とするならば，χ_1 は原始的である．実際，$\chi_1 = J_{q^*/(q^*)^*}(\chi_1)_1$, $(\chi_1)_1 \bmod (q^*)^*$, を (55.3) に挿入し，$\chi = J_{q/(q^*)^*}(\chi_1)_1$ より χ は周期 $(q^*)^*$ を持つ．従って，q^* の最小性から $(q^*)^* = q^*$ であり，χ_1 は原始的．(2) は前定理の (2) から容易に得られる．証明を終わる．

自明な注意であるが，

$$\text{指標の周期は導手の倍数．} \tag{55.6}$$

まず，k, q^* は (55.3), (55.5) の通りとし，任意に n, $\langle n, kq^* \rangle = 1$, を採る．次に，$m$ を $m \equiv n \bmod kq^*$ かつ $\langle m, q \rangle = 1$ と採る．このとき，$\chi_1(n) = \chi_1(m) =$

$\chi(m) = \chi^*(m) = \chi^*(n)$. 定理 32 の (2) から, χ_1, χ^* は $\langle k, q^* \rangle$ を周期とする. つまり, $\langle k, q^* \rangle = q^* \Rightarrow q^* | k$.

[55.1] 原始的指標 primitive (proper) character の概念は, de la Vallée Poussin (1897/1898, p.49), Landau (1909, §125) に至り明瞭である. しかし, 明確さを欠くものの, 少なくとも Kinkelin (1861, p.29) に遡る, とすべきである (註 [57.2] を参照せよ). 分解 (55.5) をもって, χ は原始的指標 χ^* からの誘導指標 induced character であると云う. なお, 単位指標の場合は, $q^* = 1, \chi^* \equiv 1$.

[55.2] 法が素数である場合, 単位指標の他は全て原始的である. 法が素数ベキ $p^\alpha, \alpha \geq 2$, であって単位指標ではない指標 χ については, 全ての n について $\chi(n) = \chi^*(n)$. しかし, 一般の法については $\chi(n) = 0 \neq \chi^*(n)$ となる n が存在し得る. 註 [56.1] を見よ.

[55.3] $q(2) = 1$ の場合には全ての $\chi \bmod q$ は非原始的. 実際, $m \equiv n \bmod q/2, \langle mn, q \rangle = 1$ ならば, $m \equiv n \bmod q$ となり, χ は周期 $q/2$ を持つ.

[55.4] 分解 (55.5) に従い,
$$L(s, \chi) = L(s, \chi^*) \prod_{p | q/q^*} \left(1 - \frac{\chi^*(p)}{p^s}\right).$$
つまり, $L(s, \chi)$ の解析的な性質は $L(s, \chi^*)$ のそれと本質的には同一である. よって, 算術級数中の素数分布を註 [54.2] の構成をもって考察するとき, 指標を原始的指標に制限できる訳である. 多少象徴的に表現するならば, 原始的指標に付随する L-函数は優れて独立した存在である. なお, 後述の註 [63.4] により, 単位指標ならざる χ について $L(s, \chi)$ は整函数である.

[55.5] 任意の原始的指標 χ につき, 領域 $0 \leq \operatorname{Re}(s) \leq 1, s \neq 0$, に含まれる $L(s, \chi)$ の零点は例外無く直線 $\operatorname{Re}(s) = \frac{1}{2}$ の上にある, と予想されている. これは, 拡張された Riemann 予想 (the Extended Riemann Hypothesis = ERH) と呼ばれる. 素数分布論において, 本来の RH (註 [11.8] (6)) に較べ遥かに精細な帰結をもたらす. Bach (1990, Section 6), YM (2009, 第 4 章) などを参照せよ. ERH の下に $L(s, \chi)$ は法に較べごく小なる素数によりほぼ定まる. つまり, 註 [33.6] にある通り, 既約剰余類群の構造は主に小素数の生み出すものとなる. これは自然なことである. 何故ならば, 一般に整数の素因数は殆どを小素数が占め比較的に大なる素因数の個数は当然に少ない. 一方, 既約剰余類としての役割から観るならば, これら素因数は平等な働きをする. 従って, 数の多い小素数が既約剰余類群の構造において支配的となる. また, 各素数ベキを法とする原始根は, 恐らくは, 極めて小 (註 [41.8]) であり, それらが既約剰余類群の構造を定めることをも念頭に置くべき.

§56.

定理 34 指標 χ が $(\mathbb{Z}/q\mathbb{Z})^*$ 上にて $\xi \in \Xi_q$ と一致するとき, χ が原始的であ

るための必要充分条件は, (53.1)–(53.3) において, $p \geq 3$ につき

$$\begin{cases} (p-1) \nmid h_p & q(p) = 1, \\ p \nmid h_p & q(p) \geq 2. \end{cases} \tag{56.1}$$

かつ,

$$\begin{cases} 2 \nmid h_2 & q(2) = 2, \\ 2 \nmid k_2 & q(2) \geq 3. \end{cases} \tag{56.2}$$

[証明] まず, $\chi = \chi_1 \chi_2$, $\chi_\nu \mod q_\nu$, $q = q_1 q_2$, $\langle q_1, q_2 \rangle = 1$, と分解されるとき, 次が成り立つ.

$$\chi \text{ は原始的} \Leftrightarrow \chi_\nu \text{ は共に原始的.} \tag{56.3}$$

実際, χ_ν の導手を u_ν とするとき, $u_\nu | q_\nu$ であり $\chi_1 \chi_2$ は周期 $u_1 u_2$ を持つ. よって, χ が原始的ならば, $u_1 u_2 = q_1 q_2$. 従って, $u_\nu = q_\nu$. つまり, χ_ν は原始的である. 逆に χ_ν は共に原始的とし, χ の導手を v とするならば, $v_1 = \langle v, q_1 \rangle$ は χ_1 の周期である. 実際, $m \equiv n \mod v_1$, $\langle mn, q_1 \rangle = 1$ と仮定し, $m_1 \equiv m$, $n_1 \equiv n \mod q_1$, $m_1 \equiv 1$, $n_1 \equiv 1 \mod q_2$, と採るとき, $m_1 \equiv n_1 \mod v$, $\langle m_1 n_1, q \rangle = 1$. 何故ならば, $m_1 \equiv n_1 \mod v_1$ かつ $m_1 \equiv n_1 \mod q_2$ より $m_1 \equiv n_1 \mod v_1 q_2$ であるが, $v = v_1 \langle v, q_2 \rangle$. これらから, $\chi_1(m) = \chi(m_1) = \chi(n_1) = \chi_1(n)$. 同様に χ_2 は $v_2 = \langle v, q_2 \rangle$ を周期に持つ. 従って, $v_\nu = q_\nu$, $v = \langle v, q_1 q_2 \rangle = v_1 v_2 = q$, となり χ は原始的である. よって, (56.3) が示され, 問題は (53.1) にある ξ の各成分の周期を知ることに移る.

そこで, $p \geq 3$ とし,

$$\xi_p(n) = e\bigl(h_p \text{Ind}_{r_p}(n)/\varphi(p^\alpha)\bigr), \quad p \nmid n, \tag{56.4}$$

とおく. 註 [55.2] により, $\alpha = 1$ の場合は自明であるゆえ, $\alpha \geq 2$ とする. とくに, r_p の採り方から $\text{Ind}_{r_p}(1 + p^{\alpha-1}) \equiv 0 \mod \varphi(p^{\alpha-1})$ かつ $\not\equiv 0 \mod \varphi(p^\alpha)$. よって, ξ_p が周期 $p^{\alpha-1}$ を持つならば, $h_p \text{Ind}_{r_p}(1 + p^{\alpha-1}) \equiv 0 \mod \varphi(p^\alpha)$ から $p | h_p$. 逆に, $p | h_p$ であるならば, 任意の t について $h_p \text{Ind}_{r_p}(n + p^{\alpha-1} t) \equiv h_p \text{Ind}_{r_p}(n) + h_p \text{Ind}_{r_p}(1 + p^{\alpha-1} t \overline{n}) \equiv h_p \text{Ind}_{r_p}(n) \mod \varphi(p^\alpha)$, $n\overline{n} \equiv 1 \mod p^\alpha$. 何故ならば, $\text{Ind}_{r_p}(1 + p^{\alpha-1} t \overline{n}) \equiv 0 \mod \varphi(p^{\alpha-1})$. 従って, $p | h_p$ であることと ξ_p が周期 $p^{\alpha-1}$ を持つこととは同値となり, (56.1) が示された.

次に, 法 2^α の場合, $\alpha = 1$ ならば, 単位指標のみであり議論の要はない. また,

$\alpha = 2$ の場合には，$2|h_2$ であることと単位指標であることは明らかに同値．よって，$\alpha \geq 3$ とする．定義 (53.2) を用いるが，まず $u(1+2^{\alpha-1}) \equiv 0 \bmod 2$．また，(43.4) に関する議論から，$v(1+2^{\alpha-1}) \equiv 0 \bmod 2^{\alpha-3}$ かつ $\not\equiv 0 \bmod 2^{\alpha-2}$．そこで，$\xi^{(2)}$ が周期 $2^{\alpha-1}$ を持つならば，$k_2 v(1+2^{\alpha-1}) \equiv 0 \bmod 2^{\alpha-2}$ であり，$2|k_2$ が従う．逆に $2|k_2$ であるとき，任意の t および $2\nmid n$ について，$k_2 v(n+2^{\alpha-1}t) \equiv k_2 v(n) + k_2 v(1+2^{\alpha-1}t\overline{n}) \equiv k_2 v(n) \bmod 2^{\alpha-2}$，$n\overline{n} \equiv 1 \bmod 2^{\alpha}$．何故ならば，$v(1+2^{\alpha-1}t\overline{n}) \equiv 0 \bmod 2^{\alpha-3}$．また，$u(n+2^{\alpha-1}t) \equiv u(n) \bmod 2$．これらから，$2|k_2$ となることと $\xi^{(2)}$ が周期 $2^{\alpha-1}$ を持つことが同値であり，(56.2) が示された．定理の証明を終わる．

ごく重要な帰結であるが，原始的実指標 $\chi \bmod q$ は次の場合にのみ存在する．

$$q = 2^l q_0, \quad l = 0, 2, 3; \quad q_0 \text{ は奇数かつ sqf}. \tag{56.5}$$

まず，ϱ_p を (53.10) と同じく採り，$\chi(\varrho_p) = -1$．実際，$\chi(\varrho_p) = 1$ であるならば，χ の周期は q より小となる．つまり，$-1 = \chi(\varrho_p) = e(h_p/\varphi(p^{q(p)})) \Rightarrow h_p \equiv \varphi(p^{q(p)})/2 \bmod \varphi(p^{q(p)})$．従って，(56.1) により，$q(p) = 1$ となり，q_0 は sqf．一方，$l \geq 4$ であるならば，λ_2 を (53.13) と同じく採り，$\chi(\lambda_2) = -1 \Rightarrow k_2 \equiv 2^{q(2)-3} \bmod 2^{q(2)-2}$ により $2|k_2$ となり，(56.2) が充たされない．つまり，$l \leq 3$．一方，註 [55.3] により，$l \neq 1$．即ち，(56.5) を得る．ちなみに，奇数 n について，

(i) $l = 2$ のとき，定義 (56.4) を流用し，

$$h_2 = 1 : \xi_2(n) = (-1)^{(n-1)/2}. \tag{56.6}$$

(ii) $l = 3$ のとき，定義 (53.2) のもとに，$k_2 = 1$ であり，

$$\begin{aligned} k_1 = 0 &: \xi^{(2)}(n) = (-1)^{(n^2-1)/8}, \\ k_1 = 1 &: \xi^{(2)}(n) = (-1)^{(n-1)/2+(n^2-1)/8}. \end{aligned} \tag{56.7}$$

実際，(56.6) は自明．一方 $l = 3$ であるならば，$n \equiv (-1)^u 5^v \bmod 8$ につき，

$$\{n; u, v\} = \{1; 0, 0\}, \{3; 1, 1\}, \{5; 0, 1\}, \{7; 1, 0\} \tag{56.8}$$

となり，(53.2) は自明な対応のもとに，

$$\xi^{(2)}(n) = 1, -1, -1, 1 \text{ または } 1, 1, -1, -1 \tag{56.9}$$

を意味する．これは，(56.7) と同値である．註 [56.2], [64.5] に続く．

[56.1] 上記の ξ_p の最小周期，つまり (54.4) のもとに指標 $\iota_p\xi_p$ の導手は $p^{\alpha-\gamma}$．ただし，$p^\gamma \| h_p$．実際，任意の l および $p \nmid n$ について，$h_p\mathrm{Ind}_{r_p}(n+p^{\alpha-\gamma}l) \equiv h_p\mathrm{Ind}_{r_p}(n) \bmod \varphi(p^\alpha)$ であり，かつ $h_p\mathrm{Ind}_{r_p}(1+p^{\alpha-\gamma-1}) \not\equiv 0 \bmod \varphi(p^\alpha)$．もちろん，$\xi^{(2)}$ についても同様に議論できる．

[56.2] 法 16 の場合，
$$\tau_{k_1,k_2}(n) = e(k_1u/2 + k_2v/4),$$
$$k_1 \bmod 2,\ k_2 \bmod 4,\ n \equiv (-1)^u 5^v \bmod 2^4,$$
は Ξ_{16} に属する．まず，

$\{n;u,v\}$: $\{1;0,0\}, \{3;1,3\}, \{5;0,1\}, \{7;1,2\}, \{9;0,2\}, \{11;1,1\}, \{13;0,3\}, \{15;1,0\}$.

従って，例えば，
$$\tau_{0,1}(1) = 1,\ \tau_{0,1}(3) = -i,\ \tau_{0,1}(5) = i,\ \tau_{0,1}(7) = -1,$$
$$\tau_{0,1}(9) = -1, \tau_{0,1}(11) = i,\ \tau_{0,1}(13) = -i,\ \tau_{0,1}(15) = 1;$$
$$\tau_{1,1}(1) = 1,\ \tau_{1,1}(3) = i,\ \tau_{1,1}(5) = i,\ \tau_{1,1}(7) = 1,$$
$$\tau_{1,1}(9) = -1, \tau_{1,1}(11) = -i,\ \tau_{1,1}(13) = -i,\ \tau_{1,1}(15) = -1.$$

判定条件 (56.2) の下段から，解釈 (54.4) のもとに，$\iota_2\tau_{0,1}$, $\iota_2\tau_{1,1}$ は共に原始的指標 mod 16 である．実際，周期は 1, 2, 4, 8 の何れでもない．一方，
$$\tau_{1,2}(1) = 1,\ \tau_{1,2}(3) = 1,\ \tau_{1,2}(5) = -1,\ \tau_{1,2}(7) = -1,$$
$$\tau_{1,2}(9) = 1,\ \tau_{1,2}(11) = 1,\ \tau_{1,2}(13) = -1,\ \tau_{1,2}(15) = -1.$$

これは，周期 8．同様に，$\tau_{0,2}$ も周期 8 ((56.7), (56.9) に対応)．また，$\tau_{1,0}$ は周期 4 (つまり (56.6))．残る $\tau_{0,3}, \tau_{1,3}$ は原始的指標 mod 16 をもたらす．よって，$\mathcal{X}_{16}$ 内の原始的指標は 4 個．これらは二組の複素共役である．実際，$\tau_{0,1}\tau_{0,3}$, $\tau_{1,1}\tau_{1,3} = \tau_{0,0}$．自明ではない実指標は，$\tau_{0,2}, \tau_{1,2}, \tau_{1,0}$ から得られる 3 個．単位指標 $\iota_2\tau_{0,0}$ を含め，都合 $1+4+3 = \varphi(16)$ 個．

[56.3] 法 15 につき
$$\lambda_{a,b}(n) = e(aU(n)/2 + bV(n)/4),\quad \langle n, 15\rangle = 1,$$
は Ξ_{15} に属する．ただし，$n \equiv 2^{U(n)} \bmod 3,\ n \equiv 2^{V(n)} \bmod 5,\ 0 \leq a \leq 1,\ 0 \leq b \leq 3$．

$\{n;U,V\}$: $\{1;0,0\}, \{2;1,1\}, \{4;2,2\}, \{7;0,1\}, \{8;1,3\}, \{11;1,0\}, \{13;0,3\}, \{14;1,2\}$.

判定条件 (56.1) の上段により，$\lambda_{1,1}, \lambda_{1,2}, \lambda_{1,3}$ の 3 個のみが $\mathcal{X}_{15}$ の原始的指標をもたらす．このうち，$\lambda_{1,2}$ は実指標を生む．実際，
$$\lambda_{1,2}(1) = 1,\ \lambda_{1,2}(2) = 1,\ \lambda_{1,2}(4) = 1,\ \lambda_{1,2}(7) = -1,$$
$$\lambda_{1,2}(8) = 1,\ \lambda_{1,2}(11) = -1,\ \lambda_{1,2}(13) = -1,\ \lambda_{1,2}(14) = -1.$$

周期は 3 でも 5 でもない. また, $\lambda_{1,1}$ と $\lambda_{1,3}$ は複素共役. 一方, $\lambda_{0,1}, \lambda_{0,2}, \lambda_{0,3}$ は周期 5 である. 例えば,
$$\lambda_{0,2}(1) = 1, \lambda_{0,2}(2) = -1, \lambda_{0,2}(4) = 1, \lambda_{0,2}(7) = -1,$$
$$\lambda_{0,2}(8) = -1, \lambda_{0,2}(11) = 1, \lambda_{0,2}(13) = -1, \lambda_{0,2}(14) = 1$$
より $\lambda_{0,2}(1) = \lambda_{0,2}(11) = 1, \lambda_{0,2}(2) = \lambda_{0,2}(7) = -1, \lambda_{0,2}(4) = \lambda_{0,2}(14) = 1$, $\lambda_{0,2}(8) = \lambda_{0,2}(13) = -1$ であり周期 5. つまり, 指標 $\iota_{15}\lambda_{0,2}$ は原始的指標 $\iota_5\lambda^*_{0,2}, \lambda^*_{0,2} \in \Xi_5$, によって誘導される. ただし, $\lambda^*_{0,2}(1) = 1, \lambda^*_{0,2}(2) = \lambda_{0,2}(2) = -1, \lambda^*_{0,2}(3) = \lambda_{0,2}(8) = -1$, $\lambda^*_{0,2}(4) = \lambda_{0,2}(4) = 1$. 即ち, $\iota_{15}\lambda_{0,2} = \jmath_3\iota_5\lambda^*_{0,2}$. 以上の他に, $\lambda_{1,0}$ から周期 3 の実指標. 単位指標と共に都合 $3 + 3 + 1 + 1 = \varphi(15)$ 個.

[56.4] 法 27 につき
$$\eta_a(n) = e(au/18), \quad 3 \nmid n,$$
は Ξ_{27} に属する. ただし, $n \equiv 2^u \bmod 27$, $0 \le u \le 17$. 判定条件 (56.1) の下段により, η_a, $3 \nmid a$, が 6 組の複素共役に分かれ, 12 個の原始的指標 mod 27 をもたらす. これら以外では, η_3, η_{15} および η_6, η_{12}, が周期 9 の複素共役の組である. また, η_9 は唯一の非自明な実指標をもたらし, 周期は 3. 都合, $12 + 4 + 1 + 1 = \varphi(27)$ 個. 周期については, 例えば, $2^6 \equiv 10 \bmod 27$ より $n \equiv 1 \bmod 9$ のとき $6|u$, よって $\eta_3(n) = 1$. つまり, $m \equiv n \bmod 9, 3 \nmid mn$, ならば $\eta_3(m) = \eta_3(n)$. 註 [56.1] にある通り.

§57.

次に, (52.1) に戻り, Dirichlet 指標の Fourier 展開を考察する. 任意の指標 $\chi \bmod q$ を採り

$$\begin{aligned}\chi(n) &= \frac{1}{\sqrt{q}} \sum_{a \bmod q} \hat{\chi}(a) e(an/q), \\ \hat{\chi}(a) &= \frac{1}{\sqrt{q}} \sum_{n \bmod q} \chi(n) e(-an/q).\end{aligned} \quad (57.1)$$

Fourier 係数 $\hat{\chi}(a)$ については, $\langle a, q \rangle \neq 1$ であるとき特段の考察を下記の定理の証明にて行う. 一方, $\langle a, q \rangle = 1$ であるときには, n を $-n\bar{a}, a\bar{a} \equiv 1 \bmod q$, に置き換え

$$\hat{\chi}(a) = \frac{1}{\sqrt{q}} \overline{\chi}(-a) G(\chi), \quad G(\chi) = \sum_{n \bmod q} \chi(n) e(n/q). \quad (57.2)$$

この $G(\chi)$ を指標 $\chi \bmod q$ に付随する Gauss 和と称する. 註 [19.4] から,

$$G(\jmath_q) = \mu(q). \tag{57.3}$$

今後の議論において, 次が基本となる.

定理 35 任意の原始的指標 $\chi \bmod q$ および $n \in \mathbb{Z}$ について

$$\chi(n) = \frac{G(\chi)}{q} \sum_{a \bmod q} \overline{\chi}(a) e(-na/q). \tag{57.4}$$

系として,

$$|G(\chi)| = \sqrt{q}. \tag{57.5}$$

[証明] 任意の n についての命題であることに特に注意せよ. まず, 定義 (57.1) において, 原始的指標の場合には次が成立する.

$$\text{Kinkelin 消滅:} \quad \hat{\chi}(a) = 0, \quad \langle a, q \rangle \neq 1. \tag{57.6}$$

実際, $\langle a, q \rangle = d > 1$ とするとき,

$$\hat{\chi}(a) = \frac{1}{\sqrt{q}} \sum_{l \bmod q_1} e(-a_1 l/q_1) \sum_{t \bmod q/q_1} \chi(l + q_1 t). \tag{57.7}$$

ただし, $a_1 = a/d$, $q_1 = q/d$. ここで, 原始的指標の定義から q_1 は周期ではない. つまり, 何れかの u, v があり $u \equiv v \bmod q_1$, $\langle uv, q \rangle = 1$, $\chi(u) \neq \chi(v)$. よって, $c \equiv 1 \bmod q_1$, $\chi(c) \neq 1, 0$, となる c が存在する. そこで, $t = (c-1)l/q_1 + cw$ と変数変換するならば, 内部和は

$$\chi(c) \sum_{w \bmod q/q_1} \chi(l + q_1 w). \tag{57.8}$$

従って, (57.6) が示された. よって, (57.1) の上段は

$$\chi(n) = \frac{1}{\sqrt{q}} \sum_{\substack{a \bmod q \\ \langle a, q \rangle = 1}} \hat{\chi}(a) e(na/q). \tag{57.9}$$

ここに (57.2) を挿入し, (57.4) を得る. 残る (57.5) については, (57.4) にて $n = 1$ と置けばよい. 証明を終わる.

[57.1] 一般の指標 χ に付随した Gauss 和 $G(\chi)$ の明確な導入は Kinkelin (1862, §§XII–XV) による. 彼は, Dirichlet L-函数の函数等式を考察したが, その過程にて $G(\chi)$ に遭遇したのである. もっとも, L-函数と Gauss 和の関係を初めて捉えたのは Dirichlet (1837a; Werke I, p.325) であり,さらに, $G(\chi)$ そのものの源は代数方程式論における Lagrange–Vandermonde resolvent にあると言える (§71 [**h**] を参照せよ). 何れにせよ, 解析的, 代数的な議論が意味深い合流を果たす訳である. YM (2009, pp.87–89) および註 [63.4] を見よ.

[57.2]　等式 (57.6) を指摘したのは Kinkelin (*ibid*., p.29; あるいは下記の註 [57.5]). 原始的指標については, Fourier 展開 (57.4) は $\langle n, q \rangle \neq 1$ の場合にも成立している訳である. この事実から定義 (54.1) の下段の条件は自然かつ必須なものであると理解できる. 上記の簡明な証明は Landau (1908a, pp.429–431) に採録された Schur のものである. 同所に関連の歴史が記されている. Landau (1909, §126) も見よ.

[57.3]　註 [56.2] の記号をもって, $\chi = \iota_2 \tau_{0,2}$ は法 16 の非原始的指標である. 定義 (57.1) により
$$\hat{\chi}(2) = \frac{2}{\sqrt{16}}\Big(e(-1/8) - e(-3/8) - e(-5/8) + e(-7/8)\Big) = \sqrt{2}.$$
しかるに, χ を法 8 の原始的指標と見なすならば,
$$\hat{\chi}(2) = \frac{1}{\sqrt{8}}\Big(e(-1/4) - e(-3/4) - e(-5/4) + e(-7/4)\Big) = 0.$$
これらは, 命題 (57.6) に関する実例である. 前者は次節の (58.2) の例でもある.

[57.4]　Gauss 和 $G(\chi)$ は準乗法性を持つ. つまり, (33.2)–(33.3) から $\chi_j \bmod q_j$, $\langle q_1, q_2 \rangle = 1$, について,
$$G(\chi_1 \chi_2) = \chi_1(q_2) \chi_2(q_1) G(\chi_1) G(\chi_2), \quad \hat{\chi}(a) = \chi_1(q_2) \chi_2(q_1) \hat{\chi}_1(a) \hat{\chi}_2(a)$$
が従う.

[57.5]　従って, 法を素数ベキの場合に制限し議論することも可能である. Kinkelin (*loc.cit.*) はこの方針を採り, $p \geq 3$ につき和
$$\sum_{\substack{n=1 \\ p \nmid n}}^{p^\alpha} \xi_p(n) e(-an/p^\alpha), \quad p^\gamma \| a,\ 1 \leq \gamma \leq \alpha,$$
の考察を行った. ただし ξ_p は (56.4) の通り. 別途 $p = 2$ の場合も扱うべきであるが, 省略されている. 実際, 同様である. まず, $\gamma = \alpha$ の場合には, 和は容易に 0 と知れる. そこで, $1 \leq \gamma < \alpha$ とし, $a = p^\gamma a_1$ と置く. 和を書き換え,
$$\sum_{\substack{t=1 \\ p \nmid t}}^{p^{\alpha-\gamma}} e(-a_1 t/p^{\alpha-\gamma}) \sum_{u=0}^{p^\gamma - 1} \xi_p(t + u p^{\alpha-\gamma}).$$
ここで
$$\mathrm{Ind}_{r_p}(t + u p^{\alpha-\gamma}) \equiv \mathrm{Ind}_{r_p}(t) + \mathrm{Ind}_{r_p}(1 + \bar{t} u p^{\alpha-\gamma})$$
$$\equiv \mathrm{Ind}_{r_p}(t) + s \varphi(p^{\alpha-\gamma}) \bmod \varphi(p^\alpha), \quad t \bar{t} \equiv 1 \bmod p^\alpha.$$

何故ならば, $r_p^\omega \equiv 1 \bmod p^{\alpha-\gamma} \Leftrightarrow \omega \equiv 0 \bmod \varphi(p^{\alpha-\gamma})$. かつ, t を止めるとき, $u \bmod p^\gamma \mapsto s \bmod p^\gamma$ は明らかに 1 対 1 写像. よって,

$$\sum_{u=0}^{p^\gamma-1} \xi_p(t+up^{\alpha-\gamma}) = \xi_p(t) \sum_{s=0}^{p^\gamma-1} e(h_p s/p^\gamma).$$

右辺は, $p\nmid h_p$ であるとき, つまり $\iota_p \xi_p$ が原始的指標であるならば 0 である. かくして, (57.6) を再度得る. ちなみに, 史実は逆であり $p\nmid h_p$ なる状態の重要性から原始的指標の概念へ進んだのである.

[57.6] 定理 35 と註 [56.3] を組み合わせ, $|G(\iota_{15}\lambda_{1,2})| = \sqrt{15}$ を得る. 確かめであるが, まず

$$G(\iota_{15}\lambda_{1,2}) = 2i\mathrm{Im}\, A, \quad A = e(1/15) + e(2/15) + e(4/15) + e(8/15).$$

そこで $B = e(7/15) + e(11/15) + e(13/15) + e(14/15)$ とするならば,

$$A + B = \mu(15) = 1, \quad A \cdot B = \sum_{j=0}^{14} e(j/15) - e(1/3) - e(2/3) + 3 = 4.$$

よって, $A^2 - A + 4 = 0$, つまり $A = (1 + i\sqrt{15})/2$. 何故ならば, $\mathrm{Im}\, A = \sin(2\pi/15) + \sin(4\pi/15) + \sin(8\pi/15) - \sin(\pi/15)$ は明らかに正である. 従って, $G(\iota_{15}\lambda_{1,2}) = i\sqrt{15}$.

§58.

原始的指標とは限られぬとき, Fourier 係数 $\hat\chi(a)$ の計算結果は次の通り.

定理 36 分解 (55.5) をもって,

$$q^* \nmid \frac{q}{\langle a,q \rangle} \;\Rightarrow\; \hat\chi(a) = 0, \tag{58.1}$$

$$q^* \mid \frac{q}{\langle a,q \rangle} \;\Rightarrow\; \hat\chi(a) = \overline{\chi}^*\left(-\frac{a}{\langle a,q \rangle}\right) \mu\left(\frac{q}{q^*\langle a,q \rangle}\right) \chi^*\left(\frac{q}{q^*\langle a,q \rangle}\right)$$
$$\times \frac{\varphi(q)}{\sqrt{q}\varphi(q/\langle a,q \rangle)} G(\chi^*). \tag{58.2}$$

[証明] 始めに, 仮定 $s|q$ のもとに,

$$\sum_{\substack{k \bmod q \\ k \equiv l \bmod s}} \chi(k) = \begin{cases} \jmath_s(l)\chi^*(l)\varphi(q)/\varphi(s) & q^*|s, \\ 0 & q^* \nmid s. \end{cases} \tag{58.3}$$

まず, $\langle l, s \rangle \neq 1$ ならば, $\langle k, q \rangle \neq 1$ であり, 和は 0. 一方, $q^* \nmid s$ であるならば, (55.6) により s は χ の周期ではない. よって, 前定理の証明におけると同様に, $c \equiv 1 \bmod s$, $\chi(c) \neq 1, 0$ となる c が存在し, 和は 0 であると知れる. 従って,

$\langle l, s \rangle = 1$, $q^* | s$ と仮定できるが，このとき和は

$$\sum_{\substack{u \bmod q/s \\ \langle l+su, q \rangle = 1}} \chi(l+su) = \chi^*(l) \sum_{\substack{u \bmod q/s \\ \langle l+su, q \rangle = 1}} 1. \tag{58.4}$$

註 [33.4] を参照し，右辺の和は $\varphi(q)/\varphi(s)$ である．よって，(58.3) が示された．

次に，(57.7) にもどり，上記の議論により，$q^* \nmid q_1$, $q = \langle a, q \rangle q_1$，ならば $\hat{\chi}(a) = 0$，つまり (58.1) を得る．一方，$q^* | q_1$ ならば，

$$\hat{\chi}(a) = \frac{\varphi(q)}{\sqrt{q}\varphi(q_1)} \sum_{l \bmod q_1} \jmath_{q_1}(l)\chi^*(l)e(-a_1 l/q_1)$$

$$= \frac{\varphi(q)}{\sqrt{q}\varphi(q_1)} \overline{\chi}^*(-a_1) G(\jmath_{q_1}\chi^*), \quad a = \langle a, q \rangle a_1. \tag{58.5}$$

下段は，置き換え $l \mapsto -l\bar{a}_1$, $a_1 \bar{a}_1 \equiv 1 \bmod q_1$，による．また，$\jmath_{q_1}\chi^*$ は法 q_1 についての指標であることも用いた．そこで，Gauss 和 $G(\jmath_{q_1}\chi^*)$ を扱うが，$\langle q^*, q_1/q^* \rangle = h$ と置くとき，

$$G(\jmath_{q_1}\chi^*) = \sum_{\substack{f \bmod q_1/h \\ \langle f, q_1/h \rangle = 1}} \sum_{v \bmod h} \chi^*(f + vq_1/h) e((f + vq_1/h)/q_1). \tag{58.6}$$

何故ならば，$h^2 | q_1$ により，$p | q_1/h \Leftrightarrow p | q_1$ であるゆえ，$\langle f + vq_1/h, q_1 \rangle = 1 \Leftrightarrow \langle f, q_1/h \rangle = 1$. しかるに，$q^* | (q_1/h)$ であり，$\chi^*(f + vq_1/h) = \chi^*(f)$. つまり，

$$G(\jmath_{q_1}\chi^*) = \sum_{\substack{f \bmod q_1/h \\ \langle f, q_1/h \rangle = 1}} \chi^*(f) e(f/q_1) \sum_{v \bmod h} e(v/h)$$

$$= \sum_{\substack{f \bmod q_1/h \\ \langle f, q_1/h \rangle = 1}} \chi^*(f) e(f/q_1) \cdot \begin{cases} 1 & h = 1, \\ 0 & h > 1. \end{cases} \tag{58.7}$$

ここで，$h = 1$ となる場合，$f = lq_1/q^* + mq^*$ と分解し ((31.6)–(31.7)),

$$G(\jmath_{q_1}\chi^*) = \sum_{\substack{l \bmod q^*, \langle l, q^* \rangle = 1 \\ m \bmod q_1/q^*, \langle m, q_1/q^* \rangle = 1}} \chi^*(lq_1/q^* + mq^*) e(l/q^* + m/(q_1/q^*))$$

$$= \sum_{l \bmod q^*} \chi^*(lq_1/q^*) e(l/q^*) \sum_{\substack{m \bmod q_1/q^* \\ \langle m, q_1/q^* \rangle = 1}} e(m/(q_1/q^*))$$

$$= \mu(q_1/q^*) \chi^*(q_1/q^*) G(\chi^*). \tag{58.8}$$

註 [19.4] に含まれる Möbius 函数の表示を用いた．定理の証明を終わる．

[58.1]　Montgomery–Vaughan (1975) を参照せよ．

[58.2]　等式 (58.2) にて $a=1$ とする，あるいは (58.8) を少々読み換え，
$$G(\chi) = \mu(q/q^*)\chi^*(q/q*)G(\chi^*).$$
とくに，$q=p^\alpha$，$\alpha \geq 2$，を法とする任意の非原始的指標 χ につき $G(\chi)=0$．

[58.3]　註 [56.3] に戻り，
$$G(\iota_{15}\lambda_{0,2}) = \sum_{a=1}^{2}\sum_{b=1}^{4}\lambda_{0,2}(5a+3b)e(a/3+b/5)$$
$$= \sum_{b=1}^{4}\lambda_{0,2}^*(3b)e(b/5)\sum_{a=1}^{2}e(a/3)$$
$$= -\lambda_{0,2}^*(3)\sum_{b=1}^{4}\lambda_{0,2}^*(b)e(b/5) = G(\iota_5\lambda_{0,2}^*).$$
何故ならば，指標 $\iota_{15}\lambda_{0,2}$ を誘導する原始的指標は $\iota_5\lambda_{0,2}^*$ mod 5 である．これは註 [58.2] の一例である．さらに，$C = e(1/5)+e(4/5)$，$D = e(2/5)+e(3/5)$ と置くとき，$G(\iota_5\lambda_{0,2}^*) = C-D$．ここで，$C = 2\cos(2\pi/5) > 0$ に注意する．一方，$C+D = -1$，$C\cdot D = -1$ より，$C^2+C-1 = 0$．よって，$C = (\sqrt{5}-1)/2$，$D = -(\sqrt{5}+1)/2$．従って，$G(\iota_5\lambda_{0,2}^*) = \sqrt{5}$．つまり，$G(\iota_{15}\lambda_{0,2}) = \sqrt{5}$．

[58.4]　また，$\iota_{15}\lambda_{1,2} = \iota_{15}\lambda_{1,0}\lambda_{0,2} = (\iota_3\lambda_{1,0}^*)\cdot(\iota_5\lambda_{0,2}^*)$ であるゆえ，註 [57.4] により
$$G(\iota_{15}\lambda_{1,2}) = (\iota_3\lambda_{1,0}^*)(5)(\iota_5\lambda_{0,2}^*)(3)G(\iota_3\lambda_{1,0}^*)G(\iota_5\lambda_{0,2}^*) = (-1)(-1)\sqrt{5}G(\iota_3\lambda_{1,0}^*),$$
$$G(\iota_3\lambda_{1,0}^*) = e(0/2)e(1/3)+e(1/2)e(2/3) = i\sqrt{3}.$$
法 3 の原始的指標は唯一であることを用いた．かくして，註 [57.6] の結果 $G(\jmath_{15}\lambda_{1,2}) = i\sqrt{15}$ を再び得る．

[58.5]　集合 Ψ_q と $\mathcal{X}_q$ とは類似した直交構造を持つ．前者は (52.3), (52.9)，後者は (54.2), (54.3) である．しかしながら，これら集合を結ぶべき Fourier 展開 (57.1) の結果である定理 36 の内容は複雑である．両直交構造の間には簡明に表現できる関連は見えない．しかるに，法を定めず変動を許すならば，註 [52.4] にて注意された集合 $\{\psi_\tau : \tau \in \mathcal{F}_D\}$ 内の概直交構造は，集合 $\{\chi \bmod q : $ 原始的かつ $q \leq D\}$ 内の概直交構造に伝搬する．その理由は基本定理 35 にある．註 [54.2], [55.4] を通して観るならば，算術級数中の素数分布は公差 (法) の変動に関する統計においてこそ精細に描けよう，と推測される．この事実の認識は Rényi (1948) に始まる．彼は師 Linnik (1944) と共に今日の素数分布論の基盤を築いたのである．委細については，Bombieri (1987), YM (2009) などを参照せよ．

§59.

以上を背景として §40 の冒頭に戻り, 素数 $p \geq 3$ をもって

$$x^2 \equiv d \bmod p, \quad p \nmid d, \tag{59.1}$$

なる合同方程式 (quadratic congruences) の詳細な考察に移る. 議論は章末まで続く.

Euler の判定定理 (定理 26) により, $d^{(p-1)/2} \equiv 1 \bmod p$ であることが解の存在についての必要充分条件である. 一方, Fermat の定理 (29.10) から一般に $d^{(p-1)/2} \equiv \pm 1 \bmod p$. そこで, Legendre (1798, p.186) の着想により, 記号

$$\left(\frac{d}{p}\right) = \begin{cases} 1 & d \bmod p \text{ は 2 次剰余,} \\ -1 & d \bmod p \text{ は 2 次非剰余,} \end{cases} \quad p \nmid d, \tag{59.2}$$

を導入する. つまり,

$$\left(\frac{d}{p}\right) \equiv d^{(p-1)/2} \bmod p. \tag{59.3}$$

同値な定義として, 原始根 $r_p \bmod p$ を任意に採るとき,

$$\left(\frac{d}{p}\right) = (-1)^{\mathrm{Ind}_{r_p}(d)}, \quad p \nmid d. \tag{59.4}$$

何故ならば, $p \nmid d$ であるとき $\mathrm{Ind}_{r_p}(d)$ の偶, 奇により $d \bmod p$ が 2 次剰余であるか否かが定まるが, これは原始根の採り方にはよらない. 離散対数の定義 (46.1) に続く底の変換についての注意から明らかである. とくに,

$$(59.1) \text{ が解を有する } d \bmod p \text{ の個数は } (p-1)/2. \tag{59.5}$$

命題 (45.4) によるもよい.

さらに, $p \nmid d$ なる条件を外し, 解釈 (54.4) のもとに,

$$\text{Legendre 記号} : \quad \left(\frac{d}{p}\right) = \iota_p e\bigl(\mathrm{Ind}_{r_p}(d)/2\bigr) \tag{59.6}$$

と定義する.

$$\text{Legendre 記号は法 } p \text{ についての} \\ \text{唯一の非自明な実 Dirichlet 指標. とくに, 原始的.} \tag{59.7}$$

もちろん,
$$\left(\frac{ab}{p}\right) = \left(\frac{a}{p}\right)\left(\frac{b}{p}\right), \quad a,b \in \mathbb{Z},$$
$$\left(\frac{c}{p}\right) = \left(\frac{d}{p}\right), \quad c \equiv d \bmod p. \tag{59.8}$$

[59.1] 定義 (59.6) は, 歴史的には後に導入された Dirichlet 指標を念頭に置いたものである. あるいはむしろ, 指標の概念そのものが Legendre の着想 Comme les quantités analogues à $N^{(c-1)/2}$ se rencontreront fréquemment..., nous emploierons le caractère abrégé $\left(\frac{N}{c}\right)$ .. (*ibid.*) に始まると言える. Legendre (1785, art. IV) にては洗練を欠く $N^{(c-1)/2} = \pm 1$ なる略記が用いられている. なお, 記号 *symbol* ではなく指標 *character* とすべきところではあるが, 伝統に従う.

[59.2] 記号 (59.2) を単なる便法と捉えてはならない. Legendre の粋はその後の整数論の在り方に極りを付けたのである. 片や Gauss [DA, art. 131] にては, $d \bmod p$ が 2 次剰余であるか否かを dRp, dNp といささか *rudis* の感あるを否めず. 後の Dirichlet 講義録 (1863/1894) の明快さはその文章の透明さもさることながら Gauss 合同記号と Legendre 記号との併用によるところ多である. 後者につき, .., welches in allen folgenden Untersuchungen eine grosse Rolle spielt (§33) と感嘆. また, Dirichlet (1854a, p.139; Werke II, p.123) にては Gauss の記法に対し慎重な表現ながらも苦言が呈されている. Gauss は, 公開の著作にては, Legendre 記号を使うことは無かった (Werke X-1, p.53 を参照せよ).

[59.3] 註 [35.3] によるならば, 合同方程式 $x^2 \equiv d \bmod p^\alpha$, $p \geq 3$, $\alpha \geq 1$, $p \nmid d$, は $\alpha = 1$ の場合に帰着する. 解の個数は全ての $\alpha \geq 1$ について, $1 + \left(\frac{d}{p}\right)$ である. もちろん, (45.2) によるもよい.

[59.4] 合同方程式 $x^2 \equiv d \bmod q$, $q = 2^\tau q_1$, $2 \nmid q_1$, の解の個数は
$$\tau = 2, d \not\equiv 1 \bmod 4, \text{あるいは } \tau \geq 3, d \not\equiv 1 \bmod 8,$$
$$\text{あるいは } \left(\tfrac{d}{p}\right) = -1, \exists p | q_1 \quad \Rightarrow \quad 0 \text{ 個.}$$
一方, これら 3 種の場合以外のときには, q_1 の相異なる素因数の個数を J とし,
$$\tau \leq 1 \Rightarrow 2^J \text{ 個}; \quad \tau = 2 \Rightarrow 2^{J+1} \text{ 個}; \quad \tau \geq 3 \Rightarrow 2^{J+2} \text{ 個.}$$
実際, 法 2^τ について定理 26 ($\ell = 2$) を, 法 q_1 については前項を用いるがよい.

§60.

Legendre (1798, p.214) は, 相異なる奇素数 p, q 間の相互律 *loi de réciprocité* と冠し次の (3) を掲げ時代を画した.

定理 37

$$
\begin{align}
(1) \quad & \left(\frac{-1}{p}\right) = (-1)^{(p-1)/2}, \\
(2) \quad & \left(\frac{2}{p}\right) = (-1)^{(p^2-1)/8}, \tag{60.1} \\
(3) \quad & \left(\frac{q}{p}\right)\left(\frac{p}{q}\right) = (-1)^{(p-1)(q-1)/4}.
\end{align}
$$

証明に先立ち多少の解説を行う．まず，詳しくは (1), (2) を補助律と呼ぶ．定理の意味であるが，(1) によれば，$x^2 \equiv -1 \mod p$ は $p \equiv 1 \mod 4$ のときにのみ解を持つ．何故ならば，$(p-1)/2$ はその場合には偶数であり，$p \equiv -1 \mod 4$ のとき奇数．また，(2) によれば，$x^2 \equiv 2 \mod p$ は $p \equiv \pm 1 \mod 8$ のときにのみ解を持つ．つまり，$(p^2-1)/8$ はその場合には偶数であり，$p \equiv \pm 3 \mod 8$ のときには奇数．一方，(3) の意味するところは，$p \equiv q \equiv -1 \mod 4$ のときにのみ $(p-1)(q-1)/4$ は奇数であり，$x^2 \equiv q \mod p$ と $y^2 \equiv p \mod q$ の可解性は逆となる．つまり，この場合の外では，片方が解を持てば他方も持ち，片方が持たなければ他方も持たない．2次剰余であるのか否かということに関し任意の奇素数 p, q は互いに干渉しているのである．驚くなかれ，素数どうしは独立の存在にあらず．まさに律なり．

本定理の効用は，定理26への前置きにて述べたところを2次剰余につき一段と明確にすることにある．指標としての特性 (59.8) と相互律とを組み合わせるならば，2次剰余・非剰余の判定を (59.1) に戻ることなく言わば表面的計算のみにてなし得る．後述の定理40に至りさらに明らかとなろう．そして，基本課題 $(45.5)_{\ell=2}$ への極めて具体的な解答 (定理41および (65.11)–(65.12)) をももたらす．

補助律 (1) の観察と証明は Euler により幾度となく採り上げられている．上記の通り彼の基本定理 (45.2) の一帰結とすることが最もふさわしいが，既に註 [36.4] にて証明したところであり，また (59.3) からも容易に得られる．補助律 (2) は Fermat, Euler, Lagrange による整数 $\{x^2 \pm 2y^2 : x, y \in \mathbb{N}\}$ の素因数の観察を通し次第に達せられた．参考までに，その文脈に沿う一証明を註 [60.3] に付す．一方，相互律 (3) の含蓄そのものは整数 $\{ax^2 \pm by^2 : x, y \in \mathbb{N}\}$ の素因数に関する極めて多量な観察を通し Euler (1772a, p.486; 1783, I, p.84) により発見されている (後述の §71 [a] を見よ)．しかし，表現 (60.1)(3) は Legendre の観察 (1785,

p.517) を経由しなされたものである (§71 [b] および註 [94.3] を参照せよ). 相互律の初の完全証明は Gauss によるが, 彼は都合 6 種類の証明を生前に公表している. 第 1 証明は [DA, artt. 135–144]. Euler 以後の伝統に沿い 2 次剰余の概念に忠実な論法である. Dirichlet (1854a; 1863/1894, §§48–51) による簡易化がある. 第 2 証明は [DA, art. 262] にあり, 2 次形式論中の種の理論 (後述の §94) に関連する. 註 [94.2] を参照せよ. 第 3 証明 (1808) はごく初等的であり註 [36.4] に示した Lagrange の観察に由来すると映る. 下記の註 [60.10] を見よ. 第 5 証明 (1818) はこれに類似する. 第 4 証明 (1811) は円分理論に関係し, Gauss 和を経由する. 第 6 証明 (1818) は第 4 証明の抽象化あるいは算術化とも云うべきものである. さらに, Gauss の遺稿中に見出された第 7/8 証明があり, 有限体の代数的拡大に基づく. これら 8 証明につき, 実際の発見順序については §71 [f] を見よ.

以下では Gauss 第 4 証明を主として採り上げ, 第 6, 7/8 証明に移ることとする. ただし, 前者については, Dirichlet (1835; 1863/1894, Supplement I) による簡易化を採用する. これは相互律の解析的な証明とも言われる. 相互律なる名称に含まれる対称性は保型性の視点からこそ透明となる. それゆえ, 解析的な路を採る. とは言え, ごく平明な Fourier 解析の範囲に止まる.

Gauss 第 1, 2, 5 証明の解説は略す. 一方, Legendre 証明 (1785) の完全修正版を詳述する (§71 [g], §§91–92). Legendre の方針は Gauss のそれとは大きく異なるが, やはり顕著な影響を後の整数論に及ぼしたものである.

[60.1] Legendre (1798, p.214: §VI の表題) は (60.1)(3) をもって *Théorême contenant une loi de réciprocité qui existe entre deux nombres premiers quelconques* と至極明確. 対するに Gauss は *theorema fundamentale* と呼び ([DA, art. 130]), 私信では *theorema aureum* とした.

[60.2] 指標は振動ないしは波動であるゆえ, Dirichlet (*ibid.*) の方針はごく自然である. 何よりも, Gauss の第 4 証明こそが整数論と調和解析との会遇であった. もっとも, 代数方程式論から観るならば, 多少遡り得るところではある (§71 [h] にて解説).

[60.3] 補助律 (2) の伝統的な証明は例えば [DA, artt. 112–116] にあるが, やや入り組む. Dirichlet (1863, §41) の述べるところを採り, 解説しておく. 仮に, ある $p \equiv 3$ または $5 \bmod 8$ につき $2 \bmod p$ が 2 次剰余であるとする. つまり, $f^2 - 2 = pk$ となる $f < p$ が存在するものとする. このとき, $2 \nmid f$ と仮定できる. 偶数の場合には, $p - f$ を採ればよい. それゆえ, $pk \equiv -1 \bmod 8$ であり, $k \equiv 5$ あるいは $3 \bmod 8$. つまり, k は素因数 $q \equiv 5$ または $3 \bmod 8$

§60. *175*

を持つ. 実際, 素因数 $\equiv \pm 1 \bmod 8$ のみが含まれるならば, $k \equiv \pm 1 \bmod 8$. もちろん, $2 \bmod q$ は 2 次剰余であり, かつ $q < p$. 遁減論法により矛盾に達するゆえ, この場合 $2 \bmod p$ は 2 次非剰余と判定される. 次に, $p \equiv -1 \bmod 8$ につき $-2 \bmod p$ が 2 次剰余であると仮定する. つまり, $g^2 + 2 = pl$ となる $2 \nmid g < p$ が存在するものとする. このとき, $l \equiv -3 \bmod 8$ であり, 素因数 $\equiv -1 \bmod 8$ を持つ. 仮に持たないとするならば, 素因数は $1, 3, 5 \bmod 8$ の何れかの類に入る. しかし, $5 \bmod 8$ は既に示されたことから除外される. 実際, t をその様な素因数とするならば, $-2 \bmod t$ は 2 次剰余, よって補助律 (1) により $2 \bmod t$ も 2 次剰余となり矛盾に至る. そこで, 素因数は $1, 3 \bmod 8$ の何れかである. だが, これらのどのような積も $-3 \bmod 8$ とはならない. よって, 遁減論法により, $-2 \bmod p$ は 2 次非剰余, 従って補助律 (1) を経由し $2 \bmod p$ は 2 次剰余と判定される. 残るは $p \equiv 1 \bmod 8$ の扱いである. Dirichlet は Gauss [DA, art. 114] の手法を採録している. 原始根 $\rho \bmod p$ を採り, $\rho^{(p-1)/2} \equiv -1 \bmod p$ に注意する. 変形 $(\rho^{(p-1)/4} \mp 1)^2 \equiv \pm 2 \rho^{(p-1)/4} \bmod p$ により, $\pm 2 \bmod p$ は 2 次剰余と知れる. 何故ならば, $\rho^{(p-1)/4}$ は平方数である. 証明を終わる. 註 [60.10], [70.3] を参照せよ.

[60.4] 定理 34 の応用例. 合同方程式 $x^2 \equiv 31 \bmod 430883$. 法は註 [42.3] により素数. この場合, 31 と法は共に $\equiv -1 \bmod 4$ であり, 相互律により, 解の有る無しは $y^2 \equiv 430883 \equiv 14 \bmod 31$ のそれとは逆になる. 補助律 (2) に続き相互律を用い,

$$\left(\frac{14}{31}\right) = \left(\frac{2}{31}\right)\left(\frac{7}{31}\right) = (+1) \cdot (-1)\left(\frac{3}{7}\right) = \left(\frac{1}{3}\right) = 1$$

つまり, 元の合同方程式には解は無い, となる. 判定法 (45.2) に戻るならば, $31^{215441} \equiv -1 \bmod 430883$ となるべきであるが, 実は, 註 [42.3] にて既に確かめられている. 整数を 2 乗し 430883 で割るとき余りとして 31 が現れることは決して無いのである.

[60.5] 一方, $x^2 \equiv f \bmod 430883$, $f = 221129$, の場合には, まずは $2^{f-1} \equiv 137695 \bmod f$ であり, 定義 (38.1) により, $f \notin \mathrm{pp}(2)$. つまり, f は合成数. そこで (59.8) を用いるために f の素因数分解を必要とする. Pollard の方法 (39.1) を $k_0 = 1$, $c = 1$ をもって適用するならば, $k_{12} \equiv 74745$, $k_{24} \equiv 136572 \bmod f$, $g_{12} = 557$. つまり, $221129 = 397 \cdot 557$. 右辺の 2 数は共に素数. それゆえ,

$$\left(\frac{221129}{430883}\right) = \left(\frac{397}{430883}\right)\left(\frac{557}{430883}\right) = \left(\frac{2 \cdot 3 \cdot 23}{397}\right)\left(\frac{2 \cdot 7 \cdot 23}{557}\right)$$
$$= \left(\frac{3}{397}\right)\left(\frac{23}{397}\right)\left(\frac{7}{557}\right)\left(\frac{23}{557}\right)$$
$$= \left(\frac{6}{23}\right)\left(\frac{5}{23}\right) = \left(\frac{7}{23}\right) = -\left(\frac{2}{7}\right) = -1.$$

確かめは省くが, $f^{215441} \equiv -1 \bmod 430883$ となるべきである. 上記の計算手順の解説をしておく. まず, f の素因数分解を定め, Legendre 記号の乗法性により始めの等式を得る. その後, 相互律により, 法 397 と 557 に移るが, これらは共に $\equiv 1 \bmod 4$ であり, 符号変化は無い. $430883 \equiv 2 \cdot 3 \cdot 23 \bmod 397$ および $430883 \equiv 2 \cdot 7 \cdot 23 \bmod 557$ であり第 2 の等式を得る. この因数 2 は補助律 (2) によりそれぞれの法のもと共に -1 をもたらすゆえ無視で

き, 第 3 の等式を得る. 次に, 法 3, 7, 23 に移るが, 3, 7 については符号変化は無く, さらに $397 \equiv 1 \bmod 3$, $557 \equiv 4 \bmod 7$ より, これらは共に無視できる. また, 法 23 についても符号変化は無く, $397 \equiv 6$, $557 \equiv 5 \bmod 23$. 第 4 の等式を得る. さらに, $6 \cdot 5 \equiv 7 \bmod 23$ により, 第 5 の等式. 法 7 に移り相互律により符号変化. 残るは補助律 (2) の適用である. 後に註 [64.2] にて遥かに簡明・迅速な計算が示される. ちなみに, 最初期の実例は, 当然ながら, Legendre (1798, pp.228–229) による計算 $\left(\frac{601}{1013}\right) = -1$. 確認 $601^{506} \equiv -1 \bmod 1013$ もなされている.

[60.6] 註 [22.6] への加筆. 実は, Smith (1855) より以前に Serret (1849b) による同様な証明が得られていた. ただし, Smith とは異なり補助律 (1) を必要とした. この Serret 論文には Hermite の付記があり, 次の証明をつとに得ていたとの由. すこぶる簡明である. まず, $p \equiv 1 \bmod 4$ とし, $a^2 \equiv -1 \bmod p$, $p/2 < a < p$, を採る. 有理数 a/p の連分数展開にて, 主近似分数の分母は 1 から始まり単調に増加し p に達する. そこで, 隣り合う主近似分数 $d/c, v/u$ を $c < \sqrt{p} < u$ と採ることができる. このとき, (23.6) と同様に $|a/p - d/c| < 1/cu$. よって, $|ac - pd| < \sqrt{p}$. とくに, $(ac-pd)^2 + c^2 < 2p$. しかるに, 左辺は p の倍数である. 証明を終わる. 数値例については註 [79.4] を見よ. また, 素数に限る必要は無く $x^2 \equiv -1 \bmod m$ に解があることのみにて充分である. 註 [83.3] を参照せよ.

[60.7] 素数 $p \equiv 1, 2, 4 \bmod 7$ につき, $x^2 + 7y^2 = p$ となる $x, y \in \mathbb{N}$ が存在する. まず, 定理 37 の (1) (3) により $\left(\frac{-7}{p}\right) = \left(\frac{p}{7}\right)$. 従って, (2) も考慮し, これらの p については $a^2 \equiv -7 \bmod p$ なる a が存在すると知れる. 註 [30.3] の s, t を採るならば, $7s^2 + t^2 \equiv s^2(a^2 + 7) \equiv 0 \bmod p$. つまり, $7s^2 + t^2 = fp$, $0 < f < 8$. ここで $f = 1$ ならば証明は終わる. また, $f = 7$ ならば, $7|t$ となり, $s^2 + 7t^2 = p$. 残る $f = 2, 3, 4, 5, 6$ については, $\left(\frac{fp}{7}\right) = 1$ より $\left(\frac{f}{7}\right) = 1$ でもあるゆえ, $f = 2, 4$ のみを考慮すればよい. そこで, s, t が奇数であるならば, $7s^2 + t^2 \equiv 0 \bmod 8$ となり, 不可. つまり, s, t は偶数であり, $f = 4$. このとき, $7(s/2)^2 + (t/2)^2 = p$. 例えば, $123^2 + 7 \cdot 124^2 = 122761$. なお, 右辺が素数であることは註 [42.5] にて確かめられている.

[60.8] Mersenne 数 M_p の素因数 s については, 註 [42.1] に示唆されている通り一般に $s \equiv 1 \bmod 2p$ である. これは, $2^{(s-1)/2} \equiv 1 \bmod s$ を意味するゆえ, 2 mod s は 2 次剰余. 従って, 補助律 (2) により, $s \equiv \pm 1 \bmod 8$ でもある. 註 [87.14] を見よ. 一方, Fermat 数 F_r の素因数を t とするとき, 2 mod t の位数は 2^{r+1} である. とくに, $r \geq 2$ ならば $t \equiv 1 \bmod 8$ となり, 2 mod t は補助律 (2) から 2 次剰余である. よって, $2^{(t-1)/2} \equiv 1 \bmod t$. 従って, $2^{r+1} | (t-1)/2$. つまり, $t \equiv 1 \bmod 2^{r+2}$. これを Lucas の条件 (1878a, pp.280–283) と呼ぶ. さらに, Pépin (1877) の判定条件

$$F_r \text{ は素数} \Leftrightarrow 5^{(F_r-1)/2} \equiv -1 \bmod F_r.$$

実際, F_r が素数であるならば, 相互律により $\left(\frac{5}{F_r}\right) = \left(\frac{2}{5}\right) = -1$. よって, (59.3) を用いる. 一方, 充分性については, Legendre–Lucas の条件 (42.1) の応用. 底を 3 とするもよい.

[60.9] Chebyshev (1848a: 1889, Anhang II) の観察. 素数 p, q が, $p = 2q + 1 \equiv 3 \bmod 8$ なる関係を充たすとき, 補助律 (2) により, $2^{(p-1)/2} \equiv -1 \bmod p$, かつ, $2^{(p-1)/q} \not\equiv 1 \bmod p$.

§60. 177

よって, 観察 (42.1) を想起し, $2 \bmod p$ は原始根である. 一方, $p \equiv 7 \bmod 8$ であるとき, $q \bmod p$ は原始根. 実際, 対偶を採るならば, $q^q \equiv 1 \bmod p$. しかるに, 補助律 (2) により, $2^q \equiv 1 \bmod p$. よって, $(2q)^q \equiv 1 \bmod p$. しかし, これは矛盾. 何故ならば, $2q \equiv -1 \bmod p$. 例えば, $\{p = 20000243, q = 10000121\}$ は前者の, $\{p = 20000159, q = 10000079\}$ は後者の例. なお, 原始根 $3 \bmod p$ についても同所に考察がある.

[60.10] 常例に従い, 相互律の Gauss 第 3 証明 (1808) を述べておく (Dirichlet (1863/1894), §44) を参照せよ).

補題: 素数 $p > 2$ および $p \nmid d$ につき, $dj \equiv r_j \bmod p, |r_j| < p/2, j = 1, 2 \ldots (p-1)/2$, とする. このとき, $\left(\frac{d}{p}\right) = (-1)^s$. ただし, $s = |\{r_j < 0\}|$. 実際, $d^{(p-1)/2}((p-1)/2)! \equiv r_1 r_2 \cdots r_{(p-1)/2} \equiv (-1)^s ((p-1)/2)! \bmod p$ であり, (59.3) により証明を終わる.

補助律 (1) の証明: 補題にて $d = -1 \Rightarrow s = (p-1)/2$.

補助律 (2) の証明: 補題にて $d = 2 \Rightarrow s = |\{\nu \geq 0 : 2\nu + 1 < p/2\}|$. つまり, $s \equiv 1 + 2 + \cdots + (p-1)/2 \bmod 2$. 従って, $s \equiv (p^2 - 1)/8 \bmod 2$.

相互律の証明: まず, 補題にて $d = q$ とし, $r_j > 0 \Rightarrow qj = [qj/p]p + r_j; r_j < 0 \Rightarrow qj = ([qj/p] + 1)p + r_j$. 各辺を加え,

$$q(p^2 - 1)/8 = p \sum_{j=1}^{(p-1)/2} [qj/p] + \sum_{j=1}^{(p-1)/2} r_j + ps.$$

そこで $(p^2 - 1)/8 = \sum_{j=1}^{(p-1)/2} |r_j|$ に注意し,

$$(q+1)(p^2 - 1)/8 = p \sum_{j=1}^{(p-1)/2} [qj/p] + 2 \sum_{r_j > 0} r_j + ps$$

$$\Rightarrow s \equiv \sum_{j=1}^{(p-1)/2} [qj/p] \bmod 2.$$

つまり,

$$\left(\frac{q}{p}\right)\left(\frac{p}{q}\right) = (-1)^{A(p,q)}, \quad A(p,q) = \sum_{j=1}^{(p-1)/2} [qj/p] + \sum_{k=1}^{(q-1)/2} [pk/q].$$

従って, $A(p, q) = (p-1)(q-1)/4$ を示せば充分. このために, 集合 $\{up - vq : 0 < u < q/2, 0 < v < p/2\}$ を採る. 元の個数は, もちろん, $(p-1)(q-1)/4$. このうち, 正負の元の個数は $\sum_u [pu/q], \sum_v [qv/p]$. 証明を終わる. なお, 第 3 証明をもって, Gauss 自身が最も好んだ証明, とする説がある. Demonstrationem itaque genuinam.. (同所 p.4) なる一節への Smith (1859, art. 19, 末尾) の注意に始まると映る. なるほど heterogeneis derivatæ の侵入が認められぬ証明ではある. しかし, 凡そ数学における証明なるものをその単純さ, 純粋さのみをもって尊しとなすべきや. 相互律の証明のみに目指すところを矮小化させるならば, 次節以降章末までの議論は無用となるも失うもの甚だ多し.

§61.

定理 37 の Gauss 第 4 証明 (§63) に取りかかる. まず, Legendre 記号は原始的指標であるゆえ, 定理 35 から任意の d につき

$$\begin{aligned}\left(\frac{d}{p}\right) &= \frac{1}{p}G(-1,p)G(d,p), \\ G(d,p) &= \sum_{u \bmod p}\left(\frac{u}{p}\right)e(du/p).\end{aligned} \tag{61.1}$$

もちろん, $p|d$ のとき和は 0 であり原始性を注意するまでもない. 一方, $p \nmid d$ とするとき, 2 次剰余 s, 非剰余 $t \bmod p$ をもって

$$\begin{aligned}G(d,p) &= \sum_s e(ds/p) - \sum_t e(dt/p) \\ &= 1 + 2\sum_s = \sum_{v=0}^{p-1} e(dv^2/p).\end{aligned} \tag{61.2}$$

何故ならば, $1 + \sum_s + \sum_t = 0$. また, $v_1^2 \equiv v_2^2 \Leftrightarrow v_1 \equiv v_2, p - v_2 \bmod p$. 一方, $G(cd,p) = \left(\frac{c}{p}\right)G(d,p)$. とくに, $c = (p+1)/2$ とし

$$\left(\frac{d}{p}\right) = \frac{1}{p}H(-1,p)H(d,p), \quad p \nmid d, \tag{61.3}$$

を得る. ただし,

$$H(a,b) = \sum_{w=0}^{|b|-1} \exp(\pi i a w^2/b + \pi i a w), \quad ab \neq 0,\ a,b \in \mathbb{Z}. \tag{61.4}$$

この変形は保型性の視認を容易とするための工夫である.

定理 38 任意の整数 $a, b \neq 0$ について函数等式

$$H(a,b) = |b/a|^{1/2}\exp(\pi i(\operatorname{sgn}(ab) - ab)/4)H(-b,a) \tag{61.5}$$

が成立する.

証明は次節で行う. まずは, この等式を用いて定理 37 の証明を行う. 始めに, $a = -1, b = p$ とし,

$$H(-1,p) = p^{1/2}\exp(\pi i(p-1)/4). \tag{61.6}$$

つまり (61.3) から
$$\left(\frac{-1}{p}\right) = \exp(\pi i(p-1)/2) \tag{61.7}$$

となり, 補助律 (1) を得る. また, $H(-p,2) = 1 - \exp(-\pi ip/2)$ に注意し,
$$H(2,p) = (p/2)^{1/2}\exp(\pi i(1-2p)/4)(1-\exp(-\pi ip/2)). \tag{61.8}$$

従って, (61.3) から
$$\left(\frac{2}{p}\right) = (-1)^{(p-1)/2}\sqrt{2}\sin\left(p\pi/4\right). \tag{61.9}$$

これは補助律 (2) と同値である. さらに, (61.3), (61.5) および (61.6) から
$$\left(\frac{q}{p}\right) = \frac{1}{\sqrt{q}}\exp\left(\pi i(p-1)/4 + \pi i(1-pq)/4\right)H(-p,q). \tag{61.10}$$

一方, (61.3) にて $p \mapsto q, d \mapsto -p$ とし
$$\left(\frac{-p}{q}\right) = \frac{1}{\sqrt{q}}\exp(\pi i(q-1)/4)H(-p,q). \tag{61.11}$$

従って,
$$\left(\frac{q}{p}\right) = \exp\left(\pi i(p-1)/4 + \pi i(q-1)/4 + \pi i(1-pq)/4)\right)\left(\frac{p}{q}\right). \tag{61.12}$$

これは相互律と同値である. 以上から, 定理 37 の証明は定理 38 のそれに移されたこととなる.

[61.1] 前節にて示唆した保形性は (61.5) に現れている. 変換 $T^2 : {}^t\{a,b\} \mapsto {}^t\{a+2b,b\}$, $W : {}^t\{a,b\} \mapsto {}^t\{-b,a\}$ によって $H(a,b)$ は不変 (T,W は §5 の通り). 定理 3 に続く解釈を採り, $H(a,b)$ はこれら変換から生成される $\varGamma$ の部分群に関し保型性を持つと言えよう.

[61.2] 等式 (61.5) は Schaar (1850) に遡る.

§62.

定理 38 の証明には Poisson (1823) による次の和公式を用いる.

定理 39 両端が整数である区間 $[A,B]$ にて連続的に微分可能な任意の函数 f につき

$$\frac{1}{2}f(A) + f(A+1) + \cdots + f(B-1) + \frac{1}{2}f(B)$$
$$= \sum_{n=-\infty}^{\infty} \int_A^B f(x)\exp(2\pi i n x)dx. \tag{62.1}$$

[証明] まず展開

$$[x] - x + \frac{1}{2} = \sum_{n=1}^{\infty} \frac{\sin(2\pi n x)}{\pi n}, \quad x \in \mathbb{R} - \mathbb{Z}, \tag{62.2}$$

を示す (後述の (95.53) を用いるもよい). 等式

$$2\sum_{n=1}^{N} \cos(2\pi n \theta) = \frac{\sin\left((2N+1)\pi\theta\right)}{\sin \pi \theta} - 1 \tag{62.3}$$

を積分し, $0 < x < 1$ なるとき,

$$\sum_{n=1}^{N} \frac{\sin(2\pi n x)}{\pi n} = \int_0^x \sin\left((2N+1)\pi\theta\right)h(\theta)d\theta$$
$$+ \int_0^{(2N+1)\pi x} \frac{\sin \theta}{\pi \theta}d\theta - x. \tag{62.4}$$

ただし, $h(\theta) = (\sin(\pi\theta))^{-1} - (\pi\theta)^{-1}$ である. 右辺の第 1 積分に部分積分法を応用の後 $N \to \infty$ とし

$$\sum_{n=1}^{\infty} \frac{\sin(2\pi n x)}{\pi n} = \int_0^{\infty} \frac{\sin \theta}{\pi \theta}d\theta - x. \tag{62.5}$$

とくに $x = \frac{1}{2}$ とおき積分は $\frac{1}{2}$ に等しいと知る. よって, 周期性を考慮の上, (62.2) を得る. ここで注意すべきは, 収束の有界性

$$\left|\sum_{n=N+1}^{\infty} \frac{\sin(2\pi n x)}{\pi n}\right| \leq \frac{c}{1 + N\{x\}}, \quad \{x\} = \min_{n \in \mathbb{Z}} |x - n|, \tag{62.6}$$

である. ただし, $c > 0$ は絶対常数. 実際, $0 < x \leq \frac{1}{2}$ である場合のみを考察すれば済むが, (62.5) から (62.4) を引き, (62.6) の左辺の和は

$$\int_{(2N+1)x}^{\infty} \frac{\sin \theta}{\pi \theta}d\theta - \int_0^x \sin\left((2N+1)\pi\theta\right)h(\theta)d\theta. \tag{62.7}$$

両者に部分積分法を施し (62.6) を得る.

次に, 函数 $t(x)$ は (62.2) の左辺であるとして, 各 $k \in \mathbb{Z}$ につき

$$\frac{1}{2}(f(k)+f(k+1)) = \int_k^{k+1} f(x)dx - \int_k^{k+1} f'(x)t(x)dx. \tag{62.8}$$

部分積分法の応用である (積分の両端へ区間の内部から接近するものとする). この第 2 積分は (62.2) と (62.6) により

$$\lim_{N\to\infty}\left\{\sum_{n=1}^N \frac{1}{\pi n}\int_k^{k+1} f'(x)\sin(2n\pi x)dx + E_N\right\}. \tag{62.9}$$

ただし,

$$|E_N| \leq c\int_k^{k+1}\frac{|f'(x)|}{1+N\{x\}}dx. \tag{62.10}$$

積分を $\{x\} \leq N^{-1/2}$ なる場合とその外に分けて評価し, $\lim_{N\to\infty} E_N = 0$. よって, (62.9) は

$$\sum_{n=1}^\infty \frac{1}{\pi n}\int_k^{k+1} f'(x)\sin(2n\pi x)dx = -2\sum_{n=1}^\infty\int_k^{k+1} f(x)\cos(2n\pi x)dx. \tag{62.11}$$

等式 (62.8) に挿入し, k について加え, 定理 39 の証明を終わる.

[定理 38 の証明] 和公式 (62.1) により,

$$H(a,b) = \sum_{n=-\infty}^\infty \int_0^{|b|}\exp\left(\pi iax^2/b + \pi iax + 2\pi inx\right)dx. \tag{62.12}$$

実際,

$$H(a,b) = 1 + \sum_{w=1}^{|b|-1}\exp\left(\pi iaw^2/b + \pi iaw\right) \tag{62.13}$$

であり, 右辺の 1 は $w=0, |b|$ に対応する 2 項に $\frac{1}{2}$ を乗じたものの和と解釈できる. 積分は,

$$\begin{aligned}&\exp(-\pi iab/4)\exp(-\pi i(b/a)n^2 - \pi ibn)\\&\times \int_0^{|b|}\exp\left(\pi i(a/b)(x+(n+a/2)(b/a))^2\right)dx.\end{aligned} \tag{62.14}$$

法 $|a|$ をもって n を分類し $n = m + u|a|, u \in \mathbb{Z}$, と置くならば,

$$\exp(-\pi i(b/a)n^2 - \pi ibn) = \exp(-\pi i(b/a)m^2 - \pi ibm). \tag{62.15}$$

かつ (62.14) の積分は

$$\int_{bm/a+b/2+(|a|b/a)u}^{bm/a+b/2+(|a|b/a)(u+|ab|/ab)} \exp(\pi i(a/b)x^2)dx. \qquad (62.16)$$

よって, $|u| \leq U$ について加え $U \to \infty$ とし (収束の確認は部分積分法による),
その後 $m \bmod |a|$ について加えるならば,

$$\begin{aligned} H(a,b) &= \exp(-\pi iab/4)H(-b,a)\int_{-\infty}^{\infty}\exp(\pi i(a/b)x^2)dx \\ &= |b/a|^{1/2}\exp(-\pi iab/4)H(-b,a)\int_{-\infty}^{\infty}\exp(\pi i\,\mathrm{sgn}\,(ab)x^2)dx. \quad (62.17) \end{aligned}$$

とくに $a = b = 1$ の場合から右辺の積分は一般に $e^{\pi i \,\mathrm{sgn}\,(ab)/4}$ と知れる. 等式 (61.5) を得る. かくして, 定理 37 の証明を終わる.

[62.1]　Poisson 和公式 (62.1) は整数論における要の一つである. YM (2011, 第 1 章) を参照せよ. また, 註 [63.3] を見よ. なお, 註 [19.7] にて必要とされる Euler の和 $\sum_{n=1}^{\infty} 1/n^2 = \pi^2/6$ の一証明が (62.1) から得られる. 実際, $f(x) = (x-1/2)^2$, $A = 0, B = 1$, とするがよい.

§63.

少々加筆する. 任意の $n \in \mathbb{N}$ について, 定理 38 により

$$H(2,n) = \sum_{h=0}^{n-1} e(h^2/n) = \frac{1}{2}(1+i)(1+i^{-n})\sqrt{n}. \qquad (63.1)$$

これが今日知られる様々な Gauss 和の原型であり, とくに 2 次 Gauss 和と言われる. もちろん, (61.8) を含む.

条件 $\langle d, n \rangle = 1$ のもとに,

$$H(2d,n)H(2n,d) = \sum_{h=0}^{n-1}\sum_{k=0}^{d-1} e(((dh)^2+(nk)^2)/dn) = H(2,dn). \qquad (63.2)$$

実際, $(dh)^2 + (nk)^2 \equiv (dh+nk)^2 \bmod dn$. かつ $\{dh+nk\}$ は剰余系 $\bmod dn$. さらに,

$$\begin{aligned} G(d,p) &= H(2d,p), \\ H(2d,p) &= \left(\frac{d}{p}\right)H(2,p), \quad p \nmid d. \end{aligned} \qquad (63.3)$$

従って, 相異なる奇素数 p, q につき,

$$\left(\frac{q}{p}\right)\left(\frac{p}{q}\right) = \frac{H(2,pq)}{H(2,p)H(2,q)}. \tag{63.4}$$

つまり, (63.1) により, (61.12) を得る. 相互律の本来の Gauss 第 4 証明である. Gauss は $H(2,n)$ の明示式 (63.1) の証明に大変な努力を要したと述懐している (註 [68.1] を見よ). 対して, Dirichlet (1835) は簡易にして発展性に富む別証明を見出した訳である.

なお, 等式

$$G(1,p)^2 = (-1)^{(p-1)/2} p. \tag{63.5}$$

は (63.1) とは独立に証明できる. 実際, (61.1) にて $d=1$ とすればよい. あるいは, (63.3) により,

$$\left(\frac{-1}{p}\right)G(1,p)^2 = H(2,p)H(-2,p)$$

$$= \sum_{b \bmod p} \sum_{a \bmod p} e((a^2 - b^2)/p)$$

$$= \sum_{c \bmod p} \sum_{b \bmod p} e(c(2b+c)/p) = p. \tag{63.6}$$

置き換え $a = b+c$ を用いた. 相互律の Gauss 第 6 証明は (63.5) に関係する. 詳細を §69 にて与える.

[63.1] 明示式 (63.1) の初の証明は Gauss (1811) であるが, その他の計算法は上記に加え種々知られている. 例えば, Landau (1927, vierter Teil, Kapitel 6) には, Dirichlet の計算と共に Kronecker (1889), Mertens (1896), Schur (1921) によるものが採録されている. 一方, Cauchy (1840) は二つの証明を与えており, とりわけ ϑ-函数を通し註 [61.1] の反転作用を観察する手法は後に広く影響を及ぼすこととなった. 保型形式論の端緒の一つである. 例えば, YM (2011, 第 2 章–第 3 章) を参照せよ.

[63.2] Cauchy の手法. 複素変数函数論を少々援用する. 始めに

$$\vartheta(z,\tau) = \sum_{n=-\infty}^{\infty} \exp\bigl(-\pi z(n+\tau)^2\bigr), \quad |\arg(z)| < \pi/2,$$

と置く. 和公式 (62.1) にて $f(x) = \exp\bigl(-\pi z(x+\tau)^2\bigr)$ と採るならば, $A \to +\infty, B \to -\infty$ なるとき右辺は一様収束. 確認のためには各積分項に部分積分を 2 回応用するがよい. かくして, theta-変換公式

$$\vartheta(z,\tau) = \frac{1}{z^{1/2}} \sum_{n=-\infty}^{\infty} \exp(-\pi n^2/z + 2\pi i n\tau), \quad |\arg(z^{1/2})| < \pi/4.$$

を得る. 一方, 既約分数 $a/b > 0$ につき,

$$\vartheta(z - 2ia/b, 0) = \sum_{\ell=0}^{b-1} e(a\ell^2/b)\vartheta(b^2 z, \ell/b).$$

従って, theta-変換公式により

$$\lim_{z \to 0} z^{1/2}\vartheta(z - 2ia/b, 0) = \frac{1}{b}H(2a, b).$$

ここで, z は角領域 $|\arg(z)| \le \pi/2 - \epsilon$ の内部から原点に近づく. もちろん $\epsilon > 0$ は固定された小数. 一方, $1/(z - 2ia/b) = \xi + ib/2a, \xi = (b/2a)^2 z/(1 + (b/2a)iz)$ に注意し, 再度 theta-変換公式により,

$$z^{1/2}\vartheta(z - 2ia/b, 0) = \frac{(z/\xi)^{1/2}}{(z - 2ia/b)^{1/2}}\xi^{1/2}\vartheta(\xi + ib/2a, 0).$$

両辺にて $z \to 0$ とし,

$$\frac{1}{b}H(2a, b) = \frac{(-i)^{-1/2}}{2(2ab)^{1/2}}H(-2b, 4a).$$

函数 $z^{1/2}$ の枝の採り方から, $(-i)^{-1/2} = \exp(\pi i/4)$. 明示式 (63.1) は, $a = 1, b = n$ なる場合である.

[63.3] なお, 函数等式 (11.14) は変換公式 $\vartheta(z, 0) = z^{-1/2}\vartheta(1/z, 0)$ をもって容易に得られる表示

$$\pi^{-s/2}\Gamma(s/2)\zeta(s) = \frac{1}{s(s-1)} + \frac{1}{2}\int_1^\infty (x^{s/2} + x^{(1-s)/2})(\vartheta(x, 0) - 1)\frac{dx}{x}$$

からも従う. 右辺の積分は s の整函数であり変換 $s \mapsto 1 - s$ により不変. これは, Riemann (1860) の第 2 証明と言われる. 彼の第 1 証明は (11.11)–(11.14) である. Riemann は (11.14) から $\vartheta(z, 0)$ の変換公式を導き, (11.14) に逆行している. 実は, zeta-函数の函数等式と Poisson 和公式とは本質的に等価である. つまり, (11.14) から (62.1) が従う. YM (2011, pp.2–3) を見よ.

[63.4] ちなみに, 原始的指標 $\chi \bmod q$ につき, (57.4) と $\vartheta(z, \tau), (\partial/\partial\tau)\vartheta(z, \tau)$ の変換公式により,

$$\sum_{n=-\infty}^{\infty} \chi(n)\exp\bigl(-\pi z n^2/q\bigr) = \frac{G(\chi)}{(qz)^{1/2}}\sum_{n=-\infty}^{\infty}\overline{\chi}(n)\exp\bigl(-\pi n^2/qz\bigr),$$

$$\sum_{n=-\infty}^{\infty} \chi(n)n\exp\bigl(-\pi z n^2/q\bigr) = \frac{G(\chi)}{iq^{1/2}z^{3/2}}\sum_{n=-\infty}^{\infty}\overline{\chi}(n)n\exp\bigl(-\pi n^2/qz\bigr)$$

を得る. 前者より $\chi(-1) = 1$ なる場合の, 後者より $\chi(-1) = -1$ なるの場合の L-函数の函数等式が従う. つまり, $q > 1$ のとき $L(s, \chi)$ は整函数であり,

$$\left(\frac{q}{\pi}\right)^{s/2}\Gamma((s + \epsilon_\chi)/2)L(s, \chi) = \frac{i^{-\epsilon_\chi}G(\chi)}{q^{1/2}}\left(\frac{q}{\pi}\right)^{(1-s)/2}\Gamma((1 - s + \epsilon_\chi)/2)L(1 - s, \overline{\chi}).$$

ただし, $\epsilon_\chi = \frac{1}{2}(1 - \chi(-1))$. この等式は, 本質的には Kinkelin (1862) による. Landau

(1908a, p.428) および Hecke (1917b, p.77, 脚注) を参照せよ．また, YM (2009, pp.87–89) には (11.11)–(11.14) を拡張した議論がある.

[63.5]　Dirichlet 指標の群 $\mathcal{X}_q$ は (53.7) と (54.4) により $(\mathbb{Z}/q\mathbb{Z})^*$ と同型と見なし得るゆえ, 例えば指標 χ mod q の位数を考えることができる．つまり, $\chi^\ell = \jmath_q$ となる最小の $\ell \in \mathbb{N}$ である．もちろん, $\ell | \varphi(q)$．定義 (53.1) にてそのような χ の構造つまり $\{\{k_1, k_2\}, h_3, h_5, \ldots\}$ の充たすべき必要充分条件を定めることができる．最も単純な法 $p \geq 3$ の場合には,

$$\chi(n) = \iota_p e(h \mathrm{Ind}_r(n)/\ell), \ \langle h, \ell \rangle = 1, \ \ell | (p-1),$$

となる．よって, 註 [59.3] の一般化

$$\sum_{j=0}^{\ell-1} \chi^j(n) = \jmath_p(n) \cdot \begin{cases} \ell & n \text{ は } \ell \text{ 次剰余 mod } p, \\ 0 & \text{その他} \end{cases}$$

を得る．これより, 等式 (61.2) を拡張し,

$$\mathfrak{g}_p(\ell) = \sum_{n=0}^{p-1} e(n^\ell/p) = \sum_{j=1}^{\ell-1} G(\chi^j).$$

何故ならば, $G(\jmath_p) = -1$ かつ $x^\ell \equiv 1 \bmod p$ は (41.1) あるいは (45.2) により ℓ 個の解を持つ．従って, (57.5) により,

$$\left| \mathfrak{g}_p(\ell) \right| \leq (\ell - 1)\sqrt{p}.$$

なお, $p \not\equiv 1 \bmod \ell$ の場合には, $\mathfrak{g}_p(\ell) = 0$ (註 [45.5] を参照せよ).

[63.6]　和 $\mathfrak{g}_p(\ell), \ell | (p-1)$, を ℓ 次 Gauss 和 mod p と呼ぶ．明示式 (63.1) の類似が $\mathfrak{g}_p(\ell)$, $\ell \geq 3$, についても存在するのであろうか．もちろん, 前項の $G(\chi^j)$ に明示式を与えることができるならば解決されよう．この課題に関係深いと目されるものが次の Jacobi 和 (1837) である.

$$J(\chi_1, \chi_2) = \sum_{n \bmod p} \chi_1(n)\chi_2(1-n), \quad \chi_1, \chi_2 \in \mathcal{X}_p.$$

Fourier 展開 (57.4) および (57.5) を用い,

$$\chi_1 \chi_2 \neq \jmath_p \Rightarrow J(\chi_1, \chi_2) = \frac{G(\chi_1)G(\chi_2)}{G(\chi_1 \chi_2)}.$$

これより, (63.5) の拡張として

$$G(\chi)^\ell = \chi(-1)p \prod_{j=1}^{\ell-2} J(\chi, \chi^j).$$

右辺の ℓ 乗根の何れが $G(\chi)$ であるのか．問題の言い換えに過ぎないと映るところではある．しかし, 右辺は 1 の ℓ 乗根をもって書き下し得る訳であり, 左辺に含まれる 1 の p 乗根による困難を代数的には緩和したものである．なお, Jacobi 和と一致する着想が Cauchy (1829) および Gauss (1863b) にある．本来は, 例えば Cauchy–Jacobi 和とすべきところであろう．実地計算例を下記および §71 [h] (xi) に置く.

[63.7]　とくに, $p \equiv 1 \bmod 4$ の場合, $\chi(n) = \iota_p e(\mathrm{Ind}_r(n)/4)$ とするならば, $J(\chi, \chi) = a + bi$, $a, b \in \mathbb{Z}$, であり (57.5) を想起し $p = a^2 + b^2$. つまり, Euler の定理 (79.3) の一証明を得る. 註 [79.2] を参照せよ. 一方, $\mathfrak{g}_p(4) = \sqrt{p} + G(\chi) + G(\overline{\chi})$. しかるに, 前項を用い

$$(G(\chi) + G(\overline{\chi}))^2 = 2G(\chi)G(\overline{\chi}) + (J(\chi, \chi) + J(\overline{\chi}, \overline{\chi}))G(\chi^2)$$
$$= 2\chi(-1)p + 2a\sqrt{p}$$

よって, 形式上

$$\mathfrak{g}_p(4) = \sqrt{p} + \left(2\chi(-1)p + 2a\sqrt{p}\right)^{1/2}, \quad \chi(-1) = e((p-1)/8) = \left(\frac{2}{p}\right).$$

残るは, a および 2 重根号の符号の決定であるが, その完全解 (Matthews (1979)) は入り組む. しかし, p が具体的に与えられている場合には, 以下のごとし. まず, $p \nmid d$ につき $d^{(p-1)/4}$ は $x^4 \equiv 1 \bmod p$ の 4 個の解 $\{1, \eta, \eta^2, \eta^3\} \equiv \{1, \eta, -1, -\eta\} \bmod p$ の何れかである. 例えば, $p = 29$ の場合には, 3 mod 29 が原始根であり, $\eta \equiv 12 \bmod 29$.

d^7	$d \bmod 29$	$\mathrm{Ind}_3(d) \bmod 4$	$\chi(d)$
1	1, 7, 16, 20, 23, 24, 25	0	i^0
η	2, 3, 11, 14, 17, 19, 21	1	i^1
η^2	4, 5, 6, 9, 13, 22, 28	2	i^2
η^3	8, 10, 12, 15, 18, 26, 27	3	i^3

この表から, $J(\chi, \chi) = -5 - 2i$. 即ち, 目下の場合, $a = -5$, $\chi(-1) = -1$;

$$(G(\chi) + G(\overline{\chi}))^2 = -58 - 10\sqrt{29}, \quad (G(\chi) - G(\overline{\chi}))^2 = 58 - 10\sqrt{29}.$$

数値計算により $G(\chi) \doteqdot 1.0183751677 - 5.2879969760\, i$. つまり,

$$(G(\chi) + G(\overline{\chi}))/2i = \mathrm{Im}\,(G(\chi)) < 0, \quad (G(\chi) - G(\overline{\chi}))/2 = \mathrm{Re}\,(G(\chi)) > 0.$$

従って,

$$G(\chi) = \frac{1}{2}\left(\sqrt{58 - 10\sqrt{29}} - i\sqrt{58 + 10\sqrt{29}}\right),$$
$$\mathfrak{g}_{29}(4) = \sqrt{29} - i\sqrt{58 + 10\sqrt{29}}.$$

ちなみに,

$$\mathfrak{g}_{37}(4) = \sqrt{37} + i\sqrt{74 + 2\sqrt{37}}, \quad \mathfrak{g}_{41}(4) = \sqrt{41} - \sqrt{82 - 10\sqrt{41}},$$
$$\mathfrak{g}_{53}(4) = \sqrt{53} - i\sqrt{106 - 14\sqrt{53}}, \quad \mathfrak{g}_{61}(4) = \sqrt{61} + i\sqrt{122 + 10\sqrt{61}},$$
$$\mathfrak{g}_{73}(4) = \sqrt{73} + \sqrt{146 + 6\sqrt{73}}, \quad \mathfrak{g}_{89}(4) = \sqrt{89} + \sqrt{178 - 10\sqrt{87}}, \ldots$$

これらから, $a \equiv -1 \bmod 4$ と見て取れよう. なお, $p \equiv 1 \bmod 8 \Rightarrow \mathfrak{g}_p(4) \in \mathbb{R}$ の確かめは容易.

§64.

　計算の手段として定理 37 を観るならば, 効用はしかし限られたものである. 記号 $\left(\frac{d}{p}\right)$ の計算においてまず必要となることは d の素因数分解であり, d が大なる場合, 既に度々述べて来たところであるが, それは一般にはごく困難. 実際, 註 [60.5] における作業の殆どは分解 $221129 = 397 \cdot 557$ を得ることに費やされている. ところが, 幸いにもこの困難を解消する手法が Jacobi (1837) によって編み出されている. 互除法を想わせる簡便さは真に秀逸. 2 次剰余・非剰余の判定は文字通り a priori となる. この因数分解からの解放は整数論全体から観て特筆すべき事実である.

　Jacobi 記号を定義する. 奇数 $m \in \mathbb{N}$, 整数 n について,

$$\left(\frac{n}{m}\right) = \prod_{p|m} \left(\frac{n}{p}\right) \quad \begin{array}{l} \text{右辺は Legendre 記号,} \\ \text{積は素因数の重複を含む.} \end{array} \tag{64.1}$$

つまり, $\prod_{p^\alpha \| m} \left(\frac{n}{p}\right)^\alpha$. これは m が素数である場合には Legendre 記号と一致するゆえ, 記法上の混乱は無い. また, n については周期 m の完全乗法的函数である.

定理 40　任意の奇数 $m, n > 0$ について,

$$\begin{aligned} &(1) \quad \left(\frac{-1}{m}\right) = (-1)^{(m-1)/2}, \\ &(2) \quad \left(\frac{2}{m}\right) = (-1)^{(m^2-1)/8}, \\ &(3) \quad \left(\frac{n}{m}\right)\left(\frac{m}{n}\right) = \begin{cases} (-1)^{(m-1)(n-1)/4} & \langle m, n \rangle = 1, \\ 0 & \langle m, n \rangle > 1. \end{cases} \end{aligned} \tag{64.2}$$

[証明]　奇数 $m_1, m_2 > 0$ について $4 | (m_1 - 1)(m_2 - 1)$ であり,

$$\frac{1}{2}(m_1 m_2 - 1) \equiv \frac{1}{2}(m_1 - 1) + \frac{1}{2}(m_2 - 1) \bmod 2. \tag{64.3}$$

この関係式を繰り返し応用し, (60.1) の (1) から (64.2) の (1) を得る. また, $64 | (m_1^2 - 1)(m_2^2 - 1)$ より, $((m_1 m_2)^2 - 1)/8 \equiv (m_1^2 - 1)/8 + (m_2^2 - 1)/8 \bmod 2$. これを繰り返し応用し, (60.1) の (2) から (64.2) の (2) を得る. 次に (3) に移るが, $\langle m, n \rangle = 1$ であるとき, p, q は m, n それぞれの重複も含め全ての素因数と

するならば,
$$\left(\frac{n}{m}\right)\left(\frac{m}{n}\right) = \prod_{p,q}\left(\frac{q}{p}\right)\left(\frac{p}{q}\right) = (-1)^{(\sum_p (p-1)/2)(\sum_q (q-1)/2)}$$
$$= (-1)^{((\prod_p p-1)/2)((\prod_q q-1)/2)}$$
$$= (-1)^{(m-1)(n-1)/4}. \tag{64.4}$$

第 1 行は (60.1) の (3),および第 2 行は (64.3) による. 証明を終わる.

ほぼ自明な注意であるが,条件 $m : \mathrm{sqf}$ のもと $\left(\frac{n}{m}\right)$ は既約剰余類 $n \bmod m$ の半数につき $+1$,他半数につき -1. 実際,m の特定の素因数 q につき,$\left(\frac{a}{q}\right) = -1$ かつ $a \equiv 1 \bmod m/q$ となる a を採り ((59.5) を参照),
$$\left(\frac{n}{m}\right) = \pm 1 \leftrightarrow \left(\frac{an}{m}\right) = \mp 1 \tag{64.5}$$
なる対応を観察するがよい.

上記をもって,相互律の意味を次の通り明確にすることができる. つまりは,補助律 (1)(2) の一般化であり,課題 $(45.5)_{\ell=2}$ への解答である.

定理 41 非自明な平方因数を持たない任意の d を採り
$$d_0 = \begin{cases} |d| & d \equiv 1 \bmod 4, \\ 4|d| & d \equiv 2, 3 \bmod 4 \end{cases} \tag{64.6}$$
とする. 既約剰余類 $\bmod d_0$ のうちに d のみから定まる特定の半数があり,その何れかに素数 $p \geq 3$ が入る場合に限り,合同方程式 $x^2 \equiv d \bmod p$, $p \nmid d$, は解を持つ.

[証明] Legendre 記号 $\left(\frac{d}{p}\right)$ を Jacobi 記号を用いて計算する.
(1) $d \equiv 1 \bmod 4, d > 0 \Rightarrow \left(\frac{p}{d}\right)$,
(2) $d \equiv 1 \bmod 4, d < 0 \Rightarrow \left(\frac{-1}{p}\right)\left(\frac{|d|}{p}\right) = \left(\frac{p}{|d|}\right)$,
(3) $d \equiv 3 \bmod 4, d > 0 \Rightarrow (-1)^{(p-1)/2}\left(\frac{p}{d}\right)$,
(4) $d \equiv 3 \bmod 4, d < 0 \Rightarrow \left(\frac{-1}{p}\right)\left(\frac{|d|}{p}\right) = (-1)^{(p-1)/2}\left(\frac{p}{|d|}\right)$,
(5) $d \equiv 2 \bmod 8, d > 0 \Rightarrow \left(\frac{2}{p}\right)\left(\frac{d/2}{p}\right) = (-1)^{(p^2-1)/8}\left(\frac{p}{d/2}\right)$,
(6) $d \equiv 2 \bmod 8, d < 0 \Rightarrow \left(\frac{-2}{p}\right)\left(\frac{|d|/2}{p}\right) = (-1)^{(p^2-1)/8}\left(\frac{p}{|d|/2}\right)$,

(7) $d \equiv 6 \bmod 8, d > 0 \Rightarrow \left(\frac{2}{p}\right)\left(\frac{d/2}{p}\right) = (-1)^{(p^2-1)/8+(p-1)/2}\left(\frac{p}{d/2}\right),$

(8) $d \equiv 6 \bmod 8, d < 0 \Rightarrow \left(\frac{-2}{p}\right)\left(\frac{|d|/2}{p}\right) = (-1)^{(p^2-1)/8+(p-1)/2}\left(\frac{p}{|d|/2}\right).$

例えば, (8) の場合, 符号部分は $p \equiv 1, 3 \bmod 8$ のとき $+1$ かつ $5, 7 \bmod 8$ のとき -1. Jacobi 記号部分は (64.5) により奇数 $|d|/2$ (sqf) を法として既約類の半数について $+1$, その他半数について -1. 都合, 法 $4|d| = d_0$ の既約類の半数 $2\varphi(|d|/2)$ に入る素数 p についてのみ $d \bmod p$ は 2 次剰余である. 他の場合も同様. 証明を終わる.

なお, Dirichlet の素数定理 (後述の (91.1)) により,

$$\text{定理 41 において特定の既約剰余類 } \bmod d_0 \text{ とされるところは何れも除外不可.} \tag{64.7}$$

これら半数の既約剰余類 $\bmod d_0$ は何れも無限個の素数 p を含み全合同方程式 $x^2 \equiv d \bmod p$ は解を持つ. 残る半数の既約剰余類に含まれる素数については解は一切無い. つまり, $x^2 \equiv d \bmod q$, $\langle 2d, q \rangle = 1$, が解を持つために必要充分条件は, q の全ての素因数が前者に分類されることである. Euler, Legendre, Gauss 息を呑みし壮観なり.

[64.1] 定義 (64.1) に通じる考察が [DA, artt. 133–149] に展開されている.

[64.2] 註 [60.5] の例に戻り, Jacobi 記号として Legendre 記号を観るならば,

$$\left(\frac{221129}{430883}\right) = \left(\frac{11375}{221129}\right) = \left(\frac{1251}{11375}\right) = -\left(\frac{29}{1251}\right) = -1.$$

解説を加えるが, 始めに定理 37 の (3) により法 221129 に移り, 符号変化は無く, かつ $430883 \equiv -11375 \bmod 221129$. この負符号は同定理の (1) により無視できる. よって始めの等号を得る. 法 11375 に移り, (3) により符号変化無し, かつ $221129 \equiv 4 \cdot 1251 \bmod 11375$. 因数 4 をもちろん無視でき, 第 2 の等号を得る. 法 1251 に移り, (3) により符号変化, かつ $11375 \equiv 4 \cdot 29 \bmod 1251$. 再び因数 4 を無視でき, 第 4 の等号. 法 29 に移り, 符号変化無し. そして, $1251 \equiv 4 \bmod 29$ により計算を終わる. 註 [60.5] の計算とは大きく異なり, 素因数の考慮は 2 に関するもの以外には必要とせず, 剰余定理 (2.1) の反復使用のみにて迅速に進むことができる. ときにより互除法をもって素因数分解を回避できる, は真なり. Euclid 整数論の神髄.

[64.3] 定理 41 は Legendre (1798, Seconde Part., §X) や Gauss [DA, art. 149] などに初出と言えるが, Dirichlet (1863/1894, §52) にてより明確に述べられている. Euler (1748a: Ann. 13–16) は様々な数値実験から演繹し, $p|(ax^2 \pm by^2)$, $\langle ax, by \rangle = 1$, なる素数 p は法 $4|ab|$ を

もって特定の剰余類にのみ含まれ、その逆も正しかろうと予想している。本定理によれば彼は正に相互律の意味を把握していたのである (Kronecker (1875, p.268) を参照せよ)。ちなみに、論文 (1748a) は実に 59 定理を擁するが、おしなべて観察ならびに予想と解すべきものである。

[64.4] では、これら特定の剰余類 $\bmod d_0$ のどこに実際に素数が現れるのか。ERH (註 [55.5]) のもとに最初の出現地点の範囲を定めることは容易である。しかし、何らの仮定無くこの評価を行うことは現代の解析的整数論の核心に触れることとなる。Linnik (1944), YM (2009, 第 9 章) を見よ。

[64.5] Jacobi 記号 $\left(\frac{n}{q}\right)$, q : sqf, は法 q の原始的実指標である ((56.3) を参照せよ)。なお、一般の原始的実指標 $\bmod q$ は、(56.5) のもとにのみ存在するが、Jacobi 記号を用いるならば、次のごとく表現される。

$$l = 0 \Rightarrow \left(\frac{n}{q}\right),$$

$$l = 2 \Rightarrow \jmath_2(n)(-1)^{(n-1)/2}\left(\frac{n}{q_0}\right),$$

$$l = 3 \Rightarrow \jmath_2(n)(-1)^{(n^2-1)/8}\left(\frac{n}{q_0}\right), \quad \jmath_2(n)(-1)^{(n-1)/2+(n^2-1)/8}\left(\frac{n}{q_0}\right).$$

ただし、$\jmath_2$ は法 2 の単位指標。上記証明中の計算結果と較べよ。註 [73.11] に続く。

§65.

Legendre 記号の計算により (59.1) が解を持つと判断できた場合、如何にして実際に解を求めるのか。この課題は、§47 にて示した手法により解決済みである。ただし、ベキ指数が 2 であることにより、注目すべき簡易化が加わる。それは、(47.9) における k の決定につき算法 (65.7)–(65.10) を導入できることにある (観察 (65.8) に相当するところを §47, $\ell \geq 3$, は欠く)。

合同方程式

$$x^2 \equiv d \bmod p, \quad p \nmid d; \quad p - 1 = 2^g t, \ 2 \nmid t, \tag{65.1}$$

を考察する。定理 26 のもとに、

$$d^{(p-1)/2} \equiv 1 \bmod p \tag{65.2}$$

を確認し、

$$X_0 \equiv d^{(t+1)/2}, \quad Y_0 \equiv d^t \bmod p \tag{65.3}$$

と置く。このとき、

$$X_0^2 \equiv Y_0 d \bmod p.\ \text{かつ}\ Y_0 \bmod p\ \text{の位数は}\ 2^{g_0}, g_0 < g. \tag{65.4}$$

後者は (65.2) による. よって,

$$g_0 = 0\ \text{ならば}\ \pm X_0 \bmod p\ \text{は}\ (59.1)/(65.1)\ \text{の解}. \tag{65.5}$$

一方,

$$g_0 > 0\ \text{であるならば}, 2\ \text{次非剰余}\ Z \bmod p\ \text{を適宜に採る}. \tag{65.6}$$

このとき, $Z^t \bmod p$ の位数は 2^g である. そこで,

$$X_1 \equiv (Z^t)^{2^{g-g_0-1}} X_0, \quad Y_1 \equiv (Z^t)^{2^{g-g_0}} Y_0 \ \bmod p \tag{65.7}$$

と置くならば, $Y_1 \bmod p$ の位数は $2^{g_1}, 0 \leq g_1 < g_0,$ である. 実際,

$$Y_1^{2^{g_0-1}} \equiv (Z^t)^{2^{g-1}} Y_0^{2^{g_0-1}} \equiv (-1) \cdot (-1) \ \bmod p. \tag{65.8}$$

また

$$X_1^2 \equiv Y_1 Y_0^{-1} X_0^2 \equiv Y_1 d \ \bmod p. \tag{65.9}$$

もしも $g_1 = 0$ であるならば, 解 $\pm X_1 \bmod p$ を得る. 一方 $g_1 > 0$ のときには, (65.7) にて

$$(X_0, Y_0, g_0) \mapsto (X_1, Y_1, g_1) \mapsto (X_2, Y_2, g_2) \mapsto \cdots \tag{65.10}$$

と続ける. 何れは $g_\nu = 0$ に達し, 解 $\pm X_\nu \bmod p$ を得る.

かくして, 2 次合同方程式の理論は,

$$\text{仮定}: \quad \begin{array}{l} \text{素因数分解 (34.3) の実行, および} \\ 2\ \text{次非剰余の採取 (65.6) が共に可能} \end{array} \tag{65.11}$$

のもと, 完結の域に達する. つまり, 次の 3 基本課題に対し算法あり.

(1) 与えられた法につき, 解が存在する剰余の決定;

(2) 与えられた剰余につき, 解が存在する法の決定; (65.12)

(3) 解そのものの実効的計算.

(1) は定理 37, 40 による; (2) は定理 41 の証明部分; (3) は本節. なお, 註 [70.5] に Cipolla (1907) による別解法を示す. 2 次非剰余の採取がやはり要点となる.

[65.1]　上記は Tonelli (1891) による．Lagrange (1769, p.500) は $p \equiv -1 \bmod 4$ の場合を注意しており，$d^{(p-1)/2} \equiv 1 \bmod p \Rightarrow (\pm d^{(p+1)/4})^2 \equiv d^{(p+1)/2} \equiv d \bmod p$．もちろん，$(47.12)_{\ell=2}$ に他ならない．なお，Legendre (1798, p.231) には，$p \equiv 5 \bmod 8$ である場合が採り上げられている．Cipolla (*ibid.*, p.59) の表現を採り，$d^{(p-1)/2} \equiv 1 \bmod p$ のもとに，$x^2 \equiv d \bmod p$ の解は

$$\pm d^{(p+3)/8}\bigl((2^t-1)(d^t-1)/2-1\bigr) \bmod p, \quad t=(p-1)/4.$$

実際，$d^t \equiv 1 \bmod p$ (つまり $d \bmod p$ は 4 次剰余) であるならば，確かめは容易である．一方，$d^t \equiv -1 \bmod p$ の場合には，(60.1)(2) により $2^{2t} \equiv -1 \bmod p$ であることを用いるがよい．つまり，Tonelli の算法にて $g_0 = 1, Z = 2$ (次項に例).

[65.2]　$x^2 \equiv 17 \bmod 101$. 前項の Legendre の場合に合致するが，Tonelli の手法を用いて見る．相互律により，$101 \equiv 16 \bmod 17$ から $17 \bmod 101$ は 2 次剰余．算法に入り，まず $101-1 = 4 \cdot 25$. よって，$g=2, t=25$. $X_0 \equiv 17^{(25+1)/2} \equiv 65, Y_0 \equiv 17^{25} \equiv -1 \bmod 101$. つまり，$g_0 = 1$. 補助律 (2) により，2 次非剰余 $Z = 2$ を採る．$X_1 \equiv 2^{25} \cdot 65 \equiv 44$, $Y_1 \equiv (2^{25})^2(-1) \equiv 1$. かくして，$44^2 \equiv 17 \bmod 101$. 実際，$44^2 = 1936 = 17 + 19 \cdot 101$. ちなみに，註 [47.5] にならい，$x^2 \equiv 17 \bmod 101^2$ の解は，$\pm 44^{101} \cdot 600^{50} \equiv \pm 1761 \bmod 101^2$. 実際，$1761^2 = 3101121 = 17 + 304 \cdot 101^2$.

[65.3]　$x^2 \equiv 7 \bmod 8009$. 法は素数．相互律により，$8009 \equiv 1 \bmod 7$ から $7 \bmod 8009$ は 2 次剰余．まず $8009 - 1 = 2^3 \cdot 1001$. よって，$g=3, t=1001$. $X_0 \equiv 7^{501} \equiv 2509$, $Y_0 \equiv 7^{1001} \equiv 1 \bmod 8009$. かくして，$2509^2 \equiv 7 \bmod 8009$. 実際，$2509^2 = 6295081 = 7 + 786 \cdot 8009$.

[65.4]　$x^2 \equiv 2 \bmod 19073$. 法は素数．補助律 (2) により，$2 \bmod 19073$ は 2 次剰余．まず，$19073 - 1 = 2^7 \cdot 149 \Rightarrow g=7, t=149$. $X_0 \equiv 2^{(149+1)/2} \equiv -693, Y_0 \equiv 2^{149} \equiv 1712$. ここで $1712^{2^5} \equiv -1 \Rightarrow g_0 = 6$. 相互律を用い，2 次非剰余 $Z = 3$ を採取．$X_1 \equiv -3^{149} \cdot 693 \equiv -6559, Y_1 \equiv (3^{149})^2 \cdot 1712 \equiv 5433$. そして $5433^{2^4} \equiv -1 \bmod 19073 \Rightarrow g_1 = 5$. $X_2 \equiv -(3^{149})^2 \cdot 6559 \equiv 8140, Y_2 \equiv (3^{149})^{2^2} 5433 \equiv -1 \bmod 19073$. よって $g_2 = 1$. $X_3 \equiv (3^{149})^{2^5} \cdot 8140 \equiv -8284, Y_3 \equiv -(3^{149})^{2^6} \equiv 1 \bmod 19073$. かくして，$8284^2 \equiv 2 \bmod 19073$. 実際，$8284^2 = 68624656 = 2 + 3598 \cdot 19073$. つまり，$1^2, 2^2, \ldots n^2, \ldots$ を 19073 で割って行くとき，$n = 8284$ に至りようやくに余り 2 を得る．なお，19073 が素数であることを示すには，$3 \bmod 19073$ の位数が 19072 であることを (42.1) により確かめる．

[65.5]　$x^2 \equiv -5 \bmod p, p = 404321$. 相互律により解は存在する．まず $p - 1 = 2^5 \cdot 5 \cdot 7 \cdot 19^2$ より，$g = 5, t = 12635$. $X_0 \equiv (-5)^{(t+1)/2} \equiv 366109, Y_0 \equiv (-5)^t \equiv 211830, Y_0^2 \equiv -1 \bmod p \Rightarrow g_0 = 2$. そこで 2 次非剰余 $Z \equiv 3 \bmod p$ を採取．$X_1 \equiv (Z^t)^4 X_0 \equiv 103745$, $Y_1 \equiv (Z^t)^8 Y_0 \equiv -1 \bmod p \Rightarrow g_1 = 1$. $X_2 \equiv (Z^t)^8 X_1 \equiv 244037, Y_2 \equiv (Z^t)^{16} Y_1 \equiv 1 \bmod p$. かくして，解 $244037 \bmod p$ を得る．なお，404321 が素数であることを示すには，$6 \bmod 404321$ の位数が 404320 であることを (42.1) により確かめる．ちなみに，$3 \bmod p$ の

位数は $(p-1)/19$.

[65.6]　[DA, art. 328, I] にて合同方程式 $x^2 \equiv -1365 \bmod k$, $k = 5428681$ が扱われている. Gauss は 2 次形式論 (種の理論) を経由する方法により 4 個の解 $\bmod k$ に到達しているが, 別解法を示す. 因数分解 $k = 307 \cdot 17683$ は註 [39.5] にて得られている. なお, 17683 が素数であることを示すには, $5 \bmod 17683$ の位数が $17682 = 2 \cdot 3 \cdot 7 \cdot 421$ であることを (42.1) を用いて確かめる. そこで, まず $x^2 \equiv -1365 \equiv 170 \bmod 307$ を扱う. Jacobi 記号の計算

$$\left(\frac{170}{307}\right) = \left(\frac{2}{307}\right)\left(\frac{85}{307}\right) = -\left(\frac{33}{85}\right) = -\left(\frac{8}{11}\right) = -(-1)^3 = 1.$$

よって, $170 \bmod 307$ は 2 次剰余. 註 [65.1] (Lagrange) に適合し, 解 $\pm 170^{(307+1)/4} \equiv \pm 28 \bmod 307$ を得る. 一方, 合同方程式 $x^2 \equiv -1365 \bmod 17683$ については, $1365 = 3 \cdot 5 \cdot 7 \cdot 13$ に注意し,

$$\left(\frac{-1365}{17683}\right) = -\left(\frac{1365}{17683}\right) = -\left(\frac{1}{3}\right)\left(\frac{3}{5}\right)\left(\frac{1}{7}\right)\left(\frac{3}{13}\right) = 1.$$

よって, $-1365 \bmod 17683$ は 2 次剰余. 解は $\pm(-1365)^{(17683+1)/4} \equiv \mp 861 \bmod 17683$. 次いで, 連立合同方程式

$$x \equiv \begin{cases} \pm 28 & \bmod 307, \\ \pm 861 & \bmod 17683 \end{cases}$$

を解かねばならない. 複号の組み合わせは 4 種であり解の個数は 4. 互除法計算に (22.11) を用い,

$$\frac{17683}{307} = 57 + \cfrac{1}{1 + \cfrac{1}{1 + \cfrac{1}{2 + \cfrac{1}{61}}}} \Rightarrow 17683 \cdot 5 - 307 \cdot 288 = -1;$$

$$x \equiv 17683 \cdot 5 \cdot (\pm 28) - 307 \cdot 288 \cdot (\pm 861)$$

$$\equiv \pm 2350978, \pm 2600262 \bmod 5428681.$$

当然ながら, Gauss が与えた解に一致する.

[65.7]　[DA, art. 328, II] にては $x^2 \equiv -286 \bmod q$, $q = 4272943$ が扱われている. Gauss はやはり 2 次形式論を経由する方法により解に到達しているのであるが, 別解法を示す. まず, Jacobi 記号の計算

$$\left(\frac{-286}{q}\right) = -\left(\frac{143}{q}\right) = \left(\frac{103}{143}\right) = -\left(\frac{40}{103}\right) = -\left(\frac{5}{103}\right) = -\left(\frac{3}{5}\right) = 1.$$

よって, q が素数であるならば, $-286 \bmod q$ は 2 次剰余である. その場合には, 註 [65.1] (Lagrange) により解は $\pm(-286)^{(q+1)/4} \equiv \pm 1493445 \bmod q$. もちろん, $1493445^2 \equiv -286 \bmod q$ であることを直接に確かめることもできる. しかし, ここでは目下の文脈に沿い q が素数であることを示す. まず, $3^{(q-1)/2} \equiv -1 \bmod q \Rightarrow 3 \bmod q$ は原始根の可能性がある. 確かめに, (42.1) を応用し, $q - 1 = 2 \cdot 3 \cdot 712157$, かつ $3^{(q-1)/3} \not\equiv 1 \bmod q$. そこで, $q_1 = 712157$ が素数か否かが問題となる. $2^{(q_1-1)/2} \equiv -1 \bmod q_1 \Rightarrow 2 \bmod q_1$ は原始根の可能性がある. しかるに, $q_1 - 1 = 2^2 \cdot 178039$ であり, さらに $q_2 = 178039$ が素数であるか否かに問題は移る. $3^{(q_2-1)/2} \equiv -1 \bmod q_2$, かつ $q_2 - 1 = 2 \cdot 3^4 \cdot 7 \cdot 157$. そして,

$3^{(q_2-1)/3}$, $3^{(q_2-1)/7}$, $3^{(q_2-1)/157}$ は何れも $\not\equiv 1 \bmod q_2$. 従って,$3 \bmod q_2$ の位数は $q_2 - 1$ であり,q_2 は素数と判明.つまり,q_1 も q も素数と判定され,確認作業を終了する.

[65.8] 合同方程式 $ax^2 + bx + c \equiv 0 \bmod q$ は $X^2 \equiv b^2 - 4ac \bmod q$,$X = 2ax + b$,と変形される.解 $X \equiv \rho \bmod q$ を得た場合には,さらに $2ax + b \equiv \rho \bmod q$ を解く手順が残る.例えば,
$$34x^2 + 5x + 23 \equiv 0 \bmod q \Rightarrow (68x + 5)^2 \equiv -3103 \bmod p, \forall p | q,$$
については,条件 $\langle 3103, q \rangle = 1$,$2 \nmid q$,のもとに,解があるためには定理 41(証明 (2))により $\left(\frac{p}{29}\right)\left(\frac{p}{107}\right) = 1$ を要する.数値例として,$p_1 = 14563$,$p_2 = 188333$ を採り,$y_\nu^2 \equiv -3103 \bmod p_\nu$ を解く.註 [65.1] (Lagrange) により,
$$y_1 \equiv \pm(-3103)^{(p_1+1)/4} \equiv \pm 1472 \bmod p_1.$$
一方,同所 (Legendre) により,
$$y_2 \equiv \pm(-3103)^{(p_2+3)/8}((2^{(p_2-1)/4} - 1)((-3103)^{(p_2-1)/4} - 1)/2 - 1) \equiv \pm 1735 \bmod p_2.$$
次に,互除法により $68x_\nu + 5 \equiv y_\nu \bmod p_\nu$ を解き,$x_1 \equiv 3234, 4904 \bmod p_1$;$x_2 \equiv 149584, 177229 \bmod p_2$.かつ,$26550 p_1 - 2053 p_2 = 1$.これらから,$q = p_1 p_2$ のとき 4 個の解
$$x \equiv 205809220, 803605807, 1374415485, 1972212072 \bmod q$$
を得る.他に解は無い.残る $\langle 3103, q \rangle \neq 1$ の場合の扱いは,例えば $q = 107$ のときには唯一の解 $x \equiv 55 \bmod q$.

§66.

これまでの議論を振り返るならば,既約剰余系一般と '1 のベキ根' 一般との関係が暗示されているものと観られよう.前章における原始根,合同方程式 (40.2) の解と 1 のベキ根とには明らかな類似がある.また本章における相互律と 2 次 Gauss 和との関係はこれらベキ根の背後にある構造を想わせよう.Gauss は然る暗示に深い関心を寄せ秀麗な理論を構築した.[DA] の最終章 (Sectio VII),円分方程式論である.そこには複素数体上の方程式 $x^p - 1 = 0$ のベキ開による解法が原始根 $\bmod p$ の存在を基として展開されている.

しかし,相互律を念頭に置いて観るならば,より注目すべきは [DA] の序文や本文中にて度々言及されている '割愛された' Sectio VIII である.その未完の草稿 (1863a) が Gauss 没後に発見されている.今日の言葉を用いるならば,(34.1) の

背後にある有限体 $\mathbb{F}_p = \mathbb{Z}/p\mathbb{Z}$ の代数的拡大に係る認識をもとに [DA, Sectio VII] の議論の源を示し，さらなる展望を拓くことが目指されている．かつ，(1863a, (2)) には，既に §60 にて示唆したが，相互律の美しい第 7/8 証明が含まれており，その抽象性を和らげたものが先に言及した第 6 証明と映る．従って，何よりも第 7/8 証明の解説に進むべきであろう．しかしながら，Gauss がそれらを秘蔵したことにも相当な理由があったに相違ない．それゆえ，まずは [DA, Sectio VII] の略解を行い，第 6 証明に進み，さらに §70 にて有限体の序論を経て第 7/8 証明の解説を行うこととする．円分方程式論の応用である伝統的な論題，正多角形の Euclid 作図については註 [68.2] にて少々触れるにとどめる．以下本章末までの議論の目的はあくまでも相互律と円分方程式の関係である．

[66.1]　Euclid 作図とは周知の定規 (直線) とコンパス (円) による作図である．[Σ.IV] を見よ．実係数の 2 次方程式を扱うと同じ (*geometric algebra*)．なお，Bachmann (1872) は [DA, Sectio VII] の詳細解説である．Gauss の円分理論から初期の代数的整数論へ向かう思潮が語られている．

[66.2]　草稿 (1863a) の原型に当たる代数的な理論が [DA] 出版以前に未完ながら練られており，それへの導入として [DA, Sectio VII] が置かれている，と知るならば，時間的矛盾を含む上記の解説をより良く理解できよう．

[66.3]　草稿 (1863a) の存在が一般に知られることとなったのは，Werke II-1 の出版の後である．しかし，それ以前に，第 6 証明の論旨を発展させることが Gauss とは独立に行なわれていた．Galois (1830/1846), Schönemann (1845/1846) および続く Serret (1854, pp.343–370), Dedekind (1857a) による有限体論序説とも云うべきものである．割愛された Sectio VIII の目的が何であるかは，Sectio VII の導入 art. 335 にて合同式理論 *congruentiis* の十全な考究と示唆されている．Gauss の言う合同式理論とはつまり $(34.1)_{q=p}$ の探究である．第 6 証明 (1818) と合わせるならば，この一言は Galois らにとり Gauss の意図を汲むに充分であったに相違ない．§71 [d] に続く．

§67.

相互律の Gauss 第 6 証明に込められた整数論の変革は，整数から多項式への歩み，取り分け法 p をもってのその眺めである．出発点は，註 [41.1] にて示唆したが，Lagrange の観察 (1775, pp.777–778) にある．よって，まずは多項式環における算術への準備を行う．以下，$\mathbb{Z}$ における事象の類似を扱う訳であるが，とくに注

意を要する場合を除き対応を逐一述べることはせず，Gauss (1863a) にならい記述を直感的なものとする．要は，上記に綴られて来た $\mathbb{Z}$ 上の知識を平明な類推をもって多項式に押し広げるのみである．

始めに，[DA] から二つの基礎定理を採録する．

定理 42 最高次係数が 1 (monic) である多項式 $A(x), B(x) \in \mathbb{Q}[x]$ の何れかが $\mathbb{Z}[x]$ に含まれぬならば，$A(x)B(x) \notin \mathbb{Z}[x]$．

[証明] 出所は [DA, art. 42] である．まず，$P_j(x) \in \mathbb{Z}[x]$ につき，何らかの素数 p をもって $P_1(x)P_2(x) \in p\mathbb{Z}[x]$ であるならば，$P_j(x)$ の何れか一方について $P_j(x) \in p\mathbb{Z}[x]$．実際，$P_j(x) \notin p\mathbb{Z}[x], j = 1, 2$，であるとき，$P_j(x)$ に含まれるところの p では割り切れない係数を持つ最高次の項 $c_{l_j}x^{l_j}$ を採り，積 $P_1(x)P_2(x)$ の $l_1 + l_2$ 次の項の係数を観察するがよい．矛盾が従う．そこで，$[[A]], [[B]]$ それぞれを $A(x), B(x)$ の係数 (既約分数) の分母の最小公倍数とする．仮定から，何らかの素数 p があり，$[[A]][[B]] \equiv 0 \bmod p$．従って，仮に $A(x)B(x) \in \mathbb{Z}[x]$ とするならば，$[[A]]A(x) \cdot [[B]]B(x) \in p\mathbb{Z}[x]$ となり，先に示したことから，例えば $[[A]]A(x) \in p\mathbb{Z}[x]$．よって，最高次の係数から，$[[A]] \equiv 0 \bmod p$．従って，$[[A]]$ の定義から $[[A]]A(x)$ には p では割り切れない係数が存在せねばならず，矛盾．証明を終わる．

次に，周知の定義であるが，1 の原始 q 乗根とは，q 乗をもって初めて 1 となる複素数である．条件 $\langle k, q \rangle = 1$ のもとに $\rho = e(k/q)$ と置くならば，1 の原始 q 乗根が得られ，かつ

$$\{\rho^h\} \text{ は 1 の原始 } q \text{ 乗根全て} \iff \{h\} \text{ は既約剰余系 } \bmod q. \tag{67.1}$$

これは (6.3) そのものである．実際，$(e(hk/q))^a = 1 \iff q|ahk \iff (q/\langle h, q\rangle)|a$．一方，分数 a/n について $e(a/n)$ は 1 の n 乗根であり，既約化 $a/n = k/q$ を採るならば，$e(a/n) = e(k/q)$ は 1 の原始 q 乗根である．つまり，1 の n 乗根は何れかの $q|n$ をもって 1 の原始 q 乗根．かつ，この様な 1 の原始 q 乗根は全て 1 の n 乗根．そこで，$X_q(x)$ を 1 の原始 q 乗根のみを根とする多項式とするならば，

$$\prod_{q|n} X_q(x) = x^n - 1. \tag{67.2}$$

方程式 $x^n - 1 = 0$ は重根を持たぬゆえ，左辺の因子に重なるものは無い．註 [18.4]

により, 表示

$$\text{第 } q \text{ 円分多項式}: X_q(x) = \frac{\prod_{u|q,\, \mu(u)=1}(x^{q/u}-1)}{\prod_{v|q,\, \mu(v)=-1}(x^{q/v}-1)} \tag{67.3}$$

を得る. とくに, $X_q(x) \in \mathbb{Z}[x]$, $\deg(X_q(x)) = \varphi(q)$. 何故ならば, (67.3) の分母子は共に monic かつ整数係数である. 組立除法の操作により, $X_q(x)$ も同様. 次数については (67.1) による. 一方, $q = q_1 q_2$, $\langle q_1, q_2 \rangle = 1$, とするとき, (33.3) と (67.1) により

$$\{1 \text{ の原始 } q \text{ 乗根}\} = \{(1 \text{ の原始 } q_1 \text{ 乗根}) \cdot (1 \text{ の原始 } q_2 \text{ 乗根})\}. \tag{67.4}$$

よって, 各素数 p および $\ell \in \mathbb{N}$ につき $X_{p^\alpha}(x) = X_p(x^{p^{\alpha-1}})$ を考察することから円分多項式の議論は始まる. なお, 以下では周知の事実

$$\text{多項式である対称式は基本対称式の多項式} \tag{67.5}$$

を用いる.

定理 43 多項式 $X_q(x)$ は $\mathbb{Q}$ 上既約. つまり, $X_q(x) = a(x)b(x)$, $a(x), b(x) \in \mathbb{Q}[x]$, $\deg(a(x)) \cdot \deg(b(x)) \neq 0$, となることは無い.

[証明] まず $q = p^\alpha$ の場合を考察する. 仮にその様な $X_{p^\alpha}(x)$ の分解が存在したものとする. もちろん, $a(x), b(x)$ は共に monic と仮定できる. 前定理の対偶により, $a(x), b(x) \in \mathbb{Z}[x]$. このとき $p = X_{p^\alpha}(1) = a(1)b(1)$ であり, $|a(1)| = 1$ としてよい. また, $a(\rho) = 0$ なる 1 の原始 p^α 乗根が存在せねばならない. そこで, $W(x) = \prod_h a(x^h)$, $1 \leq h \leq p^\alpha - 1$, $p \nmid h$, と置くならば, $X_{p^\alpha}(x) | W(x)$. 何故ならば, $X_{p^\alpha}(\xi) = 0$ であるとき, $\xi^h = \rho$ となる h が存在する. よって $W(x) = X_{p^\alpha}(x) Y(x)$, $Y(x) \in \mathbb{Z}[x]$. 従って, $W(1) = pY(1)$. しかるに, 明らかに $|W(1)| = 1$. これは矛盾. つまり, $X_{p^\alpha}(x)$ は $\mathbb{Q}$ 上既約.

次に, 一般の q については, それの相異なる素因数の個数に関する帰納法を用いる. そこで, $q = p^\alpha q'$, $p \nmid q'$, と置き, q' の相異なる素因数の個数は 1 以上, かつ $X_{q'}(x)$ は既約であるとする. 非自明な分解 $X_q(x) = a(x)b(x)$ を仮定し, $a(x), b(x)$ の根それぞれの p^α 乗のみを根とする多項式を $A(x), B(x)$ と置く. 註 [29.7] を繰り返し援用し,

$$A(x) \equiv a(x), \ B(x) \equiv b(x) \bmod p. \tag{67.6}$$

一方, (67.4) に注意し, 1 の原始 q 乗根 ρ を $\rho = \lambda\xi$ と分解する. ただし, $a(\rho) = 0,\ X_{p^\alpha}(\lambda) = 0,\ X_{q'}(\xi) = 0$. このとき, $\rho^{p^\alpha} = \xi^{p^\alpha}$ は, $p \nmid q'$ により $X_{q'}(x)$ の根である. 従って, $A(x)$ と $X_{q'}(x)$ は共通根を持ち, 後者の既約性から $X_{q'}(x)|A(x)$. 実際, 仮に $X_{q'}(x) \nmid A(x)$ ならば多項式に関する互除法により $X_{q'}(x)g(x) + A(x)h(x) = 1$ となる $g(x), h(x) \in \mathbb{Q}[x]$ が存在し, 直ちに矛盾を得る. 全く同様に $X_{q'}(x)|B(x)$. そこで, $X_{q'}(x) = 0$ の任意の根 ω を採るとき, $X_q(\omega) = (a(\omega) - A(\omega))(b(\omega) - B(\omega)) = p^2 w(\omega),\ w(x) \in \mathbb{Z}[x]$. 合同関係 (67.6) を用いた. 一方, $X_q(x)|((x^q - 1)/(x^{q/p} - 1))$ かつ $\omega^{q/p} = 1$ であるゆえ, $p = X_q(\omega)z(\omega),\ z(x) \in \mathbb{Z}[x]$. 従って, $1 = pw(\omega)z(\omega)$. これを少々書き直すために, $w(x)z(x)$ を $X_{q'}(x)$ をもって割り, 余りを $\sum_{j=0}^{k} c_j x^j \in \mathbb{Z}[x],\ k = \varphi(q') - 1$, とするならば, $1 = p(c_0 + c_1\omega + \cdots + c_k\omega^k)$. 再度 $X_{q'}(x)$ の既約性により, $1 = pc_0$. 定理の証明を終わる.

既に注意したが, 上記の議論にて用いられている多項式に関する互除法は §3 の全くに自然な拡張である. 多項式間の整除 $g(x)|h(x)$ を改めて定義するまでも無かろう. また, 環 $\mathbb{Q}[x]$ における大小関係は次数 deg のそれであることも周知. もって組み立て除法により剰余定理 (2.1) の類似が成立する. これより互除法の拡張を得る. ここで認識すべきは, 新たな互除法の演算において, 参加する多項式の係数に加減乗除の他を施す必要の無いことである. §70 (1) に詳細を置く.

今後の議論にては, 次が緊要である.

$$\begin{array}{c} X_p(x) \text{ は } \mathbb{Q} \text{ 上既約}. \\ \text{よって}, e(h/p),\ h = 1, 2, \ldots, p-1,\ \text{は } \mathbb{Q} \text{ 上 1 次独立}. \end{array} \tag{67.7}$$

下段は既約性からの容易な帰結である. なお, 後に $X_p(x)$ の既約性のありかたをより詳しく知る必要も生じる. 即ち,

$$\begin{array}{c} \xi \text{ を } X_m(x) \text{ の根とするとき}, \\ p \nmid m \text{ であるならば } X_p(x) \text{ は } \mathbb{Q}(\xi) \text{ 上既約}. \\ \text{よって}, e(h/p),\ h = 1, 2, \ldots, p-1,\ \text{は } \mathbb{Q}(\xi) \text{ 上 1 次独立}. \end{array} \tag{67.8}$$

ここに集合 $\mathbb{Q}(\xi)$ は, $\mathbb{Q}$ 上の ξ の有理式 $u(\xi)/v(\xi),\ u(x), v(x) \in \mathbb{Q}[x]$, の全体である. もちろん $\mathbb{Q}(\xi)$ は体であるが, 実は, 環 $\mathbb{Q}[\xi]$ に一致する. 実際, $v(\xi) \neq 0$ であるゆえ, 多項式に関する互除法により, $v(x)s(x) + X_m(x)t(x) = 1$ なる

$s(x), t(x) \in \mathbb{Q}[x]$ が存在し, $1/v(\xi) = s(\xi)$. よって, $\mathbb{Q}(\xi)$ の各元は,

$$\frac{1}{D}(d_0 + d_1 \xi + \cdots + d_\ell \xi^\ell), \ \langle D, d_0, d_1, \ldots, d_\ell \rangle = 1, \ \ell = \varphi(m) - 1, \quad (67.9)$$

と一意的に表し得る. 一意性は, やはり $X_m(x)$ の既約性による.

命題 (67.8) の証明を与えるが, 当然に $p \neq 2$ としてよい. 改めて, 仮に $X_p(x) = a(x)b(x)$, $a(x), b(x) \in F_\xi[x]$, $\deg(a(x)) \cdot \deg(b(x)) \neq 0$, とする. ただし, $F_\xi = \mathbb{Q}[\xi]$. まず, $p = a(1)b(1)$. また, $a(1) = A(\xi)/M$, $b(1) = B(\xi)/N$. ここに, $A(x), B(x)$, および M, N は表現 (67.9) に対応 (上記の $A(x), B(x)$ と混同無かれ). とくに,

$$pMN = A(\xi)B(\xi). \quad (67.10)$$

これより矛盾が従うことを示す. まず, $a(1) = \prod(1 - \rho^h)$, $\rho = e(1/p)$, に注意する. ただし, $\{h\} \subset \{1, 2, \ldots, p-1\}$. よって, $a(1)^p = pC(\rho)$, $C(x) \in \mathbb{Z}[x]$. 何故ならば, 2 項展開および $p \neq 2$ により, $(1 - \rho^h)^p = pE(\rho^h)$, $E(x) \in \mathbb{Z}[x]$. そこで, $\prod_{j=1}^p (x - pC(\rho^j)) = x^p - pG(x)$, $G(x) \in \mathbb{Z}[x]$. 実際, 多項式 $G(x)$ の各係数は $\{\rho^j : j = 1, 2, \ldots, p\}$ の整数係数対称式, つまりこれらの基本対称式の整数係数多項式であり, 整数である. 従って, とくに, $a(1)^{p^2} = pG(a(1)^p) \Rightarrow A(\xi)^{p^2} = pH(\xi)$, $H(x) \in \mathbb{Z}[x]$. ここで, 基本条件 $p \nmid m$ を用い, 定理 16 により $p^k \equiv 1 \bmod m$ となる $k \geq 2$ を採り, 関係式 $A(\xi)^{p^k} = (pH(\xi))^{p^{k-2}}$ を扱う. この左辺は, $A(\xi)^{p^k} = A(\xi^{p^k}) + pK(\xi) = A(\xi) + pK(\xi)$, $K(x) \in \mathbb{Z}[x]$. 従って, $A(\xi) = pV(\xi)$, $V(x) \in \mathbb{Z}[x]$. 全く同様に $B(\xi) = pW(\xi)$, $W(x) \in \mathbb{Z}[x]$. 従って, (67.10) により $MN = pV(\xi)W(\xi) \Rightarrow p | MN$. しかしながら, $p | M$ は, $A(\xi) = pV(\xi)$ と整合せず. もちろん, $p | N$ もまた矛盾をもたらす. 命題 (67.8) の証明を終わる.

[67.1] 対称式の理論はごく基本である. 例えば, Weber (1895, Vierter Abschnitt) を見よ.

[67.2] 定理 42 は Gauss の補題と呼ばれる. 定理 43 の $q = p$ の場合は [DA, art. 341] である. 上記の証明の前半は Kronecker (1845), 後半は Arndt (1859c) による. 命題 (67.8) は証明と共に Kronecker (1854) による. 同所には一般の $X_q(x)$ の場合も扱われている. Dedekind (1857b), Bachmann (1872, Fünfte Vorlesung), Landau (1929), Schur (1929) なども見よ. これらは全て Schönmann の補題 (註 [29.7]) の活用である. 本節の各命題は代数学において極めて基本的であり, 従って様々な証明法が知られている. ここでは初期の論法を採用している.

[67.3] ちなみに, Eisenstein (1850) の既約性判定法なるものが一般に言及されるが, Schönemann (1846, §61; 1850) が先行している．これは，$f(x) = x^n + a_{n-1}x^{n-1} + \cdots + a_0$ につき，ある素数 p をもって

$$f(x) \equiv x^n \bmod p \text{ かつ } p^2 \nmid a_0 \Rightarrow f(x) \text{ は } \mathbb{Q} \text{ 上既約}$$

なる命題．定理 42 と共に §70 にて解説する $\mathbb{F}_p[x]$ における既約分解によるならば，ほぼ自明．なお，Schönemann の本来の命題はより詳しいものである．

[67.4] Gauss [DA, artt. 341, 346] により，既約性による 1 次独立 (67.7)–(67.8) および素数と既約多項式との類似性が根本的な概念として代数学に導入されたのである．1 次独立性は極めて強力な手段である．次節にてそれの典型的な活用例を観る ((68.8))．既約 *irréductible* 多項式あるいは方程式なる用語自体は Abel (1829) に始まり，Galois (1831/1846) 以降に受け継がれ今日にある．彼らは共に [DA, Sectio VII] から着想を得ていた．ちなみに，当時の読者の側に特段の数学知識を想定し [DA] が書かれたとは映らず．算術の基礎的な技量を備えた人々には独習可能であったにちがいない（フランス語版は既に 1807 年に出版されていた）．

[67.5] Cauchy (1829, p.231). 原始根 $\bmod p$ と 1 の原始 $p-1$ 乗根との関係に興味が持たれるが，関係式

$$X_{p-1}(x)C(x) = D(x),$$
$$C(x) = \prod_{\substack{u \mid (p-1) \\ \mu(u) = -1}} (x^{(p-1)/u} - 1), \quad D(x) = \prod_{\substack{v \mid (p-1) \\ \mu(v) = 1}} (x^{(p-1)/v} - 1),$$

に原始根 $r \bmod p$ を挿入するならば，$C(r) \not\equiv 0$，$D(r) \equiv 0 \bmod p$．つまり，$X_{p-1}(r) \equiv 0 \bmod p$．従って，註 [41.1] を想起し，

$$X_{p-1}(x) \equiv 0 \bmod p \text{ の } \varphi(p-1) \text{ 個の根は全て原始根 } \bmod p \text{ である．}$$

例えば，$p = 31$ の場合，3, 11, 12, 13, 17, 21, 22, 24 が原始根．また，

$$X_{30}(x) = \frac{(x^2 - 1)(x^3 - 1)(x^5 - 1)(x^{30} - 1)}{(x - 1)(x^6 - 1)(x^{10} - 1)(x^{15} - 1)}$$
$$= x^8 + x^7 - x^5 - x^4 - x^3 + x + 1.$$

一方，

$$(x - 3)(x - 11)(x - 12)(x - 13)(x - 17)(x - 21)(x - 22)(x - 24)$$
$$= x^8 - 123x^7 + 6448x^6 - 187458x^5 + 3288541x^4 - 35372427x^3$$
$$+ 224940402x^2 - 755014392x + 970377408 \equiv X_{30}(x) \bmod 31.$$

実際，$123 \equiv -1$，$6448 \equiv 0$，$187458 \equiv 1$，$3288541 \equiv -1$，$35372427 \equiv 1$，$224940402 \equiv 0$，$755014392 \equiv -1$，$970377408 \equiv 1 \bmod 31$．これらのうち，最初と最後の合同関係についてはそれぞれ註 [46.5]，[46.4] を見よ．

§68.

[DA, art. 357] に $X_p(x)$ の 2 次分解式がある．下記の (68.3) であるが，印象深い等式である．定理 43, あるいはむしろ (67.7) の帰結として解説する．なお，とくに注意するが，本節と次節は 2 次 Gauss 和と関係はするものの，明示式 (63.1) にあらずごく初等的な等式 (63.5) を通してである．

[DA, Sectio VII] における Gauss の根本的な手段は次の 2 点．
(1) 原始根 $r \bmod p$ を採り，記法 $r^w \bmod p$ につき解釈 (30.1)–(30.2) を有効とするならば，

$$X_p(x) = 0 \text{ の根は } \{e(r^w/p) : w \bmod (p-1)\}. \tag{68.1}$$

(2) よって, (67.7) により,

$$r \text{ を定める都度, } \{e(r^w/p) : w \bmod (p-1)\} \text{ は } \mathbb{Q} \text{ 上 1 次独立.} \tag{68.2}$$

前者 (art. 343) は，もちろん，$\{r^w \bmod p : w \bmod (p-1)\}$ が既約剰余系 $\bmod p$ であることによる．歴史背景を §71 [**h**] に置く．また，註 [71.3] を参照せよ．

定理 44 各素数 $p \geq 3$ について，$Y(x), Z(x) \in \mathbb{Z}[x]$ が存在し，次の恒等式が成立する．

Euler–Gauss 分解： $\quad 4X_p(x) = Y^2(x) - (-1)^{(p-1)/2} p Z^2(x). \tag{68.3}$

[証明] 名称のゆえんを註 [68.6] に与える．まず，2 変数 x, θ の多項式

$$\Xi_p(x, \theta) = \prod_{h=0}^{(p-3)/2} \left(x - \theta^{r^{2h}}\right) \tag{68.4}$$

を採る．右辺を $X_p(\theta)$ で割り，

$$\begin{aligned}\Xi_p(x,\theta) = \sum_{u=1}^{p-1} c_u(x)\theta^u + d(x,\theta)X_p(\theta), \\ c_u(x) \in \mathbb{Z}[x],\ d(x,\theta) \in \mathbb{Z}[x,\theta].\end{aligned} \tag{68.5}$$

下辺は $X_p(\theta)$ が monic であることによる．和は $\sum_{u=0}^{p-2}$ とすべきところであるが，$1 = -\sum_{u=1}^{p-1}\theta^u + X_p(\theta)$ を用い整えてある．次に，一般性を失うこと無く $r > p$ と

仮定し, $u \equiv r^v \bmod p$, $1 \leq v \leq p-1$, とする. このとき, $\theta^{r^v} - \theta^u = \theta^u(\theta^{r^v-u}-1)$ は $X_p(\theta)$ で割り切れる. それゆえ, (68.5) を

$$\Xi_p(x,\theta) = \sum_{v=0}^{p-2} C_v(x)\theta^{r^v} + D(x,\theta)X_p(\theta),$$
$$C_v(x) \in \mathbb{Z}[x],\ D(x,\theta) \in \mathbb{Z}[x,\theta], \tag{68.6}$$

と書き換える. この恒等式にて $\theta = e(r^a/p)$ とするならば,

$$\begin{aligned}\Xi_p(x, e(r^a/p)) &= \sum_{v=0}^{p-2} C_v(x)e(r^{a+v}/p) \\ &= \sum_{v \bmod p-1} C_v(x)e(r^{a+v}/p). \end{aligned} \tag{68.7}$$

下辺は自明な解釈による. とくに $a = 2$ とし, $\Xi_p(x, e(r^2/p)) = \Xi_p(x, e(1/p))$ に注意の上,

$$v \equiv v' \bmod 2 \ \Rightarrow\ C_v(x) = C_{v'}(x). \tag{68.8}$$

何故ならば, (68.2) により表現 (68.7) は一意的 (x の各ベキの係数に (68.2) を応用するがよい). 従って,

$$\begin{aligned}\Xi_p(x, e(1/p)) &= C_0(x)\xi_0 + C_1(x)\xi_1, \\ \Xi_p(x, e(r/p)) &= C_0(x)\xi_1 + C_1(x)\xi_0. \end{aligned} \tag{68.9}$$

ただし,

$$\xi_\nu = \sum_{h \bmod (p-1)/2} e(r^{\nu+2h}/p), \quad \nu \bmod 2. \tag{68.10}$$

しかるに, s は 2 次剰余 $\bmod p$ とし, (61.2) により,

$$\begin{aligned}\xi_0 &= \sum_s e(s/p) = \frac{1}{2}(G(1,p)-1), \\ \xi_1 &= \sum_s e(rs/p) = -\frac{1}{2}(G(1,p)+1). \end{aligned} \tag{68.11}$$

後者にては, $\left(\frac{r}{p}\right) = -1$ が用いられている. よって, t は 2 次非剰余 $\bmod p$ とし,

$$\begin{aligned}\Xi_p(x, e(1/p)) &= \prod_s (x - e(s/p)) = -\frac{1}{2}(Y(x) - G(1,p)Z(x)), \\ \Xi_p(x, e(r/p)) &= \prod_t (x - e(t/p)) = -\frac{1}{2}(Y(x) + G(1,p)Z(x)). \end{aligned} \tag{68.12}$$

ただし, $Y(x) = C_0(x) + C_1(x)$, $Z(x) = C_0(x) - C_1(x)$. かくして, (63.5) および $\Xi_p\bigl(x, e(1/p)\bigr)\Xi_p\bigl(x, e(r/p)\bigr) = X_p(x)$ に注意し, 定理の証明を終わる. なお, 多項式 $Y(x), Z(x)$ は原始根 $r \bmod p$ の採り方によらない. 何故ならば, 任意の原始根 $r' \bmod p$ について $\text{Ind}_r r'$ は奇数であり, ξ_ν は原始根の採り方とは独立に定まる.

[68.1] 等式 (63.5) と (68.11) から
$$(W - \xi_0)(W - \xi_1) = W^2 + W + \frac{1}{4}\bigl(1 - (-1)^{(p-1)/2}p\bigr) \in \mathbb{Z}[W]$$
となるが, 右辺の 2 次多項式の根の何れが ξ_0 であるのか (判別式は $(-1)^{(p-1)/2}p$, よって $p \equiv 1 \bmod 4$ ならば実根, $p \equiv -1 \bmod 4$ ならば虚根). つまりは, $G(1, p)$ の明示式の決定である. その解決に Gauss は 4 年余を要した. 実は, [DA, art. 356] の末尾では, この課題について, より高度の研究に属するゆえ何れかの機会に戻るべし, としている. 解決は 1805 年 8 月末にもたらされた. その数日後に書かれた天文学者 Olbers への手紙 (Werke X-1, pp.24–25) の一節には, つまりは die Bestimmung des Wurzelzeichens であるが... 4 年の間... 考えぬいた... そして数日前ついに Wie der Blitz einschlägt, hat sich das Räthsel gelöst とある. 時代はまさに新古典と浪漫の間. 彼の手法の委細は論文 (1811) に含まれている.

$$\xi_0 = \frac{1}{2}\bigl(-1 + \sqrt{(-1)^{(p-1)/2}p}\bigr)$$
根号部分: $p \equiv 1 \bmod 4 \Rightarrow \sqrt{p}$, $p \equiv -1 \bmod 4 \Rightarrow i\sqrt{p}$.

なお, 素数 p が具体的に与えられた場合には, (63.1) を知らずとも数値観察をもって ξ_0 を定めることは可能である. 実際, [DA, art. 353 ($p = 19$); art. 354 ($p = 17$)] ではこの方針が採られている. 註 [57.6], [58.3], [63.7] を想起せよ. また, Gauss (1811, pp.14–15) および §71 [**h**] (xi) を参照せよ.

[68.2] 分解 $p - 1 = fg$ の $g = 2$ なる場合が (68.10) であると観るならば, 定義
$$\psi_\nu^{(g)} = \sum_{h \bmod (p-1)/g} e(r^{\nu+gh}/p), \quad \nu \bmod g,$$
に導かれる (§52 の記号 ψ との混同無かれ). もちろん, $\xi_0 = \psi_0^{(2)}$, $\xi_1 = \psi_1^{(2)}$. Gauss [DA, art. 343] はこれらを f 項周期と名付け, その代数的な性質を考察した. 名高い正 17 角形の作図の場合に特殊化し略解する. まず,
$$\Psi_g(\theta) = \sum_{h=0}^{(p-1)/g-1} \theta^{r^{gh}}$$
と置く. とくに $4|(p-1)$ なる場合, 多項式
$$(W - \Psi_4(\theta))\bigl(W - \Psi_4(\theta^{r^2})\bigr)$$
を (68.5)–(68.6) にならい変形の上 $\theta = e(r^2/p)$ とするならば, (68.8)–(68.9) と同様に 2 次方

程式 $(W - \psi_0^{(4)})(W - \psi_2^{(4)}) = 0$ の係数は註 [68.1] の 2 次方程式の根の整数係数 1 次結合によって表されると知れる. 方程式 $(W - \psi_1^{(4)})(W - \psi_3^{(4)}) = 0$ も同様. 即ち, $4|(p-1)$ であるとき, 4 個の周期 $\{\psi_\nu^{(4)} : \nu \bmod 4\}$ は整数係数の 2 次方程式から出発し再度 2 次方程式を解くことにより到達できる. さらに, $8|(p-1)$ であるならば,

$$(W - \Psi_8(\theta))(W - \Psi_8(\theta^{r^4}))$$

を同様に考察し, 2 次方程式 $(W - \psi_j^{(8)})(W - \psi_{j+4}^{(8)}) = 0$, $j \bmod 4$, の係数は $\{\psi_\nu^{(4)} : \nu \bmod 4\}$ の整数係数 1 次結合. ここで, $p = 17$ とし, $\psi_0^{(8)} = 2\cos(2\pi/17)$. 実際, $\psi_0^{(8)} = e(1/17) + e(r^8/17)$, かつ $r^8 = r^{(p-1)/2} \equiv -1 \bmod p$. 同じ理由により, $\psi_0^{(g)}$ の複素共役は $\psi_{8+\nu}^{(g)} = \psi_\nu^{(g)}$ であり, $\psi_\nu^{(g)}$, $g = 2, 4, 8$, は全て実数である. かくして, 単位円に内接する正 17 角形の基本頂点 $e(1/17)$ の実軸への射影点である $\cos(2\pi/17)$ は実数係数の 2 次方程式を次々と解くことにより得られる, と知れよう. もちろん, 以上の方針の実行に当たり各根の特定 (根号への符合の配分) をせねばならぬが, 既に注意した通り簡単な数値観察により処理できる. かくして, Gauss は自らの円分方程式論の一応用として正 17 角形の Euclid 作図可能性を得たのである. 1796 年 3 月, 弱冠十九の春. 古代ギリシア以来 2 千数百年, 正に破天荒な発見 ([DA, art. 365] にある Gauss 自身の言葉もこれに近いが, もちろん何ら誇張にあらず). その基は (68.1)–(68.2) に凝縮されている. 詳細な解説は Bachmann (1872, pp.63–75). なお, $p - 1 = g_1 g_2 \cdots g_J$, $g_j \geq 2$, と分解されるときには多項式

$$\prod_{u=0}^{g_{j+1}-1} \left(W - \Psi_{g_1 g_2 \cdots g_{j+1}}\left(\theta^{R(j,u)}\right)\right), \quad R(j, u) = r^{g_1 g_2 \cdots g_j u},$$

を考察し, 次数 $g_1, g_2, \cdots, g_J$ の方程式を重ねることにより, ベキ開の組み合わせによる $e(1/p)$ の表現に到達する (§71 [h] (ix)). 任意に与えられた p につきこの手順を実行することは, もちろん容易なことではない.

[68.3] 念のために, Fermat 素数 $p = 2^{2^n} + 1$ につき正 p 角形の Euclid 作図可能性を証明しておく. 前項とは趣を変える. まず,

$$e(1/p) = \frac{1}{p-1} \sum_{\chi \bmod p} G(\chi).$$

指標 χ の位数を 2^r, $r \leq 2^n$, とするならば, $G(\chi) = -1$, $r = 0$; $G^2(\chi) = \chi(-1)p$, $r = 1$. かつ, $r \geq 2$ のとき, 註 [63.6] により

$$G(\chi)^{2^r} = \chi(-1)p \prod_{j=1}^{2^r-2} J(\chi, \chi^j).$$

右辺は $e(1/2^r)$ の整数係数多項式. つまり, $e(1/p)$ は開平を重ねることにより生成される.

[68.4] [DA, Sectio VII] に刮目した一人は Lagrange である. 良く知られた史実であるが, 大家は [DA] に甚く感動し, 青年 Gauss への手紙に次の如く記した: Vos *Disquisitiones* vous ont mis tout de suite au rang des premiers géomètres, et je regarde dernière section comme

§68. *205*

contenant la plus belle découverte analytique qui ait été faite depuis longtemps (Œuvres 14, pp.298–299, 1804 年 5 月 31 日付け).

[68.5]　しかしながら, 代数方程式論の歴史から観るならば, Gauss による正 17 角形作図可能の発見よりかなり以前に極めて画期的な出来事があった. Vandermonde (1774; 発表は 1770) による円分方程式 $x^{11}-1=0$ に関する発見である. §71 [h] に続く.

[68.6]　[DA, artt. 119, 123–124] には (68.3) の X_3, X_5, X_7 の場合が示され, art. 124 の末尾に Lagrange の名を挙げ, 彼は $p=7$ より先に進むことは無かった, とある. しかし, これら 3 素数の場合は Euler (1772c, p.532, p.537) に初出である. Euler は斉次式の記法を用いているが, それを書き直し, 例えば

$$4X_5(x) = (2x^2+x+2)^2 - 5x^2.$$

つまり,
$$4X_5(x) = (2x^2+(1+\sqrt{5})x+2)(2x^2+(1-\sqrt{5})x+2).$$

ここで,
$$A: 2x^2+(1+\sqrt{5})x+2 = 2(x-\alpha^2)(x-\alpha^3),$$
$$B: 2x^2+(1-\sqrt{5})x+2 = 2(x-\alpha)(x-\alpha^4).$$

ただし,
$$\alpha = \frac{1}{4}\bigl(-1+\sqrt{5}+i\sqrt{10+2\sqrt{5}}\bigr) = e(1/5)$$

((71.12) を見よ). A に現れる指数 $2,3$ は 2 次非剰余, B に現れる指数 $1,4$ は 2 次剰余 mod 5. とくに, $1+2\alpha+2\alpha^4 = \sqrt{5}$. 定義 (61.2) をもって $G(1,5) = \sqrt{5}$. つまり, 分解 (68.3) と和 $G(d,p)$ との関係は既に潜像としてあった. 残るは X_p 一般の扱いであるが, もはや殆ど必然である着眼 (68.1) をもって Gauss は鍵を握ったのである. かくして [DA, Sectio VII] およびその未発表部分 (1863a) は一気呵成に成された... これはあくまでも推測. §71 [h] に続く.

§69.

以後巻末まで相互律とは (60.1)(3) を専ら意味するものとする. 本節では, 相互律の Gauss 第 6 証明 (1818, pp.55–59) を示す. Gauss の論旨を多少の抽象化のもとに述べるならば, 着想は専ら '法 $X_p(x)$ のもとに $\mathbb{Z}[x]$ を観る' にある. つまり, 記号を簡略し $X_p(x)$ を X_p と記すこととするが, §28 の合同の概念を, $a(x) \equiv b(x) \bmod X_p$ は $a(x) - b(x) = c(x)X_p(x)$ なる $c(x) \in \mathbb{Z}[x]$ の存在を意味する, とし $\mathbb{Z}[x]$ に拡張する. 多項式 X_p は monic であるゆえ, 組み立て除法は $\mathbb{Z}[x]$ 内に始終する. なお, 前節における演算 '$X_p(\theta)$ で割る' はもちろん法 $X_p(\theta)$

を用いると同義である.

まず, 基本定義として, $x^{-1} \bmod X_p$ は類 $x^{p-1} \bmod X_p$ を意味するものとする. また, 整数 $l < 0$ について, $x^l \equiv (x^{-1})^{|l|} \bmod X_p$. もちろん, $p \mid m \Rightarrow x^m \equiv 1 \bmod X_p$ であり,

$$a \equiv b \bmod p \Rightarrow x^a \equiv x^b \bmod X_p. \tag{69.1}$$

かく理解のもとに, 多項式

$$g_p(x) = \sum_{h=1}^{p-1} \left(\frac{h}{p}\right) x^h \tag{69.2}$$

について,

$$g_p(x)^2 \equiv (-1)^{(p-1)/2} p \bmod X_p. \tag{69.3}$$

等式 (63.5) に対応する. 証明であるが, 先に

$$g_p(x^a) \equiv \left(\frac{a}{p}\right) g_p(x)$$
$$\equiv \sum_{k=0}^{p-1} x^{ak^2} \bmod X_p, \quad p \nmid a, \tag{69.4}$$

を示す. 上段は (69.1) および定義 (69.2) から容易に従う. 下段は, 等式 (61.2) と同様に, s, t を 2 次剰余, 非剰余 $\bmod p$ とするならば,

$$g_p(x^a) \equiv 1 + 2\sum_s x^{as} - \left(1 + \sum_s x^{as} + \sum_t x^{at}\right)$$
$$\equiv 1 + 2\sum_s x^{as} \equiv \sum_{k=0}^{p-1} x^{ak^2} \bmod X_p. \tag{69.5}$$

実際, $\{as, at\}$ は既約剰余系 $\bmod p$ であり, (69.1) から上段の括弧内は X_p で割り切れる. そこで, (63.6) と同様に,

$$\left(\frac{-1}{p}\right) g_p(x)^2 \equiv g_p(x) g_p(x^{-1}) \equiv \sum_{l=0}^{p-1} \sum_{k=0}^{p-1} x^{k^2 - l^2}$$
$$\equiv \sum_{m=0}^{p-1} x^{m^2} \sum_{l=0}^{p-1} x^{2lm} \equiv p \bmod X_p. \tag{69.6}$$

何故ならば, $p \nmid m$ のとき $\{2lm\}$ は剰余系 $\bmod p$ である.

次に, 相異なる素数 $p, q \geq 3$ を採り, 合同式 (69.3) の両辺を $(q-1)/2$ 乗の上, $g_p(x)$ を乗じるならば,

$$g_p(x)^q \equiv (-1)^{(p-1)(q-1)/4} p^{(q-1)/2} g_p(x) \bmod X_p. \tag{69.7}$$

しかるに, 註 [29.2] の等式を参照し,

$$g_p(x)^q = \sum_{j_1+j_2+\cdots+j_{p-1}=q} \frac{q!}{j_1! j_2! \cdots j_{p-1}!} \prod_{h=1}^{p-1} \left(\frac{h}{p}\right)^{j_h} x^{j_h h}$$

$$\equiv g_p(x^q) + \sum_{k=1}^{p-1} b_k x^k \bmod X_p, \quad b_k \equiv 0 \bmod q. \tag{69.8}$$

下行の和は $-1 \equiv x + x^2 + \cdots + x^{p-1} \bmod X_p$ をもって調整してある. よって, 適宜読み換えの上, (59.3) および (69.4) を参照し

$$\left\{\left(\frac{q}{p}\right) - (-1)^{(p-1)(q-1)/4}\left(\frac{p}{q}\right)\right\} g_p(x)$$

$$\equiv -\sum_{k=1}^{p-1} b_k x^k \bmod X_p. \tag{69.9}$$

実は, 両辺は恒等的に等しい. 何故ならば, 次数の比較から両辺の差は X_p の整数倍であるが, $x = 0$ としこの倍数は 0 と知れる. 従って,

$$\left(\frac{q}{p}\right) - (-1)^{(p-1)(q-1)/4}\left(\frac{p}{q}\right) \equiv 0 \bmod q. \tag{69.10}$$

かくして, 相互律 (60.1)(3) を得る.

[69.1] Gauss (1818) は法 X_p を採用せずに具体的な多項式計算を行い (69.9) と実質的に同等な等式を示している. Kummer (1859, p.22) によるならば, 法 X_p を用いて Gauss の論旨を簡易化できる, と気付いたのは Jacobi との由 (1827: Legendre–Jacobi (1875, p.213)). しかし, Gauss が法 X_p を用いなかったことは, 遺稿 (1863a) の内容から観て敢えてのことであったに違いない. つまり, その本格的な使用を割愛された Sectio VIII に残したのである.

§70.

次に, 相互律の Gauss 第 7/8 証明について解説する. ただし, 今日の認識である有限体論による相互律の証明として扱う. 議論は幾つかの段落に分かれる.

(1) 体 $\mathbb{F}$ を任意に採る. 集合 $\mathbb{F}[x]$ は $\mathbb{F}$ の元を係数に持つ多項式全てである. 多項

式の次数 deg とは 0 ではない係数を持つ最高ベキ指数を示す. 通常の多項式演算をもって $\mathbb{F}[x]$ は環となるが, その 0 元とは係数が全て 0 である多項式と定義される (次数は $-\infty$ とする). なお, $\deg(k(x)) = 0$ は $k(x)$ が乗法群 $\mathbb{F}^* = \mathbb{F} - \{0\}$ の元であることを意味する. 環 $\mathbb{F}[x]$ にて約数, 倍数の考えを用いることができる. 多項式 $a(x)$ が $b(x) \neq 0$ により割り切れるとは $a(x) = b(x)c(x)$ となる $c(x) \in \mathbb{F}[x]$ の存在を意味し, $b(x)|a(x)$ と記される. 多項式間の大小は次数の大小を採る. この理解のもとに, 例えば註 [1.3] は $\mathbb{F}[x]$ においてもそのままに成立し, 環 $\mathbb{F}[x]$ における剰余定理を得る. 不等式 (2.1) は $\deg(r(x)) < \deg(b(x))$ と読み換えられる. また $\mathbb{F}^*$ の元の乗積 (常数因子) を無視した上, 表現の一意性も同様に成立する. かく解釈のもと, $\mathbb{F}[x]$ において互除法を用いることができる. 多項式間の公約多項式, 最大公約多項式は整数間の公約数, 最大公約数の自然な類似として定義される. つまり, $d(x)$ が $a(x), b(x)$ の公約多項式であるとは, $d(x)|a(x), d(x)|b(x)$ を意味し, 最大公約多項式 $\langle a(x), b(x)\rangle$ とは公約多項式のうち次数最大のものである. このとき, $g(x), h(x) \in \mathbb{F}[x]$ が存在し $a(x)g(x) + b(x)h(x) = \langle a(x), b(x)\rangle$. もちろん, (3.7) の類似も成立する. また, $a(x), b(x)$ は互いに素とは, (3.5) の類似として, $\langle a(x), b(x)\rangle = 1$ (あるいは $\mathbb{F}^*$ の元). とくに, 定理 4 の自然な類似が成立する. 一方, 素数に対応するものは既約多項式である. $\mathbb{F}[x]$ の元 $t(x)$ が $\mathbb{F}$ 上既約 (あるいは単に既約) とは, $u(x)|t(x), u(x) \in \mathbb{F}[x]$, であるならば, $\deg(u(x)) = \deg(t(x))$ あるいは 0 (つまり, $u(x) \in \mathbb{F}^*$) となることを意味する. これをもって, 定理 6 は自明な拡張を得る. 即ち, 各多項式は既約多項式のベキの積として表される. ここで, 既約多項式は常数因子を無視することにより一意的であることに注意する. それゆえ, 曖昧さを避けるために以下の議論では既約多項式は全て monic (最高次係数は 1) とする. かくして, 環 $\mathbb{F}[x]$ にて, 定理 7 の類似が成立する. 任意の monic 多項式 $g(x)$ について既約多項式のベキ乗の積への一意的分解

$$g(x) = t_1^{e_1}(x) t_2^{e_2}(x) \cdots t_r^{e_r}(x) \tag{70.1}$$

が存在する. 分解の算法については註 [70.1] を見よ.

(2) 環 $\mathbb{F}[x]$ における (28.1)–(28.2) の類似は自明であろう. つまり, $\mathbb{F}[x]$ の任意の多項式 $q(x)$, $\deg(q(x)) \geq 1$, を採り剰余類環 $\{\mathbb{F}[x] \bmod q(x)\}$ を整数の場合と同様に構成できる. このとき, $\mathbb{F} \subset \{\mathbb{F}[x] \bmod q(x)\}$ としてよい ($\mathbb{F}$ の埋め込み). 何故ならば, $\mathbb{F}$ の各元は $\bmod q(x)$ をもって相異なる. さらに,

$\{\mathbb{F}[x] \bmod q(x)\}^* = \{a(x) \bmod q(x) : \langle a(x), q(x) \rangle = 1\}$ とする．ここで，$\{\mathbb{F}[x] \bmod q(x)\}^* \ni a(x) \bmod q(x)$ であるならば $a(x)A(x) \equiv 1 \bmod q(x)$ となる逆剰余類 $A(x) \bmod q(x)$ が定まる．これは，$\mathbb{F}[x]$ における互除法をもって $a(x)A(x) + q(x)B(x) = 1$ を得ることと同値．

(3) 合同方程式 (34.1) を拡張し，$\mathbb{F}[x]$ にて合同方程式 $\sum_{k=0}^{K} a_k(x) X^k \equiv 0 \bmod q(x)$ を扱う．定理 22 の類似が成立する．つまり，$q(x)$ が $\mathbb{F}$ 上既約であるならば，解である相異なる剰余類 $X \bmod q(x)$ の個数は高々 K．定理 22 が続く議論にて果たしたと全く同様に本項は以下の議論において決定的な役割を担う．

(4) 既約多項式 $t(x) \in \mathbb{F}[x]$, $\deg(t(x)) = m$, をもって環 $\{\mathbb{F}[x] \bmod t(x)\}$ は体となる ($\mathbb{F}$ の m 次代数的拡大体)．詳しくは，$t(x) = x^m + c_1 x^{m-1} + \cdots + c_m$, $c_j \in \mathbb{F}$, とし，$x \bmod t(x)$ を ρ と記すならば，$\{\mathbb{F}[x] \bmod t(x)\}$ にて $\rho^m + c_1 \rho^{m-1} + \cdots + c_m = 0$．ここで，$\mathbb{F}$ の埋め込みを前提としている．このとき，$\{\mathbb{F}[x] \bmod t(x)\} = \mathbb{F}[\rho]$．右辺の集合は $\{a_1 \rho^m + \cdots + a_m \rho : a_j \in \mathbb{F}\}$ と一致する．これら係数 $\{a_j\}$ は一意的．とくに，$\{\rho^j : j = 1, 2, \ldots m\}$ は $\mathbb{F}$ 上 1 次独立．確かめであるが，仮に別の表現 $a'_1 \rho^m + \cdots + a'_m \rho, a_j \in \mathbb{F}$, があるものとして，$f(x) = \sum_{j=1}^{m} (a_j - a'_j) x^{m-j}$ と置くならば，$f(\rho) = 0$．しかし，$f(x)$ は零多項式ではなく，$t(x)$ は既約かつ $\deg(f(x)) < \deg(t(x))$ であるゆえ，$\langle f(x), t(x) \rangle = 1$．よって，$\mathbb{F}[x]$ にて $f(x)A(x) + t(x)B(x) = 1$．この関係式を $\{\mathbb{F}[x] \bmod t(x)\}$ において観るならば，$0 = f(\rho)A(\rho) = 1$ となり矛盾．一方，$\mathbb{F}[\rho] \ni g(\rho) \neq 0$ であるならば，$t(x) \nmid g(x)$ であり $\langle g(x), t(x) \rangle = 1$．再び互除法により $g(\rho)G(\rho) = 1$ を充たす $G(x) \in \mathbb{F}[x]$ を採ることができる．つまり，$\mathbb{F}[\rho] - \{0\}$ の各元は $\mathbb{F}[\rho]$ 内に逆元を持ち，環 $\mathbb{F}[\rho]$ は体である．

(5) 繰り返しとなるが，$\mathbb{F}$ 上の既約多項式 $t(x)$ および多項式 $g(x)$ に関し，

$$t(x) | g(x) \Leftrightarrow \begin{array}{l} \mathbb{F} \text{ の何らかの拡大体にて} \\ t(x) \text{ と } g(x) \text{ は共通根を持つ．} \end{array} \quad (70.2)$$

必要であることを示すには上記の体 $\mathbb{F}[\rho]$ を用いる．充分であることは，$t(x) \nmid g(x)$ と仮定するならば，互除法により $\mathbb{F}[x]$ 内にて $t(x)A(x) + g(x)B(x) = 1$．共通根の存在は矛盾 $0 = 1$ をもたらす．

(6) 体 $\mathbb{F}_p = \mathbb{Z}/p\mathbb{Z}$ に移る．任意に $M \geq 2$ を採り，$t(x)$ を $x^{p^M} - x$ の m 次の既約因子とする．任意の $h(x) \in \mathbb{F}_p[x]$ について $h(x)^{p^M} \equiv h(x^{p^M}) \equiv h(x) \bmod t(x)$ で

あり, 合同方程式 $X^{p^M} - X \equiv 0 \bmod t(x)$ は 全ての $h(x) \bmod t(x)$ を解として持つ. しかるに, 体 $\{\mathbb{F}_p[x] \bmod t(x)\}$ の位数は p^m である. 何故ならば, (4) における係数 a_j はそれぞれ p 個の値を採り得る. つまり, (3) により $p^m \leq p^M \Rightarrow m \leq M$. 他方, $M = mu + v, 0 \leq v < m,$ とするとき $x^{p^v} \equiv x \bmod t(x)$. 実際, (29.12) と全く同様に $x^{p^m} \equiv x \bmod t(x)$ であり, $x^{p^{mu}} \equiv x \Rightarrow x^{p^v} \equiv x \bmod t(x)$. 仮に $v > 0$ とならば, 既に示されたことにより $m \leq v$ となり, 矛盾. つまり, $m|M$ を得る. 逆の成立は容易に知れる. 従って, 既約多項式 $t(x), \deg t = m,$ について,

$$t(x)|(x^{p^M} - x) \Leftrightarrow m|M. \tag{70.3}$$

(7) とくに, $\Phi_p(d)$ を $\mathbb{F}_p[x]$ 内の d 次既約多項式の個数とするならば, 各 m につき

$$p^m = \sum_{d|m} d\Phi_p(d). \tag{70.4}$$

実際, 前項により, 条件 $d|m$ のもとにこれら $\Phi_p(d)$ 個の既約多項式は $x^{p^m} - x$ を割り切り積の次数は $d\Phi_p(d)$. かつ, (1) により $x^{p^m} - x$ は既約多項式の積に分解するが, これら因子に重複は無い. $\mathbb{Z}[x]$ における仮の等式 $x^{p^m} - x = a(x)^2 A(x) + pB(x)$ を微分してみるがよい. Möbius 反転 (定理 8) を援用し,

$$\Phi_p(m) = \frac{1}{m} \sum_{d|m} \mu(d) p^{m/d}. \tag{70.5}$$

註 [29.6] により $\Phi_p(m) > 0$. 従って, 次の重要な命題を得る.

$$\begin{array}{c} \text{各 } m \geq 1 \text{ について, } m \text{ 次の既約多項式が } \mathbb{F}_p[x] \text{ 内に存在する.} \\ \text{つまり, } \mathbb{F}_p \text{ の } m \text{ 次代数的拡大体が存在する.} \\ \text{これを } \mathbb{F}_{p^m} \text{ と略記する.} \end{array} \tag{70.6}$$

(8) 改めてそのような既約多項式を $t(x)$ とするならば, 分解

$$t(X) = \prod_{j=0}^{m-1} \left(X - \rho^{p^j}\right), \rho = x \bmod t(x), \tag{70.7}$$

が体 $\mathbb{F}_p[\rho]$ にて成立する. 何故ならば, $0 = t(\rho)^p = t(\rho^p)$ であり ρ^{p^j}, $0 \leq j \leq m-1$, は $t(X) = 0$ の相異なる根である. 実際, $\rho^{p^u} = \rho^{p^v}$, $0 \leq u < v$, であるならば, $\xi = \rho^{p^u}$ につき $t(\xi) = 0$ かつ $\xi^{p^{v-u}} = \xi$. つまり, (70.2) により

$t(x)|(x^{p^{v-u}}-x)$. 従って, (70.3) により $m|(v-u)$.

(9) さらに, 原始根 $\bmod t(x)$ が存在する. つまり, $(\mathbb{F}_{p^m})^*$ は位数 p^m-1 の巡回群である. これは, 定理 23 の類似である. 証明は殆ど同じであり, 定理 22 の帰結 (41.1) の類似が上記の (3) の如く成立することに注意すれば済む.

(10) 注意であるが, 体 $\mathbb{F}_{p^m}$ にて 'Frobenius 写像' $f \mapsto f^p$ の固定点は $\mathbb{F}_p$ の元. 何故ならば, (3) により, この拡大体における方程式 $X^p = X$ の解は $\mathbb{F}_p$ の元をもって尽くされる.

(11) さらに, 命題 (70.3) の容易な帰結として, $\mathbb{F}_p[x] \ni f(x), \deg(f(x)) = m$ が既約であるための必要充分条件は, $f(x)|(x^{p^m}-x)$ かつ m の任意の素因数 ϖ につき $\langle f(x), x^{p^{m/\varpi}}-x\rangle = 1$.

以上の洗練をもって相互律の第 7/8 証明 (Gauss (1863b, artt. 365–366)) を解釈する. まず, 相異なる素数 $p, q \geq 3$ を採り, $p \bmod q$ の位数を m とする. 環 $\mathbb{F}_p[x]$ における m 次の既約多項式 $t(x)$ を定め, 体 $F = \{\mathbb{F}_p[x] \bmod t(x)\} \cong \mathbb{F}_{p^m}$ を構成する. 乗法群 F^* は (9) により巡回群である. 生成元 ϱ を採り, $\lambda = \varrho^{(p^m-1)/q}$ と置く. これの位数は q である. 言うなれば, F は '円分方程式' $X^q - 1 = 0$ の根を含む ($\lambda \doteqdot \exp(2\pi i/q)$). そこで, 体 F における Gauss 和

$$\gamma(a) = \sum_{h \bmod q} \left(\frac{h}{q}\right) \lambda^{ah} \tag{70.8}$$

を導入するならば,

$$\begin{aligned}\gamma(a) &= \left(\frac{a}{q}\right)\gamma(1),\\ \gamma(1)^2 &= \left(\frac{-1}{q}\right)q = (-1)^{(q-1)/2}q.\end{aligned} \tag{70.9}$$

とくに, F にて $\gamma(1) \neq 0$. 証明は本来の 2 次 Gauss 和や和 (69.2) の場合と同じであり, 関係式

$$\begin{aligned}\gamma(1) &= \omega_0 - \omega_1 = \sum_{n \bmod q} \lambda^{n^2},\\ \omega_\nu &= \sum_{l \bmod (q-1)/2} \lambda^{r^{\nu+2l}}.\end{aligned} \tag{70.10}$$

より従う. ただし, $r \bmod q$ は原始根.

[第 7 証明] 関係式 $\omega_0 + \omega_1 = -1, \omega_0 = (\gamma(1)-1)/2, \omega_1 = -(\gamma(1)+1)/2$ より,

$$\omega_0 \neq \omega_1, \quad \omega_0\omega_1 = \frac{1}{4}(1 - (-1)^{(q-1)/2}q). \tag{70.11}$$

$\mathbb{F}_p$ 上の方程式

$$(2W+1)^2 = (-1)^{(q-1)/2}q \tag{70.12}$$

は拡大体 F に相異なる 2 根 ω_0, ω_1 を持つ. 一方, 註 [29.2] を参照し, F にて

$$\omega_\nu^p = \sum_{l \bmod (q-1)/2} \lambda^{pr^{\nu+2l}} = \omega_{\nu'}, \quad \nu' \equiv \nu + \mathrm{Ind}_r p \bmod 2. \tag{70.13}$$

条件 $2|\mathrm{Ind}_r(p)$, つまり $p \bmod q$ は 2 次剰余, のもとに $\omega_\nu^p = \omega_\nu$ であり, (10) から $\omega_\nu \in \mathbb{F}_p$. 即ち, (70.12) は $\mathbb{F}_p$ 内に根を持ち, $(-1)^{(q-1)/2}q \bmod p$ は 2 次剰余. 一方, $p \bmod q$ が 2 次非剰余の場合, $\omega_\nu^p = \omega_{\nu+1} \neq \omega_\nu$ であり, $\omega_\nu \notin \mathbb{F}_p$. 即ち, (70.12) は $\mathbb{F}_p$ 内に根を持たず, $(-1)^{(q-1)/2}q \bmod p$ は 2 次非剰余. 言い換えるならば,

$$\left(\frac{(-1)^{(q-1)/2}q}{p}\right) = \left(\frac{p}{q}\right). \tag{70.14}$$

相互律 (60.1)(3) である.

[第 8 証明] 定義 (70.8) と (70.9) の上辺から

$$\gamma(1)^p = \gamma(p) = \left(\frac{p}{q}\right)\gamma(1). \tag{70.15}$$

および, (70.9) の下辺から

$$\gamma(1)^p = (-1)^{(p-1)(q-1)/4}q^{(p-1)/2}\gamma(1)$$
$$= (-1)^{(p-1)(q-1)/4}\left(\frac{q}{p}\right)\gamma(1). \tag{70.16}$$

何故ならば, F にて $q^{(p-1)/2} = \left(\frac{q}{p}\right)$. 相互律 (60.1)(3) を得る. 前節に示した第 6 証明と比較すべし. 以上をもって, 相互律の Gauss 第 3, 4, 6, 7/8 証明の解説を終わる.

[70.1] 整数係数多項式を既約多項式に分解すること. 有限体上については Cantor–Zassenhaus (1981), 有理数体上については Lenstra et al (1982) を見よ. 整数の因数分解とは状況が異なる.

[70.2] 註 [11.6] の続き. 多項式 $f(x) = x^9 - x^3 + 2520$ の $\mathbb{Q}$ 上既約性の確かめを行う. このためには, $f(x)$ が $\mathbb{F}_{31}$ にて既約であることをもって充分 ($\mathbb{F}_p, p \leq 29$, にては既約にあらず). つまり, 上記の (11) に沿い, $f(x)|(x^{31^9} - x)$ および $\langle f(x), x^{31^3} - x \rangle = 1$ を示す. $\mathbb{F}_{31}[x]$ 内

にて多少の計算により ((37.2) の応用),
$$x^{31} \equiv 27x^7 + 10x^4 + 26x, \ x^{31^2} \equiv 11x^7 + 11x^4 + 18x,$$
$$x^{31^3} \equiv 5x, \ x^{31^6} \equiv 5^2 x, \ x^{31^9} \equiv 5^3 x \equiv x \bmod f(x).$$
よって既約性の確認を得る. 一方, 504 が共通因数であることの確かめであるが, $x^3(x^6 - 1) \equiv 0 \bmod q$ は $q = 2^3, 3^2, 7$ の何れについても成立. 実際, $7 \nmid x \Rightarrow 7|(x^6-1); 3 \nmid x \Rightarrow 9|(x^{\varphi(9)}-1); 2 \nmid x \Rightarrow 8|(x^2-1)$.

[70.3] 補助律 (60.1)(2) の証明を註 [60.3] にて与えたが, $p \not\equiv 1 \bmod 8$ なる場合について, 上記の論法による別証明を与える. まず, このとき $p^2 \equiv 1 \bmod 8$. 体 $\mathbb{F}_p$ の 2 次拡大体 $\mathbb{F}_p(\rho)$ を採り, $\gamma = \lambda - \lambda^3 - \lambda^5 + \lambda^7, \lambda = \rho^{(p^2-1)/8}$, とし, $\gamma^2 = 8$. よって, $\gamma^p = (2^{(p-1)/2})^3 \gamma = \left(\frac{2}{p}\right)\gamma$. 一方, $\gamma^p = \lambda^p - \lambda^{3p} - \lambda^{5p} + \lambda^{7p}$ は $p \equiv 3, 5, 7 \bmod 8$ に対応し $-\gamma, -\gamma, \gamma$ に等しい. 証明を終わる.

[70.4] 例えば $q \equiv 1 \bmod 4$ かつ $q \bmod p$ が 2 次剰余であるとき, (70.12) は $x^2 \equiv q \bmod p$ の解が $\gamma(1)$ をもって明示されることを意味している. つまり, 2 次不定方程式を有限体上の Gauss 和により解くことが可能である. しかし, 詳細は省く. Tonelli の方法の解説 (§47, §65), および次項以下註 [70.10] までをもって足りると判断する.

[70.5] Cipolla (1907) による不定方程式 $x^2 \equiv d \bmod p, p \geq 3$, の解法. まず, 法 p につき d は 2 次剰余. かつ, ある $w \in \mathbb{Z}$ をもって $w^2 - d$ は 2 次非剰余であるとする. このとき, 体 $\mathbb{C}$ にて
$$(w - (w^2 - d)^{1/2})^{(p+1)/2} = S - T(w^2 - d)^{1/2}$$
と置くならば, $S^2 \equiv d \bmod p$. 例えば, $7 \bmod 53$ は相互律により 2 次剰余であるが, $2 = 3^2 - 7 \bmod 53$ は補助律 (60.1)(2) により非剰余. この場合,
$$(3 - \sqrt{2})^{27} = 128827982345121405 - 91095139922635829\sqrt{2}$$
であり, $S \equiv 31 \bmod 53$. かつ, $31^2 = 7 + 18 \cdot 53$. なお, $T \equiv 0 \bmod 53$.

[70.6] この算法を, 有限体論をもって解釈する. 少々一般化し, 条件 (47.2)–(47.4) のもとに, まず, $w^\ell - d$ が ℓ 次非剰余 $\bmod p$ であるならば, $q(x) = x^\ell - (w^\ell - d)$ は上記の (11) から $\mathbb{F}_p$ 上既約と知れる. 実際, $p \equiv 1 \bmod \ell$ に注意し,
$$x^{p^\ell} = x^{\ell((p^\ell-1)/\ell)} x \equiv (w^\ell - d)^{(p^\ell-1)/\ell} x \equiv x \bmod q(x) \quad (\mathbb{F}_p[x] \text{ 上}).$$
何故ならば,
$$(w^\ell - d)^{(p^\ell-1)/\ell} = \{(w^\ell - d)^{(p-1)}\}^{(p^{\ell-1}+p^{\ell-2}+\cdots+p+1)/\ell} \equiv 1 \bmod p.$$
かつ, 当然に $\langle q(x), x^p - x \rangle = 1$. そこで, 体 $\mathrm{F} = \{\mathbb{F}_p[x] \bmod q(x)\}$ にて $x \equiv \rho \bmod q(x)$ とするとき,
$$x_0 = (w - \rho)^{(1+p+\cdots+p^{\ell-1})/\ell} \in \mathbb{F}_p, \quad x_0^\ell \equiv d \bmod p.$$

つまり, (47.1) の解を得る. 実際, (70.7) に注意し,
$$x_0^\ell = (w-\rho)^{1+p+\cdots+p^{\ell-1}} = \prod_{j=0}^{\ell-1}\left(w-\rho^{p^j}\right) = q(w) = d.$$
とくに,
$$x_0^p = (x_0^\ell)^{(p-1)/\ell} x_0 = d^{(p-1)/\ell} x_0 \Rightarrow x_0^p = x_0 \Rightarrow x_0 \in \mathbb{F}_p.$$
2次の場合には, 代数的構成の同一性 (同型) から $x_0 = S - T\rho$. 従って, $x_0 \in \mathbb{F}_p \Rightarrow S^2 \equiv d$ かつ $T \equiv 0 \bmod p$.

[70.7] 註 [65.4] にて扱われた $p = 19073$, $x^2 \equiv 2 \bmod p$ の場合には, $7 = 3^2 - 2$ は2次非剰余 $\bmod p$. そこで, 対応する拡大体にて ρ を採り, $(3-\rho)^{9537}$ を計算することとなる. しかるに, $9537 = 1 + 2^6 + 2^8 + 2^{10} + 2^{13}$. かつ

$$(3-\rho)^2 = 16 - 6\rho,\ (3-\rho)^{2^2} = 508 - 192\rho,\ (3-\rho)^{2^3} = 1141 - 4342\rho,$$
$$(3-\rho)^{2^4} = 9578 - 9557\rho,\ (3-\rho)^{2^5} = 4664 - 11238\rho,$$
$$(3-\rho)^{2^6} = 5561 - 2856\rho,\ (3-\rho)^{2^7} = -22 - 7887\rho,$$
$$(3-\rho)^{2^8} = -2723 + 3714\rho,\ (3-\rho)^{2^9} = 4378 - 9064\rho,$$
$$(3-\rho)^{2^{10}} = 2095 - 1631\rho,\ (3-\rho)^{2^{11}} = 8114 - 5756\rho,$$
$$(3-\rho)^{2^{12}} = 9145 - 7887\rho,\ (3-\rho)^{2^{13}} = 11786 - 4131\rho.$$

よって,
$$(3-\rho)^{9537} = (3-\rho)(5561 - 2856\rho)(-2723 + 3714\rho)(2095 - 1631\rho)(11786 - 4131\rho)$$
$$= -67658409161395108 + 25576083198222686\rho = -8284.$$

これらの計算は, 置き換え $\rho \mapsto \sqrt{7}$ をもって体 $\mathbb{R}$ にて実行の後, それぞれの結果に '$p = 0$' を適用し整えたものである.

[70.8] Legendre (1798, p.234) は Cipolla よりもはるか以前に同様な着想を示している. ただし, $x^2 \equiv d \bmod p$ の解 $a \bmod p$ を何らかの方法にて得た後に, それを $x^2 \equiv d \bmod p^m$ の解へと持ち上げる課題についてである (註 [35.3] を想起せよ). つまり, 自明な観察
$$(a - \sqrt{d})^m = A - B\sqrt{d} \Rightarrow A^2 \equiv B^2 d \bmod p^m$$
の応用である. ここで, $p \nmid B$. 何故ならば,
$$B = \sum_{j=0}^{[(m-1)/2]} \binom{m}{2j+1} a^{m-2j-1} d^j \equiv (2a)^{m-1} \not\equiv 0 \bmod p.$$

よって, $AB^{-1} \bmod p^m$ が $a \bmod p$ の持ち上げ. 例えば, $x^2 \equiv 7 \bmod 53^3$ の解は,
$$(31 - \sqrt{7})^3 = 30442 - 2890\sqrt{7} \Rightarrow 30442 \cdot (2890)^{-1} \equiv -33783 \bmod 53^3.$$

実際, $33783^2 = 7 + 7666 \cdot 53^3$.

[70.9] Tonelli の方法と同じく Cipolla の方法は確率的手法である．理由は，試行錯誤による w の選択にある．これら算法を比較するならば，Cipolla の手法がより直裁である．Tonelli 法の場合には，(47.9) あるいは (65.7)–(65.9) なる手順を一般的には通過せねばならない．Cipolla 法には対応する手順は不在．離散対数問題に類する部分が無いことは Tonelli 法に勝るところではあるが，一概には判断できず．次項に両者の比較例を置く．因数 $2^h \| (p-1)$ が大ならば Cipolla 法が有利．しかし，$\mathbb{F}_{p^2}$ における計算は入り組む．ベキ指数 h が比較的に小ならば，Tonelli 法が有利．一方，有限体上の楕円曲線 (註 [70.13]) を用いることにより，2 次剰余の選択を介さぬ決定論的かつ (法 p のみにつき) 多項式時間である算法が Schoof (1985) により既に到達されている．しかし，剰余 d への従属性極めて強し．恐らくは，計算量が $\log |d|, \log p$ の多項式となる真の多項式時間算法が存在することであろう．註 [65.1] の Lagrange–Legendre の観察からの推測である．

[70.10] Cipolla 法を $p = 163$, $x^3 \equiv 5 \bmod p$ に用いる．定理 26 により，5 は 3 次剰余，$2^3 - 5 = 3$ は 3 次非剰余 $\bmod p$. そこで，対応する体 F 内にて $(2-\rho)^{8911}$ を計算する $(\rho^3 = 3; 8911 = (1+p+p^2)/3)$. まず，$8911 = 1 + 2 + 2^2 + 2^3 + 2^6 + 2^7 + 2^9 + 2^{13}$.

$$(2-\rho)^{2^2} = -8 - 29\rho + 24\rho^2, \quad (2-\rho)^{2^3} = -37 + 73\rho - 32\rho^2,$$
$$(2-\rho)^{2^6} = 14 - \rho + 11\rho^2, \quad (2-\rho)^{2^7} = -33 + 9\rho - 17\rho^2,$$
$$(2-\rho)^{2^9} = 71 + 89\rho + 52\rho^2, \quad (2-\rho)^{2^{13}} = -16 + 77\rho + 4\rho^2,$$
$$(2-\rho)^{8911} = -127519950324 - 766195639272\rho + 592554715652\rho^2 = 68.$$

確かめは，$68^3 = 314432 = 5 + 1929p$. 多少異なる方策として，$8911 = 54p + 109$ を用い，$(2-\rho)^{8911} = (2-\rho^p)^{54}(2-\rho)^{109} \Rightarrow (2-3^{54})^{54}(2-\rho)^{109} = (2-58\rho)^{54}(2-\rho)^{109}$. かく変形の後に modular-exponentiation を用いる．一方，Tonelli 法によるならば，§47 の記号のもとに，$g = 4, t = 2, h = 1; X_0 = 5, Y_0 = 25, g_0 = 3; Z = 3, k = 7$. 従って，解は $X_1 = (3^2)^{(3^3-7)3^{4-3-1}} \equiv 32 \bmod p$. 確かめは，$32^3 = 5 + 201p$. もちろん，$Z^{(p-1)/3} \equiv 58$ の位数は 3 であり，他の解は $32 \cdot 58 \equiv 63$ および $32 \cdot 58^2 \equiv 68 \bmod p$. ちなみに，註 [47.3] にて Tonelli 法をもって扱われている合同方程式 $x^3 \equiv 7 \bmod 8101$ の場合には，Cipolla の方法では $\rho^3 = 20$ につき，$(3-\rho)^{21878101}$ の計算をせねばならない．簡略のために，$21878101 = 2700 \cdot 8101 + 5401$ を用いるもよいが，やはりかなり入り組む．Tonelli の算法か Cipolla のそれか，何れを採るかはベキ指数・剰余・法の組み合わせに左右される．

[70.11] 上記 (7) について趣の多少異なる方針を示す．環 $\mathbb{F}_p[x]$ の各 monic 元 g につき，$N(g) = p^{\deg(g)}$ と定義するならば，t は全ての既約元を渡るものとし，

$$\zeta_p(s) = \prod_t \left(1 - \frac{1}{N(t)^{s+1}}\right)^{-1} = \prod_{m=1}^{\infty} \left(1 - \frac{1}{p^{m(s+1)}}\right)^{-\Phi_p(m)}.$$

ただし，$\mathrm{Re}(s)$ は充分大．左辺を展開し，(70.1) をもって整理するならば，

$$1 + \sum_g \frac{1}{N(g)^{s+1}} = 1 + \sum_{m=1}^{\infty} \frac{p^m}{p^{m(s+1)}} = \left(1 - \frac{1}{p^s}\right)^{-1}.$$

これら 2 式の右辺の対数を比較し (70.4) を得る. Euler 積 (11.7) を想起すべし. Gauss (1863a, (2), artt. 342–347) を参照せよ.

[70.12]　明示式 (70.5) は

$$\sum_{u=1}^{m} \Phi_p(u) = \frac{P}{\log_p P} + O(P^{1/2}), \quad P = p^m, \ \log_p x = \log x / \log p,$$

なる漸近式をもたらす. 註 [11.8] (6) と比較すべし. 右辺は, 例えば, $\pi_p(P)$ と表記すべきところ. ちなみに, 函数 $\zeta(s)$ を体 $\mathbb{Q}$ に付随するものと観るならば, $\zeta_p(s)$ は体 $\mathbb{F}_p(x)$ に対応する. 後者は零点を持たず, (言うも愚かながら) RH の類似を充たす. この類推を $\mathbb{F}_p(x)$ の代数的拡大体に進めることは, Artin (1924) により 2 次拡大をもって開始され, Schmidt (1931) により一般的な扱いがなされた. Artin (ibid., II, pp.229–230) の極めて重要な発見は, 彼の zeta-函数の類似例が全て RH の類似を充たすことである. 後に Weil (1948) がごく一般的にこれの成立を証明したことは周知である. Stepanov (1970) によるその '曲線' の場合の初等化は至極興味深い. 註 [33.8], [63.5] にて既に示唆したところであるが, とりわけ解析的整数論にて和

$$\sum_{n \bmod p} e(f(n)/p), \quad \sum_{n \bmod p} \chi(f(n)), \quad f(x) \in \mathbb{Z}[x],$$

(あるいはこれらの多重化) の評価は何れも重要な応用を持つ. その現今最良の結果は Weil 理論の帰結である. よって, Stepanov 理論の概説を講義に含めるべきところである. が, 余りの容量増大. 割愛する他無し. Stepanov (1994) を推奨する.

[70.13]　§51 [b] (6) の続き. ECM 法 (Lenstra (1987)) の略解を与える. 体 $\mathbb{F}_p, p \geq 5$, 上の楕円曲線 (affine Weierstraß 標準形)

$$E_{a,b}(x,y): y^2 - (x^3 + ax + b) \equiv 0, \quad 4a^3 + 27b^2 \not\equiv 0 \bmod p,$$

の構造を用いる因数分解法である. 着想は $(p-1)$ 法に基づく. つまり, 因数分解すべき q を法として演算し, その背後に潜む素因数 $p|q$ の働きを抽出する. $E_{a,b} \bmod p$ 上の点の集合は簡易な計算式 (直線との 3 交点) をもって定められた演算により Abel 群をなすと知られている ($(p-1)$ 法の場合の $(\mathbb{Z}/p\mathbb{Z})^*$ に相当). 単位元は無限遠点 (下記に加筆). そこで,

$$E_{a,b}(x,y) \equiv 0 \bmod q, \quad \langle q, 6(4a^3 + 27b^2) \rangle = 1,$$

を 'あたかも' 素数の法の下にあるかのごとく扱う. 基点 ($(p-1)$ 法の $a \bmod q$ に相当) を適宜に定め, (51.7) にならい $J!$ 乗 $\bmod q$ を $J!$ 倍 $\bmod q$ と読み替え加算を繰り返す. 加算操作 $\bmod q$ にて必要となる直線の勾配計算が $(\mathbb{Z}/q\mathbb{Z})^*$ の外部に出る時点にて q の因数が検出され得る. これを検出されるべき素因数 p を法として観るならば, $J!$ が基点の位数で割り切れる時点 ((51.8) に続く $a = 10$ の場合を想起せよ). 即ち, 加算にて得られる点列 $(\bmod p)$ は無限遠点に至り停止する. この手法は $(p-1)$ 法に較べ成功する可能性が高い. 何故ならば, 群の位数は区間 $((\sqrt{p}-1)^2, (\sqrt{p}+1)^2)$ に含まれ (Hasse (1934)), かつ, この区間内のどの整数値も何れかの $E_{a,b} \bmod p$ により実現される (Deuring (1941)). そして, 区間内に smooth な整数

がほぼ確実に存在する．ただ，効率的に検出され得ると期待される素因数は特殊な構造のもののみである．よって，$(p-1)$ 法と同じく ECM 法は RSA 攻撃の手段とはなり難い．ちなみに，$E_{a,b} \bmod p$ 上の無限遠点以外の点の個数は註 [59.3] により

$$p + \sum_{x \bmod p} \left(\frac{x^3 + ax + b}{p} \right).$$

前項の RH の類似と関係する．曲線 $E_{a,b} \bmod p$ 上の加法演算は，本来は射影空間 $(\mathbb{F}_p^3 - \underline{0})/\mathbb{F}_p^*$ 内にて斉次形 $z^3 E_{a,b}(x/z, y/z) \equiv 0 \bmod p$ をもって考察されるべきもの．無限遠点は $\{0,1,0\}$ である．上記の affine 形に関する議論は $\mathbb{R}^2$ における $E_{a,b}(x,y) = 0$ の描像との類似を念頭に置いたものである．Stepanov (*ibid.*) などを参照せよ．楕円曲線論は壮大な体系である．古典から一貫して学ばねば感得困難と知るべし．ここにも，Euler, Legendre, Gauss を先達とする 18 世紀以降の整数論の真に華やかな沿革がある．

[70.14]　Jacobi (1837, p.168, 脚註) は次の興味深い類似に注意している．

$$G(\chi) = \sum_{n \bmod p} \chi(n) e(n/p) \leftrightarrow \Gamma(s) = \int_0^\infty x^{s-1} e^{-x} dx,$$

$$J(\chi_1, \chi_2) = \sum_{n \bmod p} \chi_1(n) \chi_2(1-n) \leftrightarrow B(s_1, s_2) = \int_0^1 x^{s_1-1}(1-x)^{s_2-1} dx,$$

$$J(\chi_1, \chi_2) = \frac{G(\chi_1) G(\chi_2)}{G(\chi_1 \chi_2)} \leftrightarrow B(s_1, s_2) = \frac{\Gamma(s_1) \Gamma(s_2)}{\Gamma(s_1 + s_2)}.$$

曲線のみならず一群の特殊函数 *special functions* が有限体上に棲息している．

§71.

[a]　Euler (1772a, p.486; 1783, I, p.84) の *Conclusio* は正に相互律である．記号 (59.2) をもって書き換えるならば，次の通り．相異なる素数 $p, q \geq 3$ について，法を 4 とし，

(1)　$p \equiv 1$:　$\left(\frac{p}{q}\right) = 1 \Rightarrow \left(\frac{\pm q}{p}\right) = 1,$

(2)　$p \equiv -1$:　$\left(\frac{-p}{q}\right) = 1 \Rightarrow \left(\frac{q}{p}\right) = 1, \left(\frac{-q}{p}\right) = -1,$

(3)　$p \equiv 1$:　$\left(\frac{p}{q}\right) = -1 \Rightarrow \left(\frac{\pm q}{p}\right) = -1,$

(4)　$p \equiv -1$:　$\left(\frac{-p}{q}\right) = -1 \Rightarrow \left(\frac{q}{p}\right) = -1, \left(\frac{-q}{p}\right) = 1.$

これら 4 命題は全体として (70.14) と同値．もちろん，補助律 (60.1)(1) は既知とされている．

[b]　一方，Legendre (1785, pp.516–517) の述べるところを記号 (59.2) をもって示すならば，相異なる素数 $p, q \geq 3$ について次の通り．法 4 をもって，

(1)　$p \equiv 1, q \equiv -1$:　$\left(\frac{q}{p}\right) = 1 \Rightarrow \left(\frac{p}{q}\right) = 1,$

(2)　$p \equiv -1, q \equiv 1$:　$\left(\frac{q}{p}\right) = -1 \Rightarrow \left(\frac{p}{q}\right) = -1,$

(3) $p, q \equiv 1:$ $\left(\frac{q}{p}\right) = 1 \Rightarrow \left(\frac{p}{q}\right) = 1,$

(4) $p, q \equiv 1:$ $\left(\frac{q}{p}\right) = -1 \Rightarrow \left(\frac{p}{q}\right) = -1,$

(5) $p \equiv -1, q \equiv 1:$ $\left(\frac{q}{p}\right) = 1 \Rightarrow \left(\frac{p}{q}\right) = 1,$

(6) $p \equiv 1, q \equiv -1:$ $\left(\frac{q}{p}\right) = -1 \Rightarrow \left(\frac{p}{q}\right) = -1,$

(7) $p, q \equiv -1:$ $\left(\frac{q}{p}\right) = 1 \Rightarrow \left(\frac{p}{q}\right) = -1,$

(8) $p, q \equiv -1:$ $\left(\frac{q}{p}\right) = -1 \Rightarrow \left(\frac{p}{q}\right) = 1.$

上記と同様に (70.14) と同値である．Legendre 自身も述べているが，{(1),(2)}，{(3),(4)}，{(5),(6)} はそれぞれ対偶の組である．Gauss が [DA, art. 131, 1.–8.] にて記すところはこれと一致する (順序は異なり，(3), (4), (5), (2), (1), (6), (7), (8)).

[c]　今日から観るならば，Euler の多くの先行研究により相互律なる潜像が次第に定着したことは明白．例えば，Euler (1772a) は $\equiv \pm 1 \mod 4$ なる素数それぞれに文字記号を配し 2 次剰余・非剰余の関係を表現したが，同類の記法を Legendre, Gauss は採用している．ところが，上記 *Conclusio* の周知は Chebyshev (1848a: 序文) の指摘に始まるとする見解が一般である (Smith (1859, art. 16); Kummer (1859, p.19); Kronecker (1875, p.269); Baumgart (1885, pp.3–4); Bachmann (1902, p.202) なども見よ)．論文 (1772a) を含む Euler 整数論選集 (1849c) の編纂には Chebyshev が参加しており，彼の指摘は真に適宜である．Gauss [DA, artt. 151, 296] は相互律の発見者を Legendre (*ibid.*) としている．が，恩師 Zimmermann への 1796 年 5 月の手紙 (Schlesinger (1912, p.21)) によれば，Legendre 論文 (1785) を初めて目にし彼の相互律の証明を検討した旨が記されている (その結果が下記の [g] に記した批判である)．それと共に，殆ど 1 年間の努力の末 ... 完全証明を *ich nunmehr gefunden habe*, とも述べている．同じ主張が，Werke I, p.475: Anhang (Gauss 自身による [DA] への手書き註) には，Zu Art. 131: 1795 年 3 月に発見 (... *inductionem detectum*), 第一証明 (*Demonstratio prima ... inventa*) は 1796 年 4 月，とある (Werke II-1, p.4 にも同様な言及)．Legendre (1785) は定理 37 を指標記号を用いずに述べ，今日の定形である (60.1)(3) の発表は著書 (1798, p.214) においてである．両所にて，Euler の著作への言及は多数である．それは [DA] にても同様である (詮索が過ぎる嫌いがあるが，Göttingen 大学図書館帯出台帳 (Dunnington (2004, p.399)) も参考となる; ただし，1796 年 4–10 月分が欠落)．相互律を何れの大家に帰すべきか．Dirichlet 講義録にも多少の見解がある．初版 (1863, p.100) と第 4 版 (1894, pp.95–96) の記述を比較せよ．一方，Landau (1927, Satz 86) は，Reziprozitätsgesetz: zuerst von Euler vermutet, zuerst von Gauß bewiesen とのみ．概ね正答．なれど，大事ゆえ略史を付すべし．

[d]　多項式 $a(x), b(x) \in \mathbb{Z}[x]$ について，$a(x) \equiv b(x) \mod \{p, u(x)\}$ とは $a(x) - b(x) \equiv u(x)c(x) \mod p$ となる $c(x) \in \mathbb{Z}[x]$ が存在すること，つまり $a(x) - b(x) = u(x)c(x) + pd(x)$ となる $c(x), d(x) \in \mathbb{Z}[x]$ の存在を意味する，と定義する．Galois (1830/1846) はこの '2 重の法' を解説の上，合同方程式 $\mod p$ の虚根 solutions *incommensurables*/ces *imaginaires* (1846,

p.399) なる着想に直進している. 上記 §70 (4) の萌芽である. 全く独立に, Schönemann (1845) も 2 重の法を導入し議論を進めている. 思えば, Galois も Schönemann も Lagrange の観点 (註 [41.1]) を出発点とした訳である. Gauss (1863b) も 2 重の法を用いている. Bachmann (*ibid.*, p.363) は, Galois と Schönemann の貢献を比較してもいる. Schönemann (1845) の序文にては, [DA] に Sectio VIII の計画が示唆されていることが注意され, 己の力のみをもって大家の深遠な考えに多少なりとも迫り得たならば云々, とある. 彼の論法は, 基本的には [DA, Sectio I] を $\mathbb{F}_p[x]$ に拡張することから始められている. 従って, 外見上は互除法の使用を避け, [DA] における素数に対応し $\mathbb{F}_p[x]$ 内の既約多項式の導入が先頭にある. 今日周知の分解式 (70.7) は Schönemann (*ibid.*, §18) に初出. 明示式 (70.5) は Dedekind (1857, p.21) にあるが, 実質的にはやはり Schönemann (*ibid.*, §§46–48) に初出. 註 [70.11] にある通り, Gauss (1863a, (2), p.222) も参照せよ. また, 根本的な認識である (70.6) の下行も Schönemann (*ibid.*, §44) に初出である. ただし, 明確な体の概念は Dedekind (Dirichlet (1871, p.424)), Weber (1895, Drittes Buch) を経て Steinitz (1910) を待たねばならなかった. Dedekind 論文の序文には Gauss と共に Galois, Schönemann, Serret の名が挙げられている. 何れにせよ, Lagrange (1775), Legendre (1785), Gauss [DA, Sectio VII] (および Sectio VIII の予告 (註 [11.4]), 第 6 証明) は Galois らの新思潮を呼び起こしたのである. だが, 一方では, 相互律の証明そのものは §70 [第 8 証明] のごとく凡々たる計算に変容した. もちろん, 数学一般にて簡易な証明のみが後の世代に貴ばれるとは限らず, 相互律の場合も例外ではない. Legendre の証明 (下記 (71.3)) や Dirichlet の証明は簡明ならざるも実に内容豊である. とは言え, [第 8 証明] の単純さ, そして [第 7 証明] の透徹した美しさはやはり印象深い.

[e] 草稿 *Analysis residuorum*, とくに *Caput octavum* を Gauss が執筆したのはいつの頃であったのか. Dedekind (Gauss Werke II-1, p.240) の見解では, 基本的な内容はおそらく 1797 年か 1798 年に遡るものではあろうが, [DA] 出版の後に書き直されたものである (Bachmann (1911) も参照せよ). 実際, art. 338 (Werke II-1, pp.217–218) には, .. si simili licentia, quam recentiores mathematici usurparunt .. とある. 新世代の数学者 (名こそ挙げられてはいないが, Galois を指すに相違ない) によって導入された *radices quasi imaginariae* (合同方程式の虚根) なる観点を採るならば本稿の以下の部分は大幅に短縮される, と云う Gauss の述懐である. しかし, この草稿は Gauss の思いからは程遠いものであったに違いない. 稿は数式の中程で途切れ, 寂寥. [DA] の熱情は跡形も無い. 新古典主義の終焉と重なる. Gauss は古典的具象の世界に生きた巨人. 恐らくは, それこそが [DA] の続章を秘蔵したままに彼が去った理由.

[f] 相互律の Gauss 第 7/8 証明は *Caput octavum* の art. 366 にて *tertia, quartam* なる語をもって示されている. つまり, 字句通りに採るならば, 現行の番号では第 1, 2, 7/8, 3, 4, 5, 6 証明の順に Gauss は得たこととなる. だが, これは Gauss (1811, p.43) の *quartam*, (1818, 題名) の *quinta, sexta* の語とは相容れない. しかしながら, 註 [66.2] の理解を採るならば, さしたる矛盾は生じなかろう. つまり, Gauss は '有限体上の円分方程式' $x^m - 1 \equiv 0$ (1863a, (1)) の考察から出発しその中心部を範としつつ具体的な $\mathbb{C}$ 上の円分方程式, 即ち [DA, Sectio VII]

に進んだと映る.

[**g**] 始めに注意であるが, 本項および後述の §§91–92 における関心は専ら Legendre (1785) の着想そのものにある. その後の曲折 (1798/1830) は核心にあらず. 何れであれ, 相互律の証明に初めて取り組んだのは Legendre (1785, pp.518–523) である (註 [94.3] も参照せよ). だがそれは不完全であった. 理由は, 予想 (*ibid.*, p.552)

$$\text{初項と公差が互いに素である算術級数は無限に多くの素数を含む} \tag{71.1}$$

を拠り所とせざるを得なかったことにある. 対して, 証明至難との Gauss の重ねての批判 [DA, artt. 151, 296, 297, additamenta (artt. 151, 296, 297)]. 加えるに, 同所でも指摘されているが, さらに次が必要とされる.

$$\left(\frac{p}{\varpi}\right) = -1 \text{ なる素数 } \varpi \equiv 3 \bmod 4 \text{ が存在する.} \tag{71.2}$$

しかしながら, Gauss の慧眼にも曇りあり. Dirichlet (1837a/1839) に始まる解析的な手段を Landau (1909, Zweiter Bd., p.697) と Ingham (1930) が簡易化したことにより, 今日では Legendre 予想 (71.1) は相互律とは独立かつごく容易に証明できるのである. 詳細を後述の §91 [A] にて与える. もっとも, この独立性のみを旨とするならば, de la Vallée Poussin (1897/1898, Deuxième partie, Chap. IV, §2) によって既になされていたところでもある (註 [91.1]). 一方, (71.2) は Selberg (1950, pp.71–72) の着想によりやはり相互律とは独立かつ初等的に証明できる. §91 [B] を見よ. 従って,

$$\begin{array}{c}\text{Legendre (1785) による相互律の証明は,}\\ \text{多少の修正をもって完全なものとなる.}\end{array} \tag{71.3}$$

相互律の Legendre 証明は, その瑕疵にもかかわらず顕著な影響を後の整数論考究に及ぼしたものである. 理由の一方には, 算術級数中の素数分布の根底的な重要さを初めて指摘し今日に至りいよいよ際立つ視座を創出したことがある (最初期の目覚ましい応用は註 [94.2]). 他方には, Legendre 自身の発見になる次の意義深い定理 (*ibid.*, pp.507–513; 1798, pp.43–50) の応用がある.

定理 45 整数 $a, b, c \neq 0$ につき,

(1) a, b, c 全てが同じ符号を持つことなく,

(2) $|abc|$ は 1 以外の平方因数を持たず (sqr), (71.4)

(3) $-ab \bmod |c|$, $-bc \bmod |a|$, $-ca \bmod |b|$ は全て 2 次剰余,

と仮定する. このとき, 不定方程式

$$ax^2 + by^2 + cz^2 = 0, \quad \langle ax, by, cz \rangle = 1, \tag{71.5}$$

は解を持つ.

証明を §92 [C$_0$] に置く. この命題は, いわゆる Local–Global Principle (Hasse (1924)) の基

である．ここでは，(71.1)–(71.2) を得たものとし，Legendre に従い本定理から [**b**] (1)–(8) を導く．補助律 (60.1)(1) を証明済みとして用いる．また，対偶 3 組それぞれの片方のみを扱う．ちなみに，補助律 (60.1)(2) は関係しない．

(1) について：仮に $\left(\frac{p}{q}\right) = -1$ とするならば，$\left(\frac{-p}{q}\right) = 1$. 定理 45 にて，$a = 1, b = p, c = -q$ と置くことができ，$x^2 + py^2 - qz^2 = 0$ は $\langle x, y, z \rangle = 1$ なる解を持つ．しかしながら，$x^2 + py^2 - qz^2 \equiv x^2 + y^2 + z^2 \bmod 4$ より矛盾 $x, y, z \equiv 0 \bmod 2$ を得る．

(3) について：仮に $\left(\frac{p}{q}\right) = -1$ であるとする．素数 $\varpi \equiv -1 \bmod 4$ を $\left(\frac{q}{\varpi}\right) = -1$ と採る．これは (71.2) のもとに可能である．このとき，(2) により，$\left(\frac{\varpi}{q}\right) = -1$. よって，$\left(\frac{p\varpi}{q}\right) = 1$. 定理 45 にて，$a = 1, b = q, c = -p\varpi$ と置ける．残るは (1) の証明と同じ．

(5) について：仮に $\left(\frac{p}{q}\right) = -1$ であるとする．素数 $\varpi \equiv 1 \bmod 4$ を $\left(\frac{\varpi}{p}\right) = -1, \left(\frac{\varpi}{q}\right) = -1$ と採る．これは (71.1) のもとに可能である．このとき，(2) により $\left(\frac{p}{\varpi}\right) = -1$，(4) により，$\left(\frac{q}{\varpi}\right) = -1$. 従って，定理 45 にて，$a = \varpi, b = q, c = -p$ と置くことができる．残るは (1) の証明と同じ．

(7) について：仮に $\left(\frac{p}{q}\right) = 1$ であるとするならば，定理 45 において，$a = p, b = q, c = -1$ と置くことができる．残るは (1) の証明と同じ．

(8) について：仮に $\left(\frac{p}{q}\right) = -1$ であるとする．素数 $\varpi \equiv 1 \bmod 4$ を $\left(\frac{\varpi}{p}\right) = -1, \left(\frac{\varpi}{q}\right) = -1$ と採る．これは，(71.1) のもとに可能である．(2) により，$\left(\frac{p}{\varpi}\right) = -1, \left(\frac{q}{\varpi}\right) = -1$. 定理 45 にて，$a = p, b = q, c = -\varpi$ と置くことができる．残るは (1) の証明と同じ．

[**h**] Gauss 和の由来．その一つの見方は註 [68.6] であるが，ここでは Gauss 自身が遺稿 (1863b) にて語るところに沿ってみる．円分方程式の *resolvent* なるものに Gauss 和 $G(\chi)$ の出所を見ることとなる．まずは，やや迂遠となるが，[DA, Sectio VII] に先立つ代数方程式論の歴史をごく大まかに眺める必要がある．なお，記号を至近にて重複使用するが不都合は無かろう．

(i) 代数方程式論の始まりはバビロニア数学にある，とされる．粘土板文書に書かれた設問 (学校教材：前 3 千年紀) の一典型は次の通り．矩形の長辺と短辺の和 l と面積 s が与えられているとき，辺の長さ ρ_1, ρ_2 それぞれを求めよ．様々な具体例への解答から読み取れるところは，$l/2$ の 2 乗から s を引き，得られた値の平方根 (正) を $l/2$ に加え ρ_1 を得る (Gandz (1937) を参照せよ)．つまり，$x(l-x) = s$ の根は $\rho_1 = l/2 + \sqrt{((l/2)^2 - s)}, \rho_2 = l - \rho_1$. 周知の 2 次方程式の根の公式である．一方，近代的な手法は次の通り．方程式 $f(x) = x^2 + ax + b = (x - \rho_1)(x - \rho_2) = 0$ につき，$\tau_\nu = \rho_1 + \omega^\nu \rho_2, \omega = e(1/2)$, と置くとき $\rho_1 = \frac{1}{2}(\tau_0 + \tau_1), \rho_2 = \frac{1}{2}(\tau_0 + \omega\tau_1)$. 置換 $\rho_1 \mapsto \rho_2$ を施すならば，$\tau_1 \mapsto \omega\tau_1$. それゆえ，

$$(X - \tau_1)(X - \omega\tau_1) = X^2 - \tau_1^2 = 0, \ \tau_1^2 = a^2 - 4b. \tag{71.6}$$

言い換えるならば，f の係数から四則演算をもって得られる係数を持つ '1 次' 方程式の根 τ_1^2 に開平を施し解 $\{\rho_1, \rho_2\}$ に達し得る．次に，3 次方程式 $f(x) = (x - \rho_1)(x - \rho_2)(x - \rho_3) = 0$ につき，$\tau_\nu = \rho_1 + \omega^\nu \rho_2 + \omega^{2\nu} \rho_3, \ \omega = e(1/3)$, と置くとき，$\rho_1 = \frac{1}{3}(\tau_0 + \tau_1 + \tau_2), \rho_2 = \frac{1}{3}(\tau_0 + \omega\tau_1 + \omega^2\tau_2), \rho_3 = \frac{1}{3}(\tau_0 + \omega^2\tau_1 + \omega\tau_2)$. 互換 $\rho_1 \leftrightarrow \rho_2, \rho_1 \leftrightarrow \rho_3, \rho_2 \leftrightarrow \rho_3$

を施すならば，$\{\tau_1,\tau_2\} \mapsto \{\omega\tau_2, \omega^2\tau_1\}, \{\omega^2\tau_2, \omega\tau_1\}, \{\tau_2, \tau_1\}$. よって何れの互換についても $\tau_1^3 + \tau_2^3$ および $\tau_1\tau_2$ は不変．それゆえ，方程式

$$(X-\tau_1)(X-\omega\tau_1)(X-\omega^2\tau_1)(X-\tau_2)(X-\omega\tau_2)(X-\omega^2\tau_2)$$
$$= (X^3 - \tau_1^3)(X^3 - \tau_2^3) = 0 \tag{71.7}$$

の係数は $\{\rho_1, \rho_2, \rho_3\}$ の対称式であり，従って f の係数の多項式である．つまり，$\{\tau_1, \tau_2\}$ は f から導かれる '2次' 方程式の根 τ_1^3, τ_2^3 の立方根．かくして，周知の3次方程式の根の公式に導かれる．とくに，簡約形3次方程式の場合には変換の計算は容易であり，

$$f(x) = x^3 + ax + b = 0$$
$$\Rightarrow \tau_1^3 + \tau_2^3 = -27b,\ \tau_1\tau_2 = -3a. \tag{71.8}$$

よって，$(71.7)_{X^3=Y}$ は次を意味する．

$$Y^2 + 27bY - (3a)^3 = 0$$
$$\Rightarrow \tau_\nu^3 = \frac{1}{2}(-27b \pm \sqrt{\Delta}),\ \Delta = 27(4a^3 + 27b^2). \tag{71.9}$$

ただし，$\sqrt{\Delta}$ の符合は適宜に採る．さらに，4次方程式についても同様な手法をもって根の公式を得ることができる．もっとも，少しばかり簡易化を加えることができる (対応する ω として $e(1/4)$ にあらず $e(1/2)$ を用いる)．方程式 $f(x) = (x-\rho_1)(x-\rho_2)(x-\rho_3)(x-\rho_4) = 0$ につき，$\tau_0 = \rho_1 + \rho_2 + \rho_3 + \rho_4$, $\tau_1 = \rho_1 - \rho_2 + \rho_3 - \rho_4$, $\tau_2 = \rho_2 - \rho_1 + \rho_3 - \rho_4$, $\tau_3 = \rho_4 - \rho_2 + \rho_3 - \rho_1$ と置くとき，$\rho_1 = \frac{1}{4}(\tau_0 + \tau_1 - \tau_2 - \tau_3)$, $\rho_2 = \frac{1}{4}(\tau_0 - \tau_1 + \tau_2 - \tau_3)$, $\rho_3 = \frac{1}{4}(\tau_0 + \tau_1 + \tau_2 + \tau_3)$, $\rho_4 = \frac{1}{4}(\tau_0 - \tau_1 - \tau_2 + \tau_3)$. 集合 $\{\rho_1,..,\rho_4\}$ 上の何れの互換によっても方程式

$$(X^2 - \tau_1^2)(X^2 - \tau_2^2)(X^2 - \tau_3^2) = 0 \tag{71.10}$$

の係数は変化せず．つまり，$f(x)$ から導かれる '3次' 方程式の根の平方根をもって $f(x) = 0$ の根を表すことができる．

(ii) 3次方程式の解法は Scipione del Ferro および Niccolò Fontana (Tartaglia), 4次方程式の解法は Lodovico de Ferrari による発見である．それらは，ルネサンス科学史上3大書籍の一つとされる *Artis Magnæ* (Cardano (1545)) にまとめられ周知となった．バビロニア数学の後，悠に3千数百年の空白を越えての大進展である．今日の解釈 (71.7)–(71.10) から観るならば，Cardano の解説 (つまりは場合分け) は余りにも不必要に入り組んでいると映る．しかし，これには無理も無い事情があった．負数の受容未だしのため，例えば $a, b > 0$ につき $x^3 + ax = b$ と $x^3 = ax + b$ とは異なる設問として扱われたのである．ちなみに，Cardano の著書の本文は al-Khwarizmi (Mahomete, Mosis Arabis filio) への簡潔な讃にはじまり，続いて本題に関係する人々全ての貢献が記されている．

(iii) 2世紀ほどの後，Euler (1740) はやや趣の異なる論旨により (i) に相当するところを解説しているが，根と係数の関係が基本手段であることに変わりは無い．彼は議論を円分方程式 $x^n - 1 = 0$ に適用し，$n \leq 10$ であるとき，ベキ開を組み合わせ根を表現できることを確かめている．例えば，$n = 5$ の場合には，(71.10) を経由するよりもより簡便に $y = x + 1/x$ と置き，

$$x^5 - 1 = x^2(x-1)(y^2 + y - 1) = 0 \Rightarrow y = \frac{1}{2}(-1 \pm \sqrt{5}). \tag{71.11}$$

1 の 5 乗根は, 1 および

$$\begin{aligned}
\alpha &= \frac{1}{4}\bigl(-1 + \sqrt{5} + i\sqrt{10 + 2\sqrt{5}}\,\bigr), & \alpha^2 &= \frac{1}{4}\bigl(-1 - \sqrt{5} + i\sqrt{10 - 2\sqrt{5}}\,\bigr), \\
\alpha^3 &= \frac{1}{4}\bigl(-1 - \sqrt{5} - i\sqrt{10 - 2\sqrt{5}}\,\bigr), & \alpha^4 &= \frac{1}{4}\bigl(-1 + \sqrt{5} - i\sqrt{10 + 2\sqrt{5}}\,\bigr).
\end{aligned} \tag{71.12}$$

また, $n=6$ の場合は, $n=3$ の場合の根の平方根; $n=8$ の場合は平方根を 3 度重ねる; $n=9$ の場合は立方根を重ねる; $n=10$ の場合は $n=5$ の場合の根の平方根. 残る $n=7$ の場合は, やはり $y = x + 1/x$ と置き,

$$x^7 - 1 = x^3(x-1)(y^3 + y^2 - 2y - 1). \tag{71.13}$$

つまり, (i) に帰着する (ただし, Euler 自身は (71.11), (71.13) にて $y \mapsto -y$ と置き換えたものを扱っている: p.52, p.54 を見よ). かくして, $x^7 - 1 = 0$ の解を導出 (p.59). そして, 論文末尾には, 方程式 $x^{11} - 1 = 0$ に同様な手法を当てはめるならば 5 次方程式を得るが, ... ここで議論を止めざるを得ない, とある. つまり, $n \leq 10$ の場合には, (i) をもって解決されるが, $n = 11$ においてはさにあらず全く新たな状態が生じる.

(iv) この困難を見事に克服したのは violinist Vandermonde (1774; 発表は 1770) である. 大要は以下の通り. 問題の 5 次方程式は

$$y^5 + y^4 - 4y^3 - 3y^2 + 3y + 1 = 0. \tag{71.14}$$

これを (71.11)–(71.12) のごとくベキ開の組み合わせにより解くことは可能か否か. Vandermonde は可能と結論. 着想の核心は,

$$\begin{aligned}&\text{特殊な方程式であることを積極的に活用し,}\\&\text{根の配置を議論に加える.}\end{aligned} \tag{71.15}$$

まず, 根を $\{\rho_j\}$ とし, 伝統 (i) にならい, (71.12) の α つまり $e(1/5)$ をもって,

$$\tau_\nu = \sum_{j=1}^{5} \alpha^{(j-1)\nu} \rho_j ; \quad \rho_k = \frac{1}{5} \sum_{\nu=0}^{4} \alpha^{\nu(1-k)} \tau_\nu. \tag{71.16}$$

そして, (i) から類推し, 集合

$$\{\tau_1^5, \tau_2^5, \tau_3^5, \tau_4^5\} \tag{71.17}$$

を考察する. そのために, (71.15) を念頭に置き,

$$\rho_j = 2\cos(2^{j-1} \cdot 2\pi/11) = e(2^{j-1}/11) + e(-2^{j-1}/11) \tag{71.18}$$

とし, 次の関係式に注意する (原文 (p.415) の $a^2 = -b + 2, b^2 = -d + 2, \ldots$ と同一).

$$\rho_j^2 = \rho_{j+1} + 2, \ j \bmod 5;$$

$$\rho_1\rho_2 = \rho_1 + \rho_4, \ \rho_1\rho_3 = \rho_4 + \rho_5, \ \rho_1\rho_4 = \rho_2 + \rho_3,$$
$$\rho_1\rho_5 = \rho_3 + \rho_5, \ \rho_2\rho_3 = \rho_2 + \rho_5, \ \rho_2\rho_4 = \rho_1 + \rho_5, \quad (71.19)$$
$$\rho_2\rho_5 = \rho_3 + \rho_4, \ \rho_3\rho_4 = \rho_1 + \rho_3, \ \rho_3\rho_5 = \rho_1 + \rho_2, \ \rho_4\rho_5 = \rho_2 + \rho_4.$$

これより,

$$\tau_\nu^5 = \sum_{k=1}^{5} M_{\nu,k}(\alpha)\rho_k, \quad M_{\nu,k}(\alpha) \in \mathbb{Z}[\alpha]. \qquad (71.20)$$

また,

$$\text{巡回置換 } \sigma : \rho_j \mapsto \rho_{j+1}, \ j \bmod 5, \ \text{と (71.19) とは交換可能.} \qquad (71.21)$$

意味されるところは, 自明な記法を用い, $(\rho_1\rho_2)^\sigma = \rho_1^\sigma + \rho_4^\sigma = \rho_2 + \rho_5 = \rho_2\rho_3 = \rho_1^\sigma \rho_2^\sigma$ など. とくに,

$$(\tau_\nu^5)^\sigma = (\tau_\nu^\sigma)^5 = (\alpha^{-\nu}\tau_\nu)^5 = \tau_\nu^5. \qquad (71.22)$$

よって,

$$\tau_\nu^5 = \frac{1}{5}\sum_{\ell=0}^{4}(\tau_\nu^5)^{\sigma^\ell} = \frac{1}{5}\sum_{\ell=0}^{4}\sum_{k=1}^{5} M_{\nu,k}(\alpha)\rho_{k+\ell} = -\frac{1}{5}\sum_{k=1}^{5} M_{\nu,k}(\alpha). \qquad (71.23)$$

従って, (71.16) の第 2 式を経由し, $\cos(2\pi/11)$ は $\mathbb{Q}[e(1/5)]$ の元の 5 乗根をもって表現される, と知れる. かくして,

$$\begin{array}{c} \text{Vandermonde の発見} \\ e(1/11) \text{ をベキ開の組み合わせにより表し得る.} \end{array} \qquad (71.24)$$

表現の詳細は下記 (xi). なお, 原文 (p.415) では, (71.14) は $y \mapsto -y$ として立てられている.

(v) 実は, Lagrange (1771a) は Vandermonde と殆ど同時に上記 (i) およびその一般化について考察を行い, とくに円分方程式に議論を応用し, p.254 にて方程式 (71.14) を挙げている. しかし, (iv) に相当するところにまでは到達し得ていない. その原因は (71.16) を手にするも (71.15) つまりは配置 (71.18) の認識を欠いたことにある. 実際, それであっては (71.19) に気付くことは無く, 従って (71.23) を得ず. つまりは, 不変性 (71.22) を得ず, より多くの置換の使用を迫られることとなる. その結果 $\{\tau_\nu\}$ の充たすべき関係式は統御不可能な複雑さを呈するものとなる. これが, Lagrange そして恐らくは Euler 他の先達が足を踏み入れた一般 5 次方程式の淵である. 対するに, Vandermonde のなしたことは, 根の集合上の置換の作用と (71.15) との関連の検討による. 後の Galois 理論から観るならば, 代数方程式 (71.14) に密接に関係する極小なる置換の集合 (巡回群 $[\sigma]$) の特定がなされ, それをもって (71.24) が得られている. 正しく近代的な方程式論の誕生である.

(vi) 晩年の Lagrange (1808, Notes XIII–XIV) は自らの論文 (1771a) を振り返りつつ, Vandermonde 論文および Gauss 円分方程式論の分析を行い, Vandermonde est le premier qui ait franchi les limites dans lesquelles la résolution des équations à deux termes se trouvait resserrée (p.360) と讃えている. 彼も言う通り, 飛躍は

$$2 \bmod 11 \text{ は原始根} \tag{71.25}$$

なる事実により可能とされたものである. 表 (71.19) は (71.25) の帰結. もっとも, これは後の解釈に過ぎない. Vandermonde 自身は (71.18) と (71.25) との関連を述べてはいない. しかし, 当然であろう. 原始根 $\bmod p$ の概念は殆ど同時期に Euler (1772c) により確立されたものである (註 [40.1]). もちろん, 概念云々に関わらず, それが誰であれ, $2^j \bmod 11$ の振る舞いに気付き *inspire* されるならば, 円分方程式の究究は一挙に進展するに違いなかろう. 即ち, 考慮すべき置換の個数が正に劇的に減少し, (71.22) の如き単純な不変性を扱うことをもって充分という認識に迅速に達しよう. 思うに, Fermat の一滴 '$3^n \bmod 13$' (註 [29.1]) は Euler (1755) を深く inspire し, 原始根 $\bmod p$ の発見へと発展した. 同じく, 一滴 (71.18) の波紋は大であったに相違ないとするに無理は無かろう. が, 史実は真に意外にも不詳.

(vii) 今日では, (i) における $\{\tau_\nu\}$ の構成を一般化し, n 次方程式 $f(x) = 0$ の根 $\{\rho_j\}$ につき, 1 の n 乗根 ω を採り,

$$\tau_\nu = \sum_{j=1}^{n} \omega^{(j-1)\nu} \rho_j, \quad 0 \leq \nu \leq n-1, \tag{71.26}$$

を f の Lagrange resolvent と呼ぶ習わしであるが, *Lagrange–Vandermonde* resolvent とすべき. §49 (8) の観点から観るならば, (71.26) は集合 $\{\rho_j\}$ の分布に関する Fourier 解析であり, 根の配置と ω の選択により共鳴・増幅の検出 ((71.23) の類似) を期待できよう. その結果から各根を効率的に分離・特定できる可能性がある. しかし, 言うは易し. 如何なる配置に注目すべきか, あるいは, 採用可能かが遥かに本質的な課題である. ここにこそ Vandermonde の貢献がある.

(viii) かく知るならば, Gauss [DA, art. 360] は円分方程式の resolvent の構成において (71.15) を念頭に置き観察 (68.1) を用いた, と判断できる. 実際, その通りであったことは遺稿 (1863b) により確認される: 下記 (x). つまり, $\rho_j = e(r^{j-1}/p)$, $\chi(n) = \iota_p e(\mathrm{Ind}_r(n)/g)$, $p-1 = fg$, $\omega = e(1/g)$ なる配置をもって, Fourier 解析

$$\sum_{n \bmod p} \chi^k(n) e(n/p) = \sum_{j=1}^{p-1} \omega^{(j-1)k} \rho_j = \sum_{u=0}^{g-1} \omega^{ku} \psi_u^{(g)}. \tag{71.27}$$

左辺に Gauss 和 $G(\chi^k)$, 中間に $X_p(x) = 0$ の resolvent, 右辺に f 項周期 (註 [68.2]) の Fourier 変換. もちろん, 変換を逆転し, 各 f 項周期を $G(\chi^k)$ をもって表すこともできる. Vandermonde の τ_ν は, (71.18) のもとに, 正に Gauss 和 $\bmod 11$. 観察 (71.25) をもってするならば, (71.27) へ進むことは当然至極.

(ix) 加筆となるが,

$$G(\chi^k)^g = \sum_{j=1}^{p-1} R_{j,k}(\omega) \rho_j, \quad R_{j,k}(x) \in \mathbb{Q}[x]. \tag{71.28}$$

巡回置換 $\rho_j \mapsto \rho_{j+1}$ によりこれら左辺は変化せず ((71.22) の類似). そこで Kronecker の定

理 (67.8) により, $R_{j,k} = R_{j+1,k}$. 従って, (71.23) の拡張

$$G(\chi^k)^g = -R_{1,k}(\omega). \tag{71.29}$$

つまり, $G(\chi^k)$ は $\mathbb{Q}(\omega)$ の元の g 乗根である. あるいは, $G(\chi^k)G(\chi)^{g-k}$ の不変性を用いるもよい. 註 [63.6] の議論によるならば, (67.8) とは独立に Jacobi 和をもって同じ結論を得る (註 [68.3] はその特別の場合). [DA, art. 360], Lagrange (1808, p.334) に (71.29) に相当する命題あり. 何れにせよ, とくに $g = p-1$ とし, 各 ρ_j は $\mathbb{Q}(e(1/(p-1)))$ の元の $p-1$ 乗根の和をもって表すことができると知れる. かくして, 分解 (67.4) を $e(1/(p-1))$ に適用し, 帰納法により $e(1/p)$ はベキ開の組み合わせをもって表示できると結論できる ($p-1$ の素因数分解を必要とする訳であり, そこに根本的な課題が潜むが). これは, 後の Abel (1829) および Galois (1831/1846) による理論 (代数方程式の可解性) の典型例である. その萌芽とすべき成果が (71.24). とは言え, Vandermonde と Galois らを結ぶ歴史上の経路は不明. ちなみに, Abel 論文の冒頭には, 円分方程式を指し, La résolution de ces équations est fondée sur certaines relations qui existent entre les racines とある. つまり, (71.15) である. もっとも, 彼は [DA, Sectio VII] によりこの認識を得たのである.

(x) Gauss (1863b) は (71.27) に至る委細を解説したものであり, 2 項周期 $\bmod 11$ (即ち (71.18)) の計算をも含む (13, 17 節: (71.25) を使用). しかし, Lagrange (1808) に言及するもそこに詳細に記された Vandermonde の貢献 (上記 (vi)) については黙して語らず. Dedekind による付記も同様. Gauss に (68.1) を指し示した閃光はいずこからか. 解説 (1863b) をもってはうかがい知れず. やはり, 註 [68.6] および (71.18) に関心が向かう.

(xi) 締めくくりとして, Vandermonde, Lagrange, Jacobi の着想を合わせ, 多少の実地計算を行う. 法 $p = 11$, 指標 $\chi(n) = \iota_{11} e(\mathrm{Ind}_2(n)/5)$ とする. このとき, α を (71.12) により定め,

$$\begin{aligned}&\chi(-1) = 1, \chi(2) = \alpha, \chi(3) = \alpha^3, \chi(4) = \alpha^2, \chi(5) = \alpha^4,\\&\chi(6) = \alpha^4, \chi(7) = \alpha^2, \chi(8) = \alpha^3, \chi(9) = \alpha.\end{aligned} \tag{71.30}$$

よって, (71.16) に定義される τ_ν は Gauss 和 (正しくは, Vandermonde 和)

$$G(\chi^\nu) = \rho_1 + \alpha^\nu \rho_2 + \alpha^{2\nu}\rho_3 + \alpha^{3\nu}\rho_4 + \alpha^{4\nu}\rho_5. \tag{71.31}$$

もちろん, ρ_j は (71.18) の通り. 関係式

$$G(\chi^3) = G(\overline{\chi}^2) = \overline{G(\chi^2)},\ G(\chi^4) = G(\overline{\chi}) = \overline{G(\chi)} \tag{71.32}$$

および, 数値計算

$$\begin{aligned}G(\chi) &\fallingdotseq 2.6361055643 + 2.0126965628\,i,\\G(\chi^2) &\fallingdotseq 2.0701620998 + 2.5912215035\,i\end{aligned} \tag{71.33}$$

に注意する. 上記により, $\tau_\nu^5 = G(\chi^\nu)^5$, $\nu = 1, 2$, を具体的に知る必要があるが, 註 [63.6] を念頭に, Jacobi 和 $J(\chi, \chi)$, $J(\chi, \chi^2)$, $J(\chi, \chi^3)$, $J(\chi^2, \chi^2)$, $J(\chi^2, \chi^4)$ の計算を行う. 定義に従い,

$$J(\chi,\chi) = 2\alpha - 2\alpha^2 - \alpha^3, J(\chi,\chi^2) = -\alpha + 2\alpha^2 - 2\alpha^4,$$
$$J(\chi,\chi^3) = J(\chi,\chi),\ J(\chi^2,\chi^2) = J(\chi,\chi^2),\ J(\chi^2,\chi^4) = \overline{J(\chi,\chi)}. \tag{71.34}$$

ただし, $J(\chi^2,\chi^4) = J(\chi^{-3},\chi^{-1}) = \overline{J(\chi^3,\chi)} = \overline{J(\chi,\chi)}$ を使用. これより,

$$\begin{aligned}G(\chi)^5 &= 11J(\chi,\chi)^2 J(\chi,\chi^2) = 11(6\alpha + 41\alpha^2 + 16\alpha^3 + 26\alpha^4),\\ G(\chi^2)^5 &= 11J(\chi,\chi^2)^2 \overline{J(\chi,\chi)} = 11(16\alpha + 6\alpha^2 + 26\alpha^3 + 41\alpha^4),\\ G(\chi^3)^5 &= \overline{G(\chi^2)^5},\ G(\chi^4)^5 = \overline{G(\chi)^5}.\end{aligned} \tag{71.35}$$

従って,

$$\begin{aligned}G(\chi)^5 &= -\frac{11}{4}\left\{89 + 25\sqrt{5} + i\left(20\sqrt{10+2\sqrt{5}} - 25\sqrt{10-2\sqrt{5}}\right)\right\},\\ G(\chi^2)^5 &= -\frac{11}{4}\left\{89 - 25\sqrt{5} + i\left(25\sqrt{10+2\sqrt{5}} + 20\sqrt{10-2\sqrt{5}}\right)\right\}.\end{aligned} \tag{71.36}$$

これら右辺の 5 乗根を (71.33) を参照の上定め (71.35) の下段と共に (71.16) の第 2 式をもって $\{\rho_j\}$ の表示式に達する. 残るは $e(1/11)$ の表示式であるが省略してよかろう. なお, (71.36) は Lagrange (1808, p.358 下部) の表示と一致する. Vandermode の表示式はこれらと $\sqrt{10\pm 2\sqrt{5}} = \sqrt{5+2\sqrt{5}} \pm \sqrt{5-2\sqrt{5}}$ (複合同順) を組み合わせることにより確認される. もっとも, 彼のまとめには僅かながら誤りがある. 修正は Lagrange (ibid., pp.359–360) によりなされ, それに続き上記の賛辞が置かれている. 大家の懐旧と慈しみの思い貴し. 彼らは 1 年違いの生まれ. しかし, 没年は 17 年の違い.

[71.1] Kummer (ibid., pp.19–20) は, (71.2) は (71.1) より得られ, よって, 相互律の Legendre 証明は Dirichlet の解析的方法にて修正可能, とした. しかし, 相互律を用いずに (71.1) から (71.2) を導くことは不明である. 加えるに, Dirichlet (1837a, 1839) による (71.1) の証明には相互律が用いられている (後者の §2 を見よ). 註 [91.3] に続く.

[71.2] Euler (1772e), Lagrange (1798, §V) および Gauss [DA, artt. 294–295] は定理 45 に関する議論である. 定理命題そのものは Dedekind (Dirichlet (1871/1894, §157 末尾)) による洗練を経たものである. 繰り返しとなるが, 2 次形式により表される整数の素因数は一定の算術級数に含まれる (明確には註 [73.2] を見よ). これの認識は Fermat に始まり, Euler の膨大な実験・観察の中から相互律が蒸留抽出されたのである. しかし, その発見は看過され Lagrange は実験を続行し, Legendre はさらに実験を推し進め, かくして定理 45 なる坩堝を経由し, 今日見られるところの相互律の明確な出現となった.

[71.3] 念のために注意するが, (68.1) は代数方程式論全般にて基準点ではない. それは円分方程式論 (およびその一般化) にのみ関わる点である. 最重要な概念は既約性とそれに連なる 1 次独立性である. 1 次独立性の活用により, (68.8), 註 [68.2], (71.29) にて目撃したごとく, 考察すべき置換の個数を劇的に降下させ得る. とは言え, 手順を実地に用いることは至難である. 既に, $e(1/11)$ の場合からも推し量れようが, 計算量大.

[71.4] 多少の観察を加える. 合同方程式 $x^5 \equiv 1 \bmod p$, $p \equiv 1 \bmod 5$, は (41.1) (また

は, (45.2)) により 5 個の解を持つ. 原始根 $r \bmod p$ を得るならば, 解は $r^{h(p-1)/5} \bmod p$, $h \bmod 5$. 他方, (71.12) を用いることにより, 解を導くことも可能である. 数値例として, $p = 50051$ の場合を扱う. まず, $\sqrt{5} \bmod p$, つまり $x^2 \equiv 5 \bmod p$ の解を求める. 註 [65.1] (Lagrange) により, $x \equiv 5^{(p+1)/4} \equiv 10055$. 次に, 同様の abuse of notation のもとに, $\sqrt{-10 - 2\sqrt{5}} \equiv \sqrt{-20120} \equiv 24559$. よって,

$$\frac{1}{4}\big(-1 + \sqrt{5} + i\sqrt{10+2\sqrt{5}}\,\big) \equiv \frac{1}{4}(-1 + 10055 + 24559)$$
$$\equiv \frac{1}{4}(34613 + 50051) = 21166 = h.$$

実際, $h^5 \equiv 1$. 他の非自明解は, $h^2 \equiv 43106$, $h^3 \equiv 1917$, $h^4 \equiv 33912 \bmod p$. 代数方程式論は一般の体に関する理論であるゆえ, この帰結は当然ではある (体の同型性). 目下の場合 $\mathbb{F}_p$ にて方程式 '$x^5 = 1$' は解けるべきものと事前に知れている. つまり, Euler の定理 26 は '円分体判定定理' ($p \equiv 1 \bmod 5$: $\mathbb{F}_p$ は 1 の 5 乗根に対する円分体). Poinsot (1824: 発表は 1818) には様々な法を例とする議論が展開されている. とりわけ興味深くは, pp.151-164 にて議論を逆転し 1 の複素ベキ根表示から原始根を求める工夫が示されていることである.

[71.5] そこで, 円分方程式に限らず, $\mathbb{Q}$ 上の代数方程式につき, それの $\mathbb{C}$ におけるベキ開による解の構成を手がかりとして合同方程式を扱うことができるであろう. この着想は少なくとも Poinsot (*ibid.*) に遡ると言えるが Smith (1860, art. 66) に明確. 参考例として, 3 次の合同方程式を採り上げる. つまり, Lagrange–Vandermonde の変換 (71.7)–(71.8), $a, b \in \mathbb{Z}$, をしかるべき有限体 ($p \geq 5$) にて解釈し,

$$(*) \quad \begin{array}{c} x^3 + ax + b \equiv (x-\rho_1)(x-\rho_2)(x-\rho_3), \\ \rho_\nu \in \mathbb{Z}, \ \rho_j \neq \rho_k \ (j \neq k) \Leftrightarrow \Delta \neq 0 \end{array} \quad (\bmod p)$$

となる状態を解析する. 重根が存在する場合 ($\Delta \equiv 0$) やあるいは $\mathbb{F}_p$ に '実根' を持たぬ場合 (既約性) なども考察に加えるべきであるが, 略す. Smith (*ibid.*, art. 67) を参照せよ.

(I) $p \equiv 1 \bmod 3$. 原始根 $r \bmod p$ を採り, $\omega \mapsto r^{(p-1)/3}$ などの置き換えを行う. 要点は $\mathbb{F}_p$ が方程式 $x^3 \equiv 1 \bmod p$ の根を全て含むこと, つまり '円分体'. 変換結果 (71.9) から, $(*)$ が成立するための必要充分条件は,

$$(2Y + 27b)^2 \equiv \Delta \bmod p \text{ つまり } \left(\frac{\Delta}{p}\right) = 1,$$
かつ, 解 $Y \bmod p$ は 3 次剰余.

例えば, $p = 1117$ をもって $x^3 + 13x + 17 \equiv 0 \bmod p$ を解く. この場合, $(2Y + 459)^2 \equiv 40$ は 2 次剰余. 註 [65.1] (Legendre) を適用し, $40^{140}((2^{279} - 1)(40^{279} - 1)/2 - 1) \equiv 75$. よって, $2Y + 459 \equiv 75 \Rightarrow Y \equiv -192$ を得るが, これは 3 次剰余. 実際, $(-192)^{(p-1)/3} \equiv 1$. そこで, τ_1 を Tonelli の方法 (§47) により求める. 記号がやや重なるが, まず, $g = 2, t = 124$; $X_0 \equiv (-192)^{83} \equiv 285$, $Y_0 \equiv (-192)^{248} \equiv 120$; $Y_0^3 \equiv 1 \Rightarrow g_0 = 1$. 手順 (47.8) に従い, Z として原始根 $2 \bmod p$ を採る ((42.1)). つまり, $Z^t \equiv 529$; $Z^{6t} \equiv Y_0 \Rightarrow k = 2$. これらをまとめ ((47.10)), $X_1 \equiv Z^t X_0 \equiv 1087$. 条件 $\tau_1 \tau_2 \equiv -39$ に注意し ((71.8)),

$$\{\tau_1, \tau_2\} \equiv \{1087, 113\}.$$

目下 $\omega \equiv 2^{(p-1)/3} \equiv 996$ であり, $\omega\tau_1 \equiv 279$, $\omega^2\tau_1 \equiv 868$; $\omega\tau_2 \equiv 848$, $\omega^2\tau_2 \equiv 156$. 求めるべき解は, $\tau_0 \equiv 0$ に注意し,

$$\rho_1 \equiv (\tau_0 + \tau_1 + \tau_2)/3 \equiv 1200/3 \equiv 400, \ \rho_2 \equiv (\tau_0 + \omega\tau_1 + \omega^2\tau_2)/3 \equiv 435/3 \equiv 145,$$
$$\rho_3 \equiv (\tau_0 + \omega^2\tau_1 + \omega\tau_2)/3 \equiv 1716/3 \equiv 572.$$

即ち

$$x^3 + 13x + 17 \equiv (x - 145)(x - 400)(x - 572) \bmod 1117.$$

(II) $p \equiv -1 \bmod 3$. このとき, $x^3 \equiv 1 \bmod p$ は非自明な解を持たない, つまり $-3 \bmod p$ は 2 次非剰余であり, $4X_3 = (2x+1)^2 + 3$ は $\mathbb{F}_p[x]$ の既約元. 有限体 $F = \{\mathbb{F}_p[x] \bmod X_3\}$ を上記の $\mathbb{F}_p$ の代わりに採り, $\omega = x \bmod X_3$ とする (円分拡大体の構成). 状態 $(*)$ が成立しているならば, $\tau_1^3, \tau_2^3 \in F - \mathbb{F}_p$. 実際, 仮に $\tau_\nu^3 = d \in \mathbb{F}_p$ とするとき, $(d^\ell)^3 \equiv d \bmod p$, $3\ell \equiv 1 \bmod (p-1)$, であるゆえ, $\{\tau_1, \tau_2\} = \{d^\ell \omega, d^\ell \omega^2\}$ あるいは $\{d^\ell \omega^2, d^\ell \omega\}$. 何れにしても重根が存在 $(\Delta \equiv 0)$ となり, 矛盾を来す. そこで, 体 F にて上記の議論を行うが, 計算そのものは同一であり,

$$(2Y + 27b)^2 \equiv \Delta \bmod p \ \text{つまり} \ \left(\frac{\Delta}{p}\right) = -1,$$
$$\text{かつ, 解 } Y \text{ は } F - \mathbb{F}_p \text{ の 3 乗元}.$$

確かめとして, $x^3 + 13x + 17 \equiv 0 \bmod 857$ を検討する. この場合 $(2Y + 459)^2 \equiv \Delta = (-3)(-201)$ は 2 次非剰余 $\Rightarrow$ -201 は 2 次剰余. Tonelli の方法により, $-201 \equiv 399^2$ を得る. よって, $Y = 399\omega - 30$. これが F の 3 乗元であることは, 定理 26 を F に拡張し, $(399\omega - 30)^{(p^2-1)/3} = 1$ により確かめられる. 計算には $(p^2-1)/3 = 285p + 571$ と共に, $\omega^p = \omega^2 = -\omega - 1$ を用いるがよい. 次に, $p^2 - 1 = 3 \cdot t$, $3 \nmid t$ に注意の上, (47.12) を F に拡張し, 求めるべき 3 乗根は $(399\omega - 30)^{(2t+1)/3}$. 従って,

$$\{\tau_1, \tau_2\} = \{-13\omega - 258, 13\omega + 612\}.$$

かつ, $\omega\tau_1 = -245\omega + 13$, $\omega^2\tau_1 = 258\omega + 245$, $\omega\tau_2 = 599\omega - 13$, $\omega^2\tau_2 = -612\omega - 599$. 以上をまとめ, 分解

$$x^3 + 13x + 17 \equiv (x - 118)(x - 363)(x - 376) \bmod 857$$

に達する. なお, 計算は ω を $\frac{1}{2}(-1 + i\sqrt{3})$ と読み換え $\mathbb{C}$ にて進め, '$p = 0$' をもって整理しなおす. 要は, 代数的拡大体の同型性の認識と活用である.

[71.6] だが, we now come to the problem of the actual solution of binomial congruences (つまり (40.1)) — a subject upon which our knowledge is confined within very narrow limits. この概嘆は Smith (1859, II, art. 65) による. 現今も状況はほぼ同じである. ベキ剰余の実効的な判定手段は定理 26 の他には見当たらない (同所 art. 64 と変わらず). 特解を求めるにしても, 実のところ, Smith 後に現れた Tonelli や Cipolla の確率的手法を本質的に超える実行可能な算法は未だし. 素因数分解の軛と共に, ベキ非剰余 $\bmod p$ の採取に確たる手法が発見されていないことが原因である.

第4章 2次形式序論

§72.

これまでの議論にて得られた知見を基とし,整数係数 2 元 2 次形式
$$^t\mathbf{x}Q\mathbf{x} = ax^2 + bxy + cy^2 = Q(x,y),$$
$$Q = \begin{pmatrix} a & b/2 \\ b/2 & c \end{pmatrix}, \quad \mathbf{x} = \begin{pmatrix} x \\ y \end{pmatrix}, \tag{72.1}$$

につき次の課題を考察する.

$$\begin{array}{c}\text{整数 } m \text{ を任意とし,不定方程式 } Q(x,y) = m \text{ の}\\ \text{全ての整数解 } \{x,y\} \text{ を定める実効的な算法の獲得.}\end{array} \tag{72.2}$$

以後これら 2 次形式一般を (72.1) をもって表し係数行列と同一視する. 多く $Q = [|a,b,c|]$ あるいは単に形式 Q と略記する.

まず始めに,
$$4aQ(x,y) = (2ax+by)^2 - Dy^2, \quad D = b^2 - 4ac, \tag{72.3}$$
と変形し,
$$Q \text{ の判別式:} \quad D = -4\det Q \tag{72.4}$$
とする. 判別式が平方数の場合,課題は 1 次不定方程式を解くことに還元される (註 [72.4] を見よ). そこで,本章にては,とくに断りをせぬ限り,
$$D \text{ は平方数にあらず} \tag{72.5}$$
と設定. もちろん,負の判別式は何れもこれを充たす. かくして,
$$D \text{ は判別式} \quad \Leftrightarrow \quad D \equiv 0, 1 \bmod 4. \tag{72.6}$$

必要性は明らかであり, 充分であることは

$$\begin{aligned}&4|D \;\Rightarrow\; [|1,0,-D/4|], \\ &4|(D-1) \;\Rightarrow\; [|1,1,-(D-1)/4|].\end{aligned} \quad (72.7)$$

つまり, (72.6) の右辺のもとに, D を判別式とする形式が必ず存在する. これらは判別式 D に付随する主形式と呼ばれるが ([DA, art. 231]), 呼称の理由は後に定理 60 の証明にて示される. なお, (72.5) により $[|a,b,c|]$ において以下常に $ac \neq 0$. また, $Q(x,y)=0, \mathbf{x} \in \mathbb{Z}^2$, は $\mathbf{x} = \underline{0}$ を意味する. 何故ならば, その様な $\mathbf{x}$ につき, (72.3) により $(2ax+by)^2 = Dy^2$. 註 [12.1] を参照し $\mathbf{x} = \underline{0}$ を得る.

等式 (72.3) により, $D<0$ ならば, $a>0$ のとき $Q(x,y) \geq 0, \mathbf{x} \in \mathbb{R}^2$, であり, $Q(x,y) = 0 \Leftrightarrow \mathbf{x} = \underline{0}$. これを正定値形式と云う. もちろん, $a<0$ ならば負定値 $Q(x,y) \leq 0, \mathbf{x} \in \mathbb{R}^2$. 一方, $D>0$ の場合には, 2 点 $\{x,y\} = \{1,0\}, \{b,-2a\}$ における $Q(x,y)$ の値の積は $-a^2 D < 0$ であり, 符号は定まらぬものと知れる. つまり, 不定値形式である. 正定値, 負定値形式の扱いは明らかに同じである. そこで,

$$\text{正定値と不定値の場合に議論を限る.} \quad (72.8)$$

以下にて次第に明らかとなるが, 前者は後者に較べ扱い容易である (*facilioribus* [DA, art. 170]).

条件 $\langle a,b,c \rangle = 1$ を充たす Q を原始的形式と云う. 判別式の正負を区別せず議論する場合には, 記号

$$\mathcal{Q}(D) = \{Q : \text{原始的かつ} -4\det Q = D\} \quad (72.9)$$

を以後用いる. 非原始的な形式の判別式は非自明な平方因数を持つ. しかし, 逆は成立しない. 註 [72.5] を見よ. なお, 各判別式につき,

$$|\mathcal{Q}(D)| = \infty. \quad (72.10)$$

実際, $D \equiv 0, 1 \bmod 4$ に従い $[|1, 2k, k^2 - D/4|], [|1, 2k-1, k(k-1)-(D-1)/4|]$, $k \in \mathbb{Z}$, とするならば, これらは全て $\mathcal{Q}(D)$ に含まれる.

また, 互いに素な $\{u,v\}$ が (72.2) の解となる場合, Q による整数 m の正規表現と云う. ならびに, Q は m を正規に表現する, m は Q により正規表現される, $\{u,v\}$ は (72.2) の正規解であるなどとも云う. しかし, ときにより, 非正規表現,

非正規解も扱わねばならない. その場合, m は非自明な平方因数を持つが, なおかつ正規表現されることもあり得る.

ここに基本的な前提を置く. 表現 $m = Q(u,v)$ は $m = Q(-u,-v)$ をも意味するゆえ, これらを区別するのか否かを考慮すべきである. そこで,

$$\text{本章にては, } \{u,v\} \text{ と } \{-u,-v\} \text{ とを区別する.} \tag{72.11}$$

また, (72.2) にて m の符合を考慮せねばならぬときもある. もちろん, 不定値形式を扱う場合に限られるが, 適宜に注意を加える.

[72.1] 本章の方針

(1) Lagrange (1768/1798) および Legendre (1798) の実践的な 2 次形式論を基礎に置き, Gauss [DA, Sectio V], Dirichlet 講義録最終版 (1894, §§53–158) などによる深化を参照の上解説することとする. 課題 (72.2) に限るならば, 以下にて観る通り Lagrange–Legendre の考究にて手段はほぼ整えられており, 議論は §90 までをもって完了.

(2) Gauss の 2 次形式論 [DA, Sectio V] は前半 (artt. 153–222) と後半 (artt. 223–307) とに分かれる. 前半は, Fermat, Euler, Lagrange, Legendre の考究からなる伝統の再構成. 後半は名高い 2 次形式合成理論と種の理論. §§72–90 が前半と重なる.

(3) 相互律 (60.1)(3) の Legendre 証明につきその完全修正を §§91–92 にて行う. §71 [g] の議論を完結させることが目的ではあるが, 種の理論への準備 2 件を兼ねる.

(4) [DA, Sectio V] の後半については, その核心部の解説を Dirichlet (1851), Arndt (1859a/1859b), Smith (1861a/1862: Parts III, IV), Dedekind (Dirichlet (1871/1894, Supplement X)) などに沿い §§93–94 にて行う.

(5) Dirichlet 類数公式 (1839/1840a; 1863/1894, Fünfter Abschnitt) の証明を §95 にて述べる. Dirichlet 自身による論法に較べ, 解析的整数論の趣を強める. 一帰結として, §96 にて Dirichlet–Weber の素数定理の証明を与え, 講義を閉じる.

(6) ちなみに, [DA, Sectio V] は難解とされるが, この一般の見解には尊崇ゆえか誇張がある. 論旨は初等的にしてかつ委細を尽くすものである. ただ, 18 世紀数学の伝統に沿いしばしば過分に饒舌. 連分数, Legendre 記号, 行列記法, 群と準同型写像を欠くこともその印象を強める一因である. 線形作用を行列をもって表すことは Dirichlet (1842, p.323) が最初期. 目的は正に Gauss 2 次形式論の簡易化であった. 何れ Hamilton (1853), Cayley (1858) の創意をもって数学の基礎に置かれることとなる. また, 群と準同型写像の萌芽は [DA, Sectio V] の後半に顕著. 例えば, 終結部 (artt. 305–307) は有限 Abel 群の構造定理 (註 [31.6]) を実質的に含む.

[72.2] 2 次形式論における D への明確な注目は Lagrange (1773b) に始まる. しかし, 彼は概念に名称を与えることに積極的ではなかった. Legendre (1798, p.70) もやはり celle qui

§72. *233*

détermine la nature de la formule と特性の説明のみ. 一方, Gauss [DA, art. 154] は *determinantem* なる呼称を導入. Dirichlet (1863, p.139) はそれを受け継ぎ *Determinante* としている. 現行の *discriminant* は代数方程式論からの流用. ちなみに, 判別式なる名称の絶妙さは §94 の終段に至りようやくに明らかとなる.

[72.3] とくに [DA] 以降しばらくは形式 $[[a, 2b, c]]$ が主として扱われ, $D/4 = b^2 - ac$ を判別式と称した. つまり, $4|D$ なる場合のみが専ら考察された. 今日では $[[a, b, c]]$ が通例である. これは, 2次体の Ideal 論を念頭に置いての Dedekind (Dirichlet (1879, p.388, 脚注)) の提案を Kronecker (1885, p.768) が採用したことに始まるとされる. もっとも, Lagrange, Legendre は両者を偏り無く扱っている. 旧式 (Gauss, Dirichlet ら) の議論を現行版へ読み換えるには存外慎重を要する. 素数 2 のなせる憂鬱の一つなり.

[72.4] 変形 (72.3) により課題 (72.2) を簡略し, 与えられた整数 D, M につき不定方程式

$$\text{pell}_D(M) : X^2 - DY^2 = M$$

の整数解 $\{X, Y\}$ を定めること, ともできる. この観点に立つ実効的な手法を §83 ($D < 0$) および §90 ($D > 0$) にて示す. 通例では Pell 型不定方程式論とされるところとである (略記 pell_D の採用については註 [87.11] を見よ). 変形 (72.3) の活用は既に Bhaskara II (12 世紀: Datta–Singh (1938, pp.199–203)) にみられる. ちなみに, $D = f^2$ なる場合には, $4aQ(x, y) = (2ax + (b + f)y)(2ax + (b - f)y)$. 一方, 任意の整数 r, s, t, u につき $(2ar + (b + f)s)(2at + (b - f)u)$ は $4a$ の倍数であり ($b \equiv f \mod 2$ に注意), 互除法により $4a|\langle 2a, b + f\rangle\langle 2a, b - f\rangle$. 従って, $Q(x, y)$ は整数係数 1 次式の積と恒等的に等しい. この様な積形式に関する課題 (72.2) の解決が, m が巨大であるならば, 一般には容易にあらず. 何故ならば, m の特殊な因数分解を求めることに他ならぬからである.

[72.5] 例えば $[[3, 5, -25]]$ のごとく, 原始的形式でありながら判別式が平方因数を持つ場合もある. そこで, 状況を明確に分離するために,

$$D \text{ は基本判別式} \iff D \text{ を判別式に持つ形式全てが原始的}$$

なる定義を行う. このとき,

$$D \text{ は基本判別式} \iff \text{次の何れかが充たされる.}$$

(i) $D \equiv 1 \mod 4$, $|D|$: sqf, (ii) $D/4 \equiv 2, 3 \mod 4$, $|D/4|$: sqf.

証明であるが, $Q = [[a, b, c]]$ が (i) を充たすならば, $\langle a, b, c\rangle = 1$ は自明. (ii) を充たし, かつ $p|\langle a, b, c\rangle$ であるとき, $p \neq 2 \Rightarrow p^2|D/4 \Rightarrow$ 矛盾; 一方, $p = 2 \Rightarrow D/4 = (b/2)^2 - 4(a/2)(c/2) \not\equiv 2, 3 \mod 4 \Rightarrow$ 矛盾. よって, (i) または (ii) ならば, D は基本判別式. 逆に, D は基本判別式であり, かつ $D \equiv 1 \mod 4$ であるとする. 仮に, $p^2|D$ であるならば, $D/p^2 \equiv 1 \mod 4$ でもあり, 形式 $[[p, p, p(1 - D/p^2)/4]]$ の存在をもって矛盾. つまり (i) が成立する. また, D は基本判別式であり, かつ $4|D$ とする. 仮に, $p^2|D/4$ ならば, 非原始的形式 $[[p, 0, -p(D/4p^2)]]$ の存在をもって矛盾. つまり, $|D|/4$ は sqf. そこで, さら

に $D/4 \equiv 1 \bmod 4$ であるならば, 非原始的形式 $[|2, 2, (1 - D/4)/2|]$ は判別式 D を持ち矛盾. 従って, (ii) が成立する. 証明を終わる. なお, *Fundamental-Discriminante* は Kronecker (*ibid.*, pp.768–769) に初出であり, (i)(ii) をもって定義されている. 一方, Weber (1908, §84) は幹判別式 (Stamm-/stem-) としている. 良き名称なれど汎用に至らず.

[72.6]　任意の判別式 D は基本判別式 D_0 をもって $D = D_0 R^2$ と表現される. 実際, $D = st^2$, $s :$ sqf, とするならば, $s \equiv 1 \bmod 4$ であるときには, $D_0 = s$, $R = t$. 他の場合には, $s \equiv 2, 3 \bmod 4$ かつ $2|t$ であり, $D_0 = 4s$, $R = t/2$. 判別式を基本判別式に制限することにより, 一般性をさほど失うこと無く形式の原始性を常時前提とできる. しかし, かく制限を課すことには副作用無きにしもあらぬゆえ, 以下では一般的にはこれを採らず. 集合 $\mathfrak{Q}(D_0)$ と $\mathfrak{Q}(D_0 R^2)$ との関係については, 註 [95.9] にて少々触れる. ちなみに, 与えられた判別式が基本判別式であるのか否かを多項式時間をもって判断する手法は知られていない. もちろん, sqf 判定が関係することによる (註 [18.3]). なお, 分解の唯一性は例えば定理 33 と註 [73.13] から従う.

[72.7]　基本判別式は, 2 次体の判別式なるものと一致する. それが正の場合を実 2 次体, 負の場合を虚 2 次体と称する. しかし, 常例であるところの 2 元 2 次形式と 2 次体の関係についての解説は, ごく僅かな例外事項を除き行わない. 由来の前後を重んじるがゆえである. 本章全体と 2 次体論との比較を諸氏への推奨課題とする. 取り分け, Weber (1908), Hecke (1923) を参照すべし.

§73.

課題 (72.2) に関する基本的な命題は, Lagrange (1773b, pp.723–724) による次の判定定理である.

定理 46　条件

$$m > 0, \ \langle m, D \rangle = 1, \tag{73.1}$$

のもとに, m が $\mathfrak{Q}(D)$ 内の何れかの形式によって正規表現されるための必要充分条件は, 合同方程式

$$X^2 \equiv D \bmod 4m \tag{73.2}$$

が解を持つことである.

[証明]　充分条件であることを示すには, $s^2 - D = 4tm$ となる s, t を採り, 形式 $mx^2 + sxy + ty^2$ にて, $x = 1, y = 0$ とする. 条件 (73.1) から, $\langle m, s, t \rangle = 1$. 一方, 必要条件であることを示すためには, $Q = [|a, b, c|]$ につき $K = \begin{pmatrix} u & k \\ v & l \end{pmatrix}$ を

もって det(^tKQK) を計算し, 恒等式

$$4(au^2 + buv + cv^2)(ak^2 + bkl + cl^2)$$
$$= (2auk + b(ul + vk) + 2cvl)^2 - (ul - vk)^2 D \qquad (73.3)$$

を得ることに注意する．ここで, $m = au^2 + buv + cv^2$, $\langle u, v \rangle = 1$, とし, 互除法 (3.6) により $ul - vk = 1$ となる k, l を採る．証明を終わる．

互除法と 2 次形式論との密接不可分な関係が見られる．注意すべきは, $ul - vk = -1$ ($\det K = -1$) としても定理の証明に差異が生じないことである．しかし, Gauss はある重い理由をもって $\det K = 1$ を採るべし, とした．註 [74.2], [75.1] を参照せよ.

定理は今後の議論の基である．それゆえ条件 (73.1) への言及がしばしばなされる．しかし, 理論展開上はさしたる制限とはならない．理由は次節の註 [74.5]–[74.6] にある．ただし, 本質的にはあらずも, (73.1) を置くことが便宜上は望ましい．遥かに本質的な問題は, (73.2) を出発点に置くがゆえに表現すべき整数の素因数分解を, 少なくとも現在のところは, 前提とせざるを得ないことにある (§48 の冒頭を想起せよ). なお, 正定値の場合には符合条件は当然である．一方, 不定値の場合には符合条件を課さずに, (72.2) の解 (特解) を求めることが課題となる．§§89–90 にて議論する．

等式 (73.3) を左辺から観るならば, 各素因数 $p|m$ につき合同方程式 $x^2 \equiv D \bmod p$ を考察すべし, と言うに等しい．相互律ないしは定理 41 によるならば, これら素因数は法 $4|D|$ をもって一定の剰余類に限定され m の性格が規定される, と読み取れる．一方, 右辺からは, Q の 2 値の積は $|D|$ を法として 2 次剰余とほぼ見なし得る．やはり, m の性格を規定するものである．§94 にてこれらの意味するところが究明される．もっとも, 講述と共に次第に明らかとなろうが, 史実の方向は逆である．相互律のよって来たるところは 2 次形式論における諸々の課題である．

後の目的のために, (73.1)–(73.2) の解の個数の表示を与えて置く．このために, 各判別式 D に付随する $\mathbb{N}$ 上の完全乗法的函数を導入する.

Kronecker 記号 κ_D :
$$2 \nmid n \Rightarrow \kappa_D(n) = \left(\frac{D}{n}\right) \text{ (Jacobi 記号)},$$
$$\kappa_D(2) = \begin{cases} 0 & D \equiv 0 \bmod 4, \\ +1 & D \equiv 1 \bmod 8, \\ -1 & D \equiv 5 \bmod 8. \end{cases} \tag{73.4}$$

しからば，

$$(73.1)\text{--}(73.2) \text{ の解 } \bmod 4m \text{ の個数は } 2\sum_{f|m} \mu^2(f)\kappa_D(f). \tag{73.5}$$

ただし，μ は Möbius 函数．証明であるが，右辺は，$0^0 = 1$ なる解釈のもとに，

$$2\left(1+\kappa_D(2)\right)^\eta \prod_{\substack{p|m \\ p\neq 2}}\left(1+\left(\frac{D}{p}\right)\right), \quad \eta = \begin{cases} 1 & 2|m, \\ 0 & 2\nmid m. \end{cases} \tag{73.6}$$

乗積部分については，註 [59.3] を見よ．一方，$p = 2$ については，$\eta = 0$ なる場合には，$X^2 \equiv D \bmod 4$ の解の個数を求めることとなり，$D \equiv 0 \bmod 4 \Rightarrow X \equiv 0, 2 \bmod 4$，$D \equiv 1 \bmod 4 \Rightarrow X \equiv \pm 1 \bmod 4$．何れにしても個数は 2．また，$\eta = 1$ なる場合には $D \equiv 1 \bmod 4$，つまり $D \equiv 1, 5 \bmod 8$．註 $[59.4]_{\tau \geq 3}$ を参照し証明を終わる．

[73.1] Lagrange は定理 46 を明確に述べた訳ではない．等式 (73.3) に注視する彼の議論に含まれるところ，というほどの意である．Legendre (1798, Première partie) も見よ．基本定理としての抽出は Gauss [DA, art. 154]．

[73.2] Lagrange は次の重要な命題 (Théorème I) から議論を始めている．何らかの $m > 0$ につき，合同方程式 $ax^2 + bxy + cy^2 \equiv 0 \bmod m$ が互いに素な解 $\{u, v\}$ を持つならば，

$$m = Au_1^2 + Bu_1v_1 + Cv_1^2, \quad \langle u_1, v_1 \rangle = 1, \quad B^2 - 4AC = b^2 - 4ac,$$

なる整数 $A, B, C; u_1, v_1$ が存在する．ただし，$[|a, b, c|]$, $[|A, B, C|]$ の原始性は措く．明らかに上記の証明から従う．しかし彼自身の証明は表面上は異なり，次項の通り (要点は正規性 $\langle u, v \rangle = 1$)．帰結として，特定の形式により正規表現される正整数は，同一判別式を持つ何れかの形式により表現される素数の積である．この事実の把握には少なくとも Diophantus に遡る極めて永い歴史的な背景があるとされる．しかし，直接の源は，$n|(a^2 + b^2)$, $\langle a, b \rangle = 1$, は $n = c^2 + d^2$, $\langle c, d \rangle = 1$, を意味する，という Euler (1749, 1772d など) の定理 (註 [80.5]–[80.6] を見よ)．Lagrange の命題はその一般化である．

[73.3] まず，$au^2 + buv + cv^2 = ms$, $\langle u, v \rangle = 1$, とし，$s = ds_1, v = dv_1, \langle s_1, v_1 \rangle = 1$. このとき，$d|au^2$ により $a = da_1$. つまり，$ms_1 = a_1u^2 + buv_1 + cdv_1^2$. 互除法により，

$s_1 u_1 + v_1 w = u$ とし,
$$ms_1 = a_1 s_1^2 u_1^2 + (2a_1 w + b) s_1 u_1 v_1 + (a_1 w^2 + bw + cd) v_1^2.$$
そこで, $A = a_1 s_1$, $B = 2a_1 w + b$, $C = (a_1 w^2 + bw + cd)/s_1$ と採る. 註 [90.1] と比較せよ.

[73.4] 何れにせよ, 剰余 D を一定とするとき, 合同方程式 (73.2) が解を持つ法は著しい制限を受けることとなる. つまり, 課題 (45.5)$_{\ell=2}$ と 2 次形式論とは密接に関連している. Euler の発見 §71 [a] はこの文脈の中でなされたものである. Legendre の相互律への視点 (註 [94.3]) もまた同様である. さらには, 相互律の Gauss 第 2 証明 [DA, art. 262] も然り.

[73.5] 正規表現 $Q(u,v) = m = p_1^{e_1} p_2^{e_2} \cdots p_J^{e_J}$ は
$$Q(u,v) = (Q_1(u_1,v_1))^{e_1} (Q_2(u_2,v_2))^{e_2} \cdots (Q_J(u_J,v_J))^{e_J}, \quad Q_j(u_j,v_j) = p_j,$$
なる分解をも意味する. 各 Q_j は Q と同じ判別式を持つ. そこで, 逆に, 同じ判別式を持つ形式により正規表現される 2 正整数の積の表現は如何なることとなろうか. 互いに素なるものの場合には, 定理 46 により表現の可能性は明白である. しかし, やはりこれら 3 形式間の関係は問われよう. つまり, 条件の区々は措き, 改めて $Q_j(u_j, v_j) = m_j$, $j = 1, 2$, とするとき, $m_1 m_2 = Q_3(u_3, v_3)$ を与える Q_3, $\{u_3, v_3\}$, の一般的な構成法の (その有る無しも含めての) 探究である. この問題に初めて本格的に取り組んだのは Legendre (1798) である. 註 [74.4] に続く. 註 [93.1](a) も参照せよ.

[73.6] 極めて重要な恒等式 (73.3) そのものは Lagrange (1773b, pp.723–724) に初出と言える. 彼は (73.3) の意味の徹底的な探究を目指した, とすら映る. しかし, 今日一般の見解では, (73.3) の由来は遠く Brahmagupta (628: Datta–Singh (1938, pp.146–149)) の恒等式
$$(u^2 - v^2 d)(k^2 - l^2 d) = (uk + vld)^2 - (ul + vk)^2 d$$
にあるとされる. これは, 分解 $x^2 - y^2 d = (x + y\sqrt{d})(x - y\sqrt{d})$ から容易に従う (平方根は適宜に解釈する). あるいは, 行列表現を用いるならば, 自明な等式
$$\begin{pmatrix} u & vd \\ v & u \end{pmatrix} \begin{pmatrix} k & ld \\ l & k \end{pmatrix} = \begin{pmatrix} uk + vld & (ul + vk)d \\ ul + vk & uk + vld \end{pmatrix}$$
から従う. さらに,
$$\begin{pmatrix} x & yd \\ y & x \end{pmatrix} = x\mathfrak{e} + y\mathfrak{d}, \quad \mathfrak{e} = \begin{pmatrix} 1 & 0 \\ 0 & 1 \end{pmatrix}, \quad \mathfrak{d} = \begin{pmatrix} 0 & d \\ 1 & 0 \end{pmatrix},$$
と置き,
$$\mathfrak{d}^2 = d\mathfrak{e}$$
に注意するもよい. 周知のごとく, 虚数単位の行列表現 $\begin{pmatrix} 0 & -1 \\ 1 & 0 \end{pmatrix}^2 = -\begin{pmatrix} 1 & 0 \\ 0 & 1 \end{pmatrix}$ の一般形である. かく複素数を作用と把握することは, Hamilton (1853, Preface) に始まる.

[73.7] 形式 $Q = [[a,b,c]]$ の表現 (72.3) と組み合わせの上, 対応

$$Q(x,y) \mapsto \begin{pmatrix} ax + \frac{1}{2}by & \frac{1}{2}yD \\ \frac{1}{2}y & ax + \frac{1}{2}by \end{pmatrix} = ax\mathfrak{e} + \frac{1}{2}y(b\mathfrak{e} + \mathfrak{D}), \quad \mathfrak{D} = \mathfrak{d}_{d=D},$$

を得る. 行列式の値は $aQ(x,y)$ に等しい. 基底 $\{a\mathfrak{e}, \frac{1}{2}(b\mathfrak{e} + \mathfrak{D})\}$ により生成される $\mathbb{Z}$-module を通し Q を観る訳である. 2 次体の Ideal を扱うこととほぼ同等である. 行列表示の採用は符合に関するあいまいさを排する効果がある. 端緒は Poincaré (1880, p.239).

[73.8] 明示式 (73.5) は実質的には Dirichlet (1839/1840a) によるが, κ_D の導入をもって彼の論旨は明瞭となる (Kronecker (1885, pp.769–770) の着想). 完全乗法的函数 κ_D は, 常例では, Jacobi 記号の拡張 (偶数の '分母' を可とする) として定義される. しかし, 敢えてそれを採らず.

[73.9] 函数 κ_D は Dirichlet 指標 mod $|D|$ の一例. 実際,

(1) $m \equiv n$ mod $|D|$, $m, n > 0 \Rightarrow \kappa_D(m) = \kappa_D(n)$,

(2) $\kappa_D(|D| - 1) = \mathrm{sgn}\,(D)$.

まず, $D \equiv 1 \bmod 4$ であるならば, $n = 2^\alpha s$, $2 \nmid s$, と置き, 定理 40 により,

$$\kappa_D(n) = (\kappa_D(2))^\alpha \kappa_D(s)$$
$$= \left(\frac{2}{|D|}\right)^\alpha \left(\frac{D}{s}\right) = \left(\frac{2}{|D|}\right)^\alpha \left(\frac{s}{|D|}\right) = \left(\frac{n}{|D|}\right).$$

つまり, (1) を得る. また, $D \equiv 0 \bmod 4$ であるとき, $D = 2^\beta f$, $2 \nmid f$, と置き,

$$\kappa_D(n) = (-1)^{(f-1)(n-1)/4 + \beta(n^2-1)/8} \left(\frac{n}{|f|}\right).$$

そこで, $2|\beta$ ならば $m \equiv n \bmod 4$, $2 \nmid \beta$ ならば $m \equiv n \bmod 8$ であることに注意し, やはり (1) を得る. 一方, (2) の証明は多少入り組むが略す. 定義

$$\kappa_D(n) = \begin{cases} n > 0 \Rightarrow (73.4) \text{ の通り}, \\ n < 0 \Rightarrow \mathrm{sgn}(D)\kappa_D(|n|) \end{cases}$$

により, 法 $|D|$ に関する Dirichlet 指標 κ_D を得る. もちろん, $\kappa_D(n) = \kappa_D(n')$, $n \equiv n' \bmod |D|$, $n' > 0$, と定義するもよい.

[73.10] 前項の結果をもって κ_D を定義することも行われている. 両定義の同値性は相互律 (64.2) による. 留意すべし. また, κ_D は法 $|D|$ の下にあることにも留意せよ. 定理 41 によるならば, $4|D|$ を法とすべき, と映ることであろうが.

[73.11] 原始的実指標と Kronecker 記号とには次の関係がある.

    (i) 基本判別式 D については, κ_D は原始的実指標 mod $|D|$,

    (ii) 任意の原始的実指標は, 何れかの基本判別式 D をもって κ_D と同一.

実際, 基本判別式 $D = 2^\beta f$, $2 \nmid f$, には, 註 [72.5] により 3 種 ($\beta = 0, 2, 3$) あり, それぞれにつき註 [64.5] と註 [73.9] を組み合わせるならば, (i) を得る (とくに, $\beta = 2$ のときには [72.5] (ii),

つまり $f \equiv 3 \mod 4$, に注意せよ). 一方, (ii) については, 原始的実指標 $\chi \mod q$ は (56.5) のもとに存在するが, (56.6)–(56.7) および註 [64.5] を参照し, $\chi = \kappa_D$. ただし,

$$l = 0 \Rightarrow D = (-1)^{(q-1)/2} q,$$
$$l = 2 \Rightarrow D = (-1)^{(q_0+1)/2} q,$$
$$l = 3, (56.7)_{k_1=0} \Rightarrow D = (-1)^{(q_0-1)/2} q,$$
$$l = 3, (56.7)_{k_1=1} \Rightarrow D = (-1)^{(q_0+1)/2} q.$$

これらの D は基本判別式であり, かつ, それぞれの場合について κ_D を註 [73.9] を経由し表現し直すならば対応する χ を得る.

[73.12] なお, $\Delta(t) = \prod_{p|t} ((-1)^{(p-1)/2} p)$, $p \geq 3$, をもって, 前項の D は順に $\Delta(q)$, $-4\Delta(q_0)$, $8\Delta(q_0)$, $-8\Delta(q_0)$ に等しい ((64.3) を援用). そこで, 2^* は $-4, 8, -8$ の何れか, および $p^* = (-1)^{(p-1)/2} p$, $p \geq 3$, とし, これらを素判別式と呼ぶならば, 基本判別式 D は素判別式の積に分解され, かつ κ_D も同様. 即ち,

$$D = \prod_{p|D} p^*, \quad \kappa_D = \prod_{p|D} \kappa_{p^*}.$$

この分解表示は §94 にて (記号を変え) 用いられる. 各 κ_{p^*} を素指標と呼ぶ. 実際, 奇数 n について,

$$\kappa_{-4}(n) = (-1)^{(n-1)/2}, \; \kappa_8(n) = (-1)^{(n^2-1)/8}, \; \kappa_{-8}(n) = (-1)^{(n-1)/2+(n^2-1)/8}.$$

また, $p \geq 3$, $p \nmid n$ について,

$$\kappa_{p^*}(n) = \left(\frac{n}{p}\right).$$

[73.13] 一方, 任意の判別式 D につき, 分解 $D = D_0 R^2$ (註 [72.6]) をもって

$$\kappa_D = \jmath_R \kappa_{D_0}.$$

ただし, $\jmath_R$ は単位指標 $\mod R$. つまり, 指標 κ_D の導手は $|D_0|$ であり, 原始的指標 κ_{D_0} により誘導される. 証明であるが, $2 \nmid D$ の場合には, 註 [73.9] の前半の議論から明らか. 一方, $2|D$, $2 \nmid D_0$ であるならば, 同所後半にて $2|\beta$ かつ $f = D_0(R/2^{\beta/2})^2 \equiv 1 \mod 4$. つまり,

$$\kappa_D(n) = \jmath_2(n)\left(\frac{n}{|f|}\right) = \jmath_R(n)\left(\frac{n}{|D_0|}\right) = \jmath_R(n)\kappa_{D_0}(n).$$

次に, $2|D$, $D_0/4 \equiv 3 \mod 4$ ならば, やはり $2|\beta$ であり, $f = (D_0/4)(R/2^{\beta/2-1})^2 \equiv -1 \mod 4$. よって,

$$\kappa_D(n) = \jmath_R(n)(-1)^{(D_0/4-1)(n-1)/4}\left(\frac{n}{|D_0/4|}\right) = \jmath_R(n)\kappa_{D_0}(n).$$

さらに, $2|D$, $D_0/4 \equiv 2 \mod 4$ であるならば, $2 \nmid \beta$ かつ $f = (D_0/8)(R/2^{(\beta-3)/2})^2 \equiv D_0/8 \mod 4$. よって,

$$\kappa_D(n) = \jmath_R(n)(-1)^{(D_0/8-1)(n-1)/4+(n^2-1)/8}\left(\frac{n}{|D_0/8|}\right) = \jmath_R(n)\kappa_{D_0}(n).$$

[73.14]　任意の原始的実指標 $\chi \bmod q$ を註 [73.9](2), [73.11] を通して観るならば, $\chi(-1) = \mathrm{sgn}\,(D)$, $|D| = q$, となる. つまり, $\chi(-1)$ の正負により, 不定値形式, 正定値形式の何れから χ が発したものであるか判断できる訳である. 註 [72.7] によるならば, $\chi(-1)$ の値により, 背後に何れの 2 次体が控えているのか知れることとなる.

§74.

しかし, 大域的に可能との判定のあることを佳しとするも, 特定の形式をもっての正規表現に如何にして到達するのか. Euler による個々様々な形式の扱いを超え, この困難な課題に対し一般的にして鮮やかな手法を創出したのはやはり Lagrange (1773b) である. 2 次形式の Lagrange 簡約と呼ばれる. 簡約とは字句通りであり, 判別式を同じくする代表的形式への変換を経由することにより問題を透明としよう, という考えである. それの導入 (§76) に先立ち, 後の Gauss [DA, art. 155] の視点から前節の証明を観る. 本節の議論は至極基本. よって, 繰り返し少々あり.

まず, 恒等式 (73.3) の一効用は各正規表現を Γ の特定の元に結びつけることにある. 詳しくは,

$$\text{条件 (73.1) 下の正規表現}\quad Q(u,v)=m,\ Q=[|a,b,c|]\in\mathfrak{Q}(D) \tag{74.1}$$

と (73.2) の解との間には次の関係がある. 記号 $M_{m,\xi} = [|m, \xi, (\xi^2 - D)/4m|]$ をもって,

$$^{\mathrm{t}}UQU = M_{m,\xi},\quad U = \begin{pmatrix} u & k \\ v & l \end{pmatrix} \in \Gamma, \tag{74.2}$$

$$\xi = 2auk + b(ul+vk) + 2cvl,\quad \xi^2 \equiv D \bmod 4m. \tag{74.3}$$

関係 $U \leftrightarrow \xi$ に注目する. 正規表現 $\{u,v\}$ から得られる $\{k,l\}$ は一意的にあらず. 註 [6.2] に戻り, 一般には $\{k+ru, l+rv\}$, $r \in \mathbb{Z}$. あるいは, (5.1) の T をもって, U の一般形は UT^r (これらの 1 列目は全て等しく逆も言える). つまり, (74.2)–(74.3) にて $\xi \mapsto \xi + 2rm$. 言い換えるならば,

正規表現 (74.1) に, (74.2) を経由し, 対応する (73.2) の解は

(74.3) をもって与えられ, 法 $2m$ に関し唯一. (74.4)

よって, (73.1)–(73.2) の解 $\bmod 4m$ を定め, それらを法 $2m$ をもって仕分けし直す要がある. 解 $\xi \bmod 4m$ について $(\xi+2m)^2 \equiv D \bmod 4m$ であり, 集合 $\{\xi \bmod 4m\}$ は集合 $\{\xi \bmod 2m\}$ を 2 重に含む. これの理解のもとに, Gauss に従い, 正規表現 (74.1) は $\xi \bmod 2m$ に属す, と定義する. かくして, (73.1) を充たす m を正規に表現する $\mathcal{Q}(D)$ 内の形式全てから標識系

$$\mathcal{M}_m = \{M_{m,\xi} : \xi \bmod 2m\} \subset \mathcal{Q}(D) \tag{74.5}$$

が抽出される. もちろん, $\mathcal{M}_m = \varnothing$ なる場合もある. ここで '$\xi \bmod 2m$' とは, 条件 $\xi \equiv \xi' \bmod 2m$ のもとに $M_{m,\xi}$ と $M_{m,\xi'}$ とを同一視することであり関係式 $M_{m,\xi} = {}^t(T^r) M_{m,\xi'} T^r$, $r \in \mathbb{Z}$, と同値. 形式 Q が m を正規表現するためには, 何らかの $U \in \Gamma$ をもって ${}^t U Q U \in \mathcal{M}_m$ となることが必要充分 (U の 1 列目が (74.1) の特解). 註 [74.2] に多少趣の異なる定式化を与える. なお, 法 $4m$ から法 $2m$ への移行により, $\{\xi\}$ の計数は (73.5) の半数である. つまり,

$$|\mathcal{M}_m| = \sum_{f \mid m} \mu^2(f) \kappa_D(f). \tag{74.6}$$

以下 (74.20) までは, 正規表現されるべき整数の符合に制限を設けない. 上記の機構の要は正規表現を写像

$$\mathcal{Q}(D) \times \Gamma \ni \{Q, U\} \mapsto {}^t U Q U \in \mathcal{Q}(D) \tag{74.7}$$

として捉えることである (${}^t U Q U$ の原始性は自明ながら下記にて確かめる). 特定の Q により特定の整数を正規表現することは, かく目的を達する U を選び出すことと同値である. それゆえ, 個々の正規表現を離れ, 写像 (74.7) を通して観るとき $\mathcal{Q}(D)$ は如何なる構造を持つのかを知るべき. この課題を念頭に置き, Lagrange (ibid., Problémes III–IV) は群 Γ による $\mathcal{Q}(D)$ 内の運動 (74.7) そのものに考察を進めたのである (ただし, 次節冒頭の枠組みにて).

従って, 2 次形式一般につき

$$Q \mapsto {}^t U Q U, \quad U = \begin{pmatrix} \alpha & \beta \\ \gamma & \delta \end{pmatrix} \in \Gamma, \tag{74.8}$$

あるいは, より詳しくは,

$$
\begin{aligned}
a' &= a\alpha^2 + b\alpha\gamma + c\gamma^2, \\
b' &= 2a\alpha\beta + b(\beta\gamma + \alpha\delta) + 2c\gamma\delta, \\
c' &= a\beta^2 + b\beta\delta + c\delta^2,
\end{aligned}
\qquad (74.9)
$$

なる変換 ${}^tU[|a,b,c|]U = [|a',b',c'|]$ を考察することとなる. そこで,

$$
\begin{aligned}
&Q_1 \equiv Q_2 \bmod \varGamma \text{ あるいは } Q_1 \text{ と } Q_2 \text{ は合同} \\
&\Leftrightarrow {}^tUQ_1U = Q_2 \text{ となる } U \in \varGamma \text{ が存在する}
\end{aligned}
\qquad (74.10)
$$

と定義する. もちろん, 類別公理が充たされている. 今後, 2次形式の合同とは (74.10) を意味する.

議論を少々戻すが, 注目すべきは, また当然ながら, 関係式 (74.9) の上段は a' の Q による正規表現を与える. つまり, 集合 $\{a'\}$ に含まれる s のみについて正規表現 $Q(u,v) = s$ が存在する. 即ち,

$$
\begin{aligned}
&\text{正規表現と類別 (74.10) とは密接不可分に関係し,} \\
&\text{合同な 2 次形式により正規表現される整数の集合は一致する.}
\end{aligned}
\qquad (74.11)
$$

正規表現 $Q(u,v) = s$ の有る無しは, 特定の形式 Q よりもむしろ Q の属する $\varGamma$-合同類の性質である. この正規表現と $\varGamma$-変換との関係が今後の議論の指針となる. しかし, 次節にて一部解説するが, (74.11) の逆は一般には成立しない. 一方, 言うまでもなく,

$$
Q_1 \equiv Q_2 \bmod \varGamma \;\Rightarrow\; Q_1, Q_2 \text{ の判別式は等しい.} \qquad (74.12)
$$

ここでもしかし逆は必ずしも成立しない. 例えば, $[|1,0,6|]$ と $[|2,0,3|]$ の判別式は共に -24 であるが, 前者は 1 の正規表現を与えるものの後者は与えず, (74.11) によりこれら形式は合同ではあり得ない. なお, (74.9) にて $U^{\pm 1}$ の作用を見ることにより $\langle a,b,c \rangle = \langle a',b',c' \rangle$ と容易に知れる. よって, 判別式を定めるとき,

$$
\text{類別 (74.10) を } \mathfrak{Q}(D) \text{ に制限できる.} \qquad (74.13)
$$

それゆえ, 正規表現の在り方を記述するには, 次の 2 点を考察する必要が生じる.

(1) 判別式を同じくする形式間の合同の判定,

(2) 合同である 2 形式を結ぶ Γ の元を全て定める. (74.14)

問 (1) は $\mathfrak{Q}(D)$ 内に描かれる様々な Γ-軌道

$$\{{}^t UQU : \forall U \in \Gamma\}_{Q \in \mathfrak{Q}(D)} \tag{74.15}$$

のうちから交わらぬもの全てを採り出す手段を求めることである. あるいは, 集合

$$\mathcal{K}(D) = \{\mathfrak{Q}(D) \text{ 内の } \Gamma\text{-合同類全て}\} \tag{74.16}$$

の構造を探査すると言うもよい. 後に, $\mathcal{K}(D)$ は有限集合と判明する (定理 47). 何と幸いなる哉, 相異なる軌道は有限個. 他方, 問 (2) は各 Q につき Γ の部分群

$$\mathrm{Aut}_Q = \{V \in \Gamma : {}^t VQV = Q\} \tag{74.17}$$

を定めることと同じである. 何故ならば, ${}^t UQU = {}^t U'QU'$ は $U'U^{-1} \in \mathrm{Aut}_Q$ と同値であり, 左方向からの coset 分解

$$\mathrm{Aut}_Q \backslash \Gamma : \quad \Gamma = \bigsqcup_\nu \mathrm{Aut}_Q \cdot U_\nu \tag{74.18}$$

をもって

$$Q \text{ の } \Gamma\text{-軌道の各点は } {}^t U_\nu QU_\nu. \tag{74.19}$$

これら V を Q の automorphs と呼ぶ. 全ての Aut_Q は実質的には巡回群であることが後に判明する (§76 および §88). つまり, $\mathcal{K}(D)$ の構造は思いの外単純. とは言え, 実際に構造の内部に立ち入るには構成的な論法を必須とするゆえ, 相当な困難が予見されよう. なお, 注意であるが,

$$\mathrm{Aut}_{{}^t UQU} = U^{-1} \cdot \mathrm{Aut}_Q \cdot U, \quad \forall U \in \Gamma. \tag{74.20}$$

これより節末まで再び前提 (73.1) の下の議論. 以上の準備のもとに (74.1)–(74.5) に戻るならば, 言い換えに過ぎぬところではあるが,

$Q \in \mathfrak{Q}(D)$ が m の正規表現を与えるためには,
何れかの $M_{m,\xi} \in \mathcal{M}_m$ と Q とが合同であることが必要充分. (74.21)

かつ,

形式 Q による正規表現のうち, 同じ $\xi \bmod 2m$ に属すものは, Aut_Q の元により互いに移り変わり得るものに限る. (74.22)

後者については, これら正規表現から ${}^tC_jQC_j = M_{m,\xi}$ が得られるとするならば, $C_1C_2^{-1} \in \mathrm{Aut}_Q$. そこで, C_j の 1 列目を比較するがよい. また, 合同分類の意味するところから当然に

$$
\begin{aligned}
&\text{幾つかの形式が互いに合同であるための必要充分条件は,}\\
&\text{それらが同じ } \xi \bmod 2m \text{ に属する正規表現を持つことである.}
\end{aligned} \tag{74.23}
$$

課題 (72.2) は, 合同方程式 (73.2) を解き, 検査 (74.21) を行い, かつ Aut_Q を定めること, と分解される.

記号を多少加え再度の説明を行う. まず, $\mathcal{M}_m$ は互いに合同な形式を含み得ることに注意し, 類 $\mathfrak{c} \in \mathcal{K}(D)$ に含まれる部分を $\mathcal{M}_m(\mathfrak{c})$ とし, 分割 $\mathcal{M}_m = \bigsqcup_{\mathfrak{c}} \mathcal{M}_m(\mathfrak{c})$ を得る. 何れかの $\mathfrak{c}$ につき $\mathcal{M}_m(\mathfrak{c}) \neq \varnothing$ であるものとし, 形式 $Q \in \mathfrak{c}$ を任意に採る. このとき, もちろん m は Q により正規表現される. そこで, $\mathcal{U}_m(Q) = \{U \in \Gamma : {}^tUQU = M_{m,*}\}$ とするならば, これら正規表現は何れかの $U \in \mathcal{U}_m(Q)$ の 1 列目により与えられる. 同じ表現を与える U_1, U_2 について $U_1^{-1}U_2 = T^r$. よって, それらの分類 (74.4)–(74.5) は $\Gamma_\infty = \{T^r : r \in \mathbb{Z}\}$ をもって右方向から $\mathcal{U}_m(Q)$ を類別すると同じ. 即ち, 1 対 1 対応

$$\{Q \text{ による } m \text{ の相異なる正規表現}\} \leftrightarrow \mathcal{U}_m(Q)/\Gamma_\infty \tag{74.24}$$

が存在する. さらに, 同じ $M_{m,*}$ をもたらす $\mathcal{U}_m(Q)/\Gamma_\infty$ の元をまとめる, つまり (74.22) の観点を採り, $\mathcal{U}_m(Q)/\Gamma_\infty$ に対し Aut_Q による左方向からの類別を施す. かくして得られる $\mathcal{U}_m(Q)$ の両側分類の代表元は $\mathcal{M}_m(\mathfrak{c})$ の各元と 1 対 1 に対応する. 従って, 1 対 1 対応

$$\mathcal{M}_m \leftrightarrow \bigsqcup_Q \mathrm{Aut}_Q \backslash \mathcal{U}_m(Q)/\Gamma_\infty \tag{74.25}$$

を得る. ただし, $\{Q\}$ は類別 $\mathcal{K}(D)$ の代表形式系. 左辺は有限集合であるゆえ, 任意に形式 Q を定めるとき,

$$
\begin{aligned}
&\text{正規解の集合 } \{{}^t\{u,v\} : Q(u,v) = m, \langle u,v \rangle = 1\} \text{ は}\\
&\mathrm{Aut}_Q \text{ の左側からの作用により有限個の軌道に分かれる.}
\end{aligned} \tag{74.26}
$$

注意であるが, 対応 (74.25) は系 $\{Q\}$ の選択に関係する. 例えば, Q を $Q_1 = {}^tU_1QU_1, U_1 \in \Gamma$, に取り換えるならば,

§74. *245*

$$\mathrm{Aut}_{Q_1}\backslash \mathcal{U}_m(Q_1)/\Gamma_\infty = U_1^{-1}\{\mathrm{Aut}_Q\backslash \mathcal{U}_m(Q)/\Gamma_\infty\}. \tag{74.27}$$

[74.1] 本節の基礎的な着想は Lagrange (1773b) による．判別式の不変性および変換式 (74.9) は同所 (Problémes III–IV) に初出．標識形式 (74.5) の抽出は Legendre (1798, pp.187–189) に見られる．Gauss は彼らの考察を整理．上記にて解説されているところは，Gauss 後の群論上の記述を借用したものに過ぎない．[DA, artt. 155–156, 166–170] は，(74.1)–(74.5)，(74.21)–(74.27) と実質同じ．つまり，群の作用なる観点を採用するならば，記述はかくも簡明となる．

[74.2] Dedekind (Dirichlet (1871/1894, §60, 脚注)). 前提 (73.1) の下に，表現 $Q(u,v) = m$, $Q = [|a,b,c|] \in \mathcal{Q}(D)$, が正規かつ $\xi \bmod 2m$ に属するための必要充分条件は，合同式

$$\begin{pmatrix} \xi - b & -2c \\ 2a & \xi + b \end{pmatrix} \begin{pmatrix} u \\ v \end{pmatrix} \equiv \underline{0} \bmod 2m$$

が成立することである．充分であることは，右辺を $2m\binom{k}{l}$ とするとき，

$$2m(ul - vk) = (2au + (\xi + b)v)u - ((\xi - b)u - 2cv)v = 2m.$$

つまり，$\binom{u\ k}{v\ l} \in \Gamma$. とくに，$\langle u,v \rangle = 1$. かつ，

$$0 = (2au + (\xi + b)v)k - ((\xi - b)u - 2cv)l = 2auk + (vk + ul)b + 2cvl - \xi.$$

これは (74.3)．一方，必要であることは，(74.3) から

$$(\xi - b)u - 2cv = 2mk, \quad 2au + (\xi + b)v = 2ml$$

を得ることによる．本項は §93 (vi)–(vii) にて主要な手段となる．この論法によるならば，(73.3) に続く議論よりも自然に Γ が立ち現れる．

[74.3] Gauss [DA, art. 160] は類別理論に臨んで隣接形式 *formae contiguae* という観点を導入している．目下の規定 (72.1) のもとにては，

$$[|a,b,c|], [|a',b',c'|] \text{ は隣接} \iff c = a' \text{ かつ } b + b' \equiv 0 \bmod 2|c|.$$

変換 $\begin{pmatrix} 0 & -1 \\ 1 & 0 \end{pmatrix}\begin{pmatrix} 1 & \delta \\ 0 & 1 \end{pmatrix} = \begin{pmatrix} 0 & -1 \\ 1 & \delta \end{pmatrix} \in \Gamma$, $b + b' = 2c\delta$, によって結ばれた 2 形式の組と云うに同じ．あるいは，逆方向から観るならば，$\begin{pmatrix} 0 & -1 \\ 1 & \delta \end{pmatrix}^{-1} = \begin{pmatrix} \delta & 1 \\ -1 & 0 \end{pmatrix}$ であるゆえ，負項連分数展開 (註 [23.3]) を扱うことに類似するとも言える．Dirichlet (1863/1894, §62) を参照せよ．以下，正定値形式については，後述の (78.1) の意味をもって，*implicit* にこれを踏襲している．不定値形式については，Gauss の方針を採らぬが，註 [88.4] にて隣接形式との関連を述べる．

[74.4] 註 [73.5] の課題に戻る．試みに，互いに素である m_j が (73.1) を充たし，$Q_j \in \mathcal{Q}(D)$ によって正規表現され，それらが $\xi_j \bmod 2m_j$ に属する，とする．このとき，(32.1) により，$\xi \equiv \xi_j \bmod 2m_j$ となる $\xi \bmod 2m_1m_2$ が定まり，$\xi^2 \equiv D \bmod 4m_1m_2$. そこで，$\xi^2 = D + 4m_1m_2c$ と置くならば，

$$Q_1 \equiv [|m_1, \xi, m_2 c|], \ Q_2 \equiv [|m_2, \xi, m_1 c|] \bmod \Gamma, \text{ かつ}$$
$$\text{積 } m_1 m_2 \text{ は } [|m_1 m_2, \xi, c|] \text{ により正規表現される}.$$

上行は ${}^t(T^{k_j})[|m_j, \xi_j, (\xi_j^2 - D)/4m_j|]T^{k_j} = [|m_j, \xi, (\xi^2 - D)/4m_j|]$, $\xi = \xi_j + 2m_j k_j$, と同義. また, 下行は $\langle m_1 m_2, \xi, c \rangle = 1$ を要するが, 自明. 判別式を定めるとき, 正規表現される互いに素な 2 数の積はやはり正規表現される. 定理 46 から観るならば至極当然. しかしながら, ここに本質的な課題が浮上する. 形式 $[|m_1 m_2, \xi, c|]$ は如何なる Γ-合同類に属するのであろうか. Legendre (1798, Quatrième partie) に試みの考察がある. しかし, 根本的な解答は Gauss の 2 次形式合成理論 (§93). 註 [81.3], [81.4] に続く.

[74.5]　[DA, art. 228].　任意に $N \neq 0$ を採る.　任意の原始的形式 $Q = [|a, b, c|]$ つき $Q \equiv [|a', b', c'|] \bmod \Gamma$ かつ $\langle a', N \rangle = 1$ なる形式 $[|a', b', c'|]$ を定めることができる. 例えば, $\langle Q(r, 1), N \rangle = 1$ となる r を採り, $\begin{pmatrix} r & r-1 \\ 1 & 1 \end{pmatrix}$ をもって Q を変換するがよい. この様な r の検出は容易である. あるいは, 明確を期すならば,

$$N_1 = \frac{N}{\langle N, c^\infty \rangle}, \ N_2 = \frac{\langle N, c^\infty \rangle}{\langle N, \langle a, c \rangle^\infty \rangle}, \ N_3 = \langle N, \langle a, c \rangle^\infty \rangle$$

をもって分解 $N = N_1 N_2 N_3$ を得, $a' = Q(N_1, N_2)$ を採るがよい (記号 $\langle N, *^\infty \rangle$ については註 [13.3] を見よ). 実際, $\langle N_j, N_k \rangle = 1$, $j \neq k$, かつ $\langle a', N_j \rangle = 1$ ($j = 3$ の場合は, $\langle a, b, c \rangle = 1$ による). なお, Legendre (1798, p.421) に関連の示唆あり. つまり, この有用な技法は既に周知であった.

[74.6]　より詳しく, $[|a, b, c|] \equiv [|a', b', c'|] \bmod \Gamma$, $a' > 0$, $\langle a', N \rangle = 1$. まず, $\det Q = D < 0$ の場合には $a' > 0$ は自明. そこで, $D > 0$ とする. §71 にて注意したが $Q(1, 0)Q(b, -2a) = -a^2 D < 0$ により, $Q(u, v) > 0$ となる $\{u, v\}$ が存在する. もちろん, $\langle u, v \rangle = 1$ と仮定してよい. よって, $Q \equiv Q_1 \bmod \Gamma$, $Q_1(1, 0) = Q(u, v) > 0$, となる Q_1 が存在する. つまり, 当初から $a > 0$ と仮定してよい. 前項に戻り, 仮に $Q(N_1, N_2) < 0$ であるならば, 等式 $4aQ(N_1 + Nk, N_2) = (2a(N_1 + Nk) + bN_2)^2 - DN_2^2$ にて k を充分大と採る. 右辺は正となり, $Q(N_1 + Nk, N_2) > 0$. 残るは $Q(N_1 + Nk, N_2) \equiv Q(N_1, N_2) \bmod N$ に注意するのみ.

§75.

実は, Lagrange や Legendre の 2 次形式論にては, (74.8) に相当する箇所にて $\det U$ の符号を不問とし, 群 $\Gamma \sqcup \diamond \Gamma$, $\diamond = \begin{pmatrix} 1 & 0 \\ 0 & -1 \end{pmatrix}$, の元による変換を扱う. これは今日では広義類別と言われ, 2 形式が $\diamond \Gamma$ の元をもって結ばれている場合, 互いに非正式合同であるとする. 対するに, (74.10) は Gauss [DA, artt. 157–158] によるが, 正式合同, 狭義類別と言われる. 実は, この区別は (74.11) の逆が一般には成立しないこととも関係がある. 整数 m が $[|a, b, c|]$ による正規表現 $\{u, v\}$

を持つならば, $[|a,-b,c|]$ による正規表現 $\{u,-v\}$ も持つ. よって, $[|a,b,c|]$ とその ⋄ による変換 $[|a,-b,c|]$ により正規表現される整数の集合は一致する. しかし, これらの形式は非正式合同ではあるが一般には正式合同ではない. より詳しくは, Gauss の対応 (74.1)–(74.4) から観るならば, 次の如くこれらの差異は一般的には明確である ([DA, art. 167]). 定義 (74.2) にて, 仮に $Q' = {}^tSQS$, $S \in \diamond\Gamma$, $S^{-1}U = \begin{pmatrix} u' & k' \\ v' & l' \end{pmatrix}$ とするならば, 正規表現 $Q'(u', v') = m$ を得るが, これは $-\xi \bmod 2m$ に属する. 実際, $S^{-1}U\diamond = \begin{pmatrix} u' & -k' \\ v' & -l' \end{pmatrix} \in \Gamma$ であり,

$${}^t(S^{-1}U\diamond)Q'S^{-1}U\diamond = \diamond M_{m,\xi}\diamond = M_{m,-\xi}. \tag{75.1}$$

とは言え, 広義・狭義類別が同じ類を生む場合もまたある. 例えば, $[|2,2,3|]$ と $[|2,-2,3|]$ とは正式合同でもあり, 広義・狭義類別をもって同類. 以下は Gauss の観点である. まず, 定義 [DA, art. 163]:

$$[|a,b,c|] \text{ は両面形式 } forma\ anceps \iff a|b. \tag{75.2}$$

このとき, 次の 2 定義 (i) (ii) は同値である.

$$\begin{matrix} \text{両面類} \\ classis\ anceps \end{matrix} : \begin{matrix} \text{(i)} & \text{両面形式を含む類,} \\ \text{(ii)} & \text{自己に非正式合同である形式を含む類.} \end{matrix} \tag{75.3}$$

(i) は [DA, art. 224] における定義であり, (ii) は [DA, art. 164] の結論から得られる定義である. 共にそのような形式を少なくとも一個含むことを要求している (明らかに, (ii) であるならばその類に含まれる全ての形式が自己に非正式合同). これら 2 定義の同値性を証明する必要がある. 始めに, (i) ならば (ii) であることを示す. 両面形式 $Q = [|a,b,c|]$ にて $b = ka$ とし, $K = \begin{pmatrix} 1 & k \\ 0 & -1 \end{pmatrix} \in \diamond\Gamma$ をもって ${}^tKQK = Q$. つまり, 両面形式を含む類は (ii) の要請を充たす. 次に, (ii) ならば (i) であることを示す. そこで, 改めて $Q = [|a,b,c|]$, ${}^tVQV = Q$, $V \in \diamond\Gamma$, とする. まず,

$$V = \begin{pmatrix} s & t \\ u & -s \end{pmatrix}, \quad s^2 + tu = 1, \tag{75.4}$$

であることを示す. このために, $V = \begin{pmatrix} s & t \\ u & v \end{pmatrix}$ と置くならば,

$$
\begin{aligned}
&(1) \quad sv - tu = -1, \\
&(2) \quad a = as^2 + (bs+cu)u, \\
&(3) \quad b = 2ast + b(sv+tu) + 2cuv.
\end{aligned}
\qquad (75.5)
$$

(1) と (3) から, $ast + (bs+cu)v = 0$. (2) と組み合わせ, $(s^2-1)v - stu = 0$. 再度 (1) を用い $s^2 + tu = 1$. よって, $s(s+v) = 0$. これより, $s = -v$ ($s=0$ ならば, (3) から $v=0$). つまり (75.4) を得る. とくに $u=0$ ならば, (3) から $b = ast$. よって, $u \neq 0$ の場合に移る. 目的は, $R = \begin{pmatrix} \sigma & \tau \\ \lambda & \mu \end{pmatrix} \in \Gamma$ を適宜に採り,

$$
L = R^{-1}VR = \begin{pmatrix} * & * \\ \ell & * \end{pmatrix}, \quad \ell = u\sigma^2 - 2s\sigma\lambda - t\lambda^2 = 0, \qquad (75.6)
$$

とすることである. このとき, ${}^tRQR$ は Q と (狭義) 同類であり, かつ $L \in \diamond \Gamma$ による変換にて不変. つまり, $u=0$ の場合に帰着し議論は済む. しかるに, (75.4) から, $u\ell = (u\sigma - s\lambda)^2 - \lambda^2$. 従って, 互いに素な σ, λ を $u\sigma = (s+1)\lambda$ と定め互除法 (3.6) により τ, μ を採ればよい. 証明を終わる.

両面類は §94 の議論にて極めて重要な役割を担う.

[75.1]　狭義類別を採用する真の理由は §§93–94 にてようやく感得されることとなろう. 何れそのうちに .. harum distinctionum mox innotescet と Gauss [DA, art. 158] も言う如く, 尚早な解説をせず委細は議論の展開にゆだねる. 狭義類別の導入は Gauss の主たる貢献の一つである (註 [93.1] (a)). なお, 上記 (75.4) 以降は [DA, art. 164] の簡易化である Dirichlet (1857; 1863, §58) からの借用.

[75.2]　[DA, art. 170]. $\mathcal{Q}(D) \ni Q$ は両面類に属し, (73.1) の下に正規表現 $Q(u,v) = m$ を得たものとする. このとき (75.1) により, $M_{m,-\xi} \equiv M_{m,\xi} \bmod \Gamma$. 言わば, Q が代表する類は全ての正規表現につき '2 面' $M_{m,\pm\xi}$ を持つ. 両面類に入らぬ形式に関しては同様なことは起こり得ず, 各正規表現につき $M_{m,-\xi} \not\equiv M_{m,\xi} \bmod \Gamma$. 広義類別を採用するならば, この分解能を失う. 例えば, $Q = [[3, -19, -11]]$, $D = 493$, につき, $K_1 = \begin{pmatrix} 300 & -73 \\ 37 & -9 \end{pmatrix}$, $K_2 = \begin{pmatrix} 324 & 79 \\ 41 & 10 \end{pmatrix}$ (共に Γ の元) をもって ${}^tK_1QK_1 = M_{m,-\xi}$, ${}^tK_2QK_2 = M_{m,\xi}$, $m = 44041$ (素数), $\xi = 21455$. 従って, $K_1^{-1}K_2$ による $M_{m,-\xi}$ の変換は $M_{m,\xi}$ でありこれらは同類. つまり Q は $\mathcal{Q}(493)$ の両面類に属する. 実際, ${}^tK_0QK_0 = Q$, $K_0 = K_1 \diamond K_2^{-1}$, $K_0 \notin \mathrm{Aut}_Q$, により Q は (75.3)(ii) に対応する例である. 詳しくは, $C = \begin{pmatrix} 673 & 103 \\ 98 & 15 \end{pmatrix} \in \Gamma$ をもって, ${}^tCQC = [[17, -17, -3]]$. これは両面形式. 註 [86.1] を参照せよ.

[75.3]　両面形式・類なる名称の由来. Dirichlet 講義録初版 (1863, p.148) では [DA] および Dirichlet の実際の講義内の用語にならい *anceps*; 第 2 版 (1871, p.136, 本文および脚注) では

Kummer 案を採り *ambig*; 第 3 版 (1879, p.138) は同様; 最終第 4 版 (1894, p.139, 本文および脚注) では *zweiseitig* に代えることを著者 Dedekind が提案している. '両面' は Dedekind 案の採用となる. なお, [DA] の仏訳 (1807, p.132) では *ambiguë*. ちなみに, Abel 群上の実指標を ambige Charaktere と Weber (1882, p.309) は称している. この呼称は両面類から派生したものである. §94 の冒頭に詳細.

[75.4] 集合 $\diamond\varGamma$ に含まれる行列による変換は不定値形式の理論 (§§84–90) にては重要な役割を担う.

[75.5] 自明ならざる両面形式 (75.2) の存在は D の非自明な因数分解の存在を意味する (つまり $a|D$). 註 [95.10] を見よ.

§76.

課題 (74.14)(1) に対する解答は Lagrange (1773b, Théorèmes II–III) による.

定理 47 判別式を同じくする原始的形式の集合は類別 (74.10) により有限個の類に分かれる.

[証明] 任意に与えられた類のうちにおいて $[|a,b,c|]$ は $|a|$ が最小であるものとする. このとき,

$$\text{Lagrange 簡約条件:} \quad |b| \leq |a| \leq |c| \tag{76.1}$$

が充たされているものとしてよい. 仮に $|b| > |a|$ であるならば, (74.9) にて $U = \begin{pmatrix} 1 & 1 \\ 0 & 1 \end{pmatrix}^\nu$ とし,

$$[|a,b,c|] \mapsto [|a, b+2a\nu, a\nu^2 + b\nu + c|]. \tag{76.2}$$

よって, $|b + 2a\nu| \leq |a|$ と ν を採るがよい. また, このとき $|a\nu^2 + b\nu + c| \geq |a|$ である. 他の場合には $\begin{pmatrix} 0 & 1 \\ -1 & 0 \end{pmatrix}$ をもってさらに変換することにより $|a|$ の最小性に反する結果を得る. そこで, (76.1) のもとに,

$$D < 0 \Rightarrow a \leq (|D|/3)^{1/2}. \tag{76.3}$$

および

$$D > 0 \Rightarrow |a| \leq (D/4)^{1/2}. \tag{76.4}$$

実際, $D < 0$ ならば, $|D| = 4ac - b^2 \geq 3a^2$. 一方, $D > 0$ ならば, $|ac| \geq b^2 =$

$D + 4ac > 4ac$ より, $ac < 0$ であり, $4a^2 \leq 4|ac| = -4ac = D - b^2 \leq D$. 不等式 (76.3)–(76.4) を得る. 証明を終わる.

つまり, 類別 (74.10) の代表の選定に当たり, Lagrange 簡約条件をもって, 有限個の候補に絞り込むことができる訳である. 課題 (74.14)(1) は原理的に解決可能. ただし, 実践的な選別手法は次節以降にて別途示す.

一方, 課題 (74.14)(2) への解答は, [DA, art. 162] に次のごとく与えられている.

定理 48 各形式 $Q = [|a, b, c|] \in \mathcal{Q}(D)$ につき,

$$\operatorname{pell}_D(4) : x^2 - Dy^2 = 4 \tag{76.5}$$

の整数解 $\{t, u\}$ をもって

$$\operatorname{Aut}_Q = \left\{ \begin{pmatrix} \frac{1}{2}(t - bu) & -cu \\ au & \frac{1}{2}(t + bu) \end{pmatrix} \right\}. \tag{76.6}$$

これら変換は

$$ax + \tfrac{1}{2}(b + \sqrt{D})y \mapsto \tfrac{1}{2}(t + u\sqrt{D})\bigl(ax + \tfrac{1}{2}(b + \sqrt{D})y\bigr) \tag{76.7}$$

と同値である. ただし, $D > 0$ ならば $\sqrt{D} > 0$, $D < 0$ ならば $\sqrt{D} = i\sqrt{|D|}$.

[証明] 始めに注意であるが, 必ずしも正規性 $\langle t, u \rangle = 1$ を要求するものではない (註 [88.1] を見よ). まず, $(t - bu)(t + bu) \equiv t^2 - Du^2 \equiv 0 \bmod 4$ により, $t \pm bu \equiv 0 \bmod 2$ であるゆえ, (76.6) の右辺の各元は Γ に含まれる. これらが Q の automorph であることの確かめは単純な計算である. 変換公式 (76.7) も同様. 即ち, 右辺は

$$\begin{gathered} ax' + \tfrac{1}{2}(b + \sqrt{D})y', \\ x' = \tfrac{1}{2}(t - bu)x - cuy, \ y' = aux + \tfrac{1}{2}(t + bu)y. \end{gathered} \tag{76.8}$$

逆に, $V = \begin{pmatrix} \alpha & \beta \\ \gamma & \delta \end{pmatrix}$ が Q の automorph であるとするならば, (74.9) により,

$$a = a\alpha^2 + b\alpha\gamma + c\gamma^2. \tag{76.9}$$

かつ, $b = 2a\alpha\beta + b(1 + 2\beta\gamma) + 2c\gamma\delta$ であることから,

$$a\alpha\beta + b\beta\gamma + c\gamma\delta = 0. \tag{76.10}$$

これら 2 式から b を消去し $a\beta = -c\gamma$. また, c を消去し, $a(\alpha - \delta) = -b\gamma$. そこで,

$\langle a,b,c \rangle = 1$ に注意し, $a|\gamma$. よって, $\gamma = au$ と置くならば, $\beta = -cu$, $\alpha - \delta = -bu$. 他方, $(\alpha+\delta)^2 = (bu)^2 + 4\alpha\delta = (bu)^2 + 4(1+\beta\gamma) = Du^2 + 4$. 従って, $\alpha+\delta = t$ と置き, (76.6) を得る. 証明を終わる.

つまり, 課題 (74.14)(2) は (76.5) の解を決定することと同値である. これは, $D < 0$ の場合にはごく容易である.

$$D = -3: \quad \{t,u\} = \{\pm 1, \pm 1\}, \{\pm 2, 0\}; \quad |\mathrm{Aut}_Q| = 6,$$
$$D = -4: \quad \{t,u\} = \{0, \pm 1\}, \{\pm 2, 0\}; \quad |\mathrm{Aut}_Q| = 4, \qquad (76.11)$$
$$D < -4: \quad \{t,u\} = \{\pm 2, 0\}; \quad |\mathrm{Aut}_Q| = 2.$$

他方, $D > 0$ の場合は格別の考察を要し, 至極興味深い. §§87–88 にて詳しく述べる.

ここで §72 以降のまとめを行う. 原始的形式による正規表現なる制限のもとに, 課題 (72.2) に対する Lagrange–Legendre の手順を Gauss [DA, artt. 166–170] による洗練をもって述べるならば次の通り. 条件 (73.1) のもと,

(1) 原始的形式 Q の判別式 $D = -4\det Q$ をもとめる.
(2) 定理 37 の援用をもって定理 46 を D, m に適用する. 判定 '可' を要する.
(3) 合同方程式 (73.2) を解き, (74.5) により定義される $\mathcal{M}_m$ を定める.
(4) 条件 (76.1) に従い, D を判別式とする原始的形式の代表系を定める.
(5) Q を簡約し $Q \equiv Q_0 \mod \varGamma$ なる代表形式 Q_0 を定める.
(6) $\mathcal{M}_m \ni M_{m,\xi}$ を採り簡約し, $Q_0 \equiv M_{m,\xi} \mod \varGamma$ であるか否かを定める.
(7) 否なるときには, $\mathcal{M}_m$ の他の形式を採り, 作業を繰り返す.

以上により, 課題 (72.2) の特解の決定は原理的には解決されることとなる. 一般解を定めることは $\mathrm{pell}_D(4)$ の解の決定と同値. 残るは, 簡約手順をより具体的なものとし, 必要となる $\varGamma$ の元を定めることである. もちろん, 必ずしもこの手順通りに進める必要は無い. ときにより, 例えば (4) を省略することも可能. まずは, 正定値の場合につき, §§77–82 にて簡約の具体化を理論と例をもって行う. [DA, artt. 171–182] が対応する.

[76.1] 既に註 [24.3] にて示唆したが, 群 $\varGamma$ による 2 次形式の簡約は互除法 (連分数展開) の延長上にあると観ることができる. 実際, 註 [5.2] の繰り返しとなるが, 互除法の行列表現 (3.2) は $\varGamma$ による 1 次形式の簡約変換である. 結果として, 1 次不定方程式の整数解を求める課題は

簡明となる．一方，上に見た通り，2 次形式による整数の正規表現と Γ とはごく自然な関係にある．Lagrange は，課題 (72.2) を個々直接に扱うのではなく，むしろ一種逆方向からとなる群 $\Gamma \sqcup \diamond \Gamma$ による形式の変換から進むことがより透明である，と見抜いた訳である．Gauss の貢献は，Γ への制限による一層の透明性の獲得にある．

[76.2]　Lagrange (1773b) は定理 47 を明示的に述べた訳ではなく，定理 46 (註 [73.1]) を念頭に，(76.1) を充たすべく簡約を行う方針を示したのである．簡約方法 (76.2) が Théorème II であり，(76.1)，(76.3)–(76.4) が Théorème III の系に対応する．

[76.3]　ある 2 次形式が主形式 (72.7) と Γ-合同であるための必要充分条件は，それが 1 を表現することである．実際，形式 $[|1, b, c|]$ に (76.2) を適用し，$2|b \Rightarrow [|1, 0, -D/4|]$，$2 \nmid b \Rightarrow [|1, 1, -(D-1)/4|]$．

[76.4]　方程式 $\text{pell}_D(4)$ を，2 元 2 次不定方程式の解の '自動生成' なる視点をもって同定したのは Euler (1733a, p.6; 1758b, p.298) である．ちなみに，後者 (p.315) に *theoriae numerorum* とある．'整数論' の出現．定理 48 の上記の証明は Dirichlet (1863, §61) による．本来の議論 [DA, art. 162] はより一般的である．

[76.5]　註 [73.7] の記法を用いるならば，対応 (76.7)–(76.8) は
$$ax\mathfrak{e} + \tfrac{1}{2}(b\mathfrak{e} + \mathfrak{D})y \mapsto \tfrac{1}{2}(t\mathfrak{e} + u\mathfrak{D})\bigl(ax\mathfrak{e} + \tfrac{1}{2}(b\mathfrak{e} + \mathfrak{D})y\bigr) = ax'\mathfrak{e} + \tfrac{1}{2}(b\mathfrak{e} + \mathfrak{D})y'$$
と同値である．ここに，$\bigl(\tfrac{1}{2}(t\mathfrak{e} + u\mathfrak{D})\bigr)^{-1} = \tfrac{1}{2}(t\mathfrak{e} - u\mathfrak{D})$．

[76.6]　上記 (2) における相互律の援用は Legendre (1798)，Gauss [DA] に始まる技法である．Lagrange はこの点において明確な手段を示していない．しかしながら，Legendre もまた合同方程式 (73.2) の解を定める効果的な手順を示してはいない．それなくしては，上記 (3) を通過することは不可能．一方，註 [65.6]–[65.7] にて示唆したが，Gauss [DA, Sectio VI] はこの基本的な課題に取り組んでいる．だが，実効的な手法に達しているとはやはり言い難い．しかるに，例えば Tonelli (§65)，Cipolla (註 [70.5]) の方法を採るならば，単なる存在論法を越える手段を試すこととなる．もっとも，素因数分解の困難が控えてはいる．

§77.

これより §83 まで判別式 D を持つ原始的正定値形式 $Q = [|a, b, c|]$ の集合
$$\mathcal{Q}_+(D) = \bigl\{Q : \langle a, b, c \rangle = 1,\ b^2 - 4ac = D < 0 \text{ かつ } a > 0\bigr\} \tag{77.1}$$
を専ら考察する．先頭係数 a に符合条件が課されている．従って，$Q \in \mathcal{Q}_+(D)$ ならば，$-4\det(-Q) = D$ ではあるものの，$-Q \notin \mathcal{Q}_+(D)$．後に扱う不定値形式の場合とは大きく異なる点である．

変換 (74.8)–(74.9) は判別式の変化を引き起こさず，かつ $a' > 0$ であるゆえ，集合 $\mathcal{Q}_+(D)$ をそれ自身の中に1対1に写し，(74.10) は $\mathcal{Q}_+(D)$ 内の形式の分類をもたらす．そこで，定義 (74.16) に本質的な制限

$$\mathcal{K}_+(D) = \{\, \mathcal{Q}_+(D) \text{ 内の } \Gamma\text{-合同類全て} \,\} \tag{77.2}$$

を加える．もちろん，

$$\text{類数: } h_+(D) = |\mathcal{K}_+(D)| \tag{77.3}$$

は定理 47 により有限である．つまりは，これら有限個の類の代表である形式を定め，各々について個々の整数の正規表現を得るならば，正定値の場合には課題 (74.14) は済まされるのである．ここで (76.11) が考慮されている．よって，まずは類の代表を具体的に定めねばならない．もちろん，Lagrange 簡約条件 (76.1) をもとに探索を行うことも可ではあるが，より分解能の高い方策を示す．それは，定理 37 の証明 (つまり定理 38) と同じく保型函数論との関連を暗示するものである．

始めに，各 $Q = [|a, b, c|] \in \mathcal{Q}_+(D)$ に対し，

$$\omega(Q) = \frac{1}{2a}\left(-b + i\sqrt{|D|}\right) \tag{77.4}$$

と置く．これら複素数は，

$$\text{上半平面: } \mathcal{H} = \{z \in \mathbb{C} : \operatorname{Im} z > 0\} \tag{77.5}$$

に属する点であるが，

$$\mathcal{Q}_+(D) \text{ にて，写像 } Q \mapsto \omega(Q) \text{ は1対1.} \tag{77.6}$$

実際，$Q_\nu = [|a_\nu, b_\nu, c_\nu|] \in \mathcal{Q}_+(D)$ を採り，$\omega(Q_1) = \omega(Q_2)$ とする．これらの虚部を比較し，$a_1 = a_2$．次に実部を比較し $b_1 = b_2$，よって $c_1 = c_2$．また，(74.8) をもって，

$$U^{-1}(\omega(Q)) = \omega({}^t U Q U). \tag{77.7}$$

ただし，左辺では，U^{-1} は1次分数変換

$$U(z) = \frac{\alpha z + \beta}{\gamma z + \delta}, \quad z \in \mathbb{C}, \tag{77.8}$$

の逆変換

$$U^{-1}(z) = \frac{\delta z - \beta}{-\gamma z + \alpha}. \tag{77.9}$$

実際, $\tilde{\omega} = {}^t\{\omega(Q), 1\}$ をもって ${}^t\tilde{\omega}Q\tilde{\omega} = 0$ であることに注意し,

$$ {}^t\tilde{\eta}({}^tUQU)\tilde{\eta} = 0, \quad \tilde{\eta} = U^{-1}\tilde{\omega}. \tag{77.10}$$

多少の解釈の後に (77.7) を得る. あるいは, (5.1) の T, W についてはこれらの確かめは容易である. よって定理 3 を想起するがよい.

周知のごとく, (77.8) をもって群 Γ は $\mathcal{H}$ 内の運動をもたらす. 関係式

$$\operatorname{Im} U(z) = \frac{\operatorname{Im} z}{|\gamma z + \delta|^2} \tag{77.11}$$

より明らか. この運動につき最も基本的な事実は不連続性である. 例えるならば, $\mathbb{C}$ にて特定の平行四辺形を固定し, それを平行移動することにより本質的な重なり無く $\mathbb{C}$ を埋め尽くすことと同様である. 状況を明確にするために, Γ の基本領域

$$\begin{aligned}\mathcal{F} &= \{z \in \mathcal{H} : |z| > 1, |x| < \tfrac{1}{2}\} \cup \partial, \\ \partial &= \{\operatorname{Re} z = -\tfrac{1}{2}, \operatorname{Im} z \geq \tfrac{1}{2}\sqrt{3}\} \cup \{|z| = 1, -\tfrac{1}{2} \leq \operatorname{Re} z \leq 0\},\end{aligned} \tag{77.12}$$

を用意する. また, (74.10) にならい

$$z_1 \equiv z_2 \mod \Gamma \Leftrightarrow U(z_1) = z_2 \text{ となる } U \in \Gamma \text{ が存在する} \tag{77.13}$$

と定義する.

定理 49 集合の族 $\{U\mathcal{F} : \forall U \in \Gamma\}$ は $\mathcal{H}$ を埋め尽くす. つまり,

$$\mathcal{H} = \bigcup_{U \in \Gamma} U\mathcal{F}. \tag{77.14}$$

かつ, 重なりは ∂ 上の 2 点 $\{i, \tfrac{1}{2}(-1+i\sqrt{3})\}$ の Γ 像においてのみ生じる.

[証明] 先ず, 任意に 1 点 $z \in \mathcal{H}$ を採り, $U(z)$ は (77.8) の通りとし, $\operatorname{Im} U(z)$, $U \in \Gamma$, を観察する. この集合には最大値が存在する. 何故ならば, (77.11) により $|\gamma z + \delta|$ の最小値を求めるに等しいが, $\gamma z + \delta$ は z 及び 1 から生成された格子点に含まれるからである. 点 $z_0 = x_0 + iy_0$ はこの意味にて最大の虚部を持つものとする. 適宜 T^ν をもって平行移動を行い, $-\tfrac{1}{2} \leq x_0 < \tfrac{1}{2}$ と仮定できる. かつ, $\operatorname{Im} W(z_0) = y_0/|z_0|^2 \leq y_0$ に注意し, $|z_0| \geq 1$ とも仮定できる. もしも $|z_0| > 1$

であるならば, $z_0 \in \mathcal{F}$. 一方, $|z_0| = 1$ であるならば, z_0 か $W(z_0)$ かどちらかは ∂ 上にある. 即ち (77.14) が示された. 次に, ある U につき $z_1 = x_1 + iy_1$ および $U(z_1) = x_2 + iy_2$ が共に $\mathcal{F}$ に含まれているものとする. 無論 $\gamma \geq 0$ かつ $y_2 \geq y_1$ としてよい. つまり, $|\gamma z_1 + \delta| \leq 1$ となり $\gamma y_1 \leq 1$ である. 一方, $y_1 \geq \frac{1}{2}\sqrt{3}$ であり, $\gamma = 0$ または 1. 前者の場合, $\alpha = \delta = 1$ とでき $U(z) = z + \beta$. このとき, $\beta \neq 0$ であるならば, $z_1, U(z_1)$ が共に $\mathcal{F}$ に含まれることはありえない. よって, $\beta = 0$ であり, U は単位行列・変換. 他方, $\gamma = 1$ であるならば, $|z_1 + \delta| \leq 1$ より $|\delta| \leq 1$. 仮に $\delta = 0$ であるならば $|z_1| = 1$ かつ $U(z) = \alpha - 1/z$. もしも $\alpha \neq 0$ ならば $U(z_1) \notin \mathcal{F}$ となり矛盾. つまり $z_2 = -1/z_1$. 即ち, $z_1 = i$ かつ $z_1 = z_2 \in \partial$. また $\delta = -1$ は明らかに不可. 一方, $\delta = 1$ であるならば, $z_1 = \frac{1}{2}(-1 + i\sqrt{3})$ かつ $U(z) = \alpha - 1/(z+1)$. これより, $\alpha = 0$ となり, $z_1 = z_2 \in \partial$. 定理の後段を得た. なお, 境界上のこれら 2 点は, それぞれ 1 次分数変換 W, WT の固定点である. 定理の証明を終わる.

定理 47 に再考察を加える. まず, $\mathfrak{Q}_+(D)$ 内において,

$$Q_1 \equiv Q_2 \bmod \Gamma \Leftrightarrow \omega(Q_1) \equiv \omega(Q_2) \bmod \Gamma. \tag{77.15}$$

実際, 左辺から右辺へは (77.7) である. また, 右辺が成立するならば, ある $U \in \Gamma$ をもって $\omega(Q_2) = U^{-1}(\omega(Q_1)) = \omega({}^t U Q_1 U)$. 従って, (77.6) により $Q_2 = {}^t U Q_1 U$. そこで, 定理 49 を援用し,

$$\begin{array}{c} \mathfrak{Q}_+(D) \text{ 内の各類は } \omega(Q) \in \mathcal{F} \text{ なる} \\ \text{唯一の 2 次形式 } Q \text{ によって代表される.} \end{array} \tag{77.16}$$

つまり, 正定値形式については Lagrange 簡約条件 (76.1) を次に置き換えるべきである.

$$\begin{array}{c} \text{集合 } \mathfrak{Q}_+(D) \text{ に関する} \\ \text{Gauss 簡約条件} \end{array} : \begin{array}{c} 0 < a \leq \sqrt{|D|/3} \text{ のもとに,} \\ -a < b \leq a < c \text{ または } 0 \leq b \leq a = c, \\ \text{かつ,} \langle a, b, c \rangle = 1. \end{array} \tag{77.17}$$

上行の不等式は省いて差し支えないが便宜のために置く. 定理 47 は精密化され,

$$\begin{array}{c} \text{判別式 } D < 0 \text{ について, 類数 } \mathrm{h}_+(D) \text{ は} \\ \text{条件 (77.17) を充たす } D = b^2 - 4ac \text{ の解の個数に等しい.} \end{array} \tag{77.18}$$

[77.1] 目下の場合, $\mathrm{h}_+(D)$ を詳しくは原始的正定値 2 元 2 次形式の狭義類数と云う.

[77.2] 群 Γ の基本領域の考えは, 上記の証明も含め, Dedekind (1877, §2) による. 同様な着眼

は Gauss [Werke III, pp.477–478; VIII, pp.102–105 (注釈: Fricke)] にも見られる. 註 [78.1] に続く. ちなみに, $\omega(Q) \in \mathcal{F}$ を伝統的に虚数乗法点 (complex multiplication points/CM-points) と呼ぶ. その由来は極めて興味深い. 例えば, Weber (1908, Drittes Buch) を見よ.

[77.3]　Gauss [DA, art. 171] は実質的に (77.17) に達している. 重要な結論 (77.18) は [DA, art. 175] に初出. '*insigni*' との形容はあれど, 定理とはされていない.

[77.4]　基本領域 $\mathcal{F}$ は不定値形式の Γ-類別とも関係する. 註 [85.4] を見よ.

[77.5]　定理 49 は, 自由 Abel 群 $\mathbb{Z}^2$ の任意の部分群 (rank 2) の底について次の帰結をもたらす. §30 本文末の幾何学的な解釈を採り,

$$\text{底 } \{\mathbf{u}, \mathbf{v}\} \text{ のなす角度は区間 } \left[\tfrac{1}{3}\pi, \tfrac{2}{3}\pi\right] \text{ にあると仮定できる.}$$

これらの底の (原点にあらざる) 端点を $\{a,b\}, \{c,d\}$ とし, $u = a + bi, v = c + di$ と置く. もちろん, $u/v \in \mathcal{H}$ としてよい. そこで, $\xi \in \Gamma$ を採り, $\xi(u/v) \in \mathcal{F}$ とするならば, $\tfrac{1}{3}\pi \leq \arg(\xi(u/v)) \leq \tfrac{2}{3}\pi$. 一方, ξ による変換 $\mathbf{u}', \mathbf{v}'$ はやはり底であり, そのなす角度は $\arg(\xi(u/v))$.

[77.6]　Rabinowicz (1912). 多項式 $f_k(x) = x^2 - x + k$ (k は素数) につき, $f_k(j), 1 \leq j \leq k-1$, が全て素数であるための必要充分条件は $h_+(1-4k) = 1$. 註 [11.5] に示した Euler の多項式は $h_+(-163) = 1$ を意味する訳である. 一般の場合については以下の通り. 始めに, $k = 2,3,5$ の場合を直接に確かめ, $k \geq 7$ と設定する. まず, $h_+(1-4k) = 1$ とする. 仮にある $1 \leq n \leq k-1$ について $f_k(n)$ が合成数であるならば, $p \leq \sqrt{f_k(n)} < k$ となる素因数が存在する (註 [10.5]). また, $f_k(n)$ は 2 次形式 $[|1,-1,k|]$ により正規表現されると見なし得るゆえ, 註 [73.2] により p は判別式 $1-4k$ の形式にて表現されると知れる. つまり, 類数に関する仮定により, 形式 $[|1,-1,k|]$ 自身が p を表現する. 従って (72.3) にならい, $(2u-v)^2 + (4k-1)v^2 = 4p < 4k-1$ となる $\{u,v\}$ が存在する. 明らかに, $v = 0, u = \pm 1$ であり, 矛盾 $p = 1$ がもたらされる. 次に, $h_+(1-4k) \geq 2$ とする. このとき, $[|1,-1,k|]$ とは Γ 合同ではない形式 $[|a,b,c|]$ ($b^2 - 4ac = 1-4k$) が存在し $a \geq 2$. この不等式の理由は註 [76.3] にあるが, (76.3) あるいは (77.17) により, $2 \leq a \leq ((4k-1)/3)^{1/2}$ としてよい. また, $1-4k \bmod 4a$ は 2 次剰余. そこで, $2|a$ であるならば, 矛盾 $2|k$ を得る. 一方, $2 \nmid a$ であるならば, $(2g-1)^2 \equiv 1-4k \bmod 4a$ を充たす $1 \leq g \leq a$ が存在する. よって, $f_k(g) \equiv 0 \bmod a$. そこで, $f_k(g)$ が合成数であるときは, $g \leq ((4k-1)/3)^{1/2} < k$ に注意するがよい. また, $f_k(g)$ が素数であるときは, $a = f_k(g)$ となり, $f_k(a+g) = a(a+2g)$ は合成数. しかるに, $a + g \leq 2((4k-1)/3)^{1/2} < k$. 証明を終わる. なお, 原証明では 2 次体論が用いられている.

§78.

言い換えるならば, 与えられた原始的正定値形式を, (77.17) をもって定められ

るところの簡約正定値形式に変換する元が $\varGamma$ 内に必ず存在する.

この元を実際に求めるには, 定理 3 を用いるのが得策である. 計算に当たっては次に注意する.

$$\begin{aligned} W &: [|a,b,c|] \mapsto [|c,-b,a|], \\ T^\nu &: [|a,b,c|] \mapsto [|a,\, 2a\nu+b,\, a\nu^2+b\nu+c|]. \end{aligned} \qquad (78.1)$$

[簡約 [+]]

(1) 先ず, $a \neq c$ と仮定する. 必要ならば W を作用させ, $a < c$ としてよい. 不等式 $|\omega(Q)|^2 = c/a > 1$ に注意する. もしも, $\omega(Q) \notin \mathcal{F}$ であるならば, $b \notin (-a, a]$. そこで, T^ν を作用させ, $Q : [|a,b,c|] \mapsto Q' : [|a,b',c'|]$, $b' \in (-a, a]$ とする. このとき, $\omega(Q') \notin \mathcal{F}$ ならば, $|\omega(Q')| \leq 1$ であるが, 等号の場合には再度 W を作用させれば済む. 一方, $|\omega(Q')| < 1$ ならば, $c' < a$. そこで, 以上の操作を繰り返す.

(2) 他方, $a = c$ である場合, $b \in (-a, a]$ かつ $\omega(Q) \notin \mathcal{F}$ ならば, W を作用させれば済む. また, b がこの条件を充たさぬならば, $T^{\pm 1}$ を作用させ, 上記と同様に Q' を得る. この場合, $|\omega(Q')| < 1$. つまり, 操作の繰り返しに進む.

(3) 有限回の操作の後何れは $\mathcal{F}$ に進入する. 実際, 操作によって x^2 の係数は非増加であるが, 1 以上でもあり, 最小値に達せねばならない. よって, 始めから Q は a が最小となるものとしてよい. このとき仮に $\omega(Q) \notin \mathcal{F}$ であるとする. (1) ならば, Q' に当たる形式につき, $|\omega(Q')| \geq 1$ となり, その後の操作を高々一段進めるのみにて終了する. 一方, (2) ならば, $T^{\pm 1}$ を作用させるまでもない.

かくして, 正定値 2 次形式に関する限りではあるが, §76 の本文末尾にて課題とした実践的な簡約手法が得られた. 次の 3 節にて応用例を示す.

[78.1] 基本領域 $\mathcal{F}$ をもって Lagrange (1773b, Probléme III) がこの様に議論したわけではない. しかし, (3) における最小先頭係数 a を探索すべしという根本的な着想は彼による (関連の解説は (1798, pp.61–63)). 後の Gauss の狭義類別および Dedekind の視覚化 (§77) と組み合わせるならば上記の通りとなる. Gauss [DA, artt. 171–182] は形式変換のこの情景を認識していたに違いない. 註 [74.3] にて触れた形式どうしの隣接とは WT^δ の作用を意味するからである. つまりは, 定理 3 および定理 49 を Gauss は活用したと言えよう. Kraïtchik (1926, Chapitre VII) を参照せよ.

[78.2] 簡約 [+] の本質は正定値形式の非自明な最小値を求めることである．ちなみに，Legendre (1798, pp.69–76) は，形式 $Q = [|a,b,c|]$ が Lagrange 簡約条件 (76.1) (つまり，$|b| \leq a \leq c$) を充たすとき，$\{Q(x,y) : \langle x,y \rangle = 1\}$ の第 1, 2, 3 最小値は $a, c, a - |b| + c$ である，としている (Humbert (1915) を参照せよ)．実は，任意に与えられた k につき第 k 最小値を定めることは容易ではない．例えば，最も単純な形式 $x^2 + y^2$ に関し課題は 2 平方数をもって表される整数を大きさの順に並べる，となる．外見に違い非常な難問である．註 [80.8], [83.4] に続く．

§79.

以上を，与えられた素数 $p \geq 3$ に関する不定方程式 $p = x^2 + y^2$ の整数解を求めることに応用する．この場合，判別式は -4 であり，$\mathfrak{Q}_+(-4)$ に含まれる Q につき，$\omega(Q) \in \mathcal{F}$ であるならば，(77.17) から $a = 1$．また，$b = 0$ あるいは 1 であるが，$b^2 - 4ac = -4$ より $2|b \Rightarrow a = c = 1, b = 0$．従って，(77.16) により，$\mathfrak{Q}_+(-4)$ 内の 2 次形式は全て $\begin{pmatrix} 1 & 0 \\ 0 & 1 \end{pmatrix}$ と同じ類に入る．つまり，

$$h_+(-4) = 1 : \\ \det Q = 1 \Leftrightarrow Q = {}^t UU \text{ となる } U \in \Gamma \text{ が存在する}. \tag{79.1}$$

一方，定理 46 から，合同方程式 $X^2 \equiv -4 \bmod 4p$ は解を持つべき．補助律 (60.1)(1) により，$p \equiv 1 \bmod 4$ でなければならない．このとき，$r^2 - 4ps = -4$ なる整数 r, s が存在し，原始的形式 $[|p, r, s|]$ は $\mathfrak{Q}_+(-4)$ に入る (これは，§74 の記法をもって，$M_{p,r}$)．よって，(79.1) により，$U = \begin{pmatrix} v_1 & v_2 \\ v_3 & v_4 \end{pmatrix} \in \Gamma$ が存在し，

$${}^t\mathbf{x}({}^tUU)\mathbf{x} = px^2 + rxy + sy^2. \tag{79.2}$$

かくして，(74.9) を参照し，正規表現 $p = v_1^2 + v_3^2$ を得る．つまりは，まず (79.2) の右辺を得，その後に簡約 [+] により V を逆に定める，という手順である．

従って，

$$\text{Euler の定理}: \quad \begin{array}{l} p = x^2 + y^2 \text{ が整数解を持つ} \\ \Leftrightarrow p = 2 \text{ または } p \equiv 1 \bmod 4. \end{array} \tag{79.3}$$

沿革については，註 [79.2] を見よ．専ら素数の表現を課題とする理由は註 [73.2] にあるが，後述の註 [80.6] も見よ．なお，$[|1, 0, 1|]$ は両面形式であり，註 [75.2] を参照し，$\diamond \Gamma$ の元による変換による正規表現を考察するも同じ結果を得る．註 [79.4] を見よ．

[79.1] 素数 $p = 430897$ (註 [42.4]) につき $p = k^2 + l^2$ となる整数 k, l を求める．まず

$X^2 \equiv -1 \bmod p$ を解かねばならぬが, 相互律により $5 \bmod p$ は 2 次非剰余であることに注目し, $u^2 \equiv -1 \bmod p$, $u = \pm 5^{(p-1)/4}$. 手法 (37.2) を用い,

$$\tfrac{1}{4}(p-1) = 2^2 + 2^3 + 2^6 + 2^7 + 2^{10} + 2^{13} + 2^{15} + 2^{16} \Rightarrow 5^{(p-1)/4} \equiv 76715 \bmod p.$$

これより, $76715^2 + 1 = 13658 \cdot 430897$. つまり, 2 次形式

$$Q(x,y) = 430897x^2 + 153430xy + 13658y^2$$

は $\mathcal{Q}_+(-4)$ に含まれ, $Q = {}^t U U$ となる $U \in \Gamma$ が存在せねばならない. 簡約 [+] の応用手順は次の通りである.

$$[|430897, 153430, 13658|] \overset{W}{\Longrightarrow} [|13658, -153430, 430897|] \overset{T^6}{\Longrightarrow} [|13658, 10466, 2005|]$$
$$\overset{W}{\Longrightarrow} [|2005, -10466, 13658|] \overset{T^3}{\Longrightarrow} [|2005, 1564, 305|] \overset{W}{\Longrightarrow} [|305, -1564, 2005|]$$
$$\overset{T^3}{\Longrightarrow} [|305, 266, 58|] \overset{W}{\Longrightarrow} [|58, -266, 305|] \overset{T^2}{\Longrightarrow} [|58, -34, 5|] \overset{W}{\Longrightarrow} [|5, 34, 58|]$$
$$\overset{T^{-3}}{\Longrightarrow} [|5, 4, 1|] \overset{W}{\Longrightarrow} [|1, -4, 5|] \overset{T^2}{\Longrightarrow} [|1, 0, 1|].$$

従って,
$$U = (WT^6 WT^3 WT^3 WT^2 WT^{-3} WT^2)^{-1} = \begin{pmatrix} -601 & -107 \\ 264 & 47 \end{pmatrix}$$

と採る. 即ち,
$$430897 = 601^2 + 264^2.$$

ちなみに, WT^ν の作用を重ねる, とするも同じである (註 [74.3], [78.1]).

[79.2]　素数を 2 平方数の和をもって表す. 不確実ながら Diophantus (ca 250) の観察とされるところは, Bachet (*Diophantus*, 1621, p.173), Girard (Stevin (1625, p.622)), Fermat (1640: Oeuvres II, pp.212–217) らの関心を呼び, 漸くに Euler (1749; 1751; 1772d) により定理 (79.3) となった. 次節の註 [80.5] を見よ. 幾つかの別証明のうち, 註 [30.3](A) に示した Thue (1902) の論旨は機知に富む. ただし, 存在論法である. 同じことは, 註 [22.6] の Smith (1855) の着想にも言える. 比較するならば, 註 [30.3](B), [60.6] の Hermite (Serret (1849b, Note)) の手法は具体性が高い. その拡張を §83 にて示す. また, 註 [63.7] に示した Jacobi 和を経由する手法は, 原始根 $r \bmod p$ および Ind_r の計算を要するゆえ, ほぼ存在論法. さらに, $\sqrt{p}$ の連分数展開を経由する手法が Legendre (1808, pp.59–60) にある. 註 [87.8] にて採り上げる. なお, 上記の Fermat の書簡 (Mersenne 宛) は興味深い. Heath (*Diophantus*, 1910, pp.268–272) を参照せよ.

[79.3]　定理 (79.3) の証明は補助律 (60.1)(1) を必須とする, との記述を見受けるが誤りである. 例えば, Smith の証明 (*ibid.*) はこれを要しない.

[79.4]　ちなみに, 註 [22.6] の数値例として, $p = 430897$ の場合,
$$\frac{430897}{76715} = 5 + \frac{1}{1} + \frac{1}{1} + \frac{1}{1} + \frac{1}{1} + \frac{1}{1} + \frac{1}{1} + \frac{1}{3} + \frac{1}{2} + \frac{1}{2} + \frac{1}{3} + \frac{1}{1} + \frac{1}{1} + \frac{1}{1} + \frac{1}{1} + \frac{1}{1} + \frac{1}{5};$$

$$\begin{pmatrix} 5 & 1 \\ 1 & 0 \end{pmatrix} \begin{pmatrix} 1 & 1 \\ 1 & 0 \end{pmatrix}^6 \begin{pmatrix} 3 & 1 \\ 1 & 0 \end{pmatrix} \begin{pmatrix} 2 & 1 \\ 1 & 0 \end{pmatrix} = \begin{pmatrix} 601 & 264 \\ 107 & 47 \end{pmatrix} \in \diamond \Gamma.$$

上記と同じ分解を得る. 一方, 註 [30.3](B), [60.6] の数値例として,

$$1 - \frac{76715}{430897} = 0 + \frac{1}{1} + \frac{1}{4} + \frac{1}{1} + \frac{1}{1} + \frac{1}{1} + \frac{1}{1} + \frac{1}{1} + \frac{1}{1} + \frac{1}{1} + \frac{1}{3} + \frac{1}{2} + \frac{1}{2} + \cdots.$$

第 10, 11 主近似分数は $\frac{494}{601}, \frac{1205}{1466}$. 従って, $[\sqrt{p}] = 656$ に注意し, $c = 601$, $d = 494$, $ac - pd = 264$.

§80.

前節への加筆である. まず,

$$m = f^2 + g^2 \neq 0, \quad f, g \in \mathbb{Z},$$
$$\Leftrightarrow m = 2^\alpha \prod_{p \equiv 1 \bmod 4} p^\beta \prod_{p' \equiv -1 \bmod 4} {p'}^{2\gamma}. \tag{80.1}$$

ただし, 整数 $\alpha, \beta, \gamma \geq 0$ は各素因数ごとに任意. 下段が充分条件であることは, (79.3) を経由し

$$a + bi = (1+i)^{\alpha - 2[\alpha/2]} \prod_{u^2+v^2=p} (u+vi)^\beta, \quad i = \sqrt{-1}, \tag{80.2}$$

とおくとき,

$$m = (ac)^2 + (bc)^2, \quad c = 2^{[\alpha/2]} \prod_{p' \equiv -1 \bmod 4} {p'}^\gamma. \tag{80.3}$$

逆に, $p' \equiv -1 \bmod 4$ をもって $m = f^2 + g^2 \equiv 0 \bmod p'$ であるとき $f^2 \equiv -g^2 \bmod p'$ より $p'|fg$. 実際, $p' \nmid fg$ とするならば, $(f\overline{g})^2 \equiv -1 \bmod p'$, $g\overline{g} \equiv 1 \bmod p'$, となり (60.1)(1) に反する. あるいはむしろ, 両辺を $(p'-1)/2$ 乗することにより矛盾 $1 \equiv -1 \bmod p'$ を得る. 従って, $p'|f$, $p'|g$. つまり, $p'^2|m$. そこで, 等式 $(f/p')^2 + (g/p')^2 = m/p'^2$ について同じ議論を繰り返し, 記法 (12.1) をもって, $2|m(p')$ を得る. さらに, $2^\delta \| \langle f, g \rangle$ とするとき, $2\delta \leq \alpha \leq 2\delta + 1$. つまり, (80.3) が従う.

次に, $\mathbb{N}$ 上の整数論的函数

$$r(n): n = x^2 + y^2 \text{ の整数解の個数} \tag{80.4}$$

の明示式を求める. 計数は $\{x,y\}$ の可能な組み合わせ全てである ((72.11) に注意せよ). 例えば, $r(1)=4$, $r(2)=4$, $r(3)=0$, $r(4)=4$, $r(5)=8$, $r(6)=0$, $r(7)=0$, $r(8)=4$, $r(9)=4$, $r(10)=8$ など. まず始めに, $\langle x,y \rangle = g$ をもって分類し,

$$r(n) = \sum_{g^2 \mid n} r^*(n/g^2). \tag{80.5}$$

ただし, $r^*(m) = |\{m = u^2 + v^2 : \langle u,v \rangle = 1\}|$. 条件 (73.1), つまり $2 \nmid m$ の下に, これは $Q = [|1,0,1|]$ による m の相異なる正規表現の個数. 即ち, (74.24) により, $r^*(m) = |\mathcal{U}_m(Q)/\Gamma_\infty|$. 従って, (74.25) により,

$$2 \nmid m \Rightarrow r^*(m) = |\mathrm{Aut}_Q||\mathcal{M}_m|. \tag{80.6}$$

何故ならば, $h_+(-4) = 1$ であるゆえ, $\mathcal{M}_m$ に含まれる形式は全て Q に合同.

定理 50 任意の $n \in \mathbb{N}$ につき,

$$r(n) = 4 \sum_{d \mid n} \kappa_{-4}(d). \tag{80.7}$$

[証明] 明示式 (74.6) と (76.11)$_{D=-4}$, (80.5), (80.6) とを組み合わせ,

$$2 \nmid n \Rightarrow r(n) = 4 \sum_{fg^2 \mid n} \mu(f)^2 \kappa_{-4}(f)$$
$$= 4 \sum_{d \mid n} \kappa_{-4}(d) \sum_{d = fg^2} \mu^2(f) = 4 \sum_{d \mid n} \kappa_{-4}(d). \tag{80.8}$$

ここで, $2 \nmid n$ により $\kappa_{-4}(g^2) = 1$ であること, および $d = g^2 f$, $\mu^2(f) = 1$, なる組 $\{f,g\}$ は各 d につき唯一であること, を用いている. 一般の n については, (80.2)–(80.3) により $r(n) = r(n/2^\alpha)$; かつ $\kappa_{-4}(2) = 0$ を用いる. 証明を終わる.

等式 (80.7) の右辺の和は $(1 * \kappa_{-4})(n)$ であるゆえ, (17.2) により乗法的であり,

$$r(n) = 4 \prod_p \left(\sum_{\nu=0}^{n(p)} \kappa_{-4}(p^\nu) \right)$$
$$= 4 \prod_{p \equiv 1 \bmod 4} (n(p) + 1) \prod_{p' \equiv -1 \bmod 4} \tfrac{1}{2}((-1)^{n(p')} + 1). \tag{80.9}$$

当然ながら, 条件 $d > 0$, $h_+(-4d) = 1$ の下に, 同様の議論をもって $n = x^2 + dy^2$ の整数解の個数を明示できる. 詳細は略してよかろう. より興味深い課題は, 類数

が 2 以上の場合にも (80.7) と同様な明示式が存在するのか否か, である. 註 [81.5] に続く.

[80.1] 明示式 (80.7) は, Dirichlet (1840a, p.3; 1863, p.245) による. 等式 (80.9) については, Fermat (註 [79.2]), Legendre (1798, p.293), Gauss [DA, art. 182, 脚注] などを参照せよ. やや趣の異なる議論が Landau (1927, III. Teil, Kap. 2) にある. なお, 注意であるが, 明示式 (80.7) は '初等的' にあらず. つまり, 約数の決定が前提にあり, 一般的にはそれは困難な課題. もちろん, (74.6) についても同じ. 念頭に置くべし. 註 [83.4] を参照せよ.

[80.2] Jacobi (1828: Legendre–Jacobi (1875, p.242)) は彼自身による楕円函数論の中にて次の等式に遭遇しているが, (80.7) に同値である.

$$\left(\sum_{n=-\infty}^{\infty} \xi^{n^2}\right)^2 = 1 + 4\sum_{n=1}^{\infty} (-1)^{n-1} \frac{\xi^{2n-1}}{1-\xi^{2n-1}}, \quad |\xi| < 1.$$

これの左辺の和が $\vartheta(z,0)$ の出自である (註 [63.2]).

[80.3] 明示式 (80.7) の系として周知の展開

$$\frac{\pi}{4} = \sum_{j=1}^{\infty} \frac{(-1)^{j-1}}{2j-1}$$

を示す. まず, 原点を中心とする半径 $\sqrt{M}$ の円盤上にある原点以外の整数格子点の個数は

$$\sum_{1\leq m\leq M} r(m) = 4\sum_{1\leq m\leq M}\sum_{d|m} \chi(d), \quad \chi = \kappa_{-4}.$$

左辺は, $\pi M + O(\sqrt{M})$. 何故ならば, 円周の近傍にある格子点の個数は, 例えば半径 $\sqrt{M}\pm 2$ の円環の面積を超えない. 一方, 2 重和は

$$\sum_{d\leq\sqrt{M}} \chi(d)\sum_{f\leq M/d} 1 + \sum_{f\leq\sqrt{M}}\sum_{d\leq M/f} \chi(d) - \sum_{d\leq\sqrt{M}} \chi(d)\sum_{f\leq\sqrt{M}} 1$$

と分解される. もちろん, $d, f \geq 1$. 右辺の第 2, 3 項に含まれる d についての和の絶対値は高々 1 である. また, 第 1 和は

$$\sum_{d\leq\sqrt{M}} \chi(d)\left(\frac{M}{d} + u_d\right), \quad |u_d| \leq 1.$$

さらに,

$$\sum_{d\leq\sqrt{M}} \frac{\chi(d)}{d} = \left(\sum_{d=1}^{\infty} - \sum_{d>\sqrt{M}}\right)\frac{\chi(d)}{d}.$$

右辺にて, 第 2 和は交代級数であり, その絶対値は $< 1/\sqrt{M}$. 以上をまとめ,

$$\pi M = 4M\sum_{d=1}^{\infty} \frac{\chi(d)}{d} + O(\sqrt{M}).$$

証明を終わる．なお，上記の 2 重和の分解法は Dirichlet (1840a) の着想である．関連する未解決の難問 '円の問題' については，例えば YM (2011, pp.11–12) を参照せよ．

[80.4]　整数 n について，$n = u^2 + v^2, u, v \in \mathbb{Q}$, であるならば，$n = a^2 + b^2$ となる $a, b \in \mathbb{Z}$ が存在する．実際，このとき $nq^2 = s^2 + t^2$ なる $q, s, t \in \mathbb{Z}$ が存在するゆえ，nq^2 の素因数分解は (80.1) の形であり，n も同様．あるいは，次項の Euler の論旨と組み合わせるもよい．この事実の認識は少なくとも Diophantus に遡るとの見解がある．

[80.5]　多少前後するが，Euler (1772d, Theorema 1) に従い (79.3) を証明する．まず，補助律 (60.1)(1) により，$a^2 + 1 \equiv 0 \bmod p$ となる整数 a が存在する．よって，ある u, v について，$u^2 + v^2 \equiv 0 \bmod n$ ならば，$n = u_0^2 + v_0^2$ となる整数 u_0, v_0 が存在することを示せば充分である．そこで，$u \equiv u_1, v \equiv v_1 \bmod n, |u_1|, |v_1| \leq n/2$, と定める．このとき，$u_1^2 + v_1^2 = nn_1$, $0 < n_1 \leq n/2$. 操作を繰り返し，$u_1 = \alpha n_1 + u_2, v_1 = \beta n_1 + v_2, |u_2|, |v_2| \leq n_1/2$, とし，$w = \alpha u_2 + \beta v_2$ と置く．等式 $nn_1 = n_1^2(\alpha^2 + \beta^2) + 2n_1 w + u_2^2 + v_2^2$ から，$u_2^2 + v_2^2 = n_1 n_2$, $0 < n_2 \leq n_1/2$, かつ $n = n_1(\alpha^2 + \beta^2) + 2w + n_2$. ここで恒等式（註 $[73.6]_{d=-1}$)

$$(a^2 + b^2)(f^2 + g^2) = (ag + bf)^2 + (af - bg)^2$$

を用い，$n_1 n_2(\alpha^2 + \beta^2) = w^2 + z^2, z = u_2 \beta - v_2 \alpha$. つまり，$nn_2 = (w + n_2)^2 + z^2$. 以下省略．

[80.6]　前項の恒等式は複素数の絶対値から観るならば自明である．一方，整数論から観るならば，二つの平方数の和をもって表される整数の集合は積につき閉じていることを示している．もちろん，(80.1) からも容易に読み取れる事実ではある．この現象は古代から気付かれて来たものである (Heath (*Diophantus*, 1910, p.167))．つまりは，素数を 2 平方数の和として表し得るか否かが課題となる訳である．言うなれば，2 次形式合成理論の源．

[80.7]　等式 (80.9) により明らかであるが，2 平方数の和による表現が本質的に 2 通りより多くある整数は合成数である．よって，その様な整数の因数分解を得ることが課題となる．Euler (1749) に一つの手法があるが，以下の趣はやや異なる．即ち，$n = a^2 + b^2 = f^2 + g^2$, $a \geq b > 0, f \geq g > 0, b \neq g$, なるとき，$\langle n, ag - bf \rangle$ は n の非自明な因数．まず，自明な $(a^2 + b^2)g^2 + (bf)^2 = (f^2 + g^2)b^2 + (ag)^2$ を経由し $n(g^2 - b^2) = (ag)^2 - (bf)^2 \neq 0$ から $n = \langle n, (ag - bf)(ag + bf) \rangle$. 仮に $\langle n, ag - bf \rangle = 1$ であるならば，$ag + bf \equiv 0 \bmod n$. しかるに，$a, b, f, g < \sqrt{n} \Rightarrow ag + bf < 2n$. よって，$n = ag + bf$. そこで上記恒等式を用い，$n^2 = (ag + bf)^2 \Rightarrow af - bg = 0 \Rightarrow (a^2 + b^2)/a^2 = (f^2 + g^2)/g^2 \Rightarrow a = g, b = f$. これは矛盾．つまり，$1 < \langle n, ag - bf \rangle < n$. 後者の不等号は自明．註 [39.4] にて扱われた $n = 1000009$ の場合，Euler (*ibid.*, p.170) は $n = 1000^2 + 3^2 = 972^2 + 235^2$ を経由し，$n = 293 \cdot 3413$ を得ている．目下の方法では，$ag - bf = 232084$. よって，因数 $3413 = \langle n, ag - bf \rangle$ を得る．ちなみに，$293 = \langle n, ag + bf \rangle$. 一方，Euler (1765, p.390) はこの方法により 10091401 が素数であることを確認（唯一解 $10091401 = 1251^2 + 2920^2$ が示されている）．註 [83.11] に続く．

[80.8]　註 [78.2] の続きであるが，問題を函数

$$B(s) = \sum_{m=1}^{\infty} \frac{b(m)}{m^s}, \quad b(m) = \begin{cases} 1 & r(m) \neq 0, \\ 0 & r(m) = 0, \end{cases}$$

の解析に翻案する. 上記 (80.1) により

$$B(s) = \{C(s)\zeta(s)L(s,\kappa_{-4})\}^{1/2},$$

$$C(s) = \left(1 - \frac{1}{2^s}\right)^{-1} \prod_{p \equiv 3 \bmod 4} \left(1 - \frac{1}{p^{2s}}\right)^{-1},$$

である. 函数 $B^2(s)$ の Euler 積を観察するがよい. ただし, 枝は $\lim_{s \to +\infty} B(s) = 1$ をもって定める. これより,

$$\sum_{m \leq x} b(m) \sim K \frac{x}{\sqrt{\log x}}, \quad K = \frac{1}{\sqrt{2}} \prod_{p \equiv 3 \bmod 4} \left(1 - \frac{1}{p^2}\right)^{-1/2} = 0.76422\ldots$$

を得る. Landau (1908b) を参照せよ (K: Landau–Ramanujan 常数). 当初の課題に関し, 解析をより本質的に深めることは, ERH の仮定の下にても困難である. 外見上は平易な問題が実は深遠なものであると判明する. その好例.

[80.9] 自然数を 4 個 (Lagrange の定理 (1770c)), 3 個 (Legendre の定理 (1798, p.202 および pp.398–399)) の平方数の和をもって表すこと. 重要ではあるが割愛する. Euler (1772d, pp.543–544) および Gauss [DA, artt. 288–293] に基づく秀逸な解説が Landau (1927, Dritter Teil) にある.

§81.

議論を多少戻し, $\mathfrak{Q}_+(-20)$ の場合を考察する. まず, $b^2 + 20 = 4ac$ から $2|b$. また, (77.17) より, $2\sqrt{5/3} \geq a$. つまり $a = 2, 1$ であり, $\omega(Q) \in \mathcal{F}$ は相異なる 2 点 $i\sqrt{5}$ および $(-1 + i\sqrt{5})/2$ の何れかである. 従って, $Q_1 = [|1, 0, 5|]$, $Q_2 = [|2, 2, 3|]$ によって代表される 2 類が存在し, $h_+(-20) = 2$.

$$\det Q = 5 \Leftrightarrow Q = {}^tU Q_1 U \text{ または } {}^t U Q_2 U, \ U \in \Gamma. \tag{81.1}$$

一方, 与えられた素数 $p \geq 7$ につき $X^2 \equiv -20 \bmod 4p$ は $X^2 \equiv -5 \bmod p$ と同値であり, 相互律 (60.1)(3) により $1 = \left(\frac{-5}{p}\right) = (-1)^{(p-1)/2}\left(\frac{p}{5}\right)$. つまり, p は次を充たす.

$$(-1)^{(p-1)/2}, \ \left(\frac{p}{5}\right) = \begin{cases} (1): +1, +1, \\ (2): -1, -1. \end{cases} \tag{81.2}$$

これら素数は Q_1, Q_2 の何れかで表現される. しかるに,

$$\begin{aligned}p &= Q_1(x,y) = x^2 + 5y^2 \Rightarrow \left(\frac{p}{5}\right) = 1, \\ 2p &= 2Q_2(x,y) = (2x+y)^2 + 5y^2 \Rightarrow \left(\frac{2p}{5}\right) = 1.\end{aligned} \qquad (81.3)$$

補助律 (60.1)(2) を参照し, p の表現についての分類は次の通り.

$$(-1)^{(p-1)/2}, \ \left(\frac{p}{5}\right) = \begin{cases} (1) \ +1, +1 \Rightarrow Q_1, \\ (2) \ -1, -1 \Rightarrow Q_2. \end{cases} \qquad (81.4)$$

剰余類をもって表すならば,

$$\begin{aligned}&(1) \ p \equiv 1, 3^2 \bmod 20 \Rightarrow Q_1, \\ &(2) \ p \equiv 3, 3^3 \bmod 20 \Rightarrow Q_2.\end{aligned} \qquad (81.5)$$

この合同類別条件を相互律の観点から明確に把握したのは Legendre (1785, p.529) である. 何れ Gauss の種の理論 (§94) に発展する. 註 [94.3] を参照せよ.

[81.1] 素数 $p = 404321$ については, (81.5) により $p = x^2 + 5y^2$ は整数解を持つ. 始めに合同方程式 $X^2 \equiv -5 \bmod p$ を解かねばならぬが, 既に註 [65.5] にて済まされている. つまり, $244037^2 + 5 = 147294p$. 従って,

$$Q = \begin{pmatrix} 404321 & 244037 \\ 244037 & 147294 \end{pmatrix} = {}^t U Q_1 U$$

となる $U \in \Gamma$ が存在する. 簡約 [+] を応用し,

$$[|404321, 488074, 147294|] \xRightarrow{W} [|147294, -488074, 404321|]$$
$$\xRightarrow{T^2} [|147294, 101102, 17349|] \xRightarrow{W} [|17349, -101102, 147294|]$$
$$\xRightarrow{T^3} [|17349, 2992, 129|] \xRightarrow{W} [|129, -2992, 17349|] \xRightarrow{T^{12}} [|129, 104, 21|]$$
$$\xRightarrow{W} [|21, -104, 129|] \xRightarrow{T^2} [|21, -20, 5|] \xRightarrow{W} [|5, 20, 21|] \xRightarrow{T^{-2}} [|5, 0, 1|]$$
$$\xRightarrow{W} [|1, 0, 5|].$$

かくして,

$$U = (WT^2 WT^3 WT^{12} WT^2 WT^{-2} W)^{-1} = \begin{pmatrix} -111 & -67 \\ 280 & 169 \end{pmatrix}.$$

実際,

$$Q = \begin{pmatrix} -111 & 280 \\ -67 & 169 \end{pmatrix} \begin{pmatrix} 1 & 0 \\ 0 & 5 \end{pmatrix} \begin{pmatrix} -111 & -67 \\ 280 & 169 \end{pmatrix}.$$

即ち,

$$404321 = 111^2 + 5 \cdot 280^2.$$

なお, 註 [83.7] にて異なる手法を示す.

[81.2]　素数 $p = 430883$ については, (81.5) から $p = 2x^2 + 2xy + 3y^2$ に整数解がある. まず, $X^2 \equiv -5 \mod p$ を解かねばならぬが, 註 [65.1] (Lagrange) により, $X \equiv \pm(-5)^{(p+1)/4} \equiv \mp 95402 \mod p$. つまり, $U \in \Gamma$ が存在し,

$$\begin{pmatrix} 430883 & 95402 \\ 95402 & 21123 \end{pmatrix} = {}^t U Q_2 U.$$

簡約 [+] により,

$$U = (WT^5 WT^2 WT^{-15} WT^{-3} W)^{-1} = \begin{pmatrix} 140 & 31 \\ -411 & -91 \end{pmatrix}.$$

従って,

$$430883 = 2 \cdot 140^2 + 2 \cdot 140 \cdot (-411) + 3 \cdot (-411)^2.$$

[81.3]　Euler の定理 (79.3) に関する註 [79.2], 註 [80.5] と同様に (81.5) には長い沿革がある. しかし割愛する. むしろ, 註 [80.6] における乗法的構造を $D = -20$ の場合に拡張することがより興味深い. これは次の 3 恒等式により得られる.

(1) $(x^2 + 5y^2)(u^2 + 5v^2) = (xu - 5yv)^2 + 5(xv + yu)^2$,

(2) $(2x^2 + 2xy + 3y^2)(2u^2 + 2uv + 3v^2) = (2xu + xv + yu + 3yv)^2 + 5(xv - yu)^2$,

(3) $(x^2 + 5y^2)(2u^2 + 2uv + 3v^2) = 2(xu - yu - 3yv)^2$
$+ 2(xu - yu - 3yv)(xv + 2yu + 2yv) + 3(xv + 2yu + 2yv)^2.$

証明については次項を見よ. 各々は図式

$$Q_1 \times Q_1 = Q_1, \quad Q_2 \times Q_2 = Q_1, \quad Q_1 \times Q_2 = Q_2$$

に対応する. つまり, 集合 $\{Q_1, Q_2\}$ は位数 2 の群をなしている, と考えられる. この乗法的な構造に初めて逢着したのは Fermat (1658: 1894, p.405 (3°)) とされている. 明確な記述は Lagrange (1775, pp.788–789) による. 註 [83.9] を参照せよ.

[81.4]　註 [74.4] に戻るが, 次の恒等式が成立する (Legendre (1798, p.422)).

$$(m_1 x^2 + \xi_0 xy + m_2 k_0 y^2)(m_2 u^2 + \xi_0 uv + m_1 k_0 v^2) = m_1 m_2 X^2 + \xi_0 XY + k_0 Y^2,$$
$$X = xu - k_0 yv, \quad Y = m_1 xv + m_2 yu + \xi_0 yv.$$

証明は (93.13) にて与える. もちろん直接に確かめるもよい. 前項は, $D = -20$ をもって,

(1)′　$m_1 = 1, m_2 = 1, \xi_0 = 0, k_0 = 5$,

(2)′　$m_1 = 2, m_2 = 3, \xi_0 = 2, k_0 = 1$,

(3)′　$m_1 = 1, m_2 = 2, \xi_0 = 2, k_0 = 3$

に対応する. 実際, (1) は自明, (2) は $\{u, v\}$ を入れ替え, (2)′ を応用し,

$$(2x^2 + 2xy + 3y^2)(3u^2 + 2uv + 2v^2)$$
$$= 6(xu - yv)^2 + 2(xu - yv)(2xv + 3yu + 2yv) + (2xv + 3yu + 2yv)^2$$
$$= 5(xu - yv)^2 + (xu + yv + 2xv + 3yv)^2.$$

再度 $\{u, v\}$ を入れ替え (2) を得る. 一方, (3) については, $x^2 + 5y^2 = (x-y)^2 + 2(x-y)y + 6y^2$ に注意し, (3)′ を応用する.

[81.5]　不定方程式 $x^2 + 5y^2 = n = 2^\alpha 5^\beta m$, $\langle m, 10 \rangle = 1$, の整数解の個数の明示式は

$$t(n) = \left(1 + (-1)^\alpha \kappa_5(m)\right) \sum_{d|m} \kappa_{-20}(d).$$

始めに, 正規解 $Q_j(x, y) = m$ の個数を $t_j^*(m)$ とするならば, (74.25) および (76.11) により $t_1^*(m) + t_2^*(m) = 2|\mathcal{M}_m|$. 左辺の 2 項を分離するために, 次を注意する.

$$|\mathcal{M}_m| \neq 0 \text{ であるとき,}$$
$$t_2^*(m) = 0 \Leftrightarrow \kappa_5(m) = 1, \ t_1^*(m) = 0 \Leftrightarrow \kappa_5(m) = -1.$$

実際, m が Q_1, Q_2 の何れかで表現されるとき, (81.3) と同様に, 前者ならば $\kappa_5(m) = 1$, 後者ならば $\kappa_5(m) = -1$. つまり, (74.6) により, $|\mathcal{M}_m| = 0$ の場合も含め,

$$t_j^*(m) = (1 - (-1)^j \kappa_5(m)) \sum_{f|m} \mu^2(f) \kappa_{-20}(f).$$

そこで, α, β の偶奇性により場合を分け,

(1) $2|\beta \Rightarrow 5^{\beta/2} \| x, 5^{\beta/2}|y$. よって, $t(n) = t(2^\alpha m)$.
(2) $2 \nmid \beta \Rightarrow 5^{(\beta+1)/2}|x, 5^{(\beta-1)/2}\|y$. やはり $t(n) = t(2^\alpha m)$.

つまり, $x^2 + 5y^2 = 2^\alpha m$ を考察することで充分.

(3) $2|\alpha \Rightarrow 2^{\alpha/2}\|x, 2^{\alpha/2+1}|y$, または, $2^{\alpha/2+1}|x, 2^{\alpha/2}|y$. よって, $t(2^\alpha m) = t(m)$.
(4) $2 \nmid \alpha \Rightarrow 2^{(\alpha-1)/2}\|x, 2^{(\alpha-1)/2}\|y$. よって, $t(2^\alpha m) = t(2m)$. しかるに, $x^2 + 5y^2 = 2m \Rightarrow 2 \nmid xy \Rightarrow x = 2u + v, y = v$ と置き, $Q_2(u, v) = m$.

即ち, $2|\alpha \Rightarrow t(n) = \sum_{g^2|m} t_1^*(m/g^2)$. 一方 $2 \nmid \alpha \Rightarrow t(n) = \sum_{g^2|m} t_2^*(m/g^2)$. 証明を終わる. なお, κ_5 を κ_{-4} に置き換え得る (これは前項に現れた群の指標であることに注意せよ). 本項の議論は註 [94.7], [94.8] にて解説される Euler の *numeri idonei* に拡張される. しかし, 正定値形式一般について, (72.2) の解の個数の明示公式を定めることは困難.

§82.

判別式 $-231 \equiv 1 \mod 4$ の場合を考察する. 命題 (77.18) により次の 12 個の原始的形式からなる代表系を得る.

$Q_1 = [|1, 1, 58|]$, $Q_2^\pm = [|2, \pm 1, 29|]$, $Q_3 = [|3, 3, 20|]$, $Q_4^\pm = [|4, \pm 3, 15|]$,
$Q_5^\pm = [|5, \pm 3, 12|]$, $Q_6^\pm = [|6, \pm 3, 10|]$, $Q_7 = [|7, 7, 10|]$, $Q_8 = [|8, 5, 8|]$. (82.1)

つまり, $h_+(-231) = 12$. 素数 $p \nmid 231, p > 2$, がこれらの形式の何れかをもって表現されるためには, 定理 46 により

$$\left(\frac{-231}{p}\right) = \left(\frac{p}{231}\right) = +1 \tag{82.2}$$

であることが必要充分条件. 定理 40 も用いられている. よって, $231 = 3 \cdot 7 \cdot 11$ に注意し, 次の 4 種の場合に分かれる.

$$\left(\frac{p}{3}\right), \left(\frac{p}{7}\right), \left(\frac{p}{11}\right) = \begin{cases} (1) & +1, +1, +1, \\ (2) & +1, -1, -1, \\ (3) & -1, +1, -1, \\ (4) & -1, -1, +1. \end{cases} \tag{82.3}$$

即ち, p が判別式 -231 の形式により表現されるためには, (1)–(4) の何れかを充たすことが必要充分である.

では, 具体的には (82.1) の何れの形式によって表現されるのであろうか. 判別式 -20 の場合には, (81.4)–(81.5) により明確に対応する形式を判定できる. 目下の場合は如何なることとなるか. これを多少とも知るために, (81.3) にならい次の観察を行う. 自明な略記をもって,

$$\begin{aligned}
4p &= 4Q_1 = (2x+y)^2 + 231y^2 \Rightarrow \left(\frac{p}{3}\right), \left(\frac{p}{7}\right), \left(\frac{p}{11}\right) = 1, \\
8p &= 8Q_2^\pm = (4x \pm y)^2 + 231y^2 \Rightarrow \left(\frac{2p}{3}\right), \left(\frac{p}{7}\right), \left(\frac{2p}{11}\right) = 1, \\
4p &= 4Q_3 = 3(2x+y)^2 + 77y^2 \Rightarrow \left(\frac{2p}{3}\right), \left(\frac{5p}{7}\right), \left(\frac{p}{11}\right) = 1, \\
16p &= 16Q_4^\pm = (8x \pm 3y)^2 + 231y^2 \Rightarrow \left(\frac{p}{3}\right), \left(\frac{p}{7}\right), \left(\frac{p}{11}\right) = 1, \\
20p &= 20Q_5^\pm = (10x \pm 3y)^2 + 231y^2 \Rightarrow \left(\frac{2p}{3}\right), \left(\frac{5p}{7}\right), \left(\frac{p}{11}\right) = 1, \\
8p &= 8Q_6^\pm = 3(4x \pm y)^2 + 77y^2 \Rightarrow \left(\frac{p}{3}\right), \left(\frac{5p}{7}\right), \left(\frac{2p}{11}\right) = 1, \\
4p &= 4Q_7 = 7(2x+y)^2 + 33y^2 \Rightarrow \left(\frac{p}{3}\right), \left(\frac{5p}{7}\right), \left(\frac{2p}{11}\right) = 1, \\
32p &= 32Q_8 = (16x+5y)^2 + 231y^2 \Rightarrow \left(\frac{2p}{3}\right), \left(\frac{p}{7}\right), \left(\frac{2p}{11}\right) = 1.
\end{aligned} \tag{82.4}$$

定理 37 により整理するならば,

$$\left(\frac{p}{3}\right), \left(\frac{p}{7}\right), \left(\frac{p}{11}\right) = \begin{cases} (1) & +1, +1, +1 \Rightarrow Q_1, Q_4^{\pm}, \\ (2) & -1, +1, -1 \Rightarrow Q_2^{\pm}, Q_8, \\ (3) & -1, -1, +1 \Rightarrow Q_3, Q_5^{\pm}, \\ (4) & +1, -1, -1 \Rightarrow Q_6^{\pm}, Q_7. \end{cases} \quad (82.5)$$

あるいは, 剰余類をもって表すならば,

$$\begin{aligned}
(1) & \quad p \equiv 2^{2r} && \Rightarrow Q_1, Q_4^{\pm}, \\
(2) & \quad p \equiv 2 \cdot 2^{2r} && \Rightarrow Q_2^{\pm}, Q_8, \\
(3) & \quad p \equiv 5 \cdot 2^{2r} && \Rightarrow Q_3, Q_5^{\pm}, \\
(4) & \quad p \equiv 10 \cdot 2^{2r} && \Rightarrow Q_6^{\pm}, Q_7.
\end{aligned} \quad (82.6)$$

ただし, 法は 231 であり, かつ $r \bmod 15$. これら類の分別 (1)–(4) を判別式 -231 についての種という (*genus/genera* [DA, art. 231]). それぞれの種に含まれる 2 次形式の何れかが素数 p を表現するためには, 指定された符号の割り振り (82.5) あるいは剰余関係 (82.6) を p が充たすことが必要充分である. 分解能は (82.3) よりも明らかに高められている. しかし, 類代表形式の特定には達しておらず充分ではない. 以下の註にて多少の観察を加える. なお, (81.4)–(81.5) は判別式 -20 についての種の表示である. 表 (82.6) の分析を註 [94.5], [94.6] に置く.

[82.1] 素数 $p_1 = 402767 \equiv 2^{21} \bmod 231$ は種 (2) に入る. 合同式 $X^2 \equiv -231 \bmod 4p_1$ の解は, 註 [65.1] (Lagrange) により $X \equiv (-231)^{(p_1+1)/4} \equiv 40933 \bmod p_1$ を充たさねばならない. よって, $40933^2 + 231 = 1040 \cdot 4p_1$ であり, ある $U \in \Gamma$ が存在し,

$$Q = \begin{pmatrix} 402767 & 40933/2 \\ 40933/2 & 1040 \end{pmatrix} = {}^t U Q_2^{\pm} U \text{ または } {}^t U Q_8 U.$$

簡約 [+] により

$$U = (WT^{20}WT^3WT^{-6})^{-1} = -\begin{pmatrix} 374 & 19 \\ 59 & 3 \end{pmatrix}, \quad Q = {}^t U Q_2^+ U.$$

従って, p_1 は Q_2^+ をもって表現される.

$$402767 = 2 \cdot 374^2 + 374 \cdot 59 + 29 \cdot 59^2.$$

もちろん, Q_2^- をもっても表現される.

$$402767 = 2 \cdot 374^2 - 374 \cdot (-59) + 29 \cdot (-59)^2.$$

[82.2] 素数 $p_2 = 378179 \equiv 2^5 \bmod 231$ はやはり種 (2) に入る. 上記と同様に

$$Q = \begin{pmatrix} 378179 & 40977/2 \\ 40977/2 & 1110 \end{pmatrix} = {}^t U Q_2^{\pm} U \text{ または } {}^t U Q_8 U.$$

簡約 [+] により,
$$U = (WT^{19}WT^2WT^6W)^{-1} = -\begin{pmatrix} 37 & 2 \\ 203 & 11 \end{pmatrix}, \quad Q = {}^tUQ_8U.$$
従って, p_2 は Q_8 をもって表現される.
$$378179 = 8 \cdot 37^2 + 5 \cdot 37 \cdot 203 + 8 \cdot 203^2.$$
なお, Q_8 は両面類を代表する (註 [94.5]).

[82.3]　素数 $p_3 = 5807 \equiv p_2 \bmod 231$ は, Q_8 にあらず $Q_2^{\pm}$ をもって表現される. $p_3 = Q_2^+(54,-1) = Q_2^-(54,1)$. つまり, 種 (82.6)(2) 内の何れの類によって表現されるかは, 剰余類 mod 231 のみをもってしては判断不可能.

[82.4]　分類 (81.5), (82.6) には明らかな群構造が認められる. 後者は, 巡回群にあらざる位数 4 の群 (Klein 群 *Vierergruppe*) である ($5^2 \equiv 2^8 \bmod 231$ により, (2), (3), (4) 各元の 2 乗は (1) に入る). この観察を一般化し, 種群の概念を得る. §94 にて解説する. 一方, 註 [80.6] および 註 [81.3] にて観察された乗法的な構造は代表系 (82.1) にも存在する. しかし, 前 2 例と比較しにわかには読み取り難い. §§93–94 における議論をもって明確となる.

§83.

以上をもって正定値形式の概論とするが, 加筆を行う. 特定の形式による特定の正整数の正規表現があるのか無いのか, あるとすれば解を如何にして定めるのか. なるほど, 簡約 [+] をもってすればこの課題の解決は一般的に可能である. しかしながら, そのためには 正規表現の標識系 (74.5), 類代表系の決定を行い, なおかつ与えられた形式との Γ-合同性を追求せねばならない. 上記に示した数値例では $|D|$ は小ではあるが, 既に予期される如く, $|D|$ が大となるならば手順は堪え難く入り組む. そこで, 一方策として註 [72.4] の観点を採り, 対角形式による表現を経由することにより議論の簡素化を計る. 註 [83.10] に置く計算例がとくに参考となろう.

つまりは, 不定方程式
$$x^2 + fy^2 = m \tag{83.1}$$
の実効的な解法である. ただし, 以下の議論では次を課す (他の場合については, 註 [83.5] を参照せよ).
$$f \geq 2, \quad m \geq 2, \quad \langle f, m \rangle = 1. \tag{83.2}$$

この条件のもとに,
$$u^2 + fv^2 = m, \quad \langle u, v \rangle = 1, \tag{83.3}$$
であるならば,
$$\langle uv, m \rangle = 1, \ uv \neq 0, \ m \geq f+1. \tag{83.4}$$
かつ, $-f \bmod m$ は 2 次剰余であり,
$$w^2 \equiv -f \bmod m \tag{83.5}$$
となる w, $1 \leq w < m$, が存在する ($u \equiv vw \bmod m$). 組 $\{w, m\}$ を $\{a, b\}$ と見立て, §3 の議論 (互除法) を適用し $\{r_j\}$ を各段の剰余とする ((22.8) を見よ). 連分数展開を w/m に適用し, 第 j 主近似分数を A_j/B_j とする ((22.5) を見よ).

定理 51 仮定 (83.3) のもとに, 剰余 r_ν を
$$r_{\nu+1} \leq \sqrt{m} < r_\nu, \quad 0 \leq \nu < k, \tag{83.6}$$
と採るならば,
$$|u| = r_{\nu+1}, \quad |v| = B_\nu. \tag{83.7}$$

[証明] 定義 (22.8) により, $r_0 = m, r_1 = w, r_k = 1$ であるゆえ, (83.6) を充たす ν が唯一存在する. 関係式 (22.10) により, $r_{j+1} = (-1)^j (wB_j - mA_j)$ であり,
$$r_{j+1}^2 + fB_j^2 \equiv (w^2 + f)B_j^2 \equiv 0 \bmod m, \quad -1 \leq j \leq k. \tag{83.8}$$
一方, ある整数 ℓ をもって $u = vw - \ell m$. そこで, 定理 11 ($P = \ell, Q = v$) を援用し,
$$\begin{aligned}&|u| < r_h \text{ となる } -1 \leq h \leq k \text{ について} \\ &B_h \leq |v| \text{ よって } fB_h^2 < m.\end{aligned} \tag{83.9}$$
とくに, $|u| < \sqrt{m} < r_\nu$ であるゆえ, $fB_\nu^2 < m$ つまり $r_{\nu+1}^2 + fB_\nu^2 < 2m$. 従って, 合同関係 $(83.8)_{j=\nu}$ を経由し,
$$r_{\nu+1}^2 + fB_\nu^2 = m. \tag{83.10}$$
次に, 仮に $|u| > r_{\nu+1}$ ならば, $m = u^2 + fv^2 > r_{\nu+1}^2 + fB_\nu^2 = m$ であり矛盾. 他方, $|u| < r_{\nu+1}$ ならば, 上記と同様に $r_{\nu+2}^2 + fB_{\nu+1}^2 = m$. よって,

$$m^2 = |r_{\nu+1} + iB_\nu\sqrt{f}|^2 |r_{\nu+2} + iB_{\nu+1}\sqrt{f}|^2$$
$$= (r_{\nu+1}r_{\nu+2} - fB_\nu B_{\nu+1})^2 + f(r_{\nu+1}B_{\nu+1} + r_{\nu+2}B_\nu)^2, \quad (83.11)$$

となり, $f \geq 2$ であるゆえ, やはり矛盾. 何故ならば, $(22.9)_{j=\nu+1}$ により, $m = r_{\nu+1}B_{\nu+1} + r_{\nu+2}B_\nu$. つまり, (83.7) を得る. 証明を終わる.

[算法] 仮定 (83.3) を措き, 条件 (83.2) のもとに (83.5) を充たす w の存在のみを前提とし, w/m の連分数展開を行う. 得られる剰余のうちに (83.6) を充たすものを定める. もしも, $r_{\nu+1}^2 + fB_\nu^2 = m$ であるならば, これは (83.1) の正規表現である. 不成功である場合には (83.5) の別の解を試す. 全て不成功であるならば, 得るべき正規表現は存在しない. 簡略には $m - fB_j^2$ が平方数であるか否かを調べるがよい.

[証明] 正規表現であることを示せば充分. そこで, $w^2 + f = hm$ と置くとき, $(22.10)_{j=\nu}$ により
$$r_{\nu+1}^2 + fB_\nu^2 = m(hB_\nu^2 - 2wA_\nu B_\nu + mA_\nu^2). \quad (83.12)$$

従って, $(hB_\nu - 2wA_\nu)B_\nu + mA_\nu^2 = 1$. つまり, $\langle B_\nu, m \rangle = 1$. よって $\langle r_{\nu+1}, B_\nu \rangle = 1$. 証明を終わる.

[83.1] 上記は Cornacchia (1908) の算法. 課題 (83.1)–(83.2) ($f = 2, 3$) への連分数論の応用は Lucas (1891, pp.455–456) に初出. ただし, Hermite (註 [60.6]) の手法に沿っているがために制限 $f \leq 3$ が課されている. つまり, Cornacchia はこの制限を取り去る工夫をなしたと言える. 汎用である Lagrange 簡約 [+] に較べ, 彼の算法の利点は連分数展開により容易に実行できる (83.6) をもって迅速に結論に達することにある. Lagrange (1770b) の着想と関連する (註 [90.1] を参照せよ).

[83.2] 条件 (83.2) のもとに (83.5) が解を持つ場合であっても, (83.3) が得られるとは限らない. 下記の註 [83.8] に例を置く.

[83.3] ただし, 既に §§79–80 にて扱われているところではあるが, $f = 1$ のときには Hermite の手法により, $w^2 \equiv -1 \bmod m$ なる w の存在のみをもって確実に解を得る. 実際, w/m の連分数展開にて, (83.6) にはあらず
$$B_\mu \leq \sqrt{m} < B_{\mu+1}$$
と採るならば, (22.10), (22.12) により`
$$r_{\mu+1} = |wB_\mu - mA_\mu| < m/B_{\mu+1} < \sqrt{m}.$$

§83. 273

よって, $r_{\mu+1}^2 + B_\mu^2 < 2m$. しかるに, (83.8) は $f = 1$ についても成立している. つまり,
$$r_{\mu+1}^2 + B_\mu^2 = m.$$
このとき (83.12)$_{f=1,\nu=\mu}$ により, $\{r_{\mu+1}, B_\mu\}$ は正規表現でもある. そこで, (83.3)$_{f=1}$ が成立しているものと仮定する. 合同関係
$$vB_\mu - ur_{\mu+1} \equiv vB_\mu - (-1)^\mu vw^2 B_\mu \equiv (1 + (-1)^\mu) vB_\mu \mod m,$$
$$uB_\mu - vr_{\mu+1} \equiv vwB_\mu - (-1)^\mu vwB_\mu \equiv (1 - (-1)^\mu) vwB_\mu \mod m$$
の何れかは $\equiv 0 \mod m$. 例えば, $vB_\mu - ur_{\mu+1} \equiv 0 \mod m$ であるならば, 等式
$$(vB_\mu - ur_{\mu+1})^2 + (uB_\mu + vr_{\mu+1})^2 = |(u+iv)(r_{\mu+1} + iB_\mu)|^2 = m^2$$
より, $(vB_\mu - ur_{\mu+1})(uB_\mu + vr_{\mu+1}) = 0$. 従って, $\langle u, v \rangle = 1$ および $\langle r_{\mu+1}, B_\mu \rangle = 1$ に注意し, $|u| = B_\mu$, $|v| = r_{\mu+1}$ あるいは $|u| = r_{\mu+1}$, $|v| = B_\mu$. 残る場合には, $|(u-iv)(r_{\mu+1} + iB_\mu)|^2 = m^2$ を用いるがよい.

[83.4]　Schoof (1985) の算法 (註 [70.9]) により $x^2 \equiv -1 \mod p$ は多項式時間をもって決定論的に解かれる. 従って Hermite の算法は $x^2 + y^2 = p$ の解を多項式時間をもって与える. しかしながら, p を一般の自然数 m に置き換えるならば, m の因数分解を経由せねばならず, 現在のところ多項式時間の算法は存在しない. これは解の有る無しの判定も含めてのことである. 驚くべきか, 慨嘆すべきか.

[83.5]　より一般に正規表現 $gx^2 + hy^2 = m$ を扱うこともできる. ただし, $g, h > 0$, $\langle gh, m \rangle = 1$. このとき, $gw^2 \equiv -h \mod m$ なる w を求め, w/m の連分数展開において, (83.6) を $r_{\nu+1}^2 \leq m/g < r_\nu^2$ と読み換えることにより後出の恒等式 (92.17) を用い上記の議論を拡張できる.

[83.6]　Cornacchia 算法を用いるに当たり効果的な方策としては, まず $m : \mathrm{sqf}$ と $m = p^\alpha$ なる場合に議論を制限することである. このとき, (83.3) の正規性を度外視できる. 一般の場合については, §81 と同様に等式 $|x + iy\sqrt{f}|^2 = x^2 + fy^2$ を経由し 2 次形式 $[|1, 0, f|]$ により表現される整数の集合の乗法性を用いるがよい (m の素因数分解の実行を掎くが). ここで重要な点は, 素数ベキの表現のみに考察を制限してはならぬことである. 即ち, $[|1, 0, f|]$ により表現されぬ素数であってもそれらの積を採るならば表現可能となる場合がある. 註 [83.9] に数値例を置くが, §93 の合成理論と密接に関係する.

[83.7]　不定方程式 $x^2 + 5y^2 = 404321$ は註 [81.1] にて扱われている. この場合, 互除法を $w = 244037, m = 404321$ に適用し, 剰余は
$$r_2 = 160284,\ r_3 = 83753,\ r_4 = 76531,\ r_5 = 7222,$$
$$r_6 = 4311,\ r_7 = 2911,\ r_8 = 1400,\ r_9 = 111, \ldots$$
よって, $r_\nu = 1400$, $r_{\nu+1} = 111$ ($\nu = 8$), かつ $\{(404321 - 111^2)/5\}^{1/2} = 280$. 註 [81.1] に

おける議論よりも相当に簡易である. なお,
$$\frac{w}{m} = 0 + \frac{1}{1} + \frac{1}{1} + \frac{1}{1} + \frac{1}{1} + \frac{1}{10} + \frac{1}{1} + \frac{1}{1} + \frac{1}{2} + \frac{1}{12} + \frac{1}{1} + \frac{1}{1} + \frac{1}{1} + \frac{1}{1} + \frac{1}{2} + \frac{1}{1} + \frac{1}{1} + \frac{1}{3}$$
であるゆえ, 互除法の中程の段階にて結論が得られている (第 8 主近似分数: $\frac{169}{280}$).

[83.8] 不定方程式 $x^2 + 5y^2 = 430883$ は, (81.5) によるならば, 解を持たない. この場合, m は素数であり (83.5) の解 $\mathrm{mod}\, m$ は本質的に唯一. つまり, 試すべき w は高々 1 個. そこで, 註 [65.1] (Lagrange), あるいはむしろ註 [81.2] により $\{w = 95402,\ m = 430883\}$. 互除法を適用し $r_\nu = 962,\ r_{\nu+1} = 131\ (\nu = 7)$. そして, $\{(430883 - 131^2)/5\}^{1/2} = 287.653\ldots$.

[83.9] 不定方程式 $x^2 + 5y^2 = 435629 = m$. この場合, §38 の記法をもって $m \notin \mathrm{pp}(2)$ であり m は合成数. そこで, 例えば, ρ 法 ((39.1)) により, 分解 $m = p_1 p_2,\ p_1 = 367,\ p_2 = 1187$ を得る. これら素因数は共に (81.5)(2) を充たし, 同所の形式 Q_2 により表現される. 従って, 註 [81.3](2) により, m は形式 Q_1 によって正規表現される. つまり, 目下の不定方程式は解を持つはずである. これを Cornacchia の算法をもって確かめてみる. まず, 註 [65.1] (Lagrange) により, $t_l \equiv \pm(-5)^{(p_l+1)/4} \mathrm{mod}\, p_l,\ l = 1, 2,$ と置くならば, $t_l^2 \equiv -5 \mathrm{mod}\, p_l$. 計算を実行し, $t_1 \equiv \pm 27 \mathrm{mod}\, p_1,\ t_2 \equiv \pm 282 \mathrm{mod}\, p_2$. 次に,
$$\frac{367}{1187} = 0 + \frac{1}{3} + \frac{1}{4} + \frac{1}{3} + \frac{1}{1} + \frac{1}{2} + \frac{1}{1} + \frac{1}{5} \Rightarrow 207 \cdot 367 - 64 \cdot 1187 = 1.$$
よって, $w \equiv 207 \cdot 367 \cdot t_2 - 64 \cdot 1187 \cdot t_1 \mathrm{mod}\, m$ を経由し, $w^2 \equiv -5 \mathrm{mod}\, m$. つまり, w として 49572, 204446, 231183, 386057 の 4 値がある. しかし, 自明理由にて後 2 値を無視してよい. 互除法により, $r_\nu^2 + 5B_\nu^2 = m$. ただし,

$$w = 49572 : \quad r_\nu = 1450,\ r_{\nu+1} = 123,\ B_\nu = 290 \quad (\nu = 6),$$
$$w = 204446 : \quad r_\nu = 1385,\ r_{\nu+1} = 228,\ B_\nu = 277 \quad (\nu = 7).$$

なお, 註 [81.3](2) もこれらの解を与える. 実際,
$$p_1 = 2 \cdot 13^2 + 2 \cdot 13 \cdot 1 + 3 \cdot 1^2,\quad \{x, y\} = \{13, 1\},$$
$$p_2 = \begin{cases} 2 \cdot 17^2 - 2 \cdot 17 \cdot 21 + 3 \cdot 21^2, & \{u, v\} = \{17, -21\}, \\ 2 \cdot 4^2 - 2 \cdot 4 \cdot 21 + 3 \cdot 21^2, & \{u, v\} = \{4, -21\}, \end{cases}$$
より
$$p_1 p_2 = \begin{cases} 123^2 + 5 \cdot 290^2, & \{u, v\} = \{17, -21\}, \\ 228^2 + 5 \cdot 277^2, & \{u, v\} = \{4, -21\}. \end{cases}$$

[83.10] 不定方程式 $2x^2 + xy + 29y^2 = 402767 = p$ を扱う. 解 $\{374, 59\}$ は註 [82.1] にて既に定められている. まず, (72.3) を適用し, $(4x + y)^2 + 231y^2 = 8p = m$. そこで, $X^2 \equiv -231 \mathrm{mod}\, m$ を解き 8 個の解 $X_j^\pm \equiv jp \pm 40933 \mathrm{mod}\, m,\ 0 \leq j \leq 3,$ を得るが, $w = 764601 \equiv X_1^- \mathrm{mod}\, m$ と採る. 実際,
$$\frac{w}{m} = 0 + \frac{1}{4} + \frac{1}{4} + \frac{1}{1} + \frac{1}{2} + \frac{1}{34} + \frac{1}{1} + \frac{1}{3} + \frac{1}{4} + \frac{1}{45} + \frac{1}{2}$$

の第 4 主近似分数は $\frac{14}{59}$. そして, $(m - 231 \cdot 59^2)^{1/2} = 1555$. かつ, $(1555 - 59)/4 = 374$. なお, 他の 7 候補からは解は得られない.

[83.11] 不定方程式 (83.1) が 2 個以上の解を持つとき, m は合成数である. 詳しくは, $a, b, c, d > 0$, $a \neq c$, をもって, $m = a^2 + fb^2 = c^2 + fd^2$ となるとき, $\langle m, ad - bc \rangle$ は m の非自明な因数である. もちろん, 註 [80.7] の拡張である. 証明は同様であるが, 仮定 $f \geq 2$ により容易となる. 実際, $m^2 = (ac + fbd)^2 + f(ad - bc)^2$ より $|ad - bc| \neq m$. 上記の $m = 435629$, $f = 5$ の場合には, $m = 123^2 + 5 \cdot 290^2 = 228^2 + 5 \cdot 277^2$. よって, $ad - bc = -32049$. つまり, 因数 $1187 = \langle m, ad - bc \rangle$ が回復される. かつ, $\langle m, ad + bc \rangle = 367$. Euler (1778a) を参照せよ. ちなみに, Kraïtchik の方針 (§51 [**b**] (5)) を採るならば, 自明な条件を措き,

$$a^2 \equiv -fb^2, \ fd^2 \equiv -c^2 \ \Rightarrow \ (ad)^2 \equiv (bc)^2 \bmod m.$$

もちろん, 註 [83.5] の場合にも適用できる.

§84.

これより不定値 2 次形式の議論に入る. 本節から §90 まで形式 Q は全て不定値. 課題は, 双曲線 ${}^t\mathbf{x}Q\mathbf{x} = m$ 上の整数格子点 $\{x, y\}$ 全てを如何にして求めるのかである. 双曲線は無限遠に向かい開いているゆえ, §§77–83 における楕円の場合とは著しく異なり, より興味深い状況となる. 結論としては, その様な格子点が一つでもあるならば実は無限個存在し, 乗法的な構造をもって秩序良く並ぶ (§88 の終段). この壮観を示すために, 簡約理論にもどる. 正定値の場合の類代表を採り上げる手順 (§§77–78) と較べ, 不定値の場合の対応する議論は入り組む.

まず, 判別式 D を持つ原始的不定値形式 $Q = [[a, b, c]]$ の集合

$$\mathcal{Q}_\pm(D) = \{Q : \langle a, b, c \rangle = 1, \ b^2 - 4ac = D > 0\} \tag{84.1}$$

を採る. 正定値の場合の設定 (77.1) とは異なり, 先頭係数 a の符合に制限が課されていない. 従って, とくに $Q \in \mathcal{Q}_\pm(D) \Leftrightarrow -Q \in \mathcal{Q}_\pm(D)$. もちろん, $\mathcal{Q}_\pm(D) = \mathcal{Q}(D)$ ではあるが, '±' は不定値性を強調する修飾. 同じく, (74.16) を書き換え,

$$\mathcal{K}_\pm(D) = \{\mathcal{Q}_\pm(D) \text{ 内の } \varGamma\text{-合同類全て}\}; \quad \text{類数: } h_\pm(D) = |\mathcal{K}_\pm(D)| \tag{84.2}$$

とする. ちなみに, $\{Q_\nu\}$ を $\mathcal{K}_\pm(D)$ の各類の代表形式系とするとき, $\{-Q_\nu\}$ は同様である. 実際, 任意の $Q \in \mathcal{Q}_\pm(D)$ について, $-Q \in \mathcal{Q}_\pm(D)$ であるゆえ,

$-Q \equiv Q_\nu \bmod \Gamma$ なる代表形式 Q_ν が存在し，従って，$Q \equiv -Q_\nu \bmod \Gamma$．

正定値形式に関する定義 (77.4) に沿い，各 $Q \in \mathfrak{Q}_\pm(D)$ に 2 次無理数の組

$$\omega^+(Q) = \frac{-b+\sqrt{D}}{2a}, \quad \omega^-(Q) = \frac{-b-\sqrt{D}}{2a} \tag{84.3}$$

を対応させる．根号の符合に留意すべし．方程式 $ax^2+bx+c=0$ の 2 根を互いに共役つまり不可分として扱うと同じである．自明ながら，

$$\text{有理係数 2 次方程式にて，} \atop \text{根の一方が } \omega^+(Q) \text{ であるならば他方は } \omega^-(Q). \tag{84.4}$$

なお，

$$\omega^+(-Q) = \omega^-(Q), \quad \omega^-(-Q) = \omega^+(Q). \tag{84.5}$$

もちろん，(77.6) の類似が成立し，

$$\mathfrak{Q}_\pm(D) \text{ にて写像 } Q \mapsto \omega^+(Q) \text{ は 1 対 1}. \tag{84.6}$$

また，(77.7) の類似については，任意の $U \in \Gamma$ について

$$U^{-1}(\omega^+(Q)) = \omega^+({}^tUQU), \quad U^{-1}(\omega^-(Q)) = \omega^-({}^tUQU). \tag{84.7}$$

定理 3 を想起し，変換 $U = T, W$ に関しこれらを確かめるがよい．さらに，$P \in \diamond\Gamma$ については，

$$\begin{aligned} P^{-1}(\omega^+(Q)) &= \omega^-({}^tPQP) = \omega^+({}^tP(-Q)P), \\ P^{-1}(\omega^-(Q)) &= \omega^+({}^tPQP) = \omega^-({}^tP(-Q)P). \end{aligned} \tag{84.8}$$

実際，変換 $J = \begin{pmatrix} 0 & 1 \\ 1 & 0 \end{pmatrix}$ をもって $J(\omega^+(Q)) = \omega^-(JQJ)$ であり，

$$\begin{aligned} P^{-1}(\omega^+(Q)) &= P^{-1}J^{-1}(\omega^-(JQJ)) \\ &= \omega^-({}^t(JP)JQJ(JP)) = \omega^-({}^tPQP). \end{aligned} \tag{84.9}$$

正定値形式の場合には上半平面 $\mathcal{H}$ 内のみにて，つまり定義 (77.4) のみをもって議論を進めることができるのであるが，不定値形式については同様な簡略を採り得ない．その理由の一つとして，1 次分数変換の群として Γ は $\mathbb{R} \cup \{\infty\}$ にも作用はするが不連続的ではなく，$\mathcal{H}$ に関する定理 49 に相当するものを欠く，という事実がある．実際，任意の既約分数 a/b について，互除法により $A = \begin{pmatrix} a & a' \\ b & b' \end{pmatrix} \in \Gamma$ があり $A(\infty) = a/b$ である．全ての有理数は Γ の元により互いに移り代わり得

る. つまり, $\omega^+(Q)$ を含む $\mathbb{R}\cup\{\infty\}$ を $\varGamma$ をもって類別することは目下の課題に関しては意味をなさない. しかるに, 組 (84.3) の集合

$$\left\{\{\omega^+(Q),\omega^-(Q)\}: Q\in\mathfrak{Q}_\pm(D)\right\} \tag{84.10}$$

において $\varGamma$ の作用 (77.8) を観察するならば, これより次節に渡り示すごとく, 幸いにも意味ある分解能を獲得できる.

かくして, 定義

$$\omega^+(Q) \text{ は簡約 2 次無理数} \Leftrightarrow 0<-\omega^-(Q)<1<\omega^+(Q), \tag{84.11}$$

および

$$Q \text{ は簡約形式} \Leftrightarrow \omega^+(Q) \text{ は簡約 2 次無理数} \tag{84.12}$$

を導入する. これら定義の正当性は次節にて明らかとなる (具体的には (85.12) に続く議論). ただし, 簡約性の定義として唯一の選択ではない. 註 [85.4] を見よ.

各判別式 $D>0$ について, $\mathfrak{Q}_\pm(D)$ に含まれる簡約形式が存在する. 実際, $D=4d+1$ の場合には, 整数 $f\geq 0$ を $(2f+1)^2<D<(2f+3)^2$, つまり $f=[(\sqrt{D}-1)/2]$ と採り

$$Q: x^2-(2f+1)xy+(f(f+1)-d)y^2 \tag{84.13}$$

と定めるならば,

$$\omega^+(Q)=f+\frac{1}{2}(1+\sqrt{D}), \quad \omega^-(Q)=f+\frac{1}{2}(1-\sqrt{D}) \tag{84.14}$$

は (84.11) を充たす. 一方, $D=4d$ の場合には,

$$Q: x^2-2[\sqrt{d}]xy+([\sqrt{d}]^2-d)y^2 \tag{84.15}$$

をもって,

$$\omega^+(Q)=[\sqrt{d}]+\sqrt{d}, \quad \omega^-(Q)=[\sqrt{d}]-\sqrt{d} \tag{84.16}$$

は (84.11) を充たす.

[84.1] 以下に述べる不定値 2 次形式の簡約理論は, Lagrange (1773b, Probléme IV) を基礎とするが, 続く Legendre (1798, Première partie, §XIII) による解説を念頭に置く. 正則連分数展開を経由する平明な議論である. 対応する Gauss [DA, artt. 183–205] の議論も, 重要部

(artt. 188–189) の処理は，表現の仕様は異なるものの，本質的には連分数展開による．ちなみに，[DA] 全体として互除法，連分数は表面には置かれていない．それらに代え，重なる代数的変換を数式の連鎖をもって表現している．行列表現を欠くがための甚だしい入り組み．後に Dirichlet (1842, p.323) が行列の試用により 2 次形式論の透明化に進んだゆえんである (註 [72.1](6))．

[84.2] 定義 (84.11)–(84.12) は，Gauss の条件 (次節の (85.4)) を Dirichlet (1863, §74) が言い換えたところをさらに解釈し直したものである．同所では，例えば，(84.3) にはあらず，対応 $[[a, 2b, c]] \leftrightarrow (-b \pm \sqrt{b^2 - ac})/c$ を基とし，さらに Gauss にならい正式合同 (註 [74.3]，つまり負項連分数展開) が専ら用いられている．これは以下にて採用するところとは異なる．かくして，Gauss の不定値 2 次形式論からの借用は簡約形式の定義 (84.11)–(84.12) およびその言い換えである (85.4) ([DA, art. 183]) のみ．2 元の不定値 2 次形式に関する限りはこれにて足る．

§85.

集合 $\mathfrak{Q}_\pm(D)$ における類別 (74.10) による類の個数は定理 47 により有限である．これの再証明を与える．目的とするところは，代表形式を採り上げるための実践的な手法を定義 (84.11) を経由し獲得することにある．以下，簡約形式とは (84.12) の通り．また，無限連分数における循環とはある箇所から先にて一定の周期をもって展開が繰り返されること，純循環とは初項から循環節が始まることである．

定理 52

$\mathfrak{Q}_\pm(D)$ に含まれる簡約形式の個数は有限． (85.1)

任意の Q につき，$\omega^+(Q)$ は循環連分数に展開される． (85.2)

Q は簡約形式 $\Leftrightarrow$ $\omega^+(Q)$ の連分数展開は純循環． (85.3)

[証明] つまり，与えられた Q について $\omega^+(Q)$ の連分数展開を行うならば，(85.2) により必ず循環節に遭遇するが，これは (85.3) によれば簡約形式の集合に進入することと同じである (下記の (85.6) 経由)．しかるに，(85.1) により当該の簡約形式の集合は有限個である．従って，$\mathfrak{Q}_\pm(D)$ は有限個の Γ-合同類に分かれる．より詳細な手順を次節にて示す．証明に入るが，まず，任意の簡約形式 $Q = [[a, b, c]] \in \mathfrak{Q}_\pm(D)$ について，定義 (84.11) から $\omega^+(Q) - \omega^-(Q) > 0$ であり，$a > 0$．よって，$\omega^+(Q) + \omega^-(Q) > 0$ より $b < 0$．従って，$\omega^-(Q) < 0$ から

$\sqrt{D} > -b = |b|$. つまり, $0 < D - b^2 = -4ac$ となり, $c < 0$. これらをまとめ,

集合 $\mathfrak{Q}_\pm(D)$ に関する
Gauss 簡約条件
$:\quad \begin{array}{c} a > 0,\, b < 0,\, c < 0;\ |b| < \sqrt{D};\\ \dfrac{1}{2}(\sqrt{D} - |b|) < a,\, |c| < \dfrac{1}{2}(\sqrt{D} + |b|),\\ \text{かつ}\ \langle a, b, c\rangle = 1. \end{array}$
(85.4)

もちろん, (77.17) の類似である. 中段の a についての不等式は $-\omega^-(Q) < 1 < \omega^+(Q)$ から, c については $a|c| = \frac{1}{4}(D - b^2)$ から得られる. 候補となり得る a, b, c それぞれの個数は D のみにて定まる限界を超えない. よって (85.1) を得る.

次に, (85.2) を示す. このために, 任意の $Q \in \mathfrak{Q}^\pm(D)$ を採り $\eta_0 = \omega^+(Q)$ と書き, (23.3)–(23.4) にならい

$$\begin{aligned}\eta_0 &= s_0 + \cfrac{1}{s_1} + \cfrac{1}{s_2} + \cdots + \cfrac{1}{s_j} + \cfrac{1}{\eta_{j+1}}\\ &= \frac{F_j \eta_{j+1} + F_{j-1}}{G_j \eta_{j+1} + G_{j-1}},\quad \eta_j = \mathrm{R}^j(\eta_0),\end{aligned} \quad (85.5)$$

とする. また, 定義

$$Q_j = {}^{\mathrm{t}}H_{j-1}((-1)^j Q) H_{j-1},\quad H_j = \begin{pmatrix} F_j & F_{j-1} \\ G_j & G_{j-1} \end{pmatrix},\qquad (85.6)$$
Q の Legendre cf-軌道: $\{Q_j : j \geq 0\}$

を置く. もちろん, $Q = Q_0$. このとき $H_{j-1}^{-1}(\eta_0) = \eta_j$ かつ $\det H_{j-1} = (-1)^j$ であるゆえ, (84.7)–(84.8) から

$$\eta_j = \omega^+(Q_j),\quad j \geq 0.\qquad (85.7)$$

一方, $Q_j = [|a_j, b_j, c_j|]$ とするとき,

$$\begin{aligned} a_{j+1} &= (-1)^{j+1}\bigl(aF_j^2 + bF_j G_j + cG_j^2\bigr),\\ b_{j+1}^2 &= D + 4a_{j+1}c_{j+1},\\ c_{j+1} &= (-1)^{j+1}\bigl(aF_{j-1}^2 + bF_{j-1}G_{j-1} + cG_{j-1}^2\bigr). \end{aligned} \qquad (85.8)$$

これらの大きさは Q のみで定まる値以下である. 実際, $a\eta_0^2 + b\eta_0 + c = 0$ および $G_j \neq 0$, $j \geq 0$, に注意し,

$$\begin{aligned} a_{j+1} = (-1)^{j+1} G_j^2 \bigl(&a(F_j/G_j - \eta_0)(F_j/G_j - \eta_0 + 2\eta_0)\\ &+ b(F_j/G_j - \eta_0)\bigr). \end{aligned}\qquad (85.9)$$

不等式 (23.6) を適用し, $|a_{j+1}| < |a|(2|\eta_0| + 1) + |b|$. 同じ評価が $|c_{j+1}|$ についても成立する. よって, $|b_{j+1}|^2 < D + 4(|a|(2|\eta_0| + 1) + |b|)^2$. 従って, $Q_h = Q_k$ となる $0 \leq h < k$ が存在する. とくに,

$$H_{h-1}^{-1}(\eta_0) = \eta_h = \omega^+(Q_h) = \omega^+(Q_k) = \eta_k = H_{k-1}^{-1}(\eta_0). \tag{85.10}$$

これを展開 (85.5) から観るならば,

$$\eta_h = s_h + \frac{1}{s_{h+1}} + \frac{1}{s_{h+2}} + \cdots + \frac{1}{s_{k-1}} + \frac{1}{\eta_k}, \quad \eta_k = \eta_h. \tag{85.11}$$

つまり, η_h は純循環連分数に展開され, (85.2) を得る.

さらに, これら η_h は簡約 2 次無理数である. 実際, 単位写像ならざる

$$\begin{pmatrix} s_h & 1 \\ 1 & 0 \end{pmatrix} \begin{pmatrix} s_{h+1} & 1 \\ 1 & 0 \end{pmatrix} \cdots \begin{pmatrix} s_{k-1} & 1 \\ 1 & 0 \end{pmatrix} = \begin{pmatrix} A & A' \\ B & B' \end{pmatrix} \tag{85.12}$$

をもって $g(x) = Bx^2 + (B' - A)x - A'$ と置くならば, $g(0) = -A' < 0$, $g(-1) = B - B' + A - A' > 0$. つまり, $g(x) = 0$ の 2 根 $\{\eta_h, \eta_h'\}$ は $0 < -\eta_h' < 1 < \eta_h$ を充たし, かつ (84.4) により $\eta_h' = \omega^-(Q_h)$. よって Q_h は簡約形式と知れる. また, 各 $\eta_j, j \geq h + 1$ はやはり純循環連分数に展開されるゆえ, $Q_j, j \geq h$, は全て簡約形式. 従って, (85.6) から

$$\text{任意の } Q \text{ に対し簡約形式 } S \text{ が存在し } Q \equiv S \bmod \Gamma. \tag{85.13}$$

実際, h が偶数であるならば $H_{h-1} \in \Gamma$ であり, $S = Q_h$ とすれば済む. 一方, h が奇数であるならば, $H_h \in \Gamma$ であり, $S = Q_{h+1}$ とすればよい. かくして, (85.1) にもどり $\mathfrak{Q}_\pm(D)$ に関し定理 47 の再証明を終わる.

残るは (85.3) の証明であるが, 右辺が左辺をもたらすことは (85.12) に続く議論にて既に示されている. そこで, 左辺を仮定する. 展開 (85.5) を用いるが, (85.11) までの議論はもちろんそのままである. 仮に $h = 0$ であるならば, 証明すべきことは無い. それゆえ, $h \geq 1$ と仮定する. まず, $\omega^+(Q) = \eta_0$ のみならず $\eta_1 = (\eta_0 - s_0)^{-1} > 1$ もやはり簡約 2 次無理数である. 何故ならば, (84.8) および (85.6) により $H_0^{-1}(\omega^-(Q)) = \omega^-(Q_1)$ であり, $\omega^-(Q_1) = (\omega^-(Q) - s_0)^{-1}$. つまり $-1 < \omega^-(Q_1) < 0$ となり, η_1 は簡約 2 次無理数. 同様に $\eta_j, j \geq 0$, は全て簡約 2 次無理数, かつ $\omega^-(Q_j) = (\omega^-(Q_{j-1}) - s_{j-1})^{-1}, j \geq 1$. とくに, $0 < -s_{j-1} - 1/\omega^-(Q_j) < 1$ であり, $s_{j-1} = [-1/\omega^-(Q_j)]$. それゆえ, 等式

(85.11) にて $s_{k-1} = [-1/\omega^-(Q_k)] = [-1/\omega^-(Q_h)] = s_{h-1}$. これは展開 (85.11) を 1 段戻しても等号が成立することを意味する. 即ち, $h \geq 1$ ならば $\eta_{h-1} = \eta_{k-1}$. つまりは, $\eta_0 = \eta_{k-h}$. 以上をもって定理 52 の証明を終わる.

循環現象一般にて最小循環節の長さを周期 *period* と呼ぶ. そこで,

$$\text{形式 } Q \text{ の周期とは } \omega^+(Q) \text{ の最小循環節の長さ} \tag{85.14}$$

と定義する. 剰余定理 (2.1) を用いる常用の議論により, 任意の循環節の長さは周期の倍数. また, 次の自明な観察を記しておく. 任意の $Q \in \mathcal{Q}_\pm(D)$, 各 $j \geq 0$ について, $v_j, w_j \in \mathbb{Z}$ があり,

$$R^j(\omega^+(Q)) = \frac{v_j + \sqrt{D}}{2w_j}, \quad \begin{matrix} D \equiv 0 \bmod 4 \Rightarrow 2|v_j, \\ D \equiv 1 \bmod 4 \Rightarrow 2\nmid v_j. \end{matrix} \tag{85.15}$$

[85.1] 循環する連分数展開が $\mathbb{Q}$ 上の 2 次方程式の実根を表すことは自明. それの逆命題 (85.2) は Lagrange (1770a, pp.614–615) による著名な発見である. もっとも, 不定値 2 次形式による整数の表現と循環連分数展開との関係を明確に認識したのは Euler (1759) である (註 [87.1] を見よ). 上記の (85.2) の証明にては Charves (1877) の着想が用いられている. また, 変換形式の列 (85.6) への着眼は Legendre (1798, p.126) による ([DA, art. 187] と比較せよ).

[85.2] Galois (1828). 簡約 2 次無理数 $\omega^+(Q)$ の周期を r とするとき,

$$\omega^+(Q) = s_0 + \cfrac{1}{s_1} + \cfrac{1}{s_2} + \cdots + \cfrac{1}{s_{r-1}} + \cfrac{1}{\omega^+(Q)}$$
$$\Leftrightarrow \frac{-1}{\omega^-(Q)} = s_{r-1} + \cfrac{1}{s_{r-2}} + \cfrac{1}{s_{h-3}} + \cdots + \cfrac{1}{s_1} + \cfrac{1}{s_0} + \cfrac{1}{-1/\omega^-(Q)}.$$

実際, (85.5) を $j = r - 1$ をもって流用するならば, (84.4) を念頭に置き,

$$\omega^+(Q) = \frac{F_{r-1}\omega^+(Q) + F_{r-2}}{G_{r-1}\omega^+(Q) + G_{r-2}} \Leftrightarrow \frac{-1}{\omega^-(Q)} = \frac{F_{r-1}(-1/\omega^-(Q)) + G_{r-1}}{F_{r-2}(-1/\omega^-(Q)) + G_{r-2}}.$$

右辺にて, $-1/\omega^-(Q) > 1$ かつ

$$\begin{pmatrix} F_{r-1} & G_{r-1} \\ F_{r-2} & G_{r-2} \end{pmatrix} = {}^t\left\{ \begin{pmatrix} s_0 & 1 \\ 1 & 0 \end{pmatrix} \begin{pmatrix} s_1 & 1 \\ 1 & 0 \end{pmatrix} \cdots \begin{pmatrix} s_{r-1} & 1 \\ 1 & 0 \end{pmatrix} \right\}.$$

[85.3] 不定値 2 次形式の分類に関しても Gauss は註 [74.3] の手法を遵守している. かくするならば, 全ては Γ 内の変換にて済まし得る訳であり, 次節にて述べる周期のパリティに関する少々の煩瑣を避け得る ([DA, art. 187]). 本講義では, 既に註 [84.2] にて示唆したが, 連分数展開の援用に当たり論旨の統一性を採る.

[85.4] 不定値形式の簡約性に関する Smith (1877: 執筆は 1874) の着想. 任意の形式

$Q \in \mathcal{Q}_{\pm}(D)$ を採り, 複素平面にて, $\omega^{\pm}(Q)$ を直径の両端点とする円周の上半部分 (双曲的測地線 hyperbolic geodesic) $\mathfrak{l}_Q$ を観察する. 形式 Q を Γ の元により変換するとき, 定理 49 により, 何れかの変換に対応する測地線が基本領域 $\mathcal{F}$ を通過する. そこで, 次の定義を導入する.

$$Q \text{ は Smith 簡約} \Leftrightarrow \mathfrak{l}_Q \cap \mathcal{F} \neq \emptyset.$$

形式 $Q = [|a,b,c|]$ がこれを充たすならば, $\mathfrak{l}_Q$ の方程式 $a(x^2+y^2)+bx+c=0$, $(y>0)$, と 2 点 $(\pm 1 + i\sqrt{3})/2$ との位置関係から, $a(a \pm b/2 + c) \leq 0 \Rightarrow (4a \pm b)^2 + 3b^2 \leq 4D$. この様な a,b は有限個であり, $\mathcal{Q}_{\pm}(D)$ にて類数が有限であることの別証明を得る. さらに, Aut_Q の作用を考慮すべきであり, 註 [88.4] にて述べる. Klein (1890, pp.250–260; とくに Fricke による脚注) を参照せよ. 双曲計量 (Beltrami (1868): 非ユークリッド幾何モデルとしての上半平面) については, 例えば YM (2011, 第 2 章) を参照せよ.

§86.

集合 $\mathcal{Q}_{\pm}(D)$ に属する各 Γ 合同類は, (85.4) を充たす簡約形式の何れかによって代表される. ここで多少の可視化を試みる. 定理 15 を念頭に置き前節の議論を観るならば, 各 $Q \in \mathcal{Q}_{\pm}(D)$ の広義軌道 $\{{}^tU(\pm Q)U : U \in \Gamma \sqcup \diamond \Gamma, \det U = \pm 1\}$ (複号同順) に含まれる形式の cf-軌道 (85.6) は結局は Q のそれと合流する. また, 簡約形式の cf-軌道は無限回転する円環であり, 逆も然り. 上記の証明が主に意味するところは, $\mathcal{Q}_{\pm}(D)$ に属するこれら円環軌道の個数は有限であり, どの形式の cf-軌道も何れかの円環に必ず巻き込まれて行く. この情景をもとに類数を具体的に決定できよう. しかしながら, 手順には曖昧さが残る. つまり, (77.18) とは大きく異なり定理 52 をもってしては代表となる形式を明確には特定し得ない. 条件 (85.4) による篩い分けの後に連分数展開を観察する手順が残るのである.

[簡約 [$\pm$]]

(1) $\mathcal{Q}_{\pm}(D)$ にて, 条件 (85.4) を充たす簡約形式 $\{Q\}$ を全て求める. 各簡約 2 次無理数 $\{\omega^+(Q)\}$ の連分数展開を行う. これらは定理 52 により純循環である.

(2) 簡約形式 Q についてその cf-軌道を (85.6) とする. これは円環であり, 周期を r とする.

$$\begin{aligned} r: \text{奇数} &\Rightarrow \text{軌道は 1 個の } \Gamma \text{ 類}, \\ r: \text{偶数} &\Rightarrow \text{軌道は 2 個の } \Gamma \text{ 類に分かれる}. \end{aligned} \quad (86.1)$$

後者の場合, 代表形式は $Q_0(=Q), Q_1$ である. 実際, 奇数である場合, 円環を 1

周と1項進むならば, Γ の元を作用させることとなる. つまり, 円環上の形式は全て Γ 合同. 一方, 偶数である場合, 仮に $Q_0 \equiv Q_1 \bmod \Gamma$ とするならば, 註 [26.2] ($k \equiv 1 \bmod 2$) により適宜に $J \equiv j \bmod 2$ を採り, さらに (85.7) に注意し,

$$\begin{aligned} \mathrm{R}^{J+2}(\omega^+(Q_0)) = \mathrm{R}^{j+2}(\omega^+(Q_1)) &= \mathrm{R}^{j+3}(\omega^+(Q_0)) \\ \Rightarrow r|(J-j-1). & \end{aligned} \quad (86.2)$$

もちろん, これは矛盾である.

実際には, 判別式を定めるとき, (86.1) の何れか一方の状態のみが現れる.

定理 53 $\mathcal{Q}_\pm(D)$ 内にて,

$$\begin{array}{c} \text{偶数 (奇数) の周期を持つ形式が一個なりともあるならば,} \\ \text{他全ての形式の周期は偶数 (奇数) である.} \end{array} \quad (86.3)$$

つまり, 周期の偶奇は判別式 D のみにて定まる. 証明は §88 の後段.

例としては, 奇数の場合は註 [86.1], [86.3] を, 偶数の場合は註 [86.2] を見よ. また, この時点にて試みに Lagrange–Legendre の手順 (§76) に戻るのであるならば, 註 [86.4] が基準例となろう. 何れにせよ, 残るは (74.14)(2), つまり (76.5) の解を全て定めることである. もっとも, この課題への解答も, 実質的には定理 52 に既に含まれている. 何故ならば, (85.6) にて Q を簡約形式とするならば, 何れかの ν をもって $Q = {}^{\mathrm{t}}H_\nu Q H_\nu$, $H_\nu \in \Gamma$, (円環の周回を適宜重ねる) となり, これら無限個の H_ν は Q の automorphs である. つまり, 定理 48 によるならば, $\mathrm{pell}_D(4)$ の無限個の解を得ることとなる. そして §84 の冒頭にて示唆した双曲線上の無限個の格子点の存在も見えて来る. もちろん, (74.26) をもって眺めるべし. 詳しくは §88 にて述べる.

[86.1] $\mathrm{h}_\pm(493) = 2$ を示す. $D = 493 \equiv 1 \bmod 4$. $b^2 + 4a|c| = D$ を与える $\{|b|, a|c|\}$ は $\{1, 3 \cdot 41\}$, $\{3, 11^2\}$, $\{5, 3^2 \cdot 13\}$, $\{7, 3 \cdot 37\}$, $\{9, 103\}$, $\{11, 3 \cdot 31\}$, $\{13, 3^4\}$, $\{15, 67\}$, $\{17, 3 \cdot 17\}$, $\{19, 3 \cdot 11\}$, $\{21, 13\}$ の 10 組である. しかし, $|b| = 1, 7, 9, 11, 15$ は, (85.4) の中段を充たさず失格. その他からは, 簡約形式

(1) : $[|11, -3, -11|]$, (2) : $[|9, -5, -13|]$, (3) : $[|13, -5, -9|]$, (4) : $[|9, -13, -9|]$,

(5) : $[|3, -17, -17|]$, (6) : $[|17, -17, -3|]$, (7) : $[|3, -19, -11|]$, (8) : $[|11, -19, -3|]$,

(9) : $[|1, -21, -13|]$, (10) : $[|13, -21, -1|]$

を得る. これらのうち, (1) と (2) は Γ 合同ではありえない. 何故ならば,

$$(1): \quad \frac{3+\sqrt{D}}{22} = 1 + \frac{1}{6+} \frac{1}{1+} \frac{1}{6+} \frac{1}{1+} \frac{1}{(3+\sqrt{D})/22},$$

$$(2): \quad \frac{5+\sqrt{D}}{18} = 1 + \frac{1}{1+} \frac{1}{1+} \frac{1}{21+} \frac{1}{1+} \frac{1}{(5+\sqrt{D})/18}.$$

当該の連分数展開から (1) と同類は (5), (6), (7), (8) であり, (2) と同類は (3), (4), (9), (10). 従って, (86.1) により類数は 2 である. それぞれの組には 5 個づつの簡約形式が入るが, この個数は (1), (2) の周期と一致し奇数である ((86.1) の上段). さらに, 形式 (1) を Q とするならば,

$$H = \begin{pmatrix} 1 & 1 \\ 1 & 0 \end{pmatrix} \begin{pmatrix} 6 & 1 \\ 1 & 0 \end{pmatrix} \begin{pmatrix} 1 & 1 \\ 1 & 0 \end{pmatrix} \begin{pmatrix} 6 & 1 \\ 1 & 0 \end{pmatrix} \begin{pmatrix} 1 & 1 \\ 1 & 0 \end{pmatrix} = \begin{pmatrix} 63 & 55 \\ 55 & 48 \end{pmatrix}$$

をもって ${}^tHQH = -Q$, $H \in \diamond\Gamma$. よって, 定義 (74.17) のもとに,

$$H^2 = \begin{pmatrix} 6994 & 6105 \\ 6105 & 5329 \end{pmatrix} \in \mathrm{Aut}_Q.$$

そこで, (76.6) により, $t = 2 \cdot 6994 - 3 \cdot 555 = 12323$, $u = 6105/11 = 555$. つまり,

$$\mathrm{pell}_{493}(4) \text{ の特解}: 12323^2 - 493 \cdot 555^2 = 4$$

を得る. 定理 48 から予期されるが, (2) も同じ特解をもたらす. ちなみに, H からは,

$$\mathrm{pell}_{493}(-4) \text{ の特解}: 111^2 - 493 \cdot 5^2 = -4$$

を得る.

[86.2]　$h_\pm(268) = 2$ を示す. $D = 268 = 4d$, $d = 67$. 簡約 2 次無理数 $\eta_0 = 8 + \sqrt{67}$ の連分数展開は次の通り.

$$\eta_0 = 16 + \frac{1}{5+} \frac{1}{2+} \frac{1}{1+} \frac{1}{1+} \frac{1}{7+} \frac{1}{1+} \frac{1}{1+} \frac{1}{2+} \frac{1}{5+} \frac{1}{\eta_0} = \frac{96578\eta_0 + 17901}{5967\eta_0 + 1106}.$$

前節の記法を用い,

$$\eta_1 = \frac{8+\sqrt{d}}{3}, \ \eta_2 = \frac{7+\sqrt{d}}{6}, \ \eta_3 = \frac{5+\sqrt{d}}{7}, \ \eta_4 = \frac{2+\sqrt{d}}{9}, \ \eta_5 = \frac{7+\sqrt{d}}{2},$$

$$\eta_6 = \frac{7+\sqrt{d}}{9}, \ \eta_7 = \frac{2+\sqrt{d}}{7}, \ \eta_8 = \frac{5+\sqrt{d}}{6}, \ \eta_9 = \frac{7+\sqrt{d}}{3}.$$

対応する簡約形式とそれらのなす cf-軌道は

$$\eta_0: [|1, -16, -3|] \mapsto \eta_1: [|3, -16, -1|] \mapsto \eta_2: [|6, -14, -3|] \mapsto \eta_3: [|7, -10, -6|]$$

$$\mapsto \eta_4: [|9, -4, -7|] \mapsto \eta_5: [|2, -14, -9|] \mapsto \eta_6: [|9, -14, -2|] \mapsto \eta_7: [|7, -4, -9|]$$

$$\mapsto \eta_8: [|6, -10, -7|] \mapsto \eta_9: [|3, -14, -6|] \mapsto \eta_{10} = \eta_0: \cdots\cdots$$

条件 (85.4) によるならば, これらの簡約形式は全てを尽くしている. 周期は偶数 10 であるゆえ, (86.1) により類数は 2. 従って, 上記の cf-軌道は $[|1, -16, -3|]$ と $[|3, -16, -1|]$ それぞれの Γ-合同形式に分かれる. なお, $\mathrm{pell}_{268}(4): t^2 - 268u^2 = 4$ にて $2|t$. よって, $\mathrm{pell}_{67}(1)$ の解 $(t/2)^2 - 67u^2 = 1$ が従い, $\mathrm{pell}_{268}(4)$ と $\mathrm{pell}_{67}(1)$ とは同値である (§88 (I) を見よ). とく

に, η_0 の展開から, 形式 $[|1, -16, -3|]$ の automorph の一例は, (76.6) を参照し,

$$\begin{pmatrix} 96578 & 17901 \\ 5967 & 1106 \end{pmatrix} = \begin{pmatrix} \frac{1}{2}(t+16u) & 3u \\ u & \frac{1}{2}(t-16u) \end{pmatrix} \Rightarrow t = 97684, u = 5967.$$

従って,

$$\text{pell}_{67}(1) \text{ の特解}: 48842^2 - 67 \cdot 5967^2 = 1.$$

当然ながら, $\text{pell}_{67}(-1)$ は解を持たない. 註 [87.4] を見よ.

[86.3] $h_{\pm}(628) = 1$ を示す. $D = 4d$, $d = 157$. 簡約 2 次無理数 $\eta_0 = 12 + \sqrt{157}$ の連分数展開は次の通り.

$$\eta_0 = 24 + \cfrac{1}{1} + \cfrac{1}{1} + \cfrac{1}{7} + \cfrac{1}{1} + \cfrac{1}{5} + \cfrac{1}{2} + \cfrac{1}{1} + \cfrac{1}{1}$$
$$+ \cfrac{1}{1} + \cfrac{1}{1} + \cfrac{1}{2} + \cfrac{1}{5} + \cfrac{1}{1} + \cfrac{1}{7} + \cfrac{1}{1} + \cfrac{1}{1} + \cfrac{1}{1} + \cfrac{1}{\eta_0} = \frac{9459858\eta_0 + 5013385}{385645\eta_0 + 204378}.$$

前節の記法を用い,

$$\eta_1 = \frac{12+\sqrt{d}}{13}, \quad \eta_2 = \frac{1+\sqrt{d}}{12}, \quad \eta_3 = \frac{11+\sqrt{d}}{3}, \quad \eta_4 = \frac{10+\sqrt{d}}{19},$$
$$\eta_5 = \frac{9+\sqrt{d}}{4}, \quad \eta_6 = \frac{11+\sqrt{d}}{9}, \quad \eta_7 = \frac{7+\sqrt{d}}{12}, \quad \eta_8 = \frac{5+\sqrt{d}}{11},$$
$$\eta_9 = \frac{6+\sqrt{d}}{11}, \quad \eta_{10} = \frac{5+\sqrt{d}}{12}, \quad \eta_{11} = \frac{7+\sqrt{d}}{9}, \quad \eta_{12} = \frac{11+\sqrt{d}}{4},$$
$$\eta_{13} = \frac{9+\sqrt{d}}{19}, \quad \eta_{14} = \frac{10+\sqrt{d}}{3}, \quad \eta_{15} = \frac{11+\sqrt{d}}{12}, \quad \eta_{16} = \frac{1+\sqrt{d}}{13}.$$

対応する簡約形式とそれらの変換 ((85.6)) の順序は

$$\eta_0 : [|1, -24, -13|] \mapsto \eta_1 : [|13, -24, -1|] \mapsto \eta_2 : [|12, -2, -13|]$$
$$\mapsto \eta_3 : [|3, -22, -12|] \mapsto \eta_4 : [|19, -20, -3|] \mapsto \eta_5 : [|4, -18, -19|]$$
$$\mapsto \eta_6 : [|9, -22, -4|] \mapsto \eta_7 : [|12, -14, -9|] \mapsto \eta_8 : [|11, -10, -12|]$$
$$\mapsto \eta_9 : [|11, -12, -11|] \mapsto \eta_{10} : [|12, -10, -11|] \mapsto \eta_{11} : [|9, -14, -12|]$$
$$\mapsto \eta_{12} : [|4, -22, -9|] \mapsto \eta_{13} : [|19, -18, -4|] \mapsto \eta_{14} : [|3, -20, -19|]$$
$$\mapsto \eta_{15} : [|12, -22, -3|] \mapsto \eta_{16} : [|13, -2, -12|] \mapsto \eta_{17} = \eta_0 : \cdots\cdots.$$

基本条件 (85.4) によるならば, これらの簡約形式は全てを尽くしている. 計算上は他に $[|6, -14, -18|]$, $[|18, -14, -6|]$, $[|6, -22, -6|]$, $[|2, -22, -18|]$, $[|18, -22, -2|]$ も現れるが原始的ではなく, 失格. 周期は奇数 17 であるゆえ, (86.1) により類数は 1. 代表の形式を選択するには, 例えば

$$[|1, -24, -13|] \stackrel{T^{12}}{\Longrightarrow} Z = [|1, 0, -157|], \quad \eta_0 = T^{12}(\omega^+(Z)),$$

に注意する. つまり, $Q_{\pm}(628)$ の形式は全て $x^2 - 157y^2$ と同類.

[86.4] 議論を続けるが, 素数 $p = 6781$ を形式 Z により表現することを考察する. まず, 定理 46 に従い, 合同方程式 $X^2 \equiv 628 \mod 4p \Rightarrow X_1^2 \equiv 157 \mod p$ を採り上げる. 註 [65.1] (Legendre) を援用し,解 $X_1 \equiv \pm 4719 \bmod p$ を得る. つまり,形式 $Z_1 = [|6781, -9438, 3284|]$ の判別式は $628 = 4d$ であるゆえ, $Z_1 \equiv Z \bmod \Gamma$ でなければならない. これを確かめる. 連分数展開

$$\omega^+(Z_1) = \frac{4719 + \sqrt{d}}{6781} = 0 + \frac{1}{1} + \frac{1}{2} + \frac{1}{3} + \frac{1}{4} + \frac{1}{\eta_{12}},$$

$$\omega^+(Z_1) = U(\eta_{12}), \quad U = \begin{pmatrix} 30 & 7 \\ 43 & 10 \end{pmatrix},$$

により,Z_1 の cf-軌道は η_{12} に対応する箇所から円環に巻き付く,と知れる. そこで,円環運動を考慮し,(85.6) の記号をもって

$$\eta_{12} = H_{11}^{-1}(\eta_0), \ \eta_0 = \eta_{17} = H_{16}^{-1}(\eta_0) \Rightarrow \eta_{12} = (H_{16}^{\kappa} H_{11})^{-1}(\eta_0),$$

$$H_{16} = \begin{pmatrix} 9459858 & 5013385 \\ 385645 & 204378 \end{pmatrix}, \ H_{11} = \begin{pmatrix} 88823 & 33974 \\ 3621 & 1385 \end{pmatrix}.$$

従って,

$$\omega^+(Z_1) = U(H_{16}^{\kappa} H_{11})^{-1} T^{12}(\omega^+(Z)).$$

つまり,

$$Z_1 = {}^t K_\kappa Z K_\kappa, \quad K_\kappa = T^{-12} H_{16}^{\kappa} H_{11} U^{-1} \in \Gamma, \quad 2 \nmid \kappa.$$

何故ならば,$T, H_{11} \in \Gamma$,かつ $U, H_{16} \in \diamond \Gamma$. 例えば,

$$K_1 = \begin{pmatrix} 2826905056841 & -1962062224509 \\ 225611584950 & -156589612789 \end{pmatrix}.$$

これより,素数 6781 の形式 Z による表現

$$2826905056841^2 - 157 \cdot 225611584950^2 = 6781$$

を得る. 一方, K_{-1} は表現 $56009^2 - 157 \cdot 4470^2 = 6781$ を与える. ちなみに, K_0 からは, $292512^2 - 157 \cdot 23345^2 = -6781$ を得る. なお,ここでは $h_\pm(628) = 1$ であることを用いてはいるが,類数が複数であれ手順は本質的には変わらない. 註 [89.2], [90.2] に続く.

[86.5] 註 [86.1] では 2 類の代表形式について簡約 2 次無理数の周期は等しい. しかし,一般的な現象ではない. 例として, $D = 377 \equiv 1 \bmod 4$. 簡約 2 次無理数は次の 10 個.

$$\eta_0 = \frac{19 + \sqrt{D}}{2}, \ \eta_1 = \frac{19 + \sqrt{D}}{8}, \ \eta_2 = \frac{13 + \sqrt{D}}{26}, \ \eta_3 = \frac{13 + \sqrt{D}}{8};$$

$$\xi_0 = \frac{19 + \sqrt{D}}{4}, \ \xi_1 = \frac{17 + \sqrt{D}}{22}, \ \xi_2 = \frac{5 + \sqrt{D}}{16},$$

$$\xi_3 = \frac{11 + \sqrt{D}}{16}, \ \xi_4 = \frac{5 + \sqrt{D}}{22}, \ \xi_5 = \frac{17 + \sqrt{D}}{4};$$

$$\eta_0 = 19 + \frac{1}{4} + \frac{1}{1} + \frac{1}{4} + \frac{1}{\eta_0}; \ \xi_0 = 9 + \frac{1}{1} + \frac{1}{1} + \frac{1}{1} + \frac{1}{9} + \frac{1}{\xi_0}.$$

つまり,η_0, ξ_0 の周期は 4, 6 であり,これらは (86.3) の例である. よって,(86.1) により

$$\eta_0 \equiv \eta_2,\ \eta_1 \equiv \eta_3,\ \xi_0 \equiv \xi_2 \equiv \xi_4,\ \xi_1 \equiv \xi_3 \equiv \xi_5 \bmod \Gamma$$

と類別される．従って，$h_\pm(377) = 4$．ちなみに，$\eta_0 = (461\eta_0 + 96)/(24\eta_0 + 5)$, $\xi_0 = (461\xi_0 + 48)/(48\xi_0 + 5)$．両者共に $\text{pell}_{377}(4) : 466^2 - 377 \cdot 24^2 = 4$，つまり $\text{pell}_{377}(1) : 233^2 - 377 \cdot 12^2 = 1$ を与える．この場合，$\text{pell}_{377}(-4)$, $\text{pell}_{377}(-1)$ は解を持たない．註 [87.5], (88.20) を見よ．

§87.

不定方程式 $\text{pell}_d(m)$, $d > 0$, の議論に入る．以下しばし m の符合を定めず．理論の源は $\sqrt{2}$ への分数による近似にあると目されている．古代の人々は $\sqrt{2}$ が通約不可能 *incommensurable* であることに気付き，$\sqrt{2}$ への優れた近似を与える既約分数 t/u を探し求め ([Σ.II, Prop. 10])，それらを神殿や祭壇の造りに忍ばせた．そしてやがて，

$$2u/t\ \text{もまた優れた近似であるべし．} \tag{87.1}$$
$$\text{従って，} |t/u - 2u/t| = |t^2 - 2u^2|/tu\ \text{は例外的に小．}$$

右辺の分子は1となることが望ましい．課題 $\text{pell}_2(\pm 1)$ が現れる．一方，$\sqrt{2}$ への優秀な近似分数は，無限互除法 ([Σ.X, Prop. 2]: 註 [24.4])，即ち連分数展開をもって得られることも経験上つとに知られていた．ならば，不定方程式 $\text{pell}_2(\pm 1)$ の解全ては $\sqrt{2}$ の連分数展開から得られるのではなかろうか．Lagrange (1768) がなした貢献はこの古来の推理を一般化し明確な証明を与えたことにある．

つまり，非平方数 $d \geq 2$ を任意に採るとき，(87.1) と同様に $\text{pell}_d(\pm 1)$ に導かれ，無理数 $\sqrt{d}$ の連分数展開を考察することが課題となる．そこで，$\eta_0 = [\sqrt{d}] + \sqrt{d}$, $\eta_k = R^k(\eta_0)$ と置く．もちろん，(84.16) と (85.3) の組み合わせにより結論を得るところである．しかし，重要ゆえ重複をいとわず独立した議論を行うこととする．まず，任意の $k \geq 0$ につき，

$$\text{整数}\ \{v_k, w_k\}\ \text{をもって}\ \eta_k = (v_k + \sqrt{d})/w_k. \tag{87.2}$$
$$\text{このとき，} |v_k| < \sqrt{d},\ 1 \leq w_k < 2\sqrt{d}.$$

確かめであるが，始めに $\eta_k = a_k + 1/\eta_{k+1}$, $a_k = [\eta_k]$，より，

$$v_{k+1} = a_k w_k - v_k, \quad w_{k+1} = (d - v_{k+1}^2)/w_k \tag{87.3}$$

を得る．これらが整数であることを示さねばならない．そこで，漸化式 $w_{k+1} = $

$w_{k-1} + 2a_k v_k - a_k^2 w_k$, $k \geq 1$, に注意する．両辺に w_k を乗じて見るがよい．よって, $v_k, w_{k-1}, w_k \in \mathbb{Z}$ ならば, $v_{k+1}, w_{k+1} \in \mathbb{Z}$. しかるに, $v_1, w_0, w_1 \in \mathbb{Z}$. 次に, $\eta_k^* = (v_k - \sqrt{d})/w_k$ と置くならば, $1 < \eta_k$ かつ $-1 < \eta_k^* < 0$. 前者は自明であり, 後者については $\eta_{k+1} = (\eta_k - a_k)^{-1}$ より $\eta_{k+1}^* = (\eta_k^* - a_k)^{-1}$ が従うことに注意し帰納法を用いる．よって, $1 < \eta_k - \eta_k^* = 2\sqrt{d}/w_k$, かつ, $0 < w_k w_{k-1} = d - v_k^2$ をもって (87.2) の確かめを終わる．つまり, d を定めるとき, 組 $\{v_k, w_k\}$ は有限個であり, $\eta_{k_1} = \eta_{k_2}$ となる $0 \leq k_1 < k_2$ が存在する．これより, $\eta_{k_2-k_1} = \eta_0$. 何故ならば, まず, 任意の $k \geq 0$ について, $\eta_k^* = a_k + 1/\eta_{k+1}^*$ であり, $0 < -1/\eta_{k+1}^* - a_k < 1$. よって, $a_k = [-1/\eta_{k+1}^*]$. 従って, $k_1 \geq 1$ ならば, $a_{k_2-1} = [-1/\eta_{k_2}^*] = [-1/\eta_{k_1}^*] = a_{k_1-1}$. もとに戻り, $\eta_{k_2-1} = a_{k_2-1} + 1/\eta_{k_2} = a_{k_1-1} + 1/\eta_{k_1} = \eta_{k_1-1}$. 議論を繰り返し, $\mathrm{R}^l(\eta_0) = \eta_0$ となる $l \geq 1$ が存在する, と知れる．以上は, §85 後段の論旨の出処である．

従って, $\mathrm{R}(\eta_0) = \mathrm{R}(\sqrt{d})$ に注意し,

$$r = \min\left\{l \geq 1 : \mathrm{R}^l(\sqrt{d}) = [\sqrt{d}] + \sqrt{d}\right\} \tag{87.4}$$

の存在を得る．とくに,

$$w_k = 1 \Leftrightarrow \eta_k = \eta_0 \Leftrightarrow r | k. \tag{87.5}$$

実際, $w_k = 1$ であるならば, $\eta_k^* = v_k - \sqrt{d}$. よって, $-1 < \eta_k^* < 0$ から, $v_k = [\sqrt{d}]$. 即ち, $\eta_k = \eta_0$. また, (2.1) を用いる論法により $r | k$. もちろん, 上記の $\{a_k\}$ をもって展開

$$\sqrt{d} = [\sqrt{d}] + \cfrac{1}{a_1 +} \cfrac{1}{a_2 +} \cfrac{1}{a_3 +} \cdots + \cfrac{1}{a_{r-1} +} \cfrac{1}{2[\sqrt{d}] +} \cfrac{1}{a_1 +} \cfrac{1}{a_2 +} \cdots \tag{87.6}$$

が成立する．

次に, $\mathrm{pell}_d(1)$ を考察するが, $t, u \in \mathbb{N}$ は $t^2 - du^2 = 1$ を充たすものとする．このとき,

$$\sqrt{d} - \frac{t}{u} = -\frac{1}{u^2(t/u + \sqrt{d})} > -\frac{1}{2u^2}. \tag{87.7}$$

何故ならば, $1 < \sqrt{d} < t/u$. Legendre 判定 (定理 14) により, t/u は (87.6) の何れかの主近似分数 A_k/B_k と一致し,

$$\sqrt{d} - \frac{A_k}{B_k} = -\frac{1}{B_k(A_k + B_k\sqrt{d})}. \tag{87.8}$$

等式 (23.7) を参照し, k は奇数かつ $A_k + B_k\sqrt{d} = B_{k-1} + B_k\mathrm{R}^{k+1}(\sqrt{d})$. 一方, (87.3) の証明に戻り, $\mathrm{R}^{k+1}(\sqrt{d}) = \mathrm{R}^{k+1}(\eta_0) = (v_{k+1} + \sqrt{d})/w_{k+1}$. これらから, $w_{k+1} = 1$. 従って, (87.5) により, $r|(k+1)$. つまり, 偶数の $l \geq 2$ をもって, $t = A_{l-1}, u = B_{l-1}$. 確かめであるが, 等式 $(23.4)_{\eta=\sqrt{d}}$, および l の定義により,

$$(B_{l-1}([\sqrt{d}] + \sqrt{d}) + B_{l-2})\sqrt{d} = A_{l-1}([\sqrt{d}] + \sqrt{d}) + A_{l-2}. \tag{87.9}$$

両辺の有理部分と $\sqrt{d}$ の係数部分とを比較し,

$$A_{l-1} = B_{l-2} + B_{l-1}[\sqrt{d}], \quad B_{l-1}d = A_{l-2} + A_{l-1}[\sqrt{d}]. \tag{87.10}$$

これら 2 式から $[\sqrt{d}]$ を消去し, (22.7) を参照の上,

$$A_{l-1}^2 - dB_{l-1}^2 = A_{l-1}B_{l-2} - B_{l-1}A_{l-2} = (-1)^l = 1. \tag{87.11}$$

さらに, $\mathrm{pell}_d(-1)$ を考察する. もちろん, $-1 \bmod d$ は 2 次剰余でなければならず, d を任意の非平方数とすることはできない. まず, $t^2 - du^2 = -1$ となる $t, u \in \mathbb{N}$ が存在するものと仮定する. このとき, (87.7) に代り

$$\frac{1}{\sqrt{d}} - \frac{u}{t} = -\frac{1}{t^2 d(u/t + 1/\sqrt{d})} > -\frac{1}{2t^2}. \tag{87.12}$$

よって, u/t は何らかの奇数 k_1 をもって $1/\sqrt{d}$ の第 k_1 主近似分数であり, (26.5) により $u/t = B_{k_1-1}/A_{k_1-1}$. ただし, A_j/B_j は上記の通り. 多少の整理の後,

$$\sqrt{d} - \frac{A_{k_1-1}}{B_{k_1-1}} = \frac{1}{B_{k_1-1}(A_{k_1-1} + B_{k_1-1}\sqrt{d})}. \tag{87.13}$$

つまり, $r|k_1$ を得るゆえ, r は奇数. また, 奇数の l をもって, $t = A_{l-1}, u = B_{l-1}$. なおかつ (87.10) はこの l についても成立するが, (87.11) は書き換えられ, $A_{l-1}^2 - dB_{l-1}^2 = -1$ となる.

即ち, $\mathrm{pell}_d(\pm 1)$ の解は $\sqrt{d}$ への特段に優れた有理近似 (特別な主近似分数) を与え逆も然り, と言える. この逆命題の正確な表現は,

$$\begin{aligned}&(87.4) \text{ における } l \text{ につき,} \\ &A_{l-1} + B_{l-1}\sqrt{d} = (A_{r-1} + B_{r-1}\sqrt{d})^{l/r}.\end{aligned} \tag{87.14}$$

証明であるが, 一般に $\begin{pmatrix} 2c & 1 \\ 1 & 0 \end{pmatrix} = \begin{pmatrix} 1 & c \\ 0 & 1 \end{pmatrix}\begin{pmatrix} c & 1 \\ 1 & 0 \end{pmatrix}$ であることに注意し,

$$\begin{pmatrix} 2[\sqrt{d}] & 1 \\ 1 & 0 \end{pmatrix} \begin{pmatrix} a_1 & 1 \\ 1 & 0 \end{pmatrix} \cdots \begin{pmatrix} a_{r-1} & 1 \\ 1 & 0 \end{pmatrix}$$
$$= \begin{pmatrix} 1 & [\sqrt{d}] \\ 0 & 1 \end{pmatrix} \begin{pmatrix} A_{r-1} & A_{r-2} \\ B_{r-1} & B_{r-2} \end{pmatrix}. \tag{87.15}$$

ただし, $\{a_j\}$ は (87.6) にある通り. よって, l の偶奇に関わらず (87.10) が成立することを用い,

$$\begin{pmatrix} A_{l+r-1} & A_{l+r-2} \\ B_{l+r-1} & B_{l+r-2} \end{pmatrix} = \begin{pmatrix} A_{l-1} & A_{l-2} \\ B_{l-1} & B_{l-2} \end{pmatrix} \begin{pmatrix} 1 & [\sqrt{d}] \\ 0 & 1 \end{pmatrix} \begin{pmatrix} A_{r-1} & A_{r-2} \\ B_{r-1} & B_{r-2} \end{pmatrix}$$
$$= \begin{pmatrix} A_{l-1} & dB_{l-1} \\ B_{l-1} & A_{l-1} \end{pmatrix} \begin{pmatrix} A_{r-1} & A_{r-2} \\ B_{r-1} & B_{r-2} \end{pmatrix}. \tag{87.16}$$

これの両辺に $(1, \sqrt{d})$ を左から乗じ,

$$A_{l+r-1} + B_{l+r-1}\sqrt{d} = (A_{l-1} + B_{l-1}\sqrt{d})(A_{r-1} + B_{r-1}\sqrt{d}). \tag{87.17}$$

従って, (87.14) を得る.

以後, 記述を短縮するために,

$$\begin{array}{c} \text{対応}\ t^2 - du^2 = \pm 1 \mapsto t + u\sqrt{d}\ \text{をもって,} \\ \text{後者を}\ \mathrm{pell}_d(\pm 1)\ \text{の解と見なす.} \end{array} \tag{87.18}$$

このとき, t, u の符合を変えたものも当然に解である. そこで,

$$\mathrm{pell}_d(\pm 1)\ \text{の非自明解}: t, u > 0, \tag{87.19}$$

$$\mathrm{pell}_d(\pm 1)\ \text{の最小解}: \text{非自明にして}\ u\ \text{最小}, \tag{87.20}$$

と定義する. 容易に知れるが,

$$\text{最小解} = \min\{t + u\sqrt{d} : t, u > 0\}. \tag{87.21}$$

以上をまとめる. 任意の非平方数 $d \in \mathbb{N}$ につき, $\sqrt{d}$ を連分数展開し周期 r を定める ((87.6)). このとき, (87.14) が成立する. かくして, Lagrange (1768) の著名な定理に至る.

定理 54

(i) $\mathrm{pell}_d(-1)$ が非自明解を持つための必要充分条件は $2 \nmid r$. このとき, 最小解は

$A_{r-1} + B_{r-1}\sqrt{d}$. 解全体は $\{ \pm (A_{r-1} + B_{r-1}\sqrt{d})^{2j+1} : j \in \mathbb{Z} \}$.

(ii) $\mathrm{pell}_d(1)$ は必ず非自明解を持つ. 最小解は $A_{\ell-1} + B_{\ell-1}\sqrt{d}$. ただし, $2|r \Rightarrow \ell = r, 2 \nmid r \Rightarrow \ell = 2r$. 解全体は $\{ \pm (A_{\ell-1} + B_{\ell-1}\sqrt{d})^j : j \in \mathbb{Z} \}$.

注意であるが, $\sqrt{d}$ の主近似分数一般については次が成立している.

$$A_k^2 - dB_k^2 = (-1)^{k+1} w_{k+1}, \quad k \geq 0. \tag{87.22}$$

関係式

$$\eta_{k+1} = \frac{v_{k+1} + \sqrt{d}}{w_{k+1}} = R^{k+1}(\sqrt{d}) = -\frac{A_{k-1} - B_{k-1}\sqrt{d}}{A_k - B_k\sqrt{d}} \tag{87.23}$$

にて最右辺を有理化するがよい.

さらに, $\mathrm{pell}_d(1)$ の最小解を $t_1 + u_1\sqrt{d}$ とし, ベキ $(t_1 + u_1\sqrt{d})^m = t_m + u_m\sqrt{d}$, $m \in \mathbb{Z}$, に関し, 次の Legendre (1798, p.457) の合同式を注意する. 素数 $p \geq 3$, $p \nmid d$, について,

$$t_{p-\lambda} \equiv 1, \ u_{p-\lambda} \equiv 0 \bmod p, \quad \lambda = \left(\frac{d}{p}\right). \tag{87.24}$$

証明であるが, まず, 註 [73.6] の行列記法を用いるならば,

$$(t_1\mathfrak{e} + u_1\mathfrak{d})^p \equiv t_1^p \mathfrak{e} + u_1^p \mathfrak{d}^p \equiv t_1\mathfrak{e} + \lambda u_1\mathfrak{d} \bmod p. \tag{87.25}$$

2 項展開 (註 [29.2]) および (29.12), $\mathfrak{d}^p = d^{(p-1)/2}\mathfrak{d}$, (59.3) による. しかるに, $(t_1\mathfrak{e} + u_1\mathfrak{d})^{-1} = t_1\mathfrak{e} - u_1\mathfrak{d}$ であるゆえ,

$$(t_1\mathfrak{e} + u_1\mathfrak{d})^{p-\lambda} \equiv (t_1\mathfrak{e} + \lambda u_1\mathfrak{d})(t_1\mathfrak{e} + \lambda u_1\mathfrak{d})^{-1} \equiv \mathfrak{e} \bmod p. \tag{87.26}$$

つまり, (87.24) を得る. これは, Fermat–Euler の定理 (29.10) の一拡張である. より一般に, $g \in \mathbb{Z}, \langle g, d \rangle = 1$, につき

$$(t_1\mathfrak{e} + u_1\mathfrak{d})^{\varphi(g;d)} \equiv \mathfrak{e} \bmod |g|, \quad \varphi(g;d) = g \prod_{p|g} \left(1 - \left(\frac{d}{p}\right)\frac{1}{p}\right). \tag{87.27}$$

とくに,

$$t_h \equiv 1, \ u_h \equiv 0 \bmod |g|, \quad \exists h | \varphi(g;d). \tag{87.28}$$

函数 $\varphi(g;d)$ は定理 66 にも現れる.

[87.1] $\sqrt{d}$ の連分数展開の周期性と $\mathrm{pell}_d(1)$ の解との関係の把握は Brouncker (Wallis (1685,

Chap. XCVIII): p.367) によるが, 解の一般的な存在証明は Lagrange (1768) の貢献 (彼の着想を註 [87.10] にて示唆する). 一方, 現行記法をもってのこの関係の探究は Euler (1759; 出版 1767) に始まる. 上記は, Euler 論文を基に Lagrange 自身が (1768) を再構成した議論 (1769, とくに pp.494–497). ただし, Legendre (1798, pp.50–57) の解説を採り入れてある. 行列の使用などはもちろん後の工夫. 註 [87.11] に続く.

[87.2]　より直截な議論を次節の (I) に置く. 註 [26.1] の援用による.

[87.3]　$\text{pell}_d(\pm 1)$ の振動.

(1) $d = 419$: $r = 18$.

$$\sqrt{419} = 20 + \cfrac{1}{2} + \cfrac{1}{7} + \cfrac{1}{1} + \cfrac{1}{2} + \cfrac{1}{3} + \cfrac{1}{1} + \cfrac{1}{2} + \cfrac{1}{1} + \cfrac{1}{19} + \cfrac{1}{1}$$
$$+ \cfrac{1}{2} + \cfrac{1}{1} + \cfrac{1}{3} + \cfrac{1}{2} + \cfrac{1}{1} + \cfrac{1}{7} + \cfrac{1}{2} + \cfrac{1}{20 + \sqrt{419}}.$$

$\text{pell}_{419}(1)$:　　$270174970^2 - 419 \cdot 13198911^2 = 1$.

(2) $d = 421$: $r = 37$.

$$\sqrt{421} = 20 + \cfrac{1}{1} + \cfrac{1}{1} + \cfrac{1}{13} + \cfrac{1}{5} + \cfrac{1}{1} + \cfrac{1}{3} + \cfrac{1}{1} + \cfrac{1}{2} + \cfrac{1}{1} + \cfrac{1}{1} + \cfrac{1}{1}$$
$$+ \cfrac{1}{2} + \cfrac{1}{9} + \cfrac{1}{1} + \cfrac{1}{7} + \cfrac{1}{3} + \cfrac{1}{3} + \cfrac{1}{2} + \cfrac{1}{2} + \cfrac{1}{3} + \cfrac{1}{3} + \cfrac{1}{7} + \cfrac{1}{1} + \cfrac{1}{9}$$
$$+ \cfrac{1}{2} + \cfrac{1}{1} + \cfrac{1}{1} + \cfrac{1}{1} + \cfrac{1}{2} + \cfrac{1}{1} + \cfrac{1}{3} + \cfrac{1}{1} + \cfrac{1}{5} + \cfrac{1}{13} + \cfrac{1}{1} + \cfrac{1}{1} + \cfrac{1}{20 + \sqrt{421}}.$$

$\text{pell}_{421}(-1)$:　$44042445696821418^2 - 421 \cdot 2146497463530785^2 = -1$.

$\text{pell}_{421}(1)$:　$3879474045914926879468217167061449^2$
$$- 421 \cdot 189073995951839020880499780706260^2 = 1.$$

これらの例にも見えるが, 比較的に小さな最小解をもたらす d の至近に巨大な最小解に対応する d' が現れる, という現象がある. 例えば, Euler (*ibid.*, pp.335–336) による表の拡張である Legendre (*ibid.*, Table XII) にては $\text{pell}_d(\pm 1)$, $2 \leq d \leq 1003$, が扱われ上記の 2 例と共に

$$\text{pell}_{420}(1): \quad 41^2 - 420 \cdot 2^2 = 1.$$

Jacobson–Williams (2000) の示すところでは, $\text{pell}_d(1)$, $\text{pell}_{d+1}(1)$ の最小解の比は如何ほどにも大あるいは小となり得る. 整数列に潜む謎の波動. なお, 例 (2) については, 註 [89.6] を参照せよ.

[87.4]　Legendre (1785, p.549). 素数 $p \equiv 1 \bmod 4$ について, $\text{pell}_p(-1)$ は解を持つ. 従って, 定理 53 の (i) により, $\sqrt{p}$ の周期は奇数である. 例えば, 註 [86.3] および上記の (2) が該当する. 証明であるが, まず, $a^2 - pb^2 = 1$, $a, b \in \mathbb{N}$, は解を持つ. このとき $2 \nmid a$, $2 | b$. 実際, $a \equiv b \bmod 2$ はありえない. さらに, a が偶数ならば, $p \equiv -1 \bmod 4$ となり条件に反する. よって, $a = 1 + 2A$, $b = 2B$, $A(A+1) = pB^2$. 素因数分解を考慮し, $A = pU_1^2$, $A+1 = V_1^2$ ある

§87.　*293*

いは $A = U_2^2, A+1 = pV_2^2$. 前者の場合, $V_1^2 - pU_1^2 = 1$ となるが, $0 < U_1 < b$. そこで, 操作を繰り返すならば, 同様な状態がどこまでも続くことはありえない. つまりは, 後者と同じ状態に至る. よって, $U^2 - pV^2 = -1$ なる解に達する. なお, $p \equiv -1 \bmod 4$ であるならば, $\sqrt{p}$ の周期は偶数である. 註 [86.2], 上記の例 (1) が該当する.

[87.5] 合成数 $d \equiv 1 \bmod 4$ について, $\mathrm{pell}_d(-1)$ が解を持つならば, $p|d \Rightarrow p \equiv 1 \bmod 4$. しかし, 逆は必ずしも成立しない. 例えば, $d = 377 = 13 \cdot 29$ の場合には解は無い (註 [86.5]). 他方, $d = 481 = 13 \cdot 37$ については, $964140^2 - 481 \cdot 43961^2 = -1$. では, $\sqrt{d}$ の連分数展開を検査することなく $\mathrm{pell}_d(-1)$ に解があるのか否かを判定することは可能であろうか. 未解決である. Dirichlet (1834) の問題とされるが, Lagrange (1768, pp.721–723) に始まりがある.

[87.6] Legendre (1798, p.56). 平方数ならざる d につき $\sqrt{d}$ の循環節は回文 *palindromic* (逆読み対称). つまり, (87.6) において,

$$\{a_1, a_2, \ldots, a_{r-1}\} = \{a_{r-1}, a_{r-2}, \ldots, a_1\}.$$

確かめには, (87.2) に関する議論にて $-1/\eta_{r-j+1}^* = \eta_j$ を示せばよいが, まず, $j = 1$ については, $\eta_r = \eta_0$ から $-1/\eta_r^* = -1/\eta_0^* = R(\eta_0) = \eta_1$. そこで, 帰納法を用い, $-1/\eta_{r-j}^* = -(a_{r-j} + 1/\eta_{r-j+1}^*)^{-1} = -(a_j - \eta_j)^{-1} = R(\eta_j) = \eta_{j+1}$. あるいは, $(\sqrt{d} - [\sqrt{d}])^{-1}$ の 2 種の連分数展開, つまり (87.6) および註 [85.2] から従うものを比較するもよい. なお, この回文現象は Euler (*ibid.*, p.319) によって観察され, $d \leq 120$ に関する数表 (pp.322–324) には循環節が逐一示されている.

[87.7] 等式 (87.10) にて $l = r$ とし,

$$\begin{pmatrix} dB_{r-1} & A_{r-1} \\ A_{r-1} & B_{r-1} \end{pmatrix} = \begin{pmatrix} [\sqrt{d}] & 1 \\ 1 & 0 \end{pmatrix} \cdot {}^{\mathrm{t}}\!\begin{pmatrix} A_{r-1} & A_{r-2} \\ B_{r-1} & B_{r-2} \end{pmatrix}$$
$$= \begin{pmatrix} [\sqrt{d}] & 1 \\ 1 & 0 \end{pmatrix} \begin{pmatrix} a_{r-1} & 1 \\ 1 & 0 \end{pmatrix} \cdots \begin{pmatrix} a_1 & 1 \\ 1 & 0 \end{pmatrix} \begin{pmatrix} [\sqrt{d}] & 1 \\ 1 & 0 \end{pmatrix}.$$

転置により前項と同じ結論を得る.

[87.8] Legendre (1808, pp.59–60). 展開 (87.6) にて r が奇数 $2g+1$ であるとき, (87.2) の $\eta_k = (v_k + \sqrt{d})/w_k$ につき

$$d = v_{g+1}^2 + w_{g+1}^2.$$

実際, 前項により,

$$\begin{pmatrix} dB_{r-1} & A_{r-1} \\ A_{r-1} & B_{r-1} \end{pmatrix} = Y \cdot {}^{\mathrm{t}}Y, \quad Y = \begin{pmatrix} A_g & A_{g-1} \\ B_g & B_{g-1} \end{pmatrix}.$$

とくに,

$$d(B_g^2 + B_{g-1}^2) = A_g^2 + A_{g-1}^2$$

が従い, (87.22) から $w_{g+1} = w_g$ を得る. 等式 (87.3) を経由し, 確かめを終わる. 例えば, $d = 135013$ の場合, $r = 95$, $\eta_{48} = (18 + \sqrt{d})/367$. 従って, $135013 = 18^2 + 367^2$. この場

合 A_{47} は 30 桁であり, d に較べ極めて巨大. なお, 註 [87.4] と合わせ, (79.3) の別証明を得る. Smith (1863, art. 123) を参照せよ.

[87.9]　Märcker (1840, pp.355–359). 一方, 展開 (87.6) にて r が $2g$ であるとき, 註 [87.6] および (87.3) の第 2 式により $-1/\eta_{g+1}^* = \eta_g \Rightarrow v_g = v_{g+1}$. よって, (87.3) の第 1 式から $v_g = a_g w_g/2$. これを第 2 式に挿入し

$$d = w_g\bigl(w_{g+1} + a_g^2 w_g/4\bigr).$$

ここで (87.5) に注意し, $w_g > 1$. ゆえに,

$$d \text{ が素数} \equiv 3 \bmod 4 \text{ ならば } w_g = 2.$$

実際, このとき, 註 [87.4] により d の周期は偶数であるが, $2 \nmid a_g \Rightarrow 2 | w_g$. 等式

$$d = (w_g/2)(2w_{g+1} + a_g^2 w_g/2)$$

から $w_g/2$ は d とは異なる d の因数であり, $w_g = 2$. 他方, $2|a_g$ ならば, w_g は d の真の因数となり矛盾. 例えば, 註 [86.2] の場合には, $r = 10, w_5 = 2$. 一方, 当然ながら, d が合成数であるならば, w_g または $w_g/2$ が d の因数である. 例えば, $d = 473903$ の場合,

$$\sqrt{d} = 688 + \frac{1}{2} + \frac{1}{2} + \frac{1}{6} + \frac{1}{7} + \frac{1}{1} + \frac{1}{105} + \frac{1}{32} + \frac{1}{105} + \frac{1}{1} + \frac{1}{7} + \frac{1}{6} + \frac{1}{2} + \frac{1}{2} + \frac{1}{688 + \sqrt{d}}$$

であり $r = 14$. そこで,

$$\eta_7 = \frac{688 + \sqrt{d}}{43}$$

を経由し, 因数分解 $d = 43 \cdot 11021$ を得る. さらに, $d' = 11021$ につき,

$$\sqrt{d'} = 104 + \frac{1}{1} + \frac{1}{51} + \frac{1}{2} + \frac{1}{51} + \frac{1}{1} + \frac{1}{104 + \sqrt{d'}}, \quad \eta_3 = \frac{103 + \sqrt{d'}}{103}.$$

従って, 因数分解 $d = 43 \cdot 103 \cdot 107$ を得る. 註 [87.15] に続く.

[87.10]　$\text{pell}_d(1)$ は少なくとも一組の自明でない解を持つことにつき, Dirichlet (1863, §§141–142) による別証明を与えておく (鳩の巣論法). まず, 無理数への有理近似 (21.7) により, $|a - b\sqrt{d}| < 1/b$ となる $a, b \in \mathbb{N}$ の組が無限に存在する. このとき, $0 < a + b\sqrt{d} \le (1 + 2\sqrt{d})b$ であるゆえ, $0 < |a^2 - db^2| < 1 + 2\sqrt{d}$. つまり, $|a^2 - db^2|$ は d のみで定まる値以下である. よって, 整数 $m \ne 0$ を適宜に選ぶならば $\text{pell}_d(m)$ は無限個の整数解を持つ. 次に, m, a, b はこの様な組として, $a \bmod |m|, b \bmod |m|$ を観察する. もちろん, $a_1 \equiv a_2, b_1 \equiv b_2 \bmod |m|$ となる相異なる組 $\{a_1, b_1\}, \{a_2, b_2\}$ が存在する. このとき,

$$\begin{aligned}(a_1 - b_1\sqrt{d})(a_2 + b_2\sqrt{d}) &= (A + B\sqrt{d})m \\ (a_1 + b_1\sqrt{d})(a_2 - b_2\sqrt{d}) &= (A - B\sqrt{d})m\end{aligned} \quad \Rightarrow \quad A^2 - dB^2 = 1$$

なる $A, B \in \mathbb{Z}$ が存在する, と容易に知れる. 仮に $B = 0$ とするならば, $A = \pm 1$ であり,

$$a_1 - b_1\sqrt{d} = Am/(a_2 + b_2\sqrt{d}) = A(a_2 - b_2\sqrt{d}).$$

つまり, 矛盾 $a_1 = a_2, b_1 = b_2$ が生じる. 証明を終わる. なお, 法 $|m|$ による分類の活用は Lagrange (1768, pp.676–678) の着想である. Dirichlet の工夫は, 必要とされる有理近似を連分数論を用いずに導く点にある. しかし, Lagrange の手法とは異なり, 算法にあらず典型的な存在論法.

[87.11] 不定方程式 $\text{pell}_d(m)$ の名祖 (*eponym*) として John Pell を採り得るのか否か. Pell 方程式なる名称は Euler (1733a, §15) に始まるが, 本来は Fermat の名を冠すべきものであるとの見解がある. Fermat (1657: 1894, p.334) は全欧州の数学者への挑戦として $\text{pell}_d(1)$, $d = 109, 149, 433$ など, の非自明な整数解を求めることを問題とした (最小解は何れも巨大). これに正解をもって応えたのは Brouncker (後に Royal Society 初代会長) である, と Wallis (1685, p.363) には記されている. 手法の詳細は同書 (Chap. XCVIII) に解説されているが, 既に述べた通り $\sqrt{d}$ の連分数展開における循環性の活用に他ならない (それを明確としたのは Euler (1759); しかし, 彼は解の存在を証明した訳ではない). 通説では, 若い Euler が Wallis の著書を注意深く読まずにこの解法を Pell によるものと取り違えたのであろう, とされている. 確かに, Euler から Goldbach への手紙 (1730 年 8 月 10 日付け) には, $\text{pell}_{109}(1)$ につき, Wallis の著書に英国人 Pell による解法, とある (Fuss (1843, I, p.37)). また, Wallis (*ibid.*, Chap. LVIII–LXIII) にては, 代数演算教科書 (Rahn (1659)) の英訳版 (1668) が事実上の著者を Pell として紹介されている. ところが, 肝心の Chap. XCVIII には Pell の名は無く, しかもこれらの章はいかにも離れすぎている. 後に, Gauss は $\text{pell}_d(m^2)$ ($\text{pell}_d(m)$ にあらず) の解法に [DA, artt. 198–201] を充て, art. 202 にて $\text{pell}_d(1)$ の沿革に言及している. Fermat, Brouncker, Wallis に関する事蹟に続き Euler (1733a, 1759, 1771, 1773b) を挙げ, これらの著作にて Euler が解法の発見者を Pell としているがゆえこの課題を *Pellianum* とする人もある, とまとめている. 実際, 1733a, p.7, には Pellius et Fermatius とあるが, 後の文献 3 点にはあたかも強調するかのごとく Pell の名のみがある. 他方, Wallis (*ibid.*) に基づく Lagrange (1768) は Pell の名を欠く. 何故に, Pell ただ一人の名を求め青年 Gauss は文献を渉猟したのであろうか. 特段の事情無くしては理解し難いところではある. 何れにせよ, かくして Pell 方程式なる呼称は Dirichlet (1863, 目次: §84 の題名) に採用されるところとなり今日に至ったたのである. Pythagoras 数 (註 [12.8]), Farey 級数 (註 [21.3]), Wilson の定理 (註 [36.1]) の場合が想起される. 試みに, それぞれを 3 平方数定理, Haros 級数, Lagrange の階乗定理, と名付けるのは如何に. これら他事を措くとしても, $\text{pell}_d(m)$ と記すことに多少の迷いを覚える次第. だが, 多くの考究がこの名称のもとに行われ行われつつあることをも当然に念頭に置かねばならない. 少々過剰なるも次を加えておく. 著名な代数教科書である Euler (1771, Zweiter Theil, Zweiter Abschnitt, Capitel 7, S.98) およびその英訳第 3 版 (1822, p.352) には Pell の名がある (前者については [DA, art. 202] に注記). 後者には Lagrange による長文の付録 (原文は 1798) があり, やはり $\text{pell}_d(m)$ が扱われている. とくに, pp.578–579 の歴史覚え書きは興味深い (原文, pp.157–159). そこにはしかし英国の学究外交官の名は無い.

[87.12] だが, 現今の認識では, この様な不定方程式の一般論は Brahmagupta (628) あるいはそ

れより以前から古典期インド数学にて盛んに考究され, Bhaskara II (1150) らにより *Cakravâla* (Cyclic) 論法として集大成されたものである (註 [89.3]–[89.6] を見よ). とくに, $\text{pell}_d(1)$ が無限に解を持つことの認識は古典期インド数学では周知であった (Datta–Singh (1938, p.150)). その成果が何処からか (例えば, Bayt al-Hikma を経由し) ルネサンス前の西欧に流入したとしてもあながち牽強とは言えまい. 関連し, 古典期インド数学に古代ギリシア数学が関係したのか否か議論が行われて来ている. インド固有説とギリシア由来説の対立. 不毛である. 要は, 個人であれ文明であれ, 先行する伝統を受け入れ如何に高みに飛翔させるか, である. 真摯に承けるべきは, Lagrange らよりも遥か以前に見事な整数論研究が既になされていたと云う事実に尽きる. それゆえにこそ, Bahskara II らは本節の課題にまことに相応しい呼称 *Varga prakriti* (係数付き2乗問題, の意) を与えており, $\text{pell}_d(m)$ に代え $\text{vp}_d(m)$ も採り得る. 他方, (87.1) などの特殊な場合は Pythagoras 学派によって議論された, との見解もある. より興味深くは, Archimedes から Eratosthenes への手紙に託された Alexandria の数学者への挑戦 '牛の問題' (ca 250 BCE) である (関係の古文書は劇作家 Lessing の発見 (1773)). これは,

$$\text{pell}_{410286423278424}(1)$$

を意味する. Amthor (Krumbiegel–Amthor (1880, p.162)) により次の最小解が知られている:

$$(T_0 + U_0\sqrt{d})^{2329}, \ d = 4729494,$$
$$T_0 = 109931986732829734979866232821433543901088049,$$
$$U_0 = 50549485234315033074477819735540408986340.$$

[87.13]　Legendre の合同式 (87.24) を用い, Amthor の解の導出法 (p.169) を解説する. まず, 素因数分解 $D = 410286423278424 = 2^3 \cdot 3 \cdot 7 \cdot 11 \cdot 29 \cdot 353 \cdot q^2$ により, $\sqrt{D} = 2q\sqrt{d}$. ただし, $q = 4657$ (素数). 定理 54 により $\text{pell}_d(1)$ の最小解は $T_0 + U_0\sqrt{d}$ である $(r = 92)$. 課題は, $(T_0\mathfrak{e} + U_0\mathfrak{d})^v \equiv V\mathfrak{e} \bmod q$ となる最小の $v > 0$ を求めることと解釈される ($2|U_0$ に注意せよ). このとき, $V^2 \equiv 1 \bmod q$. つまり, $(T_0\mathfrak{e} + U_0\mathfrak{d})^v \equiv \pm\mathfrak{e} \bmod q$. そこで, 相互律により $\left(\frac{d}{q}\right) = -1$ を確かめ, (87.26) により $(T_0\mathfrak{e} + U_0\mathfrak{d})^{q+1} \equiv \mathfrak{e} \bmod q$. よって, $v|(q+1)$. しかるに, $q + 1 = 2 \cdot 17 \cdot 137$. 従って, v は $2, 17, 34, 137, 274, 2329, 4658$ のうちの何れかである. これらのベキ乗を法 q のもとに計算せねばならぬが, 手法 (37.2) を援用するならば容易である. かくして, $2, 17, 34, 137, 274$ は不合格であり,

$$(T_0\mathfrak{e} + U_0\mathfrak{d})^{2329} \equiv -\mathfrak{e} \bmod q.$$

[87.14]　Mersenne 数 M_p に関する Lucas (1878b, pp.314–316) の素数判定法. 合同式 (87.27) の応用として解説する. まず, $\text{pell}_3(1)$ の最小解は $2 + \sqrt{3}$ である. そこで, $2\mathfrak{e} + \mathfrak{d}, d = 3$, のベキを観察する.

$$L_n\mathfrak{e} = (2\mathfrak{e} + \mathfrak{d})^{2^n} + (2\mathfrak{e} - \mathfrak{d})^{2^n}, \quad n \geq 0.$$

このとき,

Lucas の判定法:　$L_{p-2} \equiv 0 \bmod M_p \Rightarrow M_p$ は素数.

実際,
$$(2\mathfrak{e}+\mathfrak{d})^{2^{p-2}} \equiv -(2\mathfrak{e}-\mathfrak{d})^{2^{p-2}} \Rightarrow (2\mathfrak{e}+\mathfrak{d})^{2^{p-1}} \equiv -\mathfrak{e} \bmod M_p.$$

よって, M_p の素因数 q につき $2^p|\varphi(q;3) \Rightarrow 2^p \le q+1 \Rightarrow M_p = q$. この方法は実効性が高い. 何故ならば, 定義式の両辺を 2 乗し $L_{n+1} = L_n^2 - 2$ (Lucas 数列). つまり, $L_0 = 4$ から始め, $L_n \bmod M_p$ を迅速に求めうる. 例えば, Fermat が言明し Euler (1772f) が素数と確認した $M_{31} = 2147483647$ については, $L_0 = 4, L_1 = 14, L_2 = 194, L_3 = 37634, \ldots, L_{26} \equiv 211987665, L_{27} \equiv 1181536708, L_{28} \equiv 65536 \bmod M_{31}$. そして $65536^2 - 2 = 4294967294 = 2M_{31}$. なお, Euler 自身の手法は註 [60.8] に基づく. 実は, Lucas の合同条件は必要でもある. 何故ならば, M_p が素数であるとき, 相互律により
$$\left(\frac{3}{M_p}\right) = -\left(\frac{(-1)^p - 1}{3}\right) = -1.$$

よって, 法 M_p の下に, $(\mathfrak{e}+\mathfrak{d})^{M_p} \equiv \mathfrak{e} - \mathfrak{d} \Rightarrow (\mathfrak{e}+\mathfrak{d})^{2^p} \equiv -2\mathfrak{e} \Rightarrow (2(2\mathfrak{e}+\mathfrak{d}))^{2^{p-1}} \equiv -2\mathfrak{e}$. しかるに, (60.1)(2) により, 2 は 2 次剰余, つまり $2^{2^{p-1}} \equiv 2 \cdot 2^{(M_p-1)/2} \equiv 2$. 従って, $(2\mathfrak{e}+\mathfrak{d})^{2^{p-1}} \equiv -\mathfrak{e}$. これより, $L_{p-2} \equiv 0$. Lehmer (1930, p.443) を参照せよ.

[87.15] (51.1) (3) について. Legendre (1798, Seconde partie, §XV) に因数分解法が述べられている. 因数分解理論の萌芽の一つ. 大略次の通り. まず, $\sqrt{d}$ の連分数展開から従う等式 (87.22) において, $w_{k+1} = st^2$ が何らかの小因数 s (sqf) をもって成立している場合を検索する. 評価 (87.2) つまり $w_{k+1} < 2\sqrt{d}$ により w_{k+1} の素因数分解は比較的に容易と言えよう. このとき, $p|d$ につき $(-1)^{k+1}s \bmod p$ は 2 次剰余 (当然に必要となる条件の考慮は省く). よって, $p \bmod 4s$ は定理 41 に示された制限を受ける. Legendre は相互律を積極的に用いている訳である (ここは, その証明を彼が成し遂げてはおらぬと言挙げする場にあらず). 様々な番号 k につき同じ検査を行い, 基準小整数 $\{s\}$ の採集を行う (p.318 の作業は $d = 10091401$ の場合). 続いて, 篩法の典型的な適用をもって, d の素因数 (となり得る素数) の範囲を狭める. 集合 $\{s\}$ を大とするならば, 判断は鋭敏となるが手順は複雑となる. Legendre は目下の d の場合に検査に用いるべき素数を $\{727, 1423, 2281\}$ の 3 個 (p.320) に絞り込み, d が素数であるとの Euler の判定を確かめている (註 [80.7] を参照せよ). もちろん, この算法は単なる素数判定法にあらず素因数分解を与え得るものである. なお, (Fermat 法と同様に) 小乗数 h を採り, hd の分解を試みることも有効であると示唆されてもいる (p.315). ちなみに, Gauss [DA, artt. 331–332 (I)] は Legendre の論法にごく近い. 連分数展開は用いられていないが, 本質的な差にあらず.

[87.16] §51 [b] (5) に続く課題. いかにして有効な $\{g_j, h_j\}$ を採集するのか. この目的に対し CFRAC 法 (Morrison–Brillhart (1975)) は等式 (87.22) を援用するものである. つまり, $g_j = A_k, h_j = (-1)^{k+1}w_{k+1}$ とする. また, 指数系 $\{\eta_j\}$ の決定に線形代数 $\bmod 2$ を用いる. 例えば,
$$h_j = (-1)^{e_{0,j}} p_1^{e_{1,j}} \cdots p_L^{e_{L,j}}, \quad 1 \le j \le J,$$

なるとき連立 1 次合同方程式

$$\sum_{j=1}^{J} e_{l,j}\eta_j \equiv 0 \bmod 2, \quad 0 \leq l \leq L,$$

を考察する. CFRAC 法は後に連分数展開を離れ (下記の通り, (51.2) およびその拡張に戻り), QS 法 (Pomerance (1982, 1985)), NFS 法 (Lenstra et al. (1990)) へと次第に発展. それぞれは汎用因数分解法として確立されている. 汎用とは, $(p-1)$ 法や ECM 法とは異なり検出すべき素因数の構造に枠組みを設けぬことを意味する. よって, RSA 法攻撃の手段となり得る. NFS 法の解説には代数的整数論の基礎知識を多少要するゆえ, ここでは QS 法のごく概略のみを与えて置く. 要は, (51.2) における ν の採取に篩法を援用することである. まず, P を定め, 素数の集合 $\mathcal{P} = \{\varpi \leq P : q \bmod \varpi \text{ は } 2 \text{ 次剰余}\}$ を作成. かつ, 各 ϖ につき, $\sigma^2 \equiv q \bmod \varpi$ と定める (Tonelli や Cipolla の方法を用いる). 次に, $[\sqrt{q}] + \nu \equiv \sigma \bmod \varpi$ なる最小の $\nu > 0$ を定める. かくして, $([\sqrt{q}]+\nu)^2 - q$ の因数分解を観察する. これらのうち, $\mathcal{P}$ の元のみから構成されるもの (つまり, P-smooth) を $|\mathcal{P}|+1$ 個採集する. 残る手順は, Kraïtchik 法あるいは CFRAC 法にならい, 非自明な指数係 $\{\eta_j\}$ を選定 (線形代数学の基本定理により可能). 演算結果として分解失敗もあり得る. その場合には P を多少大とし演算を繰り返す.

§88.

次に, 判別式 $D > 0$ について $\mathrm{pell}_D(4)$ の解法を与える. 着眼点はごく自然. 主形式の automorphs (つまり, $\mathrm{pell}_D(4)$ の解) はその cf-軌道から得られるべし. Serret の観察 (註 [26.1]) が主な手段となる. 本節は続く 2 節への導入の意味も持つ. それゆえ, あらかじめ指摘しておくが, 以下の手法 (I), (II) は当該の連分数展開のみからごく直截に望む解に到達する経路をもたらす. つまり, 前節の入り組んだ議論を回避する術でもある.

(I) $D = 4d$ の場合.
このとき, $\mathrm{pell}_D(4)$ の解は $\mathrm{pell}_d(1)$ の解 $\{t,u\}$ をもって, $\{2t,u\}$ である. 従って, 既に前節にて議論は済まされている. そこで, 異なる方策を示すこととする. つまり, 上記における定理 14 の応用を註 [26.1] のそれに置き換える. 仮定 $t^2 - du^2 = 1$, $t, u > 0$, 自明な等式

$$\sqrt{d} = \frac{t\sqrt{d}+du}{u\sqrt{d}+t} \tag{88.1}$$

および註 [26.1] により, $t/u = A_k/B_k$. ただし, A_k/B_k は $\sqrt{d}$ の第 k 主近似分数であり, k は奇数. また, $\lambda \geq 0$ があり,

$$\begin{pmatrix} t & du \\ u & t \end{pmatrix} = \begin{pmatrix} A_k & A_{k-1} \\ B_k & B_{k-1} \end{pmatrix} \begin{pmatrix} 1 & \lambda \\ 0 & 1 \end{pmatrix}. \tag{88.2}$$

よって,
$$\sqrt{d} + \lambda = (a_0 + \lambda) + \cfrac{1}{a_1} \cfrac{1}{{}+a_2} \cfrac{1}{{}+\cdots{}+a_k} \cfrac{1}{{}+\sqrt{d}+\lambda}. \tag{88.3}$$

即ち, $\sqrt{d} + \lambda$ の連分数展開は純循環. そこで, (85.12) に続く論法により, $-1 < \lambda - \sqrt{d} < 0$. つまり, $\lambda = [\sqrt{d}]$ を得る. 以下省略する.

(II) $D = 4d + 1$ の場合.

仮定 $t^2 - Du^2 = 4, t, u > 0$, のもとに, $\eta = \frac{1}{2}(1 + \sqrt{D})$ をもって,
$$\eta = \frac{\frac{1}{2}(t+u)\eta + du}{u\eta + \frac{1}{2}(t-u)}. \tag{88.4}$$

もちろん $t > u$ であるゆえ, 註 [26.1] により, $(t+u)/2u = A_k/B_k$. ただし, A_k/B_k は η の第 k 主近似分数であり, k は奇数. また, $\lambda \geq 0$ があり,

$$\begin{pmatrix} \frac{1}{2}(t+u) & du \\ u & \frac{1}{2}(t-u) \end{pmatrix} = \begin{pmatrix} A_k & A_{k-1} \\ B_k & B_{k-1} \end{pmatrix} \begin{pmatrix} 1 & \lambda \\ 0 & 1 \end{pmatrix}. \tag{88.5}$$

よって,
$$\eta = a_0 + \cfrac{1}{a_1} \cfrac{1}{{}+a_2} \cfrac{1}{{}+\cdots{}+a_k} \cfrac{1}{{}+\eta+\lambda}. \tag{88.6}$$

即ち, $\eta + \lambda$ は純循環連分数に展開される. それゆえ, 上記と同様に
$$-1 < \lambda + \frac{1 - \sqrt{D}}{2} < 0 \Rightarrow \lambda = f. \tag{88.7}$$

ただし, f は (84.13) におけると同じ.

定理 55 正の判別式 $D \equiv 1 \bmod 4$ につき, $\text{pell}_D(4)$ の全ての非自明解は
$$t = 2A_k - B_k, \ u = B_k, \quad 2 \nmid k. \tag{88.8}$$

ここに, A_k, B_k は, $\eta = \frac{1}{2}(1 + \sqrt{D})$ の連分数展開 (88.6) をもって定義される.

[証明] 非自明解が (88.8) を充たすことは (88.5) により既に示されている. 一方,
$$\eta + f = \begin{pmatrix} 1 & f \\ 0 & 1 \end{pmatrix} \begin{pmatrix} A_k & A_{k-1} \\ B_k & B_{k-1} \end{pmatrix} (\eta + f). \tag{88.9}$$

これより従う $\eta + f$ の充たす 2 次方程式を (84.13) と比較し,

$$B_{k-1} = A_k - (f+1)B_k, \quad A_{k-1} = dB_k - fA_k. \tag{88.10}$$

よって,
$$\begin{aligned}1 &= A_k B_{k-1} - B_k A_{k-1} = A_k^2 - A_k B_k - dB_k^2 \\ &\Rightarrow (2A_k - B_k)^2 - DB_k^2 = 4.\end{aligned} \tag{88.11}$$

証明を終わる.

命題 $(76.6)_{D>0}$ に戻る. まず,
$$\begin{pmatrix} \frac{1}{2}(t_1 - bu_1) & -cu_1 \\ au_1 & \frac{1}{2}(t_1 + bu_1) \end{pmatrix} \begin{pmatrix} \frac{1}{2}(t_2 - bu_2) & -cu_2 \\ au_2 & \frac{1}{2}(t_2 + bu_2) \end{pmatrix} \\ = \begin{pmatrix} \frac{1}{2}(t_3 - bu_3) & -cu_3 \\ au_3 & \frac{1}{2}(t_3 + bu_3) \end{pmatrix}. \tag{88.12}$$

ただし,
$$\begin{aligned} t_3 &= \frac{1}{2}(t_1 t_2 + D u_1 u_2), \quad u_3 = \frac{1}{2}(u_1 t_2 + u_2 t_1), \\ t_3^2 - D u_3^2 &= \frac{1}{4}(t_1^2 - D u_1^2)(t_2^2 - D u_2^2) = 4. \end{aligned} \tag{88.13}$$

あるいは
$$\tfrac{1}{2}(t_1 + u_1 \sqrt{D}) \cdot \tfrac{1}{2}(t_2 + u_2 \sqrt{D}) = \tfrac{1}{2}(t_3 + u_3 \sqrt{D}). \tag{88.14}$$

以上は, 註 [76.5] を用いるならば, 透明となろう. つまり, (87.18)–(87.21) および定理 54 の一部にならい,

$$\begin{gathered} \text{pell}_D(4) \text{ の解全体は} \\ \text{対応 } t^2 - Du^2 = 4 \mapsto \frac{1}{2}(t + u\sqrt{D}) \text{ のもとに,} \\ \text{集合 } \{\pm \varepsilon_D^j : j \in \mathbb{Z}\} \text{ と同一と見なし得る.} \end{gathered} \tag{88.15}$$

ただし, 生成元 ε_D は最小解
$$\varepsilon_D = \min\left\{ \frac{1}{2}(t + u\sqrt{D}) : t, u > 0 \right\}. \tag{88.16}$$

また, 定理 48 を補足し, 対応 (88.15) をもって,

任意の $Q \in \mathfrak{Q}_\pm(D)$ につき群 Aut_Q は群 $\{\pm \varepsilon_D^j : j \in \mathbb{Z}\}$ と同型. (88.17)

[定理 53 の証明] 命題 (86.3) を確かめる. 始めに, 不定方程式 $\text{pell}_D(-4)$ が解 $\{t, u\}$ を持つならば, 各 $Q = [|a, b, c|] \in \mathfrak{Q}_\pm(D)$ について,

$$^{t}VQV = -Q, \quad V = \begin{pmatrix} \frac{1}{2}(t-bu) & -cu \\ au & \frac{1}{2}(t+bu) \end{pmatrix} \in \diamond\varGamma. \tag{88.18}$$

そこで, (84.8) により, (88.18) から $V(\omega^+(Q)) = \omega^+(Q)$ が従うことに注意し註 [26.1] を援用する. このために, Q は簡約形式と仮定する (目下の目的に関しては一般性を損なうものではない; とくに, 註 [26.1] の条件 $\eta > 1$ が充たされる). まず, $t^2 - b^2u^2 = 4(a|c|u^2 - 1)$. よって, $a|c|u^2 = 1$ (つまり, $a = 1, c = -1, u = 1$) であるならば, $t = |b| \Rightarrow \omega^+(Q) = t + 1/\omega^+(Q)$ となり, $\omega^+(Q)$ の周期は奇数 1 である. 一方, $a|c|u^2 > 1$ ならば, $t + bu > 0$. 従って, $2|k, \lambda \geq 0$ があり,

$$\omega^+(Q) = \frac{\frac{1}{2}(t-bu)\omega^+(Q) - cu}{au\omega^+(Q) + \frac{1}{2}(t+bu)} = \frac{A_k(\omega^+(Q) + \lambda) + A_{k-1}}{B_k(\omega^+(Q) + \lambda) + B_{k-1}}. \tag{88.19}$$

つまり, $\mathrm{R}^{k+1}(\omega^+(Q)) = \omega^+(Q) + \lambda$. これより, $\mathrm{R}^{k+2}(\omega^+(Q)) = \mathrm{R}(\omega^+(Q))$. 即ち, $\omega^+(Q)$ の周期は $k+1$ を割り切り, 奇数. 逆に, ある簡約形式 Q の周期が奇数であるならば, (85.6) により $^{t}VQV = -Q$ なる $V \in \diamond\varGamma$ が存在する. このとき, 定理 48 の証明の論法を忠実にたどり $\mathrm{pell}_D(-4)$ の解に達する. つまり,

$$\mathrm{pell}_D(-4) \text{ が解を持つ} \Leftrightarrow \mathfrak{Q}_\pm(D) \text{ 内の形式の周期は奇数}. \tag{88.20}$$

定理 53 の証明を終わる.

以上により, 判別式 $D > 0$ につき $\mathrm{pell}_D(4)$ は非自明な解を無限に持つことが判明し, それらを具体的に計算する手段も得た. また, 各 Aut_Q の構造も定められた. そこで, 命題 (74.26) に戻るならば, (76.7) (あるいは註 [76.5]) を経由し, 課題 $(72.2)_{D>0}$ の解の集合は有限個の基本的な解に発する軌道に分かれると知れる. §84 の導入および §86 の本文末にて描いた双曲線 $Q(x,y) = m$ と格子点の会遇の実際が見えよう. さらなる詳細についてなお述べねばならぬところがあるが, (95.34) に残すこととする. 何れにせよ, (72.2) への特解を定め, 残るは automorphs をもって生成する. 既に述べたところではあるが, Euler (1733a) に起源する認識である.

これにて, §76 に始まる 2 次形式の簡約理論を終了する.

[88.1] $\langle 2A_k - B_k, B_k \rangle = \langle 2, B_k \rangle$. 従って, (88.9) を充たす最初の k について $2|B_k$ であるならば, $\mathrm{pell}_D(4), D \equiv 1 \bmod 4$, は正規解を持たない. 例は, 註 [86.5], [90.4].

[88.2] $p \equiv 1 \bmod 4 \Rightarrow \mathrm{pell}_p(-4)$ は解を持つ. よって, $\mathfrak{Q}_\pm(p)$ 内の形式は全て奇数周期. 証明

は，註 [87.4] と定理 55 の組み合わせ．実際，$a^2 - pb^2 = -1$, $u^2 - pv^2 = 4$ および Brahmagupta 等式により，$(au+pbv)^2 - p(av+bu)^2 = (a^2-pb^2)(u^2-pv^2) = -4$．ちなみに，Euler–Gauss 等式 (68.3) にて $x=1$ と置くならば $\mathrm{pell}_p(-4)$ の解を得る．よって別の Brahmagupta 等式（後出の [89.4](4)）により $\mathrm{pell}_p(1)$ の解も得る．即ち，これら不定方程式の解は 1 の p-乗根をもって書き下し得る．円分理論と $\mathrm{pell}_d(1)$．一種意外ではあるが，ゆえあり．

[88.3] 不定方程式 $\mathrm{pell}_d(-4)$ について，定理 54, 定理 55 と同様な事実が成立する．詳細を述べず次の例をもって一般を示唆する．$d=421$ のとき，$\eta = \frac{1}{2}(1+\sqrt{421})$, $f=9$.

$$\eta = 10 + \cfrac{1}{1} + \cfrac{1}{3} + \cfrac{1}{6} + \cfrac{1}{1} + \cfrac{1}{1} + \cfrac{1}{2} + \cfrac{1}{2}$$
$$+ \cfrac{1}{1} + \cfrac{1}{1} + \cfrac{1}{6} + \cfrac{1}{3} + \cfrac{1}{1} + \cfrac{1}{\eta+9} = \frac{A_{12}(\eta+9) + A_{11}}{B_{12}(\eta+9) + B_{11}}.$$

周期は 13．従って，$\mathrm{pell}_{421}(-4)$ は解を持ち，最小解は (88.8) により

$$(2A_{12} - B_{12})^2 - 421 \cdot B_{12}^2 = 444939^2 - 421 \cdot 21685^2 = -4.$$

さらに，

$$\eta = 10 + \cfrac{1}{1} + \cfrac{1}{3} + \cfrac{1}{6} + \cfrac{1}{1} + \cfrac{1}{1} + \cfrac{1}{2} + \cfrac{1}{2} + \cfrac{1}{1} + \cfrac{1}{1} + \cfrac{1}{6}$$
$$+ \cfrac{1}{3} + \cfrac{1}{1} + \cfrac{1}{19} + \cfrac{1}{1} + \cfrac{1}{3} + \cfrac{1}{6} + \cfrac{1}{1} + \cfrac{1}{1} + \cfrac{1}{2} + \cfrac{1}{2}$$
$$+ \cfrac{1}{1} + \cfrac{1}{1} + \cfrac{1}{6} + \cfrac{1}{3} + \cfrac{1}{1} + \cfrac{1}{\eta+9} = \frac{A_{25}(\eta+9) + A_{24}}{B_{25}(\eta+9) + B_{24}}$$

から $\mathrm{pell}_{421}(4)$ の最小解

$$(2A_{25} - B_{25})^2 - 421 \cdot B_{25}^2 = 197970713723^2 - 421 \cdot 9648502215^2 = 4.$$

を得る．註 [89.6] を参照せよ．ちなみに，$\mathrm{h}_\pm(421) = 1$.

[88.4] Smith 簡約条件（註 [85.4]）を $Q \in \mathcal{Q}_\pm(D)$ が充たすものとする．このとき，$\mathfrak{l}_Q$ を Riemann 面 $\mathcal{F}$ にて観るならば，無限回巻き付く閉測地線 closed geodesic となる．その一周は $\mathrm{pell}_D(4)$ の最小解 ε_D に対応する．実際，$\mathfrak{l}_Q$ は $\mathcal{F}$ の Γ-像を次々と通過して行くが，これらの弧の $\mathcal{F}$ における逆像の個数は，註 [85.4] の議論により，有限である．よって，周期をもって繰り返し，Riemann 面 $\mathcal{F}$ 上の $\mathfrak{l}_Q$ の像は閉じた曲線となる．これの 1 周は，正式合同をもって $Q \mapsto Q$ を意味するゆえ，Aut_Q の元による変換が対応する．もちろん，逆も言える．従って，ε_D に対応する．群 Aut_Q は $\omega^\pm(Q)$ を固定する Γ 内の部分群であるゆえ，$\mathfrak{l}_Q$ の回転運動でもある．この運動は $\mathfrak{l}_Q$ が $\mathcal{F}$ の Γ 像を訪れる際の周期を忠実に描いている訳であり，また，閉測地線としての $\mathfrak{l}_Q$ の像の回転を表すものでもある．かくして，これら閉測地線の個数が $\mathrm{h}_\pm(D)$ に他ならない．ちなみに，この像の Beltrami-双曲計量による長さは $2\log \varepsilon_D$ である．実際，1 次分数変換 $\phi: \omega^+(Q) \mapsto 0, \omega^-(Q) \mapsto \infty$ により，(76.6) は

$$\phi \cdot \mathrm{Aut}_Q \cdot \phi^{-1} = \left\{ \pm \begin{pmatrix} \varepsilon_D & 0 \\ 0 & \varepsilon_D^{-1} \end{pmatrix}^n : n \in \mathbb{Z} \right\}$$

と表現される. よって, YM (2011, 第 2.5 節) の定義 (2.5.29)–(2.5.30) に沿うがよい. 上記の幾何学的解説をもって, 同書の (2.5.53) にて定義される Selberg zeta-函数 $\zeta_\Gamma(s)$ (1956) を次のごとく書き換えることができる.

$$\zeta_\Gamma(s) = \prod_{n=0}^{\infty} \prod_{D>0} \left(1 - \frac{1}{\varepsilon_D^{2s+2n}}\right)^{h_\pm(D)}, \quad \mathrm{Re}\,(s) > 1.$$

これは全複素平面に有理型函数として解析接続し, その結果 Riemann 予想 (註 [11.8] (6)) に類似するものを充たす.

[88.5]　しかし, 本来の zeta-函数 $\zeta(s)$ との差異は大きく, 両者を同列に捉えることは困難である. 解析的な性格の違い (例えば, $\zeta(1) = \infty$, $\zeta_\Gamma(1) = 0$) のみならず, §11 にて述べた算術的観点からの一方向性につきやはり両者は著しく異なる. つまり, $\zeta_\Gamma(s)$ の場合には定義は '擬似的 Euler 積' に始まるものである. それを展開するとき (11.6) に相当する滑らかな表現に達するか否かは不明. つまり, $\zeta(s)$ の場合とは全くに逆である. とは言え, 不定値 2 次形式論は絶景の只中にある. YM (2011, 第 2.6 節) を参照せよ.

§89.

以上をもって, 不定値形式の場合にも課題 (72.2) は解決されたと言えよう. しかしながら, これは原理上ともすべきであり, §83 の観点に立つならば課題は未だ残る. 即ち, 簡約の議論を経由せず, 註 [72.4] を通し不定方程式を捉え解を求める手段の獲得である. 以下 2 節にて解説するところは, この目的の下に Lagrange により案出された 2 種の算法である (注意: 実際には, 一般論である簡約理論が後に続いた). 出発点は, 簡約の議論と同じく定理 46 にあることを強調しておく. なお, 特解のみを採り上げるがそれにて足りる ((74.25)).

始めに, 非平方数 $d > 0$ および与えられた整数 N について, 課題

$$\mathrm{pell}_d^*(N): \ x^2 - dy^2 = N, \quad x, y \in \mathbb{N}, \ \langle x, y \rangle = 1, \tag{89.1}$$

の解法を示す. なお, N に符合制限課さず.

[算法 I]　まず, $|N| < \sqrt{d}$ なる場合には $\mathrm{pell}_d(1)$ を扱う以上の困難は生じない. 実際, $t^2 - du^2 = N$, $\langle t, u \rangle = 1$, であるなるならば,

$$\sqrt{d} - \frac{t}{u} = -\frac{N}{u^2(t/u + \sqrt{d})}, \ N > 0,$$
$$\frac{1}{\sqrt{d}} - \frac{u}{t} = \frac{N}{t^2 d(u/t + 1/\sqrt{d})}, \ N < 0. \tag{89.2}$$

つまり, $0 < N < \sqrt{d}$ の場合は (87.7) 以降, また $-\sqrt{d} < N < 0$ の場合は (87.12) 以降と同様に議論し, t/u は $\sqrt{d}$ の主近似分数 A_k/B_k であると結論される. 詳しくは, (87.22) にある通り

$$A_k^2 - dB_k^2 = N, \quad N = (-1)^{k+1} w_{k+1}. \tag{89.3}$$

即ち, 目下の場合には $\operatorname{pell}_d(N)$ の特解は (89.3) により与えられる. 言い換えるならば, 集合 $\{(-1)^\nu w_\nu\}$ に含まれる N についてのみ解が存在し得る.

次に, $|N| > \sqrt{d}$ なる場合にはいかにすべきか一つの方策を示す. 先ず, $\operatorname{pell}_d^*(N)$ が解 $\{t, u\}, t, u > 0,$ を持つと仮定し, $t_1 u - u_1 t = 1$ と $\{t_1, u_1\}$ を採る. そして, $t_1^2 - du_1^2 = N_1$ とする. 積

$$\begin{pmatrix} t & du \\ u & t \end{pmatrix} \begin{pmatrix} t_1 & -du_1 \\ -u_1 & t_1 \end{pmatrix} = \begin{pmatrix} s_1 & d \\ 1 & s_1 \end{pmatrix}, \quad s_1 = tt_1 - duu_1, \tag{89.4}$$

の両辺の行列式を採り,

$$s_1^2 - d = NN_1. \tag{89.5}$$

もちろん, Brahmagupta 等式 (註 [73.6]) の一応用でもある (定理 46 の証明を想起せよ). より一般に $\{t_1, u_1\}$ を $\{t_1 + lt, u_1 + lu\}, l \in \mathbb{Z},$ とするならば s_1 は $s_1 + Nl$ となる. よって, l を適宜に採り, 当初から $|s_1| \leq \frac{1}{2}|N|$ であるとして良い. このとき, 条件 $|N| > \sqrt{d}$ より (89.5) の左辺の絶対値は N^2 より小. 従って, $|N_1| < |N|$ を得る (遞減論法). つまり, 還元操作

$$\begin{pmatrix} t & du \\ u & t \end{pmatrix} = \frac{1}{N_1} \begin{pmatrix} s_1 & d \\ 1 & s_1 \end{pmatrix} \begin{pmatrix} t_1 & du_1 \\ u_1 & t_1 \end{pmatrix} : \begin{array}{c} \operatorname{pell}_d^*(N) \mapsto \operatorname{pell}_d^*(N_1) \\ |N| > |N_1|. \end{array} \tag{89.6}$$

これを J 段繰り返し,

$$\begin{pmatrix} t & du \\ u & t \end{pmatrix} = \frac{1}{N_1 N_2 \cdots N_J} \left\{ \prod_{j=1}^{J} \begin{pmatrix} s_j & d \\ 1 & s_j \end{pmatrix} \right\} \begin{pmatrix} t_J & du_J \\ u_J & t_J \end{pmatrix}. \tag{89.7}$$

ただし, $N_0 = N$ とし

$$s_j^2 - d = N_{j-1}N_j, \ |s_j| \leq \tfrac{1}{2}|N_{j-1}|,$$
$$|N_J| < \sqrt{d} < |N_{J-1}|, \ t_J^2 - du_J^2 = N_J. \tag{89.8}$$

上記により, t_J/u_J は $\sqrt{d}$ の主近似分数である. 即ち, $\text{pell}_d^*(N)$, $|N| > \sqrt{d}$, の解から何れかの $\text{pell}_d^*(M)$, $|M| < \sqrt{d}$, の解に達する経路が存在する.

これを逆転し, つぎの算法を得る.

$\{s_j, N_j\}$ および $\{t_J, u_J\}$ を (89.8) のみをもって定めるとき,
(89.7) の右辺が整数行列であるならば, それは $\text{pell}_d^*(N)$ の解を与える. (89.9)

ここで, 各 s_j は複数の値を採り得る. 即ち, s_j の値それぞれについて検査の枝分かれが生じる ((89.5) にてはこの入り組みはない). さらに, $\{t_J, u_J\}$ の採り方にても不確定さがある (automorphs の作用). しかしながら, これは (89.7) の左辺についても同様であり, 従って $\{t_J, u_J\}$ は $\text{pell}_d^*(N_J)$ の最小解と制限できる. なお, (87.3) に続く議論では $w_k < 2\sqrt{d}$ であり, 上記の条件 $|M| < \sqrt{d}$ は必ずしも必要ではない. つまり, $|N_J| = w_k$ となる J に達することが主眼である.

[89.1] 算法 I は Lagrange (1769, §III) による. Legendre (1798, pp.102–104) も見よ.

[89.2] 算法 I について, $d = 157$ の場合. 左欄は w_{k+1} とし, $\sqrt{d}$ の対応する主近似分数を示す (註 [86.3] を参照せよ). 符合の配分は (89.3) の通り.

1 : $\dfrac{A_{16}}{B_{16}} = \dfrac{4832118}{385645}$,

3 : $\dfrac{A_2}{B_2} = \dfrac{25}{2}$, $\dfrac{A_{13}}{B_{13}} = \dfrac{289580}{23111}$,

4 : $\dfrac{A_4}{B_4} = \dfrac{213}{17}$, $\dfrac{A_{11}}{B_{11}} = \dfrac{45371}{3621}$,

9 : $\dfrac{A_5}{B_5} = \dfrac{1253}{100}$, $\dfrac{A_{10}}{B_{10}} = \dfrac{17354}{1385}$,

11 : $\dfrac{A_7}{B_7} = \dfrac{3972}{317}$, $\dfrac{A_8}{B_8} = \dfrac{6691}{534}$,

12 : $\dfrac{A_1}{B_1} = \dfrac{13}{1}$, $\dfrac{A_6}{B_6} = \dfrac{2719}{217}$, $\dfrac{A_9}{B_9} = \dfrac{10663}{851}$, $\dfrac{A_{14}}{B_{14}} = \dfrac{2271269}{181267}$,

13 : $\dfrac{A_0}{B_0} = \dfrac{12}{1}$, $\dfrac{A_{15}}{B_{15}} = \dfrac{2560849}{204378}$,

19 : $\dfrac{A_3}{B_3} = \dfrac{188}{15}$, $\dfrac{A_{12}}{B_{12}} = \dfrac{244209}{19490}$.

この一覧を用いて, $\text{pell}_{157}^*(6781) \equiv \text{pell}_{157}(6781)$ を考察する. まず, $x^2 \equiv 157 \bmod 6781$,

$|x| \leq 3390$, を解く. Tonelli の算法 (§65) により容易に

$$s_1 = \pm 2062 \Rightarrow N_1 = 627 = 3 \cdot 11 \cdot 19.$$

続いて, $x^2 \equiv 157 \bmod 627$, $|x| \leq 313$, を解く.

$$s_2 = \pm 28 \Rightarrow N_2 = 1 \Rightarrow \text{失格},$$
$$s_2 = \pm 181 \Rightarrow N_2 = 52.$$

失格とは, $N_2 = 1$ に対応し自明解 $\{1, 0\}$ を採り得るものの, (89.9) にて整数行列が生成されぬことを意味する. そこで, さらに $x^2 \equiv 157 \bmod 52$, $|x| \leq 26$ を解く.

$$s_3 = \pm 1 \Rightarrow N_3 = -3 \Rightarrow A_2/B_2 \Rightarrow \text{失格},$$
$$s_3 = \pm 25 \Rightarrow N_3 = 9 \Rightarrow A_5/B_5.$$

上の表から, $N_3 = -3$ に対応する最小解は偶数番の A_2/B_2 から得られるが, (89.9) にて整数行列が生成されない. 残るは $N_3 = 9$ のみであり, 奇数番の A_5/B_5 が最終候補となる. 符合の組み合わせを検査し, $\{s_1 = 2062, s_2 = -181, s_3 = 25\}$ のみから解を得る.

$$\frac{1}{627 \cdot 52 \cdot 9} \begin{pmatrix} 2062 & 157 \\ 1 & 2062 \end{pmatrix} \begin{pmatrix} -181 & 157 \\ 1 & -181 \end{pmatrix} \begin{pmatrix} 25 & 157 \\ 1 & 25 \end{pmatrix} \begin{pmatrix} A_5 & 157 B_5 \\ B_5 & A_5 \end{pmatrix}$$
$$= -\begin{pmatrix} 56009 & 157 \cdot 4470 \\ 4470 & 56009 \end{pmatrix}.$$

これは最小解であり, 註 [86.4] に既出. 註 [90.2] に続く.

[89.3] $\text{pell}_d(1)$ に関する *Cakravâla* 法. Brahmagupta (628: Colebrooke (1828, pp.363–372)) および Bhaskara II (1150: Strachery (1813, pp.36–53), Colebrooke (*ibid.*, pp.170–184)), Datta–Singh (1938, pp.161–172)) を参考とし, 現行の記法をもって解説する. 上記 (89.4) 以降の議論と比較せよ. まず, 任意の $\langle f, g \rangle = 1$ から出発し, $h = f^2 - dg^2$ とする. 当然, $\langle h, g \rangle = 1$. 互除法により $k \equiv -g^{-1}f \bmod |h|$ を採り, 関係式

$$\frac{1}{|h|} \begin{pmatrix} f & dg \\ g & f \end{pmatrix} \begin{pmatrix} k & d \\ 1 & k \end{pmatrix} = \begin{pmatrix} f_1 & dg_1 \\ g_1 & f_1 \end{pmatrix}, \quad f_1, g_1 \in \mathbb{Z},$$

に注目する. 実際, $f + gk = |h|u$ とするとき, $g(fk + dg) = |h|(fu - \text{sgn}(h)) \Rightarrow fk + dg \equiv 0 \bmod |h|$ であり, $f_1 = (fk + dg)/|h|$, $g_1 = u$ は共に整数. 行列式を経由し, $(k^2 - d)/h = h_1 = f_1^2 - dg_1^2$. かつ, $\langle f_1, g_1 \rangle = 1$. 何故ならば, $gf_1 - fg_1 = -\text{sgn}(h)$. ここで剰余類 $k \bmod |h|$ のみが定められているが, 条件

$$(1)\ k < \sqrt{d} < k + |h| \quad (2)\ |k^2 - d| \text{ は最小}$$

の何れかにより k を採る (同じ結果を得る場合もある). もちろん, 操作を際限なく繰り返すことができる. 以上が Cakravâla 法の核心. 残るは数列 $\{f_j^2 - dg_j^2\}$ のうちに 1 が必ず現れることの確認. しかし, それは §87 の議論の変形である. (1) を常に採用するならば $\sqrt{d}$ の正則連分数展開を行うと同じであり, (2) を用いるならば, 同展開にて $\frac{1}{6}$ とすべき箇所にて註 [25.5] に示唆

した如く収束を早める工夫をなす訳である．よって，(2) を常に採るならば，Cakravâla 法は半正則連分数展開．下記の 2 数値例 ($d = 61, 421$) をもって詳細説明に代える．Lagrange の記念すべき論文 (1768) に類する，あるいはむしろより実効性に富む解法が実は 1100 年以上前に成されていたのである．正に感嘆．とは言え，論証を念頭に置くならば，Lagrange 論文は *revera solubile* ([DA, art. 202]) の典型．

[89.4]　Brahmagupta の合成公式 (Datta–Singh (*ibid.*, pp.157–161))．

(1) $t^2 - du^2 = \pm 1$:
$$(t^2 + du^2)^2 - d(2tu)^2 = 1.$$

(2) $t^2 - du^2 = \pm 2$:
$$\left(\tfrac{1}{2}(t^2 + du^2)\right)^2 - d(tu)^2 = 1.$$

(3) $t^2 - du^2 = 4$:
$$2 | t \Rightarrow \left(\tfrac{1}{2}(t^2 - 2)\right)^2 - d\left(\tfrac{1}{2}tu\right)^2 = 1.$$
$$2 \nmid t \Rightarrow \left(\tfrac{1}{2}t(t^2 - 3)\right)^2 - d\left(\tfrac{1}{2}u(t^2 - 1)\right)^2 = 1.$$

(4) $t^2 - du^2 = -4$:
$$\left(\tfrac{1}{2}(t^2 + 2)((t^2 + 2)^2 - 3)\right)^2 - d\left(\tfrac{1}{2}tu((t^2 + 2)^2 - 1)\right)^2 = 1.$$

例えば，$\text{pell}_d(-4)$ に解があるならば，その最小解は $\text{pell}_d(1)$ の最小解よりも遥かに小であることを (4) は意味する．註 [87.3](2) と註 [88.3] の数値結果を比較するがよい．確かに 6 乗ほどの大差がある．なお，Euler (1773b) も (1)–(4) と同じ合成式を得ている．必然の展開と捉えるべきか．

[89.5]　Cakravâla 法にて $\text{pell}_{61}(1)$ を解く (Brahmagupta (*ibid.*, p.168)).
$$\{f, g, h\} = \{8, 1, 3\} \Rightarrow \frac{1}{3}\begin{pmatrix} 8 & 61 \\ 1 & 8 \end{pmatrix}\begin{pmatrix} 7 & 61 \\ 1 & 7 \end{pmatrix} = \begin{pmatrix} 39 & 61 \cdot 5 \\ 5 & 39 \end{pmatrix}$$

つまり，$k \equiv 1 \bmod 3$, $k < \sqrt{61} < k + 3 \Rightarrow k = 7$, かつ $h_1 = -4$．ここでは，$|k^2 - 61|$ の最小性からも $k = 7$．よって，前項 (4) により，$a^2 - 61b^2 = 1$:
$$a = \frac{1}{2}(39^2 + 2) \cdot ((39^2 + 2)^2 - 3) = 1766319049,$$
$$b = \frac{1}{2}39 \cdot 5 \cdot ((39^2 + 2)^2 - 1) = 226153980.$$

最小解であることは展開
$$\sqrt{61} = 7 + \cfrac{1}{1 + \cfrac{1}{4 + \cfrac{1}{3 + \cfrac{1}{1 + \cfrac{1}{2 + \cfrac{1}{2 + \cfrac{1}{1 + \cfrac{1}{3 + \cfrac{1}{4 + \cfrac{1}{1 + \cfrac{1}{7 + \sqrt{61}}}}}}}}}}}}$$

から知れる．周期は奇数であり，実際はこの循環節を 2 節採る必要がある．比較するに，Brahmagupta の手法は遥かに迅速．もちろん，他でもなく前項 (4) の援用によるところである．僅かに第 2 主近似分数 $\frac{39}{5}$ の計算のみをもって展開を止めることができる．真に鮮烈．Euler (*ibid.*, p.42) を参照せよ. 念のために, 註 [89.3](1) による演算を少々継続し, $\sqrt{61}$ の主近似分数 A_j/B_j をもって,

$$\frac{1}{4}\begin{pmatrix} 39 & 61\cdot 5 \\ 5 & 39 \end{pmatrix}\begin{pmatrix} 5 & 61 \\ 1 & 5 \end{pmatrix} = \begin{pmatrix} 125 & 61\cdot 16 \\ 16 & 125 \end{pmatrix}, \quad \{A_3, B_3\} = \{125, 16\},$$

$$\frac{1}{9}\begin{pmatrix} 125 & 61\cdot 16 \\ 16 & 125 \end{pmatrix}\begin{pmatrix} 4 & 61 \\ 1 & 4 \end{pmatrix} = \begin{pmatrix} 164 & 61\cdot 21 \\ 21 & 164 \end{pmatrix}, \quad \{A_4, B_4\} = \{164, 21\},$$

$$\frac{1}{5}\begin{pmatrix} 164 & 61\cdot 21 \\ 21 & 164 \end{pmatrix}\begin{pmatrix} 6 & 61 \\ 1 & 6 \end{pmatrix} = \begin{pmatrix} 453 & 61\cdot 58 \\ 58 & 453 \end{pmatrix}, \quad \{A_5, B_5\} = \{453, 58\}, \ldots$$

[89.6]　Cakravâla 法にて $\mathrm{pell}_{421}(1)$ を解く. 繰り返しの各段にて註 [89.3](1) を用いるならば, 註 [87.3](2) と全く同様. 他方, 註 [89.3](2) を用いるならば, 結果は次の通り.

$$\{f_0, g_0, h_0\} = \{21, 1, 20\} \Rightarrow k_0 \equiv -1 \bmod 20 \Rightarrow k_0 = 19,$$

$$\frac{1}{20}\begin{pmatrix} 21 & 421 \\ 1 & 21 \end{pmatrix}\begin{pmatrix} 19 & 421 \\ 1 & 19 \end{pmatrix} = \begin{pmatrix} 41 & 421\cdot 2 \\ 2 & 41 \end{pmatrix};$$

$$\{f_1, g_1, h_1\} = \{41, 2, -3\} \Rightarrow k_1 \equiv -1 \bmod 3 \Rightarrow k_1 = 20,$$

$$\frac{1}{3}\begin{pmatrix} 41 & 421\cdot 2 \\ 2 & 41 \end{pmatrix}\begin{pmatrix} 20 & 421 \\ 1 & 20 \end{pmatrix} = \begin{pmatrix} 554 & 421\cdot 27 \\ 27 & 554 \end{pmatrix};$$

$$\{f_2, g_2, h_2\} = \{554, 27, 7\} \Rightarrow k_2 \equiv 1 \bmod 7 \Rightarrow k_2 = 22,$$

$$\{f_3, g_3, h_3\} = \{3365, 164, 9\} \Rightarrow k_3 \equiv 5 \bmod 9 \Rightarrow k_3 = 23,$$

$$\{f_4, g_4, h_4\} = \{16271, 793, 12\} \Rightarrow k_4 \equiv 1 \bmod 12 \Rightarrow k_4 = 25,$$

$$\{f_5, g_5, h_5\} = \{61719, 3008, 17\} \Rightarrow k_5 \equiv 9 \bmod 17 \Rightarrow k_5 = 26,$$

$$\frac{1}{17}\begin{pmatrix} 61719 & 421\cdot 3008 \\ 3008 & 61719 \end{pmatrix}\begin{pmatrix} 26 & 421 \\ 1 & 26 \end{pmatrix} = \begin{pmatrix} 168886 & 421\cdot 8231 \\ 8231 & 168886 \end{pmatrix};$$

$$\{f_6, g_6, h_6\} = \{168886, 8231, 15\} \Rightarrow k_6 \equiv 4 \bmod 15 \Rightarrow k_6 = 19,$$

$$\frac{1}{15}\begin{pmatrix} 168886 & 421\cdot 8231 \\ 8231 & 168886 \end{pmatrix}\begin{pmatrix} 19 & 421 \\ 1 & 19 \end{pmatrix} = \begin{pmatrix} 444939 & 421\cdot 21685 \\ 21685 & 444939 \end{pmatrix};$$

$$\{f_7, g_7, h_7\} = \{444939, 21685, -4\}.$$

註 [89.4](4) により, 註 [87.3](2) に示した解を再度得る.

$$\frac{1}{2}(f_7^2 + 2)((f_7^2 + 2)^2 - 3) = 3879474045914926879468217167061449,$$

$$\frac{1}{2}f_7 g_7((f_7^2 + 2)^2 - 1) = 189073995951839020880499780706260.$$

以上は半正則連分数展開

$$\sqrt{421} = 21 + \frac{-1}{2} + \frac{1}{13} + \frac{1}{6} + \frac{-1}{5} + \frac{-1}{4} + \frac{-1}{3} + \frac{-1}{3} + \frac{1}{\theta} = \frac{f_7\theta + f_6}{g_7\theta + g_6},$$

と同一. ただし, $\theta = \frac{1}{4}(19 + \sqrt{421})$. つまり, 各 f_j/g_j, $j > 0$, はこの展開からも得られ, $\sqrt{421}$

の主近似分数である (計算には註 [22.1] を用いよ). 正則連分数展開では

$$\sqrt{421} = 20 + \cfrac{1}{1+}\cfrac{1}{1+}\cfrac{1}{13+}\cfrac{1}{5+}\cfrac{1}{1+}\cfrac{1}{3+}\cfrac{1}{1+}\cfrac{1}{2+}\cfrac{1}{1+}\cfrac{1}{1+}\cfrac{1}{1+}\cfrac{1}{2+}\cfrac{1}{\theta}.$$

実は, $\sqrt{421}$ の周期は 37 であるゆえ, $\text{pell}_{421}(1)$ には 74 項を要する (註 [87.3](2)). 一方, $\eta = \frac{1}{2}(1+\sqrt{421})$ について,

$$\eta = 10 + \cfrac{1}{1+}\cfrac{1}{3+}\cfrac{1}{6+}\cfrac{1}{1+}\cfrac{1}{1+}\cfrac{1}{2+}\cfrac{1}{2+}\cfrac{1}{1+}\cfrac{1}{1+}\cfrac{1}{6+}\cfrac{1}{3+}\cfrac{1}{1+}\cfrac{1}{\eta}.$$

よって (88.8) から上記の $\{f_7, g_7\}$ を再度得る. Cakravâla 法と註 [89.4] の組み合わせは真に強力な算法である.

§90.

[算法 II] 形式 $[[a,b,c]] \in \mathcal{Q}_{\pm}(D)$ につき, 不定方程式

$$ax^2 + bxy + cy^2 = N, \quad \langle x,y \rangle = 1, \tag{90.1}$$

を採り上げる. 条件

$$\langle a, N \rangle = 1 \tag{90.2}$$

を課すが, さしたる制限とはならない (註 [74.5]–[74.6]). もちろん $aN \neq 0$ である. しかし, N に符合制限を課さず. 前節とは独立な議論ではあるが, 註 [72.4] の範疇に入ることは同じである.

始めに, 正規解 $\{g, h\}$ が存在するものとし, §88 の方針を拡張する. つまり, 関係式 (88.1), (88.4) の類似 ((90.13), (90.17)) を構成する. もって主形式との合同関係の点検に問題を変換する (註 [90.1] に背景説明). その後に, 再び Serret の観察 (註 [26.1]) が主要な手段となる.

まず,

$$2ag + bh > h > 0 \tag{90.3}$$

と仮定できる. 実際, 定理 48 により

$$\begin{gathered} g_1 = \frac{1}{2}((t-bu)g - 2cuh), \quad h_1 = \frac{1}{2}(2agu + (t+bu)h), \\ t^2 - Du^2 = 4, \end{gathered} \tag{90.4}$$

もまた (90.1) の正規解であり,

$$2ag_1 + bh_1 = \frac{1}{2}((2ag+bh)t + Dhu). \tag{90.5}$$

充分に大なる t をもって, $u \sim t/\sqrt{D}$ と採るならば,

$$\begin{aligned} 2ag_1 + bh_1 &\sim \frac{1}{2}(2ag+bh+h\sqrt{D})t, \\ h_1 &\sim \frac{1}{2\sqrt{D}}(2ag+bh+h\sqrt{D})t. \end{aligned} \tag{90.6}$$

そこで, $t \to +\infty$ あるいは $-\infty$ とするとき, $2ag_1+bh_1$ と h_1 とは共に $+\infty$ に向かう. つまり, (90.3) を前提としてよい.

次に, $\langle h, N \rangle | ag^2$ および (90.2) により, $\langle h, N \rangle = 1$ が従うことに注意し, $m \equiv g\overline{h}$, $h\overline{h} \equiv 1 \bmod |N|$ とする. もちろん,

$$am^2 + bm + c \equiv 0 \bmod |N|. \tag{90.7}$$

それゆえ,

$$v = -(2am+b) \;\Rightarrow\; \begin{cases} v^2 \equiv D \bmod 4|aN|, \\ v \equiv -b \bmod 2|a|. \end{cases} \tag{90.8}$$

これをもって,

$$\xi = \frac{v+\sqrt{D}}{2|aN|} = \frac{\alpha\sqrt{D}+\beta}{\gamma\sqrt{D}+\delta} \tag{90.9}$$

と定義する. ただし,

$$\begin{aligned} &\alpha = (k+hv)/(2|aN|),\ \beta = (Dh+kv)/(2|aN|),\ \gamma = h,\ \delta = k, \\ &k = 2ag+bh,\ k^2 - Dh^2 = 4aN;\ \alpha\delta - \beta\gamma = 2\mathrm{sgn}\,(aN). \end{aligned} \tag{90.10}$$

係数 α, β は整数である. 実際,

$$k + hv = 2a(g - mh) \equiv 0 \bmod 2|aN|. \tag{90.11}$$

かつ, (90.7) に注意し,

$$\begin{aligned} Dh + kv &= 2a(-2ch - 2agm - bg - bmh) \\ &\equiv 2a\big(2h(am^2+bm) - 2agm - bg - bmh\big) \\ &\equiv 2a\big(2agm + 2bg - 2agm - bg - bmh\big) \\ &\equiv 2ab(g - mh) \bmod 4|aN| \end{aligned} \tag{90.12}$$

(法は $2|aN|$ にあらず $4|aN|$).

定義ないしは関係式 (90.9) を連分数展開に変換する ((88.2), (88.5) に対応).

§90. *311*

判別式により場合分けを行う.

(i) $D \equiv 0 \bmod 4$ のとき: b, v, β, δ は偶数であることに注意し,

$$\xi = \frac{v/2 + \sqrt{D/4}}{|aN|} = \frac{\alpha\sqrt{D/4} + \beta/2}{\gamma\sqrt{D/4} + \delta/2},$$
$$\alpha\delta/2 - \beta\gamma/2 = \operatorname{sgn}(aN), \quad \sqrt{D/4} > 1. \tag{90.13}$$

条件 (90.3) により $\gamma, \delta > 0$ である. 註 [26.1] を援用し, ξ の主近似分数 A_ℓ/B_ℓ, $(-1)^{\ell-1} = \operatorname{sgn}(aN)$, をもって,

$$\begin{pmatrix} \alpha & \beta/2 \\ \gamma & \delta/2 \end{pmatrix} = \begin{pmatrix} A_\ell & A_{\ell-1} \\ B_\ell & B_{\ell-1} \end{pmatrix} \begin{pmatrix} 1 & \lambda \\ 0 & 1 \end{pmatrix}, \quad \lambda \geq 0, \quad \ell \geq 0. \tag{90.14}$$

つまり,

$$\xi = \frac{A_\ell(\lambda + \sqrt{D/4}) + A_{\ell-1}}{B_\ell(\lambda + \sqrt{D/4}) + B_{\ell-1}}$$
$$= a_0 + \frac{1}{a_1} + \frac{1}{a_2} + \cdots + \frac{1}{a_\ell} + \frac{1}{\lambda + \sqrt{D/4}}. \tag{90.15}$$

(ii) $D \equiv 1 \bmod 4$ のとき: $b, v \equiv 1$, $\gamma \equiv \delta \bmod 2$. また, $\alpha \equiv \beta \bmod 2$ でもある. 実際, (90.11)–(90.12) により,

$$\alpha + \beta \equiv (b+1)((g-mh)/|N|) \equiv 0 \bmod 2. \tag{90.16}$$

それゆえ,

$$\xi = \frac{(v-1)/2 + \eta}{|aN|} = \frac{\alpha\eta + (\beta-\alpha)/2}{\gamma\eta + (\delta-\gamma)/2},$$
$$\alpha(\delta-\gamma)/2 - (\beta-\alpha)\gamma/2 = \operatorname{sgn}(aN), \quad \eta = \tfrac{1}{2}(1+\sqrt{D}) > 1. \tag{90.17}$$

ここで, (90.3) により $\gamma > 0, \delta - \gamma > 0$. 註 [26.1] を援用し, ξ の主近似分数 A_ℓ/B_ℓ, $(-1)^{\ell-1} = \operatorname{sgn}(aN)$, をもって,

$$\begin{pmatrix} \alpha & (\beta-\alpha)/2 \\ \gamma & (\delta-\gamma)/2 \end{pmatrix} = \begin{pmatrix} A_\ell & A_{\ell-1} \\ B_\ell & B_{\ell-1} \end{pmatrix} \begin{pmatrix} 1 & \lambda \\ 0 & 1 \end{pmatrix}, \quad \lambda \geq 0, \quad \ell \geq 0. \tag{90.18}$$

つまり,

$$\xi = \frac{A_\ell(\lambda + \eta) + A_{\ell-1}}{B_\ell(\lambda + \eta) + B_{\ell-1}}$$
$$= a_0 + \frac{1}{a_1} + \frac{1}{a_2} + \cdots + \frac{1}{a_\ell} + \frac{1}{\lambda + \eta}. \tag{90.19}$$

以上をまとめる．目下の課題 (90.1)–(90.2) に (90.3) なる解があるならば，(90.8) をもって定められる v は

$$X^2 \equiv D \bmod 4|aN|, \quad X \equiv -b \bmod 2|a| \tag{90.20}$$

を充たす．かつ，$(-1)^{\ell-1} = \mathrm{sgn}\,(aN)$ なる番号 $\ell \geq 0$ があり，整数 $\mu, \mu' \geq 0$ をもって，

$$\mathrm{R}^{\ell+1}\left(\frac{v+\sqrt{D}}{2|aN|}\right) = \begin{cases} \mu + \sqrt{D/4} & D \equiv 0 \bmod 4, \\ \mu' + \dfrac{1}{2}(1+\sqrt{D}) & D \equiv 1 \bmod 4. \end{cases} \tag{90.21}$$

即ち，形式

$$[[w_0, -v, (v^2-D)/4w_0]], \quad w_0 = |aN|, \tag{90.22}$$

の cf-軌道の然るべき地点に $\Omega_\pm(D)$ の主形式が現れる．

議論を逆転し，(90.20) を充たす $v = v_0$ を採るならば，形式 (90.22) を構成することができ，観察 (85.15) を適用し

$$\xi_0 = \frac{v_0 + \sqrt{D}}{2w_0} \mapsto \mathrm{R}^j(\xi_0) = \frac{v_j + \sqrt{D}}{2w_j}. \tag{90.23}$$

このとき，(87.22) の一般化である

$$(2A_j w_0 - B_j v_0)^2 - DB_j^2 = 4(-1)^{j-1} w_0 w_{j+1} \tag{90.24}$$

が成立する（A_j/B_j は ξ_0 の主近似分数）．証明もまた同様であり，$\mathrm{R}^{j+1}(\xi_0) = -(B_{j-1}\xi_0 - A_{j-1})/(B_j\xi_0 - A_j)$ の右辺の有理化による．かくして，次の算法を得る．

定理 56 合同方程式 (90.20) の任意の解 v_0 をもって，ξ_0, w_j を (90.23) により定義する．このとき，

$$\text{ある番号 } \ell \geq 0 \text{ について，} (-1)^{\ell-1} = \mathrm{sgn}\,(aN),\ w_{\ell+1} = 1 \tag{90.25}$$

が成立するならば，(90.1)–(90.2) の特解 $\{g, h\}$ が

$$g = \mathrm{sgn}\,(a) A_\ell |N| - B_\ell(v_0 + b)/2a, \quad h = B_\ell, \tag{90.26}$$

をもって与えられる．逆に，(90.1)–(90.2) に解があるならば，それに対応する (90.20) の解 v_0 ならびに (90.25) を充たす番号 ℓ が存在し (90.26) により解を

復元できる.

[証明] 等式 $(2ag+bh)^2 - Dh^2 = 4aN$ の成立は見やすい ((90.10)). また, 正規性 $\langle g, h \rangle = 1$, 即ち $\langle N, B_\ell \rangle = 1$ を確かめるには, $(90.24)_{j=\ell}$ の左辺を展開し両辺を $4w_0$ により除す. 一方, 後段は議論 (90.3)–(90.22) の意味するところである. 証明を終わる.

注意を加えておく.

(1) $w_{\ell+1} = 1$ は必ずしもその地点において主形式が出現することを意味するものではない. つまり, (90.21) にて μ', μ は (84.14), (84.16) における $f, [\sqrt{d}]$ と一致するとは限らず, 註 [90.3] を見よ. もちろん, $\ell + 2$ 番から先には主形式の循環節に相当するものが現れる. 実際には, $\{w_j\}$ を計算することは入り組む. 連分数展開を用いることが言うまでも無く効果的である.

(2) 上記は特解を見出す算法である. 得られる解は最小のものとは限らない. 最小解を求めるには, 全ての可能な $v_0 \bmod 4|aN|$ を検査する共に, automorphs の作用を考慮する必要がある. やはり註 [90.3] を見よ.

(3) 特解を求めるに当たり, ℓ を充分大として議論できる. しかし, 一般的には $\ell \geq 0$ が検査に含まれる.

[90.1] 算法 II は Lagrange (1770b, Problème V, 29) の単純明快な着想に基づく. 上記の通り $m \equiv g\bar{h} \bmod |N|$ と採り $g = mh + Ns$ とする. 等式

$$aNs^2 + (2am+b)sh + c^*h^2 = 1, \quad c^* = (am^2 + bm + c)/N,$$

を得る. つまり,

$$\mathcal{Q}_\pm(D) \ni [|aN, 2am+b, c^*|] \text{ は } 1 \text{ を表現する}.$$

註 [76.3] により主形式と合同. 従って, $\left(-(2am+b) + \sqrt{D}\right)/(2aN)$ の連分数展開の循環節は (88.3) あるいは (88.6) のそれと同じとなる. しかるに, 本節の議論は不定値形式と当該の連分数展開に関する一般論 (つまり, 簡約理論 §§85–86) を回避し直截に (90.21) に達する論法である. もちろん, Serret の補題 (註 [26.1]) を援用すべく多少の調整をせねばならない. 必要な構成 (90.10) はかく見出されたものである. 特解への手順をまとめておく. 条件 (90.2) を置き,

(a) aN の素因数分解を行う.
(b) 合同方程式 (90.20) を解く. Tonelli, Cipolla の算法を活用すべし.
(c) 形式 (90.22) の cf-軌道に主形式が現れることを確認.
(d) パリティの一致 $(-1)^{\ell-1} = \mathrm{sgn}\,(aN)$ を確認.
(e) 以上を通過の後, 主近似分数 A_ℓ/B_ℓ を求め, (90.26) をもって解を定める.

(f) 最小解を要するときには, automorphs の作用を調べる.

Lagrange (1798, §VII, **65**), Legendre (1798, p.103), Kraïtchik (1926, p.25) も見よ.

[90.2]　$\text{pell}^*_{157}(6781)$ を再考察する. この場合, $D = 628, v_0/2 = 4719, w_0 = 6781$. 註 [86.4] により

$$\xi_0 = \frac{4719 + \sqrt{157}}{6781} = 0 + \frac{1}{1} + \frac{1}{2} + \frac{1}{3} + \frac{1}{4} + \frac{1}{\eta_{12}}.$$

展開を続け, $w_{\ell+1} = 1$ となる箇所を検索するならば,

$$0 + \frac{1}{1} + \frac{1}{2} + \frac{1}{3} + \frac{1}{4} + \frac{1}{5} + \frac{1}{1} + \frac{1}{7} + \frac{1}{1} + \frac{1}{1} + \frac{1}{\eta_0}, \quad \eta_0 = 12 + \sqrt{157}.$$

よって $\ell = 9$. 前項 (a)–(d) を通過. 主近似分数 A_9/B_9 を計算し, $A_9 = 3119, B_9 = 4470$. かくして, (90.26) により, 解は

$$g = 6781 A_9 - 4719 B_9 = 56009, \quad h = 4470.$$

[90.3]　課題 $13x^2 + 12xy - 11y^2 = 127693 = N$ を扱う. $D = 4d, d = 179$. まず $X^2 \equiv d \bmod 13N$ を解かねばならない. N の素因数分解は, Pollard の手法 (§39) により比較的容易に $N = 149 \cdot 857$. よって, $x_1^2 \equiv d \bmod 13, x_2 \equiv d \bmod 149, x_3^2 \equiv d \bmod 857$ と分解. 法 13 については, (90.20) の後半に従い, $x_1 = 7$ を採る. 法 149, 857 については Tonelli の算法による. $x_2 \equiv \pm 46 \bmod 149, x_3 \equiv \pm 199 \bmod 857$. 註 [31.3] の手法により,

$$X \equiv 149 \cdot 857 \cdot 2 \cdot 7 - 13 \cdot 857 \cdot 57 \cdot x_2 + 13 \cdot 149 \cdot 196 \cdot x_3 \bmod 13N.$$

つまり,

$$v_0 \equiv 268899, 309576, 1605819, 1646496 \bmod 13N.$$

このうち 309576 は $x_2 = -46, x_3 = 199$ の組み合わせから得られ,

$$\frac{309576 + \sqrt{d}}{13N} = 0 + \frac{1}{5} + \frac{1}{2} + \frac{1}{1} + \frac{1}{3} + \frac{1}{4} + \frac{1}{1} + \frac{1}{2} + \frac{1}{5}$$
$$+ \frac{1}{13} + \frac{1}{5} + \frac{1}{3} + \frac{1}{1} + \frac{1}{1} + \frac{1}{1} + \frac{1}{2} + \frac{1}{\sqrt{d} + [\sqrt{d}]}$$
$$= \frac{A_{15}([\sqrt{d}] + \sqrt{d}) + A_{14}}{B_{15}([\sqrt{d}] + \sqrt{d}) + B_{14}}; \quad A_{15} = 1786653, B_{15} = 9579980.$$

従って, 次の解を得る.

$$g = A_{15}N - B_{15}(309576 + 6)/13 = 5437809, \quad h = 9579980.$$

これは最小解ではない. 定理 48 と §89 (I) により, 展開

$$\sqrt{d} = 13 + \frac{1}{2} + \frac{1}{1} + \frac{1}{1} + \frac{1}{1} + \frac{1}{3} + \frac{1}{5} + \frac{1}{13} + \frac{1}{5} + \frac{1}{3} + \frac{1}{1} + \frac{1}{1} + \frac{1}{1} + \frac{1}{2} + \frac{1}{\sqrt{d} + [\sqrt{d}]}$$

から, 目下の形式の automorphs は

§90.　*315*

$$V = \begin{pmatrix} 2311064 & 3445101 \\ 4071483 & 6069356 \end{pmatrix}$$

をもって生成される. それゆえ, $V^{-1} \cdot {}^t\{g, h\}$ を計算し, 別解 $\{3024, -2027\}$ を得る. しかしながら, これも最小解ではない. 実は, 最小解は $v_0 = 1646496$ ($x_2 = 46, x_3 = 199$) から得られる.

$$\frac{1646496 + \sqrt{d}}{13N} = 0 + \frac{1}{1} + \frac{1}{121} + \frac{1}{1} + \frac{1}{29} + \frac{1}{2} + \frac{1}{1} + \frac{1}{1} + \frac{1}{1} + \frac{1}{3} + \frac{1}{5} + \cdots.$$

これの $\frac{1}{29}$ には $16 + \sqrt{d}$ が対応. つまり $w_4 = 1$, かつ $A_3 = 122, B_3 = 123$. 従って, 解

$$g = A_3 N - B_3(1646496 + 6)/13 = 104, \quad h = 123$$

を得る. なお, $(1605819 + \sqrt{d})/13N$ の展開にて同じ $\frac{1}{29}$ が $w_2 = 1769$ をもって現れる. 実は, A_{19}, B_{19} から, $g = 43398831, h = 76457252$ を得る. 早計は禁物なり.

[90.4] 課題 $13x^2 + 11xy - 10y^2 = 140561 = N$ を扱う. $D = 641$. まず $X^2 \equiv D \mod 52N$ を解く. Pollard の手法により, 素因数分解 $N = 367 \cdot 383$. よって, $x_1^2 \equiv D \mod 52$, $x_2^2 \equiv D \mod 367$, $x_3^2 \equiv D \mod 383$ と分解. 法 52 については, 条件 (90.20) による $x_1 = 15$ を採る. 法 367, 383 については註 [65.1] (Lagrange) を応用. $x_2 \equiv \pm 170 \mod 367$, $x_3 \equiv \pm 32 \mod 383$. 註 [31.3] の手法により,

$$X \equiv 367 \cdot 383 \cdot 21 \cdot 15 - 52 \cdot 383 \cdot 176 \cdot x_2 + 52 \cdot 367 \cdot 29 \cdot x_3 \mod 52N.$$

つまり,

$$v_0 \equiv 47907, 795459, 1173863, 6978675 \mod 52N.$$

例えば,

$$\frac{(47907-1)/2 + \eta}{13N} = 0 + \frac{1}{76} + \frac{1}{4} + \frac{1}{11} + \frac{1}{1} + \frac{1}{1} + \frac{1}{2} + \frac{1}{1} + \frac{1}{1}$$
$$+ \frac{1}{1} + \frac{1}{4} + \frac{1}{2} + \frac{1}{3} + \frac{1}{6} + \frac{1}{12 + \eta}$$
$$= \frac{A_{13}(12+\eta) + A_{12}}{B_{13}(12+\eta) + B_{12}}; \quad A_{13} = 200297, \ B_{13} = 15271588.$$

ただし, $\eta = (1 + \sqrt{641})/2$. 従って, 次の解を得る.

$$g = A_{13}N - B_{13}(47907 + 11)/26 = 8409933, \quad h = 15271588.$$

一方, 最小解は

$$\frac{(6978675-1)/2 + \eta}{13N} = 1 + \frac{1}{1} + \frac{1}{10} + \frac{1}{17} + \frac{1}{27} + \frac{1}{6} + \frac{1}{3} + \frac{1}{2} + \frac{1}{4}$$
$$+ \frac{1}{1} + \frac{1}{1} + \frac{1}{1} + \frac{1}{2} + \frac{1}{1} + \cdots$$

から得られる. これの $\frac{1}{27}$ の箇所に $14 + \eta$ が対応し, $w_4 = 1$, かつ $A_3 = 359, B_3 = 188$.

$$g = 359 \cdot 140561 - 188 \cdot (6978675 + 11)/26 = 131, \quad h = 188.$$

ちなみに,
$$\eta = 13 + \cfrac{1}{6} + \cfrac{1}{3} + \cfrac{1}{2} + \cfrac{1}{4} + \cfrac{1}{1} + \cfrac{1}{1} + \cfrac{1}{1} + \cfrac{1}{2} + \cfrac{1}{1} + \cfrac{1}{1} + \cfrac{1}{12}$$
$$+ \cfrac{1}{12} + \cfrac{1}{1} + \cfrac{1}{1} + \cfrac{1}{2} + \cfrac{1}{1} + \cfrac{1}{1} + \cfrac{1}{1} + \cfrac{1}{4} + \cfrac{1}{2} + \cfrac{1}{3} + \cfrac{1}{6} + \cfrac{1}{12 + \eta}$$

であり, $\text{pell}^*_{641}(\pm 4)$ は解を持たない (B_{22} は偶数 2853374290).

[90.5] 課題 $Q: 39x^2 + 4xy - 26y^2 = 271167$ を扱う. $D = 4072 = 4d$, $d = 1018$. $N = 3 \cdot 13 \cdot 17 \cdot 409$. $\langle a, N \rangle \neq 1$ であるゆえ, 註 [74.5] を念頭に, $Q(3,1) = 337$ は素数かつ $337 \nmid N$ であることを注意する. そこで, 変換 $U = \begin{pmatrix} 3 & 2 \\ 1 & 1 \end{pmatrix}$ により, 形式 $Q_1 : [|337, 436, 138|]$ に移る. $X^2 \equiv d \bmod 337N$. 分解し, $x_1^2 \equiv 1 \bmod 3$, $x_2^2 \equiv 4 \bmod 13$, $x_3^2 \equiv 15 \bmod 17$, $x_4^2 \equiv 7 \bmod 337$, $x_5^2 \equiv 200 \bmod 409$. 条件 (90.20) により, $x_4 = -218$ と採る. その他は, $x_1 = \pm 1$, $x_2 = \pm 2$, $x_3 = \pm 7$, $x_5 = \pm 152$. このうち, x_5 は $(x_5')^2 \equiv 2 \bmod 409$ を Tonelli の方法によって解くことを経由.

$$X \equiv 13 \cdot 17 \cdot 337 \cdot 409 \cdot 2 \cdot x_1 - 3 \cdot 17 \cdot 337 \cdot 409 \cdot 2 \cdot x_2 - 3 \cdot 13 \cdot 337 \cdot 409 \cdot 8 \cdot x_3$$
$$+ 3 \cdot 13 \cdot 17 \cdot 409 \cdot 20 \cdot 218 + 3 \cdot 13 \cdot 17 \cdot 337 \cdot 7 \cdot x_5 \bmod 337N.$$

例えば, $x_1 = 1, x_2 = 2, x_3 = 7, x_5 = 152 \Rightarrow v_0/2 = 55196338$. このとき, $w_{16} = 1$, $A_{15}/B_{15} = 94725/156827$. よって, $Q_1 = N$ の特解 $\{-86601, 156827\}$ を得る. これに U を作用させ, $Q = N$ の特解

$$39 \cdot 53851^2 + 4 \cdot 53851 \cdot 70226 - 26 \cdot 70226^2 = 271167$$

を得る. 一方, 最小解は, $x_1 = -1, x_2 = 2, x_3 = 7, x_5 = 152 \Rightarrow v_0/2 = 24735245$ から生じる. このとき, $w_8 = 1$, $A_7/B_7 = 36/133$. $Q_1 = N$ の特解は $\{-55, 133\}$. よって $Q = N$ の特解

$$39 \cdot 101^2 + 4 \cdot 101 \cdot 78 - 26 \cdot 78^2 = 271167.$$

§91.

Intermezzo. 本節と次節をもって相互律の Legendre 証明 (§71 [g]) を完結する. 議論に含まれるところは直接の目的を越え拡がりを持つ. 3 部 [A], [B], [C]=[C_0]+[C_1]+[C_∞] に分かれる. これらは, 素数分布論 (解析的および初等的な議論), 2 元 2 次形式の種の理論 (§94) と密接に関係する.

[A] まず始めに, 複素変数函数論を少しばかり援用し, 相互律とは独立に次を証明する.

定理 57

$$\text{Dirichlet の素数定理: Legendre 予想 (71.1) は正しい.} \qquad (91.1)$$

[証明] 註 [54.2] にもどり，任意の互いに素な組 $\{\ell, q\}$ について

$$\lim_{s \to 1+0} \sum_{p \equiv \ell \bmod q} \frac{\log p}{p^s} = +\infty \qquad (91.2)$$

を示す．これは，同所の議論から

$$-\lim_{s \to 1+0} \sum_{\chi \bmod q} \overline{\chi}(\ell) \frac{L'}{L}(s, \chi) = +\infty \qquad (91.3)$$

と同値．しかるに，単位指標 $\jmath_q$ については註 [55.4] により

$$-\lim_{s \to 1+0} \frac{L'}{L}(s, \jmath_q) = -\lim_{s \to 1+0} \frac{\zeta'}{\zeta}(s) + \sum_{p \mid q} \frac{\log p}{p-1} \qquad (91.4)$$

であるゆえ, (11.10) あるいは [18.8] により右辺は $+\infty$ に発散する．つまり，

$$\lim_{s \to 1+0} \sum_{\chi \neq \jmath_q \bmod q} \overline{\chi}(\ell) \frac{L'}{L}(s, \chi) = 有界 \qquad (91.5)$$

を示せば足りるが，そのための充分条件は

$$\chi \neq \jmath_q \Rightarrow L(1, \chi) \neq 0. \qquad (91.6)$$

何故ならば，註 [55.4] および註 [63.4] により $L(1, \chi) \neq \infty$. もちろん, $(54.3)_{\chi' = \jmath_q}$ による和 $\sum_{n \leq N} \chi(n)$ の有界性と部分和法 (註 [12.10]) を用いるもよい.

そこで，核心である (91.6) の証明に進むが，このために函数

$$M(s, \chi) = \sum_{n=1}^{\infty} \Big| \sum_{d \mid n} \chi(d) \Big|^2 n^{-s} \qquad (91.7)$$

を考察する．註 [18.7] の方針そのままに，$\operatorname{Re}(s) > 1$ にて

$$M(s, \chi) = \frac{\zeta(s) L(s, \jmath_q) L(s, \chi) L(s, \overline{\chi})}{L(2s, \jmath_q)} = \frac{\zeta^2(s) L(s, \chi) L(s, \overline{\chi})}{\zeta(2s) \prod_{p \mid q}(1 + p^{-s})} \qquad (91.8)$$

を得る (註 [55.4] に注意). よって,

$$L(1, \chi) = 0 \Rightarrow M(s, \chi) \text{ は } s = 1 \text{ にて正則}. \qquad (91.9)$$

つまり，左辺の仮定のもとに, $\zeta^2(s)$ の $s=1$ における 2 位の極が打ち消される.

しかるに, これは矛盾を引き起こす. まず, 目下の仮定のもとに $M(s,\chi)$ は線分 $0 < s < 2$ の近傍にて正則である. 何故ならば, 分子は既に述べた理由をもって正則. 一方, $1/\zeta(2s)$ については, 註 [11.8] (6) の末尾を想起すればよい. そこで, $M(s,\chi)$ の点 $s = 2$ における Taylor 展開

$$M(s,\chi) = \sum_{k=0}^{\infty} \frac{M^{(k)}(2,\chi)}{k!} (s-2)^k \qquad (91.10)$$

を観察する. 函数 $M(s,\chi)$ の正則性により収束半径は $\frac{3}{2}$ より大であり, 何らかの点 $s_1 < \frac{1}{2}$ について右辺は絶対収束. 項別微分の結果を各 $M^{(k)}(2,\chi)$ に代入するならば, 右辺 $(s = s_1)$ は非負項 2 重級数となり, 和の順序を交換できる. かくして得られる級数は

$$M(s_1,\chi) = \sum_{n=1}^{\infty} \Big| \sum_{d\mid n} \chi(d) \Big|^2 n^{-s_1}. \qquad (91.11)$$

即ち, 級数 (91.7) は $\mathrm{Re}(s) \geq s_1$ にて収束しているものと知れる. しかし, これは矛盾である. 何故ならば, 点 $s = \frac{1}{2}$ において $1/\zeta(2s) = 0$ であり $M\left(\frac{1}{2},\chi\right) = 0$. よって

$$0 = \sum_{n=1}^{\infty} \Big| \sum_{d\mid n} \chi(d) \Big|^2 n^{-1/2}. \qquad (91.12)$$

しかし, 右辺の第 1 項は 1 である. 定理の証明を終わる.

[B]　相互律とは独立に, 次を証明する.

$$\text{Legendre の言明 (71.2) は正しい.} \qquad (91.13)$$

まず, 任意の実数 $x \geq 3$ につき,

$$\sum_{\substack{p \leq x \\ \left(\frac{d}{p}\right)=1}} \frac{\log p}{p} = \frac{1}{2} \log x + O(1) \quad (d:\text{sqf}). \qquad (91.14)$$

ただし, 誤差項 $O(1)$ は d に関係する (以下同様). この漸近式の証明は後に与えるものとし, (12.7) と組み合わせ,

$$\sum_{\substack{p \leq x \\ \left(\frac{d}{p}\right)=-1}} \frac{\log p}{p} = \frac{1}{2} \log x + O(1). \qquad (91.15)$$

§91.　319

従って, 補助律 (60.1)(1) により (当然に援用可), 自明な省略のもとに,

$$\sum_{\substack{p\leq x,\,p\equiv 1\bmod 4 \\ \left(\frac{d}{p}\right)=1}} + \sum_{\substack{p\leq x,\,p\equiv 1\bmod 4 \\ \left(\frac{d}{p}\right)=-1}} + 2\sum_{\substack{p\leq x,\,p\equiv -1\bmod 4 \\ \left(\frac{d}{p}\right)=-1}}$$
$$= \sum_{\substack{p\leq x \\ \left(\frac{d}{p}\right)=-1}} + \sum_{\substack{p\leq x \\ \left(\frac{-d}{p}\right)=1}} = \log x + O(1). \tag{91.16}$$

下辺は (91.15) および $(91.14)_{d\mapsto -d}$ による. しかるに, 左辺の始めの 2 項の和は誤差 $O(1)$ をもって $\sum_{p\leq x,\,p\equiv 1\bmod 4}$ であり, つまり $(91.14)_{d\mapsto -1}$. 従って,

$$\sum_{\substack{p\leq x,\,p\equiv -1\bmod 4 \\ \left(\frac{d}{p}\right)=-1}} = \frac{1}{4}\log x + O(1). \tag{91.17}$$

とくに, (91.13) を得る.

そこで, (91.14) を証明するために始めに次の漸近式を示す.

$$\sum_{\{m,n\}\in S(x)} \log|m^2 - dn^2| = \frac{2}{\sqrt{|d|}} x\log x + O(x). \tag{91.18}$$

ただし,

$$S(x) = \left\{\{m,n\}: |m|\leq (x/2)^{1/2},\ |n|\leq (x/2|d|)^{1/2}, \{m,n\}\neq\{0,0\}\right\}. \tag{91.19}$$

まず, 任意に $1\leq K\leq x$ を採るとき,

$$S_K(x) = \left\{\{m,n\}\in S(x): K/2 < |m^2 - dn^2|\leq K\right\}$$
$$\Rightarrow |S_K(x)| = O\bigl((xK)^{1/2}\bigr). \tag{91.20}$$

実際, $d<0$ のときは自明. また, $d>0$ のときは, $dn^2<2K$ なる部分はやはり自明. 一方, $dn^2\geq 2K$ なる部分には $(dn^2+K/2)^{1/2}<|m|\leq (dn^2+K)^{1/2}$ または $(dn^2-K)^{1/2}<|m|\leq (dn^2-K/2)^{1/2}$ を用いるがよい. これらの m の個数は高々 $K^{1/2}$. そこで, 集合 $S_{x/2^j}(x)$ 上にて $\log|m^2-dn^2|=\log x+O(j)$ であることに注意し, (91.18) の和は

$$|S(x)|\log x + \sum_j O(jx/2^{j/2}) = \frac{2}{\sqrt{|d|}} x\log x + O(x). \tag{91.21}$$

漸近式 (91.14) を (91.18) から導くことに移る．論旨は註 [12.9] のそれの拡張とも言える．素因数分解

$$\prod_{\{m,n\}\in S(x)} |m^2 - dn^2| = \prod_{p\leq x} p^{T(p)}, \ T(p) = \sum_j |t(p^j;x)|, \qquad (91.22)$$

$$t(p^j;x) = \left\{\{m,n\} \in S(x) : m^2 \equiv dn^2 \bmod p^j \right\}, \quad p^j \leq x, \qquad (91.23)$$

を考察する．各 $j \geq 1$ につき，$|t(p^j;x)|$ の評価を行うために，充分大なる L を採り，

$$p \geq 3, \ \left(\frac{d}{p}\right) = 1, \quad \begin{array}{l} a^2 \equiv db^2 \bmod p^L, \\ p \nmid ab, \ \langle a,b\rangle = 1, \end{array} \qquad (91.24)$$

とする．註 [35.3] によりこの様な $\{a,b\}$ が存在する（もちろん，$b=1$ とするも良い）．そして，$A^2 \equiv dB^2 \bmod p^j$ と $(aB+bA)(aB-bA) \equiv 0 \bmod p^j$ とは同値であることに注意し，

$$\tau(j_1,j_2;x): \quad \{A,B\} \in S(x) \ \text{かつ} \ \begin{array}{l} aB+bA \equiv 0 \bmod p^{j_1}, \\ aB-bA \equiv 0 \bmod p^{j_2}, \end{array} \qquad (91.25)$$

と置くならば，

$$t(p^j;x) = \bigcup_{j_1+j_2=j} \tau(j_1,j_2;x). \qquad (91.26)$$

条件 (91.25) は $A,B \equiv 0 \bmod p^{\min\{j_1,j_2\}}$ を意味するゆえ，

$$j_1 \geq j_2 \ \Rightarrow \ \tau(j_1,j_2;x) = p^{j_2} \cdot \tau(j_1-j_2, 0; x/p^{2j_2}). \qquad (91.27)$$

右辺は，ベクトルとして $\{A,B\} = p^{j_2}\{A',B'\}$ の意である．そこで，§30 の後半の議論を法 $q = p^{j_1-j_2}$ について用い，集合 $\tau(j_1,j_2;x)$ は $\mathbb{Z}\mathbf{u}+\mathbb{Z}\mathbf{v}$ に含まれる．基本となる平行四辺形の面積は $qp^{2j_2} = p^j = \|\mathbf{u}\|\|\mathbf{v}\|\sin\theta$．ただし，$\|\mathbf{u}\|$ は $\mathbf{u}$ の長さ，かつ θ は $\mathbf{u},\mathbf{v}$ のなす角度であり，註 [77.5] により $\frac{1}{3}\pi \leq \theta \leq \frac{2}{3}\pi$ を充たすものとしてよい．とくに，$\|\mathbf{u}\|\|\mathbf{v}\| \leq 2p^j/\sqrt{3}$．一方，$\mathbf{u}$ の（原点ならざる）端点を $\{g,h\}$ とするならば，$g^2 \equiv dh^2 \bmod p^j$ であることから，$\|\mathbf{u}\|^2 = g^2+h^2 \geq |g^2-dh^2|/|d|$．従って，$\|\mathbf{u}\| \geq (p^j/|d|)^{1/2}$．同じく $\|\mathbf{v}\| \geq (p^j/|d|)^{1/2}$．つまり，$\|\mathbf{u}\|, \|\mathbf{v}\| \approx p^{j/2}$．それゆえ，$|\tau(j_1,j_2;x)|$ と $|S(x)|/p^j$ の差は，$S(x)$ の境界から $O(p^{j/2})$ 以内の距離にある $\mathbb{Z}\mathbf{u}+\mathbb{Z}\mathbf{v}$ の点の個数を超えない．よって，

$$|t(p^j;x)| = O(jx/p^j) \ \Rightarrow \ T(p) = |t(p;x)| + O(x/p^2). \qquad (91.28)$$

ここに，
$$|t(p;x)| = |\tau(1,0;x)| + |\tau(0,1;x)| - |\tau(1,1;x)|. \tag{91.29}$$

これらから，
$$\left(\frac{d}{p}\right) = 1 \Rightarrow T(p) = \frac{4x}{p\sqrt{|d|}} + O\left((x/p)^{1/2}\right) + O\left(x/p^2\right). \tag{91.30}$$

また，
$$\left(\frac{d}{p}\right) = -1 \Rightarrow T(p) = O\left(x/p^2\right); \quad \left(\frac{d}{p}\right) = 0 \Rightarrow T(p) = O\left(x/p\right). \tag{91.31}$$

前者は，$A^2 \equiv dB^2 \bmod p^j \Rightarrow A, B \equiv 0 \bmod p^{[(j+1)/2]}$，後者は，$A \equiv 0 \bmod p^{[(j+1)/2]}$, $B \equiv 0 \bmod p^{[j/2]}$ による (d: sqf に注意)．さらに $T(2) = O(x)$．実際，(45.3) により $d \equiv 1 \bmod 8$ なる場合に議論を制限でき，上記に施すべき特段の変化は生じない．かつ，(12.7) から部分和法（註 [12.10]）により $\sum_{p \leq x} \log p/\sqrt{p} = O(\sqrt{x})$ が得られることに注意．以上をまとめ，(91.14) を確認し (91.13) の証明を終わる．

[91.1]　[A] にて，函数 (91.7) の採用は Ingham (1930) による．函数論援用の部分は Landau (1909, Zweiter Bd., p.697) の手法であるが，ベキ級数の収束半径に関する du Bois-Reymond (1883) のごく基本的な観察に基づく．なお，de la Vallée Poussin (1897/1898, Deux. part., Chap. IV, §2) よる実指標の場合の議論と類似する．算術級数中の素数分布の詳細については，YM (1983, Part II; 2009, 第 4 章) を見よ．

[91.2]　[B] は Selberg (1950, pp.71–72) の論旨に詳細を付したものである．

[91.3]　Dirichlet (1837a) は，法 q が素数の場合についてのみ (91.2) の完全証明を述べている．核心である (91.6) の確認は上記とは異なり χ が複素指標の場合と実指標の場合とに分けられ，前者は容易（下記の通り）であるものの後者は少々意外にも定理 44 を要する．一般の法の場合は Dirichlet (1839; 1863/1894, Supplmente VI) にて議論され，その論旨は，相互律を本質的に必要とするものである．この点につき既に註 [71.1] にて注意したところではあるが明確にしておく．Dirichlet の着想は，彼の表現とは多少異なるものの，不等式

$$F(s) = \prod_{\chi \bmod q} L(s,\chi) > 1, \quad s > 1,$$

の応用である．各因子の Euler 積表示の対数を考察することにより

$$F(s) = \prod_{p \nmid q} \exp\left(\sum_{j=1}^{\infty} \frac{1}{jp^{js}} \sum_{\chi \bmod q} \chi(p^j)\right) = \prod_{p \nmid q} \exp\left(\varphi(q) \sum_{p^j \equiv 1 \bmod q} \frac{1}{jp^{js}}\right).$$

右辺の和は条件に適合する $\{j, p\}$ 全てについてである. これらは正であり, $F(s) > 1$ を得る. 一方, $s \in \mathbb{C}$ については, $F(s)$ は, 因子 $L(s, \jmath_q)$ による点 $s = 1$ における位数 1 の極 (存在の可能性) を除き正則である. そこで, 仮に複素指標 χ につき $L(1, \chi) = 0$ であるならば, $L(s, \overline{\chi}) = \overline{L(\overline{s}, \chi)}$ もまた $s = 1$ にて零点を持つ. 都合 $F(1) = 0$. これは $\lim_{s \to 1+0} F(s) \geq 1$ に矛盾する. 従って, (91.6) は複素指標については確認されたこととなる. 一方, 実指標 χ については, 註 [55.4] により, 原始的実指標 χ^* につき $L(1, \chi^*) \neq 0$ を示せば足りる. しかるに, 原始的実指標は註 [73.11] により何れかの基本判別式に属する Kronecker 記号に一致する. それゆえ, 後述の Dirichlet の基本等式 (95.11), (95.48) により, $L(1, \chi) > 0$ と判断される. かくして, (91.6) を得る. ここで, 重要な点はもちろん実指標の扱いである. Dirichlet の方針は実質的に註 [73.9]–[73.11] を基礎としており, 従って相互律に不可分に依拠する. 一方, Ingham および de la Vallée Poussin の手法は複素変数函数論のごく初歩をもって (95.11), (95.48) への経由を回避できる, とするものである. Dirichlet の素数定理が座すところは存外浅い, と言うべきか. あるいは, Hadamard (註 [11.9]) の描くところ真理なり, と得心すべきか. しかし, 定理 (91.1) を定量化せんとするならば, 別次元の困難が現れ解析的整数論の核心部に進入することとなる. YM (2009, 第 4, 9 章) を見よ.

§92.

[C_0]　相互律とは独立に定理 45 を証明する. 始めに

$$\varrho(a, b, c) : |ab|, |bc|, |ca| \text{ のうちの中間のもの} \tag{92.1}$$

とする. ただし, 相等しいものがあるならば, その値を採る. とくに, $\varrho(a, b, c) = 1$ のとき (71.5) は $x^2 + y^2 = z^2$ と同等であり, この場合は自明. そこで, 仮定 $\varrho(a, b, c) \geq 2$ を置き, ϱ の値に関する帰納法を用いる.

まず, 対称性により $|a| \leq |b| \leq |c|$ とできるが, さらに $|b| < |c|$ としてよい. 何故ならば, $|b| = |c|$ であるとき, (71.4)(2) により, $|bc| = 1$ となり帰納法の仮定に反する. よって, $|c| \geq 2$ かつ $\varrho(a, b, c) = |ca|$. 条件 (71.4)(3) により, $a\lambda^2 + b \equiv 0 \bmod |c|, 0 < |\lambda| \leq |c|/2$, となる λ を採ることができる. そこで,

$$a\lambda^2 + b = cc_0 \tag{92.2}$$

と置き, $c_0 \neq 0$ としてよい. 実際 $c_0 = 0$ ならば, (71.4)(2) により $|\lambda| = 1$, $a = -b = \pm 1$. つまり, $x^2 - y^2 = cz^2$ を扱うことと同じ. この場合も自明である. 従って,

$$0 < |c_0| < |ca|/4 + 1 < \varrho(a,b,c). \tag{92.3}$$

次に, $a_1 = \langle a\lambda^2, b, cc_0 \rangle$ とするならば, $a_1 = \langle a\lambda^2, b \rangle = \langle b, cc_0 \rangle = \langle cc_0, a\lambda^2 \rangle$. 条件 (71.4)(2) により, $\lambda = a_1\alpha$, $b = a_1\beta$, $c_0 = a_1c_1\gamma^2$ と書ける. ただし, c_1: sqf. つまり,

$$aa_1\alpha^2 + \beta = cc_1\gamma^2, \tag{92.4}$$

$$1 = \langle aa_1\alpha^2, \beta \rangle = \langle \beta, cc_1\gamma^2 \rangle = \langle cc_1\gamma^2, aa_1\alpha^2 \rangle. \tag{92.5}$$

ここで, $x = \lambda y + cy_1$ と置き, 多少の変形ののち

$$ax^2 + by^2 + cz^2 = \frac{c}{c_1\gamma^2}(a_1x_1^2 + b_1y_1^2 + c_1z_1^2), \tag{92.6}$$

$$x_1 = c_1\gamma^2 y + a\alpha y_1, \ b_1 = a\beta, \ z_1 = \gamma z. \tag{92.7}$$

問題は (92.6) の右辺が 0 となる非自明な整数解 $\{x_1, y_1, z_1\}$ の存在を示すことに移る. 何故ならば, 線形変換 $A \cdot {}^t\{x, y, z\} = {}^t\{x_1, y_1, z_1\}$ にて $\det A = -c_1\gamma^3/c \neq 0$. よって, そのような解は (92.6) の非自明な解 $\{x, y, z\} \in \mathbb{Q}^3$ をもたらすが, 分母を適宜に払うことにより非自明な整数解を得る.

そこで, かく定められた $\{a_1, b_1, c_1\}$ が条件 (71.4) を充たすことを示す. もちろん, $a_1b_1c_1 \neq 0$. 符合については, $ab < 0$ ならば, $ab = a_1b_1$ に注意する. 一方, $ab > 0$ ならば, $ac < 0$, $bc < 0$ であり, $c(a\lambda^2 + b) = a_1c_1(c\gamma)^2$ に注意し, $a_1c_1 < 0$. よって, (71.4)(1) は充たされている. 条件 (71.4)(2) の確かめであるが, a_1, b_1, c_1 の何れも sqf. 一方, $a_1|b$ から $\langle a_1, a \rangle = 1$ であり, (92.5) により $\langle a_1, b_1 \rangle = \langle a_1, \beta \rangle = 1$. また, 同所から, $\langle a, c_1 \rangle = 1$ であり, $\langle b_1, c_1 \rangle = \langle \beta, c_1 \rangle = 1$. さらに, $\langle c_1, a_1 \rangle = 1$ もまた (92.5) から従う. つまり, (71.4)(2) も充たされている. 残るは, (71.4)(3) であるが, (92.4) により, $a_1(a\alpha)^2 + b_1 = acc_1\gamma^2$ であるゆえ, $-a_1b_1 \bmod |c_1|$ は 2 次剰余. 同じく, $aca_1c_1 \bmod |\beta|$ は 2 次剰余であるが, 本来の条件から $-ca \bmod |a_1\beta|$ は 2 次剰余. 即ち, $-a_1c_1 \bmod |\beta|$ は 2 次剰余. また, $ac(a_1\alpha)^2 + bc = a_1c_1(c\gamma)^2$ であり, かつ $-bc \bmod |a|$ が 2 次剰余であることから $-a_1c_1 \bmod |a|$ は 2 次剰余. つまり, $-a_1c_1 \bmod |b_1|$ は 2 次剰余. 同様に, $a_1c_1(a\alpha)^2 + b_1c_1 = ac(c_1\gamma)^2$ より $b_1c_1 \equiv ac(c_1\gamma)^2 \bmod |a_1|$ であるが, $-ac \bmod |a_1\beta|$ は 2 次剰余. 従って, $-b_1c_1 \bmod |a_1|$ は 2 次剰余であり, (71.4)(3) も確かめられた.

以上に加え, $|a_1 b_1| = |ab| < |ac| = \varrho(a,b,c)$ かつ (92.3) により $|c_1 a_1| \leq |c_1 a_1| \gamma^2 = |c_0| < \varrho(a,b,c)$. よって, $\varrho(a_1, b_1, c_1) < \varrho(a,b,c)$. 定理 45 の証明を終わる. なお, (71.5) の後半は前半から容易に従う.

[C_1] 上記とは独立に (つまり, (71.4) を念頭に置かず), 2 個ずつ互いに素なる $\{a,b,c\}$ に関し, 等式

$$au^2 + bv^2 + cw^2 = 0, \ \langle au, bv, cw \rangle = 1, \tag{92.8}$$

を得たものとする. この解から他の同様な解を導く手法を示す. まず, $\{au, bv, cw\}$ のうちに偶数が必ず存在する. 例えば $2|au$ とするならば, $\langle 2au, bv, cw \rangle = 1$. 互除法により,

$$auk + bvl + cwm = 1, \ 2|k. \tag{92.9}$$

そこで, $ak^2 + bl^2 + cm^2 = h$ とし, $\{u', v', w'\} = 2\{k, l, m\} - h\{u, v, w\}$ (ベクトル算) と置くならば,

$$au'^2 + bv'^2 + cw'^2 = 0, \ \langle au', bv', cw' \rangle = 1, \tag{92.10}$$

$$auu' + bvv' + cww' = 2, \tag{92.11}$$

$$\{u', v', w'\} \equiv \{u, v, w\} \bmod 2. \tag{92.12}$$

このうち, (92.12) は $2 \nmid h$ による. 実際, (92.9) にて $2|bvl$, $2 \nmid cwm$ としてよい (あるいは入れ代える). 仮に, $2 \nmid bl$ ならば $2|v$ となり, (92.8) の等式から矛盾 $2|cw$. つまり, $h \equiv cm^2 \equiv 1 \bmod 2$. 一方, (92.10) と (92.11) の和の計算は容易である. そこで, $p|\langle au', bv', cw' \rangle$ とするならば, (92.11) により, $p = 2$. 仮に, $2|a$ であるならば, $2|\langle v', w' \rangle \Rightarrow 2|\langle v, w \rangle$. しかし, これは (92.8) に矛盾する. また, a, b, c が奇数であるならば, $2|\langle u', v', w' \rangle$ となり, (92.12) から矛盾 $2|\langle u, v, w \rangle$.

さらに,

$$2 \cdot {}^t\{u'', v'', w''\} = {}^t\{u, v, w\} \times {}^t\{u', v', w'\} \ (\text{外積}) \tag{92.13}$$

と置く. 右辺は (92.12) により 2 で割り切れる. このとき, 変数変換

$$2 \begin{pmatrix} r' \\ s' \\ t' \end{pmatrix} = \begin{pmatrix} u & u' & -2bcu'' \\ v & v' & -2cav'' \\ w & w' & -2abw'' \end{pmatrix} \begin{pmatrix} r \\ s \\ t \end{pmatrix} \tag{92.14}$$

を経由し，
$$ar'^2 + bs'^2 + ct'^2 = rs - abct^2 \tag{92.15}$$
を得る．実際，定義 (92.13) および関係式
$$auu' = 1 + bcu''^2, \; bvv' = 1 + cav''^2, \; cww' = 1 + abw''^2 \tag{92.16}$$
から容易に従う．例えば，最初の等式は
$$(bv^2 + cw^2)(bv'^2 + cw'^2) = (bvv' + cww')^2 + bc(vw' - wv')^2 \tag{92.17}$$
(Brahmagupta 等式の一種) および (92.8), (92.10), (92.11) から得られる．

つまり，(92.14) の右辺が 2 で割り切れ，(92.15) の右辺が 0 となるならば，新たな解を得る可能性がある．明確には，$\{r, s, t\}$ に対する条件
$$\begin{aligned}&(1) \; rs = abct^2, \quad (2) \; r \equiv s \bmod 2, \\ &(3) \; p|\langle r, s\rangle \Rightarrow p = 2 \Rightarrow r + s \equiv 2 \bmod 4,\end{aligned} \tag{92.18}$$
のもとに，(92.14) をもって整数 r', s', t' を定めるならば，
$$ar'^2 + bs'^2 + ct'^2 = 0, \; \langle ar', bs', ct'\rangle = 1. \tag{92.19}$$
実際，(92.12) および条件 (2) により (92.14) の右辺は 2 で割り切れる．また，定義 (92.13) および (92.16) から従う逆変換
$$\begin{pmatrix} r \\ s \\ t \end{pmatrix} = \begin{pmatrix} au' & bv' & cw' \\ au & bv & cw \\ u'' & v'' & w'' \end{pmatrix} \begin{pmatrix} r' \\ s' \\ t' \end{pmatrix} \tag{92.20}$$
の存在により，$p|\langle ar', bs', ct'\rangle \Rightarrow p|\langle r, s\rangle$．条件 (3) の前半により $p = 2$．しかるに，このとき (92.12) と合わせ $r + s \equiv 0 \bmod 4$ でもあり条件 (3) の後半に反する．つまり，$\langle ar', bs', ct'\rangle = 1$．

[C$_\varpi$] 次に，素数 $\varpi \nmid bc$ につき，
$$\text{(92.8) が成立し，かつ} -bc \bmod |a|\varpi^2 \text{ が 2 次剰余} \tag{92.21}$$
と仮定する．このとき，(92.19) にて $\varpi|r'$ とすることができる．即ち，解
$$a\varpi^2 r_1^2 + bs_1^2 + ct_1^2 = 0, \; \langle a\varpi r_1, bs_1, ct_1\rangle = 1, \tag{92.22}$$
が存在する．証明には，[C$_1$] を用いるが，$\varpi \nmid uu'$ と仮定の上議論する．仮に $\varpi | uu'$

であるならば, (92.8) もしくは (92.10) にて既に (92.22) が得られていることとなる.

(i) $\varpi \geq 3$:

まず, $\alpha^2 \equiv -bc \bmod \varpi$, かつ $bcu'' + \alpha \not\equiv 0 \bmod \varpi$ とする. 後者が充たされぬならば α の符合を変える. 続いて,

$$u\eta \equiv bcu'' + \alpha \bmod \varpi, \quad \langle \eta, 2abc \rangle = 1 \tag{92.23}$$

とする. このような η の存在は明らか. さらに,

$$r = \tau\eta^2, \; s = \tau abc, \; t = \tau\eta, \; \tau = \begin{cases} 1 & abc \equiv 1 \bmod 2, \\ 2 & abc \equiv 0 \bmod 2, \end{cases} \tag{92.24}$$

と置く. 条件 (92.18) は充たされている. このとき, (92.14) および (92.16) から

$$2ur' = \tau\{(u\eta - bcu'')^2 + bc\} \equiv 0 \bmod \varpi \;\Rightarrow\; \varpi | r'. \tag{92.25}$$

(ii) $\varpi = 2$:

(0) $2|a$ かつ $8 \nmid a$ のとき, $-bc \bmod 8$ は 2 次剰余であり, $bc \equiv -1 \bmod 8 \Rightarrow b \equiv -c \bmod 8$. よって, (92.8) から $au^2 \equiv 0 \bmod 8 \Rightarrow 2|u$. つまり, この場合はもともと考察の要なし.

(1) $8|a$ の場合, $r = abc/2$, $s = 2$, $t = 1$ と設定する. 条件 (92.18) は充たされている. 一方, (92.16) から $1 + bcu''^2 \equiv 0 \bmod 8$. つまり, $2 \nmid u''$. よって, $2r' = ur + 2u' - 2bcu'' \equiv 2(u' + u'') \equiv 0 \bmod 4$. 何故ならば, $2 \nmid uu'$. 即ち, $2|r'$.

(2) $2 \nmid a$ の場合, $r = abc$, $s = 1$, $t = 1$ と設定する. 条件 (92.18) は充たされている. 一方, 仮に $2 \nmid u''$ とするならば, (92.16) から $auu' \equiv 1 + bc \equiv 0 \bmod 4$. 何故ならば, $-bc \bmod \varpi^2$ は 2 次剰余であり, $bc \equiv -1 \bmod 4$. 矛盾 $\varpi \nmid uu'$ を得る. よって, $2|u''$ であり, $auu' \equiv 1 \bmod 4$. これより, $uu'r = auu'bc \equiv -1 \bmod 4 \Rightarrow ur \equiv -u' \bmod 4$. 従って, (92.14) から $2r' = ur + u' - 2bcu'' \equiv 0 \bmod 4$. 即ち, $2|r'$.

以上により (92.21) のもとに (92.22) の証明を終わる.

かくして, $[C_0]$ (定理 45) を出発点とし $[C_\varpi]$ を適宜に繰り返し援用することにより次の Legendre–Dedekind の定理を得る.

定理 58 2 個ずつ互いに素なる整数 $A, B, C \neq 0$ につき,

(1) A, B, C 全てが同じ符合を持つことなく,

(2) $-BC \bmod |A|$, $-CA \bmod |B|$, $-AB \bmod |C|$ は全て 2 次剰余, (92.26)

と仮定する. このとき, 不定方程式

$$Ax^2 + By^2 + Cz^2 = 0, \quad \langle Ax, By, Cz \rangle = 1, \tag{92.27}$$

は整数解を持つ.

[92.1]　$[C_0]$ は Dedekind (Dirichlet (1871/1894, §157)) による Legendre の定理 45 の再証明である. Legendre (1785; 1798) は Lagrange (1769, §II) の着想を応用しているが, それは (92.2) における λ の採り方に含まれる. この遞減論法の適用にて必要となる ϱ の値の降下は $|\lambda| \leq |c|/2$ なる素朴な不等式のみから得られている (註 [4.2] を再度参照せよ). 既に幾度と無く目撃したが, 同じ着想が Lagrange の様々な考察に認められる. 彼の 2 次形式簡約理論は正にこの範疇に入る ((76.2) を見よ). $[C_1]$, $[C_\varpi]$ は Dedekind (*ibid.*, §156, I, III) からの借用. 整数係数 3 元 2 次形式一般については, 例えば, Bachmann (1898, Erster Abschnitt) を見よ.

[92.2]　手法 $[C_0]$ をもって不定方程式

$$233x^2 + 337y^2 - 797z^2 = 0$$

の特解を求めてみる. これらの係数は素数であり, 定理 37 ないし定理 40 により条件 (71.3) が充たされていることを知る (ここで相互律を応用することは当然に可である). 目下, (92.2) は $\lambda^2 \equiv -193 \bmod 797$ と同値. 註 [65.1] (Legendre) を援用し, $\lambda \equiv 396 \bmod 797$ と採る. 実際, $233 \cdot 396^2 + 337 = (-797) \cdot (-45845)$. よって, 不定方程式

$$x_1^2 + 233 \cdot 337 y_1^2 - 45845 z_1^2 = 0, \quad 45845 = 5 \cdot 53 \cdot 173,$$

$Y_1:\quad x = 396y - 797y_1, \ x_1 = -45845y + 233 \cdot 396 y_1, \ z_1 = z,$

に移る. 等式 (92.2) を $a = 1, b = -45845, c = 233 \cdot 337$ をもって, つまり, $\{x, y, z\} = \{x_1, z_1, y_1\}$ と解釈するならば, $\lambda_1^2 \equiv 45845 \bmod 233 \cdot 337 \Rightarrow \lambda_1^2 \equiv -56 \bmod 233, \lambda_1^2 \equiv 13 \bmod 337$. 例えば Tonelli の方法 (§65) により, $\lambda_1 \equiv \pm 115 \bmod 233, \lambda_1 \equiv \pm 32 \bmod 337$. よって, 互除法を経由し, $\lambda_1 = 4076$ を採り, $4076^2 - 45845 = 233 \cdot 337 \cdot 211$ を得る. 従って, 不定方程式

$$x_2^2 - 45845 y_2^2 + 211 z_2^2 = 0,$$

$Y_2:\quad x_1 = 4076 z_1 + 233 \cdot 337 y_2, \ x_2 = 211 z_1 + 4076 y_2, \ z_2 = y_1,$

に移る. 再び解釈 $\{x, y, z\} = \{x_2, z_2, y_2\}$ を行い, 合同方程式 $\lambda_2^2 + 211 \equiv 0 \bmod 45845$, つまり, $\lambda_2^2 \equiv -1 \bmod 5, \lambda_2^2 \equiv 1 \bmod 53, \lambda_2^2 \equiv -38 \bmod 173$ を解き, $20298^2 + 211 = 45845 \cdot 8987$. 不定方程式

$$x_3^2 + 211 y_3^2 - 8987 z_3^2 = 0, \quad 8987 = 11 \cdot 19 \cdot 43,$$

$Y_3:\quad x_2 = 20298 z_2 - 45845 y_3, \ x_3 = -8987 z_2 + 20298 y_3, \ z_3 = y_2,$

に移る. 変数の読み換えをせず, 合同方程式 $\lambda_3^2 + 211 \equiv 0 \bmod 8987$, つまり $\lambda_3^2 \equiv -2 \bmod 11$,

$\lambda_3^2 \equiv -2 \bmod 19$, $\lambda_3^2 \equiv 4 \bmod 43$ を解き, $3528^2 + 211 = 8987 \cdot 1385$. 不定方程式
$$x_4^2 + 211y_4^2 - 1385z_4^2 = 0, \quad 1385 = 5 \cdot 277,$$
$$Y_4: \quad x_3 = 3528y_3 - 8987y_4, \ x_4 = -1385y_3 + 3528y_4, \ z_4 = z_3,$$
に移る. 変数の読み換えをせず, 合同方程式 $\lambda_4^2 + 211 \equiv 0 \bmod 1385$ を解き, $627^2 + 211 = 1385 \cdot 2^2 \cdot 71$. 不定方程式
$$x_5^2 + 211y_5^2 - 71z_5^2 = 0,$$
$$Y_5: \quad x_4 = 627y_4 - 1385y_5, \ x_5 = -284y_4 + 627y_5, \ z_5 = 2z_4,$$
に移る. 解釈 $\{x, y, z\} = \{x_5, z_5, y_5\}$ を行い, 合同方程式 $\lambda_5^2 - 71 \equiv 0 \bmod 211$ を解き, $55^2 - 71 = 211 \cdot 14$. 不定方程式
$$x_6^2 - 71y_6^2 + 14z_6^2 = 0,$$
$$Y_6: \quad x_5 = 55z_5 + 211y_6, \ x_6 = 14z_5 + 55y_6, \ z_6 = y_5,$$
に移る. 解釈 $\{x, y, z\} = \{x_6, z_6, y_6\}$ を行い, 合同方程式 $\lambda_6^2 + 14 \equiv 0 \bmod 71$ を解き, $25^2 + 14 = 71 \cdot 3^2$. ようやくに, 目的の不定方程式
$$x_7^2 + 14y_7^2 - z_7^2 = 0,$$
$$Y_7: \quad x_6 = 25z_6 - 71y_7, \ x_7 = 9z_6 + 25y_7, \ z_7 = 3y_6,$$
に達する. ゆえに, 変換 $Y_7^{-1}, Y_6^{-1}, \ldots, Y_2^{-1}$ を経由し,

$$\{x_7, y_7, z_7\} = \{1, 0, 1\} \mapsto \{25, 3, 1\} \mapsto \{83, 1, -10\}$$
$$\mapsto \{-13063, 136, -355\} \mapsto \{46057568, 492871, -491675\}$$
$$\mapsto \{-21743732815, -102760075, 231586930\}$$
$$\mapsto \{-397708148415, 231586930, 1882020535\} = \{x_1, y_1, z_1\}.$$

かくして, 最後に Y_1^{-1} を経由し, 特解
$$233 \cdot 3433621594^2 + 337 \cdot 474768699^2 - 797 \cdot 1882020535^2 = 0.$$
を得る.

[92.3] 算法 $[\text{C}_0]$ はさほど実効的とは言いかねるものである. 他の手法については, 例えば Holzer (1950) を参照せよ. 2 次体論を援用し, $|x| \leq \sqrt{|bc|}$, $|y| \leq \sqrt{|ca|}$, $|z| \leq \sqrt{|ba|}$ なる非自明な解の存在が証明されている. 例 $157x^2 + 3y^2 - z^2 = 0$ (最小解 $\{1, 9, 20\}$) をもって, この評価式がほぼ最良であることもまた示されている. Stepanov (1994, pp.116–118) をも参照せよ.

§93.

2 元 2 次形式全体を観ることに戻り, Gauss の合成理論 *compositione formarum* の略解を与える. これより本章末まで, 記号 (77.1)–(77.3), (84.1)–(84.2) をもって

$$\mathfrak{Q}(D) = \begin{cases} \mathfrak{Q}_+(D), \\ \mathfrak{Q}_\pm(D), \end{cases} \quad \mathcal{K}(D) = \begin{cases} \mathcal{K}_+(D), \\ \mathcal{K}_\pm(D), \end{cases} \quad \mathrm{h}(D) = \begin{cases} \mathrm{h}_+(D), \\ \mathrm{h}_\pm(D), \end{cases} \qquad (93.1)$$

とする. 上段にては $D < 0$, 下段にては $D > 0$. つまり, 判別式に制限を課さない.

理論の起こりは, 既に註 [73.5] にて述べたが, Lagrange の定理 (註 [73.2]) の逆問題であり, 多少は一般的な解答を註 [74.4] にて与えたところである. しかし, 課題は 2 次形式により表現される整数の乗法的構造を含みはするが, それそのものよりもむしろ註 [81.3]–[81.4] をもって強く示唆される代数的な構造である形式の分解, 合成の究明である.

[DA, art. 235] に置かれたごく一般的な定式化によるならば, 分解の課題は次の通り. 形式 Q を任意に採り, 等式

$$\begin{aligned} Q(x,y) &= Q_1(x_1,y_1)Q_2(x_2,y_2), \\ x &= s_1 x_1 x_2 + s_2 x_1 y_2 + s_3 y_1 x_2 + s_4 y_1 y_2, \\ y &= s'_1 x_1 x_2 + s'_2 x_1 y_2 + s'_3 y_1 x_2 + s'_4 y_1 y_2, \end{aligned} \qquad (93.2)$$

が成立すべく形式 Q_1, Q_2 および係数 $\{s_j, s'_j\}$ を定めるべし. 各形式の判別式は同一に限られずかつ原始性の仮定も置かれない. 当然に, 必ずしも望みの分解が存在するとは限られず, Gauss はまず可能性を追求. 各形式の判別式の充たすべき条件を同定の上, 解の存在判定則に到達する. 一方, 同条件を充たす任意の 2 形式の積をしかるべき形式をもって表すという逆の課題つまり合成は art. 236 にて考察され, 解の存在が得られる. その極めて重要な特徴は正規類別との可換性であり, 続く artt. 237–239 にて周到に確認されている. さらに, Γ-合同の下に合成が結合律を充たすことを art. 240 にて重い計算の末に証明. そして, 以上を art. 241 にて総括. 形式合成 (93.2) の全体像が眺められる. しかし, 論旨は徹底的に一般的であり, art. 242 の冒頭にて述懐されている通り, 算法としての実効性に欠ける. つまり, 任意の 2 形式に対し統一的かつ迅速な合成算法を望むならば, Γ-合同性を拠り所とし合成形式の形 (あるいは変換係数 $\{s_j, s'_j\}$) の特殊化を考慮せねばならない. この立場から, artt. 242–243 にて, 実質的には $\mathfrak{Q}(D)$ への制限のもと, 実効的な合成算法の提案がなされる.

幸いなるかな, 本講義のみならず広く 2 次形式論の目的とするところにては, この Gauss の提案をもってほぼ足りる. 主に Dirichlet (1851), Arndt (1859a) に

より得られた認識である．彼らの方針を基礎とし，多少の工夫を加え $\mathfrak{Q}(D)$ 内の形式合成の解説を行う．

定理 59 任意の 2 形式 $Q_j = [|a_j, b_j, c_j|] \in \mathfrak{Q}(D)$ を採り，

$$\langle a_1, a_2, (b_1+b_2)/2 \rangle = \rho \tag{93.3}$$

とする．連立合同方程式

$$\begin{aligned} x &\equiv b_j \bmod 2|a_j|/\rho, \quad j = 1, 2, \\ (b_1+b_2)x &\equiv b_1 b_2 + D \bmod 4|a_1 a_2|/\rho \end{aligned} \tag{93.4}$$

の唯一解 $b_3 \bmod 2|a_1 a_2|/\rho^2$ をもって

$$\text{Gauss–Arndt 合成}: \quad \begin{aligned} Q_1 \circ Q_2 &= [|a_3, b_3, c_3|], \\ a_3 = a_1 a_2/\rho^2, \ c_3 &= (b_3^2 - D)/4a_3, \end{aligned} \tag{93.5}$$

と置く．このとき，$Q_1(x_1, y_1) Q_2(x_2, y_2) = (Q_1 \circ Q_2)(x_3, y_3)$．ただし，

$$\begin{aligned} \frac{x_3}{\rho} &= x_1 x_2 + \frac{b_2 - b_3}{2a_2} x_1 y_2 + \frac{b_1 - b_3}{2a_1} x_2 y_1 \\ &\quad + \frac{b_1 b_2 + D - (b_1 + b_2) b_3}{4 a_1 a_2} y_1 y_2, \\ \rho y_3 &= a_1 x_1 y_2 + a_2 x_2 y_1 + \frac{1}{2}(b_1 + b_2) y_1 y_2. \end{aligned} \tag{93.6}$$

とくに，

$$Q_1 \circ Q_2 \in \mathfrak{Q}(D). \tag{93.7}$$

さらに，$Q_1 \circ Q_2$ が属する類は Q_1, Q_2 を含む 2 類のみにより定まる．つまり，

$$\text{合成 (93.5) は } \Gamma\text{-合同性と可換．} \tag{93.8}$$

[証明] 7 段に分かれる．解 b_3 の存在確認は (iii) であるが，[DA, art. 242] とほぼ同一．その他は Gauss の論法とは異なる．なお，合成形式の定義 (93.5) は T のベキによる変形を措いたものである (T は (5.1) にある通り)．Γ-合同から観るならばこれにて不都合は生じない．

(i) まずは手がかりを註 [81.4] の Legendre 等式に求める．特殊な条件下ではあるものの $\mathfrak{Q}(D)$ 内の 2 形式の積を再び形式と見なし得るための充分条件を与えるものと解釈されるゆえ，(93.5)–(93.6) の一例として背景説明を与える．手段は Brahmagupta 等式から派生する形式 $Q = [|a, b, c|]$ の行列表現 (註 [73.7])

§93. *331*

$$Q(x,y) \mapsto ax\mathfrak{e} + \frac{y}{2}(b\mathfrak{e} + \mathfrak{D}). \tag{93.9}$$

関係式 $\mathfrak{D}^2 = D\mathfrak{e}$ に注意し,

$$\begin{aligned}\left(f_1 x_1 \mathfrak{e} + \frac{y_1}{2}(g_1 \mathfrak{e} + \mathfrak{D})\right) \cdot \left(f_2 x_2 \mathfrak{e} + \frac{y_2}{2}(g_2 \mathfrak{e} + \mathfrak{D})\right) \\ = X\mathfrak{e} + \frac{1}{2} Y \left(\frac{1}{2}(g_1 + g_2)\mathfrak{e} + \mathfrak{D}\right).\end{aligned} \tag{93.10}$$

ただし, $[|f_j, g_j, h_j|] \in \mathfrak{Q}(D)$,

$$\begin{aligned} X &= f_1 f_2 x_1 x_2 - f_1 h_1 y_1 y_2 - \frac{1}{4}(g_1 - g_2)(2 f_1 x_1 y_2 - Y) \\ &= f_1 f_2 x_1 x_2 - f_2 h_2 y_1 y_2 - \frac{1}{4}(g_2 - g_1)(2 f_2 x_2 y_1 - Y), \\ Y &= f_1 x_1 y_2 + f_2 x_2 y_1 + \frac{1}{2}(g_1 + g_2) y_1 y_2. \end{aligned} \tag{93.11}$$

等式 (93.10) の右辺が (93.9) と同様に表現されるならば, 左辺の積は $\mathfrak{Q}(D)$ 内の形式に対応する. これを目指し, 'drastic' な条件

$$g_1 = g_2 = g; \quad h_1 = f_2 k, \ h_2 = f_1 k; \quad g^2 - 4 f_1 f_2 k = D \tag{93.12}$$

を課す. しからば,

$$\begin{aligned}&\left(f_1 x_1 \mathfrak{e} + \frac{y_1}{2}(g\mathfrak{e} + \mathfrak{D})\right) \cdot \left(f_2 x_2 \mathfrak{e} + \frac{y_2}{2}(g\mathfrak{e} + \mathfrak{D})\right) \\ &= f_1 f_2 x_3 \mathfrak{e} + \frac{y_3}{2}(g\mathfrak{e} + \mathfrak{D}) \mapsto [|f_1 f_2, g, k|](x_3, y_3), \\ &x_3 = x_1 x_2 - k y_1 y_2, \ y_3 = f_1 x_1 y_2 + f_2 x_2 y_1 + g y_1 y_2.\end{aligned} \tag{93.13}$$

とくに, 註 [81.4] の恒等式を得る.

(ii) そこで, 与えられた 2 形式 $Q_j \in \mathfrak{Q}(D)$ を (93.12) を充たすべく変形する. 議論が多少前後するが, 合同方程式 (93.4) の特解 b_3 を定め得たものとし, $b_3 = b_j + 2 a_j \delta_j / \rho$ と置き,

$$\widetilde{Q}_j = {}^t W_j Q_j W_j, \quad W_j = \begin{pmatrix} \rho^{-1/2} & 0 \\ 0 & \rho^{1/2} \end{pmatrix} \begin{pmatrix} 1 & \delta_j \\ 0 & 1 \end{pmatrix}, \tag{93.14}$$

$$\widetilde{Q}_1 = [|a_1/\rho, b_3, a_2 c_3/\rho|], \quad \widetilde{Q}_2 = [|a_2/\rho, b_3, a_1 c_3/\rho|]. \tag{93.15}$$

よって, (93.13) を援用し,

$$\begin{aligned}&\widetilde{Q}_1(w_1, z_1) \cdot \widetilde{Q}_2(w_2, z_2) = [|a_3, b_3, c_3|](w_3, z_3), \\ &w_3 = w_1 w_2 - c_3 z_1 z_2, \ z_3 = a_1 w_1 z_2 / \rho + a_2 w_2 z_1 / \rho + b_3 z_1 z_2.\end{aligned} \tag{93.16}$$

逆写像
$$^t\{w_j, z_j\} = W_j^{-1} \cdot {}^t\{x_j, y_j\} \tag{93.17}$$
を経由し $\{w_3, z_3\} = \{x_3, y_3\}$. 即ち, (93.5)–(93.6) を得る. 実は, かく議論が進むべく合同方程式 (93.4) が立てられている訳でもある.

(iii) 問題は (93.4) の解の存在証明・算出法に移る. 互除法 (7.1) を経由し,
$$\rho = \alpha a_1 + \beta a_2 + \gamma(b_1 + b_2)/2 \tag{93.18}$$
とするならば, 特解 b_3 は
$$\rho b_3 = \alpha a_1 b_2 + \beta a_2 b_1 + \gamma(b_1 b_2 + D)/2 \tag{93.19}$$
をもって与えられる. 確かめであるが, まず, $0 \equiv (b_1+b_2)^2 \equiv 2(b_1 b_2 + D) \bmod 4\rho$ であるゆえ, $(b_1 b_2 + D)/2\rho$, よって b_3 は整数. そこで, β を消去し,
$$2\rho(b_3 - b_1) = 2\alpha a_1(b_2 - b_1) + \gamma(D - b_1^2) \equiv 0 \bmod 4|a_1|. \tag{93.20}$$
とくに, $b_3 \equiv b_1 \bmod 2|a_1|/\rho$. 同じく, $b_3 \equiv b_2 \bmod 2|a_2|/\rho$. 次に, γ を消去し,
$$2\rho((b_1 + b_2)b_3 - b_1 b_2 - D)$$
$$= 2\alpha a_1(b_2^2 - D) + 2\beta a_2(b_1^2 - D) \equiv 0 \bmod 8|a_1 a_2|. \tag{93.21}$$
つまり, $(b_1 + b_2)b_3 \equiv b_1 b_2 + D \bmod 4|a_1 a_2|/\rho$. 確かめを終わる. 一方, 唯一性であるが, 一般解を B と記すならば, $a_1 B \equiv a_1 b_2$, $a_2 B \equiv a_2 b_1$, $(b_1 + b_2)B/2 \equiv (b_1 b_2 + D)/2 \bmod 2|a_1 a_2|/\rho$. これら 3 合同式それぞれの両辺に α, β, γ を乗じ加えるならば, $\rho B \equiv \rho b_3 \bmod 2|a_1 a_2|/\rho$. つまり, $b_3 \bmod 2|a_1 a_2|/\rho^2$ の唯一性である. さらに, $B^2 - (b_1 + b_2)B + b_1 b_2 = (B - b_1)(B - b_2) \equiv 0 \bmod 4|a_1 a_2|/\rho^2$ より,
$$B^2 \equiv (b_1 + b_2)B - b_1 b_2 \equiv D \bmod 4|a_1 a_2|/\rho^2. \tag{93.22}$$
とくに, c_3 は整数と知れる.

(iv) 形式 $Q_1 \circ Q_2$ の判別式が D であることは自明. 原始的であることは次のごとく示される. まず, $p|\langle a_3, b_3, c_3 \rangle$ であるならば, 任意の整数 $\{u_1, v_1, u_2, v_2\}$ につき $p|Q_1(u_1, v_1)Q(u_2, v_2)$. とくに, $p|a_1 a_2$. 仮に $p \nmid a_2$ とするならば, $p|a_1$. 一方, $p|c_1 a_2$ かつ $p|(a_1 + b_1 + c_1)a_2$, つまり $p|c_1, p|b_1$. これは矛盾であり, $p|a_1, p|a_2$.

全く同様に $p|c_1, p|c_2$. さらに, $p|(a_1 + b_1 + c_1)(a_2 + b_2 + c_2)$. よって, $p|b_1b_2$. これもまた矛盾. 従って, (93.7) までの確認を終わる.

(v) 核心である命題 (93.8) の証明に入る. 任意に $Q'_j = [|a'_j, b'_j, c'_j|] \equiv Q_j \bmod \Gamma$, $j = 1, 2$, を採り, $Q_1 \circ Q_2 \equiv Q'_1 \circ Q'_2 \bmod \Gamma$ が成立することを示さねばならない. このために, 補助形式 $K_j = [|r_j, s, t_j|] \equiv Q_j \bmod \Gamma$, $j = 1, 2$, を条件

$$\langle r_1 r_2, 2a_1 a_2 c_3 a'_1 a'_2 c'_3 \rangle = 1, \ \langle r_1, r_2 \rangle = 1, \ r_1, r_2 > 0, \tag{93.23}$$

のもとに定める. 実際, 次のごとく任意の $N \geq 1$ をもって $\langle r_1 r_2, N \rangle = 1$ とできる. 註 [74.5]–[74.6] により, $L_1 = [|r_1, s_1, (s_1^2 - D)/4r_1|] \equiv Q_1 \bmod \Gamma$, $\langle r_1, N \rangle = 1, r_1 > 0$, と採る. 同様に, $L_2 = [|r_2, s_2, (s_2^2 - D)/4r_2|] \equiv Q_2 \bmod \Gamma$, $\langle r_2, r_1 N \rangle = 1, \ r_2 > 0$, と採る. 互除法により, $s_1 + 2r_1 k_1 = s_2 + 2r_2 k_2$ なる k_j を採る ($2|(s_1 - s_2)$ に注意せよ). この両辺の値を s とし, ${}^t(T^{k_j}) L_j T^{k_j} = [|r_j, s, t_j|] = K_j$ とするがよい. なお, $s^2 - 4r_1 t_1 = s^2 - 4r_2 t_2$ であるゆえ, (93.23) は

$$K_1 = [|r_1, s, r_2 t|], \ K_2 = [|r_2, s, r_1 t|], \ D = s^2 - 4r_1 r_2 t \tag{93.24}$$

を意味する. このとき, (93.3)–(93.6), (93.23)–(93.24) により,

$$\begin{aligned} K_1(\alpha_1, \beta_1) K_2(\alpha_2, \beta_2) &= (K_1 \circ K_2)(\alpha_3, \beta_3), \ K_1 \circ K_2 = [|r_1 r_2, s, t|], \\ \alpha_3 &= \alpha_1 \alpha_2 - t\beta_1 \beta_2, \ \beta_3 = r_1 \alpha_1 \beta_2 + r_2 \alpha_2 \beta_1 + s\beta_1 \beta_2. \end{aligned} \tag{93.25}$$

もちろん, (93.13) を用いるもよい.

(vi) 観察 (74.1)–(74.4) を想起する. 正規表現 $r_j = K_j(1, 0)$ に Γ-対応する正規表現を $r_j = Q_j(u_j, v_j)$ とする. このとき, 註 [74.2] により,

$$2a_j u_j + (s + b_j) v_j \equiv 0 \bmod 2r_j. \tag{93.26}$$

実際, 正規表現 $r_j = K_j(1, 0)$ は $s \bmod 2r_j$ に属するゆえ, $r_j = Q_j(u_j, v_j)$ も同様 ((74.23)). 一方, 定義 (93.6), $\{x_j, y_j\} = \{u_j, v_j\}$, をもって, $\{u_3, v_3\}$ を定めるならば,

$$\begin{aligned} r_1 r_2 &= a_3 u_3^2 + b_3 u_3 v_3 + c_3 v_3^2, \\ (K_1 \circ K_2)(1, 0) &= (Q_1 \circ Q_2)(u_3, v_3). \end{aligned} \tag{93.27}$$

右辺が正規表現であり, かつ左辺にある正規表現と同じく $s \bmod 2r_1 r_2$ に属すると判明するならば, 当然に $K_1 \circ K_2$ と $Q_1 \circ Q_2$ とは Γ-合同.

(vii) そこで, やはり註 [74.2] により, 確かめるべきは,

$$(s - b_3)u_3 - 2c_3 v_3 \equiv 0 \bmod 2r_1 r_2, \tag{93.28}$$

$$2a_3 u_3 + (s + b_3)v_3 \equiv 0 \bmod 2r_1 r_2. \tag{93.29}$$

このために, (93.24) および次の等式に注意する.

$$\begin{aligned}&\bigl(2a_1 u_1 + (s + b_1)v_1\bigr)\bigl(2a_2 u_2 + (s + b_2)v_2\bigr) \\ &= 2\rho\Bigl(2\frac{a_1 a_2}{\rho^2}u_3 + (s + b_3)v_3\Bigr) + (s^2 - D)v_1 v_2.\end{aligned} \tag{93.30}$$

左辺を展開し, 目下の特殊化のもとに (93.6) をもって整理するがよい. 合同式 (93.26) により, 左辺 $\equiv 0 \bmod 4r_1 r_2$. 従って, 条件 (93.23) のもとに (93.29) を得る. また, (93.29) の両辺に $2c_3$ を乗じ, $4a_3 c_3 = b_3^2 - s^2 + 4r_1 r_2 t$ に注意し

$$(s + b_3)\bigl((s - b_3)u_3 - 2c_3 v_3\bigr) \equiv 0 \bmod r_1 r_2. \tag{93.31}$$

しかるに, $\langle s + b_3, r_1 r_2 \rangle = 1$. 何故ならば, (93.23) のもとに, $\langle s^2 - b_3^2, r_1 r_2 \rangle = \langle a_3 c_3, r_1 r_2 \rangle = 1$. 従って, $s \equiv b_3 \bmod 2$ に注意の上, (93.28) を得る. かくして, $Q_1 \circ Q_2 \equiv K_1 \circ K_2 \bmod \varGamma$. 全く同様に $Q_1' \circ Q_2' \equiv K_1 \circ K_2 \bmod \varGamma$. 定理 59 の証明を終わる.

命題 (93.8) は $\mathcal{K}(D)$ における演算を誘導する. 即ち, 2 類 $\mathfrak{c}_j \in \mathcal{K}(D)$ を任意に採り, $Q_j \in \mathfrak{c}_j$ につき,

$$\text{積類 } \mathfrak{c}_1 \mathfrak{c}_2 \text{ は合成 } Q_1 \circ Q_2 \text{ を含む類} \tag{93.32}$$

と定義できる. あるいは, 記号 (Q) をもって形式 Q の属する類とするならば,

$$(Q_1)(Q_2) = (Q_1 \circ Q_2). \tag{93.33}$$

この演算は明らかに可換.

従って, 演算系 $\mathcal{K}(D)$ の構造を考察することとなる. ここで意識すべきは, 合成 (93.5) は $\mathcal{Q}(D)$ 内の '形式' 合成を例外無く与える算法である, という点である. むしろ $\mathcal{K}(D)$ 内の '類' 合成 (93.33) に焦点を絞り, それを迅速に与える形式合成演算も望まれよう. 形式合成をこの観点から平明にすることは Dirichlet (1851) に始まり Dedekind (Dirichlet (1871/1894: Supplemente X)) に受け継がれ, 彼の Ideal 論創成の一助となった. よって, 解説の要あり. もっとも, 上記の一部繰り返しに過ぎない.

Dirichlet がまず問題としたところは, 合成と正規表現の関係である. 彼は, 正規表現される整数の積が合成形式によりやはり正規表現されるための充分条件を, 次の呼応関係 *radices concordantes* なる用語により表現した. 条件 $m_1, m_2 > 0$, $\langle m_1 m_2, D \rangle = 1$, のもとに (つまり (73.1)), 正規表現 $Q_j(u_j, v_j) = m_j$ が $\xi_j \bmod 2m_j$ に属すとする. このとき, 定義

$$\{m_1, \xi_1\}, \{m_2, \xi_2\} \text{ は呼応} \Leftrightarrow \langle m_1, m_2, (\xi_1 + \xi_2)/2 \rangle = 1. \quad (93.34)$$

歴史上は前後するが, これを (93.3)–(93.6), $\{a_j, b_j\} = \{m_j, \xi_j\}$, から解釈するならば, $b_3 = \eta$ をもって, $Q_1 \circ Q_2 \equiv [|m_1 m_2, \eta, (\eta^2 - D)/(4m_1 m_2)|] \bmod \Gamma$ に導かれる. よって, 積 $m_1 m_2$ は Q_1, Q_2 の合成形式により正規表現される. Legendre が考察した場合 (註 [81.4]) の一種の言い換えである. そこで, 条件 (73.1) を措き, 組 $\{a_j, b_j\}$ を, 正規表現 $a_j = Q_j(1, 0)$ と対応する (73.2) の解としての b_j を示すもの, と捉え, 次の一般的な定義に導かれる (Dedekind (*ibid.*, §145)).

$$\begin{aligned} &Q_j = [|a_j, b_j, c_j|], j = 1, 2, \text{ は呼応 '}einig\text{'} \\ &\Leftrightarrow \quad (93.2) \text{ にて } \rho = 1. \end{aligned} \quad (93.35)$$

あるいはむしろ, Dirichlet (1851, p.158) に従い

$$Q_1, Q_2 \text{ は呼応} \Leftrightarrow Q_1 = [|a_1, b, a_2 c|], Q_2 = [|a_2, b, a_1 c|] \quad (93.36)$$

とするもよい. 実際, (93.35) のもと $(93.4)_{\rho=1}$ の解 $b = b_3$ をもってこの状態に移行できる. つまりは, Legendre 合成

$$\begin{aligned} &(93.36) \Rightarrow Q_1 \circ Q_2 = [|a_1 a_2, b, c|], \\ &Q_1(x_1, y_1) Q_2(x_2, y_2) = (Q_1 \circ Q_2)(x_3, y_3), \\ &x_3 = x_1 x_2 - c y_1 y_2, \, y_3 = a_1 x_1 y_2 + a_2 x_2 y_1 + b y_1 y_2 \end{aligned} \quad (93.37)$$

に戻る. Dirichlet の貢献は, (93.36)–(93.37) により類合成の目覚ましい簡易化を得ると洞察したことにある. 実際, 定理 59 の証明によるならば, 呼応関係を課すことは Γ-合同の枠内にては何ら制限とはならない. 即ち, 2 類 $\mathfrak{c}_j \in \mathcal{K}(D)$ を任意に採るとき,

(A) 各々に含まれかつ呼応関係 (93.36) にある形式の組を採り出すことができ,

(B) それらから生じる合成形式 (93.37) の属する類は $\mathfrak{c}_j$ のみにより定まる.

(A) は証明中の (v), (B) は (vii) に当たる. これは, 註 [74.4] に残した問への解答でもある. 確かに, 正規表現に関しては類についての考察をもって充分ではあ

る．やや象徴的に言うならば，2次形式の合成は Legendre 等式 (註 [81.4]) に始まり結局はそれにて足ると知れる．ただし，命題 (93.8) があればこそ．そしてこの核心こそは Gauss [DA, artt. 237–239] による決定的な発見．ただし，彼の議論は一般性ゆえ極めて入り組む．簡易化は (v)–(vii) の通り．それもまた Legendre 等式を手段とする．

かくして，2元2次形式論の基本定理 [DA, art. 249] に達する．

定理 60 類集合 $\mathcal{K}(D)$ を Abel 群とする演算が存在する．

[証明] 演算は導入済み．類代表とする形式に呼応関係を課すか否かは状況により選択可 ((93.8))．単位元は主形式 ((72.7)) を含む類 (主類) である．註 [76.3] を参照し，

$$(1 \text{ を表現する形式}) = 1. \tag{93.38}$$

例えば，$4|D$ なる場合には任意の形式 $[|a,b,c|]$ にて $2|b$，であり $[|1,0,-D/4|] \equiv [|1,b,(b^2-D)/4|] \bmod \Gamma$．かつ，$[|a,b,c|] \circ [|1,b,(b^2-D)/4|] = [|a,b,c|]$．残る $D \equiv 1 \bmod 4$ の場合も同様．一方，逆元は，$[|c,b,a|] \circ [|a,b,c|] = [|ac,b,1|]$ よりもたらされる．しかるに，$[|c,b,a|] \equiv [|a,-b,c|] \bmod \Gamma$ であるゆえ，

$$([|a,-b,c|]) = ([|a,b,c|])^{-1}. \tag{93.39}$$

さらに，演算は結合律を充たすべきであるが，合成 (93.37) をもって $\{[|a_1,b_1,c_1|] \circ [|a_2,b_2,c_2|]\} \circ [|a_3,b_3,c_3|]$ が有意味であるためには，$b_1 = b_2 = b_3 = b$，$c_1 = a_2 a_3 c$, $c_2 = a_1 a_3 c$, $c_3 = a_1 a_2 c$ であることを要する．そして，このとき結合積の結果は $[|a_1 a_2 a_3, b, c|]$．つまり，この様な3形式を任意に選ばれた3類 $\mathfrak{c}_j$ それぞれにて採ることができればよい．註 [74.6] を2度応用し，あらかじめ $\langle a_1, a_2 \rangle = 1$, $\langle a_1 a_2, a_3 \rangle = 1$ を充たす $[|a_j, b_j, c_j|] \in \mathfrak{c}_j$ を採る．次に，$b \equiv b_j \bmod 2a_j$ なる b を採り，$[|a_j, b, (b^2-D)/4a_j|] \in \mathfrak{c}_j$．残るところは略してよかろう．定理の証明を終わる．

有限 Abel 群の構造定理 (註 [31.6]) により，群 $\mathcal{K}(D)$ は一般的な制約のもとにあるが，2次形式の類集合としての特殊性により当然にさらなる制限を受ける．次節にて多少の考察を加える．

本節の始めに戻り，形式の分解につき加筆する ([DA, art. 243])．形式 $[|a,b,c|] \in$

$Q(D)$, $a > 1$, を任意に採り, 素因数分解 $a = \prod_{j \leq J} p_j^{\nu_j}$ に沿い

$$[|a,b,c|] = [|p_1^{\nu_1}, b, ac/p_1^{\nu_1}|] \circ [|p_2^{\nu_2}, b, ac/p_2^{\nu_2}|] \circ \cdots \circ [|p_J^{\nu_J}, b, ac/p_J^{\nu_J}|]. \qquad (93.40)$$

また, $p_j \nmid D$ であるならば,

$$[|p_j^{\nu_j}, b, ac/p^{\nu_j}|] = [|p_j, b, ac/p_j|] \circ \cdots \circ [|p_j, b, ac/p_j|]. \qquad (93.41)$$

右辺の因子は $Q(D)$ に含まれ, 個数は ν_j. これらは, (93.37) を繰り返し応用した結果である. 類に移るならば, 条件 $a > 0, \langle a, D \rangle = 1$ のもとに,

$$([|a,b,c|]) = \prod_{p^\nu \| a} ([|p,b,ac/p|])^\nu. \qquad (93.42)$$

正に註 [73.5] への解答である.

一方, 基本課題 $(72.2)_{m>0}$ との関連をも記すべきである. 命題 (74.21) により, (73.1)–(73.2) は解 ξ mod $2m$ を持ち, 形式 $M_{m,\xi}$ を考察することとなる. 素因数分解 $m = \prod_{j \leq J} p_j^{\nu_j}$ を採るとき,

$$(M_{m,\xi}) = \prod_{j=1}^{J} (M_{p_j,\xi})^{\nu_j}. \qquad (93.43)$$

議論の簡素のために $2 \nmid m$ とするならば, $X^2 \equiv D$ mod $4p_j$ は実質的に $X^2 \equiv D$ mod p_j を考察することとなり, これは 2 個の解 $\pm \xi_j$ mod p_j を持つ. そして, 持ち上げによりそのまま $X^2 \equiv D$ mod $p_j^{\nu_j}$ の 2 個の解 mod $p_j^{\nu_j}$ を与えると見ることができる (註 [59.3]). 即ち, 目下の条件のもとに, $\mathcal{M}_m$ の各元は分解式

$$\prod_{j=1}^{J} (M_{p_j,\xi_j})^{\pm \nu_j} \qquad (93.44)$$

と 1 対 1 対応をする. 分解の個数 2^J は当然ながら (74.6) に一致する. 素因数分解と 2 次形式の分解との調和は青年 Gauss に深い感銘を与えたに相違ない. しかし敢えて言うなれば, やはり素因数分解そのものの実行が根本的な課題として残る. 註 [95.10] を参照せよ.

ここに, ごく興味深い課題が生じる. 上記の $[|p,b,ac/p|]$ のごとく素数を表現する形式の分布は如何に. これらの類としての分布に偏りは無く, 任意の原始的形式は素数を表現するのか否か. Dirichlet (1840b) および Weber (1882) による解

答は次の通り. 証明を §96 にて与えるが, 準備は §§94–95 に含まれる.

定理 61 原始的形式は無限に多くの素数を表現する.

[93.1] 2 次形式合成理論の出現は歴史的な大事. 理論の始まりを註 [73.5] に示唆したごとく Essai (1798) に不完全ながらも見出すのか, それとも今日一般の見解に沿い厳格に [DA] (1801) とすべきか. 以下に関連の観察を記して置く. 註 [94.3] も見よ.

(a) *Essai* (Quatrième partie, §III) は次の設問をもって始まる. Problème I. ..., *trouver le diviseur quadratique qui renferme leur produit* .. 基本手段は, 上記と同じく Brahmagupta 等式 (73.3) (当時, 由来は周知にあらず). 結論は (93.37) を含む. それにより, 例えば, 主形式が単位元として振る舞うことが把握されている. また, 乗積表 ($D = -164, -356$) も掲げられている (pp.432–434). しかし, 表は一意的な積の存在を顕示せず. その原因は, 等式 (73.3) に符合選択の曖昧さが含まれることにある, と Legendre 自身が察知している (p.422; および表における C^2, CC などの区別). 不具合を除去するには, 対応 (74.2), つまり $\varGamma$ をもって枠組みを締め直すべし. Gauss のこの一矢により Legendre の表に見られる類 $\mathfrak{c}$ と逆類 $\mathfrak{c}^{-1}$ の不分離状態を解消できる ((75.1) を想起せよ).

(b) [DA, art. 234] には, これまで誰も探究せざる 2 次形式の合成を云々 (*nemine hucusque attactum*) とある. この記述につき, Gauss の手書き註 (Werke I, p.476) は合成理論考究の開始を *inchoatae autumno 1798* と伝える.

(c) 後に Dirichlet (1851) の見出したところは, 類合成に限るならば Legendre の着眼 (註 [81.4]) と Gauss の正式合同をもって充分に足る, とするに等しい. さらに, Arndt (1859a) によれば, 同じことが形式合成にも言える. 既に述べたところではあるが重ねての強調の要あり.

(d) 上記証明の (i) については, Weber (1908, §101) を参照せよ. 行列表現 (93.9) には符合の曖昧は存在しない. (v)–(vii) は Dirichlet の着眼に負う. Dirichlet (1851) は, (93.34) に続く議論に相当する箇所にて $(93.3)_{\rho=1}$ の解と共に彼自身の観察である合同式 (註 [74.2]) を効果的に用いている. 後に Dedekind (Dirichlet (1871/1894), §146)) がそれを採用. 繰り返し過剰となるが, Gauss 合成理論を Legendre 等式と Dirichlet 合同式のみにより容易に構成できる. Dirichlet 以後, これの最初期の認識は Smith (1862, art. 111). なお, 註 [74.2] にて指摘したが, Dirichlet 合同式は正式合同を意味する. つまり, 大定理 60 の上記証明は正式合同の下にてのみ有効.

(e) Arndt (1859a) は Gauss の議論 (art. 236) の著しい簡易化. その方針は artt. 242–243 に近い. 結論として合成形式の上記明示式が与えられている. 何故に Gauss はこれを述べなかったのであろうか. [DA] (改訂版 (1864), Werke I, p.263, 脚注) には, Arndt の合同方程式 (93.4) が説明無く記されている.

(f) ちなみに, Gauss [DA, art. 249] は類合成演算を加法記号をもって記した. 一方 Legendre は自然な乗法記号を用いている. それあるか, [DA] の仏訳 (1807, p.274) にては乗法記号に換

えられている. Dirichlet 講義録以降の汎用 (僅かな例外あり).

[93.2]　Gauss 合成理論は今日も依然として重要な関心事であり続けている. 最近の目覚ましい貢献は Bhargava (2001, Ph.D. thesis).

§94.

本節にては, 等式 (73.3) の右辺から左辺を観ることにより定理 60 を深める. まず, §73 にて既に観察したところであるが, 左辺には形式 Q の 2 値の積があり, 右辺によりこれは D の 2 次剰余である (2 値は D と互いに素としてよい (註 [74.5]); 素数 2 についてはしばし措く). もちろん, D の 2 次剰余はその素因数の 2 次剰余である. つまり, Q の各値の Legendre 記号 $\mod p$, $p|D$, の値の集まりは Q のみにて定まる配置にある. Legendre (1785, p.529; 1798, Seconde partie, §XII) の発見せし現象. Gauss [DA, art. 230] はこの配置を形式の指標 *characterem particularem* formae と称している. 本節の議論はこれら指標配置の意味を求めることである. 合同な形式は同じ整数を表現するゆえ, 指標配置は実は類に関する. そこで, $Q(D)$ 内の同じ指標配置の類を一つの種 *genus* としてまとめ, それら *genera* 全ての集合 $\mathcal{G}(D)$ の構成をもって類群 $\mathcal{K}(D)$ の構造を判別式 D から瞥見せんとする. これを Gauss の種の理論と云う.

もっとも, 本節の実際上の目的は定理 61 の証明の手段を得ることにある. この動機とも言うべきところをあらかじめ解説して置く. まず, その証明の前段にて特定の類を群 $\mathcal{K}(D)$ の中から取り出すための工夫を要する. Dirichlet 素数定理の証明の前段, 特定の剰余類を群 $(\mathbb{Z}/q\mathbb{Z})^*$ の中から取り出す (つまり (54.2)), に通ずる. 実際, その後の認識から観るならば, Dirichlet (1840b) は彼自身 (1839) による §§53–54 の構想を基とし群 $(\mathbb{Z}/q\mathbb{Z})^*$ を群 $\mathcal{K}(D)$ に置き換え有限 Abel 群の指標に想到していた, と言える. 仔細は §96 に示すが, かくして註 [91.3] に酷似する状況が生じる. つまり, $\mathcal{K}(D)$ 上の実指標の同定が根本的な問題となる. やはり後の認識によるならば, これは正に有限 Abel 群の双対定理 (註 [53.2]) の効力を試す場面である. 実指標を 2 乗するならば単位指標となる. よって, それらの $\mathcal{K}(D)$ 内の双対像は (75.3)(ii) および (93.39) により

$$\mathcal{A}(D) = \{\mathfrak{c} \in \mathcal{K}(D) : \mathfrak{c}^2 = 1 \text{ (両面類)}\}. \tag{94.1}$$

しかるに, これは準同型写像

$$\mathcal{K}(D) \ni \mathfrak{c} \mapsto \mathfrak{c}^2 \in \mathcal{S}(D) = \{\mathcal{K}(D) \text{ の平方類}\} \tag{94.2}$$

の核でもある. 一方, 有限 Abel 群の構造定理 (とくに註 [31.6] の末尾) を経由し,

$$\mathcal{K}(D)/\mathcal{S}(D) \cong \mathcal{A}(D). \tag{94.3}$$

即ち,

$$\mathcal{S}(D) \text{ を核に持つ準同型の構成} \tag{94.4}$$

が課題となる. 群 $\mathcal{K}(D)$ の 2^ν 型単因子の個数 (2-rank) の決定ではあるが, しかし, 一般論の与えるところはそこまで. 対するに, 種の理論はこの準同型の具体的な構成法をもたらす. そして, その構成要素から求めるべき $\mathcal{K}(D)$ 上の実指標が生成されるのである.

まず, 註 [73.13] にならい基本判別式 D_0 をもって,

$$D = D_0 R^2, \; \kappa_D = \jmath_R \kappa_{D_0}, \; 2^\beta \| D ; \tag{94.5}$$

$$\begin{gathered}(73.2) \text{ に解があるための必要充分条件は,} \\ \kappa_{D_0}(p) = 1, \; \forall p | m.\end{gathered} \tag{94.6}$$

記述の便宜として, (14.3) を解除し,

$$\begin{gathered}\{\varpi = (-1)^{(p-1)/2} p : p \text{ は } D \text{ の相異なる素因数} \ne 2\}, \\ \tau = |\{\varpi\}|, \quad \tau = 0 \text{ の場合も含む}; \\ E_0 = \prod_{\varpi | D_0} \varpi; \; D_0/E_0 \text{ は } 1, -4, 8, -8 \text{ の何れか}.\end{gathered} \tag{94.7}$$

また,

$$\text{本節内にては 1 を基本判別式と見なす.} \tag{94.8}$$

この臨時設定により不都合は生じない. 議論は β の値により段階に分けられる. 始めに, $\beta = 0$ の場合を解説する. 他の場合の雛形である.

(i) $\beta = 0$, よって $D_0 = E_0$:
群 $\mathcal{K}(D)$ 上の準同型写像 Θ を次のごとく定義する. 類 $\mathfrak{c}$ 内の形式により正規表現される $m > 0$, $\langle m, D \rangle = 1$, (註 [74.6]) をもって,

$$\begin{aligned}\mathfrak{c} \mapsto \Theta(\mathfrak{c}) &= \{\kappa_\varpi(m) : \forall \varpi\} \\ &\in \left\{\{\eta_\varpi : \forall \varpi\} : \prod_{\varpi | E_0} \eta_\varpi = 1\right\} \subseteq \{\pm 1\}^\tau.\end{aligned} \tag{94.9}$$

定義の正当性を確かめねばならない．まず (94.6) により $\kappa_{E_0}(m) = 1$. よって，註 [73.12] を経由し，$\prod_{\varpi|E_0} \kappa_\varpi(m) = 1$. つまり，(94.9) の下辺にある通り．とくに，相異なる像の個数は $2^{\tau-1}$ を超えない (註 [52.3] を参照せよ)．一方，2 形式 $Q_j \in \mathfrak{c}$ を採り，$Q_j(u_j, v_j) = m_j > 0$, $\langle m_1 m_2, D \rangle = 1$ とする．合同性に注意し，$Q_1 = Q_2$ としてよい．そこで，(73.3) を応用し，何れかの整数 k, l をもって

$$4m_1 m_2 = k^2 - l^2 D. \tag{94.10}$$

とくに，$4m_1 m_2 \equiv k^2 \bmod |\varpi|$．つまり，$\kappa_\varpi(m_1 m_2) = 1$. 即ち，$\kappa_\varpi(m_1) = \kappa_\varpi(m_2)$ であり，Θ は $\mathcal{K}(D)$ 上の函数と認められる．既に指摘された Legendre の発見せし現象である．さらに，(94.9) の列 $\{\eta_\varpi : \forall \varpi\}$ は何れも Θ の像として現れる．実際，Dirichlet 素数定理 (91.1) により $\kappa_\varpi(\ell) = \eta_\varpi, \forall \varpi$, となる素数 ℓ が無限に存在し，かつ

$$\left(\frac{D}{\ell}\right) = \left(\frac{E_0}{\ell}\right) = \kappa_{E_0}(\ell) = \prod_{\varpi|E_0} \eta_\varpi = 1. \tag{94.11}$$

定理 46 により，何れかの類 $\mathfrak{c}$ に含まれる形式により ℓ は表現され，$\Theta(\mathfrak{c}) = \{\eta_\varpi : \forall \varpi\}$. とくに Θ の相異なる像の個数は丁度 $2^{\tau-1}$ である．一方，Θ は準同型でもある．実際，2 類 $\mathfrak{c}_j$ 内の形式それぞれにより正規表現される $n_j > 0$, $\langle n_1, n_2 \rangle = 1$, $\langle n_1 n_2, D \rangle = 1$, を採るとき，(93.34) に続く議論により $n_1 n_2$ は $\mathfrak{c}_1 \mathfrak{c}_2$ 内の形式により正規表現され，かつ $\kappa_\varpi(n_1 n_2) = \kappa_\varpi(n_1) \kappa_\varpi(n_2)$. よって，$\Theta(\mathfrak{c}_1 \mathfrak{c}_2) = \Theta(\mathfrak{c}_1) \Theta(\mathfrak{c}_2)$.

かくして，改めて種の概念を導入する ([DA, art. 231])．

$$\begin{aligned}&\text{核 } \mathcal{P}(D) = \Theta^{-1}(\underline{1}) \text{ の各 coset を種 genus,} \\ &\text{核そのものを主種 principal genus,} \\ &\text{種全体 } \mathcal{G}(D) \text{ を種群 genus group と云う．}\end{aligned} \tag{94.12}$$

先の種の定義と一致する．もちろん，

$$\mathcal{G}(D) \cong \mathcal{K}(D)/\mathcal{P}(D); \tag{94.13}$$

$$\begin{aligned}&\text{種数 genus number } |\mathcal{G}(D)| \text{ は } 2^{\tau-1}, \\ &\text{種に含まれる類の個数は } h(D)/2^{\tau-1}; \\ &\text{とくに，類数 } h(D) \text{ は因数 } 2^{\tau-1} \text{ を持つ．}\end{aligned} \tag{94.14}$$

ここで課題 (94.4) に戻るが，明らかに $\mathcal{S}(D) \subseteq \mathcal{P}(D)$. しかるに，Gauss [DA, art. 286] により等号の成立が証明されている．

Principal Genus Theorem : $\mathcal{P}(D) = \mathcal{S}(D)$ (94.15)
(94.4) への解答は Θ.

Arndt (1859b) の着想に基づく証明を示す. 形式 $Q = [[a,b,c]]$ は $\mathcal{P}(D)$ に含まれるものとする. もちろん, $a > 0$, $\langle a, D \rangle = 1$ と仮定できる. 目下, D mod $4a$ は定理 46 により 2 次剰余であるが, $4a$ mod $|D|$ もまた 2 次剰余. 実際, 条件 $\kappa_\varpi(a) = 1$ は a mod $|\varpi|^\nu$, $\nu \geq 1$, が 2 次剰余であることを意味する (註 [73.12] および *lifting* (註 [35.3]) を要する). Legendre–Dedekind の定理 58 により,

$$4au^2 + Dv^2 - w^2 = 0, \ \langle 2au, Dv, w \rangle = 1, \tag{94.16}$$

なる整数 $\{u, v, w\}$ が存在する. ここで, $u \neq 0$. 何故ならば, D は平方数にあらず (目下は, $D \neq 1$). また, $2 \nmid vw$ でもあるゆえ, $w = v + 2t$ と置き,

$$au^2 + (D-1)v^2/4 - vt - t^2 = 0. \tag{94.17}$$

読み換えるならば, 主形式 $[[1, 1, (1-D)/4]]$ は au^2 を表現する. よって, 合成形式 $Q \circ [[1, 1, (1-D)/4]]$ は平方数 $(au)^2$, $\langle au, D \rangle = 1$, を表現する (正規か否か問わず). しかるに, この合成形式は Q と 合同. つまりは Q は何らかの平方数 α^2, $\langle \alpha, D \rangle = 1$, を正規表現する. 従って, (74.21) を経由し,

$$\begin{aligned} Q &\equiv [[\alpha^2, \xi, (\xi^2 - D)/4\alpha^2]] \\ &\equiv [[\alpha, \xi, (\xi^2 - D)/4\alpha]] \circ [[\alpha, \xi, (\xi^2 - D)/4\alpha]] \bmod \Gamma \\ &\Rightarrow (Q) \in \mathcal{S}(D). \end{aligned} \tag{94.18}$$

命題 (94.15) の証明を終わる.

次に, $\beta \geq 2$ の場合に移る. またもや素数 2 のなせる憂鬱.

(ii) $\beta = 2$ かつ $D_0 = E_0$:

定義 (94.9) を保つ. 命題 (94.14) までは変更の要無し. しかし, (94.15) の証明については少々注意を要する. 前提として $a \equiv 1 \bmod 4$ を置くが, 障害とはならぬことを確かめねばならない. このために, Q と同類である形式 $[[a, 2ka+b, c_1]]$ を $2ka+b = 4s$, $\langle s, D \rangle = 1$, かつ s は充分大, と採る. 実際, 目下 $\langle a, (a+1)b/4 \rangle = 1$ であり, 註 [30.2] により無限に多くの h をもって $ah + (a+1)b/4$ は D と互いに素. つまり, $k = 2h + b/2$ とするがよい. 従って, $ac_1 = 4s^2 - D/4 \equiv -1 \bmod 4$ であり, $\langle ac_1, D \rangle = 1$, $c_1 > 0$, かつ a, c_1 の一方は $\equiv 1 \bmod 4$. 仮に, $c_1 \equiv 1 \bmod 4$

であるならば, 形式 $[[c_1, -4s, a]]$ を Q の代わりとする. 確かめを終わる. そこで, (94.16) に代え,
$$au^2 + Dv^2 - w^2 = 0, \ \langle au, Dv, w \rangle = 1, \tag{94.19}$$
を用いることができる. つまり, $au^2 = w^2 - (D/4)(2v)^2$. 主形式 $[[1, 0, -D/4]]$ は au^2, $\langle au, D \rangle = 1$, を表現する. 残るところは略す.

(iii) $\beta = 2$ かつ $D_0 = -4E_0$:

定義 (94.9) を変更し,
$$\mathfrak{c} \mapsto \Theta(\mathfrak{c}) = \{\kappa_{-4}(m), \{\kappa_\varpi(m) : \forall \varpi\}\}$$
$$\in \left\{\{\eta_2, \{\eta_\varpi : \forall \varpi\}\} : \eta_2 \prod_{\varpi | E_0} \eta_\varpi = 1\right\} \subseteq \{\pm 1\}^{\tau+1}. \tag{94.20}$$

等式 (94.10) から $m_1 m_2 = (k/2)^2 - l^2(D/4)$. ここで $D/4 \equiv -1 \mod 4$. かつ, $2|(k/2), 2 \nmid l$ または $2 \nmid (k/2), 2|l$. よって, $m_1 m_2 \equiv 1 \mod 4$. つまり, $\kappa_{-4}(m_1) = \kappa_{-4}(m_2)$. 命題 (94.14) までに対応するところは $\tau \mapsto \tau + 1$ として成立する. 命題 (94.15) については
$$au^2 + Dv^2/4 - w^2 = 0, \ \langle au, Dv/4, w \rangle = 1, \tag{94.21}$$
を用いる. とくに, 条件 $\kappa_{-4}(a) = 1$ に注意し, $u^2 \equiv v^2 + w^2 \mod 4$ より, $2 \nmid u$. つまり, au^2, $\langle au, D \rangle = 1$, は主形式 $[[1, 0, -D/4]]$ により表現される. 残るところは略す.

(iv) $\beta = 3$ かつ $D_0 = 8E_0$:
$$\mathfrak{c} \mapsto \Theta(\mathfrak{c}) = \{\kappa_8(m), \{\kappa_\varpi(m) : \forall \varpi\}\}$$
$$\in \left\{\{\eta_2, \{\eta_\varpi : \forall \varpi\}\} : \eta_2 \prod_{\varpi | E_0} \eta_\varpi = 1\right\} \subseteq \{\pm 1\}^{\tau+1}. \tag{94.22}$$

等式 (94.10) から $m_1 m_2 = (k/2)^2 - 2l^2(D/8)$. ここで, $2 \nmid (k/2)$, $D/8 \equiv 1 \mod 4$. よって, $m_1 m_2 \equiv 1 - 2l^2 \equiv \pm 1 \mod 8$. つまり, $\kappa_8(m_1) = \kappa_8(m_2)$. 以下前項と同様.

(v) $\beta = 3$ かつ $D_0 = -8E_0$:
$$\mathfrak{c} \mapsto \Theta(\mathfrak{c}) = \{\kappa_{-8}(m), \{\kappa_\varpi(m) : \forall \varpi\}\}$$
$$\in \left\{\{\eta_2, \{\eta_\varpi : \forall \varpi\}\} : \eta_2 \prod_{\varpi | E_0} \eta_\varpi = 1\right\} \subseteq \{\pm 1\}^{\tau+1}. \tag{94.23}$$

等式 (94.10) から $m_1 m_2 = (k/2)^2 - 2l^2(D/8)$. ここで $2 \nmid (k/2)$, $D/8 \equiv 3 \bmod 4$. よって, $m_1 m_2 \equiv 1 + 2l^2 \equiv 1, 3 \bmod 8$. つまり, $\kappa_{-8}(m_1) = \kappa_{-8}(m_2)$. 以下省略.

(vi) $\beta = 4$ かつ $D_0 = E_0$:

$$\mathfrak{c} \mapsto \Theta(\mathfrak{c}) = \{\kappa_{-4}(m), \{\kappa_\varpi(m) : \forall \varpi\}\}$$
$$\in \left\{\{\eta_2, \{\eta_\varpi : \forall \varpi\}\} : \prod_{\varpi | E_0} \eta_\varpi = 1 \right\} \subseteq \{\pm 1\}^{\tau+1}. \qquad (94.24)$$

等式 (94.10) から $m_1 m_2 = (k/2)^2 - 4l^2(D/16)$. ここで $2 \nmid (k/2)$. よって, $m_1 m_2 \equiv 1 \bmod 4$. つまり, $\kappa_{-4}(m_1) = \kappa_{-4}(m_2)$. 以下省略.

(vii) $\beta = 4$ かつ $D_0 = -4E_0$:

$$\mathfrak{c} \mapsto \Theta(\mathfrak{c}) = \{\kappa_{-4}(m), \{\kappa_\varpi(m) : \forall \varpi\}\}$$
$$\in \left\{\{\eta_2, \{\eta_\varpi : \forall \varpi\}\} : \eta_2 \prod_{\varpi | E_0} \eta_\varpi = 1 \right\} \subseteq \{\pm 1\}^{\tau+1}. \qquad (94.25)$$

(viii) $\beta \geq 5$ かつ $D_0 = E_0$:

$$\mathfrak{c} \mapsto \Theta(\mathfrak{c}) = \{\kappa_{-4}(m), \kappa_8(m), \{\kappa_\varpi(m) : \forall \varpi\}\}$$
$$\in \left\{\{\eta_2^{(1)}, \eta_2^{(2)}, \{\eta_\varpi : \forall \varpi\}\} : \prod_{\varpi | E_0} \eta_\varpi = 1 \right\} \subseteq \{\pm 1\}^{\tau+2}. \qquad (94.26)$$

等式 (94.10) から

$$m_1 m_2 = (k/2)^2 - 8l^2(D/32) \equiv 1 \bmod 8$$
$$\Rightarrow \{\kappa_{-4}(m_1 m_2), \kappa_8(m_1 m_2)\} = \{1, 1\}. \qquad (94.27)$$

よって, (94.14) までに対応するところは $\tau \mapsto \tau+2$ として成立する. 命題 (94.15) については等式 (94.21) を流用. そこで, (45.3)(2)(ii) を参照し, $a \equiv 1 \bmod 8$ を必要とするが $\kappa_{-4}(a) = 1$, $\kappa_8(a) = 1$ により保障される. 以下省略.

(ix) $\beta \geq 5$ かつ $D_0 = -4E_0$:

$$\mathfrak{c} \mapsto \Theta(\mathfrak{c}) = \{\kappa_{-4}(m), \kappa_8(m), \{\kappa_\varpi(m) : \forall \varpi\}\}$$
$$\in \left\{\{\eta_2^{(1)}, \eta_2^{(2)}, \{\eta_\varpi : \forall \varpi\}\} : \eta_2^{(1)} \prod_{\varpi | E_0} \eta_\varpi = 1 \right\} \subseteq \{\pm 1\}^{\tau+2}. \qquad (94.28)$$

(x) $\beta \geq 5$ かつ $D_0 = 8E_0$:

$$\mathfrak{c} \mapsto \Theta(\mathfrak{c}) = \{\kappa_{-4}(m), \kappa_8(m), \{\kappa_\varpi(m) : \forall \varpi\}\}$$

$$\in \left\{ \{\eta_2^{(1)}, \eta_2^{(2)}, \{\eta_\varpi : \forall \varpi\}\} : \eta_2^{(2)} \prod_{\varpi \mid E_0} \eta_\varpi = 1 \right\} \subseteq \{\pm 1\}^{\tau+2}. \quad (94.29)$$

(xi) $\beta \geq 5$ かつ $D_0 = -8E_0$:

$$\mathfrak{c} \mapsto \Theta(\mathfrak{c}) = \{\kappa_{-4}(m), \kappa_8(m), \{\kappa_\varpi(m) : \forall \varpi\}\}$$
$$\in \left\{ \{\eta_2^{(1)}, \eta_2^{(2)}, \{\eta_\varpi : \forall \varpi\}\} : \eta_2^{(1)} \eta_2^{(2)} \prod_{\varpi \mid E_0} \eta_\varpi = 1 \right\} \subseteq \{\pm 1\}^{\tau+2}. \quad (94.30)$$

以上をまとめ次を得る.

定理 62 判別式をその構成により上記 (i)–(xi) の場合に分類の上, それぞれに応じ準同型 Θ をかく定義する. 定義 (94.12) の下に (94.13), (94.15) が成立する. また, (94.14) は τ を適宜置き換えの上成立する. 即ち,

$$\mathcal{G}(D) \cong \mathcal{A}(D) \cong \{\pm 1\}^{\tau^*},\ 種数 = 2^{\tau^*},$$
$$\tau^* = \begin{cases} \tau - 1 & \text{(i)–(ii)}, \\ \tau & \text{(iii)–(vii)}, \\ \tau + 1 & \text{(viii)–(xi)}. \end{cases} \quad (94.31)$$

ところで, 種の概念の原型は Euler, Lagrange, Legendre の考究の中に認められる. 2 平方数の和である素数の特性 (79.3) に発するところの次の課題の探究の中にて次第に明確とされたものである.

原始的 2 次形式により表される整数を判別式を法として分類する. (94.32)

取り分け, Lagrange の分類表 (1775, pp.766–767) および彼が直面した解釈の困難が注目される (註 [94.3] を参照せよ). そこで, (94.32) を前面に置き上記の議論をまとめるならば次の通り. 例えば (xi) の場合には, $(\mathbb{Z}/|D|\mathbb{Z})^*$ の 2 部分群を

$$\begin{aligned} K(D) &= \{n \bmod |D| : \kappa_{D_0}(n) = 1\}, \\ P(D) &= \{n \bmod |D| : \kappa_{-4}(n) = 1, \kappa_8(n) = 1, \kappa_\varpi(n) = 1, \forall \varpi\} \end{aligned} \quad (94.33)$$

とし, (i)–(x) の場合にも自明な変更をもって定義. このとき, $m > 0$, $\langle m, D \rangle = 1$, は類 $\mathfrak{c} \in \mathcal{K}(D)$ に属する形式により正規表現されるものとし,

$$\mathfrak{c}\mathcal{P}(D) \mapsto m P(D): \quad \mathcal{G}(D) \cong K(D)/P(D). \quad (94.34)$$

同型性の確認は (i)–(xi) のそれと同じである. つまりは, それぞれの種に含まれ

る形式により正規表現される整数 m は剰余類 $\bmod |D|$ のみをもって定まる.

$$\text{類群 } \mathcal{K}(D) \text{ の一角が群 } (\mathbb{Z}/|D|\mathbb{Z})^* \text{ の中に立ち現れる.} \tag{94.35}$$

註 [94.5]–[94.8] に数値例を置く. 上部構造 $\mathcal{K}(D)$ がそれを支える基礎 $(\mathbb{Z}/|D|\mathbb{Z})^*$ から垣間見えることは理の当然とは映るが, 思うに判別式とはまことに妙なる名称.

しかしながら, 根本的な課題 (72.2) に対し, 種の理論は有効な術をもたらすとは言い難い. 註 [82.3] にて実例をもって指摘したところである. 定理 46 の言わざるところを種の理論の帰結 (94.34) は多少は埋めはするが粗である. 実は, 代数的整数論の深部によるならば, 望む分解能に迫ることは可能, 種の理論こそがその奥つ方への入り口である, と知られている. この重い事実を措き伝統的な 2 次形式論を愛でるのであるならば, 現在のところは Lagrange–Legendre 簡約理論と共に §83, §§89–90 にて解説した算法の採用が爽快にして実際的である.

議論を戻し, 群 $\mathcal{K}(D)$ の実指標を具体的に定める. まず, この課題は $\mathcal{G}(D)$ の指標群

$$\widehat{\mathcal{G}}(D) = \{\text{ 種指標 genus characters }\} \tag{94.36}$$

を構成することと実質同じである. 実際, $\mathcal{G}(D)$ の構造 (94.31) と双対定理により, 種指標は全て実指標であり, 個数は種数に一致する. それらを $\mathcal{K}(D)$ 上の実指標と見なすがよい ($\mathcal{P}(D)$ 上にて恒等的に 1). よって, 同型 (94.34) を経由し, 課題を Dirichlet 実指標 $\chi \bmod |D|$ の特定と捉える. もちろん, $m > 0$, $\langle m, D \rangle = 1$, は類 $\mathfrak{c}$ に含まれる形式により正規表現されるものとし

$$\chi(\mathfrak{c}) = \chi(m) \text{ と解釈.} \tag{94.37}$$

それゆえ, 原始的実指標に向かうならば, 註 [73.11], [73.12] と上記 (i)–(xi) を比較し, 準同型 Θ の構成要素により生成される指標群が要. しかし, 実際は $(\mathbb{Z}/|D|\mathbb{Z})^*$ 全体にあらず部分群 $\mathcal{K}(D)$ 上の指標であるゆえ, しかるべき制限を課さねばならない. 詳細は以下の通り. 解説に当たり, 前提 (94.8) を有効とし, さらに

$$\text{臨時に, 平方数を判別式と見なす.} \tag{94.38}$$

基礎条件 (72.5) に反するが, 目下の議論内にては不都合は生じない.

定理 63 判別式 D を定めるとき, (94.37) の下に, 類群 $\mathcal{K}(D)$ の実指標は κ_{D_1}

をもって与えられる．ただし，次の束縛条件を課す．

$$\begin{array}{ll}\text{(A)} & D_1 \text{ は基本判別式かつ } D/D_1 \text{ は判別式,} \\ \text{(B)} & \kappa_{D_1} \equiv 1 \Leftrightarrow D_1 = 1, D_0.\end{array} \quad (94.39)$$

[証明] (A)(B) の下に，相異なる実指標が種数と同数存在することをもって充分である．(i) と (xi) の場合のみを扱うが，他も同様．記述の便宜のために，基本判別式 $E_1, E_1', E_2 \equiv 1 \bmod 4$ をもって $E_0 = E_1 E_1', E_2 | R$, $\langle E_2, E_0 \rangle = 1$, とする．(i) の場合．まず，$D_1$ は 1 種類であり，(94.39)(A) は次の通り充たされている．

$$D_1 = E_1 E_2, \quad D/D_1 = E_1' E_2 (R/E_2)^2. \quad (94.40)$$

これら D_1 の個数は 2^τ．一方，(94.39)(B) を確かめるために，$E_2 \neq 1$ と仮定する．素数定理 (91.1) および相互律により，充分大なる素数 ℓ を適宜に選び

$$\left(\frac{E_1}{\ell}\right) = \left(\frac{E_1'}{\ell}\right) = 1, \quad \left(\frac{E_2}{\ell}\right) = -1. \quad (94.41)$$

前者は，何らかの類 $\mathfrak{c} \in \mathcal{K}(D)$ に含まれる形式により ℓ が表現されることを意味する．よって，解釈 (94.37) をもって，

$$1 = \kappa_{D_1}(\mathfrak{c}) = \left(\frac{D_1}{\ell}\right) = \left(\frac{E_1}{\ell}\right)\left(\frac{E_2}{\ell}\right) = -\left(\frac{E_1}{\ell}\right). \quad (94.42)$$

これは矛盾．つまり，$\kappa_{D_1} \equiv 1 \Rightarrow E_2 = 1 \Rightarrow \kappa_{E_1} \equiv 1$．そこで，$E_1 \neq 1, E_0$ と仮定する．このとき，$E_1' \neq 1$．しからば，

$$\left(\frac{E_1}{\ell'}\right) = \left(\frac{E_1'}{\ell'}\right) = -1 \quad (94.43)$$

となる素数 ℓ'，それを表現する形式を含む類 $\mathfrak{c}'$ を新たに採り，$\kappa_{E_1}(\mathfrak{c}') \neq 1$．やはり矛盾．つまり，(94.39)(B) を得る．次に，同様な記法をもって，$E_0 = E_3 E_3'$, $E_4 | R$, $\langle E_4, E_0 \rangle = 1$, につき $\kappa_{E_1 E_2} \equiv \kappa_{E_3 E_4}$ と仮定する．このとき，$\kappa_{E_5 E_6} \equiv 1$, $E_5 = [[E_1, E_3]]/\langle\langle E_1, E_3\rangle\rangle$, $E_6 = [[E_2, E_4]]/\langle\langle E_2, E_4\rangle\rangle$．ただし，$[[E_\nu, E_\eta]]$ は E_ν, E_η の何れかに含まれる相異なる素判別式全ての積．また，$\langle\langle E_\nu, E_\eta\rangle\rangle$ は E_ν, E_η の両者に含まれる素判別式全ての積．既に示されたことから，$E_6 = 1 \Rightarrow E_2 = E_4$．かつ，$E_5 = 1$ または $E_0 \Rightarrow E_1 = E_3$ または $E_1 = E_3'$．つまり involution $E_1 \mapsto E_1'$ が存在する．それゆえ，相異なる κ_{D_1} の個数は都合 $2^\tau \times \frac{1}{2}$ 個．種数に一致．

(xi) の場合. 4 種類の D_1 が可能であり, それぞれ (94.4)(A) を充たす.

$$
\begin{aligned}
&(1) \ D_1 = E_1 E_2 &&D/D_1 = -8E_1' E_2 (R/E_2)^2, \\
&(2) \ D_1 = -4E_1 E_2 &&D/D_1 = 8E_1' E_2 (R/2E_2)^2, \\
&(3) \ D_1 = 8E_1 E_2 &&D/D_1 = -4E_1' E_2 (R/2E_2)^2, \\
&(4) \ D_1 = -8E_1 E_2 &&D/D_1 = E_1' E_2 (R/E_2)^2.
\end{aligned} \tag{94.44}
$$

ここで, $\kappa_{E_1 E_2} \equiv 1$ であるならば, (i) の場合と同様に $E_2 = 1$. よって $\kappa_{E_1} \equiv 1$. 仮に $E_1 \neq 1$ とするならば

$$\left(\frac{E_1}{\ell'}\right) = \left(\frac{-8E_1'}{\ell'}\right) = -1 \tag{94.45}$$

となる素数 ℓ' が無限に存在する. これは (94.43) に対応するものの, 内容は異なる. つまり, E_1' には $E_1 E_1' = E_0$ の他には制限が課されない. もちろん, 因子 -8 の存在による. つまり, $E_1 = 1$. (i) の記号を流用し,

$$\kappa_{E_1 E_2} \equiv \kappa_{E_3 E_4} \Leftrightarrow E_1 = E_3, E_2 = E_4. \tag{94.46}$$

同様に議論し, $\{\kappa_{D_1} : D_1 \in (j)\}, j = 1, 2, 3, 4,$ はそれぞれ 2^τ 個の相異なる指標の集合と知れる. しかるに,

$$\kappa_{D_1} \equiv \kappa_{D_1'} : \begin{aligned} &(1) \ni D_1 \Leftrightarrow D_1' \in (4), \\ &(2) \ni D_1 \Leftrightarrow D_1' \in (3). \end{aligned} \tag{94.47}$$

例えば, 下辺は,

$$\kappa_{D_1}(\mathfrak{c}) = \left(\frac{D_1}{m}\right) = \left(\frac{D_1 D_0}{m}\right) = \left(\frac{8E_1' E_2 (2E_1)^2}{m}\right) = \left(\frac{8E_1' E_2}{m}\right). \tag{94.48}$$

つまり, $D_1' = 8E_1' E_2 \in (3)$. さらに,

$$(1) \ni D_1, (2) \ni D_1' \Rightarrow \kappa_{D_1} \not\equiv \kappa_{D_1'}. \tag{94.49}$$

何故ならば, 素数 ℓ を

$$\kappa_{-4}(\ell) = \kappa_8(\ell) = -1, \kappa_\varpi(\ell) = 1, \forall \varpi, \tag{94.50}$$

と採るとき, (94.30) により ℓ を表現する形式を含む類 $\mathfrak{c}$ が存在し, $\kappa_{D_1}(\mathfrak{c}) = 1$, $\kappa_{D_1'}(\mathfrak{c}) = -1$. かくして, 相異なる κ_{D_1} の個数は都合 $4 \times 2^\tau \times \frac{1}{2} = 2^{\tau+1}$. これは, (94.31) により種数に一致する. (B) は (1), (4) にのみ関係する. (1) からは

$D_1 = 1$, (4) からは $D_1 = D_0$. 証明を終わる. 註 [94.4] に続く.

[94.1] Arndt (1859b) の貢献は, Legendre の定理 45 の援用による種の理論の簡易化を示したことにある. Dedekind (Dirichlet (1871/1894, §158, 脚注)) の見解を参照せよ. もっとも, 上の議論における Legendre–Dedekind の定理 58 の援用法は, Arndt–Dedekind の議論とはやや異なり, さらに簡易化がなされている. 場合分け (i)–(xi) そのものについては Weber (1908, §104) を参照せよ. 定理 62 に含まれる (94.15) は代数的整数論の展開において礎となったものである. それゆえ, 今日では記念の意も込め *Hauptgeschlechtssatz* や *Duplication theorem* との呼称も用いられる. しかるに, Gauss はその重要性を強く認識するも定理とはしていない ([DA, artt. 286–287]). 彼の視点からは, 3 元 2 次形式の理論 (*Digressio*: artt. 266–285) を経由し定理 62 が得られることがより重要. Smith (art. 116) を見よ. 3 元 2 次形式論については, Bachmann (1898, Erster Abschnitt) を参照せよ.

[94.2] 命題 (94.14) を素指標系の完全性とも表現できる. 証明に当たり, 上記では Dirichlet の素数定理が援用されている. Smith (1861a, art. 98) の着目である. Dedekind (Dirichlet (1871/1894, §125, 脚注)) も見よ. 極めて重要な (94.14) およびその拡張ではあるが, かくするならば証明は容易いと映ろう. 一方, 両面類の計数を事前に行う, という手法も考えられる. つまり, $|A(D)| = 2^{\tau^*}$ の独立な証明である. Legendre 予想 (71.1) を未だ確認せざる Gauss はこの経路を進んだ. [DA, artt. 257–259] である. 中途の計算結果を踏まえ, 彼は 2 次形式論を小休止し, 相互律の第 2 証明 (artt. 261–262) をも与えている. 本節の冒頭に述べた視点の入れ代えによる *reciprocity* の捕捉. [DA, Sectio V] の眼目の一つではあるが解説を割愛する. 種の理論におけるこれら 2 経路 (解析的, 代数的) の存在は後の代数的整数論の展開にとり意義極めて大.

[94.3] 同型写像 (94.34) を Gauss 写像とすることがある. [DA, art. 229] に重きを置いた呼称. しかし, 合成理論と同じくここにても Legendre (1785, p.529; 1798, Seconde partie, §XII) が先行している (前者は既に §81 の本文末にて指摘). 実際, (94.10) の直前直後の着想は彼による (1798, p.279). つまり, 素指標系の役割が相互律を (証明未だながら) 用い把握されている (pp.280–281). 課題 (94.32) に関し, 相互律が如何に決定的な手段であるかは, 次のごとく明言されてもいるのである (p.286). Lagrange (1775) が遭遇した '分類表解釈の困難' を指し, la difficulté à cet égard ne pouvoit être résolue complètement qu'á l'aide de la loi de réciprocité qui a été donnée pour la première fois .., année 1785. つまり, 素指標の自在な活用は相互律を必須とする. この事実の重さを明確に認識した最初の一人を Legendre とすることに過誤は無かろう. 彼は Lagrange と同様に整数論上の概念に名称をつけることに積極的ではなかった. しかし, 相互律は余りにも特別な存在ゆえ, *loi* としたのである. もっとも, 素指標系の完全性が Legendre の認識にあったのか否かは不明. 彼自身の予想 (71.1) をもってするならば容易なことではあるが.

[94.4] 定理 63 [証明] への補足.

(a): (i), (ii), (vi), (viii), (b): (iii), (iv), (v), (vii), (ix), (x), (xi)

と場合分けされる. (a) にて (i), (ii) は同一. (vi) と (viii) との違いは τ の変化. (viii) については, 分別 (94.44) に対応し,

(1) $D_1 = E_1 E_2 \qquad D/D_1 = E_1' E_2 (R/E_2)^2,$
(2) $D_1 = -4E_1 E_2 \qquad D/D_1 = -4E_1' E_2 (R/4E_2)^2,$
(3) $D_1 = 8E_1 E_2 \qquad D/D_1 = 8E_1' E_2 (R/8E_2)^2,$
(4) $D_1 = -8E_1 E_2 \qquad D/D_1 = -8E_1' E_2 (R/8E_2)^2.$

これら 4 組は重なることは無い. それぞれの内部にて上記 (i) と同じ involution が作用. (b) にては, 上記の (xi) の議論をもって充分.

[94.5] 基本判別式 $D = -231$ は (i) の場合.

$$D = (-3)(-7)(-11) \equiv 1 \bmod 4;\ \tau = 3;\ |\mathcal{G}| = |\mathcal{A}| = 4;$$
$$|\mathcal{P}| = |\mathcal{S}| = |\mathcal{K}|/|\mathcal{A}| = 12/4 = 3.$$

集合 (82.1) は類代表系であるが, $Q_2^+ = Q_2$ などと略記し,

$$\mathcal{K} = \{(Q_1), (Q_2)^{\pm 1}, (Q_3), (Q_4)^{\pm 1}, (Q_5)^{\pm 1}, (Q_6)^{\pm 1}, (Q_7), (Q_8)\};$$
$$\mathcal{P} = \mathcal{S} = \{(Q_1), (Q_4)^2, (Q_4)^4\} = \{(Q_1), (Q_4)^{-1}, (Q_4)\};$$
$$\mathcal{A} = \{(Q_1), (Q_3), (Q_7), (Q_8)\}.$$

実際, §75 の議論により下辺の 4 代表は非合同な両面形式であり, 個数から判断し両面類はこれらに限る. 一方, $(Q_4)^3 = 1.$ 何故ならば, $T = \begin{pmatrix} 1 & 1 \\ 0 & 1 \end{pmatrix}$ をもって, ${}^t T^{-1} Q_4 T^{-1} = [|4, -5, 16|]$. かつ, $[|4, -5, 16|] \circ [|4, -5, 16|] \equiv [|16, -5, 4|] \bmod \Gamma$ により, $(Q_4)^2 = (Q_4)^{-1}$. 直ちに $\mathcal{S}, \mathcal{P}$ の元を得, (82.6)(1) と一致することを知る. さらに,

$$(Q_3)\mathcal{S} = \{(Q_3), (Q_5)^{-1}, (Q_5)\} : (82.6)(3).$$

実際, $(Q_4)(Q_3) = ([|12, 3, 5|]) = (Q_5)^{-1}$; $(Q_4)^{-1}(Q_3) = \{(Q_4)(Q_3)\}^{-1} = (Q_5)$. また, ${}^t(T^4) Q_4 T^4 = [|4, 35, 91|]$ および ${}^t(T^2) Q_7 T^2 = [|7, 35, 52|]$ より $(Q_4)(Q_7) = ([|28, 35, 13|]) = (Q_6)^{-1}$. 残る $(Q_4)(Q_8)$ も同様であり,

$$(Q_7)\mathcal{S} = \{(Q_7), (Q_6)^{-1}, (Q_6)\} : (82.6)(4),$$
$$(Q_8)\mathcal{S} = \{(Q_8), (Q_2)^{-1}, (Q_2)\} : (82.6)(2).$$

従って, 種分類 (82.3)–(82.6) は coset 分解

$$\mathcal{K} = \mathcal{S} \sqcup (Q_3)\mathcal{S} \sqcup (Q_7)\mathcal{S} \sqcup (Q_8)\mathcal{S}$$
$$= \mathcal{P} \sqcup (Q_2)\mathcal{P} \sqcup (Q_5)\mathcal{P} \sqcup (Q_{10})\mathcal{P}$$

と同値である. 下行は, $(Q_8)\mathcal{S} \ni (Q_2)$, $(Q_3)\mathcal{S} \ni (Q_5)$, $(Q_7)\mathcal{S} \ni (Q_{10})$ による. ただし, $Q_{10} = [|10, -3, 6|] \equiv Q_6 \bmod \Gamma$.

[94.6] 一方, (82.6) の合同関係は, (94.33)–(94.34) の一例. 実際,

$$P = \{m \bmod 231 : \kappa_{-3}(m) = 1, \kappa_{-7}(m) = 1, \kappa_{-11}(m) = 1\}$$
$$= \{n^2 \bmod 231 : \langle n, 231 \rangle = 1\}$$
$$= \{2^{2r} \bmod 231 : r \bmod 15\}.$$

何故ならば, 分解 $(\mathbb{Z}/231\mathbb{Z})^* = (\mathbb{Z}/3\mathbb{Z})^* \times (\mathbb{Z}/7\mathbb{Z})^* \times (\mathbb{Z}/11\mathbb{Z})^*$ の右辺の各項はそれぞれ原始根 $2 \bmod 3$, $2 \bmod 7$, $2 \bmod 11$ をもって生成され, 平方類は当然に $2^2 \bmod 3$, $2^2 \bmod 7$, $2^2 \bmod 11$ を生成元とする位数 $1 \cdot 3 \cdot 5 = 15$ の巡回部分群をなす. そして,

$$K = P \sqcup \varrho_1 P \sqcup \varrho_2 P \sqcup \varrho_3 P; \quad \mathcal{G} \cong K/P \cong \{\pm 1\}^2 : \text{Klein 群},$$
$$\varrho_1 = 2, \ \varrho_2 = 5, \ \varrho_3 = 10, \ \kappa_D(\varrho_j) = +1,$$
$$\kappa_{-3}(\varrho_1) = -1, \ \kappa_{-7}(\varrho_1) = +1, \ \kappa_{-11}(\varrho_1) = -1,$$
$$\kappa_{-3}(\varrho_2) = -1, \ \kappa_{-7}(\varrho_2) = -1, \ \kappa_{-11}(\varrho_2) = +1,$$
$$\kappa_{-3}(\varrho_3) = +1, \ \kappa_{-7}(\varrho_3) = -1, \ \kappa_{-11}(\varrho_3) = -1.$$

もちろん, $Q_2(1,0) = \varrho_1$, $Q_5(1,0) = \varrho_2$, $Q_{10}(1,0) = \varrho_3$.

[94.7] Euler (1778a, p.208) に TABULA *numerorum idoneorum* がある. 掲げられた整数の最後は $d = 1848$. 判別式 $D = -4d = -7392$ は上記の (x) の場合.

$$D = 4D_0, \ D_0 = 8E_0, \ E_0 = -231, \ \tau^* = 4 \ \Rightarrow \ |\mathcal{G}(D)| = 16.$$

一方 $\mathcal{K}(D)$ の代表形式 $\{C = [|a,b,c|]\}$ を $2|b$ をもって区分けし,

$$C_0^{(1)} = [|1,0,1848|], \quad C_0^{(3)} = [|3,0,616|], \quad C_0^{(7)} = [|7,0,264|], \quad C_0^{(8)} = [|8,0,231|],$$
$$C_0^{(11)} = [|11,0,168|], \ C_0^{(21)} = [|21,0,88|], \ C_0^{(24)} = [|24,0,77|], \ C_0^{(33)} = [|33,0,56|],$$
$$C_2 = [|43,2,43|], \quad C_4 = [|4,4,463|], \quad C_8 = [|8,8,233|], \quad C_{12} = [|12,12,157|],$$
$$C_{24} = [|24,24,83|], \quad C_{28} = [|28,28,73|], \quad C_{38} = [|47,38,47|], \quad C_{44} = [|44,44,53|].$$

つまり $h(D) = 16$. 類数と種数の一致から $\mathcal{K}(D) \cong \mathcal{G}(D) \cong \{\pm 1\}^4$. よって, これら形式全ては $(C)^2 = 1$ を充たす. 即ち, $\mathcal{G}(D) \cong \mathcal{A}(D)$. 形式個々につき確認の計算をするまでも無い. 類 $\mathfrak{c}$ に含まれる形式 C による正規表現 $C(u,v) = m > 0$, $\langle m, D \rangle = 1$, をもって

$$\Theta(\mathfrak{c}) = \{\kappa_{-4}(m), \kappa_8(m), \kappa_{-3}(m), \kappa_{-7}(m), \kappa_{-11}(m)\}, \quad \kappa_{-1848}(m) = 1.$$

用いるべき $\{u,v\}$ は, $C_0^{(*)}$ については $\{1,1\}$, その他は $\{0,1\}$. これら 16 個から相異なるベクトル値が 16 個生じる. 準同型 Θ は確かに同型である.

[94.8] Euler の表にあるその他 64 個の d も全て $h(-4d) = |\mathcal{G}(-4d)|$ なるものである ([DA, art. 303]). 種は $\bmod |D|$ により定まるゆえ, 素数 $p \nmid 2d$ が何れの形式により表現されるかは, '$p \bmod 4d$ のみ' をもって判定可能である ((94.34)). つまり, (79.3), (81.5) の拡張が成立する. 前項の -1848 は, 同じ $E_0 = -231$ に関する §82 の場合とは著しく異なり, 軽快. Euler が *idonei* なる形容を用いた理由である. 例えば, $p \equiv 1 \bmod 7392$ は $\Theta(\mathfrak{c}) = \underline{1}$ に対応するゆえ,

全て主形式 $C_0^{(1)}$ により表現されるはずである．そこで，この算術級数中にある連続した 3 素数について確かめるならば，

$$739820929 = 19711^2 + 1848 \cdot 436^2, \quad 739865281 = 26993^2 + 1848 \cdot 78^2,$$
$$739909633 = 24641^2 + 1848 \cdot 268^2.$$

[94.9]　逆に言うならば，$\mathcal{S}(D) = \{1\}$，つまり写像 (94.2) により $\mathcal{K}(D)$ が '潰れる' 場合には法 $|D|$ のみにより (72.2) への解の有る無しを解答できる．ここに興味深い課題が生じる．このような d $(D = -4d)$ は無限に存在するのか否か．Euler は (1778a) に続き 3 編の論文にて考察を加えているが $d = 1848$ を超える例には遭遇せず．彼の表は恐らくは完結したものであろう，と実は予想されている．かく，類群 $\mathcal{K}(D)$ 一般の構造は甚だ未究明な状態である．ちなみに，Weinberger (1973) によれば，基本判別式 $-4d < 0$ につき，絶対常数 $c_0 > 0$ をもって，

$$\text{ERH} \Rightarrow \min\{Z > 0 : \mathfrak{c}^Z = 1, \forall \mathfrak{c} \in \mathcal{K}(-4d)\} > c_0 \log d / \log \log d.$$

Numeri idonei はごく特殊な存在であると映る．証明は次節の定理 64 を手段とする．註 [95.10] に続く．

[94.10]　[DA, art. 304] にて，$\mathcal{S}(D) = \{1\}$ なる $D > 0$ が豊富にある，と予想されている．未解決．類群全体の構造には判別式の正負による著しい違いがあることは確実．

§95.

本節にては Dirichlet (1839) の類数公式を解説する．彼の素数定理 (91.1) と共に整数論と解析学の美しい合流点．なお，(72.6) の他には D に制限を課さない．

まず，§74 の後半，とくに (74.24)–(74.25) の論旨をやや異なる視点をもって応用する．類群 $\mathcal{K}(D)$ の各元それぞれを代表する形式系 $\{Q\}$ を採る（個数は類数 $h(D)$）．各 Q につき，分解

$$\mathbb{Z}^2 - \{\underline{0}\} = \bigsqcup_{m \neq 0} N_Q(m) \tag{95.1}$$

を考察する．左辺は，前提 (72.11) の採用を意味する．右辺にては，

$$N_Q(m) = \{\mathbf{n} : {}^t\mathbf{n} Q \mathbf{n} = m\} = \bigsqcup_{\mathbf{u} \in Y_Q(m)} \{V\mathbf{u} : \forall V \in \text{Aut}_Q\},$$
$$Y_Q(m) = \text{Aut}_Q \backslash N_Q(m). \tag{95.2}$$

つまりは Q による表現全体を眺めたものである．正定値のとき $m > 0$，しかし不定値のとき m の符合は定まらない．もちろん，$N_Q(m) = \emptyset$ となる場合もある．

また, $\mathbf{u} = {}^t\{u_1, u_2\} \in Y_Q(m)$ は任意に代表ベクトルを選定することを意味する.
正規表現に制限するならば,

$$Y_Q(m) = \bigsqcup_{g^2 \mid m} gY_Q^*(m/g^2), \quad Y_Q^*(m) = \{\mathbf{u} \in Y_Q(m) : \langle u_1, u_2 \rangle = 1\}. \quad (95.3)$$

集合 $N_Q(m)$ を正規表現に制限することは, (74.24) の右辺の各代表行列の 1 列目を取り出すと同様. よって, $Y_Q^*(m)$ は (74.25) の右辺の各項に類似する. つまり, (74.6) により,

$$(73.1) \Rightarrow \sum_Q |Y_Q^*(m)| = \sum_{f \mid m} \mu^2(f) \kappa_D(f). \quad (95.4)$$

それゆえ, (80.8) にならい,

$$(73.1) \Rightarrow \sum_Q |Y_Q(m)| = \sum_{g^2 \mid m} \sum_Q |Y_Q^*(m/g^2)|$$

$$= \sum_{d \mid m} \kappa_D(d) \sum_{d = g^2 f} \mu^2(f) = \sum_{d \mid m} \kappa_D(d). \quad (95.5)$$

念のための注意であるが, (95.4)–(95.5) にて (73.1) が仮定されていることは, $m > 0$ の選択を意味する. もちろん, 正定値の場合はこれにて充分. 一方, 不定値の場合にもやはり不都合の無いことは (95.35) 以降にて明らかとなる.

(I) 正定値の場合を考察する. 以下, (95.33) まで $D < 0$. このとき, 代表系 $\{Q\}$ 全体による m の表現の総数は, (73.1) のもと,

$$\sum_Q |N_Q(m)| = w_D \sum_{d \mid m} \kappa_D(d), \quad w_D = \begin{cases} 6 & D = -3, \\ 4 & D = -4, \\ 2 & D < -4. \end{cases} \quad (95.6)$$

何故ならば, $|N_Q(m)| = |\mathrm{Aut}_Q||Y_Q(m)|$, かつ (76.11) により $|\mathrm{Aut}_Q| = w_D$. ちなみに, 明示式 (95.6) を 'Dirichlet mass formula' と呼ぶことがある.

次に, 類 $\mathfrak{c} \in \mathcal{K}(D)$ の代表形式を Q とし,

$$Z_+(s; \mathfrak{c}) = \sum_{m=1}^{\infty} \sum_{\mathbf{n} \in N_Q(m)} \frac{\jmath_D(Q(n_1, n_2))}{Q(n_1, n_2)^s}, \quad \mathbf{n} = {}^t\{n_1, n_2\}, \quad (95.7)$$

と置く ((72.11) が用いられている). ただし, $\jmath_D$ は単位指標 $\mathrm{mod}\,|D|$. これの添加は, 条件 (73.1) に留意したものである. 同所の符合条件は自動的に充たされて

いる. 下記にて証明するが, 和は絶対収束であるゆえ, Q の選択にはよらない (つまり, 類を代表する形式の取り換えは Γ の作用による項の並び換えを引き起こすのみ). 解析接続の結果, $Z_+(s; \mathfrak{c})$ は点 $s = 1$ にて位数 1 の極を持つ. やはり後に証明するが, 詳しくは $s = 1$ の近傍にて

$$Z_+(s; \mathfrak{c}) = \frac{\mathfrak{z}_+(D)}{s-1} + O(1), \quad \mathfrak{z}_+(D) = 2\pi\varphi(|D|)|D|^{-3/2}. \tag{95.8}$$

ただし, φ は Euler 函数. この留数は判別式のみにより定まるゆえ,

$$\sum_{\mathfrak{c}\in\mathcal{K}(D)} Z_+(s; \mathfrak{c}) = \frac{\mathfrak{z}_+(D)}{s-1}\mathrm{h}(D) + O(1). \tag{95.9}$$

一方, (95.1), (95.6) および $\jmath_D$, κ_D の完全乗法性により, $\mathrm{Re}\, s > 1$ にて

$$\begin{aligned}
\sum_{\mathfrak{c}\in\mathcal{K}(D)} Z_+(s; \mathfrak{c}) &= \sum_Q \sum_{m=1}^\infty \sum_{\mathbf{n}\in N_Q(m)} \frac{\jmath_D(Q(n_1, n_2))}{Q(n_1, n_2)^s} \\
&= \sum_{m=1}^\infty \frac{\jmath_D(m)}{m^s} \sum_Q |N_Q(m)| = w_D \sum_{m=1}^\infty \frac{\jmath_D(m)}{m^s} \sum_{d|m} \kappa_D(d) \\
&= w_D L(s, \jmath_D) L(s, \kappa_D) = w_D \zeta(s) L(s, \kappa_D) \prod_{p|D}\left(1 - \frac{1}{p^s}\right). \tag{95.10}
\end{aligned}$$

函数 $\zeta(s)$ は (11.7) の通り. 函数 $L(s, \kappa_D)$ は註 $[54.2]_{\chi=\kappa_D}$ により定義され, 全ての s について有界である. また, 註 $[55.4]_{\chi=\jmath_D}$ が用いられている. そこで, (11.10) と (95.9) を組み合わせ, 類数と L-函数との基本関係式に導かれる (Dirichlet (*ibid.*, p.361)).

定理 64 任意の判別式 $D < 0$ につき,

$$\mathrm{h}(D) = \frac{w_D}{2\pi}|D|^{1/2} L(1, \kappa_D). \tag{95.11}$$

[証明] 残るところは, (95.8) の確認である. このために, 多少迂遠とはなるが, 函数

$$\Phi_Q(z; \eta_1, \eta_2) = \sum_{n_1, n_2 \in \mathbb{Z}} \exp\bigl(-zQ(n_1+\eta_1, n_2+\eta_2)\bigr), \ \mathrm{Re}\, z > 0, \tag{95.12}$$

を扱う. ここに, $\eta_j \in \mathbb{R}$ は任意. 直交行列 P をもって $P^{-1}QP = \begin{pmatrix} \lambda_1 & 0 \\ 0 & \lambda_2 \end{pmatrix}$, $\lambda_1 \geq \lambda_2 > 0$, $\lambda_1\lambda_2 = |D|/4$. とくに, $Q(u,v) \geq \lambda_2(u^2+v^2)$, $\forall\{u,v\} \in \mathbb{R}^2$. よっ

て, 収束は急速である. また, 和 (95.7) の絶対収束性は, 註 [17.3] および (80.8) を参照の上,

$$\sum_{\{n_1,n_2\}\neq\{0,0\}} \frac{1}{(n_1^2+n_2^2)^\alpha} \leq 4\zeta^2(\alpha), \quad \alpha > 1, \tag{95.13}$$

より従う. Poisson 和公式 (62.1) を (95.12) の n_j-和それぞれに応用するが, 註 [63.2] と同様に議論し,

$$\Phi_Q(z;\eta_1,\eta_2) = \sum_{n_1,n_2\in\mathbb{Z}} \exp\bigl(-2\pi i(n_1\eta_1+n_2\eta_2)\bigr)$$

$$\times \iint_{\mathbb{R}^2} \exp\bigl(-zQ(x,y)+2\pi i(n_1x+n_2y)\bigr)dxdy. \tag{95.14}$$

変数変換 P を施すならば積分の計算は容易となり, 多少の整理の後,

$$\Phi_Q(z;\eta_1,\eta_2) = \frac{2\pi}{z|D|^{1/2}} \sum_{n_1,n_2\in\mathbb{Z}} \exp\bigl(-2\pi i(n_1\eta_1+n_2\eta_2)\bigr)$$

$$\times \exp\bigl(-(4\pi^2/z|D|)Q^{-1}(n_2,n_1)\bigr). \tag{95.15}$$

ただし,

$$Q = [|a,b,c|] \;\Rightarrow\; Q^{-1} = [|a,-b,c|]. \tag{95.16}$$

つまり, (93.39) により, $(Q^{-1}) = (Q)^{-1}$. 形式 Q^{-1} への変数 n_1, n_2 の配置に注意せよ. なお, 条件

$$\begin{cases} D \equiv 1 \bmod 4 \Rightarrow \langle a,D\rangle=1, \langle b,D\rangle=1, \\ D \equiv 0 \bmod 4 \Rightarrow \langle a,D\rangle=1, \langle b,D\rangle=2, \end{cases} \tag{95.17}$$

を当初から課すことができる. 何故ならば, $\langle a,D\rangle = 1$ は註 [74.6] によるが, $2\nmid D$ のときには, Q に変換 $b \mapsto b+2ak \equiv 1 \bmod |D|$ を施すがよい. また, $2|D$ のときには, $2|b$ に注意し, 変換 $b \mapsto b+2ak \equiv 2 \bmod |D|$ を施すがよい.

さらに, 和

$$\Phi_Q^*(z) = \sum_{n_1,n_2\in\mathbb{Z}} \jmath_D\bigl(Q(n_1,n_2)\bigr)\exp\bigl(-zQ(n_1,n_2)\bigr) \tag{95.18}$$

を考察する. ここで $\jmath_D(Q(0,0)) = 0$ に注意せよ. 篩法の基本式 (19.2) を援用し,

$$\Phi_Q^*(z) = \sum_{g|D} \mu(g) \sum_{\substack{n_1,n_2\in\mathbb{Z} \\ g|Q(n_1,n_2)}} \exp\bigl(-zQ(n_1,n_2)\bigr). \tag{95.19}$$

内部和は

$$\sum_{\substack{l_1,l_2 \bmod g \\ Q(l_1,l_2)\equiv 0 \bmod g}} \sum_{\substack{n_1\equiv l_1 \bmod g \\ n_2\equiv l_2 \bmod g}} \exp\bigl(-zQ(n_1,n_2)\bigr)$$

$$= \sum_{\substack{l_1,l_2 \bmod g \\ Q(l_1,l_2)\equiv 0 \bmod g}} \Phi_Q\bigl(g^2 z; l_1/g, l_2/g\bigr). \quad (95.20)$$

変換公式 (95.15) により，右辺は

$$\frac{2\pi}{zg^2|D|^{1/2}} \sum_{n_1,n_2\in\mathbb{Z}} C_g(n_1,n_2;Q) \exp\bigl(-(4\pi^2/(zg^2|D|))\,Q^{-1}(n_2,n_1)\bigr). \quad (95.21)$$

ただし，

$$C_g(n_1,n_2;Q) = \sum_{\substack{l_1,l_2 \bmod g \\ Q(l_1,l_2)\equiv 0 \bmod g}} \exp\bigl(-2\pi i(n_1 l_1 + n_2 l_2)/g\bigr). \quad (95.22)$$

この指数和を計算するに当たり，定理 18 を経由し分解

$$C_g(n_1,n_2;Q) = \prod_{p|g} C_p(n_1,n_2;Q), \quad g|D \text{ かつ } g:\mathrm{sqf}, \quad (95.23)$$

が従うことに注意する．

(1) $p \geq 3$ とする．条件 (95.17) を念頭に置き (つまり，$p \nmid 2ab$)，C_p の定義和において変数変換 $l_1 \mapsto bl_1$, $l_2 \mapsto 2al_2$ を行い，

$$C_p(n_1,n_2;Q) = \sum_{\substack{l_1,l_2 \bmod p \\ l_1+l_2\equiv 0 \bmod p}} \exp\bigl(-2\pi i(bn_1 l_1 + 2an_2 l_2)/p\bigr). \quad (95.24)$$

何故ならば，

$$Q(bl_1, 2al_2) \equiv 0 \bmod p$$
$$\Leftrightarrow 4aQ(bl_1, 2al_2) = 4(ab)^2(l_1+l_2)^2 - 4a^2 D l_2^2 \equiv 0 \bmod p$$
$$\Leftrightarrow l_1 + l_2 \equiv 0 \bmod p. \quad (95.25)$$

即ち，$2an_2 - bn_1 \equiv 0 \bmod p$ のとき $C_p(n_1,n_2;Q) = p$，その他では $= 0$．それゆえ，等式 $4aQ^{-1}(n_2,n_1) = (2an_2 - bn_1)^2 - Dn_1^2$ に注意し，

$$C_p(n_1, n_2; Q) = \begin{cases} p & Q^{-1}(n_2, n_1) \equiv 0 \bmod p, \\ 0 & Q^{-1}(n_2, n_1) \not\equiv 0 \bmod p. \end{cases} \quad (95.26)$$

(2) $p = 2$ とする. このとき, $D = 4D_1$ と置く. まず, $2 \nmid D_1$ なる場合, $(b/2)^2 - ac = D_1$ から, (95.17) の下段により, $ac \equiv 0 \bmod 2$, つまり $2|c$. 従って, $C_2(n_1, n_2; Q)$ の定義和にて, $2|Q(l_1, l_2) \Leftrightarrow 2|l_1$. これは, $2|n_2$ のとき $C_2(n_1, n_2; Q) = 2$, 一方 $2 \nmid n_2$ のとき $= 0$, を意味する. 言い換えるならば, $(95.26)_{p=2}$ が成立している. 残る $2|D_1$ なる場合には, $(b/2)^2 - ac \equiv 0 \bmod 2$ から, やはり (95.17) の下段により, $2 \nmid ac$. よって, $2|Q(l_1, l_2) \Leftrightarrow 2|(l_1 + l_2)$. これは, $2|(n_1 + n_2)$ のとき $C_2(n_1, n_2; Q) = 2$, 一方 $2 \nmid (n_1 + n_2)$ のとき $= 0$, を意味する. 従って, 再び $(95.26)_{p=2}$ を得る.

かくして,
$$C_g(n_1, n_2; Q) = \begin{cases} g & Q^{-1}(n_2, n_1) \equiv 0 \bmod g, \\ 0 & Q^{-1}(n_2, n_1) \not\equiv 0 \bmod g. \end{cases} \quad (95.27)$$

定義 (95.18) 以降の議論をまとめるならば, 変数 n_1, n_2 を入れ代え
$$\Phi_Q^*(z) = \frac{2\pi}{z|D|^{1/2}} \sum_{g|D} \frac{\mu(g)}{g}$$
$$\times \sum_{\substack{n_1, n_2 \in \mathbb{Z} \\ g|Q^{-1}(n_1, n_2)}} \exp\left(-(4\pi^2/(zg^2|D|))Q^{-1}(n_1, n_2)\right). \quad (95.28)$$

とくに, 定数 $c > 0$ をもって,
$$\Phi_Q^*(z) = \mathfrak{z}_+(D)/z + O(\exp(-c/z)), \quad z \to +0. \quad (95.29)$$

主項は $\{n_1, n_2\} = \{0, 0\}$ に対応する.

函数 $Z_+(s; \mathfrak{c})$ に移るが, まず Γ-函数の定義により,
$$\omega^{-s} = \frac{1}{\Gamma(s)} \int_0^\infty z^{s-1} \exp(-\omega z) dz, \quad \omega > 0, \ \mathrm{Re}\, s > 0. \quad (95.30)$$

従って,
$$Z_+(s; \mathfrak{c}) = \frac{1}{\Gamma(s)} \int_0^\infty z^{s-1} \Phi_Q^*(z) dz, \quad \mathrm{Re}\, s > 1. \quad (95.31)$$

積分と和の順序交換は絶対収束性 (つまりは (95.13)) により保証される. また, 定義 (95.7), (95.18) にて前提 (72.11) が用いられていることに注意せよ. 積分を点

$z=1$ にて 2 分割し, $0<z<1$ なる部分には変数変換 $z \mapsto 1/z$ を施すならば,

$$Z_+(s;\mathfrak{c}) = \frac{1}{\Gamma(s)} \int_1^\infty z^{s-1} \Phi_Q^*(z) dz + \frac{1}{\Gamma(s)} \int_1^\infty z^{-s-1} \Phi_Q^*(1/z) dz. \quad (95.32)$$

第 1 積分の被積分函数は, 常数 $c>0$ をもって, $O(\exp(-cz))$. 変換公式 (95.28) および漸近式 (95.29) を援用し, 第 2 積分の被積分函数は $\mathfrak{z}_+(D) z^{-s} + O(\exp(-cz))$. つまり, 整函数 $A(s)$ をもって,

$$Z_+(s;\mathfrak{c}) = \frac{\mathfrak{z}_+(D)}{s-1} + A(s). \quad (95.33)$$

定理 64 の証明を終わる.

(II) 不定値の場合に移る. 判別式 $D>0$ を定め, (93.1) を保持する. もちろん, (95.1)–(95.5) は成立. しかし, Aut_Q は無限群であるゆえ, (95.6) 以降の議論を本質的に変更せねばならない.

まず, 類 $\mathfrak{c} \in \mathcal{K}(D)$ の代表形式 $Q = [[a,b,c]]$ を採る. 註 [74.6] により, $a>0$, $\langle a, D \rangle = 1$ とできる. また, 判別式の符合は異なるが, やはり条件 (95.17) が充たされているものとしてよい. 分割 (95.1)–(95.2) により, $\mathbf{n} = {}^t\{n_1, n_2\}$ をもって,

$$\begin{aligned}
&\left\{ 2an_1 + (b+\sqrt{D})n_2 : \mathbf{n} \in \mathbb{Z}^2 - \{\underline{0}\} \right\} \\
&= \bigsqcup_{m \neq 0} \left\{ 2an_1 + (b+\sqrt{D})n_2 : \mathbf{n} \in N_Q(m) \right\} \\
&= \bigsqcup_{m \neq 0} \bigsqcup_{\mathbf{u} \in Y_Q(m)} \left\{ 2an_1 + (b+\sqrt{D})n_2 : \mathbf{n} = V\mathbf{u}, \forall V \in \mathrm{Aut}_Q \right\} \\
&= \bigsqcup_{m \neq 0} \bigsqcup_{\mathbf{u} \in Y_Q(m)} \bigsqcup_{\pm} \left\{ \pm \varepsilon_D^\ell (2au_1 + (b+\sqrt{D})u_2) : \ell \in \mathbb{Z} \right\}. \quad (95.34)
\end{aligned}$$

最下辺にては, 定理 48 (とくに (76.7)) および (88.15) が用いられている. ちなみに, この分解手順が (88.20) に続く段落にて書き残されたことである.

一方, 定義 (95.7) に対応し, 条件 $\mathrm{Re}\, s > 1$ のもとに,

$$\begin{aligned}
Z_\pm(s;\mathfrak{c}) &= \frac{1}{2}\Big(Z_\pm(s;\mathfrak{c};0) + Z_\pm(s;\mathfrak{c};1) \Big), \\
Z_\pm(s;\mathfrak{c};\delta) &= \sum_{m \neq 0} \sum_{\mathbf{u} \in Y_Q(m)} \frac{j_D(Q(u_1, u_2))}{|Q(u_1, u_2)|^s} \left(\frac{Q(u_1, u_2)}{|Q(u_1, u_2)|} \right)^\delta,
\end{aligned} \quad (95.35)$$

と置く. ここで, $\mathrm{pell}_D(-4)$ が解を持つならば, (88.18) により $Z_\pm(s;\mathfrak{c};1) \equiv 0$. しかし, 例えば, $D = 377$ (註 [86.5]) の場合には主類 $\mathfrak{c}_0$ にては $Y_Q(-1) = \varnothing$ で

あり, $Z_\pm(s;\mathfrak{c}_0;1) \neq 0$. 何れにせよ, (95.10) の類似が次の通り成立する.

$$\sum_{\mathfrak{c}\in\mathcal{K}(D)} Z_\pm(s;\mathfrak{c}) = \sum_Q \sum_{m=1}^\infty \sum_{\mathbf{u}\in Y_Q(m)} \frac{\jmath_D(Q(u_1,u_2))}{Q(u_1,u_2)^s}$$

$$= \sum_{m=1}^\infty \frac{\jmath_D(m)}{m^s} \sum_Q |Y_Q(m)| = \sum_{m=1}^\infty \frac{\jmath_D(m)}{m^s} \sum_{d|m} \kappa_D(d)$$

$$= \zeta(s) L(s,\kappa_D) \prod_{p|D}\left(1 - \frac{1}{p^s}\right), \quad \operatorname{Re} s > 1. \qquad (95.36)$$

なお, (95.35)–(95.36) における絶対収束性の吟味は下記 (95.40) に含まれる.

問題は函数 Φ_Q および Φ_Q^* に対応するものの構成である. 当然に, (95.18) を目下の状態に当てはめることは不可である. 困難の解消は Hecke (1917a) の着想による. 以下 (95.37)–(95.42) の通り.

任意に実数 $\omega_1, \omega_2 \neq 0$ および $\operatorname{Re} s > 0$ を採り

$$|\omega_1\omega_2|^{-s} = \frac{1}{\Gamma^2(s/2)} \int_0^\infty \int_0^\infty (xy)^{s/2-1} \exp\left(-\omega_1^2 x - \omega_2^2 y\right) dx dy. \qquad (95.37)$$

変数変換 $x \mapsto ze^\tau, y \mapsto ze^{-\tau}$ を施し,

$$|\omega_1\omega_2|^{-s} = \frac{2}{\Gamma^2(s/2)} \int_{-\infty}^\infty \int_0^\infty z^{s-1} \exp\left(-z(\omega_1^2 e^\tau + \omega_2^2 e^{-\tau})\right) dz d\tau. \qquad (95.38)$$

外部積分を $\mathbb{R} = \bigsqcup_{\ell\in\mathbb{Z}} [(2\ell-1)\log\varepsilon_D, (2\ell+1)\log\varepsilon_D)$ に沿い分割し

$$|\omega_1\omega_2|^{-s} = \frac{1}{\Gamma^2(s/2)} \sum_\pm \int_{-\log\varepsilon_D}^{\log\varepsilon_D} \int_0^\infty z^{s-1}$$
$$\times \sum_{\ell\in\mathbb{Z}} \exp\left(-z((\pm\varepsilon_D^\ell \omega_1)^2 e^\tau + (\pm\varepsilon_D^{-\ell}\omega_2)^2 e^{-\tau})\right) dz d\tau. \qquad (95.39)$$

ここで, $s \mapsto s+\delta$, $\operatorname{Re} s > 1$, $\omega_1 = 2au_1 + (b+\sqrt{D})u_2$, $\omega_2 = 4am/\omega_1$, ${}^t\{u_1,u_2\} \in Y_Q(m)$ とし, $\jmath_D(m)m^\delta$, $(\delta=0,1)$, を乗じ $m \neq 0$ につき和を採るならば, 分解 (95.34) を逆行し,

$$Z_\pm(s;\mathfrak{c};\delta) = \frac{(4a)^{s+\delta}}{\Gamma^2((s+\delta)/2)} \int_{-\log\varepsilon_D}^{\log\varepsilon_D} \int_0^\infty z^{s+\delta-1} \Psi_Q^*(z,\tau;\delta) dz d\tau. \qquad (95.40)$$

ただし,

$$\Psi_Q^*(z,\tau;\delta) = \sum_{n_1,n_2\in\mathbb{Z}} \jmath_D(Q(n_1,n_2))(Q(n_1,n_2))^\delta$$

$$\times \exp(-zH_{Q,\tau}(n_1,n_2)), \tag{95.41}$$

$$H_{Q,\tau} = {}^t\Lambda_Q \begin{pmatrix} e^\tau & 0 \\ 0 & e^{-\tau} \end{pmatrix} \Lambda_Q, \quad \Lambda_Q = \begin{pmatrix} 2a & b+D^{1/2} \\ 2a & b-D^{1/2} \end{pmatrix}. \tag{95.42}$$

実数係数の形式 $H_{Q,\tau}$ は正定値である.

そこで, (95.19)–(95.20) と同様に,

$$\begin{aligned}
\Psi_Q^*(z,\tau;\delta) &= \sum_{g|D} \mu(g) g^{2\delta} \sum_{\substack{l_1,l_2 \bmod g \\ Q(l_1,l_2)\equiv 0 \bmod g}} \Psi_Q(g^2 z,\tau; l_1/g, l_2/g; \delta), \\
\Psi_Q(z,\tau;\eta_1,\eta_2;\delta) &= \sum_{n_1,n_2\in\mathbb{Z}} (Q(n_1+\eta_1, n_2+\eta_2))^\delta \\
&\quad \times \exp\bigl(-zH_{Q,\tau}(n_1+\eta_1, n_2+\eta_2)\bigr).
\end{aligned} \tag{95.43}$$

Poisson 和公式により,

$$\begin{aligned}
\Psi_Q(z,\tau;\eta_1,\eta_2;\delta) &= \sum_{n_1,n_2\in\mathbb{Z}} \exp\bigl(-2\pi i(n_1\eta_1+n_2\eta_2)\bigr) \\
&\quad \times \iint_{\mathbb{R}^2} (Q(x,y))^\delta \exp\bigl(-zH_{Q,\tau}(x,y)+2\pi i(n_1 x+n_2 y)\bigr)dxdy.
\end{aligned} \tag{95.44}$$

変数変換 $\Lambda_Q \cdot {}^t\{x,y\} = {}^t\{X,Y\}$ を施すならば, 2 重積分は, $\{n_{1*}, n_{2*}\} = \{n_1, n_2\} \cdot \Lambda_Q^{-1}$ をもって,

$$\begin{aligned}
&\frac{1}{4aD^{1/2}} \iint_{\mathbb{R}^2} \left(\frac{XY}{4a}\right)^\delta \exp\bigl(-z(e^\tau X^2+e^{-\tau}Y^2)+2\pi i(n_{1*}X+n_{2*}Y)\bigr)dXdY \\
&= \left(\frac{\pi}{4azD^{1/2}}\right)^{1+2\delta} \bigl(Q^{-1}(n_2,n_1)\bigr)^\delta \exp\bigl(-(\pi^2/(z(4a)^2 D))H_{Q^{-1},-\tau}(n_2,n_1)\bigr).
\end{aligned} \tag{95.45}$$

よって, (95.18)–(95.28) にならい, 変換公式

$$\begin{aligned}
\Psi_Q^*(z,\tau;\delta) &= \left(\frac{\pi}{4azD^{1/2}}\right)^{1+2\delta} \sum_{g|D} \frac{\mu(g)}{g^{1+2\delta}} \sum_{\substack{n_1,n_2\in\mathbb{Z} \\ g|Q^{-1}(n_1,n_2)}} (Q^{-1}(n_1,n_2))^\delta \\
&\quad \times \exp\bigl(-(\pi^2/(z(4ag)^2 D))H_{Q^{-1},-\tau}(n_1,n_2)\bigr)
\end{aligned} \tag{95.46}$$

を得る. 残るは, (95.40) の内部積分について (95.32) と同様に議論し, 定義 (95.35) により

$$Z_\pm(s;\mathfrak{c}) = \frac{\mathfrak{z}_\pm(D)}{s-1} + B(s), \quad \mathfrak{z}_\pm(D) = \varphi(D) D^{-3/2} \log \varepsilon_D. \tag{95.47}$$

ただし, $B(s)$ は整函数である. かくして, (95.36) と組み合わせ次の基本関係式を得る (Dirichlet (*ibid.*, p.365)).

定理 65 任意の判別式 $D > 0$ につき, 定義 (88.16) をもって,

$$\mathrm{h}(D) = \frac{1}{\log \varepsilon_D} D^{1/2} L(1, \kappa_D). \tag{95.48}$$

さらに, 類数 $\mathrm{h}(D)$ の表現 (95.11) および (95.48) に現れた $L(1, \kappa_D)$ を '閉じた' 表現に置き換え類数公式の証明を完成する. 始めに, 註 [55.4] および註 [73.13] により

$$L(1, \kappa_D) = L(1, \kappa_{D_0}) \prod_{p \mid R} \left(1 - \frac{\kappa_{D_0}(p)}{p}\right). \tag{95.49}$$

つまり, 類数を計算するに当たっては, 一般性を減ずること無く

$$D \text{ は基本判別式と仮定できる.} \tag{95.50}$$

このとき κ_D は原始的指標 $\bmod |D|$ である (註 [73.11]). よって, (57.4) により

$$\begin{aligned} \kappa_D(n) &= \frac{G_D}{|D|} \sum_{d \bmod |D|} \kappa_D(d) e(-dn/|D|), \\ G_D &= \sum_{l \bmod |D|} \kappa_D(l) e(l/|D|). \end{aligned} \tag{95.51}$$

従って,

$$\begin{aligned} L(1, \kappa_D) &= \frac{G_D}{|D|} \sum_{d=1}^{|D|} \kappa_D(d) \sum_{n=1}^{\infty} \frac{e(-dn/|D|)}{n} \\ &= -\frac{G_D}{|D|} \sum_{d=1}^{|D|} \kappa_D(d) \{\log(\sin(\pi d/|D|)) - i\pi d/|D|\}. \end{aligned} \tag{95.52}$$

ただし, 次を用いた.

$$\begin{aligned} \sum_{n=1}^{\infty} \frac{e(-n\theta)}{n} &= -\log(1 - e(-\theta)) \\ &= -\log(2\sin \pi\theta) + i\pi(\theta - \tfrac{1}{2}), \quad 0 < \theta < 1. \end{aligned} \tag{95.53}$$

Gauss 和 G_D の計算を行わねばならぬが, 結果は

$$G_D = \sqrt{D} = \begin{cases} \sqrt{D} & D > 0, \\ i\sqrt{|D|} & D < 0. \end{cases} \qquad (95.54)$$

まず, 互いに素な基本判別式 D_1, D_2 の積は註 [73.12] から知れる通り, やはり基本判別式であり, 註 [57.4] により,

$$G_{D_1 D_2} = \kappa_{D_1}(|D_2|)\kappa_{D_2}(|D_1|) G_{D_1} G_{D_2}. \qquad (95.55)$$

それゆえ,

$$\kappa_{D_1}(|D_2|)\kappa_{D_2}(|D_1|) = \begin{cases} -1 & D_1, D_2 < 0, \\ 1 & \text{その他} \end{cases} \qquad (95.56)$$

であるならば, 帰納的に $G_{D_1 D_2} = \sqrt{D_1 D_2}$. 即ち, 素判別式について $(95.54)_{D=p^*}$ を確認することをもって充分, となる. これは, $p > 2$ のとき (61.1), (63.1), (63.3) から得られる. また, $p = 2$ のときには, 直接に計算し $G_{-4} = 2i$, $G_8 = 2\sqrt{2}$, $G_{-8} = 2i\sqrt{2}$ を容易に得る. そこで, (95.56) を確かめる. 註 [73.9] によるならば

$$2 \nmid D_1 D_2 \Rightarrow \kappa_{D_1}(|D_2|)\kappa_{D_2}(|D_1|) = \left(\frac{|D_2|}{|D_1|}\right)\left(\frac{|D_1|}{|D_2|}\right). \qquad (95.57)$$

相互律 (64.2)(3) により (95.56) を得る. 一方,

$$2 \nmid D_1, D_2 = 2^\beta f, 2 \nmid f \Rightarrow$$
$$\kappa_{D_1}(|D_2|)\kappa_{D_2}(|D_1|) = \left(\frac{|f|}{|D_1|}\right)\left(\frac{|D_1|}{|f|}\right)(-1)^{(f-1)(|D_1|-1)/4} \qquad (95.58)$$
$$= (-1)^{(f+|f|-2)(|D_1|-1)/4}.$$

やはり, (95.56) を得る. よって (95.54) が示された.

以上 (95.11), (95.48), (95.49), (95.52), (95.54) をまとめ, 名高い Dirichlet (1840a, pp.151–152) の類数公式に至る.

定理 66 任意の判別式 D を基本判別式 D_0 をもって $D = D_0 R^2$ と表すとき, (1) $D < 0$:

$$\mathrm{h}(D) = -\frac{1}{2} w_D \varphi(R; D_0) \sum_{d=1}^{|D_0|-1} \kappa_{D_0}(d)(d/|D_0|). \qquad (95.59)$$

(2) $D > 0$:
$$h(D) = -\frac{1}{\log \varepsilon_D} \varphi(R; D_0) \sum_{d=1}^{D_0-1} \kappa_{D_0}(d) \log(\sin(\pi d/D_0)). \tag{95.60}$$

ただし, (87.27) の記号を少々一般化し,
$$\varphi(R; D_0) = R \prod_{p|R} \left(1 - \frac{\kappa_{D_0}(p)}{p}\right). \tag{95.61}$$

[95.1] 整数論と解析学との融合. Kummer (1861) による敬愛と熱情溢れる Dirichlet 追悼文に次の一節がある (p.18). Descartes が解析を幾何に応用し新たな学問を拓いたごとく, Dirichlet の方法は ... auf alle Probleme der Zahlentheorie gleichmässig erstreckten. 正に, Riemann (1860) の素数分布論への貢献はこの新たな数学の流れにてなされたのである (註 [11.8](8) を参照せよ). もちろん, 源は Euler の叡智 (§11).

[95.2] Dirichlet の方針に大略相当するものを (正負の判別式共に) Gauss は秘蔵していた. [DA, artt. 256, 302; Addit. art. 306.X] および遺稿 (1863c: 執筆 1834/1837) を見よ. 編者 Dedekind による興味深い注釈が付されている. また, Smith (1861a, art. 99) の記すところも参照せよ.

[95.3] (I) について. Dirichlet (1839; 1863/1894, Fünfter Abschnitt) の本来の方針にては幾何学的な近似 (楕円内の格子点の統計的計数) が前面にある. 今日一般の解説の採るところでもある. しかるに, 上記では趣を変え, 等式 (95.11) の背景にある保型構造を明示する手法を採用. もっとも, theta-級数 Φ_Q の援用は Dirichlet (1840a, pp.8–10) にて既に示唆されてもいる. なお, 定義 (95.7), (95.18) における単位指標 $\jmath_D$ に係る議論は, 通例では, Dirichlet の原論文 (§5) からの借用が専らである (例えば, Landau (1927, Vierter Teil, Kapitel 5)). 上記では (19.2) および指数和 C_g の計算に帰着させている.

[95.4] (II) について. Dirichlet の本来の方針では, 正定値の場合の楕円を取り換え双曲線により定まる然るべき領域内の格子点の統計的計数が行われている. 今日一般の解説の採るところ. 上記では, (I) と同じく等式 (95.48) の背景にある保型構造を明示する論法を採用.

[95.5] 不定値形式と正定値形式とを結ぶ Hecke の手法は見事である. Cauchy らによる theta-函数導入以来の長年の懸案を単純至極な着想をもって鮮やかに解決したのである. 多少の拡張により, 代数体の Dedekind zeta-函数一般につきその函数等式 ((11.14) の拡張) を示すこともできる (Hecke (1917b)). 実際, (95.10), (95.36) は 2 次体の Dedekind zeta-函数に相当する. かくして, 素数定理の代数体への拡張 (素 Ideal 定理) への路も拓かれる. なお, 積 $\zeta(s)L(s, \kappa_D)$ (D: 基本判別式) の函数等式は因子それぞれの函数等式 (註 [63.3]–[63.4]) からも当然得られる. それを逆転し Poisson 和公式の 2 次形式への拡張である Voronoï 和公式 (1904) を得る. 未解決の大問題である円問題, 約数問題およびそれぞれの拡張の議論にてごく基本である (YM (2011, pp.1–12) を参照せよ).

[95.6] ちなみに, (95.48) に現れる $\log \varepsilon_D$ は代数体の Dirichlet 単数基準 *regulator* なるものの一例である (Dedekind (Dirichlet (1894, §183)), Hecke (1923, Kapitel VI) を参照せよ). ここに一つの根本的な課題が浮かび上がる. それは, 単数基準の定性的・定量的な解明である. しかし, 最も単純である $\log \varepsilon_D$ そのものについてすら, 判別式の函数としての挙動は極めて謎深く実質的に未知. ただし, $\log \varepsilon_D$ の高効率な任意桁数算出に量子計算を応用し得ることは知られている (Hallgren (2002)). 等式 (95.48) に含まれる根本的な困難は, $\log \varepsilon_D$ と $L(1, \kappa_D)$ の分離なる課題にある. Takhtajan–Vinogradov (1982) の試みを参照せよ. なお, $\log \varepsilon_D$ は何と [DA, art. 304] に初出.

[95.7] 類数 h(D) については膨大な知見があるが, Dirichlet 自身による考察 (1840a, 後半) を始めとしその殆どはとくに公式 (95.59) の変形に関する議論である. また, (95.60) を通し $\text{pell}_D(4)$ と円分方程式との関係を考察することもある (実質的に Dirichlet (1837b) に始まる). それらの区々を述べることは控える. 他方, 解析的整数論から観るならば, 定理 63, 64 そのものこそが至極重要である. 実際, 整数論の分野なにがしなる瑣末を超え, 等式 (95.11), (95.48) は Dirichlet による発見以来この方絶えず深い関心の対象であり続けて来た. その理由は, 背景に保型函数論 (より正確には保型形式論) の存在がある. Kronecker (1885) の考究を嚆矢としその後の蓄積はやはり膨大. Siegel (1961) による平明な導入あり.

[95.8] 一方, 定量的な素数分布論を通し等式 (95.11), (95.48) を観るならば困難を極める課題が現れる. それは, $L(1, \kappa_D)$ の理想的かつ計算可能な下限を要求するものであり, 焦眉の問題の一つである. いわゆる例外零点あるいは例外指標の非存在証明を希望するものでもある. 現在のところ謎の状態. YM (2009, pp.102, 148 および第 9 章) を見よ.

[95.9] 類数公式 (95.59) を少々書き換え,
$$\frac{\text{h}(D)}{\text{h}(D_0)} = \frac{w_D}{w_{D_0}} \varphi(R; D_0), \quad D_0 < 0.$$
Gauss [DA, artt. 253–256] による関係式である. 合成理論をもって $\mathcal{K}(D)$ と $\mathcal{K}(D_0)$ の構造を解析することにより, 直接に (類数公式を証明すること無く) この等式が得られている. 一方, 同所 (Werke I, p.283) において, より興味深い不定値の場合には同様の関係式は未解明である, とされている. しかるに, 類数公式 (95.60) によるならば,
$$\frac{\text{h}(D)}{\text{h}(D_0)} = \frac{1}{S} \varphi(R; D_0), \quad D_0 > 0.$$
ただし, $\varepsilon_D = \varepsilon_{D_0}^S$, $S | \varphi(R; D_0)$. ベキ指数 S の存在は (87.28) (Legendre 合同式 (87.24) の一般化) と殆ど同様に証明される. つまり, Dirichlet (1840a; 1863/1894, §100) は Gauss の問への解答を与えた訳でもある. 後に, Lipschitz (1857) はごく代数的にこれらの関係式を証明している. 彼の論法にては註 [5.3] が主要な手段である. 着眼点は関係式 $-4 \det{}^t\!AQA = D(\det A)^2$, $D = -4 \det Q$. とくに, $\det A = p > 2$ なる場合には, 註 [5.3] の代表系は単純な $p+1$ 個の

行列. それらによる変換結果から原始的形式を選ぶならば容易に $p - \kappa_D(p) = \varphi(p; D)$ 個を得る. 多少の考察が残るが, かくして上記の関係式に達する. Smith (art. 113) を参照せよ. 数値例として, h$(-231) = 12$, h$(-23100) = 12 \cdot 10(1 - 1/2)(1 - 1/5) = 48$. 一方, 註 [86.5] から h$(377) = 4$,

$$\varepsilon_{377} = 233 + 13\sqrt{377}, \quad \varepsilon_{377}^3 = 57184724 + 2945540\sqrt{377}.$$

かつ, $\varphi(10; 377) = 10(1 - 1/2)(1 + 1/5) = 6$. 従って, h$(37700) = 8$.

[95.10] 群 $\mathcal{K}(D)$ の構造を近似的であれ知ることは, 例えば, D の素因数分解への算法をもたらし得る. これは Šimerka (1858) のごく自然な着想の一解釈である (詳細解説は Lemmermeyer (2013)). 具体的には, $\mathfrak{Q}(D)$ 内の形式により表現される小素数 $\{p_j : j \leq J\}$ を採取し, (93.44) と同様な構成を考察する.

仮に, 類集合 $\{(M_{p_j, \varepsilon_j})\}$ が群 $\mathcal{K}(D)$ の生成元集合に近いならば,

高い確率をもって両面類, 従って両面形式を生成し得るであろう (註 [75.2] を参照せよ). つまり, この仮定の下に D の因数分解に達し得る (註 [75.5]). 実は, ERH の下に望ましい J の上限が得られる. 註 [55.5] に類いする状況. しかし, 余りにしばしば大予想に頼ることもまた憚られる. つまりは, 2元2次形式論の根底にあるところは未だ何も解明されていないに等しいと知るべし.

§96.

定理 61 の略解をもって講義を閉じることとする. 判別式 D は任意とする. まず, Abel 群 $\mathcal{K}(D)$ の指標群を $\{\lambda\}$ とする. 任意の形式 $Q \in \mathfrak{Q}(D)$ につき, $\lambda(Q) = \lambda((Q))$ と定義する. 指標 λ を合成 (93.5) に忠実な $\mathfrak{Q}(D)$ 上の函数とみなす訳である. これの理解の下に,

$$\mathcal{L}(s, \lambda) = \sum_{\mathfrak{c} \in \mathcal{K}(D)} \lambda(\mathfrak{c}) Z(s; \mathfrak{c}) \tag{96.1}$$

と置く. 函数 $Z(s; \mathfrak{c})$ は前節における $Z_+(s; \mathfrak{c})$ あるいは $Z_\pm(s; \mathfrak{c})$ の定義にて係数 $\jmath_D(m)$ を $\jmath_{2D}(m)$ に取り換えたものである (後に知れる). 漸近式 (95.9), (95.47) に対応するものは D のみにより定まる留数 $\mathfrak{z}(D)$ をもってもちろん成立する. よって,

$$\mathcal{L}(s, \lambda) = \frac{\mathfrak{z}(D)}{s - 1} \text{h}(D) \Delta_\lambda + C(s), \quad \Delta_\lambda = \begin{cases} 1 & \lambda \equiv 1, \\ 0 & \lambda \not\equiv 1. \end{cases} \tag{96.2}$$

ただし, $C(s)$ は整函数. 一方, (74.25) および (95.3) を参照し, Re$\,s > 1$ にて,

$$\mathcal{L}(s,\lambda) = \sum_{m=1}^{\infty} \frac{\jmath_{2D}(m)}{m^s} \sum_{g^2 | m} \Xi_\lambda(m/g^2), \quad \Xi_\lambda(m) = \sum_{\xi \bmod 2m} \lambda(M_{m,\xi}). \quad (96.3)$$

つまり,

$$\mathcal{L}(s,\lambda) = L(2s, \jmath_{2D})\mathcal{L}^*(s,\lambda), \quad \mathcal{L}^*(s,\lambda) = \sum_{m=1}^{\infty} \frac{\jmath_{2D}(m)}{m^s} \Xi_\lambda(m). \quad (96.4)$$

当然に, これら m は $\mathcal{Q}(D)$ 内の何れかの形式により正規表現されるものに限られる. かく了解のもとに函数 Ξ_λ は乗法的である. 何故ならば, (96.3) において $\langle m_1, m_2 \rangle = 1$ であるならば, $M_{m_1 m_2, \xi} = M_{m_1, \xi_1} \circ M_{m_2, \xi_2}$ (註 [74.4]: Legendre 等式). ただし, $\xi_j \equiv \xi \bmod m_j$. 従って, $\Xi_\lambda(m_1 m_2) = \Xi_\lambda(m_1)\Xi_\lambda(m_2)$.

Euler 積に移り

$$\mathcal{L}^*(s,\lambda) = \prod_{p \nmid 2D} \left(\sum_{l=0}^{\infty} \frac{1}{p^{ls}} \Xi_\lambda(p^l) \right), \quad \Xi_\lambda(1) = 1. \quad (96.5)$$

もちろん, p は (96.4) における m と同じ制限のもとにある. つまり, $\kappa_D(p) = 1$. とくに, $X^2 \equiv D \bmod 4p$ は 2 個の相異なる解 $\pm\eta \bmod 2p$ をもち, これらは任意ベキ指数 l について $X^2 \equiv D \bmod 4p^l$ の 2 個の解 $\bmod 2p^l$ に持ち上げられる (これがために $\jmath_{2D}$ を採用). よって, (93.41) を想起し,

$$\Xi_\lambda(p^l) = \lambda^l(\wp) + \lambda^{-l}(\wp), \quad \wp = M_{p,\eta}. \quad (96.6)$$

多少の計算の後,

$$\mathcal{L}^*(s,\lambda) = \prod_{p \nmid 2D} \left(1 - \frac{\lambda(\wp)}{p^s}\right)^{-1} \left(1 - \frac{\overline{\lambda}(\wp)}{p^s}\right)^{-1} \left(1 - \frac{1}{p^{2s}}\right). \quad (96.7)$$

この展開をもって, 任意に定められた類 $\mathfrak{c} \in \mathcal{K}(D)$ につき, 定理 61 と同等である

$$|\{\wp : \wp \in \mathfrak{c} \cup \mathfrak{c}^{-1}\}| = \infty \quad (96.8)$$

を示す. 方針 (91.2)–(91.6) を僅かに拡張し,

$$\lambda \neq 1 \Rightarrow \mathcal{L}^*(1,\lambda) \text{ は有界にしてかつ } 0 \text{ にあらず} \quad (96.9)$$

の確認をもって足りる. 註 [91.3] によれば, λ が複素数値を採るならば, (96.9) は容易. 実際, $\prod_\lambda \mathcal{L}^*(s,\lambda)$ の Euler 積を観察することにより済む. 一方, $\lambda \neq 1$ が実指標 κ_{D_1} (定理 63) であるならば, 目下の目的には関与せぬ因子を除き, 函数

$$\prod_{\kappa_{D_0}(p)=1} \left(1 - \frac{\kappa_{D_1}(p)}{p^s}\right)^{-2}, \quad D_1 \neq 1, D_0, \tag{96.10}$$

が $s=1$ にて 0 とは異なる有界な値を採ることを示せば良い. しかるに, 再び自明な因子を除き, これは Dirichlet L-函数の積

$$L(s, \kappa_{D_1}) L(s, \kappa_{D_0}\kappa_{D_1}) = \prod_p \left(1 - \frac{\kappa_{D_1}(p)}{p^s}\right)^{-1} \left(1 - \frac{\kappa_{D_0}\kappa_{D_1}(p)}{p^s}\right)^{-1} \tag{96.11}$$

に等しい. ここで, Dirichlet 指標として $\kappa_{D_0}\kappa_{D_1} \not\equiv 1$. 何故ならば, 原始的指標である $\kappa_{D_0}, \kappa_{D_1}$ が等しいならば導手は等しく, $D_0 = D_1$ (定理 33 (2)). 従って, 定理 64, 65 により議論を終わる. なお, (91.7)–(91.12) を適宜拡張し, 両定理の援用を外すことも当然に可能である.

定理 61 は整数論における結晶の一つである. Gauss の 2 次形式論, Dirichlet の解析的整数論の総合をもって初めて見出される事実. もっとも, Dirichlet (1840b) は $D = -p$ かつ $\mathcal{K}(D)$ は巡回群, なる特殊な場合のみについて証明. Weber (1882) の議論は一般の判別式についての証明であり, 方針は上記と同等. 実は, Dirichlet の本来の言明 (Liouville への手紙の冒頭) は, 彼の素数定理 (91.1) は任意の原始的 2 次形式の値に制限の上なおも成立する, と云う命題である. この算術級数への定理 61 の拡張は, (96.2) にて j_{2D} を Dirichlet 指標 $\bmod q$, $2D|q$, に置き換えることにより議論される. これまで講述されたところをもってするならば, 委細を容易に組み立て得よう. Bachmann (1894, Zehnter Abschnitt) を参照するがよい. さらに, 法および判別式につき一様な定量化は, YM (2009, 第 9 章) にならい可能である. それにより, 例えば, 係る素数の最初の出現位置を絶対的に評価できる. もって, 現代の素数分布論の戸口に立つこととなる.

[96.1] 次節以降は諸氏が自在に記すべきところ. 具体に徹すること忘るなかれ.

参 考 文 献

注意: Euler 論文については，主として提出年を採用

[1] N.H. Abel (1829): Mémoire sur une classe particulière d'équations résolubles algébriquement. J. reine angew Math., **4**, 131–156.

[2] A.G. Agărgün and E.M. Özkan (2001): A historical survey of the fundamental theorem of arithmetic. Historia Math., **28**, 207–214.

[3] M. Agrawal, N. Kayal, and N. Saxena (2004): PRIMES is in P. Ann. Math., **160**, 781–793.

[4] Ahmes (ca 1650 BCE): The Rhind mathematical papyrus (British Museum 10057 and 10058). Free translation and commentary by A.B. Chace (1927). Math. Ass. America, Oberlin, Ohio.

[5] W.R. Alford, A. Granville and C. Pomerance (1994): There are infinitely many Carmichael numbers. Ann. Math., **140**, 703–722.

[6] al-Khwarizmi (ca 825): Thus spake al-Khwarizmi. A translation of the text of Cambridge University Library ms. Ii.vi.5 by J.N. Crossley and A.S. Henry. Historia Math., **17** (1990), 103–131.

[7] N.C. Ankeny (1952): The least quadratic non residue. Ann. Math., **55**, 65–72.

[8] Anonymous (1864): On primes and proper primes. The Oxford, Cambridge, and Dublin Messenger of Math., **2**, 1–6.

[9] A.F. Arndt (1846): Disquisitiones de residuis cujusvis ordinis. J. reine angew. Math., **31**, 333–342.

[10] —— (1859a): Auflösung einer Aufgabe in der Composition der quadratischen Formen. *Ibid.*, **56**, 64–71.

[11] —— (1859b): Ueber die Anzahl der Genera der quadratischen Formen. *Ibid.*, 72–78.

[12] —— (1859c): Einfacher Beweis für die Irreductibilität einer Gleichung in der Kreistheilung. *Ibid.*, 178–181.

[13] E. Artin (1924): Quadratische Körper im Gebiete der höheren Kongruenzen. I, II. Math. Z. **19**, 153–246.

[14] Aryabhata I (499): The āryabhaṭīya. An ancient Indian work on mathematics and astronomy. Translated with notes by W.E. Clark, The University of Chicago Press, Chicago 1930.

[15] E. Bach (1990): Explicit bounds for primality testing and related problems. Math. Comp., **55**, 355–380.

[16] P. Bachmann (1872): Die Lehre von der Kreistheilung und ihre Beziehungen zur Zahlentheorie. B.G. Teubner, Leipzig.

[17] — (1894): Die analytische Zahlentheorie. *Ibid.*
[18] — (1898): Die Arithmetik der quadratischen Formen. Erste Abt. *Ibid.*; Zweite Abt. *Ibid.* 1923.
[19] — (1902): Niedere Zahlentheorie. Erster Teil. *Ibid.*; Zweiter Teil. Additive Zahlentheorie. *Ibid.*, 1910.
[20] — (1911): Über Gauß' zahlentheoretische Arbeiten. Gauss Werke X-2, pp.1–69.
[21] P. Barlow (1811): An elementary investigation of the theory of numbers. J. Johnson and Co., London.
[22] O. Baumgart (1885): Über das quadratische Reciprocitätsgesetz. B.G. Teubner, Leipzig.
[23] E. Beltrami (1868): Teoria fondamentale degli spazii di curvatura costante. Ann. Mat. Pura App., **2**, 232–255. (Traduit: Ann. Sci. de l'É.N.S., **6** (1869), 347–375)
[24] C.H. Bennett (1973): Logical reversibility of computation. IBM J. Res. Develop., **17**, 525–532.
[25] Bhaskara II (1150): Bija Ganita. In: Algera of the Hindus from a Persian manuscript of 1634, translated by E. Strachey (1813). The Hon. East Indian Company, London; Lilavati, Vijaganita. In: Algebra wih arithmetic and mensuration from the Sanscrit, translated by H.T. Colebrooke (1817). J. Murray, London, pp.1–276.
[26] R. Bombelli (1579): L'Algebra. G. Rossi, Bologna.
[27] E. Bombieri (1987): Le grand crible dan la théorie analytique des nombres. Second édition. Astérisque **18**, Paris.
[28] D. Boneh (1999): Twenty years of attacks on the RSA cryptosystem. Notice Amer. Math. Soc., **46**, 203–213.
[29] V. Bouniakowsky (1857): Sur les diviseurs numériq(u)es invariables des fonctions rationnelles entières. Mém. Acad. Impér. Sci. Saint-Pétersbourg, sixème série, Sci. Math. Phys., Tom VI, 306–329.
[30] Brahmagupta (628): Ganita, Cuttaca. In: Algebra wih arithmetic and mensuration from the Sanscrit translated by H.T. Colebrooke (1817). J. Murray, London, pp.277–378.
[31] V. Brun (1919): La série $\frac{1}{5}+\frac{1}{7}+\frac{1}{11}+\frac{1}{13}+\frac{1}{17}+\frac{1}{19}+\frac{1}{29}+\frac{1}{31}+\frac{1}{41}+\frac{1}{43}+\frac{1}{59}+\frac{1}{61}+\cdots$ oú les dénominateurs sont "nombres premiers jumeaux" est convergente ou finie. Bull. Sci. Math., (2)**43**, 124–128.
[32] D.G. Cantor and H. Zassenhaus (1981): A new algorithm for factoring polynomials over finite fields. Math. Computation, **36**, 587–592.
[33] G. Cardano (1545): Artis magnæ, sive de regulis algebraicis, liber unus. Petreius, Nürnberg. (Ars Magna. Dover Publ., New York 1993)
[34] R.D. Carmichael (1907): On Euler's ϕ-function. Bull. Amer. Math. Soc., **13**, 241–243; Note on Euler's ϕ-function. *Ibid.*, **28** (1922), 109–110.
[35] — (1910): Note on a new number theory function. *Ibid.*, **16**, 232–238.
[36] — (1912): On composite numbers P which satisfy the Fermat congruence $a^{P-1} \equiv$

1 mod P. Amer. Math. Monthly **19**, 22–27.

[37] P.A. Cataldi (1613): Trattato del modo brevissimo di trouare la radice quadra delli numeri. Bartolomeo Cochi, Bologna.

[38] A. Cauchy (1829): Mémoire sur la théorie des nombres. Bull. Férussac, **12**, 205–221.

[39] —— (1840): Méthode simple et nouvelle pour la détermination complète des sommes alternees formées avec les racines primitives des équations binomes. J. math. pures et appliq., **5**, 154–168.

[40] A. Cayley (1858): A memoir on the theory of matrices. Phyl. Trans. Royal Soc. London, **148**, 17–37.

[41] Charves (L. Charve) (1877): Démonstration de la périodicité des fractions continues, engendrées par les racines d'une équation du deuxème degré. Bull. Sci. Math. Astron., (2) **1**, 41–43.

[42] P.L. Chebyshev (1848a): Teoria sravneny. Theses, St. Petersburg Univ., (露); Theorie der Congruenzen. Mayer & Müller, Berlin 1889.

[43] —— (1848b): Sur la totalité des nombres premiers inférieur à une limite donnée. Mémoire présente à la Acad. Imperiale de St. Pétersbourg. (J. math. pure et appliq., sér. I, **17** (1852), 341–365; Œuvres I, pp.29–48)

[44] —— (1850): Mémoire sur nombres premiers. *Ibid.* (*Ibid.*, 366–390; Œuvres I, pp.51–70)

[45] —— (1899): Œuvres. Tome I. Académie Impérial des Sciences, St.-Pétersbourg; Tome II. *Ibid.*, 1907.

[46] M. Cipolla (1907): Sulla risoluzione apiristica delle congruenze binomie secondo un modulo primo. Math. Ann., **63**, 54–61.

[47] G. Cornacchia (1908): Su di un metodo per la risoluzione in numeri interi dell'equazione $\sum_{h=0}^{n} C_h x^{n-h} y^h = P$. Giornale di matematiche di Battaglini, **46**, 33–90.

[48] B. Datta and A.N. Singh (1935): History of Hindu mathematics. A source book. Part I. Motilal Banarsidas, Lahore; Part II. *Ibid.*, 1938.

[49] R. Dedekind (1857a): Abriss einer Theorie der höhern Congruenzen in Bezug auf einen reellen Primzahl-Modulus. J. reine angew. Math., **54**, 1–26.

[50] —— (1857b): Beweis für die Irreductibilität der Kreistheilungs-gleichungen. *Ibid.*, 27–30.

[51] —— (1873): Die Lehre von der Kreistheilung und ihre Beziehungen zur Zahlentheorie. Akad. Vorlesungen von Dr. Paul Bachmann. Literaturzeitung. Zeitsch. für Math. Physik, **18**, 15–24.

[52] —— (1876): Sur la théorie des nombres entiers algébrique. Bull. Sci. Math. Astron., (1) **11**, 278–288; (2) **1** (1877a) 17–41, 69–92, 144–164, 207–248.

[53] —— (1877b): Schreiben an Herrn Borchardt über die Theorie der elliptischen Modul-Functionen. J. reine angew. Math., **83**, 265–292.

[54] —— (1892): Stetigkeit und irrationale Zahlen. Friedrich Biewerg, Braunschweig.

(Continuity and irrational numbers. In: Essays on the theory of numbers, pp.1–13, The Open Court Publ., Chicago 1901)
[55] Ch.-J. de la Vallée Poussin (1897/1898): Recherches analytiques sur la théorie des nombres premiers. Acad. Royal de Belgique, Bruxells. (Extrait des Ann. Soc. Sci. Bruxelles, **20**, 2e p., (1896); **21**, 2e p., (1897))
[56] M. Deuring (1941): Die Typen der Multiplikatorenringe elliptischer Funktionenkörper. Abh. Math. Sem. Hansischen Univ., **14**, 197–272.
[57] L.E. Dickson (1911): Notes on the theory of numbers. Amer. Math. Monthly, **18**, 109–111.
[58] —— (1919): History of number theory. vol. I. Carnegie Inst., Washington; vol. II. Ibid., 1920; vol. III. Ibid., 1923.
[59] W. Diffie and M.E. Hellman (1976): New directions in cryptography. IEEE Trans. Information Theory, IT-**22**, 644–654.
[60] Diophantus (ca 250): Arithmetica. (C.G. Bachet de Méziriac (1621): Diophanti Alexandrini arithmeticorum libri sex et de numeris multangulis liber unus. Lutetia Parisiorum; T.L. Heath (1885): Diophantos of Alexandria. First edition. The Univ. Press, Cambridge; Second edition [Diophantus of Alexandria]. Ibid., 1910)
[61] P.G.L. Dirichlet (1828): Démonstrations nouvelles de quelques théorèmes relatifs aux nombres. J. reine angew Math., **3**, 390–393. (Werke I, pp.99–104)
[62] —— (1834): Einige neue Sätze über unbestimmte Gleichungen. Abhandl. Königl. Preuss Akad. Wissens., 649–664. (Werke I, pp.219–236)
[63] —— (1835): Über eine neue Anwendung bestimmter Integrale auf die Summation endlicher order unendlicher Reihen. Ibid., 391–407. (Werke I, pp.237–256)
[64] —— (1837a): Beweis des Satzes, dass jede unbegrenzte arithmetische Progression, deren erstes Glied und Differenz ganze Zahlen ohne gemeinschaftlichen Factor sind, unendlich viele Primzahlen enthält. Ibid., 45–81. (Werke I, pp.313–342)
[65] —— (1837b): Sur la manière de résoudre l'équation $t^2 - pu^2 = 1$ au moyen des fonctions circulaires. J. reine angew. Math., **17**, 286–290. (Werke I, pp.343–350)
[66] —— (1838): Sur l'usage des séries infinies dans la théorie des nombres. Ibid., **18**, 259–274. (Werke I, pp.357–374)
[67] —— (1839): Recherches sur diverses applications de l'analyse infinitésimale à la théorie des nombres. Premièr part. Ibid., **19**, 324–369; (1840a) Seconde partier. Ibid., **21**, 1–12 et 134–155. (Werke I, pp.411–496)
[68] —— (1840b): Auszug aus einer der Akademie der Wissenschaften zu Berlin am 5ten März 1840 vorgelesenen Abhandlung. Ibid., **21**, 98–100; Extrait d'une lettere de M. Lejeune-Dirichlet à M. Liouville. C.R. Acad. Sci., **10** (1840), 285–288.
[69] —— (1842): Recherches sur les formes quadratiques à coëfficients et à indéterminées complexes. J. reine angew. Math., **24**, 291–371. (Werke I, pp.533–618)
[70] —— (1851): De formarum binariarum secundi gradus compositione. Commentatio qua ad audiendam orationem pro loco in facultate philosophica. Berolini Typis Academicis. (Werke II, pp.105–114; Traduit: J. math. pures et appliq., **4** (1859),

389–398)
- [71] — (1854a): Über den ersten der von Gauss gegebenen Beweise des Reciprocitätsgesetzes in der Theorie der quadratischen Reste. J. reine angew. Math., **47**, 139–150. (Werke II, pp.121–138)
- [72] — (1854b): Vereinfachung der Theorie der binären quadratischen Formen von positiver Determinante. Abh. König. Preuss. Akad. Wiss., 99–115. (Werke II, pp.139–158)
- [73] — (1857): Démonstration nouvelle d'une proposition relative a la théorie des formes quadratiques. J. math. pures et appliq., sér. II, **1**, 273–276. (Werke II, pp.209–214)
- [74] — (1860): Ueber den biquadratischen Character der Zhal "Zwei". J. reine angew. Math., **57**, 187–188. (Werke II, pp.259–262)
- [75] — (1863): Vorlesungen über Zahlentheorie. Herausgegeben von R. Dedekind. Friedrich Vieweg und Sohn, Braunschweig; Zweite Auflage. *Ibid.*, 1871; Dritte Auflage. *Ibid.*, 1879; Vierte Auflage. *Ibid.*, 1894.
- [76] — (1889): Werke. Erster Band. Georg Reimer, Berlin; Zweiter Band. *Ibid.*, 1897.
- [77] P. du Bois-Reymond (1883): Ueber den Gültigkeitsbereich der Taylor'schen Reihenentwickelung. Math. Ann., **21**, 109–117.
- [78] G.W. Dunnington (2004): Carl Friedrich Gauss. Titan of Science. The Math. Assoc. America, Washington, DC.
- [79] J.H. Ellis (1987): The story of non-secret encryption. (a private document)
- [80] J. Elstrodt (2007): The life and work of Gustav Lejeune Dirichlet (1805–1859). Clay Math. Proc., **7**, 1–37.
- [81] P. Erdős (1949): On a new method in elementary number theory which leads to an elementary proof of the prime number theorem. Proc. Nat. Acad. Sci. U.S.A., **35**, 374–384.
- [82] —(1950): Az $1/x_1 + 1/x_2 + \cdots + 1/x_n = a/b$ egyenlet egész számú megoldásairól. Mat. Lapok, **1**, 192–210.
- [83] Euclid (ca 300 BCE): Στοιχεῖα.
  (1) Adelardus (1482). Opus elementorum Euclidis megarensis in geometriam artem in id quoque Campani perspicacissimi commentationes finiunt. E. Randolt, Venetiis.
  (2) H. Billingsley (1570): The elements of geometrie of the most auncient philosopher Euclide of Megara. J. Daye, London.
  (3) T.L. Heath (1956): The thirteen books of Euclid's Elements translated from the text of Heiberg. Second edition. Vols. I–III. Dover, New York.
- [84] L. Euler (1732): Observationes de theoremate quodam Fermatiano, aliisque ad numeros primos spectantibus. (Comm. Arith. Collect., I, pp.1–3)
- [85] — (1733a): De solutione problematum Diophanteorum per numeros integros. (Comm. Arith. Collect., I, pp.4–10)
- [86] — (1733b): Solutio problematis arithmetici de inveniendo numero, qui per datos

[87] — (1736): Theorematum quorundam ad numeros primos spectantium demonstratio. (Comm. Arith. Collect., I, pp.21–23)
[88] — (1737a): De fractionibus continuis dissertatio. Comm. Acad. Sci. Petropolitanae, **9** (1744), 98–137.
[89] — (1737b): Variae observationes circa series infinitas. *Ibid.*, 160–188.
[90] — (1740): De extractione radicum ex quantitatibus irrationalibus. *Ibid.*, **13** (1751), 16–60.
[91] — (1747): Theoremata circa divisores numerorum. (Comm. Arith. Collect., I, pp.50–61)
[92] — (1748a): Theoremata circa numerorum in hac forma $paa \pm qbb$ contentorum. (Comm. Arith. Collect., I, pp.35–49)
[93] — (1748b): Introductio in analysin infinitorum. Tomus primus. M.M. Bousquet & Socios, Lausannæ; Tomus secundus. *Ibid.*
[94] — (1749): De numeris, qui sunt aggregata duorum quadratorum. (Comm. Arith. Collect., I, pp.155–173)
[95] — (1751): Demonstratio theorematis Fermatiani, omnem numerum primum formae $4n+1$ esse summam duorum quadratorum. (Comm. Arith. Collect., I, pp.210–233)
[96] — (1752): Observatio de summis divisorum. (Comm. Arith. Collect., I, pp.146–154)
[97] — (1755): Theoremata circa residua ex divisione potestatum relicta. (Comm. Arith. Collect., I, pp.260–273)
[98] — (1758a): Theoremata arithmetica nova methodo demonstrata. (Comm. Arith. Collect., I, pp.274–286)
[99] — (1758b): De resolutione formularum quadraticarum indeterminatarum per numeros integros. (Comm. Arith. Collect., I, pp.297–315)
[100] — (1759): De usu novi algorithmi in problemate Pelliano solvendo. (Comm. Arith. Collect., I, pp.316–336)
[101] — (1760): De numeris primis valde magnis. (Comm. Arith. Collect., I, pp.356–378)
[102] — (1761): Remarques sur un beau rapport entre les séries des puissances tant directes que réciproques. Mem. Acad. Sci. Berlin, **17** (1768), 83–106.
[103] — (1765): Quomodo numeri praemagni sint explorandi, utrum sint primi nec ne? (Comm. Arith. Collect., I, pp.379–390)
[104] — (1771): Vollständige Anleitung zur Algebra. Kaiser. Akad. Wiss., St. Petersburg. (Elements of algebra. Third edition. Longman, Rees, Omre, and Co., London 1822)
[105] — (1772a): Observationes circa divisionem quadratorum per numeros primos. (Comm. Arith. Collect., I, pp.477–486; Opusc. Analy., I, pp.64–84)
[106] — (1772b): Disquisitio accuratior circa residua ex divisione quadratorum altiorumque potestatum per numeros primos relicta. (Comm. Arith. Collect., I, pp.487–

[107] — (1772c): Demonstrationes circa residua ex divisione potestatum per numeros primos resultantia. (Comm. Arith. Collect., I, pp.516–537)

[108] — (1772d): Novae demonstrationes circa resolutionem numerorum in quadrata. (Comm. Arith. Collect., I, pp.538–548)

[109] — (1772e): De criteriis aequationis $fxx+gyy=hzz$, utrum ea resolutionem admittat, nec ne? (Comm. Arith. Collect., I, pp.556–569; Opusc. Analy., I, pp.211–241)

[110] — (1772f): Extrait d'une letter à M. Bernoulli. (Comm. Arith. Collect., I, p.584)

[111] — (1773a): De quibusdam eximiis proprietatibus circa divisores potestatum occurrentibus. (Comm. Arith. Collect., II, pp.1–26; Opusc. Analy., I, pp.242–267)

[112] — (1773b): Nova subsidia pro resolutione formulae $axx+1=yy$. (Comm. Arith. Collect., II, pp.35–43; Opusc. Analy., I, pp.310–328)

[113] — (1773c): Miscellanea analytica. (Comm. Arith. Collect., II, pp.44–52; Opusc. Analy., I, pp.329–344)

[114] — (1774): De tabula numerorum primorum, usque ad millionem et ultra continuanda; in qua simul omnium numerorum non primorum minimi divisores exprimantur. (Comm. Arith. Collect., II, pp.64–91)

[115] — (1775): Speculationes circa quasdam insignes proprietates numerorum. (Comm. Arith. Collect., II, pp.127–133) (Comm. Arith. Collect., II, pp.174–182)

[116] — (1778a): De variis modis numeros praegrandes examinandi, utrum sint primi nec ne? (Comm. Arith. Collect., II, pp.198–214)

[117] — (1778b): Utrum hic numerus: 1000009 sit primus, nec ne, inquiritur. (Comm. Arith. Collect., II, pp.243–248)

[118] — (1783): Opuscula analytica. Tomus primus. Acad. Imper. Sci., Petropoli; Tomus secundus. *Ibid.*, 1785.

[119] — (1843): Lettres à une princesse d'Allemagne. Charpentier, Paris.

[120] — (1849a): Tractatus de numerorum doctrina capita XVI, quae supersunt. (Comm. Arith. Collect., II, pp.503–575)

[121] — (1849b): De numeris amicabilibus. (Comm. Arith. Collect., II, pp.627–636)

[122] — (1849c): Commentationes arithmeticae collectae. Tomus prior. Acad. Imper. Sci., Petropoli; Tomus posterior. *Ibid.* (Ed. P.H. Fuss et N. Fuss; Index systématique et raisonné par V. Bouniakowsky et P. Tchébychew)

[123] P. de Fermat (1679): Varia opera mathematca. Joannem Pech, Tolosa.

[124] — (1891): Œuvres. Tome premier. Gauthier–Villars, Paris; Tome deuxième. *Ibid.*, 1894; Tome troisième. *Ibid.*, 1896; Tome quatrième. *Ibid.*, 1912.

[125] Fibonacci (1202/1228): Liber abbaci. In: Scritti di Leonardo Pisano publ. da B. Boncompagni. Vol. I. Tipografia delle scienze matematiche e fisiche, Roma 1857.

[126] J. Franel (1925): Les suites de Farey et le problème des nombres premiers. Nachr. Ges. Wiss. Göttingen Math.-Phys. Kl., J. 1924, 198–201.

[127] G. Frobenius (1879): Theorie der linearen Fromen mit ganzen Coefficienten. J. reine angew. Math., **86**, 146–208.

[128] P.H. Fuss (1843): Correspondance mathématique et physique de quelques célèbres géomètres du XVIIIéme siècle. Tomes I et II. Académie Impériale des Sciences, St.-Pétersbourg.
[129] É. Galois (1828): Démonstration d'un théorème sur les fractions continues périodiques. Ann. Math. de M. Gergonne, **19**, 294–301. (Œuvres, pp.385–392)
[130] — (1830): Sur la théorie des nombres. Bull. Sci. Math. de M. Férussac **13**, 428–435. (Œuvres, pp.398–407)
[131] — (1831): Sur les conditions de résolubilité des équations par radicaux. (Œuvres, pp.417–433)
[132] — (1846): Œuvres mathématiques. J. math. pures et appliq., **11**, 381–444.
[133] S. Gandz (1937): The origin and development of the quadratic equations in Babylonian, Greek, and early Arabic Algebra. Osiris, **3**, 405-557.
[134] F.R. Gantmacher (1959): The theory of matrices. Chelsea, New York.
[135] C.F. Gauss (1801): Disquisitiones arithmeticae. Fleischer, Lipsiae. (Werke I, pp.1–478); Traduction française. Courcier, Paris 1807.
[136] — (1808): Theorematis arithmetici demonstratio nova. (Werke II-1, pp.1–8)
[137] — (1811): Summatio quarumdam serierum singularium. (*Ibid.*, pp.9–45)
[138] — (1818): Theorematis fundamentalis in doctrina de residuis quadraticis demonstrationes et ampliationes novae.
 (1) Demonstratio quinta. (*Ibid.*, pp.49–54)
 (2) Demonstratio sexta. (*Ibid.*, pp.55–59)
[139] — (1828): Theoria residuorum biquadraticorum. Commentatio prima. (*Ibid.*, pp.65–92); (1832): Commentatio secunda. (*Ibid.*, pp.93–148).
[140] — (1863a): Analysis residuorum.
 (1) Caput sextum. Pars prior. Solutio congruentiae $x^m - 1 \equiv 0$. (*Ibid.*, pp.199–211)
 (2) Caput octavum. Disquisitiones generales de congruentiis. (*Ibid.*, pp.212–242)
[141] — (1863b): Disquisitionum circa aequationes puras ulterior evolutio. (*Ibid.*, pp.243–265)
[142] — (1863c): De nexu inter multitudinem classium, in quas formae binariae secundi gradus distribuuntur, earumque determinantem. (*Ibid.*, pp.269–303)
[143] — (1863d): Werke. I. Königl. Gesells. Wiss., Göttingen; II-1. *Ibid.*, 1863; II-2. *Ibid.*, 1876; III. *Ibid.*, 1866; IV. *Ibid.*, 1873; V. *Ibid.*, 1867; VI. *Ibid.*, 1874; VII. B.G. Teubner, Leipzig 1906; VIII. *Ibid.*, 1900; IX. *Ibid.*, 1903; X-1. *Ibid.*, 1917; X-2. J. Springer, Berlin 1922/33; XI-1. *Ibid.*, 1927; XI-2. *Ibid.*, 1924/29; XII. *Ibid.*, 1929.
[144] J. Hadamard (1896): Sur la distribution des zéros de la fonction $\zeta(s)$ et ses conséquences arithmétiques. Bull. Soc. Math. France, **24**, 199–220.
[145] — (1954): An essay on the psychology of invention in the mathematical field. Dover, New York.
[146] W.R. Hamilton (1853): Lectures on quaternions. Hodges and Smith, Dublin.
[147] G.H. Hardy (1921): A course of pure mathematics. Third edition. Cambridge

Univ. Press, London.
[148] C. Haros (1802): Tables pour évaluer une fraction ordinaire avec autant de decimales qu'on voudra; et pour trouver la fraction ordinaire la plus simple, et qui approche sensiblement d'une fraction décimale. J. de l'École Polytech., **4**, 364–368.
[149] H. Hasse (1924): Darstellbarkeit von Zahlen durch quadratische Formen in einem beliebigen algebraischen Zahlkörper. J. reine angew. Math., **169**, 113–130.
[150] —— (1934): Abstrakte Begründung der komplexen Multiplikation und riemannsche Vermutung in Funktionenkörpern. Abh. Math. Sem. Hamburg, **10**, 325–348.
[151] T. Heath (1921): A history of Greek mathematics. Vol. I. From Thales to Euclid; Vol. II. From Aristarchus to Diophantus. Clarendon Press, Oxford.
[152] E. Hecke (1917a): Über die Kroneckersche Grenzformel für reelle quadratische Körper und die Klassenzahl relativ-Abelscher Körper. Verhandl. der Natur. Gesell. Basel, **28**, 363–372.
[153] —— (1917b): Über die Zetafunktion beliebiger algebraischer Zahlkörper. Nachrich. Gesell. Wiss. Göttingen, Math.–Phy. Klasse, J. 1917, 77–89.
[154] —— (1923): Vorlesungen über die Theorie der algebraischen Zahlen. Akademische Verlagsgesellschaft, Leipzig.
[155] —— (1937): Über Modulfunktionen und die Dirichletschen Reihen mit Eulerscher Produktentwicklung. I. Math. Ann., **114**, 1–28; II. *Ibid.*, 316–351.
[156] M.E. Hellman (1978): An overview of public key cryptography. IEEE Comm. Soc., Magazine, **16**, 24–32.
[157] C. Heman (1964): Intonation auf Streichinstrumenten. Bärenreiter–Verlag, Basel.
[158] K. Hensel (1901): Ueber die Entwickelung der algebraischen Zahlen in Potenzreihen. Math. Ann., **55**, 301–336.
[159] E. Holst, C. Strømer et L. Sylow (1902): Niels Henrik Abel. Memorial publié a l'occsion du centenaire de sa naissance. J. Dybwad, Christiania.
[160] L. Holzer (1950): Minimal solutions of Diophantine equations. Canad. J. Math., **2**, 238–244.
[161] O. Hölder (1936): Zur Theorie der Kreisteilungsgleichung $K_m(x) = 0$. Prace Matematyczno–Fizyczyne, **43**, 13–23.
[162] G. Humbert (1915): Sur les formes quadratiques binaires positives. C. R. Acad. Sci., **160**, 647–650.
[163] C. Huygens (1728): Descriptio automati planetarii. In: Opuscula posthuma. Tomus secundus. Janssonio–Waesbergios, Amstelodami, pp.155–184.
[164] Iamblichus (ca 300 CE): Life of Pythagoras. Translated from the Greek by T. Taylor. A.J. Valpy, London 1818.
[165] A.E. Ingham (1930): Note on Riemann's ζ-function and Dirichlet's L-functions. J. London Math. Soc., **5**, 107–112.
[166] C.G.J. Jacobi (1837): Über die Kreistheilung und ihre Anwendung auf die Zahlentheorie. Monatsbericht Akad. Wiss. Berlin, 127–136. (J. reine angew. Math., **30**, 166–182)

[167] J.P. Jones, D. Sato, H. Wada and D. Wiens (1976): Diophantine representation of the set of prime numbers. Amer. Math. Monthly, **83**, 449–464.
[168] H. Kinkelin (1862): Allgemeine Theorie der harmonischen Reihen mit Angwendung auf die Zahlentheorie. Schweighauserische Buchdruckerei, Basel.
[169] A.Yu. Kitaev (1997): Quantum computations: algorithms and error correction. Uspekhi Mat. Nauk, **52**, 53–112. (露)
[170] F. Klein (1890): Vorlesungen über die Theorie der elliptischen Modulfunctionen. Ausgearbeitet und vervollständigt von R. Fricke. Erster Band. B.G. Teubner, Leipzig; Zweiter Band. *Ibid.*, 1892.
[171] H.D. Kloosterman (1926): On the representation of numbers in the form $ax^2 + by^2 + cz^2 + dt^2$. Acta Math., **49**, 407–464.
[172] M. Kraïtchik (1922): Théorie des Nombres. Tome I. Gauthier-Villars, Paris; II (1926). *Ibid.*
[173] L. Kronecker (1845) : Beweis daß für jede Primzahl p die Gleichung $1 + x + x^2 + \ldots + x^{p-1} = 0$ irreductibel ist. J. reine angew. Math., **29**, 280.
[174] — (1854): Mémoire sur les facteurs irréductibles de l'expression $x^n - 1$. J. math. pures et appliq., **19**, 177–192.
[175] — (1863): Über die Auflösung der Pell'schen Gleichung mittels elliptischer Functionen. Monats. Königl. Preuss. Akad. Wiss. Berlin., a.d.J. 1863, 44–50.
[176] — (1875): Zur Geschichte des Reciprocitätsgesetzes. *Ibid.*, a.d.J. 1875, 267–274.
[177] — (1883): Zur Theorie der elliptischen Functionen. Sitz. König. Preuss. Akad. Wiss. Berlin, 497–506, 525–530; (1885), 761–784; (1886), 701–780; (1889), 53–63, 123–135.
[178] — (1889): Summirung der Gaussschen Reihen $\sum_{h=0}^{h=n-1} e^{2h^2\pi i/n}$. J. reine angew. Math., **105**, 267–268.
[179] B. Krumbiegel und A. Amthor (1880): Das Problema bovinum des Archimedes. Zeitschrift Math. Phys., **25**, Historische-liter. Abt., 121–136 und 153–171.
[180] E.E. Kummer (1860): Über die allgemeinen Reciprocitätsgesetze unter den Resten und Nichtresten der Potenzen, deren Grad eine Primzahl ist. Abh. Königl. Akad. Wiss. Berlin, J. 1859, Math. Abh., 19–159.
[181] — (1861): Gedächtnissrede auf Gustav Peter Lejeune Dirichlet. *Ibid.*, J. 1860, Historische Einleitung, 1–36. (Dirichlet Werke II, pp.309–344)
[182] J.L. Lagrange (1768): Solution d'un problème d'arithmétique. (Œuvres 1, pp.671–731)
[183] — (1769): Sur la solution des problèmes indéterminés du second degré. (Œuvres 2, pp.377–535)
[184] — (1770a): Additions au mémoire sur la résolution des équations numériques. (Œuvres 2, pp.581–652)
[185] — (1770b): Nouvelle méthode pour résoudre les problèmes indéterminée en nombres entiers. (Œuvres 2, pp.655–726)
[186] — (1770c): Démonstration d'un théorème d'arithmétique. (Œuvres 3, pp.189–201)

[187] —(1771a): Réflexions sur la résolution algébrique des équations. (Œuvres 3, pp.205–421)
[188] — (1771b): Démonstration d'un théorème nouveau concernant les nombres premiers. (Œuvres 3, pp.425–438)
[189] — (1773a): Solutions analytiques de quelques problèmes sur les pyramides triangulaires. (Œuvres 3, pp.661–692)
[190] — (1773b): Recherches d'arithmétique. Première partie. (Œuvres 3, pp.695–758); Seconde partie. (1775: Œuvres 3, pp.759–795)
[191] — (1798): Additions aux élémants d'algèbre d'Euler. Analyse indéterminée. (Œuvres 7, pp.5–180; English translation in Euler (1771: 1822))
[192] — (1808): Traité de la résolution des équations numériques de tous les degrés, avec des notes sur plusieurs points de la théorie des équations algébriques. Quatrième édition. (Œuvres 8, pp.9–369)
[193] — (1867): Œuvres. 1. Gauthier-Villars, Paris; 2. *Ibid.*, 1868; 3. *Ibid.*, 1869; 4. *Ibid.*, 1869; 5. *Ibid.*, 1870; 6. *Ibid.*, 1873; 7. *Ibid.*, 1877; 8. *Ibid.*, 1879; 9. *Ibid.*, 1881; 10. *Ibid.*, 1884; 11. *Ibid.*, 1888; 12. *Ibid.*, 1889; 13. *Ibid.*, 1882; 14. *Ibid.*, 1892.
[194] A. Lamé (1844): Note sur la limite du nombre des divisions dans la recherche du plus grand commun diviseur entre deux nombres entiers. C.R. Acad. Sci., **19**, 867–870.
[195] E. Landau (1908a): Nouvelle démonstation pour la formule de Riemann sur le nombre des nombres premiers inférieurs à une limite donnée et démonstation d'une formule plus générale pour le cas des nombres premiers d'une progression arithmétique. Ann. Sci. l'École Norm. Supér., Sér. 3, **25**, 399–442.
[196] — (1908b): Über die Einteilung der positiven ganzen Zahlen in vier Klassen nach der Mindestzahl der zu ihrer additiven Zusammensetzung erfolderichen Quadrate. Archiv der Math. Phy., (3)**13**, 305–312.
[197] — (1909): Handbuch der Lehre von der Verteilung der Primzahlen. Erster Band und Zweiter Band. B.G. Teubner, Leipzig und Berlin.
[198] — (1927): Vorlesungen über Zahlentheorie. Erster Band. Erster Teil. Aus der elementaren Zahlentheorie. S. Hirzel, Leibzig. (Reprinted by Chelsea, N.Y., 1950)
[199] — (1929): Über die Irreduzibilität der Kreisteilungsgleichung. Math. Z., **29**, 462.
[200] R. Landauer (1961): Irreversibility and heat generation in the computing process. IBM Journal, 183–191.
[201] Y. Lecerf (1963): Machines de Turing réversibles. Récursive insolubilité en $n \in \mathbb{N}$ de l'équation $u = \theta^n u$, où θ est une «isomorphisme de codes». C.R. Acad. Sci., **257**, 2597–2600.
[202] A.-M. Legendre (1785): Recherches d'analyse indéterminée. Histoire de l'Académie Royale des Sciences, 465–559.
[203] — (1798 (An VI)): Essai sur la théorie des nombres. Duprat, Paris; Seconde édition. Courcier, Paris 1808.

[204] — (1830): Théorie des nombres. Tome I et Tome II. Firmin Didot Frères, Paris.
[205] A.-M. Legendre et C.G.J. Jacobi (1875): Correspondance mathématique entre Legendre et Jacobi. J. reine angew., **80**, 205–279.
[206] D.H. Lehmer (1930): An extended theory of Lucas' functions. Ann. Math., **31**, 419–443.
[207] D.N. Lehmer (1914): List of prime numbers from 1 to 10,006,721. Carnegie Institution of Washington, Washington, D.C.
[208] F. Lemmermeyer (2013): Václav Šimerka: quadratic forms and factorization. London Math. Soc. J. Comput. Math., **16**, 118–129.
[209] A.K. Lenstra, H.W. Lenstra, Jr. and L. Lovász (1982): Factoring polynomials with rational coefficients. Math. Ann., **261**, 515–534.
[210] A.K. Lenstra, H.W. Lenstra, Jr., M.S. Manasse and J. M. Pollard (1990): The number field sieve. In: Proc. 22nd Ann. ACM Symp. on Theory of Computing, Baltimore 1990, pp.564–572.
[211] H.W. Lenstra, Jr. (1987): Factoring integers with elliptic curves. Ann. Math., **126**, 649–673.
[212] Yu.V. Linnik (1941): The large sieve. C.R. Acad. Sci. URSS (N.S.), **30**, 292–294.
[213] — (1944): On the least prime in an arithmetic progression. I. The basic theorem. Rec. Math. (Sbornik), 15 (1944), 139–178; II. The Deuring–Heilbronn phenomenon. *Ibid.*, 347–368.
[214] R. Lipschitz (1857): Einige Sätze aus der Theorie der quadratischen Fromen. J. reine angew. Math., **53**, 238–259.
[215] J.-E. Littlewood (1914): Sur la distribution des nombres premiers. C.R. Acad. Sci., **158**, 1869–1872.
[216] E. Lucas (1867): Application de l'arithmétique a la construction de l'armure des satins réguliers. G. Retaux, Paris.
[217] — (1878a): Théorèmes d'arithmétique. Atti della Reale Accademia delle Scienze di Torino, **13**, 271–284.
[218] — (1878b): Théorie des fonctions numériques simplement périodiques. Amer. J. Math., **1**, 184–321.
[219] — (1891): Théorie des nombres. Tome premier. Gauthier–Villars et Fils, Paris.
[220] G. Märcker (1840): Ueber Primzahlen. J. reine angew. Math., **20**, 350–359.
[221] R.C. Merkle (1974): Secure communications over an insecure channel. Published in: Comm. ACM, **21** (1978), 294–299.
[222] F.M. Mersenne (1636): Harmonicorum libri. G. Baudy, Lutetiæ Parisiorum.
[223] — (1644): Cogitata physico mathematica. A. Bertier, Parisiis.
[224] F. Mertens (1874a): Ueber einige asymptotische Gesetze der Zahlentheorie. J. reine angew. Math., **77**, 289–338.
[225] — (1874b): Ein Beitrag zur analytischen Zahlentheorie. *Ibid.*, **78**, 46–62.
[226] — (1896): Über die Gaussischen Summen. Sitz. König. Preuss. Akad. Wiss. Akad. Berlin, 217–219.

[227] — (1897): Über eine zahltheoretische Aufgabe. Sitz. Kaiser. Akad. Wiss. Wien, math.-natur. Classe, **106**-2a, 132–133.
[228] G.L. Miller (1976): Riemann's hypothesis and tests for primality. J. Comput. System Sci., **13**, 300–317.
[229] F. Minding (1832): Anfangsgründe der höheren Arithmetik. G. Reimer, Berlin.
[230] L. Monier (1980): Evaluation and comparison of two efficient probabilistic primality testing algorithms. Theoret. Comput. Sci., **12**, 97–108.
[231] H.L. Montgomery and R.C. Vaughan (1975): The exceptional set in Goldbach's problem. Acta Arith., **27**, 353–370.
[232] M.A. Morrison and J. Brillhart (1975): A method of factoring and the factorization of F_7. Math. Comp., **29**, 183–205.
[233] Y. Motohashi [YM] (1983): Lectures on sieve methods and prime number theory. Tata Inst. Fund. Res. Lect. Math. Phy., **72**, TIFR, Bombay & Springer Verlag, Berlin.
[234] — (1997): Spectral theory of the Riemann zeta-function. Cambridge Tracts Math., **127**, Cambridge.
[235] — (2009): 解析的整数論 I. 素数分布論. 朝倉書店, 東京; II. ゼータ解析. *Ibid.*, 2011.
[236] A.F. Möbius (1832): Über eine besondere Art von Umkehrung der Reihen. J. reine angew. Math., **9**, 105–123.
[237] M.R. Murty (1988): Primes in certain arithmetic progressions. J. Madras Univ., Section B, **51**, 161–169. Included in: M.R. Murty and N. Thain (2006): Prime numbers in certain arithmetic progressions. Functiones et Approximatio, **35** (2006), 249–259.
[238] K.R. Nemet-Nejat (2002): Daily life in ancient Mesopotamia. Hendrickson Publishers, Inc., Peabody.
[239] Nicomachus (ca 100 CE): Arithmetike eisagoge. (A.M.T.S. Boetii (Boethius) (ca 500): De institutione arithmetica libri duo, De institutione musica libri quinque. B.G. Teubner, Lipsiæ 1867; M.L. D'Ooge (1926): Introduction to arithmetic. Macmilan, New York and London)
[240] R. Penrose (2007): The road to reality. Vintage Books, New York.
[241] T. Pépin (1877): Sur la formule $2^{2^n} + 1$. C.R. Acad. Sci. Paris, **85**, 329–333.
[242] G. Plinius Secundus (ca 77 CE): Libros Naturalis Historiae. Johannes de Spira, Venezia 1469.
[243] H. Poincaré (1880): Sur un mode nouveau de représentation géométrique des forms quadratiques définies ou indéfinies. J. l'École Polyt., **28**, 177–245.
[244] L. Poinsot (1824): Mémoire sur l'applications de l'algèbre à la théorie des nombres. Mémoire de l'Acad. Roy. Sci. l'Inst. France (année 1819 et 1820), **4**, 99–183.
[245] — (1845): Réflexions sur les principes fondamentaux de la théorie des nombres. J. math. pures et appliq., **10**, 1–93.
[246] S.D. Poisson (1827): Mémoire sur le calcul numérique des intégrales définies. Mémoire de l'Acad. Sci. l'Inst. France (année 1823), **6**, 571–602.

[247] J. M. Pollard (1974): Theorems on factorization and primality testing. Math. Proc. Cambridge Phil. Soc., **76**, 521–528.

[248] — (1975): A Monte Carlo method for factorization. BIT, **15**, 331–334.

[249] — (1978): Monte Carlo methods for index computation $(\bmod\, p)$. Math. Comp., **32**, 918–924.

[250] C. Pomerance (1982): Analysis and comparison of some integer factoring algorithms. Math. Centre Tracts, **154**, pp.89–139.

[251] — (1985): The quadratic sieve factoring algorithm. Lect. Notes in Computer Science, **209**, 169–182.

[252] C. Pomerance, J.L. Selfridge and S.S. Wagstaff, Jr. (1980): The pseudoprimes to $25 \cdot 10^9$. Math. Comp., **35**, 1003–1026.

[253] J. Prestet (1689): Nouvaux elemens des mathematiques. Premier et Second vol. A. Pralard, Paris.

[254] M.O. Rabin (1980): Probabilistic algorithm for testing primality. J. Number Theory, **12**, 128–138.

[255] G. Rabinowicz (1912): Eindeutigkeit der Zerlegung in Primzahlfaktoren in quadratischen Zahlkörpern. In: Proc. Fifth Intern. Cong. Math., Cambridge, vol. 1, pp.418–421.

[256] S. Ramanujan (1916): Some formulae in the analytic theory of numbers. Mess. Math., **45**, 81–84.

[257] — (1918): On certain trigonometrical sums and their applications in the theory of numbers. Trans. Cambridge Phil. Soc., **22**, 259–276.

[258] R. Rashed (1980): Ibn al-Haytham et le théorème de Wilson. Arch. History of Exact Sci., **22**, 305–315.

[259] A. Rényi (1948): On the representation of an even number as the sum of a prime and an almost prime. Izv. Akad. Nauk SSSR Ser. Mat., **12**, 57–78. (露)

[260] B. Riemann (1860): Über die Anzahl der Primzahlen under einer gegebenen Gösse. Monatsber. Königl. Preuss. Akad. Wiss. Berlin, J. 1859, 671–680.

[261] F. Riesz and B. Sz.-Nagy (1972): Functional analysis. Frederick Ungar Pub., New York.

[262] R.L. Rivest, A. Shamir and L. Adleman (1978): A method of obtaining digital signatures and public-key cryptosystems. Comm. Assoc. Comput. Mach., **21**, 120–126.

[263] E. Robson (2001): Neither Sherlock Holmes nor Babylon: A reassessment of Plimpton 322. Historia Mathematica, **28**, 167–206.

[264] K.F. Roth (1955): Rational approximations to algebraic numbers. Mathematika, **2**, 1–20.

[265] C. Sardi (1869): Teoremi di arithmetica. Giornale di matematiche di Battaglini, **7**, 24–27.

[266] M. Schaar (1850): Recherches sur la théorie des résidus quadratiques. Mém. Acad. Roy. Sci. Lettres et Beaux Arts Belgique, **25**, 20 pp.

[267] L. Schlesinger (1912): Über Gauss' Arbeiten zur Funktionentheorie. Gauss Werke X-2, Abhandlung 2.
[268] F.K. Schmidt (1931): Analytische Zahlentheorie in Körpern der Charakteristik p. Math. Z., **33**, 1–32.
[269] R. Schoof (1985): Elliptic curves over finite fields and the computation of square roots mod p. Math. Computation, **44**, 483–494.
[270] T. Schönemann (1845): Grundzüge einer allgemeinen Theorie der höhern Cogruenzen, deren Modul eine reelle Primzahl ist. J. reine angew. Math., **31**, 269–325.
[271] — (1846): Von denjenigen Moduln, welche Potenzen von Primzahlen sind. *Ibid.*, **32**, 93–105.
[272] — (1850): Über einige von Herrn Dr. Eisenstein aufgestellte Lehrsätze, irreductible Congruenzen betreffend (S. 182 Bd. **39** dieses Journals). *Ibid.*, **40**, 185–187.
[273] I. Schur (1921): Über die Gausssschen Summen. Nachr. Gesell. Wiss. Göttingen, Math.-Phys. Kl., 147–153.
[274] — (1929): Zur Irreduzibilität der Kreisteilungsgleichung. Math. Z., **29**, 463.
[275] A. Selberg (1947). On an elementary method in the theory of primes. Norske Vid. Selsk. Forh., Trondhjem, **19**, 64–67. (Collected papers I, pp.363–366)
[276] — (1949): An elementary proof of the prime-number theorem. Ann. Math., **50**, 305–313. (Collected papers I, pp.379–387)
[277] — (1950): An elementary proof of the prime-number theorem for arithmetic progressions. Canadian J. Math., **2**, 66–78. (Collected papers I, pp.398–410)
[278] — (1956): Harmonic analysis and discontinuous groups in weakly symmetric Riemannian spaces with applications to Dirichlet series. J. Indian Math. Soc., **20**, 47–87. (Collected papers I, pp.423–463)
[279] — (1972): Remarks on sieves. Proc. 1972 Number Theory Conf., Boulder, pp.205–216. (Collected papers I, pp.609–615)
[280] — (1977): Remarks on multiplicative functions. Springer Lect. Notes in Math., **626**, 232–241. (Collected papers I, pp.616–625)
[281] — (1989): Collected Papers. Vol. I. Springer-Verlag, Berlin; Vol. II. *Ibid.*, 1991.
[282] J.-A. Serret (1849a): Cours d'algèbre supérieure. Bachelier, Paris; Deuxième édition. *Ibid.*, 1854; Troisième édition. Tome premier. Gauthier-Villars, Paris 1866; Tome second. *Ibid.*
[283] — (1849b): Sur un théorème relatif aux nombres entiers. J. math. pures et appliq., **13**, 12–14; Note de C. Hermite. *Ibid.*, p.15.
[284] P.W. Shor (1994): Algorithms for quantum computation: Discrete logarithms and factoring. Proc. 35th Ann. Symp. Found. Comp. Sci., IEEE Comp. Soc. Press, pp.124–134.
[285] — (1996a): Polynomial-time algorithms for prime factorization and discrete logarithms on a quantum computer. SIAM J. Comput., **26** (1997), pp.1484–1509. (arXiv: quant-ph/9508027v2)
[286] — (1996b): Fault tolerant quantum computation. Proc. 37th Ann. Symp. Found.

Comput. Sci., IEEE Comp. Soc. Press, pp.56–65. (arXiv: quant-ph/9605011v2)
[287] C.L. Siegel (1932): Über Riemanns Nachlass zur analytischen Zahlentheorie. Quellen und Studien zur Geschichte der Math. Astr. und Physik, Abt. B: Studien, **2**, 45–80.
[288] —— (1961): Lectures on advanced analytic number theory. Tata Inst. Fund. Res. Lect. Math. Phy., **23**, TIFR & Springer Verlag, Berlin.
[289] W. Šimerka (1858): Die Perioden der quadratischen Zahlformen bei negativen Determinanten. Sitzungsber. Kaiserl. Akad. Wiss., Math.-Nat. Wiss., **31**, 33–67.
[290] —— (1885): Zbytky z arithmetické posloupnosti. Časopis pro pěstování mathematiky a fysiky, **14**, 221–225.
[291] P. Singh (1985): The so-called Fibonacci numbers in ancient and medieval India. Historia Math., **12**, 229–244.
[292] H.J.S. Smith (1855): De compositione numerorum primorum formae $4\lambda + 1$ ex duobus quadratis. J. reine angew. Math., **50**, 91–92. (Collected papers I, pp.33–34)
[293] —— (1859): Report on the theory of numbers. I. Report of the British Association, 228–267; II. *Ibid.*, 120–169 (1860); III. *Ibid.*, 292–340 (1861a); IV. *Ibid.*, 503–526 (1862); V. *Ibid.*, 768–786 (1863); VI. *Ibid.*, 322–375 (1865). (Collected papers I, pp.38–364)
[294] —— (1861b): On systems of linear indeterminate equations and congruences. Phil. Trans. Royal Soc. London, **151**, 293–326. (Collected papers I, pp.367–409)
[295] —— (1876): On the value of a certain arithmetical determinant. Proc. London Math. Soc., **7**, 208–212. (Collected papers II, pp.161–165)
[296] —— (1877): Mémoire sur les équations modulaires. Abstract presented by Cremona: Atti della R. Accad. Lincei, Transunti, Ser. III, **1**, 68–69. (Full text: Collected papers II, pp.224–239)
[297] —— (1894): The collected mathematical papers. I and II. Clarendon Press, Oxford.
[298] E. Steinitz (1910): Algebraische Theorie der Körper. J. reine angew. Math., **137**, 167–309.
[299] S.A. Stepanov (1970): Elementary method in the theory of congruences for a prime modulus. Acta Arith., **17**, 231–247.
[300] —— (1994): Arithmetic of algebraic curves. Consultants Bureau, New York and London.
[301] S. Stevin (1625): L'arithmetique de Simon Stevin de Bruges. Annotations par A. Girard. Elzeviers, Leide.
[302] T.-J. Stieltjes (1894): Recherches sur les fractions continues. Ann. Facult. Sci. Toulouse, **8**, no. 4, 1–122; *Ibid.*, **9**, no. 1 (1895), 5–47.
[303] J.J. Sylvester (1879): On certain ternary cubic-form equations. American J. Math., **2**, 357–393.
[304] A. Tonelli (1891): Bemerkung über die Auflösung quadratischer Congruenzen. Nachrichten Königl. Gesell. Wiss. Georg-Augusts-Univ. Göttingen, 344–346.

[305] — (1892): Sulla risoluzione della congruenza $x^2 \equiv c \pmod{p^\lambda}$. Rendiconti, Atti della Reale Accad. dei Lincei, (5) **1**, 1° sem., 116–120; *ibid.*, **2** (1893), 1° sem., 259–265.

[306] B. Tsirelson (1997): Quantum information processing. Lecture notes. Tel Aviv Univ.

[307] A.-T. Vandermonde (1774): Mémoire sur la résolution des équations. Histoire de l'Académie Royale des Sciences, anné 1771, 365–416.

[308] — (1888): Abhandlungen aus der reinen Mathematik von N. Vandermonde. Julius Springer, Berlin.

[309] A.J. van der Poorten (1986): An introduction to continued fractions. In: Diophantine Analysis, London Math. Soc., Lect. Note Ser., **109**, pp.99–138.

[310] J. Venn (1880): On the diagrammatic and mechanical representation of propositions and reasonings. The London, Edinburgh, and Dublin Phil. Magazine and J. Science, Fifth Series, **10**, 1–18.

[311] H. von Mangold (1895): Zu Riemanns Abhandlung 'Ueber die Anzahl der Primzahlen unter einer gegebenen Grösse'. J. reine angew. Math., **114**, 255–305.

[312] G.F. Voronoï (1904). Sur une fonction transcendante et ses applications à la sommation de quelques séries. Ann. Écloe Norm., **21**, 207–267/459–533.

[313] J. Wallis (1656): Arithmetica infinitorum. L. Lichfield, Oxonii.

[314] — (1685): A treatis of algebra both historical and practical. Shewing, the original, progress, and advancement thereof, from time to time; and by what steps it hath attained to the height at which now it is. Printed by J. Playford for R. Davis, London.

[315] E. Waring (1782): Meditationes algebricae. J. Archdeacon, Cantabrigiæ.

[316] H. Weber (1882): Beweis des Satzes, dass jede eigentlich primitive quadratische Form unendlich viele Primzahlen darzustellen fähig ist. Math. Ann., **20**, 301–329.

[317] — (1895): Lehrbuch der Algebra. Erster Bd. Friedrich Vieweg und Sohn, Braunschweig; Zweite Bd. *Ibid.*,1896; Dritter Bd. *Ibid.*,1908.

[318] P.J. Weinberger (1973): Exponents of the class groups of complex quadratic fields. Acta Arith., **22**, 117–124.

[319] M.J. Wiener (1990): Cryptanalysis of short RSA secret exponents. IEEE Trans. Information Theory, **36**, 553–558.

索　引

注意: 式索引および事項索引につき, 親項目はアルファベット順に, 子・孫項目は本文文脈に沿い配置. 人名索引につき, 正確を期すこと困難ゆえ, 読み・生没年を付さず.

式

$ax^2 + bxy + cy^2 = N$ (不定値形式)
　Lagrange の算法 II　310–317
$ax^2 + bxy + cy^2 = N$ (正定値形式)
　Gauss 簡約算法　257–258
$ax^2 + by^2 + cz^2 = 0$
　Legendre の定理　221, 228
　　Hasse の原理　221
　Dedekind の証明　323–325
　拡張　325–328
$x^2 + y^2 = n$
　Euler の定理　259
　　由来　260
　解法
　　Smith の方法　62–63, 260
　　Euler の方法　264
　　Thue の方法　88–89
　　Lagrange–Legendre の方法　259
　　Legendre の別方法　294
　　Hermite の方法　177, 273–274
　　Jacobi 和による方法　187
　多項式時間算法の可能性　274
　相互律 (補助律) との関係　260
　解の個数の明示式　262
　円の問題　263
　因数分解との関係　264
　表現可能な整数の分布　264–265
$x^2 + 5y^2 = n$
　Fermat, Lagrange の観察
　　合成, 類群の萌芽　267
　Legendre の観察
　　種と相互律　266

　解の個数の明示式　268
$x^2 + xy + 58y^2 = n$ 他 (判別式 $= -231$)
　種群 (Klein 群)　269–271
　類群, 種群の詳細　351–352
$x^2 + 1848y^2 = n$
　Numeri idonei　352–353
$x^2 + fy^2 = n$
　Cornacchia の算法 ($f \geq 2$)　271–276
　Hermite の算法 ($f = 1$)　177, 273–274
　因数分解との関係　276
$x^2 - dy^2 = 1$ ($\text{pell}_d(1)$)
　由来　293, 296–297
　Lagrange の定理　291–292
　Cakravâla 法　307–310
　Dirichlet の議論 (鳩の巣論法)　295–296
　最小解　291, 301
　最小解のベキ
　　Legendre の合同式　292
　　Archimedes の '牛の問題'　297
　最小解の振動　293
　Brahmagupta の合成公式　308
$x^2 - dy^2 = -1$ ($\text{pell}_d(-1)$)
　Legendre の定理　293–294
　Dirichlet の問題　294
$x^2 - dy^2 = \pm 4$ ($\text{pell}_d(\pm 4)$)
　Serret の補題による解　299–303
　2 次形式の周期の偶奇性　302
　円分方程式との関係　365
$x^2 - dy^2 = N$ ($\text{pell}_d(N)$)
　Lagrange の算法 I　304–306
$x^3 + ax + b \equiv 0 \bmod p$　229–230
$x^l \equiv d \bmod p$ (特解の構成)
　容易に解ける場合　130

Tonelli の方法　129–130
　　ベキ非剰余の採用　130, 131
　　群論による解釈　132
　Cipolla の方法　214–216
　一般解構成の困難　230

A

Abel 群
　自由 Abel 群　17
　　基底　17
　　部分群の構造　17
　　不変因子　17
　有限生成 Abel 群　92
　有限 Abel 群　92–93
　　構造定理　93
　　不変因子，単因子，p-rank　92–93
　　指標，直交性，双対定理　157–158
Ahmes の問題集 (Rhind papyrus)　57
Algorithm　x, 8
AND, NOT ゲート　141
暗号と整数論
　公開鍵暗号　146–148
　　Ellis (GCHQ/CESG) 原案　148
　　RSA 法　147–151, 218, 299
　　　弱点　148, 150–151
　　DH 法　147–148
Ankeny–Bach の評価 (既約剰余類)　97
Antenaresis (互除法)　72
Antikythera の機械装置　74
Archimedes の '牛の問題'　297
Aryabhata I の等式 (互除法)　5
Automorphs　244, 299–304

B

Bayt al-Hikma (Bagdad)　72
ベキ乗合同方程式　99, 109
　Euler の判定定理　120
　　Arndt の証明　120–121
　　Euler の証明　122
　　Lagrange の証明　122
　　逆問題　121
　ベキ乗合同計算法　104
　　由来　105
　　量子回路設計上の困難　148

ベキ剰余, 非剰余　121, 131
Brahmagupta の等式　238, 303, 305, 326, 331, 339
　行列表現　238
Brouncker の連分数　73, 78
Brun の篩　55
部分分数分解　90
　完全分解　91
部分和法　33–34
　Stieltjes 積分　34

C

Cakravâla 算法　307–310
Carmichael 数　106–108
　Šimerka の発見　107
　無限個の存在　107
　判定法　124
Carmichael 予想 (Euler 函数 φ)　51
CCNOT (Toffoli ゲート)　142
Chebychev の素数定理　28, 33
Cipolla の算法　214–216
CNOT (2-qubit ゲート)　142–143

D

楕円曲線 ↦ 有限体上の楕円曲線
代数演算記法の沿革　2
代数方程式論前史　222–226
　Babylonia　222
　Artis Magnæ　223
　Euler　223–224
　Vandermonde　224–226
　Lagrange　225–226
　Resolvents　226
　根の Fourier 解析　226
DH 法 ↦ 暗号と整数論
Dirichlet 合成積　43
　Dirichlet 級数の積　44
　整数論的函数の Abel 群　46
Dirichlet 級数　38
Dirichlet L-函数　159
　函数等式　185
　拡張された Riemann 予想 (ERH)　162
Dirichlet の類数公式　355, 362, 363–364
　Hecke の着想 (不定値形式の場合)　361

Gauss の秘蔵　364
Dirichlet の単数基準　365
基本判別式との関係　365–366
Dirichlet の素数定理　221, 318
　Legendre 予想　221
　Dirichlet の証明　322–323
　　相互律への従属性　190, 323
　　相互律とは独立な証明　318–319
Dirichlet 指標　158
　由来　159
　周期　160
　導手　161
　原始的指標　161
　　由来　162
　　判定条件　162–163
　誘導指標　162
　原始的実指標　164
　　Jacobi 記号による明示式　164, 191
　　Kronecker 記号との関係　239
　Fourier 展開　166
　　指標の Gauss 和　166
　　係数の Kinkelin 消滅　167–169
　　係数の詳細計算　169–170
　概直交構造
　　素数分布との関係 (Rényi)　171
Dirichlet–Weber の素数定理　339, 366–368

E

Effective, in-effective　58
円分多項式・方程式　100, 198
　Gauss の視座　195–196, 202
　円分多項式の既約性　198–200
　根の 1 次独立性　199, 202
　　Kronecker の定理　199–200
　Euler–Gauss 分解　202, 206, 303, 322
　ベキ開による解の構成
　　Euler の考察　223–224
　　Vandermonde の発見　206, 224–226
　　Gauss の考察　204–205, 226–227
　　正多角形の作図　204–205
円の問題 (格子点)　263
Entangled states (量子計算)　138
Eratosthenes の篩　54–55

Erdős–Straus 予想　58
ERH = 拡張された Riemann 予想　162
Euclid の基本定理 (整除性)　9–10
Euclid の素数概念　20–21,
Euclid [Σ]　ix–x, 72–73
　Theon 版　72
　　Byzantium 将来　72
　　Bayt al-Hikma 将来　72
　Vatican 写本　72
　　Heiberg 校訂版　72
　豪華印刷本　72
Euclid 整数論 [Σ.VII–IX]　1, 27, 41, 72–73, 190
Euler–Gauss 分解 $\mapsto$ 円分多項式
Euler 函数 φ　49
　乗法性　50, 82
　Carmichael 予想　51
　函数値の下限　53
Euler–Maclaurin 和公式　34
Euler の判定定理 $\mapsto$ ベキ乗合同方程式
Euler の整数論教程 (遺稿)　80
Euler 積　23, 39, 367
Exeligmos (食) 周期　76

F

Farey 列　55
　Haros の発見　57
　構成法　56
　有理近似との関係　56–57
　Riemann 予想との関係　57
Fermat, Euler の定理　82
　由来　83
　両定理の同値性　82–83
　Ivory の証明　82, 84
　Euler の証明　83–84
　Lagrange の証明　103
　Grandi の拡張　84–85
　Schönemann の拡張 (補題)　85
　Legendre の拡張 ($\text{pell}_D(1)$)　292
Fermat の逓減論法　7
Fermat の定理の逆　104–107
　蓋素数 pp, 擬素数 psp　105
　強蓋素数 spp, 強擬素数 spsp　106
　　強擬素数表と素数判定 (Miller 法)　107

強蓋素数底の個数 132–133
Carmichael 数 106
Fermat 数 42
　正多角形の作図との関係 42, 205
　素因数に関する Lucas 条件 177
　Pépin の素数性判定条件 177
Fermat 商 84
　Abel の問題 84
　Wieferich 素数 84
Fibonacci 数列 69–70
　黄金比 (外中比) 69
　Lamé の定理との関係 70
　Penrose tiling 69
Floyd の循環検出法 108
Fourier (調和) 解析と整数論 78, 146
Frobenius 写像 212
不変因子 17, 92, 158
複素変数函数 ix, 8, 24, 25, 28, 29, 49, 184, 317, 323
　解析接続 ix, 29, 49, 304, 355
篩法 44, 154–155
　Legendre の篩 53–54
　Eratosthenes の篩 54
　Brun の篩 55
　Linnik large sieve 154–155
　Selberg Λ^2-sieve 155

G

蓋素数 pp 105
外中比 69
Gauss の補題 (多項式) 197
Gauss 和
　2 次和の明示式 183, 204
　　Dirichlet の証明 182–183
　　種々の証明 184–185
　　Gauss から Olbers への手紙 204
　　Gauss の着想 (推測) 206
　高次和 186
　　Jacobi 和のとの関係 186
　　4 次和の計算 187
Gauss 和 (Dirichlet 指標) 166
Gauss 和の由来 222–227
Gauss 和 (有限体) 212
原始根 110

Euler の把握 111, 113
存在証明
　Euler の考察 113, 115
　　Gauss の見解 113
　Lagrange の観察 112–113
　Legendre 証明 112–113
　Poinsot 証明 113
　Gauss 証明 113–114
　Cauchy 証明 201
　Chebyshev の観察 177–178
素数判定との関係
　Legendre–Lucas 法 115
$1/p$ の小数展開 114–115
最小原始根 115
確率的検出 117–118
　素数ベキの法の場合 118–120
原始根の和・積 128
1 の原始根との関係 201
有限体上の類似 212
原始的実指標 164, 191, 239
原始的指標 161
擬素数 psp 105
互除法 4–5
　Euclid の伝統 5, 27, 72–73
　行列表現 4
　Aryabhata I の等式 5
　符合変化 5, 60
　計算量の Lamé 評価 6, 70
　　速度の改良 7
　最良近似との関係 (視覚化) 60–61
　関連事項
　　1 の分割 6
　　Dedekind の観点 7–8
　　Modular 群 8
　　Smith 標準形 15
　　Jordan 標準形 17
　　連分数との関係 60
　　実数の連続性 67
　　体の代数的拡大 210
合同方程式 98
　法の素因数分解 98
　解の個数 99
　Gauss の抱負 100
　Lagrange の基本定理 100

Eulerの議論　101
　　Legendreの認識　101
　　Hensel lifting　101–102
　　Gaussの'Sectio VIII'　195–196
合同式　79
　由来　80
　剰余系, 剰余類　80
　拡張　81
合同式演算　81–82
　剰余類加群, 環　89
　　直和 (積) 分解　89–91
　　部分加群　92
　　Abel 群との関係　92–93
　既約剰余系　82
　　直積分解　95
　既約剰余類群　95
　　部分群　96–97
　　生成元の評価　97
　　構造　125
合成積 ↦ Dirichlet 合成積
合成数　20
具体と抽象　x, 8, 25–26,

H

Hadamard 作用素 (ゲート)　140
鳩の巣論法　57, 88, 295
判別式 ↦ 2 次形式
半正則連分数　61
Hecke 作用素　9, 41
平方剰余 ↦ 2 次剰余
平方根 $\sqrt{d}$
　連分数展開　288–299
　回文　69, 294
　循環周期の偶奇性　293–294
　因数分解との関係　295, 298–299
平均律長音階　77
平面格子の交叉角　257
並列計算 (量子計算)　141
Hensel lifting　101–102
非整除の乗法性　9
保型 L-函数　40, 47
保型性　9, 179, 180

I

1 次分数変換　254
1 次不定方程式　13
　解存在の必要充分条件　13
　境界条件 (係数変化) との関係　14
　古典期インド/Eulerの解法　14
　解の個数　14–15
1 次合同方程式　86
　解の個数　86
　Thue の補題　88–89
1 のベキ根 ↦ 円分方程式
1 の分割　6
1 は素数にあらず　21
Inclusion–exclusion　54
因数分解からの解放　188
因数分解法
　Fermat 法　149
　Euler 法　264, 276
　Kraïtchik 法　149–150
　　QS (Pomerance) 法　299
　　NFS (Lenstra et al) 法　299
　Pollard ρ 法　108
　Pollard $(p-1)$ 法　150
　ECM (Lenstra) 法　217–218
　連分数の応用
　　Legendre の手法　298–299
　　Märcker の観察　295
　　CFRAC (Morrison–Brillhart) 法　299
　多項式時間因数分解法 ↦ 量子計算
因数分解, 素因数分解　22, 26, 34, 37, 42,
　46, 51, 73, 93, 95, 98, 100, 108, 116,
　117, 118, 132, 134, 136, 137, 146–151,
　188, 190, 192, 213, 217, 230, 236, 250,
　253, 264, 274, 295, 298–299, 314, 321,
　338, 366
位数
　剰余類の位数　110
　因数分解との関係　134–136
　　Shor の基礎評価　135

J

Jacobi 記号　188
　素因数分解からの解放　188–189

原始的実指標との関係　191
Jacobi 和　186
自由 Abel 群　17
乗法的函数　38
　　完全乗法的函数　39
　　Euler 積　39
　　乗法的函数の生成　40, 43
乗法的指標　156
　　Dirichlet の構成　155
　　　　由来　157
　　直交性　156
　　双対定理　156
　　有限 Abel 群の指標　157–158
剰余系, 剰余類　80
剰余類加群, 環 ↦ 合同式演算
剰余定理　2
　　整除からの偏り　2
　　行列表現　3
純循環連分数　279
準結晶　69

K

可逆演算回路　139, 134
　　Landauer の原理　142
加法的指標　153
　　Fourier 係数　152
　　直交性　152, 153
　　双対定理　153
　　概直交構造, Large sieve　154–155
加法的約数問題　37, 40
加法と乗法の干渉　40
　　整数論の大未解決問題　40
回文 (連分数)　69, 294
階乗の素因数分解 (Legendre 公式)　31–32
解析的整数論の始まり　38, 364
確率的因数分解　136
確率的素数判定　134
拡張された Riemann 予想 (ERH)　162
函数等式　25, 29, 185
簡約 2 次無理数　278
　　純循環連分数　279
　　Galois の定理　282
完全乗法的函数　39
完全数問題　41

Euler の定理　41
Euclid の議論　41–42
　　素因数分解の一意性の認識　42
　　奇数の完全数　41
　　Mersenne 素数　42
重ね合わせ (量子状態)　141
計算量　3
　　多項式時間算法　3, 141
基本判別式　234–235
基本 (古典計算) ゲート　141
基本領域 (modular 群)　255
基本 (量子計算) ゲート　142
Kinkelin 消滅　167–169
　　Shur の証明　167
記数法の沿革　2
既約分数の分布　55–56
　　Farey 列　55
　　有理近似　56–57
　　Roth の定理　58
既約剰余系, 既約剰余類群 ↦ 合同式演算
既約多項式
　　由来　201
　　Schönmann の既約判定法　200–201, 213
　　多項式の分解　213
Kloosterman 和　37, 97
根号 ($\sqrt{\ }$)　78
公倍数・最小公倍数　19
　　互除法と最小公倍数の関係　19
　　最小公倍数の分解　30, 35
　　多数の整数の場合　34
広義類別 ↦ 2 次形式の類別
構成論法と存在論法　7–8
　　Dedekind の観点　7–8
格子　87–88, 257
公約数・最大公約数　4
　　計算法 ↦ 互除法
　　Dedekind の観点　7–8, 22
　　多数の整数の場合　11
　　最大公約数の基本性質　10, 11
　　最大公約数の分解　30, 35
暦 ↦ 連分数の由来
Kronecker 記号　237
　　Dirichlet 指標の一種　239
　　　　相互律の介在　239

導手 240
原始的実指標との関係 239–240
Kronecker の定理 ↦ 円分多項式
位取り記法
　インド・アラビア　2
　古代エジプト　3
　b-進展開　3
虚数乗法点　256
強蓋素数 spp　106
狭義類別 ↦ 2 次形式の類別
狭義類数　256
強擬素数 spsp　106
　検出報告　107
　　素数判定への応用　107
　Monier–Rabin の評価式　132–134

L

Lamé の定理　6, 70
Landau–Ramanujan 常数　265
Legendre 記号　172–173
　先取性　173
Legendre–Lucas の素数判定法　115–117
Legendre の篩　53–54
Linnik large sieve　154–155
Lipschitz 分解　9
L-函数 ↦ Dirichlet L-函数
Lucas の素数判定法 (Mersenne 素数)　298

M

MaCurley 多項式　27
Mersenne の平均律設計　78–79
Mersenne 数　42, 177, 297–298
　完全数問題との関係　42
　Lucas の素数判定法　297–298
Minding–Buchstab 等式 (篩法)　54
Modular 群 Γ　8
　生成元　8
　非整除の乗法性　9
　保型性　9
　Lipschitz 分解　9
　基本領域　255
Möbius 反転公式　45
Möbius 函数　45
　由来　46

互いに素の数式化　49
組み合わせ論との関係　53–54
　Venn 図　55
篩法との関係　54
Monic (多項式)　85
Monochord　76
　古代ギリシャ数学との関係　78
無限互除法 ([Σ.X])　67
無理数 $\sqrt{d}$　31

N

2 元 1 次合同方程式　86
　解の格子構造　87
　織物の原理　89
2 次合同方程式　172–195
　解の個数　173
　完全解決の可能性　192
　容易に解ける場合
　　Lagrange–Legendre の観察　193
　確率的解法
　　Tonelli の算法　191–192
　　Cipolla の算法　214
　　両算法の比較　216
　決定論的多項式時間算法 (Schoof)　216
2 次剰余　172
　Legendre 記号　172–173
　Gauss の記法　173
2 次剰余の相互律　173–174
　発見者　174, 218–219
　補助律　174, 175–176, 214
　Legendre の証明　175, 221–222
　　Gauss の批判　221
　　完全修正　318–322
　Gauss の 8 証明　175, 220
　　Lagrange の観察　103, 175
　　第 3 証明　178
　　第 4 証明　179–180, 183–184
　　Gauss の視座　195–206
　　第 6 証明　206–208
　　有限体論からの準備　208–212
　　第 7, 8 証明　212–213
　Dirichlet の証明　175, 179–183
　Cauchy の証明　184–185
2 次剰余の相互律の意味　189–190

2 次形式
 判別式　231–241
  分解　235, 240
  基本判別式　234–235, 239–240
  素判別式　240
 主形式　232, 253
 正定値形式, 不定値形式　232
 原始的形式　232
 行列表現　239
2 次形式による整数の表現
 正規表現, 正規解　232–233
  形式類別との同値性　243
 Lagrange の判定定理　235, 237–238
  Brahmagupta 等式　236, 238
  基本 2 次合同方程式　235
 Legendre の標識系　242, 245
  Gauss の分類　241–242
  Automorphs　244
  個数 (Dirichlet の明示式)　242
  Dirichlet–Dedekind の定式化　246
 相互律との関係　253
 正定値の場合
  Lagrange–Legendre 簡約　252–271
 不定値の場合
  Lagrange–Legendre 簡約　283–284
  Lagrange の算法 I　304–306
  Cakravâla 算法　307–310
  Lagrange の算法 II　310–317
 素数の表現　339
 種の理論との関係　346
2 次形式の合成
 Legendre の合成等式　246, 267
 Gauss の合成理論　330
  Arndt の簡易化　330–335
 Gauss の大定理 (類群)　337
  Dirichlet の簡易化　335–337
 類群の構造　338, 366
 合成理論の由来　238, 246, 264, 267, 339
2 次形式の類別
 Lagrange の簡約, 類別　241–243
 Gauss の視点　241–245
 Dirichlet/Dedekind の視点　246
 広義, 狭義類別　247
  Gauss の Γ-軌道　244
 Automorphs　244, 251
 $\text{pell}_D(4)$　251
 Gauss の隣接形式　246
 両面形式, 両面類　248
  名称の由来　249
  因数分解との関係　250, 366
 Lagrange の類数有限定理　250
2 次形式の類別 (不定値)
 簡約形式・簡約 2 次無理数　278
 Legendre cf-軌道　280
 Gauss の簡約条件　280
 2 次無理数の連分数展開　279–282
 循環連分数・Lagrange の定理　279
 $\sqrt{d}$ の連分数展開　288–299
 不定値形式の周期　282
 偶奇性　284, 302, 303
 Smith の簡約条件　282–283
  双曲的幾何との関係　283, 303–304
  Selberg zeta-函数　304
2 次形式の類別 (正定値)　253–258
 Gauss による分類の鋭敏化　256
 正定値 2 次形式の分類手順　257–258
  Legendre の最小値定理　258
 類の位数 (Weinberger の定理)　353
2 次形式の類数 ↦ Dirichlet の類数公式
2 次形式の種の理論
 Lagrange の分類表　346
 Legendre の観察　265–266, 340, 350
  素指標系の認識　340
  完全性と Dirichlet 素数定理　350
  Gauss の原証明経路　350
 判別式の分類　341–346
 種分類, 主種, 種群　342
 種群の位数, 構造　342, 346
  Principal genus theorem　343, 346
  Arndt–Dedekind の証明　343
 Gauss 写像　346, 350
 種指標　347
  種指標の構成　348–349
2 重の法　219–220
2 の特異性　21, 41–42, 118, 120, 155, 163, 341–349
2 進法　3
Numeri idonei　268, 352–353

Gauss の予想　353

O

O-, o- 記号　29–30
音律，音階　76–78
織物と互除法　89
黄金比　69

P

Parseval 等式　152
$1/p$ の少数展開　114–115
Pell 型不定方程式　234
Penrose tiling　69
Pépin の素数性判定法 (Fermat 数)　177
Poisson 和公式　180–181, 183
　　Zeta-函数の函数等式との同値性　185
Pollard ρ 法
　　因数分解　108
　　離散対数計算　126
p-rank　93
Primorial prime　22
Principal genus theorem　343, 346
Pythagoras 伝承　72
Pythagoras 数　32
　　Plimpton 322 号粘土板　32
Pythagoras 長音階　76

R

Ramanujan 展開　52
Ramanujan 等式　47
　　Rankin 合成積 L-函数　47
Ramanujan 和　51, 97, 153–154
連分数
　　正則連分数展開　58
　　　　語尾 (項数) 調節　61
　　行列表現　59
　　　　一般の連分数の場合　61
　　　　Smith の応用　62–63
　　互除法との関係　59–60
　　　　互除法の最適性　60
　　半正則連分数展開　61
　　　　収束の加速　62
　　古典期インド数学との関係　308
　　負項連分数展開　65, 246

Lagrange の連分数論　63–67
　　無限連分数の収束　64
　　最優等近似　66
　　最良近似分数　67
　　理論の由来　67
　　主近似分数　64
　　　　由来 (Euler)　65
　　　　Legendre 判定　67–68
　　　　modular 群の作用　70
　　　　　　Serret の補題　71
　　循環連分数 $\mapsto$ 2 次形式の類別 (不定値)
　　最悪近似状況　70
連分数の由来　73–78
　　Euclid と無限連分数　67, 73
　　$\sqrt{n}$ の近似計算 (Bombelli)　73
　　Antikythera の機械装置　74
　　プラネタリウムの設計 (Huygens)　74
　　太陽暦　74–75
　　　　Gregorius 暦　75
　　　　Jalali (ペルシャ) 暦　75
　　日月食
　　　　Saros, Exeligmos 周期　75–76
　　音律
　　　　Pythagoras 長音階　76
　　　　　　violin の調弦　77
　　　　平均律長音階　77
　　　　　　piano の調律　77
連立 1 次不定方程式　15
　　Smith 標準形　15
　　不変因子　17
連立 1 次合同方程式　89, 93–94
　　複数の法　93–94
Resolvents $\mapsto$ 代数方程式論前史
RH = Riemann 予想　29, 57, 304
Riemann の第 6 予想
　　Littlewood による否定　29
Rhind papyrus　57
隣接形式　246
離散対数 Ind　125
　　Gauss の導入　125, 127
　　Euler の把握　129
　　計算の困難
　　　　特殊な法の場合　123–124
　　　　離散対数問題　127

確率的計算 (Pollard ρ 法)　126
Roth の定理　58
RSA 法 $\mapsto$ 暗号と整数論
類群 (2 次形式)　337
類数公式 $\mapsto$ Dirichlet の類数公式
両面形式, 両面類　248
　名称の由来　249
　因数分解との関係　250, 366
量子計算因数分解 (Shor) 法　137–146
　位数決定と因数分解　134–136
　量子計算の定義　137–139
　　量子 qubit　138
　　量子間干渉 (entangled states)　138
　　演算と unitary 変換　139
　　Fourier 変換の援用　140–141
　　増幅と共鳴　144, 146
　可逆演算回路　139, 142
　　Landauer の原理　142
　　Toffoli ゲート　142
　基本量子ゲート　142
　　Unitary 変換の生成 (Kitaev)
　　　141–142
　　近似基本量子ゲート　143
　量子計算機の実現可能性　143
　量子計算測定値 (確率)　141
　連分数論による解釈　144–145

S

最悪近似状況 (連分数)　70
最大公約数と公約数　5, 11
最大公約数と最小公倍数の積　19
　行列表現　22
最小原始根　115
最小公倍数と公倍数　34
　分解表示 2 種　35
最小 ℓ 次非剰余　131
3 次合同方程式　229–230
算術級数と素数分布　159–160, 171
　Legendre の予想　221
　Dirichlet の素数定理　318, 322–323
Saros (食) 周期　75–76
Schnitt (実数の連続性)　67
Schoof の算法　100
Schönemann の補題　85

Schönemann の既約性判定　200–201
　Eisenstein との関係　200–201
整除　1
　Landau の記号　2
　Dedekind の着眼　22
整除からの偏り　2, 79, 152
正則連分数　58
整数論の醍醐味　x, 15
'整数論' の出現　253
整数論的函数　36
　Dirichlet 級数　37–38
　Dirichlet 合成積　43
　'微分'　44
整数論的函数の成す Abel 群　45–46
乗法的函数の成す部分群　46
整数論と物理学　141
正多角形の作図　42, 204–205
Selberg の漸近式 (Legendre 予想)
　319–322
Selberg 等式　48
Selberg Λ^2-sieve　155
Selberg zeta-函数　304
Serret の補題 (連分数)　71
指標
　加法的指標　153
　乗法的指標　156
　Dirichlet 指標　158
　有限 Abel 群の指標　157–158
　種指標　347
　直交性　152, 153, 156, 158, 171
　概直交性　154, 171
　素指標　240
四則演算法則の沿革　1–2
Shor の評価式　135–136
Smith 標準形 $\mapsto$ 連立 1 次不定方程式
Smith 簡約 $\mapsto$ 2 次形式の類別 (不定値)
Smith の行列式　52
Smooth numbers　118
素判別式　240
素因数分解問題 $\mapsto$ 因数分解
素因数分解の一意性　22
　把握　26, 41–42
　Gauss の証明　26
　分解の抽象性　25–26

分解の表示　30–31
素指標　240
素数判定問題　21–22
　　確率的判定　134
　　決定論的判定　136–137
素数の定義　18–21
　　独立性　18–19, 174
　　Euclid の周到とその後の混乱　21
素数列の無限性
　　Euclid の証明　20
　　　　Euclid の嗜み　22
　　　　primorial prime　22
　　　　算術級数への拡張の可能性　22
　　Euler の証明　23
　　Euler の漸近式　24, 33
　　Euler の素数列観　55
素数列と多項式
　　Euler の多項式　27
　　　　Rabinowicz の定理　257
　　Bounyakowski 予想　27
　　2 変数以上の場合
　　　　Hilbert 第 10 問題解決の帰結　27
　　　　Dirichlet–Weber の素数定理　339
素数定理　25
　　前史　28–29
　　　　Legendre 予想　28
　　　　対数積分　28
　　　　Dirichlet, Gauss の観察　28
　　　　Chebyshev の素数定理　28, 33
　　Riemann 論文　29
　　素数分布と複素変数函数　29
　　初等的証明　48–49
相互律 ↦ 2 次剰余の相互律
双曲的幾何　283, 303–304
双対定理　153, 156, 158, 340, 347
sqf (square-free)　31, 45
　　判定の困難　46
種 (2 次形式)　342
　　種指標　347
主近似分数 ↦ 連分数

T

互いに素　5, 11, 13
　　1 の分割　6

Modular 群との関係　8–9
整除との関係 (Euclid の基本定理)　9
Dedekind の観点　7–8, 22
多数の整数の場合　11
　　2 種の定義　11, 13
Euclid の立脚点　9–10, 72–73
確率　52–53
数式化 ↦ Möbius 函数
対数積分　28
多項式時間算法　3, 141
多項式の因数分解　213
単因子　93, 341
単項性　8
単数基準　365
逓減論法 (Fermat)　7
Thue の補題　88–89
特解 (実効的算法) ↦ ベキ乗合同方程式
Tonelli の算法　129–130, 191–192
Torsion 部分群　92
通約不可能　67, 73, 219, 288

V

Venn 図　55
von Mangold 函数　48
　　Zeta-函数の対数微分　48
　　Selberg 等式　48

W

Wieferich 素数　85
Wilson の定理　102
　　由来　103
　　Chebyshev の証明　102
　　Lagrange の証明　103
　　Gauss の拡張　120
Wilson 素数　103
Wolstenholme の定理　104

Y

約数　1, 36
　　約数計数の困難　4
　　約数函数　36
　　約数と未解決問題　2, 37
　　真の約数 (aliquot parts)　21
約数集合の分解　37

約数集合と素因数分解　37
有限 Abel 群　92–93
　指標　157–158
　双対定理　158
有限 Fourier 変換　140
　Coppersmith の分解　142–143
有限生成 Abel 群　92
　構造定理　93
有限体 $\mathbb{F}_p$　96
有限体序論　208–212
　由来　27, 96, 219–220
　既約多項式の存在
　　Schönemann の明示式　211
　　任意次数の拡大の存在　211
　　既約性判定条件　212
　原始根の存在　212
　Frobenius 写像　212
　有限体上の Gauss 和　212–213
有限体上の楕円曲線　217
　因数分解との関係 (ECM 法)　217–218
有限体上の Riemann 予想　217
　Artin, Weil の貢献　217
　Stepanov の初等的議論　217
有限体上の特殊 (超越) 函数　218
有理近似　56–58
　Roth の定理　58

Z

Zeta-函数　23
　Euler による導入　23
　名称の由来　24
　Euler 積　23
　　抽象性　25–26
　Riemann の考察　24–25, 48
　函数等式　25, 29, 185
　Riemann 予想 (RH)　29, 304
　素数と複素数　29

人名

Abel, N.H.　28, 84, 201
Adelardus (Bath)　2, 72
Adleman, L.　147
Ağărgün, A.G.　26
Agrawal, M.　137

Ahmes　3, 57
Alford, W.R.　107
al-Farisi, K.　26
al-Haytham, I.　103
al-Khayyam, U.　75
al-Khwarizmi, M.　2, 78, 223
Amthor, A.　297
Ankeny, N.C.　97
Anonymous　114
Archimedes (Siracusa)　297
Arndt, A.F.　122, 200, 233, 330, 339, 343, 350
Artin, E.　217
Aryabhata I　5, 73

Bach, E.　97, 136, 162
Bachet de Méziriac, C.G.　260
Bachmann, P.　17, 30, 32, 52, 61, 89, 93, 196, 200, 205, 219, 220, 328, 350
Barenco, A.　142, 143
Barlow, P.　15
Baumgart, O.　219
Beeger, N.G.W.H.　84
Beltrami, E.　283
Bennett, C.H.　142
Bernoulli, D.　375
Bhargava, M.　340
Bhaskara II　234, 297, 307
Billingsley, H.　72
Binet, J.P.M.　88
Boethius, A.M.T.S.　21
Bombelli, R.　73
Bombieri, E.　154, 171
Boneh, D.　151
Bouniakowsky, V.　27
Brahmagupta　238, 296, 303, 305, 307, 308, 326, 331, 339
Brillhart, J.　298
Brouncker, W.　73, 292, 296
Brun, V.　55
Buchstab, A.　54

Cambyses II　72
Cantor, D.G.　213

Cardano, G.　223
Carmichael, R.D.　51, 106, 124
Cataldi, P.A.　73
Cauchy, A.　57, 184, 186, 201, 364
Cayley, A.　233
Chace, A.B.　3, 58
Charves, L.　282
Chebyshev, P.L.　24, 28, 29, 33, 55, 103, 177, 219
Cipolla, M.　100, 131, 193, 214–216, 230, 253, 299, 314
Clark, W.E.　369
Cocks, C.　148
Colebrooke, H.T.　307
Coppersmith, D.　142
Cornacchia, G.　89, 273
Crossley, J.N.　369

Datta, B.　2, 5, 94, 234, 238, 297, 307, 308
Dawson, M.　143
Dedekind, R.　x, 7, 8, 22, 46, 67, 159, 196, 200, 220, 227, 228, 233, 234, 246, 249, 256, 258, 328, 336, 339, 350, 364
de la Vallée Poussin, Ch.-J.　25, 162, 221, 322, 323
del Ferro, S.　223
Deng, Y.　107
Descartes, R.　364
Desmarest, E.　84
Deuring, M.　217
Dickson, L.E.　ix–x, 41, 109
Diffie, W.　147
Diophantus (Alexandria)　237, 260, 264
Dirichlet, P.G.L.　ix–x, 7, 13, 24, 27, 28, 38, 39, 43, 50, 57, 61, 71, 84, 89, 153, 157, 158–160, 167, 173, 175, 178, 184, 190, 220, 221, 228, 233, 234, 239, 246, 249, 253, 262, 263, 279, 294, 295, 296, 318, 322–323, 330, 335–336, 338, 339, 340, 350, 353–368
D'Ooge, M.L.　21, 41, 54
du Bois-Reymond, P.　322
Dunnington, G.W.　219

Eisenstein, G.　200
Ellis, J.H.　148
Elstrodt, J.　153
Eratosthenes (Cyrene)　54, 297
Erdős, P.　49, 58
Euclid (Alexandria) [Σ]　ix–x, 1, 2, 5, 10, 11, 13, 19, 21, 22, 23, 26, 27, 28, 32, 34, 41–42, 57, 65, 67, 69, 72–73, 76, 101, 190, 196, 288
Euclid (Megara)　72
Euler, L.　ix–x, 13, 14, 21, 23, 24, 26, 27, 29, 33, 37, 38, 41, 47, 50, 53, 55, 62, 65, 67, 73, 75, 78, 79–84, 91, 96, 99, 101, 103, 105, 109, 111–122, 129, 149, 160, 174, 175, 190, 202, 206, 218, 219, 223, 225, 226, 228, 233, 237, 253, 259, 260, 264, 265, 268, 276, 282, 293, 294, 296, 298, 303, 308, 346, 352, 353

Farey, J.　57
Fermat, P.　7, 42, 79, 82, 83, 84, 99, 105, 115, 149, 174, 226, 228, 233, 260, 263, 267, 292, 296
Ferrari, L.　223
Fibonacci (Bonacci), L.　2, 41, 69
Floyd, R.W.　108
Fontana (Tartaglia), N.　223
Fourier, J.　153
Franel, J.　57
Fricke, R.　256, 283
Frobenius, G.　93, 212
Fuss, N　x
Fuss, P.H.　x, 21, 296

Galois, É.　113, 196, 201, 219–220, 227, 282
Gandz, S.　222
Gantmacher, F.R.　17, 93
Gauss, C.F. [DA]　ix–x, 3, 12, 13, 21, 26, 27, 28, 37, 42, 50, 57, 79, 80, 83, 84, 91, 94, 100, 102, 103, 113, 115, 120, 121, 122, 127, 128, 157, 173, 175, 176, 178, 184, 186, 190, 194, 195–198, 200, 201, 202–208, 212, 213, 217, 219, 220,

221, 222, 225–227, 228, 233, 234, 236, 237, 241–249, 251, 252, 253, 256, 258, 263, 265, 266, 270, 278, 282, 296, 298, 308, 329, 330, 337, 338, 339, 340, 342, 350, 353, 364, 365
Girard, A. 260
Goldbach, C. 21, 40, 296
Grandi, A. 84
Granville, A. 369
Gregorius XIII 75

Hadamard, J. 25, 29, 323
Halley, E. 75
Hallgren, S. 365
Hamilton, W.R. 233, 238
Hardy, G.H. 21
Haros, C. 57, 296
Hasse, H. 217, 221
Hawking, S. 141
Heath, T. x, 21, 26, 72, 260, 264
Hecke, E. 9, 186, 235, 360, 364
Heiberg, I.L. x, 26, 72
Hellman, M.E. 147
Heman, C. 77
Henry, A.S. 369
Hensel, K. 101–102
Hermite, C. 177, 260
Hertzer, H. 84
Hilbert, D. 27
Holst, E. 28
Holzer, L. 329
Hölder, O. 51
Humbert, G. 258
Huygens, C. 73–74

Iamblichus (Chalcis) 72
Ingham, A.E. 221, 322–323
Ivory, J. 85

Jacobi, C.G.J. 84, 186, 188, 208, 218, 227, 263
Jacobson, M. 293
Jiang, Y. 107
Jones, J.P. 27

Kayal, N 369
Kinkelin, H. 162, 167, 168, 185
Kitaev, A.Yu. 142, 143
Klein, F. 283
Kloosterman, H.D. 37, 97
Kraïtchik, M. 149, 258, 276, 299, 315
Kronecker, L. 21, 28, 184, 191, 200, 219, 226, 234, 235, 237, 239, 323, 365
Krumbiegel, B. 297
Kummer, E. 29, 38, 208, 219, 228, 249, 364

Lagrange, J.L. ix–x, 7, 61, 63–67, 70, 73, 75, 80, 84, 100, 101, 102, 103, 113, 122, 153, 174, 175, 193, 196, 205, 206, 220, 225, 226, 227, 228, 233, 235, 237, 238, 241, 242, 245, 247, 250, 252, 258, 265, 267, 273, 278, 282, 288, 291, 293, 294, 296, 297, 304, 306, 308, 314, 315, 316, 328, 330, 346, 347, 350
Lamé, A. 6, 29, 70
Landau, E. 2, 22, 24, 30, 48, 57, 160, 162, 168, 184, 185, 200, 219, 221, 263, 265, 322, 364
Landauer, R. 142
Lecerf, Y. 142
Legendre, A.-M. ix–x, 21, 27, 28, 29, 31, 37, 50, 54, 61, 67, 80, 101, 102, 105, 111, 113, 115, 122, 132, 149, 172–177, 190, 193, 208, 215, 218–221, 228, 233, 237, 238, 245, 247, 252, 253, 258, 260, 263, 265, 266, 267, 278, 282, 289, 292, 293, 294, 297, 298, 306, 315, 318, 319, 328, 331, 336, 337, 339, 340, 342, 346, 350, 365
Lehmer, D.H. 298
Lehmer, D.N. 21
Leibniz, G.W. 80, 83
Lemmermeyer, F. 366
Lenstra, A.K. 299
Lenstra, Jr., H.W. 217
Lessing, G.E. 297
Liouville, J. 58
Linnik, Yu.V. 154–155, 171, 191

Lipschitz, R. 9, 365
Littlewood, J.-E. 29
Lovász, L. 380
Lucas, E. 89, 116, 177, 273, 298

Manasse, M.S. 380
Matthews, C.R. 187
Märcker, G. 295
McCurley, K.S. 27
Meissner, W. 84
Merkle, R.C. 147
Mersenne, F.M. 42, 78, 260, 297
Mertens, F. 11, 46, 184
Miller, G.L. 107, 136
Minding, F. 54
Monier, L. 136
Montgomery, H.L. 171
Morrison, M.A. 298
Möbius, A.F. 44–46, 53
Murty, M.R. 22

Nemet-Nejat, K.R. 21
Nicomachus (Gerasa) 21, 41, 54
Nielsen, M.A. 143

Olbers, H.W.M. 204
Oliveira e Silva, T. 115
Özkan, E.M. 26

Pell, J. 296
Penrose, R. 69, 141
Pépin, T. 177
Peyrard, F. 72
Plinius Secundus, G. 75
Poincaré, H. 239
Poinsot, L. 113, 229
Poisson, S.D. 153, 180
Pollard, J.M. 108, 129, 149, 150, 315, 316
Pomerance, C. 107, 149, 299
Prestet, J. 22, 37
Ptolemaios I 72
Pythagoras (Samos) 32, 72, 73, 76, 297

Rabin, M.O. 136
Rabinowicz, G. 257
Rahn, J. 296
Ramanujan, S. 47, 51, 52, 97, 265
Rankin, R. 47
Rashed, R. 103
Rényi, A. 171
Riemann, B. 24, 29, 48, 185, 364
Riesz, F. 34
Rivest, R.L. 147
Robson, E. 32
Roth, K.F. 58

Sardi, C. 115
Sato, D. 378
Saxena, N. 369
Schaar, M. 180
Schlesinger, L. 219
Schmidt, F.K. 217
Schoof, R. 100, 216, 274
Schönemann, T. 85, 113, 196, 200, 220
Schur, I. 168, 184, 200
Selberg, A. 49, 154, 155, 221, 304, 322
Selfridge, J.L. 382
Serret, J.-A. 71, 177, 196, 260, 299, 310, 314
Shamir, A. 147
Shor, P.W. 137–146, 148
Siegel, C.L. 29, 58, 365
Šimerka, V. 107, 149, 366
Singh, A.N. 2, 5, 94, 234, 238, 297, 307, 308
Singh, P. 69
Smith, H.J.S. ix–x, 15, 17, 52, 62, 89, 93, 122, 177, 178, 219, 229, 230, 233, 260, 282, 295, 303, 339, 350, 364, 366
Steinitz, E. 220
Stepanov, S.A. 217, 218, 329
Stevin, S. 260
Stieltjes, T.-J. 34
Strachey, E. 370
Straus, E.G. 58
Strømer, C. 377
Strachery, E. 307

Sylow, L. 377
Sylvester, J.J. 50
Sz.-Nagy, B. 34

Takhtajan, L.A. 365
Taylor, T. 377
Thales (Miletus) 72
Theon (Alexandria) 26, 72
Thue, A. 58, 88, 260
Toffoli, T. 142
Tonelli, A. 100, 129–132, 191–195, 230, 253, 299, 307, 314, 315, 317, 328
Tsirelson, B. 143

Vandermonde, A.-T. 206, 224–228
van der Poorten, A.J. 63
Vaughan, R.C. 171
Vedral, V. 142
Venn, J. 55
Vinogradov, A.I. 365
von Mangold, H. 48
von Zimmermann, E.A.W. 219
Voronoï, G.F. 34

Wada, H. 378
Wagstaff, Jr., S.S. 382
Wallis, J. 2, 73, 292, 296
Waring, E. 103
Weber, H. 17, 27, 158, 200, 233, 235, 249, 257, 339, 350, 368
Weil, A. 217
Weinberger, P.J. 353
Wieferich, A.J.A. 84
Wiener, M.J. 150
Wiens, D. 378
Williams, H. 295
Williamson, M.J. 148
Wilson, J. 102, 120, 296
Wolstenholme, J. 104

YM 29, 37, 40, 47, 49, 52, 54, 55, 146, 154, 155, 160, 162, 168, 171, 183–186, 191, 263, 283, 304, 322, 323, 365, 368, 381

Zassenhaus, H. 213

著者略歴

本橋洋一（もとはし よういち）

1944年　静岡県に生まれる
　　　　Foreign Member of the Finnish Academy of Science and Letters
　　　　理学博士（東京大学）

主 著　Sieve Methods and Prime Number Theory
　　　　（Tata IFR & Springer-Verlag, 1983）
　　　　Spectral Theory of the Riemann Zeta-Function
　　　　（Cambridge Univ. Press, 1997）
　　　　解析的整数論 I —素数分布論—（朝倉書店，2009）
　　　　解析的整数論 II —ゼータ解析—（朝倉書店，2011）

整数論基礎講義　　　　　　　　　　　　　　定価はカバーに表示

2018年2月25日　初版第1刷

　　　　　　　　　著　者　本　橋　洋　一
　　　　　　　　　発行者　朝　倉　誠　造
　　　　　　　　　発行所　株式会社　朝　倉　書　店
　　　　　　　　　　　　　東京都新宿区新小川町6-29
　　　　　　　　　　　　　郵便番号　162-8707
　　　　　　　　　　　　　電　話　03(3260)0141
　　　　　　　　　　　　　ＦＡＸ　03(3260)0180
〈検印省略〉　　　　　　　　http://www.asakura.co.jp

Ⓒ 2018 〈無断複写・転載を禁ず〉　　　　中央印刷・渡辺製本

ISBN 978-4-254-11154-5　C 3041　　　　Printed in Japan

JCOPY　〈(社)出版者著作権管理機構 委託出版物〉

本書の無断複写は著作権法上での例外を除き禁じられています．複写される場合は，そのつど事前に，(社)出版者著作権管理機構（電話 03-3513-6969，FAX 03-3513-6979，e-mail: info@jcopy.or.jp）の許諾を得てください．

東北大 浦川 肇著
朝倉数学大系 3
ラプラシアンの幾何と有限要素法
11823-0 C3341　　A 5 判 272頁 本体4800円

ラプラシアンに焦点を当て微分幾何学における数値解析を詳述．〔内容〕直線上の2階楕円型微分方程式／ユークリッド空間上の様々な微分方程式／リーマン多様体とラプラシアン／ラプラス作用素の固有値問題／等スペクトル問題／有限要素法他

前早大堤 正義著
朝倉数学大系 4
逆　問　題
―理論および数理科学への応用―
11824-7 C3341　　A 5 判 264頁 本体4800円

応用数理の典型分野を多方面の題材を用い解説〔内容〕メービウス逆変換の一般化／電気インピーダンストモグラフィーとCalderonの問題／回折トモグラフィー／ラプラス方程式のコーシー問題／非適切問題の正則化／カルレマン型評価／他

学習院大 谷島賢二著
朝倉数学大系 5
シュレーディンガー方程式 I
11825-4 C3341　　A 5 判 344頁 本体6300円

自然界の量子力学的現象を記述する基本方程式の数理物理的基礎から応用まで解説〔内容〕関数解析の復習と量子力学のABC／自由Schrödinger方程式／調和振動子／自己共役問題／固有値と固有関数／付録：補間空間，Lorentz空間

学習院大 谷島賢二著
朝倉数学大系 6
シュレーディンガー方程式 II
11826-1 C3341　　A 5 判 288頁 本体5300円

自然界の量子力学的現象を記述する基本方程式の数理物理的基礎から応用までを解説〔内容〕解の存在と一意性／Schrödinger方程式の基本解／散乱問題・散乱の完全性／散乱の定常理論／付録：擬微分作用素，浅田・藤原の振動積分作用素

前愛媛大 山本哲朗著
朝倉数学大系 7
境界値問題と行列解析
11827-8 C3341　　A 5 判 272頁 本体4800円

境界値問題の理論的・数値解析的基礎を紹介する入門書．〔内容〕境界値問題ことはじめ／2点境界値問題／有限差分近似／有限要素近似／Green行列／離散化原理／固有値問題／最大値原理／2次元境界問題の基礎および離散近似

阪大 鈴木 貴・金沢大 大塚浩史著
朝倉数学大系 8
楕円型方程式と近平衡力学系（上）
―循環するハミルトニアン―
11828-5 C3341　　A 5 判 312頁 本体5500円

物理現象をはじめ様々な現象を記述する楕円型方程式とその支配下にある近平衡力学系モデルの数理構造・数学解析を扱う．上巻ではボルツマン・ポアソン方程式の解析を中心に論じる．〔内容〕爆発解析／解集合の構造／平均場理論／他

阪大 鈴木 貴・金沢大 大塚浩史著
朝倉数学大系 9
楕円型方程式と近平衡力学系（下）
―自己組織化のポテンシャル―
11829-2 C3341　　A 5 判 324頁 本体5500円

下巻では主に半線形放物型方程式（系）の検討を通して，定められた環境下での状態（方程式解）の時間変化を考える．〔内容〕近平衡力学系／量子化する爆発機構／空間均質化／場と粒子の双対性／質量保存反応拡散系／熱弾性／他

阪大 西谷達雄著
朝倉数学大系10
線形双曲型偏微分方程式
―初期値問題の適切性―
11830-8 C3341　　A 5 判 296頁 本体5500円

t方向に双曲型である微分作用素の初期値問題をめぐる考究．〔内容〕初期値問題の適切性／双曲型多項式／特異性の伝播と陪特性帯／狭義双曲作用素／Hamilton 写像と初期値問題／実効的双曲型特性点をもつ微分作用素の初期値問題／他

前京大 吉田敬之著
朝倉数学大系11
保　型　形　式　論
―現代整数論講義―
11831-5 C3341　　A 5 判 392頁 本体6800円

全体の見通しを重視しつつ表現論的な保型形式論の基礎を論じ，礎となる書〔内容〕ゼータ函数／Hecke環／楕円函数とモジュラー形式／アデール／p進群の表現論／$GL(n)$上の保型形式／L群と函手性／モジュラー形式とコホモロジー群／他

前東北大 堀田良之著
朝倉数学大系12
線型代数群の基礎
11832-2 C3341　　A 5 判 324頁 本体5800円

代数的閉体上の線型代数群の基礎理論．導入的な代数幾何の知識をまとめた付録も充実．〔内容〕基礎／Jordan分解／代数群のLie環／商／Borel理論／ルートとWeyl群／簡約群／不変写像／付録：スキームと代数多様体／抽象的ルート系／他

東大 舟木直久監訳　信州大 乙部厳己訳
テレンス・タオ　ルベーグ積分入門
11147-7　C3041　　　　A5判 264頁 本体4000円

フィールズ賞数学者による測度論の入門講義"An Introduction to Measure Theory"を平明な訳で。演習問題多数。学部上級から。〔内容〕ルベーグ測度／ルベーグ積分／抽象測度空間／収束／微分定理／外測度・前測度・積測度／関連話題／他

学習院大 谷島賢二著
講座　数学の考え方13
新版 ルベーグ積分と関数解析
11606-9　C3341　　　　A5判 312頁 本体5400円

測度と積分にはじまり関数解析の基礎を丁寧に解説した旧版をもとに、命題の証明など多くを補足して初学者にも学びやすいよう配慮。さらに量子物理学への応用に欠かせない自己共役作用素、スペクトル分解定理等についての説明を追加した。

首都大 小林正典著
現代基礎数学 4
線形代数と正多面体
11754-7　C3341　　　　A5判 224頁 本体3300円

古代から現代まで奥深いテーマであり続ける正多面体を、幾何・代数の両面から深く学べる。群論の教科書としても役立つ。〔内容〕アフィン空間／凸多面体／ユークリッド空間／球面幾何／群／群の作用／準同型／群の構造／正多面体／他

前広大 柴 雅和著
現代基礎数学 9
複 素 関 数 論
11759-2　C3341　　　　A5判 244頁 本体3600円

数学系から応用系まで多様な複素関数論の学習者の理解を助ける教科書。基本的アイテムに加えて早い段階から流体力学の章を設ける独自の構成で厳密さと明快さの両立を図り、初歩からやや進んだ内容までを十分カバーしつつ応用面も垣間見せる。

東工大 小島定吉著
現代基礎数学 14
離 散 構 造
11764-6　C3341　　　　A5判 180頁 本体2800円

離散構造は必ずしも連続的でない対象を取り扱う数学の幅広い分野と関連している。いまだ体系化されていないこの分野の学部生向け教科書として数え上げ、グラフ、初等整数論の三つの話題を取り上げ、離散構造の数学的な扱いを興味深く解説。

前東大 野口潤次郎著
多変数解析関数論
——学部生へおくる岡の連接定理——
11139-2　C3041　　　　A5判 372頁 本体6200円

現代数学の広い分野で基礎を与える理論であり、その基本となる岡潔の連接定理を解説。〔内容〕正則関数／岡の第1連接定理／層のコホモロジー／正則凸領域と岡・カルタンの基本定理／正則領域／解析的集合と複素空間／擬凸領域と岡の定理

東大 時弘哲治著
開かれた数学 3
箱 玉 系 の 数 理
11733-2　C3341　　　　A5判 192頁 本体3200円

著者が中心で進めてきた箱玉系研究の集大成。〔内容〕セルオートマトン／ソリトン／箱玉系／KP階層の理論／離散KP方程式／箱玉系と超離散KdV方程式／箱玉系と超離散方程式／周期箱玉系／可解格子模型と箱玉系／一般化された箱玉系

筑波大 井ノ口順一著
開かれた数学 4
曲 線 と ソ リ ト ン
11734-9　C3341　　　　A5判 192頁 本体3200円

曲線の微分幾何学とソリトン方程式のコンパクトな入門書。「曲線を求める」ことに力点を置き、微分積分と線形代数の基礎を学んだ読者に微分方程式と微分幾何学の交錯する面白さを伝える。各トピックにやさしい解説と具体的な応用例。

東大 国場敦夫著
開かれた数学 5
ベーテ仮説と組合せ論
11735-6　C3341　　　　A5判 224頁 本体3600円

量子可積分系の先駆者であるハンス・ベーテの手法(ベーテ仮説)は、超弦理論を含む広い応用を持つ。本書では組合せ論の観点からベーテ仮説を発展・展開させた理論を解説する。現代物理学の数理的手法の魅力を伝える好著。

元東大 服部晶夫・前名大 佐藤 肇・前東大 森田茂之著
幾何学百科Ⅰ 多様体のトポロジー
11616-8　C3341　　　　A5判 352頁 本体6400円

ポアンカレによって提起された多様体のトポロジー研究の指針が、110年を経た今日、如何に結実しているかを、基礎編1章・発展編2章の3章構成で概観する。〔内容〕トポロジーの基礎／微分トポロジー／特性類

前日大 本橋洋一著 朝倉数学大系 1 **解析的整数論 Ⅰ** ―素数分布論― 11821-6 C3341　　　Ａ５判 272頁 本体4800円	今なお未解決の問題が数多く残されている素数分布について、一切の仮定無く必要不可欠な知識を解説。〔内容〕素数定理／指数和／短区間内の素数／算術級数中の素数／篩法Ⅰ／一次式篩Ⅰ／篩法Ⅱ／平均素数定理／最小素数定理／一次式篩Ⅱ
前日大 本橋洋一著 朝倉数学大系 2 **解析的整数論 Ⅱ** ―ゼータ解析― 11822-3 C3341　　　Ａ５判 372頁 本体6600円	Ⅰ巻（素数分布論）に続きリーマン・ゼータ函数論に必須な基礎知識を綿密な論理性のもとに解説。〔内容〕和公式Ⅰ／保型形式／保型表現／和公式Ⅱ／保型L-函数／Zeta-函数の解析／保型L-函数の解析／補遺（Zeta-函数と合同部分群）／未解決問題
東大 川又雄二郎・東大 坪井　俊・前東大 楠岡成雄・東大 新井仁之編 **朝倉数学辞典** 11125-5 C3541　　　Ｂ５判 776頁 本体18000円	大学学部学生から大学院生を対象に、調べたい項目を読めば理解できるよう配慮したわかりやすい中項目の数学辞典。高校程度の事柄から専門分野の内容までの数学諸分野から327項目を厳選して五十音順に配列し、各項目は2～3ページ程度の、読み切れる量でページ単位にまとめ、可能な限り平易に解説する。〔内容〕集合，位相，論理／代数／整数論／代数幾何／微分幾何／位相幾何／解析／特殊関数／複素解析／関数解析／微分方程式／確率論／応用数理／他
R.K.ガイ著 近畿大 金光　滋訳 **数論〈未解決問題〉の事典** 11129-3 C3541　　　Ａ５判 448頁 本体8000円	フェルマー予想やゴールドバッハ予想，abc-予想，双子素数，完全数の問題など，数論における代表的な未解決問題を内容別に分類し，豊富な文献を付して解説。〔内容〕素数（メルセンヌ素数／カニンガム・チェイン他）／整除性（親和数／オイラー数他）／加法的数論（ウーラム数／最小重複問題他）／ディオファンタス方程式（カタラン予想／エジプト分数他）／整数列（シューアの問題／キンバーリング・シャッフル他）／その他の問題（ガウスの円問題／グラハムの問題／原始根他）
R.クランドール・C.ポメランス著　和田秀男監訳 **素数全書** ―計算からのアプローチ― 11128-6 C3041　　　Ａ５判 640頁 本体14000円	整数論と計算機実験，古典的アイディアと現代的な計算の視点の双方に立脚した，素数についての大著。素数のいろいろな応用と，巨大な数を実際に扱うことを可能にした多くのアルゴリズムをとりあげ，洗練された擬似コードも紹介。〔内容〕素数の世界／数論的な道具／素数と合成数の判別／素数判定法／指数時間の素因子分解アルゴリズム／準指数時間素因子分解アルゴリズム／楕円曲線を使った方法／遍在する素数／長整数の高速演算アルゴリズム／擬似コード
明大 砂田利一・早大 石井仁司・日大 平田典子・東大 二木昭人・日大 森　真監訳 **プリンストン数学大全** 11143-9 C3041　　　Ｂ５判 1192頁 本体18000円	「数学とは何か」「数学の起源とは」から現代数学の全体像，数学と他分野との連関までをカバーする，初学者でもアクセスしやすい総合事典。プリンストン大学出版局刊行の大著「The Princeton Companion to Mathematics」の全訳。ティモシー・ガワーズ，テレンス・タオ，マイケル・アティヤほか多数のフィールズ賞受賞者を含む一流の数学者・数学史家がやさしく読みやすいスタイルで数学の諸相を紹介する。「ピタゴラス」「ゲーデル」など96人の数学者の評伝付き。

上記価格（税別）は 2018 年 1 月現在